全国高等教育自学考试指定教材
房屋建筑工程专业（专科）

土木工程制图

（含：土木工程制图自学考试大纲）

（2014年版）

全国高等教育自学考试指导委员会 组编

主 编 丁建梅

武汉大学出版社

图书在版编目(CIP)数据

土木工程制图/丁建梅主编;全国高等教育自学考试指导委员会组编.
—武汉:武汉大学出版社,2014.10(2020.11 重印)
全国高等教育自学考试指定教材.房屋建筑工程专业.专科
ISBN 978-7-307-14141-4

Ⅰ.土…　Ⅱ.①丁…　②全…　Ⅲ. 土木工程—建筑制图—高等教育—自学考试—教材　Ⅳ.TU204

中国版本图书馆 CIP 数据核字(2014)第 194765 号

责任编辑:胡艳　　　责任校对:汪欣怡

出版发行:**武汉大学出版社**　(430072　武昌　珞珈山)
(电子邮箱:cbs22@ whu.edu.cn 网址:www.wdp.com.cn)
印刷:武汉图物印刷有限公司
开本:787×1092　1/16　印张:25　字数:588 千字
版次:2014 年 10 月第 1 版　　2020 年 11 月第 5 次印刷
ISBN 978-7-307-14141-4　　定价:44.00 元

组编前言

21世纪是一个变幻难测的世纪，是一个催人奋进的时代。科学技术飞速发展，知识更替日新月异。希望、困惑、机遇、挑战，随时随地都有可能出现在每一个社会成员的生活之中。抓住机遇、寻求发展、迎接挑战、适应变化的制胜法宝就是学习——依靠自己学习、终生学习。

作为我国高等教育组成部分的自学考试，其职责就是在高等教育这个水平上倡导自学、鼓励自学、帮助自学、推动自学，为每一个自学者铺就成才之路。组织编写供读者学习的教材就是履行这个职责的重要环节。毫无疑问，这种教材应当适合自学，应当有利于学习者掌握和了解新知识、新信息，有利于学习者增强创新意识、培养实践能力、形成自学能力，也有利于学习者学以致用，解决实际工作中所遇到的问题。具有如此特点的书，我们虽然沿用了“教材”这个概念，但它与那种仅供教师讲、学生听，教师不讲、学生不懂，以“教”为中心的教科书相比，已经在内容安排、编写体例、行文风格等方面都大不相同了。希望读者对此有所了解，以便从一开始就树立起依靠自己学习的坚定信念，不断探索适合自己的学习方法，充分利用自己已有的知识基础和实际工作经验，最大限度地发挥自己的潜能，达到学习的目标。

欢迎读者提出意见和建议。

祝每一位读者自学成功。

全国高等教育自学考试指导委员会

2013年7月

目　　录

土木工程制图自学考试大纲

土木工程制图

全国高等教育自学考试
房屋建筑工程专业（专科）

土木工程制图
自学考试大纲

（含考核目标）

全国高等教育自学考试指导委员会　　制定

出版前言

为了适应社会主义现代化建设事业的需要，鼓励自学成才，我国在20世纪80年代初建立了高等教育自学考试制度。高等教育自学考试是个人自学、社会助学和国家考试相结合的一种高等教育形式。应考者通过规定的专业课程考试并经思想品德鉴定达到毕业要求，可获得毕业证书；国家承认学历并按照规定享有与普通高等学校毕业生同等的有关待遇。经过30多年的发展，高等教育自学考试为国家培养造就了大批专门人才。

课程自学考试大纲是国家规范自学者学习范围、要求和考试标准的文件。它是按照专业考试计划的要求，具体指导个人自学、社会助学、国家考试、编写教材及自学辅导书的依据。

为更新教育观念，深化教学内容方式、考试制度、质量评价制度改革，更好地提高自学考试人才培养的质量，全国考委各专业委员会按照专业考试计划的要求，组织编写了课程自学考试大纲。

新编写的大纲，在层次上，专科参照一般普通高校专科或高职院校的水平，本科参照一般普通高校本科水平；在内容上，力图反映学科的发展变化以及自然科学和社会科学近年来研究的成果。

全国考委土木水利矿业环境类专业委员会参照普通高等学校相关课程的教学基本要求，结合自学考试房屋建筑工程专业的实际情况，组织制定的《土木工程制图自学考试大纲》，经教育部批准，现颁发施行。各地教育部门、考试机构应认真贯彻执行。

全国高等教育自学考试指导委员会

2014年7月

I　课程性质与课程目标

一、课程的性质和特点

工程制图是工科技术基础课程，是建立工程概念、培养空间思维能力、培养图形表达能力的课程，它是土建类各专业必修的一门主干技术基础课。

在生产实践中，无论是建造房屋、修路架桥或者制造机器、安装设备，都需要依照图样进行施工或生产。图样不仅用来表达设计者的设计意图，也是指导实践、研究问题、交流经验的主要技术文件，因而图样被喻为工程界的“技术语言”。若不懂这种“技术语言”，无疑好似技术界的“文盲”。本课程的教学目的就是教读者如何掌握这种“语言”，即通过学习图示理论与方法，掌握绘制和阅读工程图样的能力。

二、课程的基本要求

1. 掌握正投影的基本理论和作图方法。
2. 能正确使用绘图工具和仪器、掌握作图的技能和方法。
3. 能正确阅读和绘制一般难度的土木工程图样，所绘制的图样应符合国家标准。
4. 了解计算机绘图的基本知识，初步掌握一种绘图软件的使用方法。

三、与相关课程的联系与区别

土建类专业的学生在学习专业基础课和专业课之前，必须掌握正投影法的基本理论和制图的基本知识及技能，并具有绘制和阅读土木工程图样的基本能力，为学习专业课乃至以后的工作打好阅读和绘制图样的基础。土木工程图样涉及的专业知识面较广，要在本课程中解决绘制和阅读全部问题是不可能的，必须在掌握本课程内容的基础上，在通过后续课程的学习及生产实习、课程设计和毕业设计等实践教学环节的训练后，继续培养和提高，才能最终具备阅读和绘制土木工程图样的能力。

本课程（特别是第二、三、四章基础部分）经常用到初等几何的一些定理和作图方法等基础知识。因此，在学习本课程之前必须具备初等几何，特别是立体几何的基本知识。

Ⅱ 考核目标

根据土建类专业对本课程的要求和本课程前后知识点的关系，本大纲对各知识点界定为：识记、领会、简单应用、综合应用四个不同认知层次的要求。这四个不同层次的要求是依次由低到高的，其含义如下：

识记：凡属识记的知识点，只要求对它们的有关概念、名词含义等有所了解即可，是低层次的要求。如大纲中指出的识记“平面迹线的概念”，就是只要求知道迹线是平面与投影面的交线，是平面表示法的一种即可。对于用迹线表示一般位置平面的任何问题都不作要求。

领会：是在识记的基础上，进一步掌握有关概念、原理、方法的区别与联系。如大纲中指出的领会“轴测图的形成和分类”，就是要求除了知道轴测投影是属于平行投影以外，还要理解其轴间角、轴向伸缩系数的含义；除了知道分为正轴测和斜轴测两种以外，还要理解轴测投影的分类与其轴间角、轴向伸缩系数之间的关系。但对于它们的几何证明等均不作要求。

简单应用：凡属简单应用的知识点，要求在了解它们的基本概念、投影规律和作图方法的基础上，能根据需要绘制和阅读相关的投影图（含工程图样)，是较高层次的要求。如大纲中指出的简单应用“基本立体和组合体的正等轴测图和不含椭圆的斜二等轴测图和水平斜轴测图的画法”，就要求能够根据物体的多面投影图绘制出所需要的轴测图。这类知识点一般与后续课程或实际应用关系密切，是本课程必须掌握的最终目标，必须做相关的习题。

综合应用：凡需综合应用的知识点，要求除掌握它们的基本概念、投影规律和作图方法以外，还应能熟练地运用它们去解决后续知识点的空间几何问题，或绘制和阅读工程图样，是高层次的要求。如大纲中指出的综合应用“棱柱、棱锥、圆柱、圆锥、球的投影特性和作图方法，以及在其表面定点、线的方法；用一个特殊位置平面截切上述立体的作图方法”，不但要求能熟练地绘制出上述基本几何体的投影图，明确其各投影之间的投影关系，熟练地在立体表面上定点、线，还要能运用这些知识点求得上述立体(用特殊位置平面截切）的截交线，两平面立体、平面立体与曲面立体、两轴线正交回转体的相贯线。这类知识点一般是为本课程必须掌握的最终目标知识点打基础的，是在后续知识点中反复使用的，必须做一定数量相关的习题。

Ⅲ　课程内容与考核要求

绪　　论

一、学习目的与要求

了解图样在工程中的作用和本课程的学习方法。

二、课程内容

1. 土木工程制图的性质和目的。
2. 土木工程制图的内容与研究对象。
3. 土木工程制图课程的任务。
4. 土木工程制图的学习方法。
5. 本课程与相关课程的链接。

三、考核知识点与考核要求

识记：本课程的性质、目的、内容、任务和学习方法。

四、本章重点、难点

学习土木工程制图的方式方法。

第一章　制图的基本知识与技能

一、学习目的与要求

1. 掌握国家标准《技术制图》中的图幅、图线、字体、比例、尺寸标注及《房屋建筑统一标准》的基本规定。
2. 掌握常用绘图工具的正确使用方法。
3. 掌握直线与圆弧、圆弧与圆弧连接的画法及平面图形的尺寸标注。
4. 了解椭圆的画法。
5. 了解制图的一般方法和步骤。

二、课程内容

第一节 制图标准的基本规定

一、图纸幅面及规格
二、图线
三、字体
四、比例
五、尺寸标注

第二节 绘图工具和仪器的使用方法

一、图板和丁字尺
二、三角板
三、分规和圆规
四、铅笔
五、比例尺
六、曲线板

第三节 几 何 作 图

一、等分线段
二、等分圆周及作圆内接正多边形
三、椭圆的画法
四、圆弧连接
五、平面图形的分析及尺寸标注

第四节 制图的方法和步骤

一、绘图前的准备工作
二、布图幅、定比例
三、画底稿
四、描深

三、考核知识点与考核要求

1. 领会：带有圆弧连接平面图形的尺寸标注；椭圆的画法；制图的一般方法和步骤。

2. 简单应用：国家标准《技术制图》中图幅、图线、字体、比例、尺寸标注及

《房屋建筑统一标准》有关内容的基本规定。

3. 综合应用：常用绘图工具的正确使用方法。

四、本章的重点、难点

1. 本章的重点是绘图工具的使用和制图标准。

2. 本章的难点是正确使用各种绘图工具、根据比例正确抄绘图样。

第二章　点、直线、平面的投影

一、学习目的与要求

1. 了解中心投影和平行投影的形成及工程上常用的投影方法，并了解正投影的基本性质。

2. 了解两直线的相对位置的投影特性，了解平面的表示法。

3. 熟练掌握点、各种位置直线和各种平面的投影特性和作图方法。

4. 熟练掌握根据投影图判定两点相对位置。

5. 掌握用直角三角形法求一般位置直线与投影面的倾角及线段实长的方法。

6. 熟练掌握平面内点和直线的投影特性，在平面内定点和直线的作图方法，掌握用定比的方法确定直线上点的投影。

7. 掌握直角投影定理的作图方法。

8. 掌握求平面对 H 面最大斜度线（最大坡度线）的求法。

9. 掌握一次换面法的原理及作图方法，并能用一次换面法求一般位置直线实长及其对投影面的倾角和求投影面垂直面实形的方法。

二、课程内容

第一节　投影的基本知识

一、投影的形成及分类

二、平行投影的几何性质

三、土木工程图中常用的投影

第二节　点的投影

一、点的三面投影

二、点的直角坐标表示法

三、两点的相对位置、重影点

第三节 直线的投影

一、特殊位置直线
二、一般位置直线
三、一般位置直线的实长与倾角
四、直线上的点
五、两直线的相对位置
六、直角投影定理

第四节 平面的投影

一、一般位置平面
二、特殊位置平面
三、平面上的点和直线
四、特殊位置平面迹线

第五节 换 面 法

一、换面法的实质和方法
二、换面法作图方法

三、考核知识点与考核要求

1. 识记：点的投影及作图方法，已知点的二面投影求第三面投影的作图方法。
2. 领会：各种位置直线的特性及作图方法。
3. 简单应用：直线上按定比性取点，平面上取点、线的作图方法。
4. 综合应用：直角三角形法求一般位置直线的实长和倾角，最大斜度线的求法，一次换面法的作图方法，直角投影定理的应用。

四、本章的重点、难点

1. 本章的重点是点的二补三作图，直线上定点、平面上取点和线的作图方法，最大斜度线的求法，各种位置直线和各种位置平面的投影特性。

2. 本章的难点是能运用点线面的投影特性综合作出平面内的点和线，一般位置直线的实长和对投影面倾角的作法，判断两直线的相对位置关系，最大斜度线的求法，换面法。

第三章 立体的投影

一、学习目的与要求

1. 熟练掌握棱柱、圆柱投影特性和投影图的画法，以及在其表面定点、线的画法；掌握棱锥、圆锥投影特性及投影图的画法，以及在其表面定点、线的画法；了解球的投影特性及投影图的画法，以及在其表面定点、线的画法。

2. 熟练掌握用一个特殊位置平面截切棱柱、圆柱的作图方法；掌握用一个特殊位置平面截切棱锥、圆锥的作图方法。

3. 掌握用2~5个特殊位置平面截切棱柱、棱锥、圆柱的作图方法。

4. 掌握求两平面立体、平面立体与回转体相贯线的基本作图方法（两立体相贯线至少有一个投影为已知）。

5. 掌握求两正交圆柱相贯线的基本作图方法（两圆柱轴线均垂直于投影面，所用辅助平面为投影面的平行面），圆柱、圆锥、球的共轴和圆柱与圆柱公切于一个球时相贯线的求法。

二、课程内容

第一节 平面立体的投影及截切

一、棱柱
二、棱锥
三、平面立体的截切

第二节 曲面立体的投影及截切

一、圆柱
二、圆锥
三、球
四、曲面立体的截切

第三节 两立体相贯

一、两平面立体相贯
二、平面立体与曲面立体相贯
三、两曲面立体相贯

三、考核知识点与考核要求

1. 识记：球的投影特性及表面取点和线的作图方法。

2. 领会：棱柱、棱锥、圆柱、圆锥的投影特性及表面取点和线的作图方法，单个平面截切棱柱、棱锥、圆柱、圆锥的作图方法。

3. 简单应用：用2~5个特殊位置平面截切棱柱、棱锥、圆柱的作图方法。

4. 综合应用：求两平面立体、平面立体与回转体相贯体的基本作图方法（两立体相贯线至少有一个投影为已知），求两正交圆柱相贯线的基本作图方法（两圆柱轴线均垂直于投影面，所用辅助平面为投影面的平行面），圆柱、圆锥、球共轴和圆柱与圆柱公切于一个球时相贯线的求法。

四、本章的重点、难点

1. 本章的重点是求基本几何体截切后的截交线，求平面立体与圆柱、圆柱与圆柱相交时的相贯线。

2. 本章的难点是求作曲面立体截切后截交线，求作圆柱与圆柱相交时的相贯线。

第四章　曲线、曲面及立体表面展开

一、学习目的与要求

1. 了解曲线和曲面的形成及其投影特性。

2. 掌握圆柱螺旋面、单叶回转双曲面、双曲抛物面的投影特性及其画法。

3. 掌握平面立体表面、圆柱面和圆锥面展开图的画法。

4. 了解管接头展开图的画法。

二、课程内容

第一节　曲线与曲面

一、曲线

二、曲面

第二节　工程中常见曲线和曲面

一、圆柱螺旋线

二、正螺旋面

三、双曲抛物面

四、单叶双曲回转面

第三节 立体表面展开

一、多面体的表面展开
二、可展曲面的展开
三、变形接头的展开

三、考核知识点与考核要求

1. 识记：平面立体、圆柱面和圆锥面表面展开图的画法。
2. 领会：曲线和曲面的形成及其投影特性。
3. 简单应用：圆柱螺旋面、单叶回转双曲面、双曲抛物面的投影特性。
4. 综合应用：圆柱螺旋面、单叶回转双曲面、双曲抛物面的画法。

四、本章的重点、难点

1. 本章的重点是掌握圆柱螺旋面、单叶回转双曲面、双曲抛物面的投影特性及其画法；掌握平面立体表面、圆柱面和圆锥面展开图的画法。

2. 本章的难点是圆柱螺旋面、单叶回转双曲面、双曲抛物面的画法，变形接头展开图的画法。

第五章 组合体视图

一、学习目的与要求

1. 掌握形体分析法和线面分析法。
2. 熟练掌握绘制和阅读组合体投影图的方法和步骤。
3. 掌握组合体尺寸标注的方法。

二、课程内容

第一节 组合体的组成与分析

一、组合体的三视图
二、形体分析法
三、线面分析法

第二节 组合体视图的画法

一、形体分析方法
二、视图的选择

三、画图步骤
四、徒手画图

第三节　组合体的尺寸标注

一、组合体的尺寸分类
二、组合体尺寸标注中的注意事项
三、组合体尺寸标注的方法和步骤

第四节　组合体视图的读图（识读）

一、读图的基本知识
二、形体分析法
三、线面分析法
四、读图时的注意事项
五、读图举例

三、考核知识点与考核要求

1. 识记：形体分析法画组合体投影图，基本几何体的尺寸标注。
2. 领会：线面分析法画组合体投影图，基本几何体切割体的尺寸标注。
3. 简单应用：用形体分析法读组合体投影图，两相贯体的尺寸标注。
4. 综合应用：用线面分析法画组合体投影图，组合体的尺寸标注。

四、本章的重点、难点

1. 本章的重点是组合体投影图的画法、读法和尺寸标注。
2. 本章的难点是用形体分析法和线面分析法综合读图（识图）组合体。

第六章　轴 测 投 影

一、学习目的与要求

1. 了解轴测图的形成。
2. 掌握基本立体和组合体的正等测图和不含椭圆的斜二等轴测图和水平斜轴测图的画法。

二、课程内容

第一节　轴测投影的基本知识

一、轴测投影图的形成

二、轴间角及轴向伸缩系数
三、轴测投影的基本性质
四、轴测投影的分类

第二节　斜轴测投影

一、斜二测的轴间角和伸缩系数
二、斜二测的形成和作图方法
三、坐标法和特征面法画正面斜二测图
四、水平斜二测图的画法

第三节　正等轴测图

一、正等测的轴间角与轴向伸缩系数
二、正等测的画法
三、圆的正等测的画法

第四节　轴测图的选择

一、轴测类型的选择
二、投射方向的选择

三、考核知识点与考核要求

1. 识记：棱柱、棱锥斜二测和正等测的各种画法。
2. 领会：单面圆柱斜二测的画法。
3. 简单应用：圆柱正等测的画法。
4. 综合应用：组合体正等测图和不含椭圆的斜二等轴测图和水平斜轴测图的画法。

四、本章的重点、难点

1. 本章的重点是确定轴测轴方向，能利用轴测投影图正确表达组合体。
2. 本章的难点是确定画组合体轴测图的先后次序。

第七章　透 视 投 影

一、学习目的与要求

1. 了解透视投影的形成。
2. 掌握用建筑师法绘制一点透视和两点透视图的画法。

二、课程内容

第一节　透视投影的基本知识

一、透视的形成
二、透视投影中的术语和符号

第二节　点、直线和平面的透视投影

一、点的透视投影
二、直线的透视及消失特性
三、透视高度的确定
四、平面的透视

第三节　视点的选择

一、视角
二、视高
三、画面偏角

第四节　透视图的基本画法

一、两点透视图的画法
二、一点透视图的画法

三、考核知识点与考核要求

1. 识记：点和直线的透视。

2. 领会：平面的透视。

3. 简单应用：平面立体的一点透视和两点透视。

4. 综合应用：透视图中的消失现象、直线的灭点、真高线的确定，以及应用消失特性画建筑形体透视图的方法。

四、本章的重点、难点

1. 本章的重点是点、线、面和平面立体的透视，利用灭点、真高线等来求作建筑物的一点透视和两点透视。

2. 本章的难点是利用灭点、真高线等来求作建筑物的一点透视和两点透视。

第八章 建筑形体的表达方法

一、学习目的与要求

1. 了解基本视图和辅助视图的形成
2. 熟练掌握视图、剖面图和断面图的画法、标注及其适用条件
3. 掌握常用和简化画法
4. 了解第三角画法的视图配置

二、课程内容

第一节 视 图

一、基本视图
二、辅助视图
三、第三角投影简介

第二节 剖 面 图

一、剖面图的形成与标注
二、画剖面时的注意事项
三、剖面图的种类
四、剖面图中的尺寸标注
五、综合读图
六、轴测剖面图

第三节 断 面 图

一、断面图的形成与标注
二、断面图与剖面图的区别
三、断面图的种类与画法

第四节 常用的简化画法和规定画法

一、简化画法
二、规定画法

三、考核知识点与考核要求

1. 识记：各种建筑视图的画法。
2. 领会：全剖面图的形成和画法。
3. 简单应用：半剖面图的形成和画法。
4. 综合应用：局部剖面图、阶梯剖面图和断面图的形成和画法。

四、本章的重点、难点

1. 本章的重点是各种视图、剖面图、断面图的画法。
2. 本章的难点是根据形体的形状用最少的视图、最完整地表达形体的各部分。

第九章　标 高 投 影

一、学习目的与要求

1. 了解标高投影的形成。
2. 掌握平面的表示法。
3. 掌握阅读曲面和地形面标高投影图方法。

二、课程内容

第一节　点、直线和平面的标高投影

一、点的标高投影
二、直线的标高投影
三、平面的标高投影

第二节　曲面和地形的标高投影

一、正圆锥面的标高投影
二、同坡曲面的标高投影
三、地形面的标高投影

三、考核知识点与考核要求

1. 识记：点的标高投影。
2. 领会：直线和平面的标高投影，两平面交线的求法。
3. 简单应用：正圆锥面和同坡曲面的标高投影。
4. 综合应用：地形面的标高投影，平面与地形面交线的求法。

四、本章的重点、难点

1. 本章的重点是坡度和平距的关系，平面和曲线的标高表示法，曲面和地形面标高投影。

2. 本章的难点是工程上相邻坡面交线、坡脚线和开挖线的作法。

第十章　房屋建筑施工图（房屋建筑工程专业必修）

一、学习目的与要求

1. 掌握房屋施工图的分类和图示特点。
2. 掌握阅读和绘制房屋建筑施工图的方法和步骤。

二、课程内容

第一节　概　　述

一、房屋的组成及分类
二、房屋建筑的设计阶段及其图纸
三、施工图的分类
四、建筑施工图的特点

第二节　施工图中常用的标注及符号

一、尺寸单位
二、图名及比例的注写
三、标高
四、定位轴线
五、索引符号与详图符号
六、指北针及风向频率玫瑰图
七、多层构造引出说明

第三节　建筑施工图

一、设计说明
二、总平面图
三、建筑平面图
四、建筑立面图
五、建筑剖面图

六、建筑详图
七、建筑施工图的绘制

三、考核知识点与考核要求

1. 识记：定位轴线编号的原则及编排方法。
2. 领会：建筑平面图内容的阅读及其图示特点和画法。
3. 简单应用：建筑立面图和建筑剖面图内容的阅读及其图示特点和画法。
4. 综合应用：绘制和阅读房屋建筑施工（建筑平面图、建筑立面图、建筑剖面图、外墙剖面详图、楼梯详图）的方法和步骤。

四、本章的重点和难点

1. 本章的重点是房屋建筑施工图的图示特点以及规定画法。
2. 本章的难点是楼梯详图的画法。

第十一章　结构施工图（房屋建筑工程专业必修）

一、学习目的与要求

1. 掌握钢筋混凝土结构和钢结构的基本知识。
2. 掌握阅读和绘制柱、梁、板基本构件钢筋混凝土结构图的方法和步骤。
3. 初步掌握结构施工图的内容和图示特点，如视图的配置、比例、图线、尺寸标注特点、图例、习惯画法、规定画法以及专业制图标注中的其他相关规定。
4. 初步掌握阅读和绘制梁、板、柱基本构件钢筋混凝土结构图的方法和步骤。
5. 初步掌握阅读和绘制钢结构节点图的方法和步骤。

二、课程内容

第一节　概　　述

一、比例
二、图线
三、定位轴线
四、尺寸标注
五、构件代号
六、构件标准图集

第二节　钢筋混凝土构件图

一、钢筋混凝土结构的基本知识

二、混凝土构件施工图内容
三、钢筋混凝土构件图示实例

第三节 钢筋混凝土施工图平面整体表示方法

一、平面整体表示方法概述
二、混凝土梁平法施工图的表示方法
三、混凝土柱平法施工图的表示方法

第四节 钢结构施工图

一、钢结构施工图常用代号和符号
二、钢结构平面布置图
三、钢结构立面布置图

三、考核知识点与考核要求

1. 识记：钢筋混凝土结构和钢结构的基本知识。
2. 领会：阅读和绘制柱、梁、板基本构件钢筋混凝土结构图。
3. 简单应用：钢结构节点图的方法和步骤。
4. 钢筋混凝土梁、板、柱平法施工图的画法。

四、本章的重点和难点

1. 本章的重点是结构施工图的内容和图示特点，阅读和绘制梁、板、柱基本构件钢筋混凝土结构图的方法和步骤。

2. 本章的难点是钢筋混凝土梁、板、柱平法施工图的画法。

第十二章 桥隧涵工程图（道路与桥梁工程专业必修）

一、学习目的与要求

1. 掌握桥、隧、涵工程在道路工程中的作用及其图示方法和特点。
2. 掌握阅读和绘制桥梁、隧道和涵洞工程图的基本方法和步骤。

二、课程内容

第一节 桥梁工程图

一、桥位平面图
二、桥型总体布置图

三、构件图
四、桥梁图阅读和绘图步骤

第二节　隧道工程图

一、平面图
二、立面图
三、剖面图
四、工程数量表

第三节　涵洞工程图

一、涵洞的分类组成和表示法
二、圆管涵工程图

三、考核知识点与考核要求

1. 识记：桥、隧、涵工程在道路工程中的作用；桥墩、桥台、隧道和涵洞的种类。
2. 领会：桥、隧、涵工程图的图示方法和特点。
3. 简单应用：阅读和绘制墩顶构造图、台顶构造图、隧道洞门图、隧道洞门排水系统详图、涵洞出入口图的基本方法和步骤。
4. 综合应用：阅读和绘制桥墩总图、桥台总图、隧道衬砌断面图和隧道洞门图的基本方法和步骤。

四、本章的重点、难点

1. 本章的重点是桥梁、隧道及涵洞视图的表达和习惯画法。
2. 本章的难点是桥梁、隧道及涵洞工程图的绘制。

第十三章　水利水电工程图（水利水电建筑工程专业必修）

一、学习目的与要求

1. 了解水利水电工程图的分类及用途。
2. 掌握水利水电工程建筑物的图示方法和尺寸标注的特点。
3. 掌握阅读和绘制水利水电枢纽布置图及建筑物结构图的方法和步骤。

二、课程内容

第一节　概　　述

一、水利工程和制图标准

二、水工图的分类和比例

第二节 水工图常用表达方法

一、视图名称
二、图线用法
三、示坡线画法
四、坡面和坡边线
五、习惯画法和规定画法

第三节 水工图中常用符号和图例

一、水流及指北针符号
二、建筑材料图例
三、常用平面图例

第四节 水工图中常见曲面的表示方法

一、柱面
二、锥面
三、扭面

第五节 尺寸标注

一、尺寸单位和起止符号
二、非圆曲线标注
三、坡度标注
四、标高标注
五、桩号标注

第六节 水工图的阅读

一、水工图读图的一般步骤和方法
二、阅读混凝土坝设计图

三、考核知识点与考核要求

1. 识记：水工图的分类及用途；阅读和绘制水工图的一般方法和步骤。
2. 领会：水工图的尺寸注法（基准、高度尺寸的标注、长度尺寸的标注）。
3. 简单应用：阅读和绘制水利枢纽布置图及建筑物结构图的方法和步骤。

4. 综合应用：水工建筑物视图的名称及配置；水工建筑物表达方法（分层表示法、建筑物中各种缝线的画法、示意图等）。

四、本章的重点、难点

1. 本章的重点是水利工程建筑物图示方法和尺寸标注的特点，阅读和绘制水利枢纽布置图及土木建筑机构图的方法和步骤。

2. 本章的难点是阅读和绘制水利枢纽布置图及土木建筑机构图的方法和步骤。

第十四章　计算机绘图基础

一、学习目的与要求

1. 了解计算机绘图在工程设计中的作用和地位。
2. 了解 AutoCAD 绘图的基本功能。
3. 熟练掌握 AutoCAD 制图的基本命令。
4. 掌握用 AutoCAD 绘制一般土木工程图样的方法和步骤。

二、课程内容

第一节　AutoCAD 的基本操作

一、AutoCAD 的启动
二、AutoCAD 的工作界面
三、AutoCAD 命令的输入
四、AutoCAD 的文件操作命令
五、绘图环境的设置

第二节　图形二维绘图命令

一、显示控制命令
二、数据输入的方式
三、常用的二维绘图命令
四、辅助绘图工具

第三节　图形的编辑命令

一、构造选择集
二、图形的编辑命令
三、用夹持点功能进行编辑

第四节 图层及颜色、线型、线宽

一、图层的特性
二、图层命令
三、图层的使用
四、特性

第五节 文本注写

一、文字类型的设定
二、文字标注
三、文字编辑

第六节 尺寸标注

一、尺寸标注样式
二、尺寸标注
三、尺寸标注的编辑

第七节 图 块

一、块的概念
二、块的命令
三、块与图层的关系

第八节 综合绘图实例

一、设置绘图环境
二、绘制剖面图

三、考核知识点与考核要求

1. 识记：AutoCAD 的基本操作。

2. 领会：AutoCAD 的基本绘图、编辑、图层、图块、文本注写和尺寸标注命令使用。

3. 简单应用：用 AutoCAD 绘制钢筋混凝土结构图、钢结构图，以及相关专业的专业图（房屋建筑工程专业的建筑平面图、建筑立面图、建筑剖面图、建筑详图；道路与桥梁工程专业的桥墩图、桥台图、隧道洞门图、涵洞工程图；水利水电建筑工程专业的工程位置图、水利枢纽布置图）

4. 综合应用：AutoCAD 各类菜单操作、对话框操作；掌握各种命令组合技巧。

四、本章的重点、难点

1. 本章的重点是绘图环境的设置，各个绘图命令和编辑命令的使用，以及尺寸标注与文字注写的方式、方法。

2. 本章的难点是辅助命令、绘图命令和编辑命令的综合应用。

Ⅳ 关于大纲的说明与考核实施要求

一、自学考试大纲的目的和作用

课程自学考试大纲是根据专业自学考试计划的要求，结合自学考试的特点而确定的。其目的是对个人自学、社会助学和课程考试命题进行指导和规定。

课程自学考试大纲明确了课程学习的内容以及深广度，规定了课程自学考试的范围和标准。因此，它是编写自学考试教材和辅导书的依据，是社会助学组织进行自学辅导的依据，是自学者学习教材、掌握课程内容知识范围和程度的依据，也是进行自学考试命题的依据。

二、课程自学考试大纲与教材的关系

课程自学考试大纲是进行学习和考核的依据，教材是学习掌握课程知识的基本内容与范围，教材的内容是大纲所规定的课程知识和内容的扩展与发挥。课程内容在教材中可以体现一定的深度或难度，但在大纲中对考核的要求一定要适当。

大纲与教材所体现的课程内容应基本一致；大纲里面的课程内容和考核知识点，教材里一般也要有。反过来教材里有的内容，大纲里就不一定体现。（注：如果教材是推荐选用的，其中有的内容与大纲要求不一致的地方，应以大纲规定为准。）

三、关于自学教材

1. 指定教材：《土木工程制图》，全国高等教育自学考试指导委员会组编，丁建梅主编，武汉大学出版社出版，2014 年版。

2. 配套习题集：《土木工程制图习题集》，全国高等教育自学考试指导委员会组编，丁建梅主编，武汉大学出版社出版，2014 年版。

四、关于自学要求和自学方法的指导

1. 本课程要解决的根本问题是通过投影的方法把空间形体和几何问题转化为平面图形，借此用图示的方法来表达物体的结构。因此，在学习过程中，除应掌握投影理论和作图方法之外，还必须考虑空间形体的几何问题与平面图形之间的内在联系，养成空间思维和空间记忆的习惯。

2. 本课程的内容是由浅入深、环环相扣的，如果对前面的概念理解不透，作图方法掌握得不是很熟练，后面将会感到越学越难。因此在学习时，必须注意稳扎稳打、循序渐进。

3. 本课程是一门实践性较强的课程，为了正确掌握所学的投影理论和作图方法，必须多做练习。考生除应在指定教材的习题集上完成习题作业外，还必须按照习题集中相关题目的要求，用绘图工具绘制六张 A3 幅面的作业，用计算机绘图软件绘制 3~4 张 A3 的作业（详见自学教材习题集）

4. 为有效地指导个人自学和社会助学，本大纲已指明了课程的重点和难点，在章节的基本要求中一般也指明了章节内容的重点和难点。

5. 本课程共 5 学分（包括制图实验内容的学分）。

五、应考指导

（一）如何学习

很好地计划和组织是你学习成功的法宝。如果你正在接受培训学习，一定要跟紧课程并完成作业。为了在考试中作出满意的回答，你必须对所学课程内容有很好的理解。使用“行动计划表”来监控你的学习进展。你阅读课本时可以做读书笔记。如有需要重点注意的内容，可以用彩笔来标注，如：红色代表重点；绿色代表需要深入研究的领域；黄色代表可以运用在工作之中。可以在空白处记录相关网站、文章。

（二）如何考试

卷面整洁非常重要。所画的图要符合制图的投影关系，按图线的适用条件画出不同的线型，卷面的美观、赏心悦目有助于教师评分，教师只能为他能看懂的内容打分。画所要作出图的图解。不要画你自己乐意画的与考题无关的图。

（三）如何处理紧张情绪

正确处理对失败的惧怕，要正面思考。如果可能，请教已经通过该科目考试的人，问他们一些问题。做深呼吸放松，这有助于使头脑清醒，缓解紧张情绪。考试前合理膳食，保持旺盛精力，保持冷静。

（四）如何克服心理障碍

这是一个普遍问题！如果你在考试中出现这种情况，试试下列方法：使用“线索”纸条。进入考场之前，将记忆“线索”记在纸条上，但你不能将纸条带进考场，因此当你阅读考卷时，一旦有了思路就快速记下。按自己的步调进行答卷。为每个考题或部分分配合理时间，并按此时间安排进行。

六、对社会助学的要求

1. 社会助学者应首先研究大纲的各项要求和说明，领会大纲的精神；然后根据大纲所规定的课程内容和考核目标认真研究指定的教材，明确本课程的特点和学习要求，对自学应考者进行切实有效的辅导。

2. 引导学生正确处理大纲中所界定的“识记”、“领会”、“简单应用”、“综合应用”各层次知识点之间的关系。使自学应考者能够较好地把各层次的知识点联系起来，要特别注意把综合应用和简单应用的各知识点联系起来；并能运用所要求综合应用的知识点解决后续知识点的空间几何问题，及绘制和阅读工程图样；把基本理论和技能转化为应用能力。在全面辅导的基础上，着重培养和提高自学应考者的分析问题和解决问题的能力。

3. 要正确处理重点和一般的关系。课程内容有重点与一般之分，但作为对本课程的各知识点的相互联系，重点与一般是相互联系的，不是截然分开的。因此，要求社会助学者应指导自学应考者全面系统学习教材，掌握全部考试内容和考核知识点，在此基础上再突出重点。

4. 要督促学生及时完成各章节所要求的作业，并尽量予以批改，并严格贯彻大纲对作业提出的要求，以培养学生的严谨细致的工作作风。

七、对考核内容的说明

1. 本课程要求考生学习和掌握的知识点内容都作为考核的内容。课程中各章的内容均由若干知识点组成，在自学考试中成为考核知识点。因此，课程自学考试大纲中所规定的考试内容是以分解为考核知识点的方式给出的。由于各知识点在课程中的地位、作用以及知识自身的特点不同，自学考试将对各知识点分别按四个认知层次确定其考核要求。

2. 应注意的是要求综合应用的知识点一般都已包含在要求简单应用的知识点之中。如大纲要求综合应用“点的三面投影的投影规律及作图方法；已知点的两个投影，求第三投影”和综合应用“棱柱、棱锥、圆柱、圆锥、球的投影特性和作图方法，以及在其表面定点、线的方法；用一个特殊位置平面截切上述立体的作图方法”和“求两平面立体、平面立体与回转体相贯线的基本作图方法（两立体相贯线，至少有一个投影为已知）”等知识点的基础知识。因此，大纲要求综合应用的知识点，不能作为考试的主要内容。

3. 本大纲把考题从易到难分为“易”、“较易”、“较难”、“难”四个等级（参考题型举例中的注释），不同难易的考题在试卷中所占的比例应为：易者占20%；较易者占35%，较难者占30%，难者占15%。应注意的是，不要把考题的难易程度与大纲所要求的四个层次（识记、领会、简单应用、综合应用）混为一谈，因为各层次中都可能存在着不同难度的问题。

八、关于考试命题的若干规定

1. 本课程考试的方法应是闭卷，考试时间定为150分钟。考试时应携带的必要工具有铅笔（HB削成尖头，2B削成方头［类似于涂卡铅笔］）、橡皮、圆规、一套三角板（45度和30度、60度三角板）等绘图用具，不可带计算器。

2. 本大纲各章所规定的基本要求、知识点及知识点下的知识细目，都属于考核的内容。考试命题既要覆盖到章，又要避免面面俱到。要注意突出课程的重点、章节重点，加大重点内容的覆盖度。

3. 命题不应有超出大纲中考核知识点范围的题目，考核目标不得高于大纲中所规定的相应的最高能力层次要求。命题应着重考核自学者对基本概念、基本知识和基本理论是否了解或掌握，对基本方法是否会用或熟练。不应出与基本要求不符的偏题或怪题。

4. 本课程在试卷中对不同能力层次要求的分数比例大致为：识记占20%，领会占30%，简单应用占30%，综合应用占20%。

5. 本课程考试命题的主要题型应以作图求解题为主，主要题型包括：单项选择题(10分)、填空题（10分）、作图题。

在命题工作中必须按照本课程大纲中所规定的题型命制，考试试卷使用的题型可以略少，但不能超出本课程对题型规定。

V　题型举例

一、单项选择题

（在每小题列出的四个备选项中只有一个是符合题目要求的，请将正确答案填在括号内。错选、多选或未选均无分。每小题 2 分，共 10 分）

1. 圆柱被裁切后的侧面投影应是（　　）。

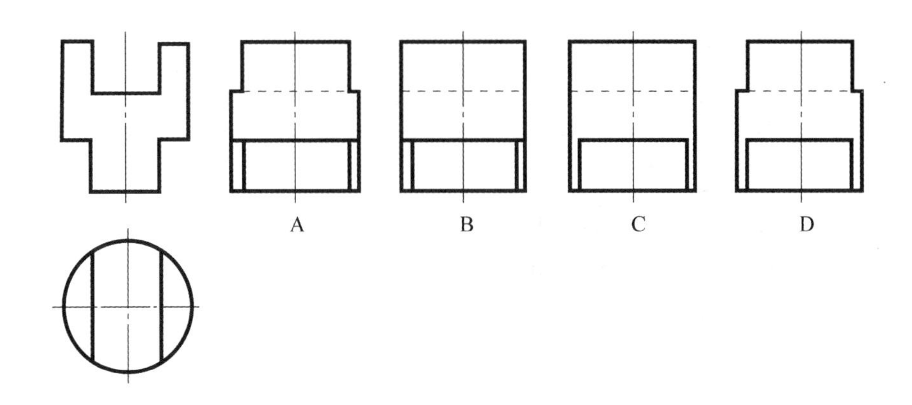

2. 房屋施工图中的索引符号 6/— 表示的是（　　）。

A. 详图编号为 6，在本页图纸内，是由下向上投影形成的局部剖面图
B. 详图编号为 6，在本页图纸内，是由上向下投影形成的局部剖面图
C. 索引编号为 6，在本页图纸内，是由左向右投影形成的局部剖面图
D. 索引编号为 6，在本页图纸内，是由右向左投影形成的局部剖面图

二、填空题

（请在每小题的空格中填上正确答案。错填、不填均无分。每小题 2 分，共 10 分）

1. 物体的总长为 1 米，画在图上为 1 厘米，画图的比例应是________。
2. 钢筋混凝土结构图上标有 ϕ10@200，其中 ϕ 表示________。

三、作图题

1. 作出物体的俯视图。

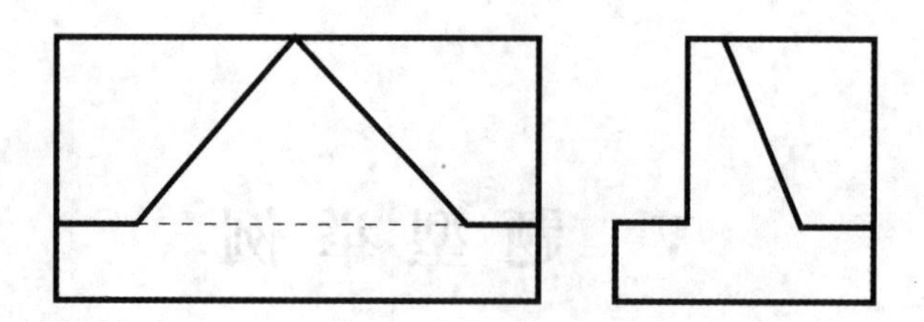

2. 作出物体1—1的剖面图。

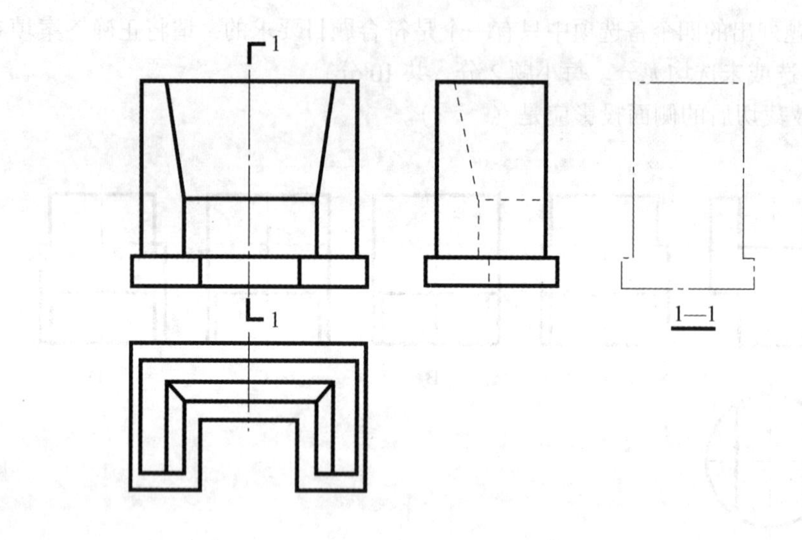

后　　记

《土木工程制图自学考试大纲》是根据高等教育自学考试房屋建筑工程专业考试计划的要求制定的。

《土木工程制图自学考试大纲》提出初稿后，由全国考委土木水利矿业环境类专业委员会组织专家在西安理工大学召开了审稿会，并根据审稿意见作了认真修改。嗣后，由土木水利矿业环境类专业委员会审定通过。

本大纲由丁建梅教授负责编写。参加审稿并提出修改意见的有西北工业大学高满屯教授、太原理工大学董黎君教授、南昌航空大学储珺教授。

对参加本大纲编写、审稿的各位专家表示诚挚的感谢！

全国高等教育自学考试指导委员会
土木水利矿业环境类专业委员会
2014 年 7 月

全国高等教育自学考试指定教材

房屋建筑工程专业（专科）

土木工程制图

全国高等教育自学考试指导委员会　组编

编 者 的 话

为适应土木工程专业发展及培养工程技术人员的需要，根据国家教育部高等教育司 **2004** 年颁布的“普通高等院校工程图学课程教学基本要求”的精神，按照自学考试“培养应用型、职业型人才为主，同时兼顾社会文化需要”的培养目标要求，以最新的国家技术制图标准和建筑制图标准为指导性文件，并结合多年教学实践编写而成本书。全书把画法几何、制图基础、专业制图、计算机绘图四部分重新整合。其中，画法几何部分主要讲述图示的基本理论和方法；制图基础部分介绍了物体的表达方法和绘图的基本技能，以及相关的最新国家标准；专业制图部分介绍了“房屋建筑施工图”、“结构施工图”、“桥隧涵工程图”、“水利水电工程图”的图示特点及绘制的方法和步骤，采用了相关的最新国家标准；计算机绘图部分主要介绍 AutoCAD 绘图软件的基本功能和绘制土木工程图样的方法和步骤。画法几何、制图基础和计算机绘图三部分是土木工程类各专业的必修内容；专业制图部分，可根据考生所学专业的不同，选学相关内容。

为便于考生自学，本书各章前都给出了本章的学习目标、教师导读、建议学时、重点和难点。在内容方面，本着“理论知识以必需、够用为度”的原则，删除或削弱了与制图实践关系并不密切的投影理论，力求删繁就简，突出大纲的基本要求。建立以发展读者空间想象能力、形体表达能力和独立工作能力为核心的编写体系，注重解决“是什么、用什么、怎么应用”的问题，强调基础性（基本理论、基本知识和基本方法），突出实用性、实践性、技能性内容的阐述。突出工程形体的教与学，强调形体分析和投影分析能力的训练，建立与后续课程的密切联系；注重吸取工程技术界的成果，为读者展示富有时代特色的工程实例。在文字叙述方面，力求文理通顺、深入浅出、图文并茂。对于复杂的例图，绘有步骤图，以便读者理解和阅读。对于需用模型助学的空间概念和题例，本书都给出了立体轴测图，以帮助初学者建立空间概念，解决自学者没有模型的困难，本书除作为自学考试教材之外，还可作为工科院校相关专业的教材和土木工程技术人员的参考书。

为紧密配合本教材的自学，我们编写了与本教材配套的《土木工程制图习题集》，同时由武汉大学出版社出版。

本教材由东北林业大学丁建梅主编，全书由丁建梅统稿。具体编写人员有东北林业大学丁建梅、巩翠芝、马大国、张兴丽，哈尔滨工业大学吴雪梅、王迎，武汉大学张竞，大连民族学院昂雪野、王振。具体分工为：丁建梅（编者的话、第五章、第八章、第十二章、第十四章），张兴丽（第一章），马大国（第二章），王迎（第三章），巩翠芝（第四章、第九章），吴雪梅（第六章、第七章），昂雪野（第十章），王振（第十一章），张竞（第十三章）。

本书承蒙西北工业大学高满屯教授、南昌航空大学储珺教授、太原理工大学董黎君教授审阅，他们认真细致地审阅了全书，并提出许多十分宝贵的修改意见和建议，在此表示衷心感谢。

本书的编写难免存在缺点和错误，恳请使用本书的教师和学生及广大读者给予批评指正。

编 者

2014 年 7 月

绪　论

一、土木工程制图的性质和目的

工程制图是工科技术基础课程，是建立工程概念、培养空间思维能力、培养图形表达能力的课程，土木工程制图是土建类各专业必修的一门主干技术基础课。

在生产实践中，无论是建造房屋、修路架桥，还是制造机器、安装设备，都需要依照图样进行设计、施工或生产。图样不仅用来表达设计者的设计意图，也是指导实践、研究问题、交流经验的主要技术文件，因而，图样被喻为工程界的“技术语言”。若不懂这种“技术语言”，则好似技术界的“文盲”。本课程的教学目的就是教读者如何掌握这种“技术语言”，即通过学习图示理论与方法，掌握绘制和阅读工程图样的技能。

二、土木工程制图的内容与研究对象

土木工程制图主要包括画法几何（点、直线、平面的投影，立体的投影，曲线与曲面及立体表面展开，轴测投影，透视投影，标高投影）、制图基础（制图的基本知识与技能，组合体视图，建筑形体的表示方法）、专业制图（房屋建筑施工图，结构施工图，桥隧涵工程图，水利水电工程图）和计算机绘图四大部分内容，画法几何相当于这门“技术语言”的语法部分，主要研究应用投影原理进行图示和图解空间几何问题的理论与方法，为专业制图提供理论基础。制图基础部分则主要介绍国家制图标准、绘图工具的使用和绘图技巧，以及空间形体的表达方法。专业制图部分则以土建类各专业工程图为主，具体介绍专业图的图示内容与图示特点，是画法几何和制图基础的实施和应用。前三部分的内容关系密切，为计算机绘图奠定了图示基础。现代化工程建设岗位要求当代土木工程类专业学生必须深入了解和熟练掌握计算机绘图知识。这部分主要是介绍 AutoCAD 2012 中的基本绘图、编辑命令以及操作，同时讲解文本标注、尺寸标注、图形输出等内容，为学生掌握现代化绘图技术和学习计算机辅助设计打下坚实的基础。

三、土木工程制图课程的任务

（1）了解现行房屋建筑制图标准和有关专业制图标准。
（2）研究投影的基础理论及基本原理，主要是正投影的基本原理及应用。
（3）掌握绘制和阅读土木工程图的基本知识、基本方法和技能。
（4）培养空间想象、空间构思及其分析表达能力。
（5）培养利用计算机绘图及生成图形的初步能力。
（6）培养严谨细致的工作作风。

四、土木工程制图的学习方法

本课程是一门实践性较强的课程。除了在书本上学习外，主要是通过实践，也就是要完成一系列的习题与制图作业。只有不断地反复实践，才能逐步掌握图示的表达和制图的基本知识与技能。基本功都是练出来的，只有多练、多画，才能熟中生巧。

(1) 学习工程制图，首先要熟悉制图标准中的有关规定，如线型的名称和用途，比例和尺寸的标注规定，图样的画法，各种图样符号的表示内容，各种图例以及各类构、配件的图示规定等。

(2) 学习过程中要能够理论联系实际，将空间几何关系用投影的方法转到平面上，成为平面上的投影图，再从平面回到空间，前者是画图过程，后者是看图过程，要能够在画图和看图的反复过程中自觉地培养和发展空间想象力。

(3) 课后要完成一定量的作业。本课程的作业量相对较多，并且基本上都要经过动脑思考、动手画图，对于完成的每个作业都应该认真理解，反复思考，达到融会贯通。

(4) 对于计算机绘图的学习，要有足够的上机操作时间，总结用计算机绘图的组合技巧，反复认真地练习，只有达到一定量的积累，才能在操作中游刃有余。

(5) 工程图样是施工的依据，图中每一条线、每一个字都表示一定的意义。如果弄错，不仅给施工带来困难，而且甚至还会造成经济损失。所以，学习绘制工程图，从一开始就要严格要求自己，要养成认真负责、严谨细致的良好习惯。

五、本课程与相关课程的链接

土建类专业的学生在学习专业基础课和专业课之前，必须掌握正投影法的基本理论和制图的基本知识及技能，并具有绘制和阅读土木工程图样的基本能力，为学习专业课乃至以后的工作打好阅读和绘制图样的基础。土木工程图样涉及的专业知识面较广，要在本课程中解决绘制和阅读全部问题是不可能的，必须在掌握本课程内容的基础上，在通过后续课程的学习及生产实习、课程设计和毕业设计等实践教学环节的训练后，继续培养和提高，才能最终具备阅读和绘制土木工程图样的能力。

本课程（特别是教材第二、三、四章基础部分，经常用到初等几何的一些定理和作图方法等基础知识。因此，在学习本课程之前，必须具备初等几何，特别是立体几何的基本知识。

第一章　制图的基本知识与技能

◎自学时数

4 学时

◎教师导学

通过学习本章内容，使读者在了解常用绘图工具使用技巧的基础上，能按国家标准正确地绘制图样，在辅导学生学习时，应注意以下几点：

(1) 能正确使用绘图工具和仪器，掌握常用的几何作图方法，做到作图准确、图线分明、字体工整、图面整洁。掌握平面图形的尺寸分析和标注方法。掌握有关制图标准的基本规定。为以后各章节奠定绘图基础。

(2) 本章的重点是绘图工具的使用和掌握制图标准。

(3) 本章的难点是能协调地使用各种绘图工具，根据比例能正确抄绘图样。

(4) 通过本章的学习，学生应掌握用绘图仪器绘平面图样的一般方法和步骤。

学习土木工程制图，必须掌握制图工具、仪器的正确用法，并通过练习逐步熟练起来，这样才能保证绘图质量，提高绘图速度。

第一节　制图标准的基本规定

制图是投影法理论在工作实践中的应用，制图的基本知识是工程技术人员准确、快速绘制工程图样必备技能。

一、图纸幅面及规格

1. 图纸幅面及规格

图纸幅面是指制图所用图纸的幅面。为了合理使用图纸，便于装订和管理，绘制技术图样时，应优先采用表 1-1 所规定的基本幅面。必要时，也允许选用表 1-2 所规定的加长幅面，图纸的短边一般不应加长，长边可加长。

表 1-1　**幅面及图框尺寸**　(单位：mm)

尺寸代号 \ 幅面代号	A0	A1	A2	A3	A4
$b \times l$	841×1189	594×841	420×594	297×420	210×297
c	10			5	
a	25				

表 1-2　　**图纸长边加长尺寸**　　（单位：mm）

幅图尺寸	长边尺寸	长边加长后尺寸
A0	1189	1486　1635　1783　1932　2080　2230　2378
A1	841	1051　1261　1471　1682　1892　2102
A2	594	743　891　1041　1189　1338　1486　1635　1783　1932　2080
A3	420	630　841　1051　1261　1471　1682　1892

注：有特殊需要的图纸，可采用 $b \times l$ 为 841mm×891mm 或 1189mm×1261mm 的幅面。

图纸分为横式和立式两种形式。图纸以短边作为垂直边称为横式，如图 1-1 所示；以短边作为水平边称为立式，如图 1-2 所示。A0～A3 图纸宜横式使用；必要时，也可立式使用。

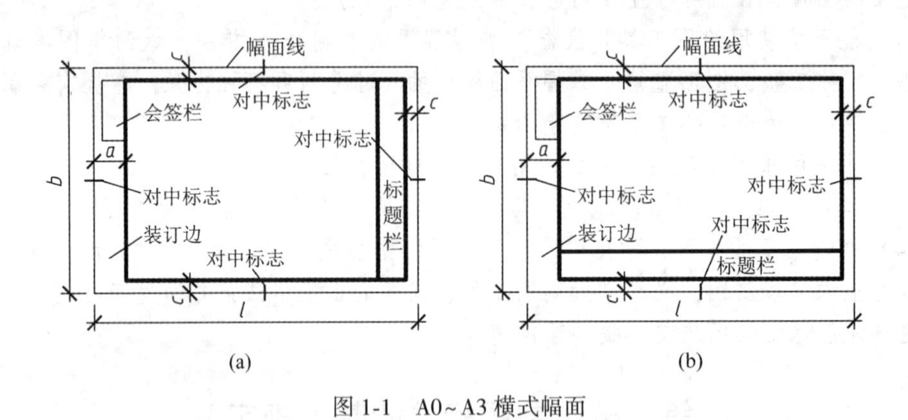

图 1-1　A0～A3 横式幅面

为了使图样复制和微缩时定位方便，对于各种幅面的图纸，均应在图纸各边的中点处分别画出对中标志，如图 1-1、图 1-2 所示。

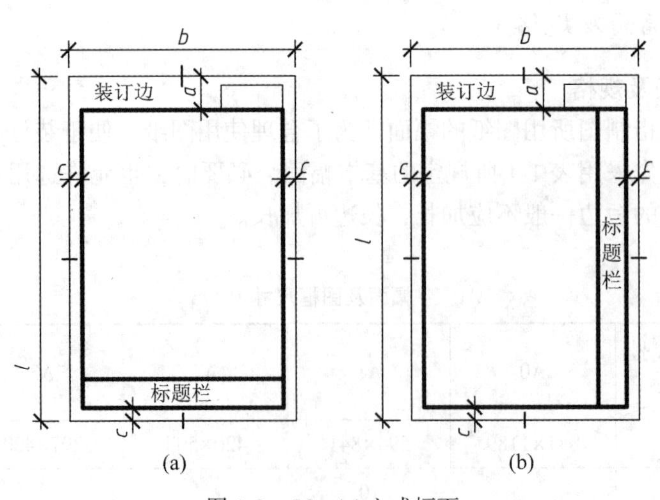

图 1-2　A0～A4 立式幅面

2. 标题栏

不论图纸是横式还是立式，图纸都应有标题栏。标题栏形式如图 1-3 所示。标题栏中的文字方向为看图方向。标题栏的格式及内容一般由设计单位自定，但其所包含的内容基本一致。

签字栏包括实名列和签名列，并应符合下列规定：

（1）涉外工程的标题栏内，各项主要内容的中文下方应附有译文，设计单位的上方或左方应加“中华人民共和国”字样；

（2）在计算机制图文件中使用电子签名与认证时，应符合国家有关电子签名法的规定。

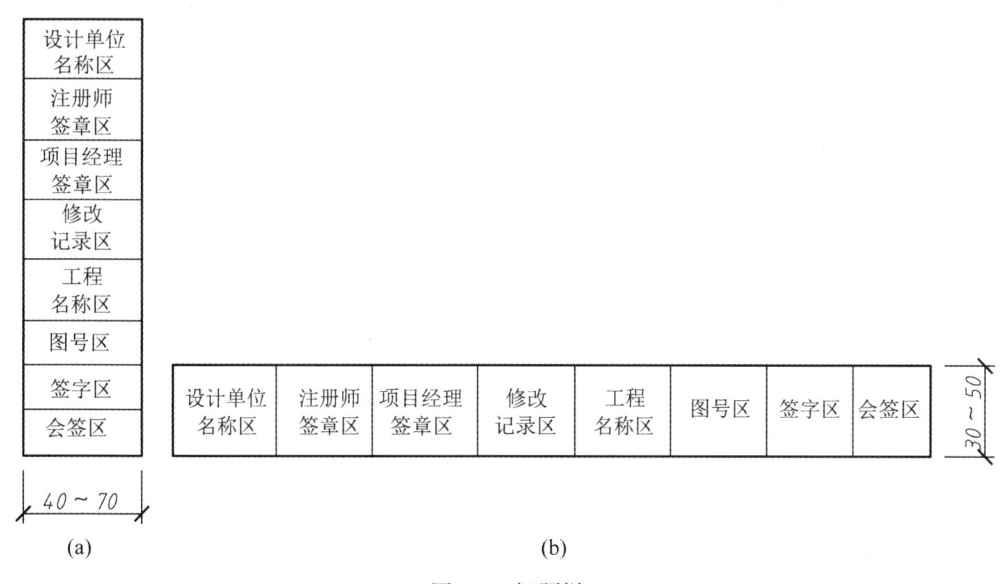

图 1-3　标题栏

二、图线

1. 图线的种类和用途

在工程制图中，应根据所绘图样的不同，选用不同的线型和不同粗细的图线，每种图线分为粗、中粗、中、细四种不同的线宽。图线的基本线宽用 b 表示，宜从下列线宽系列中选取：1.4、1.0、0.7、0.5、0.35、0.25、0.18、0.13（单位：mm）。图线的种类有实线、虚线、点画线、双点画线、折断线、波浪线等，其用途如表 1-3 所示，各种图线在楼梯平面图中的用法如图 1-4 所示。在同一图样中，同类图线的宽度应一致。

每张图样，应根据复杂程度与比例大小，先选定基本线宽 b，再选取表 1-4 中相应的线宽组。当粗线 b 确定之后，则与 b 相关联的中粗线、中线、细线也随之确定下来。

表 1-3　　图线的种类及用途

名称		线型	线宽	一般用途
实线	粗		b	主要可见轮廓线
	中粗		$0.7b$	可见轮廓线
	中		$0.5b$	可见轮廓线、尺寸线、变更云线
	细		$0.25b$	图例填充线、家具线
虚线	粗		b	见各有关专业制图标准
	中粗		$0.7b$	不可见轮廓线
	中		$0.5b$	不可见轮廓线、图例线
	细		$0.25b$	图例填充线、家具线
点画线	粗		b	见各有关专业制图标准
	中		$0.5b$	见各有关专业制图标准
	细		$0.25b$	中心线、对称线、轴线等
双点画线	粗		b	见各有关专业制图标准
	中		$0.5b$	见各有关专业制图标准
	细		$0.25b$	假想轮廓线、成型前原始轮廓线
折断线			$0.25b$	断开界线
波浪线			$0.25b$	断开界线

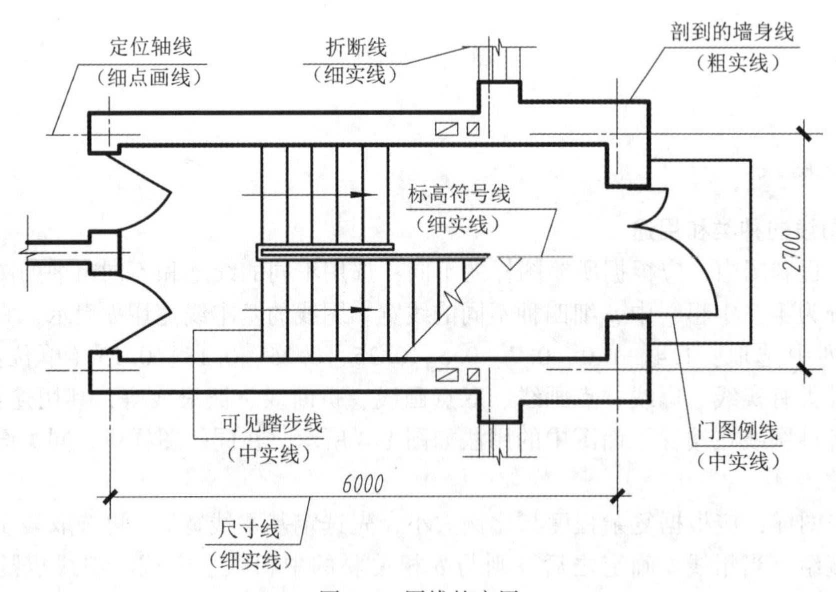

图 1-4　图线的应用

表 1-4　　　　　　　　　　**线　宽　组**　　　　　　　　　（单位：mm）

线宽比	线　宽　组			
b	1.4	1.0	0.7	0.5
$0.7b$	1.0	0.7	0.5	0.35
$0.5b$	0.7	0.5	0.35	0.25
$0.25b$	0.35	0.25	0.18	0.13

注：1. 需要微缩的图纸，不宜采用 0.18mm 及更细的线宽；
2. 同一张图之内，各不同线宽中的细线，可统一采用较细线宽组的细线。

2. 图线的画法和要求

（1）绘制图线时，应用力一致、速度均匀，线条应达到光滑、圆润、浓淡一致的要求。

（2）虚线、点画线或双点画线的线段长度和间隔应保持一致。如图 1-5 所示。

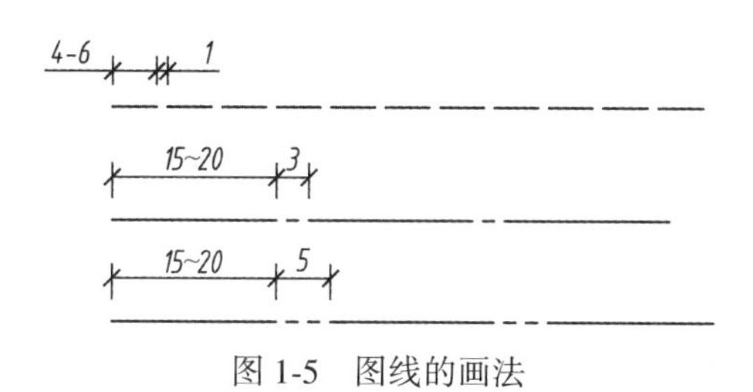

图 1-5　图线的画法

（3）虚线是粗实线的延长线时，粗实线应画到分界点，虚线应留 1mm 空隙后再画线，如图 1-6（a）所示。圆弧虚线与直线虚线相切时，圆弧虚线应画至切点处，留 1mm 空隙后再画虚线的直线段，如图 1-6（b）所示。

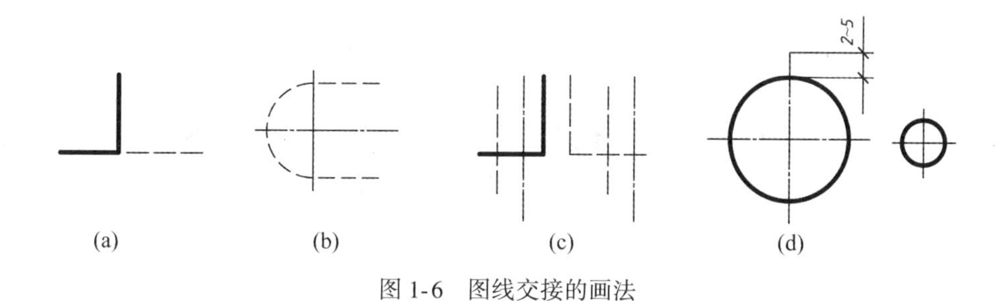

图 1-6　图线交接的画法

（4）虚线与虚线、点画线与点画线、虚线及点画线与其他线段相交时，必须是线段相交，不应在间隔内或点处相交，如图 1-6（c）所示。

（5）点画线或双点画线的起止端不应是点。点画线与圆轮廓线相交时，圆心应为点画线的线段交点，点画线应超出轮廓线 2~5mm，且首尾应是线段。在较小的图形上绘制点画线或双点画线有困难时，可用细实线代替，如图 1-6（d）所示。

三、字体

工程图纸上常用的文字有汉字、阿拉伯数字、拉丁字母和特殊符号，有时也用罗马数字、希腊字母。

国家标准规定工程图中字体应做到：笔画清晰、字体端正、排列整齐；标点符号应清楚正确。制图中规定字体高度（用 h 表示）即为其字号，如高为 5mm 的字体就是 5 号字，常用的字号有：2.5、3.5、5、7、10、14、20 等。如需要书写更大的字，其字体高度应按$\sqrt{2}$的比率递增，其字宽一般为$h/\sqrt{2}$。徒手书写汉字高度 h 不得小于 3.5mm。

1. 汉字

图样及说明中的汉字应写成长仿宋体或黑体，同一图纸字体种类不应超过两种，并采用国家正式公布推行的《汉字简化方案》规定的简化字。长仿宋体的书写要领是：横平竖直，起落有锋，结构匀称，填满方格，如图 1-7 所示。

房屋建筑制图统一标准图纸幅面规格

编排顺序结构标准工业与民用市政给排水采暖道路桥梁

平立剖面详图结构施工说明书校核比例长宽高厚度钢筋混凝土楼梯基础

图 1-7　长仿宋体字示例

书写长仿宋体字时，特别要注意起笔、落笔、转折和收笔，务必做到干净利落，笔画不可有歪曲、重叠和脱节等现象，同时要按照整字结构类型的特点，灵活地调整笔画间隔，以增强整字的匀称和美观，长仿宋体字形结构如图 1-8 所示。

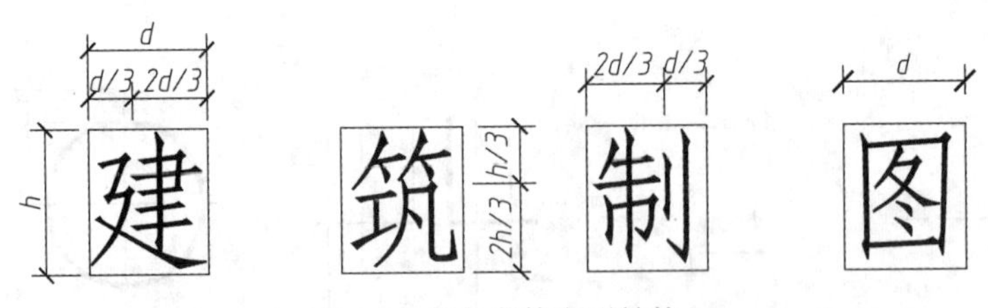

图 1-8　长仿宋体字形结构

2. 阿拉伯数字和拉丁字母

阿拉伯数字和拉丁字母均有斜体和直体两种，斜体字字头向右倾斜，与水平线成 75°角。字母和数字分为 A 型和 B 型。A 型字体的笔画较细，笔画宽度（b）为字高（h）的 1/14；B 型字体的笔画较粗，笔画宽度为字高的 1/10。在同一张图样上只允许选用一种形式的字体。一般书写多采用斜体。

在工程图中，当拉丁字母、阿拉伯数字与罗马数字要与汉字同行书写时，其字高应比汉字小一号，并宜采用直体字，拉丁字母、阿拉伯数字或罗马数字的字高应不小于 2. 5mm。数字和字母的书写样式如图 1-9 所示。

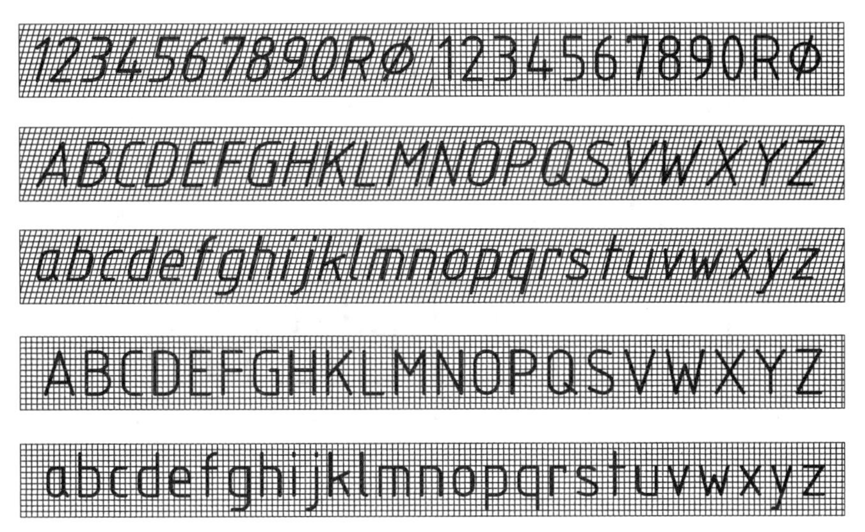

图 1-9　数字和字母的书写样式

四、比例

比例是指图样中图形与其表达的实物相应要素的线性尺寸之比。绘制图样时，应根据图样的用途和被表示物体的复杂程度，优先选用表 1-5 中的常用比例，特殊情况下，允许选用可用比例。

表 1-5　**绘 图 比 例**

常用比例	1∶1	1∶2	1∶5	1∶10	1∶20	1∶30	1∶50		
	1∶100	1∶150	1∶200	1∶500	1∶1000	1∶2000			
	1∶5000	1∶10000	1∶20000	1∶50000	1∶100000	1∶200000			
可用比例	1∶3	1∶4	1∶6	1∶15	1∶25	1∶30	1∶40	1∶60	1∶80
	1∶250	1∶300	1∶400	1∶600					

比例分为原值比例、放大比例和缩小比例三种。原值比例，即比值为 1 的比例，标记为 1∶1；放大比例，即比值大于 1 的比例，标记为 2∶1 等；缩小比例，即比值小于 1 的比例，标记为 1∶2 等。

当同一张图纸中大多数图采用同一种比例时，一般将该比例写在图纸的标题栏内。少数不同的比例则应单独注明。单独注明比例可注写在图名的下方或右侧，比例标注在右侧时字的基准线应取平；比例的字高应比图名的字高小一号或二号，如图 1-10 所示。

平面图 1:100　　⑥ 1:200

图 1-10　比例的注写

注意，无论采用何种比例，图中所注尺寸均应是物体的实际尺寸，尺寸与所选比例无关，如图 1-11 所示。

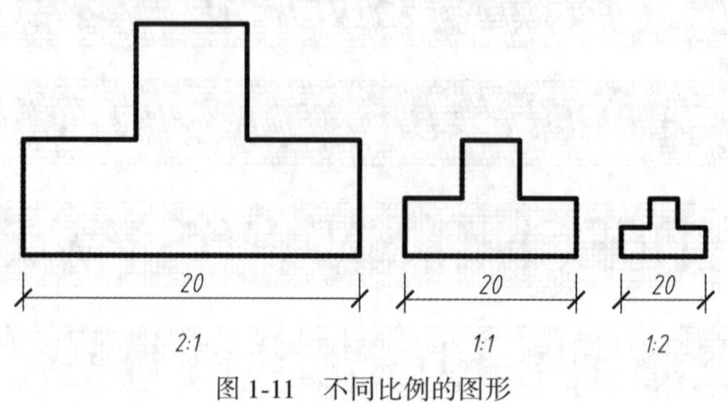

图 1-11　不同比例的图形

五、尺寸标注

在工程图样中，除了按比例画出建筑物或构筑物的形状外，还必须标注出完整的实际尺寸，因图样只能表示物体的形状，其大小及各组成部分的相对位置是通过尺寸标注来确定的。

1. 尺寸的组成

一个完整的尺寸包括尺寸界线、尺寸线、尺寸起止符号和尺寸数字，如图 1-12 所示。

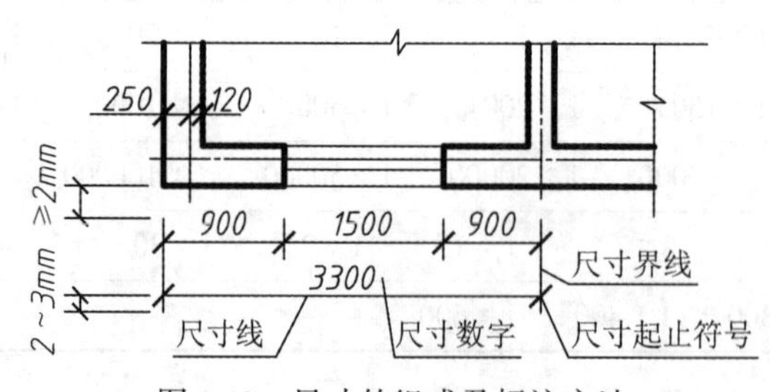

图 1-12　尺寸的组成及标注方法

1）尺寸界线

尺寸界线用细实线绘制，与被标注长度垂直，其一端应离开图样轮廓线不小于 2mm，必要时，图样轮廓线、中心线可作尺寸界线，如图 1-12 所示。

2）尺寸线

尺寸线也用细实线绘制，且与被注长度平行，与尺寸界线相接，尺寸界线一般超过尺寸线 2~3mm。尺寸线必须单独画出，不能与图样中的任何图线重合，也不能是任何图线的延长线，如图 1-12 所示。

3）尺寸起止符号

尺寸线与尺寸界线相交处画尺寸起止符号。尺寸起止符号一般用中粗短线绘制，其倾斜方向应与尺寸界线成顺时针 45°角，长度为 2~3mm。半径、直径、角度与弧长的尺寸起止符号用箭头表示，如图 1-13 所示。

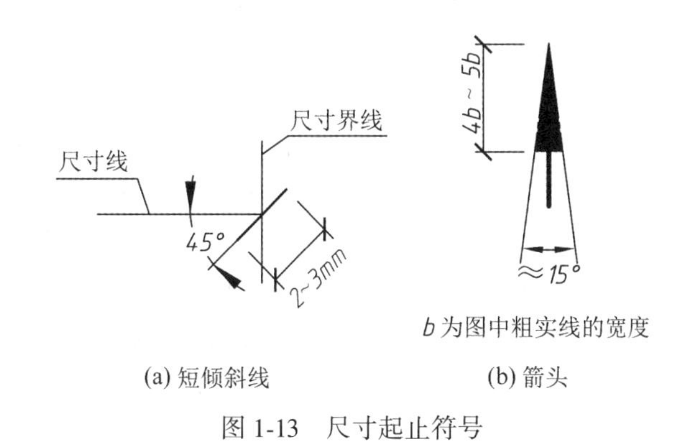

(a) 短倾斜线　　(b) 箭头

图 1-13　尺寸起止符号

4）尺寸数字

尺寸数字必须用阿拉伯数字书写。图样上的尺寸，除标高在总平面图以米（m）为单位外，其他均以毫米（mm）为单位，字高一般是 3. 5mm。尺寸数值是物体实际大小的尺寸，它与画图所用的比例无关。毫米是图样上的公称尺寸单位，以毫米为单位绘的图形只需标出尺寸数值即可，不需要特别指明单位是毫米。

尺寸数字一般写在尺寸线的中部。水平方向的尺寸，尺寸数字要写在尺寸线的上面，字头朝上；竖直方向的尺寸，尺寸数字应写在尺寸线的左侧，字头朝左；倾斜方向的尺寸，尺寸数字的方向应按图 1-14（a）所示的规定书写，尺寸数字尽量避免在 30°斜线范围内书写，不能避免时，可标注为如图 1-14（b）所示的形式。

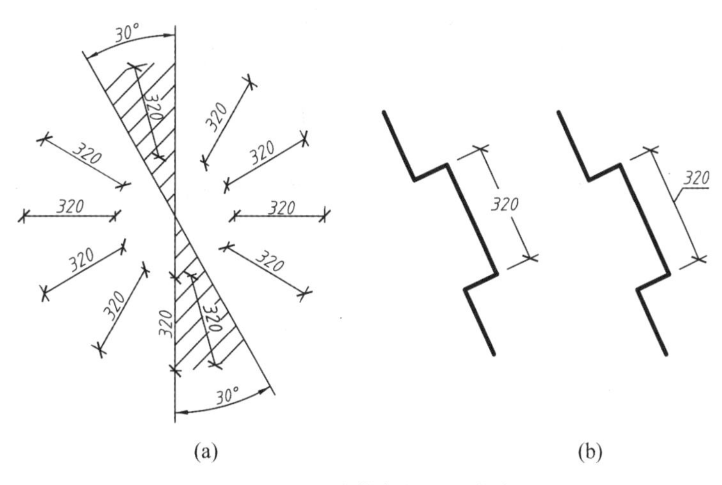

(a)　　(b)

图 1-14　尺寸数字的注写方向

尺寸数字如果没有足够的注写位置时，两边的尺寸可以注写在尺寸界限的外侧，中间相邻的尺寸可以错开注写，如图 1-15 所示。

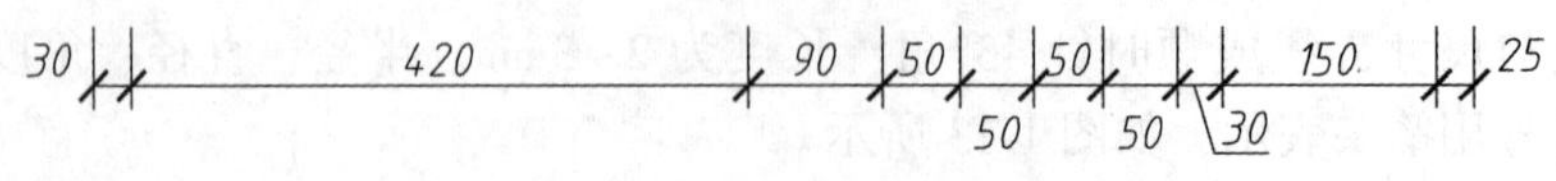

图 1-15　尺寸数字的注写位置

5）尺寸排列与布置

（1）尺寸一般应标注在图样轮廓以外，尺寸数字不能与任何图线、文字及符号等相交，当不可避免时，应将通过尺寸数字的图线断开。同一张图纸上，尺寸数字字号大小应相同。

（2）互相平行的尺寸线，应从被注写的图样轮廓线由近向远整齐排列，较小尺寸应离轮廓线较近，较大尺寸应离轮廓线较远，如图 1-12 所示。

（3）图样轮廓以外的尺寸线，距图样最外轮廓之间的距离，不宜小于 10mm。平行排列的尺寸线的间距，宜为 7～10mm，并保持一致，如图 1-12 所示。

2. 常见尺寸标注形式

1）圆及圆弧尺寸标注

标注圆或大于半圆的圆弧时，尺寸线应通过圆心，以圆周为尺寸界线，其尺寸线终端采用箭头形式，尺寸数字前加注直径符号“ϕ”；标注小于或等于半圆的圆弧时，尺寸线自圆心引向圆弧，只在尺寸线与圆弧相交的端部画一个箭头，数字前加注半径符号“R”，如图 1-16 所示。当圆弧半径过大或在图纸范围内无法标出其圆心位置时，可按图 1-17（a）所示标注；若圆心位置不需注明，则可按如图 1-17（b）所示标注。

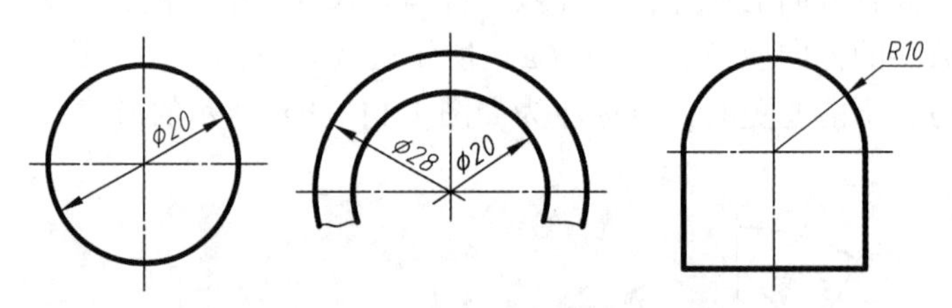

图 1-16　圆、圆弧尺寸标注方法

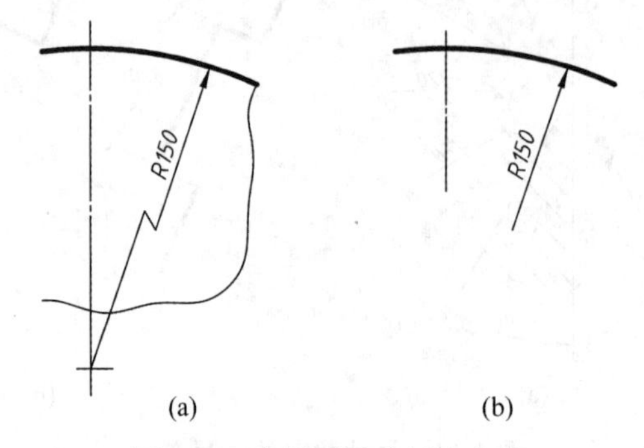

图 1-17　大圆弧尺寸标注方法

2）球面尺寸标注

标注球面的直径或半径尺寸时，应在符号“ϕ”或“R”前再加注符号“S”，如图1-18所示。

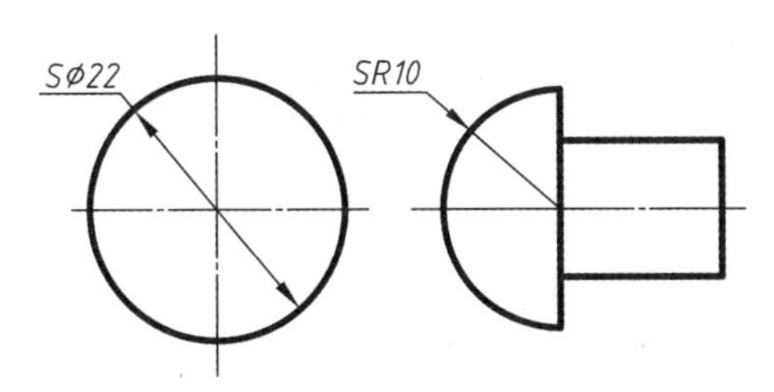

图1-18　球面尺寸标注方法

3）角度尺寸标注

角度尺寸的尺寸界线应沿径向引出，尺寸线应画成圆弧，圆心是角的顶点，角的两条边为尺寸界线。起止符号应以箭头表示，如没有足够位置画箭头，可用圆点代替，角度数字一律水平标注，如图1-19所示。

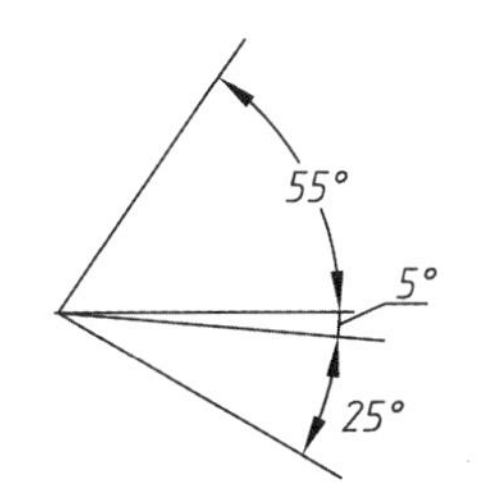

图1-19　角度尺寸标注方法

4）弦长、弧长尺寸标注

标注圆弧的弦长时，尺寸线以平行于该弦的直线表示，尺寸界线垂直于该弦，起止符号用短斜线表示，如图1-20（a）所示。

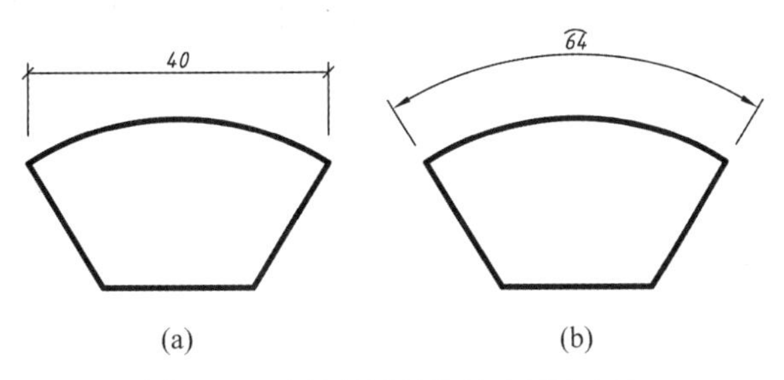

图1-20　弦长和弧长的尺寸标注方法

标注圆弧的弧长时，尺寸线以与该圆弧同心的圆弧表示，尺寸界线沿圆弧径向过圆弧端点引出，起止符号用箭头表示，弧长的数字上方应加注圆弧符号，如图1-20（b）所示。

5）小尺寸标注

当尺寸界线之间没有足够位置画箭头及注写数字时，可按如图 1-21 所示形式标注。

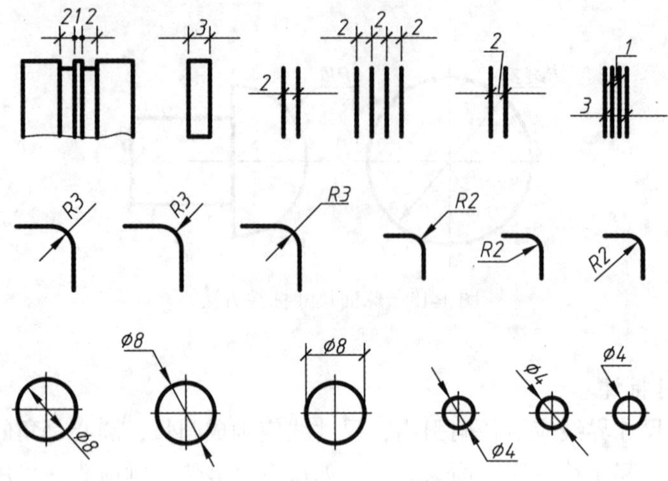

图 1-21　小尺寸标注方法

6）薄板厚度、正方形、坡度、非圆曲线等尺寸标注

（1）在薄板板面标注板厚尺寸时，应在厚度数字前加厚度符号“*t*”，如图 1-22 所示。

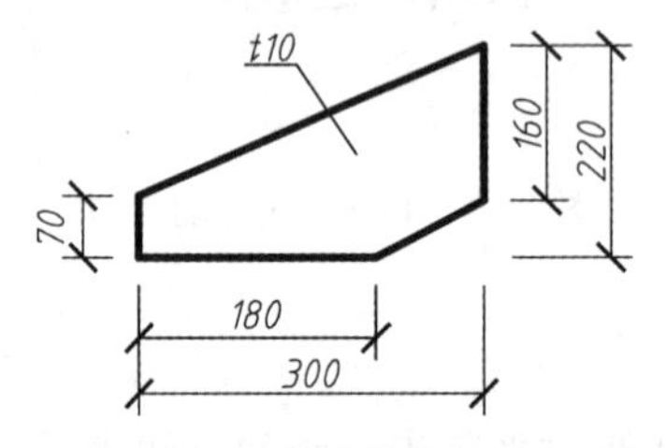

图 1-22　薄板厚度的标注方法

（2）标注正方形的尺寸，可用“边长×边长”的形式，也可在边长数字前加正方形符号“□”表示，如图 1-23 所示。

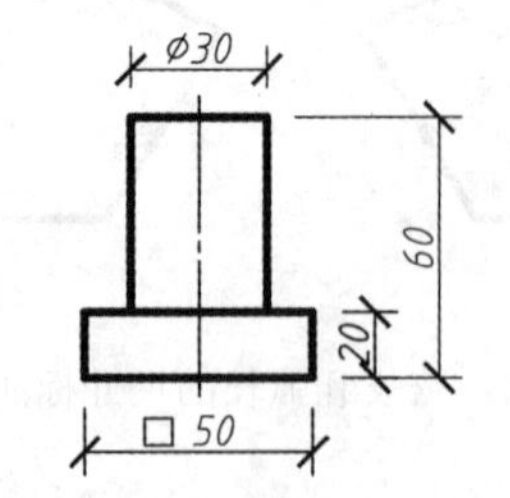

图 1-23　正方形尺寸标注方法

（3）标注坡度时，应加注坡度符号“ ”，该符号为单面箭头，箭头应指向下坡方向，如图 1-24（a）、（b）所示。坡度也可用直角三角形形式标注，如图 1-24（c）所示。

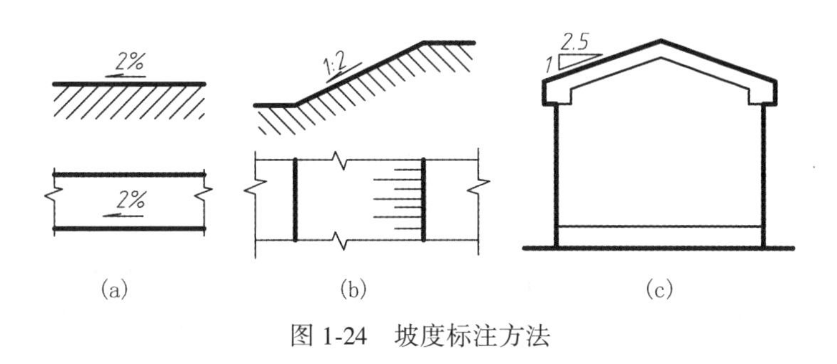

图 1-24　坡度标注方法

（4）外形为非圆曲线的构件时，可用坐标形式标注尺寸，如图 1-25 所示。

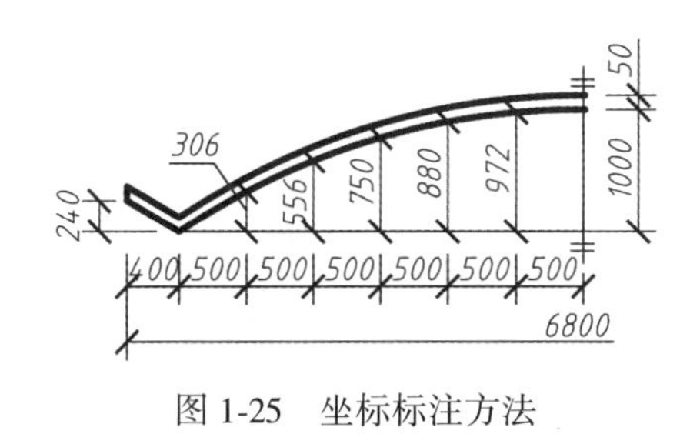

图 1-25　坐标标注方法

（5）对复杂的图形，可用网格形式标注尺寸，如图 1-26 所示。

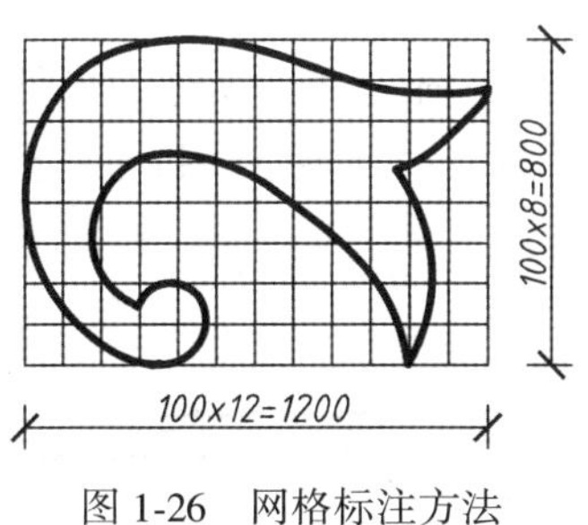

图 1-26　网格标注方法

7）尺寸的简化标注

（1）杆件或管线的长度，在单线图尺寸（桁架简图、钢筋简图、管线简图）上，可直接将尺寸数字沿杆件或管线的一侧标注，如图 1-27 所示。

（2）连续排列的等长尺寸，可用“等长尺寸×个数＝总长”或“个数等分＝总长”的形式标注，如图 1-28 所示。

（3）构配件内的构造因素（如孔、槽等）如相同，可仅标注其中一个要素的尺寸。如图 1-29 所示，图中有 6 个直径相同分布均匀的圆，统一标注为“6ϕ40”。

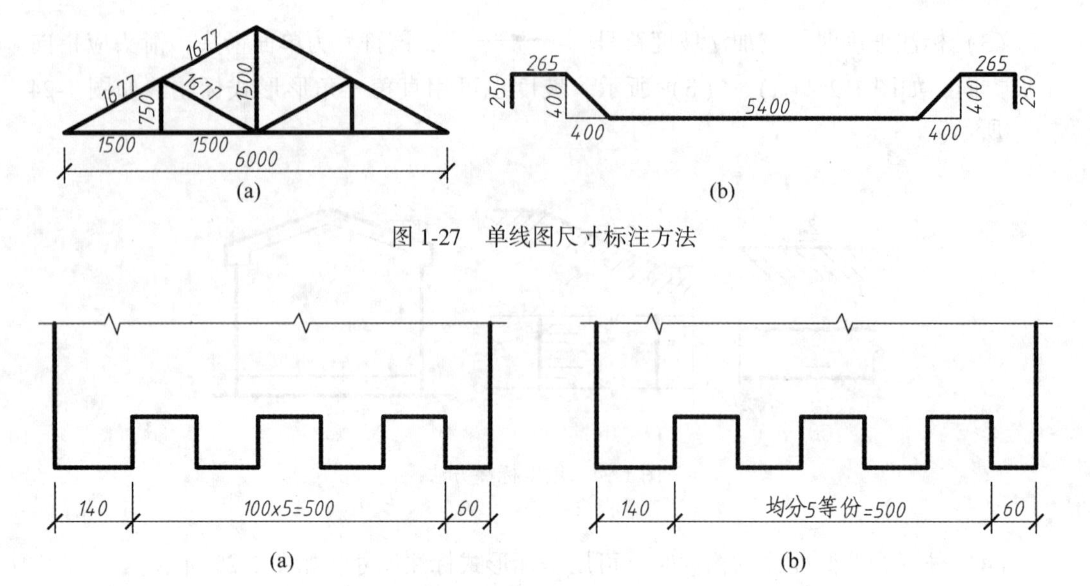

图 1-27　单线图尺寸标注方法

图 1-28　等长尺寸简化标注方法

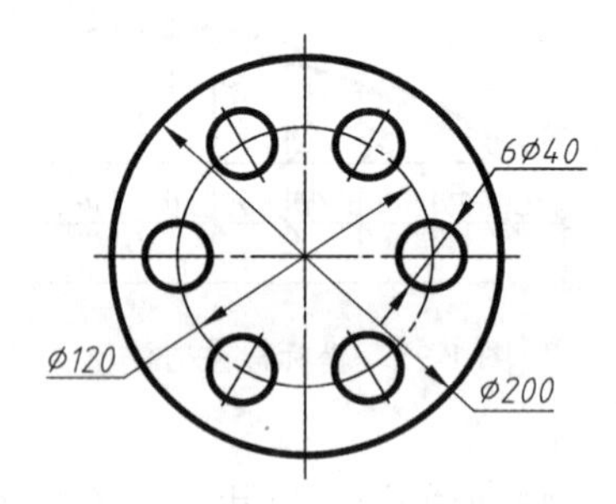

图 1-29　相同要素尺寸标注方法

（4）对称构配件采用对称省略画法时，该对称构件的尺寸线应略超过对称符号，仅在尺寸线的一端画尺寸起止符号，尺寸数字应按整体全尺寸标注，其标注位置宜与对称符号对齐，如图 1-30 所示。

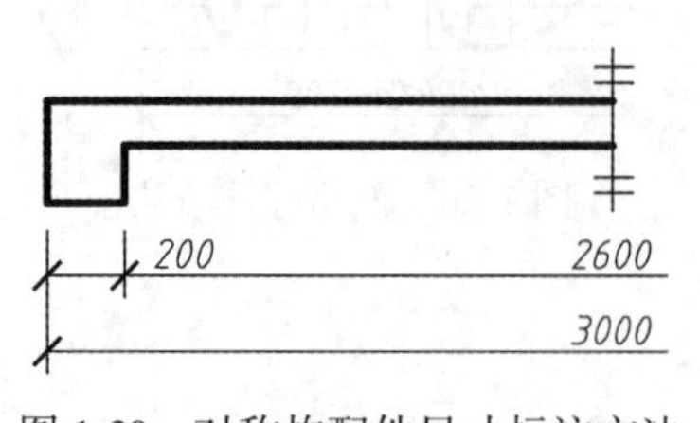

图 1-30　对称构配件尺寸标注方法

（5）两个构配件，如个别尺寸数字不同，可在同一图样中将其中一个构配件的不同尺寸数字标注在括号内，该构配件的名称也应标注在相应的括号内，如图 1-31 所示。

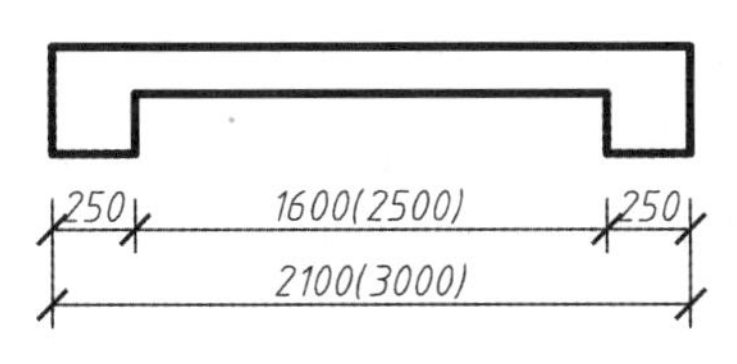

图 1-31　相似构配件尺寸标注方法

(6) 若有数个构配件，如仅某些尺寸不同，这些有变化的尺寸数字可用拉丁字母标注在同一图样中，另列表格写明其具体尺寸，如图 1-32 所示。

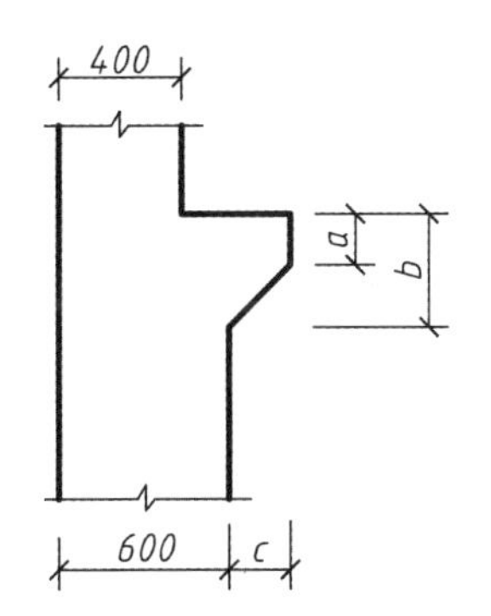

构件编号	a	b	c
Z-1	200	200	200
Z-2	250	450	200
Z-3	200	450	250

图 1-32　相似构配件尺寸表格式标注方法

第二节　绘图工具和仪器的使用方法

为了保证绘图质量、提高绘图速度，必须了解各种绘图工具和仪器的特点，掌握其使用方法。本节主要介绍常用的绘图工具和仪器的使用方法。

一、图板和丁字尺

图板是用来固定图纸的，作为绘图的垫板，图板板面应平整、光滑。尤其是图板的左边，它是丁字尺上下移动的导边，必须保持平直。图板有不同的规格，可根据需要选择。在图板上固定图纸应使用胶带纸，切勿使用图钉，如图 1-33 所示。

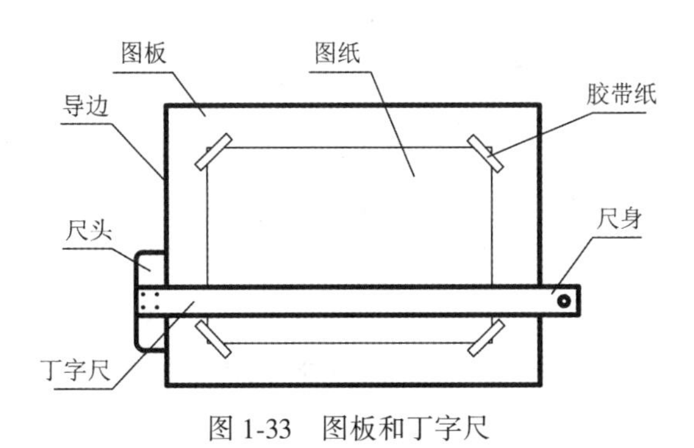

图 1-33　图板和丁字尺

丁字尺与图板配合用来画水平线，它由相互垂直的尺头和尺身两部分构成。使用时，需将尺头紧靠图板左边，然后利用尺身上边画水平线，如图 1-34 所示。

切忌把丁字尺尺头靠在图板的非工作边画线，也不能用丁字尺尺身下边缘画线。

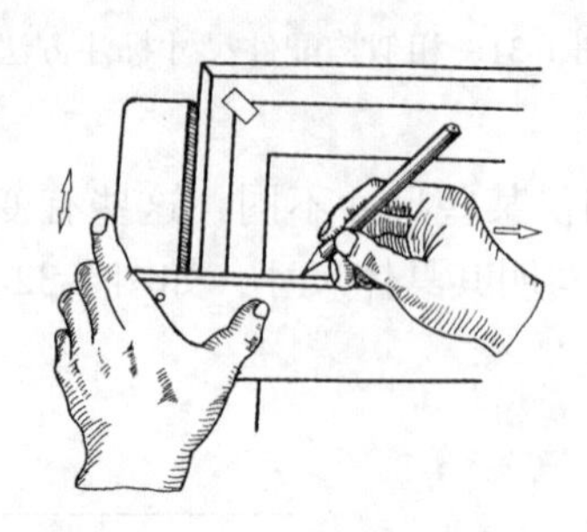

图 1-34　用丁字尺画水平线

二、三角板

三角板主要用于绘制竖直线、相互垂直的直线、相互平行的斜线和特殊角度的斜线。三角板与丁字尺配合可画垂直线及与水平线成 15°整倍数角的倾斜线。两块三角板配合，还可以画已知直线的平行线和垂直线，如图 1-35 所示。

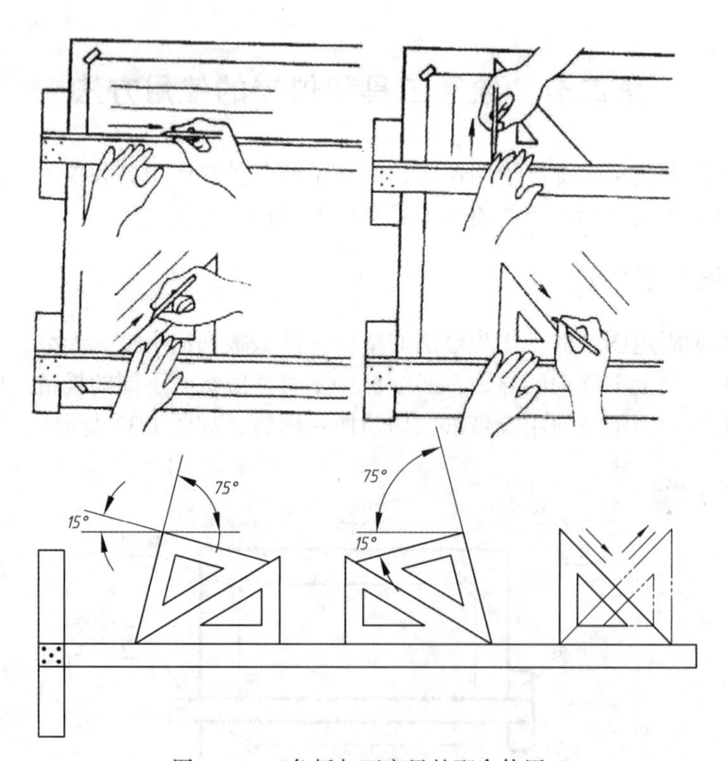

图 1-35　三角板与丁字尺的配合使用

三、分规和圆规

1. 分规

分规用于等分线段或测量线段的长度，如图 1-36 所示为用分规量取线段和试分线段。分规两腿端带有钢针，当两腿合拢时，两针尖应合成一点。

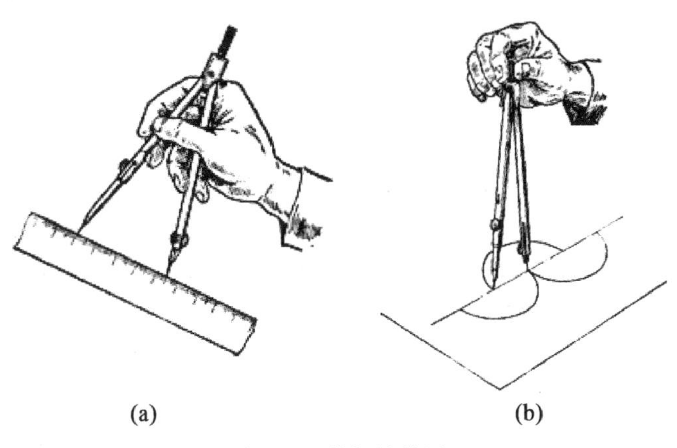

(a)　　　　(b)

图 1-36　分规的使用

2. 圆规

圆规是用来画圆或圆弧的工具。圆规一般配有三种插腿：铅笔插腿、直线笔插腿和钢针插腿（可代替分规用）。在圆规上接一根延伸杆，可用来画大直径的圆或圆弧，如图 1-37 所示。

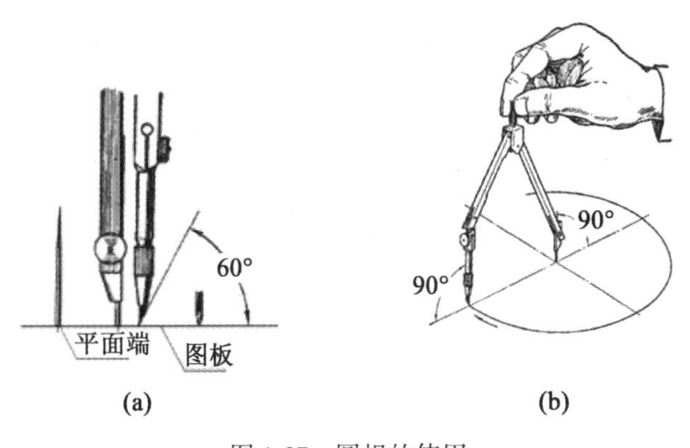

(a)　　　　(b)

图 1-37　圆规的使用

四、铅笔

绘图铅笔一般常用 H、2H、HB 和 B、2B，这些代号分别表示铅芯的硬度。可根据绘制的线型选用不同硬度的铅笔。如画底稿时，选用硬度为 H、2H 的铅笔；描深时，用硬度为 B、2B 的铅笔；写字时，则用硬度为 HB 的铅笔。

铅笔可削成锥形或扁铲形，如图 1-38 所示。锥形适用于画底稿、写字以及画细实线；扁铲形则用于画粗实线。铅笔应从无字一端开始使用，以保留铅芯硬度标志。

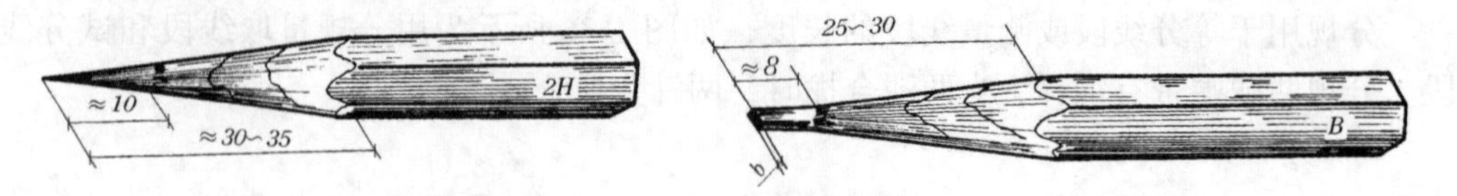

图 1-38　铅笔应削成的形状

五、比例尺

比例尺是按比例画图时度量尺寸的工具。常用的比例尺为三棱柱形，故又称为三棱尺。尺身三个面上刻有六个不同的比例，当用比例尺上已有的比例画图时，可以直接利用尺身刻度量取尺寸，无需进行计算。比例尺上的刻度以毫米（mm）为单位，如图 1-39所示。

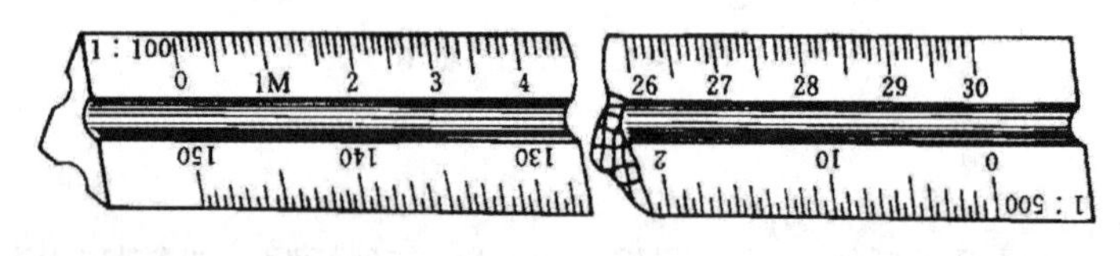

图 1-39　比例尺

六、曲线板

曲线板是用来画非圆曲线的工具。画图时，先将需连接的各点徒手连成光滑的细线，然后在曲线板上选择曲率变化相同的一段曲线，每段至少连三至四个点，两段之间应有重复。如图 1-40 所示。

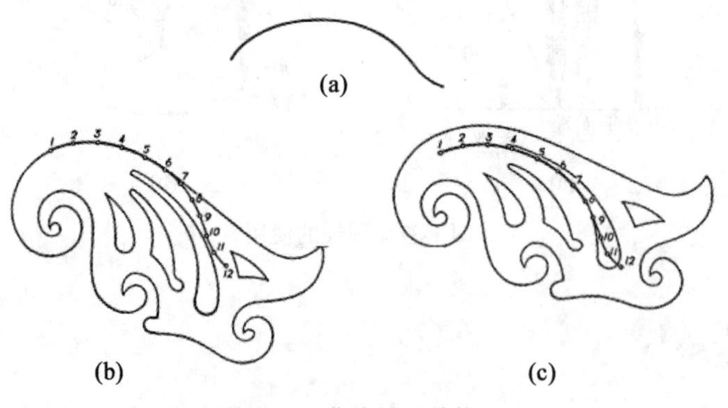

图 1-40　曲线板及其使用

第三节　几何作图

任何工程图样，实际上都是由各种几何图形组合而成的。几何作图是根据已知条件，利用制图工具和仪器把它按几何原理准确地画出来，以确保绘图质量。

一、等分线段

如图 1-41 所示，将线段 *AB* 五等分。

作图步骤为：

（1）过 *A* 点任意作一条线段 *AC*，在 *AC* 上从 *A* 点起以任意长度取 *A*1 = 12 = 23 = 34 = 45 为整数刻度的五等份，得等分点 1、2、3、4、5。

（2）连接 *B*5，分别过等分点 1、2、3、4 作线段 *B*5 的平行线，这些平行线与线段 *AB* 的交点 Ⅰ、Ⅱ、Ⅲ、Ⅳ即为所求的等分点。

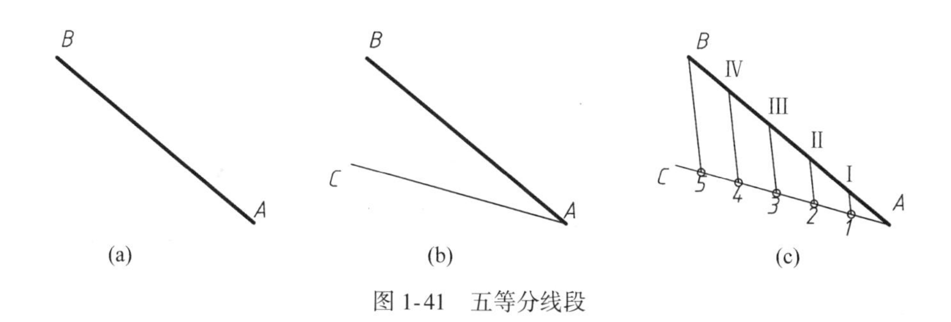

图 1-41　五等分线段

二、等分圆周及作圆内接正多边形

工程上常用的等分圆周和作圆内接正多边形的方法见表 1-6。

表 1-6　**等分圆周及作圆内接正多边形的方法**

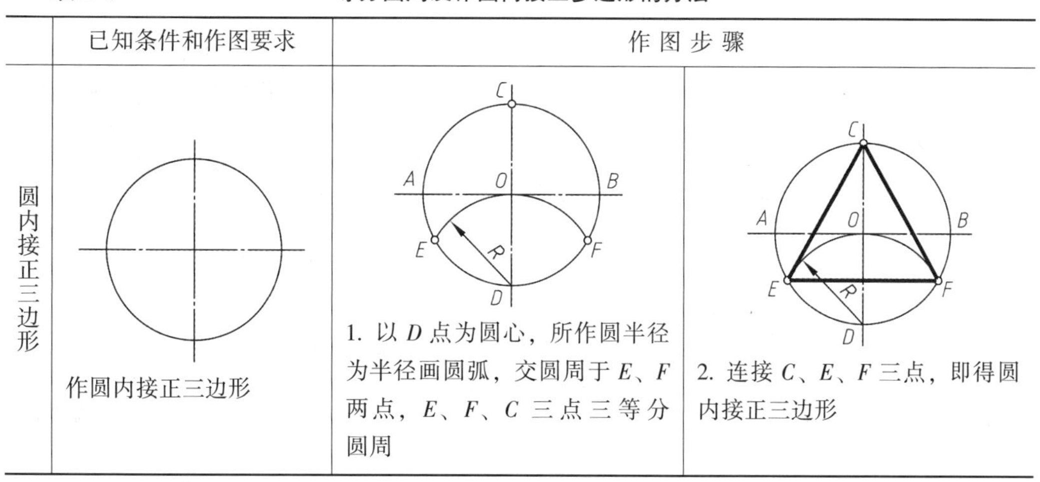

	已知条件和作图要求	作图步骤	
圆内接正三边形	作圆内接正三边形	1. 以 *D* 点为圆心，所作圆半径为半径画圆弧，交圆周于 *E*、*F* 两点，*E*、*F*、*C* 三点三等分圆周	2. 连接 *C*、*E*、*F* 三点，即得圆内接正三边形

续表

	已知条件和作图要求	作图步骤	
圆内接正五边形	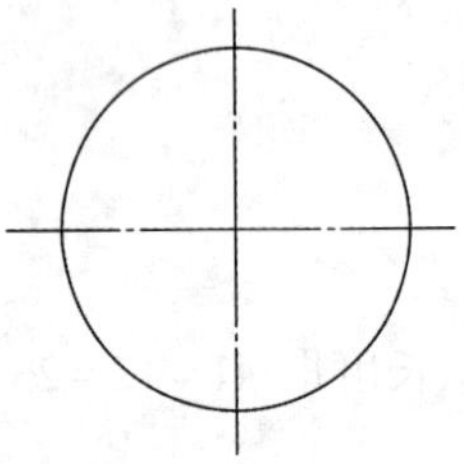 作圆内接正五边形	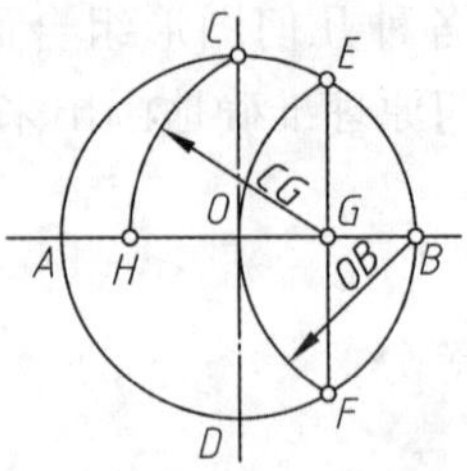 1. 以 B 点为圆心，所作圆半径为半径画圆弧，交圆周于 E、F 两点，连接 EF 与 OB 交于 G 点；以 G 为圆心、CG 为半径画圆弧，交 OA 于 H 点	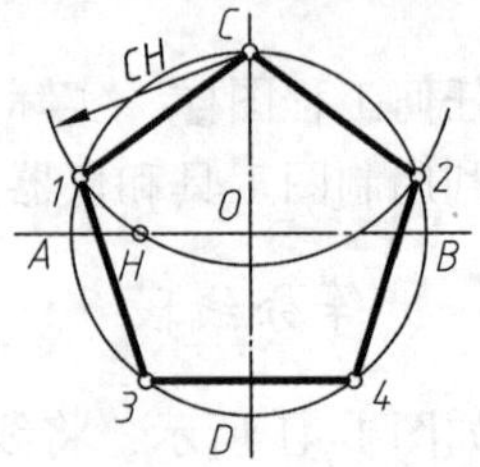 2. 以 C 为圆心、CH 为半径画圆弧，交圆周于 1、2；再分别以 1、2 为圆心，CH 为半径画弧，交圆周于 3、4 两点；C、1、3、4、2 点为等分点，依次连接各点即得圆内接正五边形
圆内接正六边形	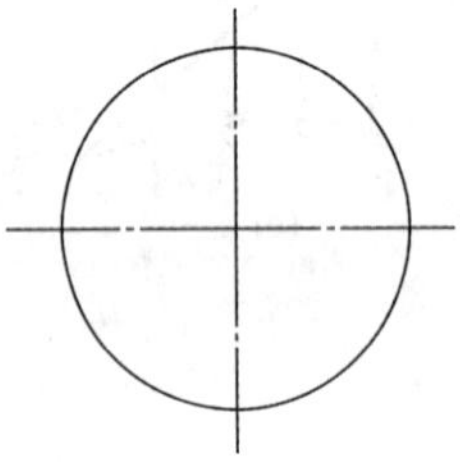 作圆内接正六边形	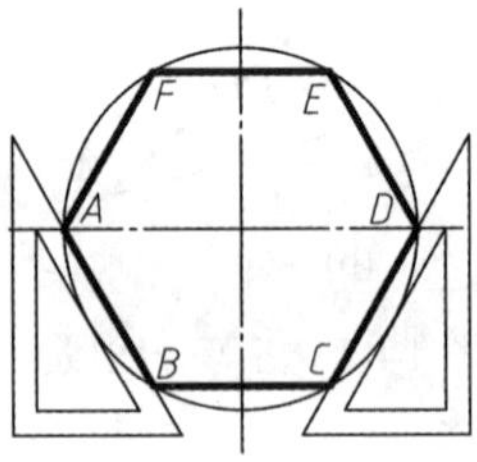 作法一：利用 60°三角板作圆内接六边形，如图所示	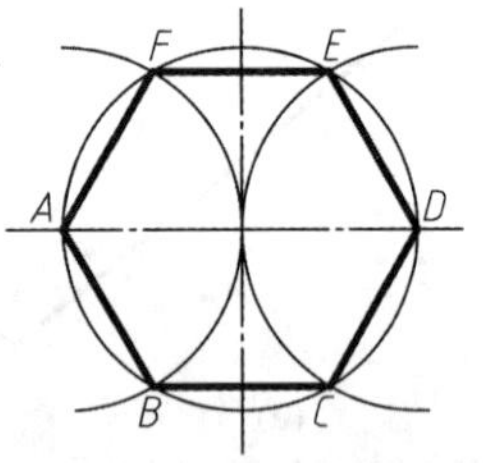 作法二：分别以 A、D 为圆心，所作圆的半径为半径画圆弧，交圆周于 B、F 和 C、E。A、B、C、D、E、F、即为六等分点，依次连接各点即得圆内接正六边形
圆内接正 N 边形	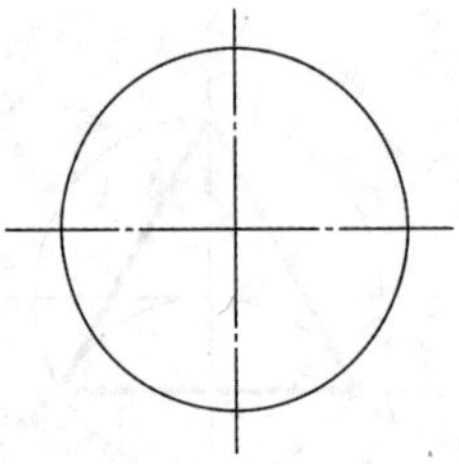 作圆内接正七边形为例	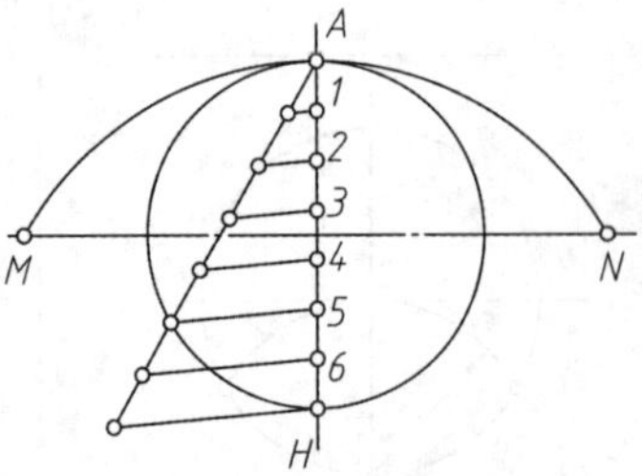 1. 将直径 AH 七等分，以 H 为圆心、AH 为半径画圆弧，交水平中心线于 M、N 两点	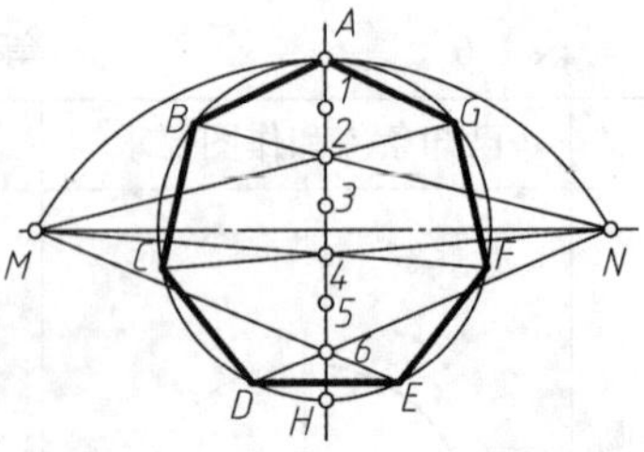 2. 自 M、N 分别向 AH 上的各偶数点（或奇数点）作连线并延长，交圆周于 B、C、D、E、F、G，A、B、C、D、E、F、G 点为七等分点，依次连接各等分点，即得圆内接正七边形

三、椭圆的画法

椭圆的画法较多，常见的有同心圆法和四心圆弧法，同心圆法画的椭圆是真正的椭圆，而四心圆弧法画的椭圆则是近似的椭圆。椭圆的作图方法和步骤见表1-7。

表 1-7　　**椭圆的画法**

<table>
<tr><th></th><th colspan="3">作图步骤</th></tr>
<tr>
<td>同心圆弧画椭圆</td>
<td>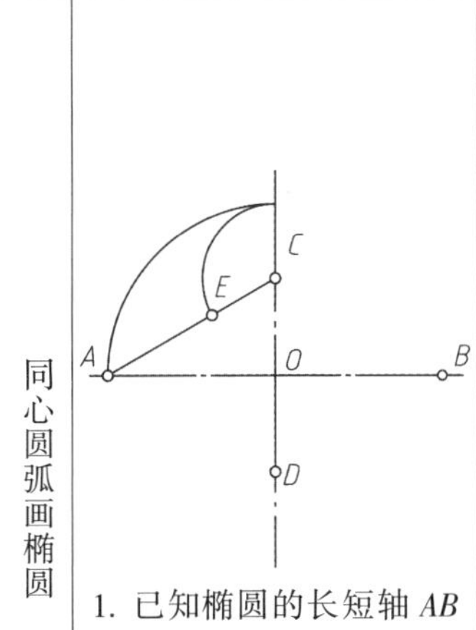

1. 已知椭圆的长短轴 AB 和 CD。以 C 为圆心，$OA-OC$ 为半径画弧交 AC 于 E</td>
<td>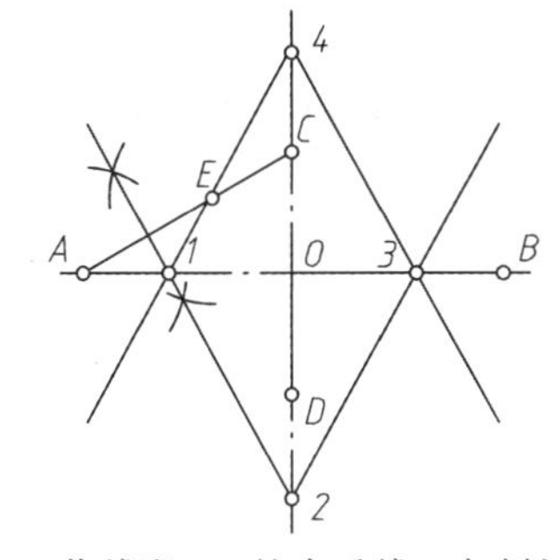

2. 作线段 AE 的中垂线，与椭圆的长、短轴分别交于 1、2 两点，再取 1、2 在椭圆长、短轴上的对称点 3、4，1、2、3、4 为四个圆心，连接 21、41、23、43 并延长，得四段圆弧的分界线</td>
<td>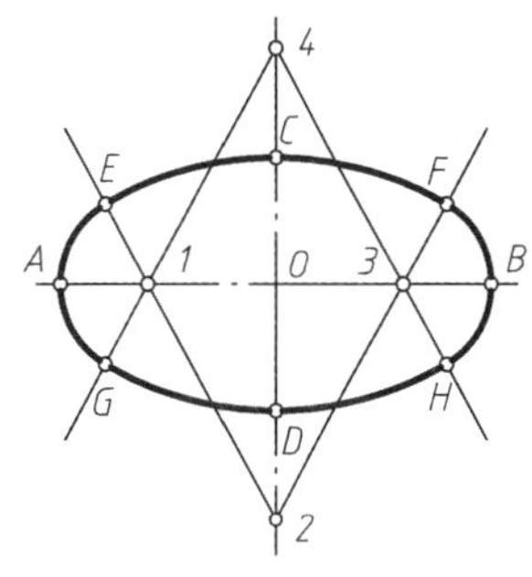

3. 分别以 1、3 为圆心，1A（或 3B）为半径画弧至四段圆弧分界线；再分别以 2、4 为圆心，2C（或 4D）为半径画弧至四段圆弧分界线。即得所求近似椭圆，图中 E、F、G、H 为四段圆弧分界点（也是切点）</td>
</tr>
<tr>
<td>同心圆弧法画椭圆</td>
<td>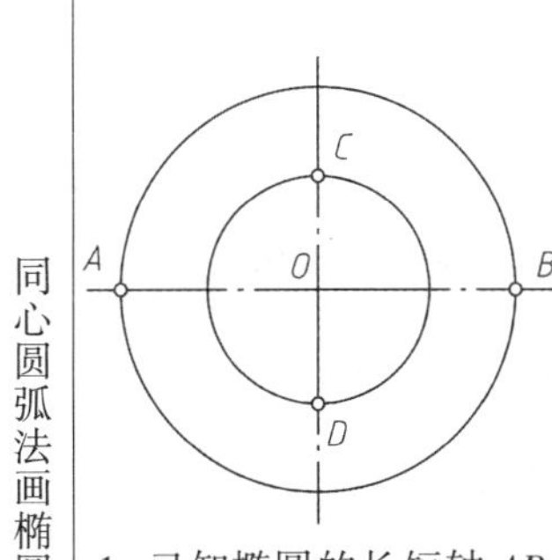

1. 已知椭圆的长短轴 AB 和 CD。以 O 为圆心，分别以 OA、OC 为半径画两个同心圆</td>
<td>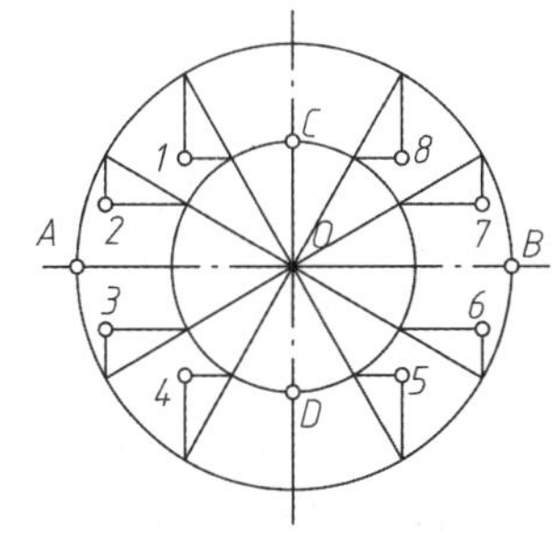

2. 将两同心圆等分（如图 12 等分），得各等分点。过大圆的等分点作短轴的平行线，过小圆上的等分点作长轴的平行线，分别交于 1，2，A，3，…各点，即得椭圆上的点</td>
<td>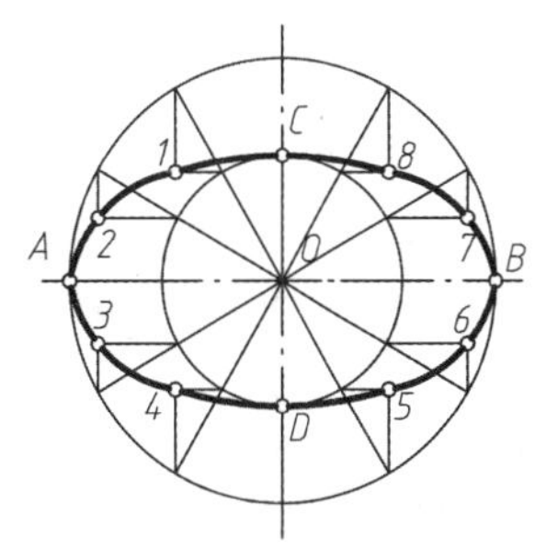

3. 用曲线板依次将所求椭圆上各点对称而光滑地连接起来，即画出椭圆</td>
</tr>
</table>

四、圆弧连接

在绘制平面图形时，经常需要用圆弧将直线与直线、直线与圆弧或圆弧与圆弧光滑地连接起来，这种连接作图就是圆弧连接。圆弧连接的作图要求是光滑地连接，这种光滑连接要求所作的连接圆弧与已知直线或已知圆弧相切，达到平顺过渡，切点即是连接点。

圆弧连接的作图过程是：先作连接圆弧的圆心，再作连接点（切点），最后作出连接圆弧。圆弧连接的典型作图方法见表 1-8。

表 1-8　**圆弧连接基本作图方法**

	已知条件	作图步骤	
用圆弧连接两直线	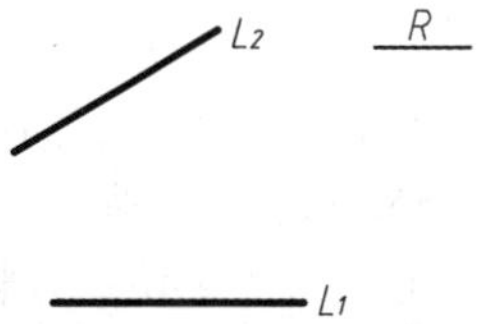 已知连接圆弧半径为 R，被连接两条直线 L_1 和 L_2	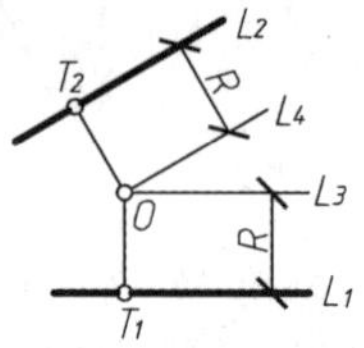 1. 分别作与 L_1 和 L_2 两直线平行且相距为 R 的直线 L_3 和 L_4，两平行线交于 O 即为连接圆弧的圆心，自 O 点向两已知直线作垂线，得垂足 T_1 和 T_2 即为切点	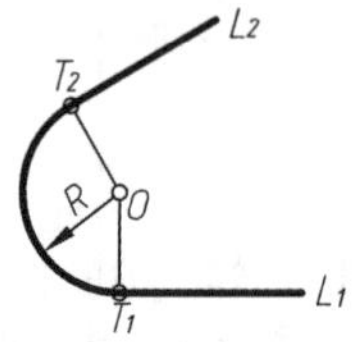 2. 以 O 点为圆心，R 为半径在两切点 T_1 和 T_2 之间画圆弧，即完成连接作图
用圆弧连接直线和圆弧外切	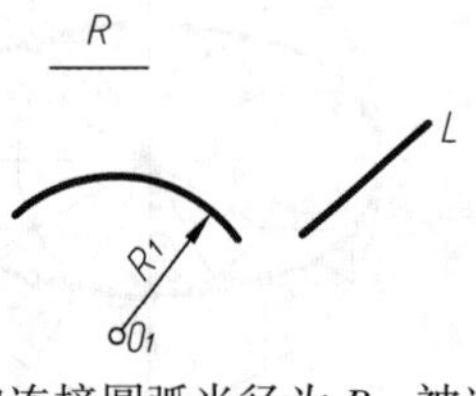 已知连接圆弧半径为 R，被连接直线 L 和半径为 $R1$ 的圆弧	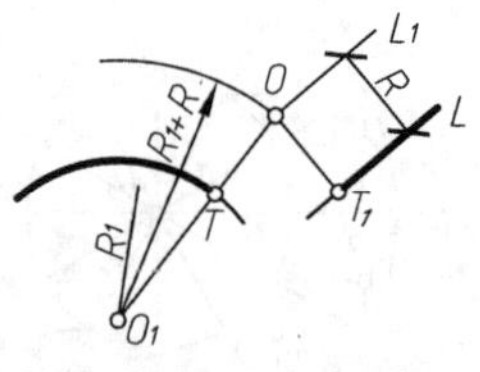 1. 作与直线相距为 R 的平行线 L_1，再以 O_1 为圆心、R_1+R 为半径作圆弧，交直线 L_1 于点 O；连接 O_1 和 O，交已知圆弧于切点 T，过 O 作直线 L 的垂线得垂足 T_1 即为切点	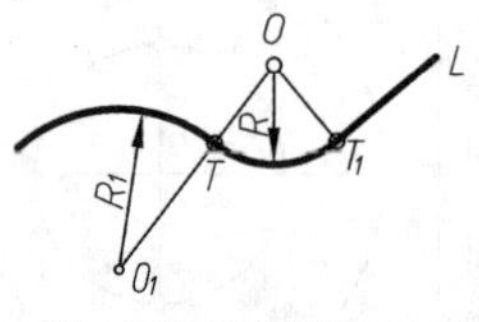 2. 以 O 点为圆心、R 为半径在两切点 T 和 T_1 之间画圆弧，即完成连接圆弧作图

续表

	已知条件	作图步骤	
用圆弧连接两圆弧外切	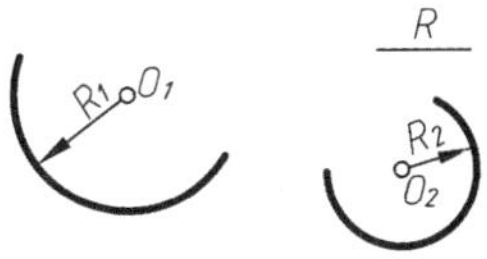 已知连接圆弧半径为 R，被连接两圆弧的半径为 R_1 和 R_2	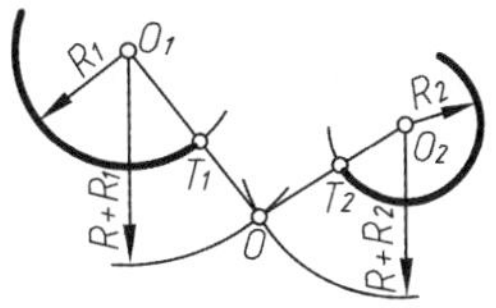 1. 以 O_1 为圆心、$R+R_1$ 为半径和以 O_2 为圆心、$R+R_2$ 为半径的圆交于 O，O 即为连接圆弧的圆心。连心线 OO_1 和 OO_2 分别与两已知圆弧 O_1 和 O_2 交于 T_1 和 T_2，T_1 和 T_2 即为切点	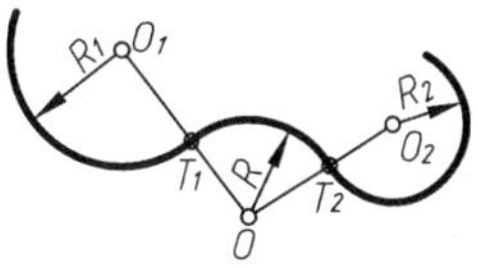 2. 以 O 点为圆心、R 为半径在两切点 T_1 和 T_2 之间画圆弧，即完成圆弧连接作图
用圆弧连接两圆弧内切	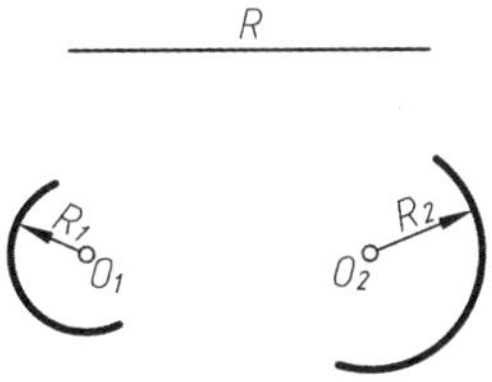 已知连接圆弧半径为 R，被连接的两圆弧的半径为 R_1 和 R_2	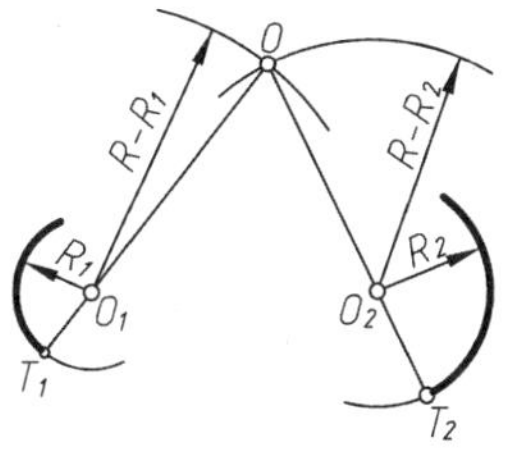 1. 以 O_1 为圆心、$R-R_1$ 为半径和以 O_2 为圆心、$R-R_2$ 为半径的圆交于 O，O 即为连接圆弧的圆心。连心线 OO_1 和 OO_2 分别与两已知圆弧 O_1 和 O_2 交于 T_1 和 T_2，T_1 和 T_2 即为切点	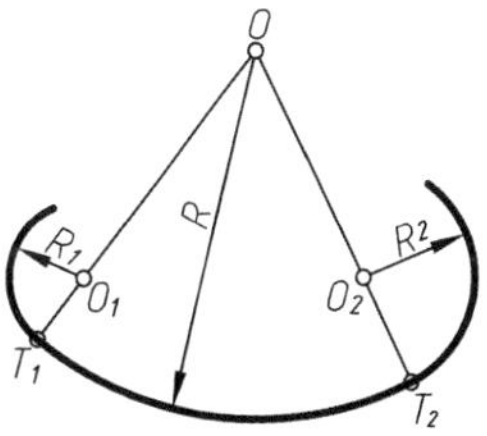 2. 以 O 点为圆心、R 为半径在两切点 T_1 和 T_2 之间画圆弧，即完成连接作图
用圆弧连接两圆弧内外切	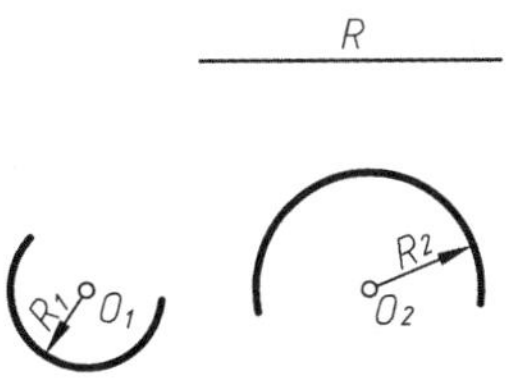 已知连接圆弧半径为 R，被连接的两圆弧的半径为 R_1 和 R_2	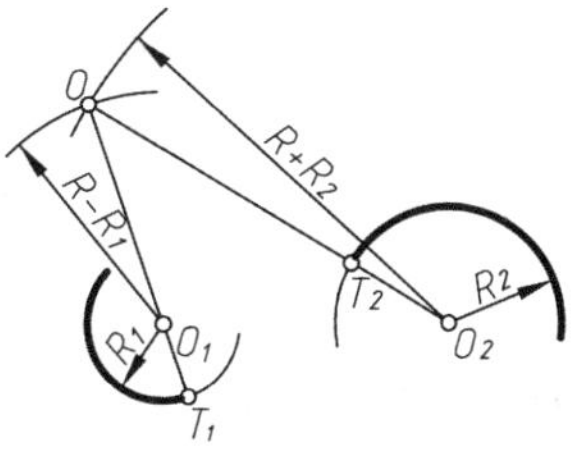 1. 以 O_1 为圆心、$R-R_1$ 为半径和以 O_2 为圆心、$R+R_2$ 为半径的圆交于 O，O 即为连接圆弧的圆心。连心线 OO_1 和 OO_2 并延长分别与两已知圆弧 O_1 和 O_2 交于 T_1 和 T_2，T_1 与 T_2 即为切点	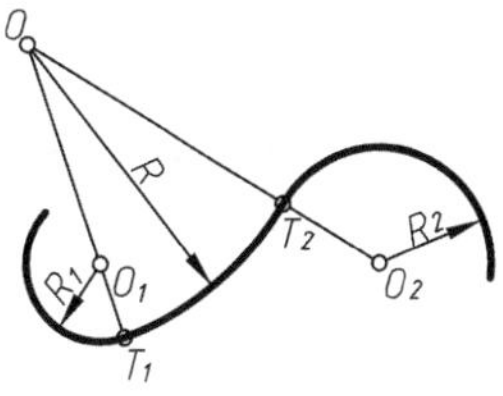 2. 以 O 点为圆心、R 为半径在两切点 T_1 和 T_2 之间画圆弧，即完成连接圆弧作图

五、平面图形的分析及尺寸标注

平面图形通常是由若干线段连接而成的。画图时，首先要对平面图形进行尺寸分析和线段性质分析，以便正确地画出图形，并标注尺寸。

1. 平面图形的尺寸分析

根据尺寸在平面图形中所起作用的不同，平面图形的尺寸分为定形尺寸和定位尺寸两类。

1）定形尺寸

用来确定平面图形各组成部分形状和大小的尺寸，称为定形尺寸，例如线段长度、圆和圆弧半径、直径等尺寸，如图 1-42 中的 *R*10、*R*15、ϕ40、*R*45 均为定形尺寸。

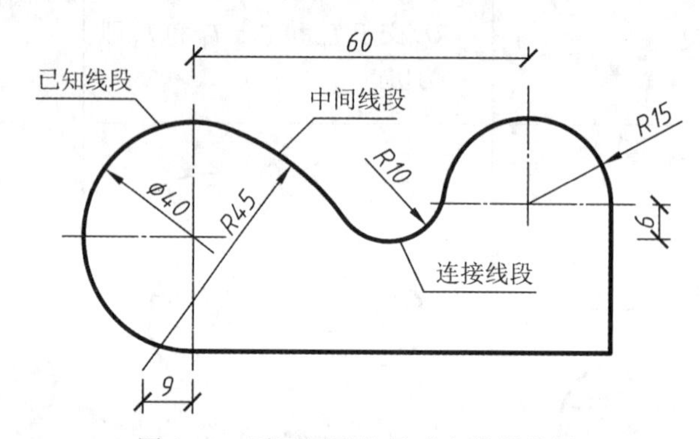

图 1-42　平面图形的尺寸和线段分析

2）定位尺寸

用来确定平面图形中各组成部分之间相对位置的尺寸，称为定位尺寸。因为平面图形有横向和纵向两个方向，所以一般情况下，平面图形中每一部分都有两个方向的定位尺寸。如图 1-42 中尺寸 60 和 6，是确定 *R*15 和 ϕ40 两圆弧横向和纵向位置的尺寸，属于定位尺寸。

标注定位尺寸的起点称为尺寸基准。一个平面图形应有两个方向的尺寸基准。平面图形的尺寸基准一般以图形的对称线、较大圆的中心线或主要轮廓线作为尺寸基准。如图 1-42 中长度和高度方向尺寸基准均选在 ϕ40 的圆心处。

2. 平面图形的线段分析

平面图形的线段根据所给定位尺寸的多少可分为已知线段、中间线段和连接线段。

1）已知线段

定形尺寸和定位尺寸都齐全的线段称为已知线段，也就是说，根据所给尺寸能直接画出的线段。如图 1-42 中 *R*15 和 ϕ40 两圆弧均可直接画出属于已知线段。

2）中间线段

定形尺寸齐全，定位尺寸只有一个方向的线段称为中间线段。中间线段另一个方向的定位尺寸需依靠其连接的已知线段才能作出，如图 1-42 中 *R*45 的圆弧，只给了横向的定位尺寸 9，而纵向的定位需依靠与 $\phi 40$ 圆弧内切的关系作出，故属中间线段。

若线段过一已知点且与已知圆弧相切，也为中间线段。如图 1-42 中右下角的两条直线均为中间线段。

（3）连接线段

只有定形尺寸而无定位尺寸的线段称为连接线段。连接线段的定位需依靠已知线段或中间线段才能作出。如图 1-42 中 *R*10 的圆弧，需依靠与已知线段 *R*15 和中间线段 *R*45 外切的关系才能作出，故属于连接线段。若线段两端与已知圆弧相切，则也称为连接线段。

3. 平面图形的画图

由以上分析可知，平面图形的作图过程应为先定位已知线段并画出，然后画中间线段，再画连接线段，最后检查描深，标注尺寸。图 1-42 的绘图过程如图 1-43 所示。

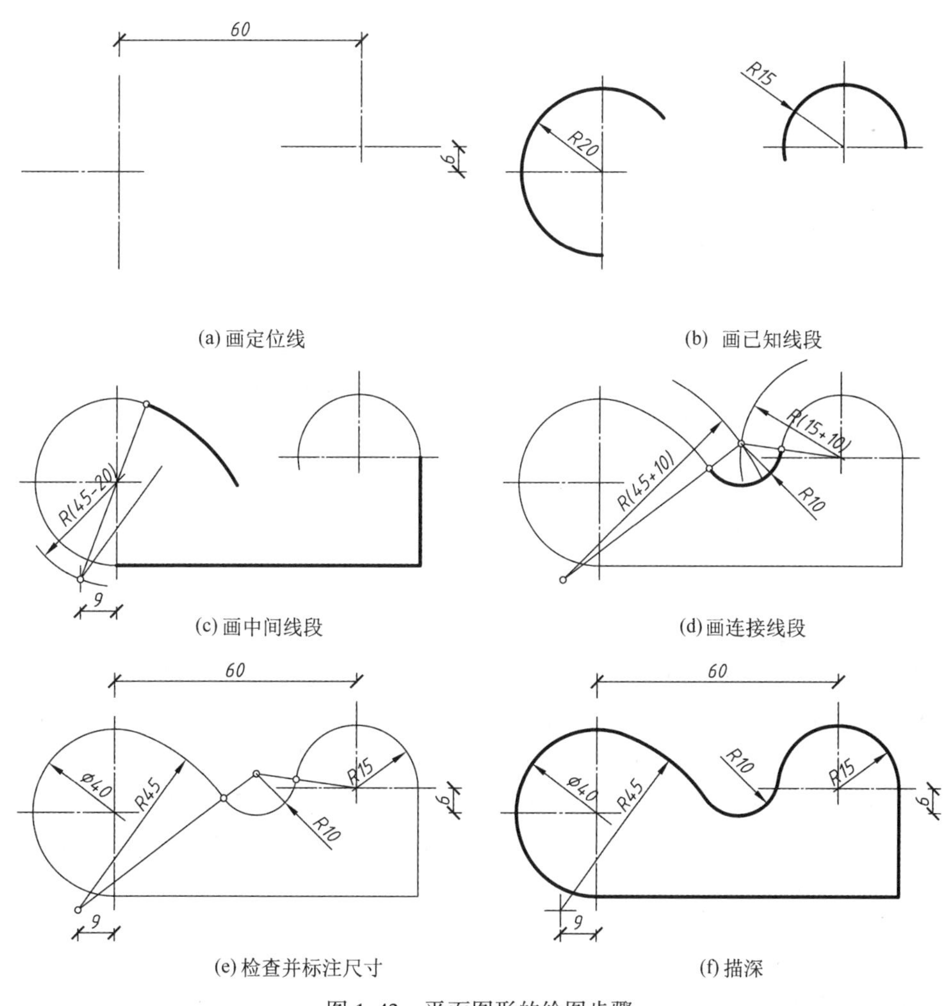

图 1-43　平面图形的绘图步骤

第四节　制图的方法和步骤

一、绘图前的准备工作

（1）阅读有关文件、资料，了解所要绘制图样的内容和要求。

（2）准备绘图仪器和工具，擦净图板、三角板、丁字尺，削好铅笔，调整好分规和圆规。

（3）图纸应位于图板偏左下的位置，图纸下边距图板边缘至少要留有丁字尺尺身的宽度，图纸的四角用透明胶带纸固定在图板上。

二、布图幅、定比例

（1）按图样复杂程度及尺寸多少，结合各类工程图样常用比例选定图幅与比例。

（2）要对所画图形的内容做到心中有数，就要根据投影关系定出每一个投影图的位置，对没有投影关系的图形，以布图均匀、协调为原则。布图大致如图 1-44 所示。

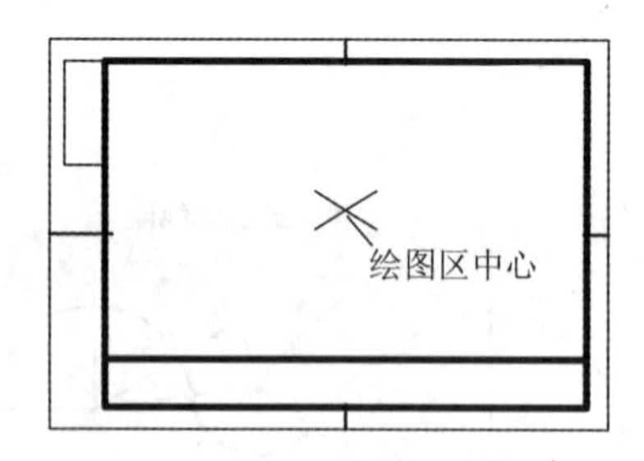

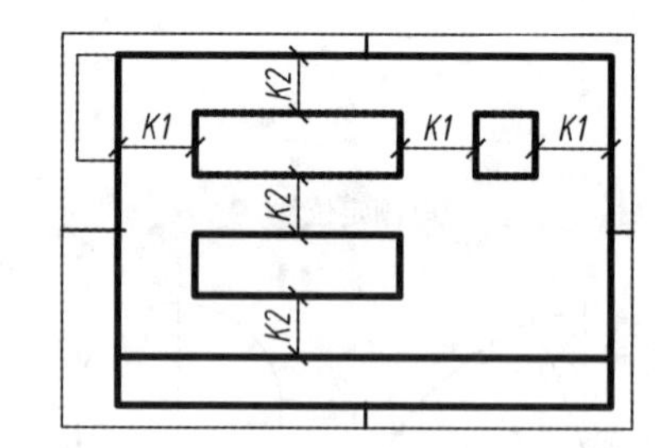

图 1-44　图纸幅面布图

三、画底稿

（1）图面布置之后，根据选定的比例用 H 或 2H 铅笔根据图形尺寸轻轻地画出底稿。底稿必须认真画出，以保证图样的正确性和精确度。如发现错误，不要立即擦除，可用铅笔轻轻作上记号，待全图完成之后，再一次擦净，以保证图面整洁。

（2）画图时，应先画图形的对称轴线、中心线和主要轮廓线，再根据投影关系画出图样的细部，最后画尺寸界线和尺寸线。画完底稿之后，必须认真逐图检查，看是否有遗漏和错误的地方，切不可匆忙描深。

四、描深

在检查底稿确定无误之后，即可描深底图。

（1）描深之前，应先确定标准实线的宽度，根据线型标准确定其他线宽。同类图线应粗细一致。一般图线粗度在 b 或 b 以上的图线用 B 或 2B 铅笔描深；$b/2$ 或更细的图线和尺寸数字、注释等用 HB 铅笔。

（2）为使同类图线粗细均匀、色调一致，铅笔应该经常修磨，描深实线一次不够时，则应重复再画，切不可来回描粗。

（3）描深图线的步骤是：同类型的图线一次描深，其描深的顺序是先画细线，后画粗线；先画曲线，后画直线；先画图，后标注尺寸和注解，最后描深图框和标题栏。

按以上步骤描深不仅能加快绘图速度和提高绘图的准确性，而且可减少丁字尺与三角板在图板上的摩擦，保持图面清洁。

（4）全部描深之后，再仔细检查，若有错误应及时改正。

本章小结

建筑制图必须遵守《房屋建筑制图统一标准》（GB/T50001—2010）的要求。了解基本内容，掌握其中关于图幅、图线、字体、比例、尺寸标注等的要求。

图幅有五种：A0、A1、A2、A3 和 A4，分横式和竖式两种，A4 只可竖式使用。在制图作业中常用 A2、A3 图幅，应熟记其尺寸。注意图幅、图框、标题栏的绘制要求。

图线线型有六种，即实线、虚线、点画线、双点画线、折断线和波浪线，应掌握各种线型及其交接的画法。线宽有粗、中粗、中、细线，其代号分别为 b、$0.7b$、$0.5b$、和 $0.25b$。线宽有八种规格：0.18、0.25、0.35、0.5、0.7、1.0、1.4 和 2.0（单位：mm）。

图中的文字应按制图标准注写，汉字宜写长仿宋字，字宽、字高之比宜为 2/3。要练好仿宋字。西文字有直立和倾斜 75°书写两种，同一图幅应统一。

学习制图常用工具、仪器的使用方法，旨在使学习者掌握用常用工具、仪器绘制图样的要领和方法，为准确绘制各种投影图打好基础。

图样的比例是指图形与实物对应的线性尺寸之比。建筑工程图样常用缩小的比例，如 1∶100、1∶50 等，比例尺可用于量度常用比例下的各种尺寸。

尺寸标注有四项内容：尺寸界线、尺寸线、尺寸起止符号和尺寸数字。熟练掌握尺寸标注中各项内容的绘制和标注要求。

复习思考题

1. 绘图工具都包括哪些？其用途是什么？
2. 图幅分几种？A3 幅面尺寸是多少？
3. 什么是比例？图样上标注的尺寸与所画图样的比例有关系吗？
4. 图样上的线型一般包括哪些？各自的线型和宽度是多少？一般用在何种情况下？
5. 各种图线相交时，应该注意哪些问题？
6. 工程图样对字体的要求有哪些？工程图样上常用什么字体？其特点是什么？
7. 尺寸标注包括哪四要素？其基本规定是什么？
8. 如何将圆五等分、六等分？
9. 椭圆有几种画法？如何画？
10. 如何画与已知圆弧内切连接或外切连接？

11. 平面图形的线段分成几种？画图时先画何种线段？
12. 平面图形的尺寸标注分哪几步？
13. 试述制图的步骤和方法。

第二章　点、直线、平面的投影

◎自学时数

12 学时

◎教师导学

通过学习本章，使读者对点、直线、平面的投影有个整体的概念，在辅导学生学习时，应注意以下几点：

(1) 应让学生掌握有关点、直线、平面的基本投影特性；

(2) 在掌握点、直线、平面基本投影特性的基础上，了解中心投影和平行投影的形成，并掌握平行投影的基本性质。了解工程上常用的投影（多面正投影、轴测投影、透视投影、标高投影）。掌握直线倾角和线段长度的求法。掌握直线上定点，平面上画线、定点的方法。掌握两直线平行、相交、交叉、垂直（一边平行投影面）的投影特性。掌握求平面对 *H* 面最大斜度线（最大坡度线）的求法。在掌握一次换面法基本原理和作图方法的基础上，能利用一次换面法的四个基本换面方法解决工程上的实际问题（如求实形、距离、夹角等）。

(3) 本章的重点是平行投影的几何特性，点的二补三作图，直线上定点以及平面上定点画线的方法，两直线的相对位置关系，最大斜度线的求法，投影变换的应用。

(4) 本章的难点是运用点、直线、平面的投影特性综合作出平面内的点和线，一般位置直线的实长和对投影面倾角的作法，能正确判断出两直线的相对位置关系。

(5) 通过本章的学习，学生应对点、直线、平面的投影特性和作图方法有个整体的概念。

任何物体不管其复杂程度如何，都可以看成是由点、直线、平面组成的，为正确阅读和绘制物体的投影图，本章主要介绍点、直线、平面的投影特性和作图方法。

第一节　投影的基本知识

一、投影的形成及分类

1. 投影的形成

物体在光线的照射下，在墙壁或地面上就会出现物体的影子，如图 2-1（a）所示。人们根据自然界中这种投影现象进行研究并抽象形成了投影法。根据投影方法，把物体的所有内外轮廓和内外表面交线全都画出来，将所有可见的线画成实线，所有不可见的线画成虚线。

把发出光线的太阳或灯泡等光源称为投影中心，把光线称为投射线，把墙面、地面或平面等承影面称为投影面，如图 2-1（b）所示。这种将投射线通过物体，向选定的投影面投射，并在该投影面上得到投影的方法称为投影法。

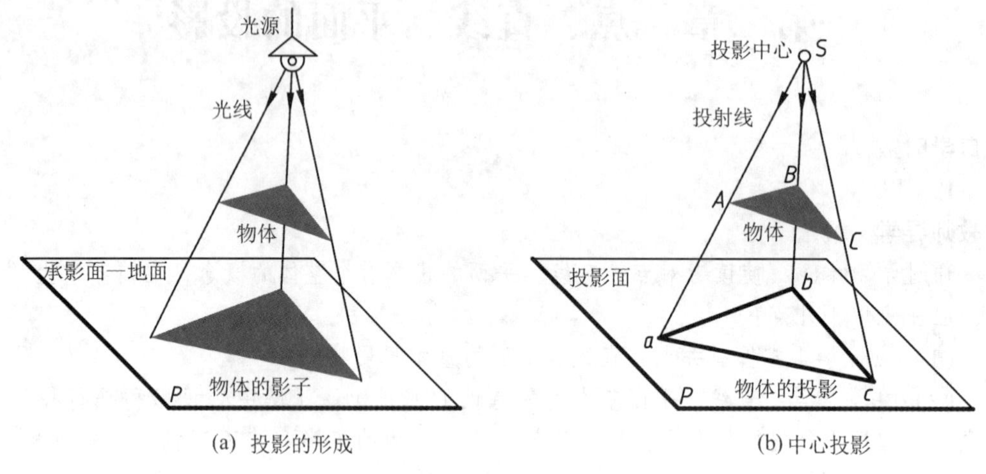

(a) 投影的形成　　(b) 中心投影

图 2-1　投影的形成

2. 投影法的分类

投影法是研究投射线、物体、投影面三者关系的。随着三者位置的变化，形成各种投影法。其分类如下：

- 投影法
  - 中心投影法
  - 平行投影法
    - 正投影
    - 斜投影

1）中心投影法

投影中心距离投影面为有限远，投射线在有限远处交于一点的投影法，称为中心投影法，如图 2-1（b）所示。

中心投影的特性是：物体在投影面和投影中心之间移动时，其中心投影的大小发生变化，愈靠近投影中心，投影愈大，反之愈小。

2）平行投影法

投影中心距离投影面无限远，投射线相互平行的投影法，称为中心投影法。根据投射线与投影面是否垂直，平行投影法又分为两种：

（1）正投影法（直角投影）：投射线垂直于投影面的投影法，如图 2-2（a）所示。

（2）斜投影法（斜角投影）：投射线倾斜于投影面的投影法，如图 2-2（b）所示。

在平行投影中，物体沿着投影方向移动时，物体的投影大小不变。

正投影有许多优点，它既能完整、准确地表达物体的形状和大小，而且作图方便、度量性好。本书中，除“轴测投影”一章部分章节外，其他章节均为正投影，因为在工程技术界，用于设计施工的投影图都是用正投影法画出的。

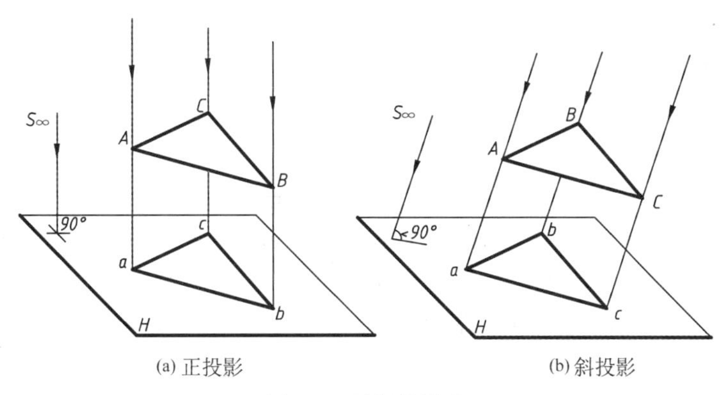

(a) 正投影　　(b) 斜投影

图 2-2　平行投影法

二、平行投影的几何性质

平行投影法（特别是正投影）是工程制图中绘制图样的主要方法。因此，了解平行投影法的几何性质，对分析和绘制物体的投影图至关重要。

平行投影的几何性质如下：

1. 同素性

点的投影仍然是点，直线的投影一般情况下仍为直线。如图 2-3 所示，过点 A 向投影面 H 引垂线，所得垂足 a 即为点 A 的投影，过直线 MN 向投影面 H 作垂直面，所得的交线 mn 即为直线 MN 的投影。

2. 从属性

若点在直线上，则点的投影在直线的投影上。如图 2-3 所示，若 $K \in MN$，则$k \in mn$。

3. 定比性

若点在直线上，则点分线段所成的比例，等于点的投影分线段投影所成的比例。如图 2-3 所示，若 $K \in MN$，则 $MK : KN = mk : kn$。

4. 平行性

若空间两直线平行，则其投影也平行，且两线段之比等于两线段投影之比。如图 2-4 所示，若 $AB /\!/ CD$，则 $ab /\!/ cd$，且 $AB : CD = ab : cd$。

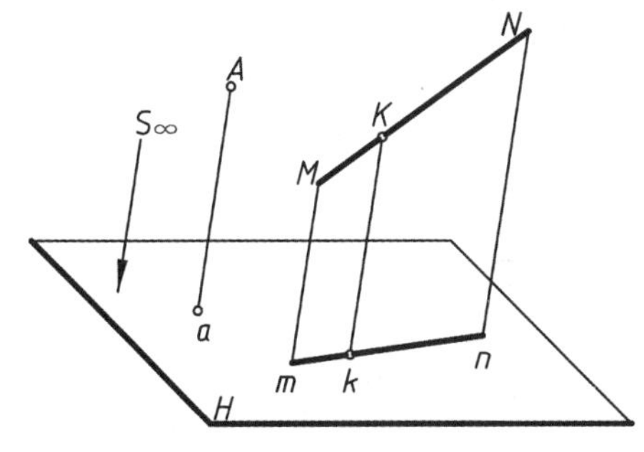

图 2-3　同素性、从属性、定比性

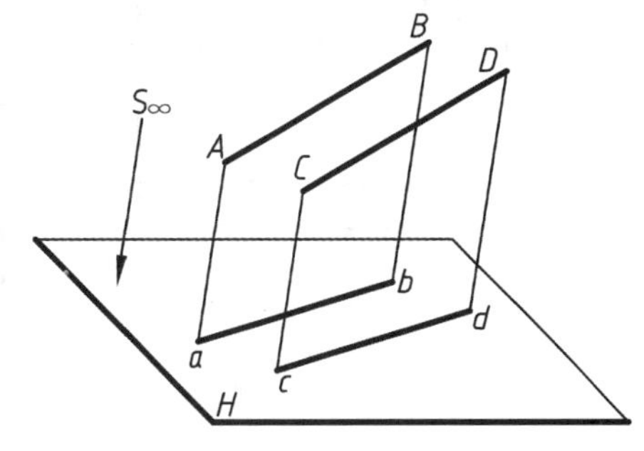

图 2-4　平行性

5. 显实性

若线段或平面平行于投影面，则它们的投影反映实长或实形。如图 2-5 所示，若 $MN /\!/ H$，则 $mn = MN$；若 $\triangle ABC /\!/ H$，则 $\triangle abc \cong \triangle ABC$。

6. 积聚性

若直线平行于投射线，则直线的投影积聚为一点，且直线上所有点的投影必在直线的积聚投影上；若平面平行于投射线，则平面的投影积聚为一条线，且平面上所有点和直线的投影也一定在平面的积聚投影上。

如图 2-6 所示，在正投影中，若 $AB \perp H$，则 a（b）为一点；若 $C \in AB$，则(c) $\in a$（b）；若 $\triangle DEF \perp H$，则 def 为一条线；若 G、$MN \in \triangle DEF$，则 g、$mn \in def$。

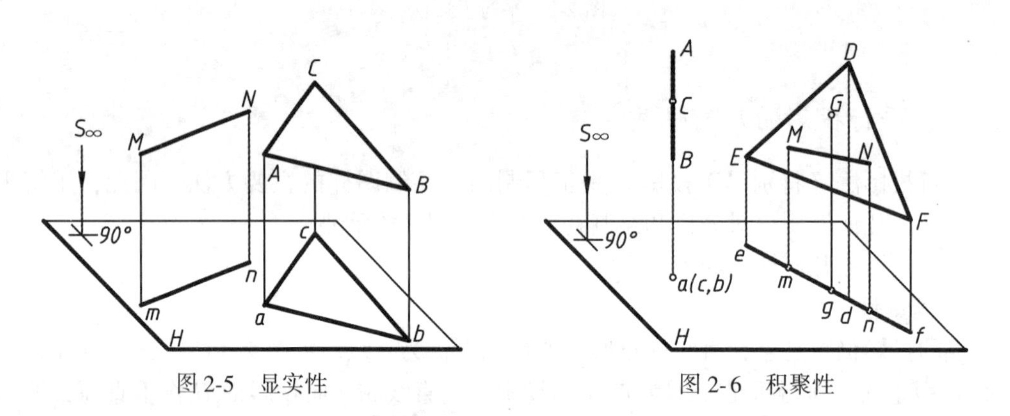

图 2-5　显实性　　　图 2-6　积聚性

三、土木工程图中常用的投影

1. 多面正投影

用两个或两个以上相互垂直的投影面，如图 2-7 所示。将物体置于其中，用正投影

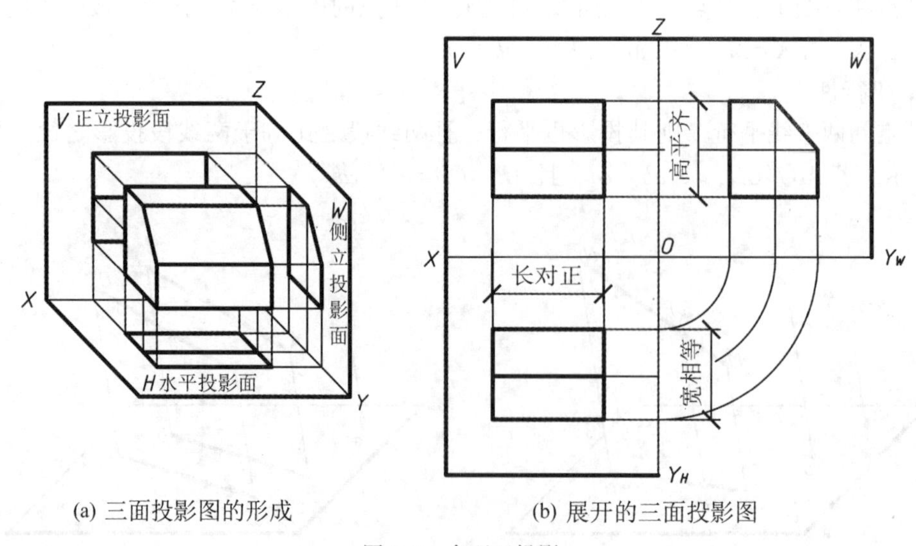

(a) 三面投影图的形成　　(b) 展开的三面投影图

图 2-7　多面正投影

法将物体分别向投影面投影。然后按规定将投影面展开，便得到物体的多面正投影。用正投影绘制的工程图样虽然直观性比较差，但作图比较方便，且便于度量。因此，它是工程上应用最为广泛的一种图示方法，也是本课程讲述的主要内容。

2. 轴测投影

轴测投影是将物体连同设于物体上的直角坐标系，沿不平行于任一坐标轴的方向，用平行投影法将其投影在一个投影面上所得到的具有立体感的图形，如图 2-8 所示。这种图虽然直观性较强，在一定的条件下也可直接度量，但所表达的物体形状不全面，有时还产生变形，且作图较复杂。因此，轴测投影图在工程上只作为多面正投影的一种辅助投影（详见第六章）。

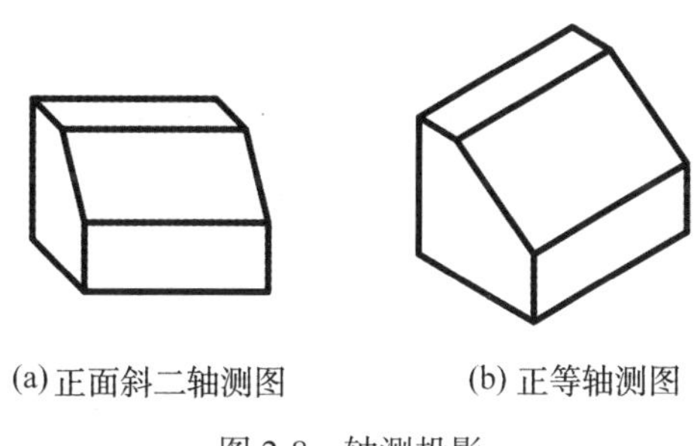

(a) 正面斜二轴测图　　(b) 正等轴测图

图 2-8　轴测投影

3. 透视投影

透视投影是用中心投影法将物体投影到一个投影面上所得到的具有立体感的图形，如图 2-9 所示。这种图投影的投射线交于一点（投影中心），所以它比轴测投影图更接近于人的视觉效果。所以，这种投影多用于表现建筑物外观或室内的装修效果图上(详见第七章)。

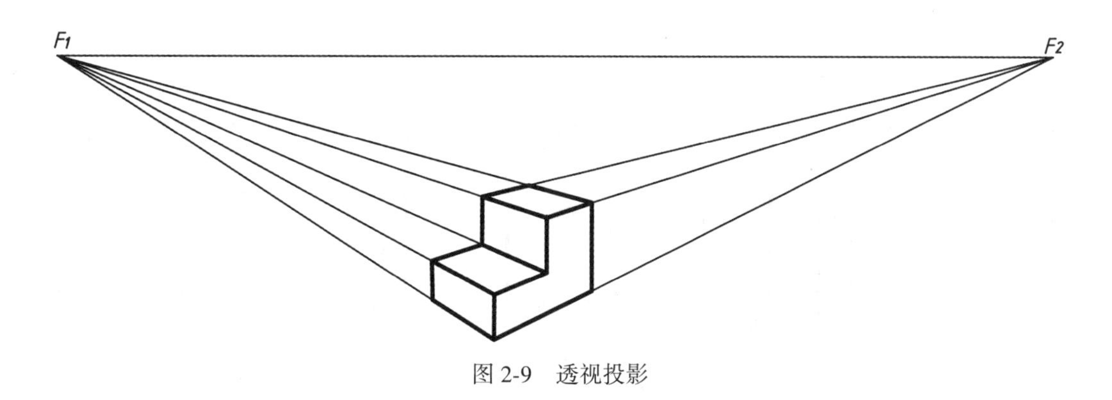

图 2-9　透视投影

4. 标高投影

标高投影是在物体的水平投影上加注某些特征面、线以及控制点高程数值的单面正投影。如图 2-10（a）所示，它主要用于表示地形的形状。用标高投影绘制的地形图主要用等高线表示，如图 2-10（b）所示，并应标注比例和高程（详见第九章）。

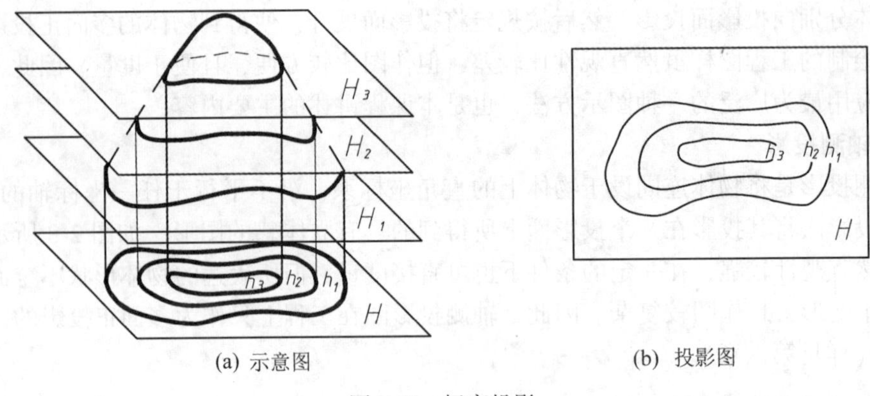

(a) 示意图　　　　(b) 投影图

图 2-10　标高投影

第二节　点的投影

任何物体都可以看成是由点、线和面构成的，而点又是构成物体最基本的几何元素，因此在讨论物体的投影之前，首先要讨论点的投影。

一、点的三面投影

1. 三面投影体系的形成

根据投影规律，点在任意一个投影面上的投影，实质上是过该点向该投影面所作的垂足。所以点在任意一个投影面的投影仍然是点。仅凭点的一个投影是不能确定点的空间位置的。

如图 2-11（a）所示，由三个互相垂直的投影面组成三面投影体系，即水平投影面 *H*、正立投影面 *V* 和侧立投影图 *W*。让 *H* 面处于水平位置，*V* 面正对观察者，*W* 面在 *H*、*V* 面的右侧。*H*、*V*、*W* 三个投影面相互的交线称为投影轴，分别用 *OX*、*OY*、*OZ* 表示。*OX*、*OY*、*OZ* 的交点称为原点。

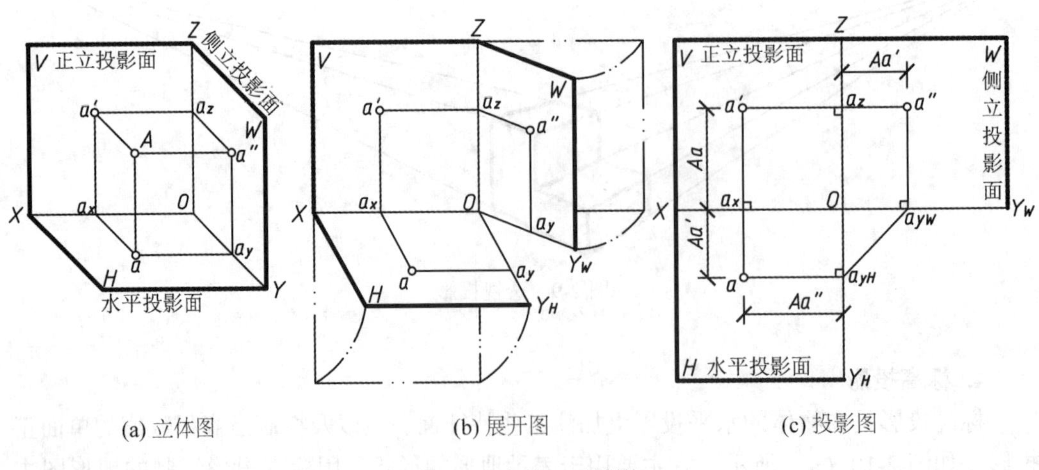

(a) 立体图　　　　(b) 展开图　　　　(c) 投影图

图 2-11　点的三面投影

如图2-11（a）所示，在三面投影体系空间中有一点A，过点A分别向H、V、W面作垂线，所得的三个垂足即为点A的三个投影a、a'和a''。在H面的投影a称为点的水平投影，在V面的投影a'称为点的正面投影，在W面上的投影a''称为点A的侧面投影。

为使点A的三个投影a、a'和a''画在同一个平面上，规定V面保持不动，将H面绕OX轴按如图2-11（b）所示向下旋转90°，将W面绕OZ轴向右旋转90°与V面共面，将随H面旋转的OY轴用OY_H表示，随W面旋转的OY轴以OY_W表示，即得点的三面投影图，如图2-13（c）所示。因为投影面的边框与表示点的空间位置无关，所以也可省去不画。后面的三面投影展开图就不画边框了。

2. 点的三面投影特性

（1）点的任意两个投影连线垂直于这两个投影面的交轴（投影轴），即$aa' \perp OX$，$a'a'' \perp OZ$，$aa_{YH} \perp OY_H$；$a''a_{YW} \perp OY_W$。

（2）点到任意一个投影面的距离等于点在另外两个投影面的投影到相应投影轴的距离，即$Aa = a'a_x = a''a_{YW}$；$Aa' = aa_x = a''a_z$；$Aa'' = aa_{YH} = a'a_z$。

以上特性说明点在三面投影体系中，任意两个投影之间都有一定的投影规律，因此，只要给出点的任意两个投影就可以求出其第三个投影。

【例2-1】 如图2-12（a）所示，已知B、C、D各点的两个投影，补出第三个投影。

以点B为例说明，作图步骤如下：

作法一：如图2-12（b）所示，过b'作OZ轴的垂线交OZ于b_z，延长$b'b_z$，取$b_zb'' = bb_x$，即得投影点b''。

作法二：如图2-12（c）所示，过b'作OZ轴的垂线，并延长；过b作OY_H轴的垂线，垂足为b_{Y_H}；以O为圆心，Ob_{Y_H}长为半径画1/4圆弧交Y_W轴于b_{Y_W}；过b_{Y_W}作OY_W的垂线，与过b'点作的线交于b''。

作法三：将方法二中的1/4圆弧用45°方向斜线代替，也能作出投影点b''。

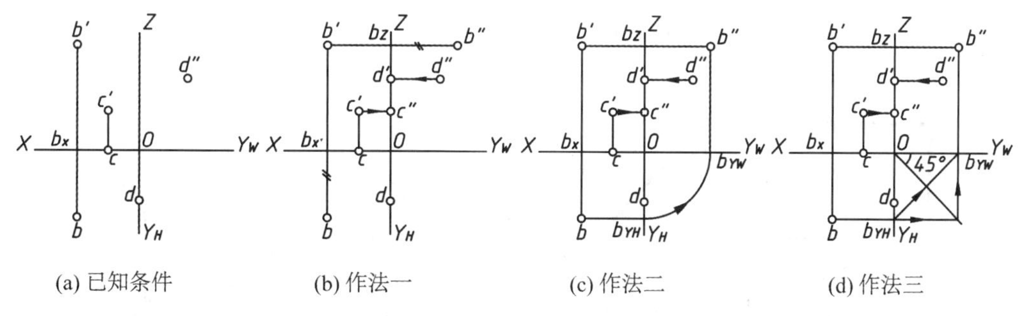

(a) 已知条件　(b) 作法一　(c) 作法二　(d) 作法三

图2-12　点的“二补三”作图

二、点的直角坐标表示法

如图2-13（a）所示，如果把三个投影面视为三个坐标面，那么OX、OY、OZ即为三个坐标轴，三个轴的交点即为坐标原点。这样，点到投影面的距离就可以用点的三个坐标（x，y，z）来表示，如图2-13（a）、（b）所示。

点A到W面的距离等于点A的x坐标x_A；点A到V面的距离等于点A的y坐标y_A；点A到H面的距离等于点A的z坐标z_A。

从图中可看出点的投影与坐标的关系：点A水平投影a由（x_A，$y_{(A)}$）确定；正面投影a'由（x_A，$z_{(A)}$）确定；侧面投影a''由（y_A，$z_{(A)}$）确定。

由此可见，给出点的坐标就可作出点的投影，反过来，给出点的投影也可量出点的坐标。

【例2-2】 如图2-13（a）、（b）所示，已知空间四点的坐标，A（60，30，40），B（45，0，0），C（30，40，0），D（15，0，60），求作四个点的立体图和三面投影图。

作图结果已表明在图2-13（c）、（d）中。其中，点A的三个坐标都不为零，它位于三面投影体系的空间；点B的y，z坐标均为零，它位于OX轴上，其正面投影和水平投影与其本身重合，侧面投影与原点重合；点C的z坐标为零，它位于H面上，其水平投影与其本身重合，正面投影和侧面投影分别位于OX轴上和OY_W轴上；点D的y坐标为零，它位于V面上，其正面投影与其本身重合，水平投影和侧面投影分别位于OX轴上和OZ轴上。

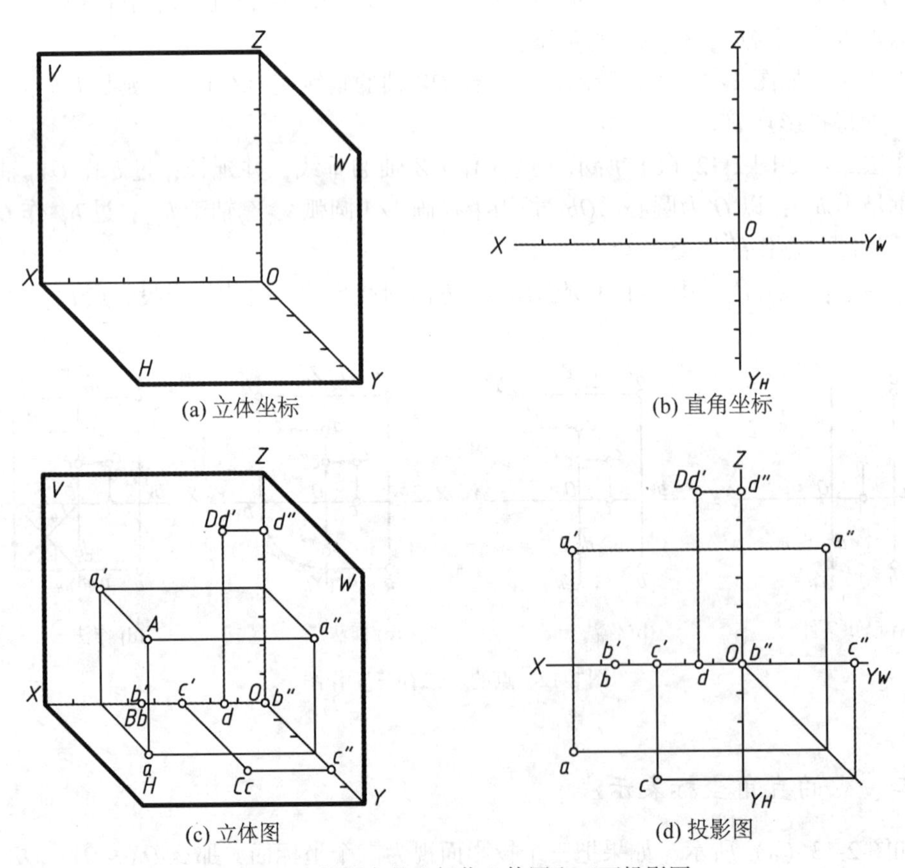

(a) 立体坐标　(b) 直角坐标

(c) 立体图　(d) 投影图

图2-13　根据点的坐标作立体图和三面投影图

三、两点的相对位置、重影点

1. 两点的相对位置

两点的相对位置是指两点间的上下、左右、前后的位置关系。在投影图中判别两点的相对位置是读图的重要环节。

如图 2-14（a）所示，假定观察者面对 *V* 面，则 *OX* 轴的指向为左方，*OY* 轴的指向为前方，*OZ* 轴的指向为上方，于是两点间的相对位置是：

比较 x 坐标的大小，可以判定两点左右的位置关系，x 大的点在左，x 小的点在右。

比较 y 坐标的大小，可以判定两点前后的位置关系，y 大的点在前，y 小的点在后。

比较 z 坐标的大小，可以判定两点上下的位置关系，z 大的点在上，z 小的点在下。

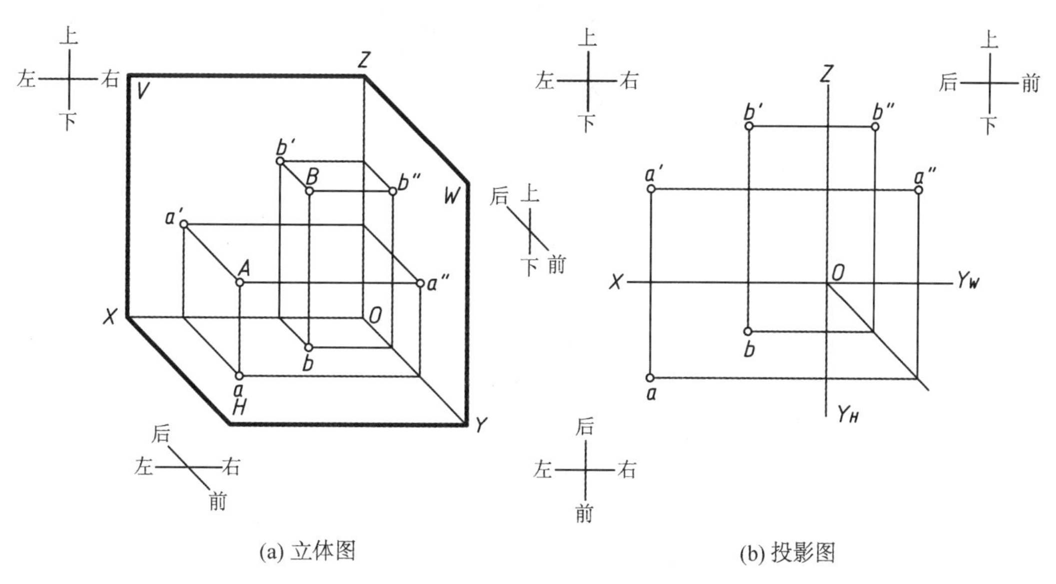

(a) 立体图　　(b) 投影图

图 2-14　两点的相对位置

三面投影体系中两点的水平投影反映两点间的左右、前后的位置关系；正面投影反映两点间的左右、上下的位置关系；侧面投影反映两点间的前后、上下的位置关系。如图 2-14（b）所示，由 *A*、*B* 两点的三面投影可以判断出空间点 *A* 在左，点 *B* 在右；点 *A* 在前，点 *B* 在后；点 *A* 在下，点 *B* 在上。

2. 重影点

如果空间两个点在某一投影面上的投影重合，那么这两个点就叫做对于该投影面的重影点，见表 2-1。

显然，若两个点位于某一投影面的同一条投射线上，则这两个点的投影就在该投影面重合。如果观察者沿投射线方向观察这两个点，则必有一点可见，另一点不可见，不可见点的投影放到括号内表示，这就是重影点的可见性。判断在某一投影面上重影点重合投影的可见性，可用不相等的两个坐标值判断，坐标值大的点为可见点。也可由投影图判别，其方法为：

表 2-1　　　　重 影 点

名称	沿 Z 轴重影点	沿 Y 轴重影点	沿 X 轴重影点
物体表面上的点	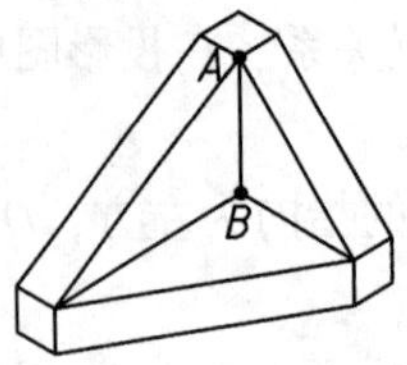 A B	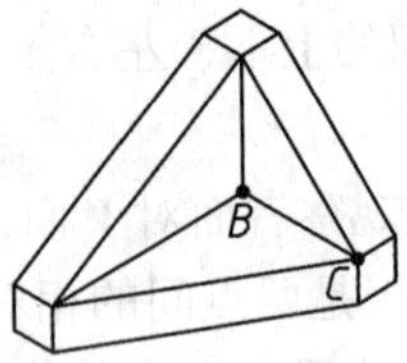 B C	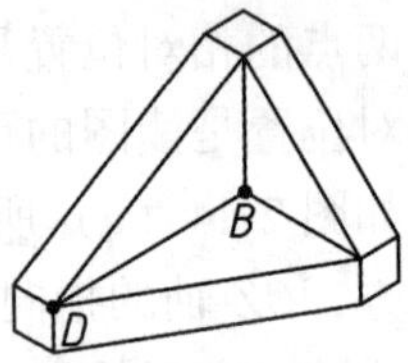 B D
立体图	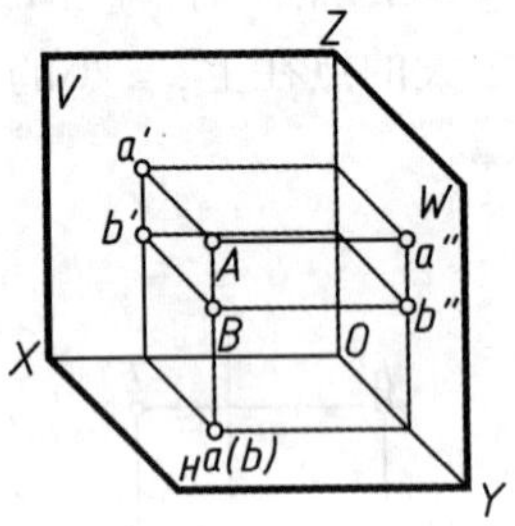 Z V a′ W b′ a″ A b″ B O X H a(b) Y	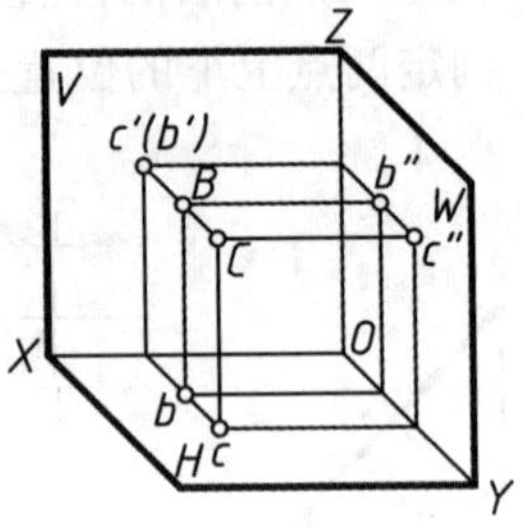 Z V c′(b′) B b″ W C c″ O X b H c Y	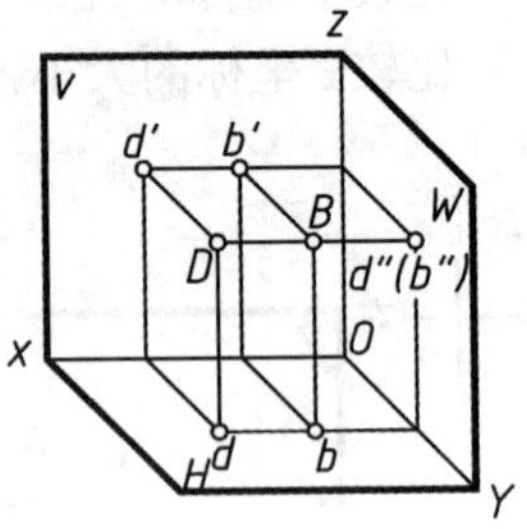 Z V d′ b′ B W D d″(b″) O X H d b Y
投影图	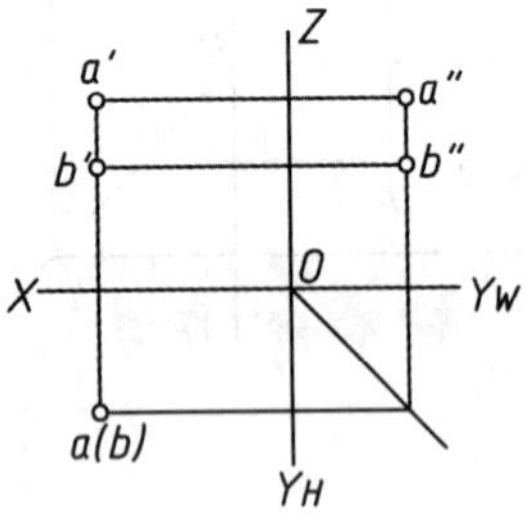 Z a′ a″ b′ b″ X O Y_W a(b) Y_H	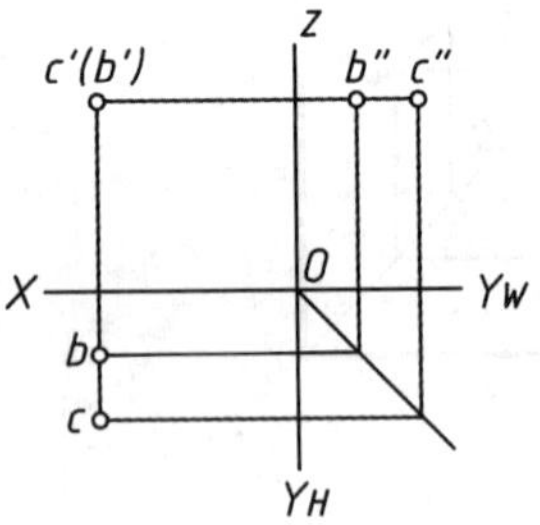 Z c′(b′) b″ c″ X O Y_W b c Y_H	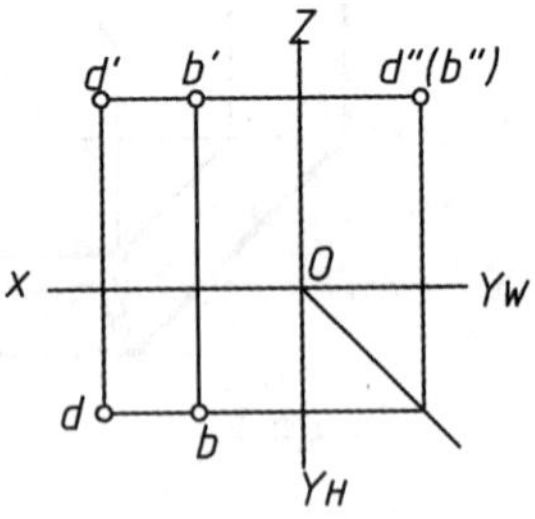 Z d′ b′ d″(b″) X O Y_W d b Y_H
投影特性	1. 正面投影和侧面投影反映两点的上下位置，上面一点可见，下面一点不可见 2. 两点水平投影重合，不可见点 B 的水平投影用（b）表示	1. 水平投影和侧面投影反映两点的前后位置，前面一点可见，后面一点不可见 2. 两点正面投影重合，不可见点 B 的正面投影用（b'）表示	1. 水平投影和正面投影反映两点的左右位置，左面一点可见，右面一点不可见 2. 两点侧面投影重合，不可见点 B 的侧面投影用（b''）表示

（1）沿 Z 轴重影点是上面一点可见，下面一点不可见，上下位置可从 V、W 面投影看出。

（2）沿 Y 轴重影点是前面一点可见，后面一点不可见，前后位置可从 H、W 面投影看出。

（3）沿 X 轴重影点是左面一点可见，右面一点不可见，左右位置可从 H、V 面投影看出。

第三节　直线的投影

直线常用线段的形式来表示，在不考虑线段本身的长度时，也常把线段称为直线。因为两点可以确定一条直线，所以只要作出直线两个端点的三面投影，然后用直线连接两个端点的同面投影，就可作出直线的三面投影。根据直线与投影面的相对位置，可把直线分为：

直线
- 特殊位置直线
  - 投影面垂直线：垂直于一个投影面的直线
  - 投影面垂直线：平行于一个投影面的直线
- 一般位置直线：与三个投影面都倾斜的直线

规定直线与 H、V、W 面的倾角分别用 α、β、γ 表示。

一、特殊位置直线

只与某一个投影面平行或垂直的直线，称为特殊位置直线，它包括投影面平行线和投影面垂直线两种。

1. 投影面垂直线

垂直于一个投影面的直线，一定与另外两个投影面平行，所以投影面垂直线是投影面平行线的特例。投影面垂直线也分为三种：垂直于 H 面的直线称为铅垂线，垂直于 V 面的直线称为正垂线，垂直于 W 面的直线称为侧垂线。表 2-2 列出了三种投影面垂直线投影特性。

表 2-2　**投影面垂直线的投影特性**

名称	铅垂线	正垂线	侧垂线
物体表面上的线	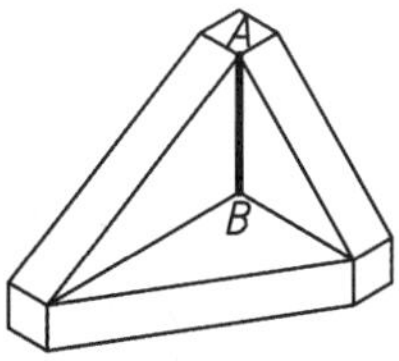	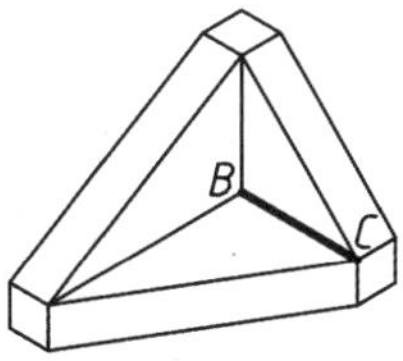	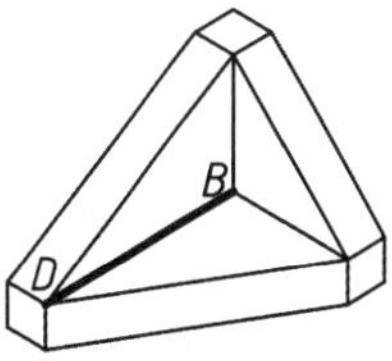
立体图	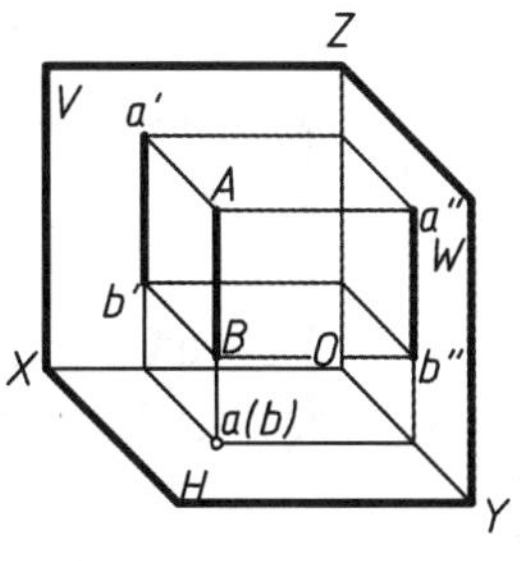	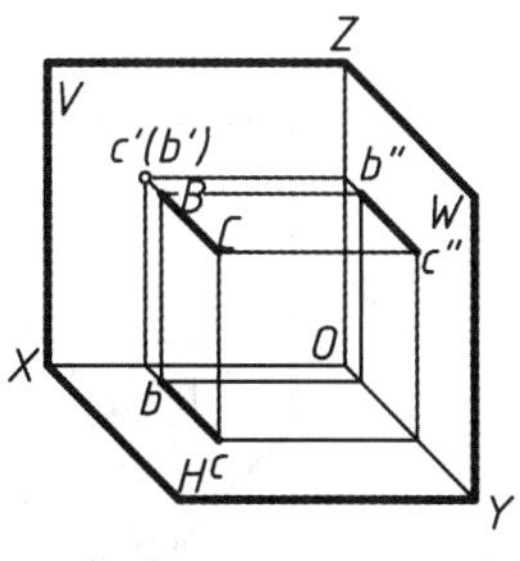	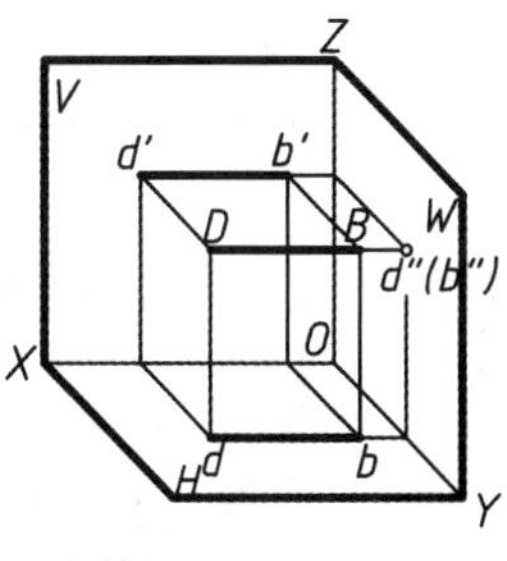

续表

名称	铅垂线	正垂线	侧垂线
投影图			
投影特性	1. a (b) 积聚为一点 2. $a'b' \perp OX$，$a''b'' \perp OY_W$ 3. $a'b' = a''b'' = AB$	1. c' (b') 积聚为一点 2. $cb \perp OX$，$c''b'' \perp OZ$ 3. $cb = c''b'' = CB$	1. d'' (b'') 积聚为一点 2. $db \perp OY_H$，$d'b' \perp OZ$ 3. $db = d'b' = DB$
共性	1. 直线在其所垂直的投影面的投影积聚为一点（积聚性） 2. 直线在另外两个投影面的投影反映直线的实长（显实性），并且垂直于相应的投影轴		

2. 投影面平行线

投影面平行线分为三种：平行于 H 面的直线称为水平线，平行于 V 面的直线称为正平线，平行于 W 面的直线称为侧平线。表 2-3 列出了三种投影面平行线的投影特性。

表 2-3　　投影面平行线的投影特性

名称	水平线	正平线	侧平线
物体表面上的线			
立体图			

续表

名称	水平线	正平线	侧平线
投影图			
投影特性	1. $ab=AB$ 2. $a'b'/\!/OX$；$a''b''/\!/OYW$ 3. ab与OX所成的β角等于AB与V面所成的角；ab与OY_H所成的γ角等于AB与W面所成的角	1. $c'd'=CD$ 2. $cd/\!/OX$；$c''d''/\!/OZ$ 3. $c'd'$与OX所成的α角等于CD与H面的倾角；$c'd'$与OZ所成的γ角等于CD与W面的倾角	1. $e''f''=EF$ 2. $e'f'/\!/OZ$；$ef/\!/OY_H$ 3. $e''f''$与OY_W所成的α角等于EF与H面的倾角。$e''f''$与OZ所成的β角等于EF与V面的倾角
共性	1. 直线在其所平行投影面的投影反映直线的实长（显实性），该投影与相应投影轴的夹角反映直线与另外两个投影面的倾角 2. 直线在另外两个投影面的投影平行于该直线所平行投影面的坐标轴，且均小于直线的实长		

二、一般位置直线

图 2-15 所示是一般位置直线AB的三面投影图，它与投影面H、V、W的倾角分别为α、β、γ。其投影特性如下：

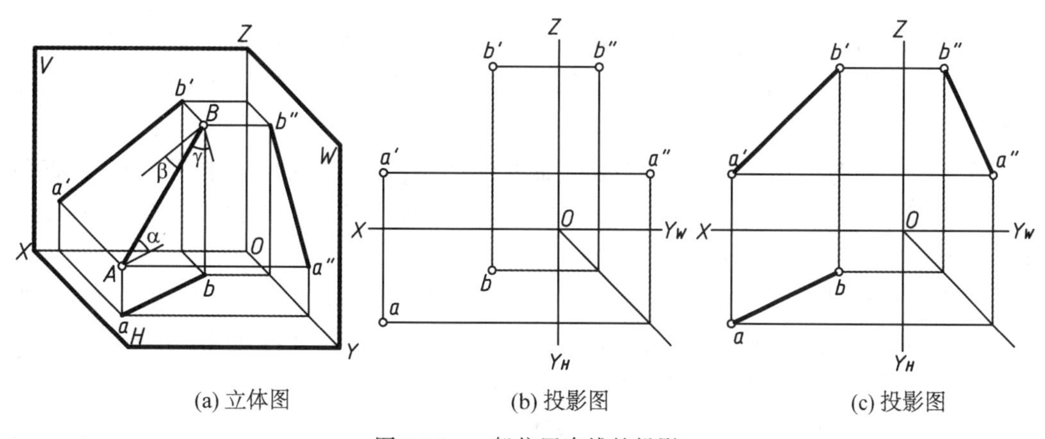

图 2-15 一般位置直线的投影

（1）直线的三面投影与投影轴都倾斜，任何投影与投影轴的夹角，均不反映直线与任何投影面的倾角；

（2）直线的三面投影均小于实长。

三、一般位置直线的实长与倾角

前面讨论的特殊位置直线的投影，能反映线段的实长和对投影面的倾角，而一般位置直线的投影都不反映其实长和倾角。如果给了直线的两个投影，那么这条直线的长度及空间位置就是确定的，由此，可以根据这两个投影，在投影图上利用几何作图的方法求出一般位置直线的实长和倾角。这种方法称为直角三角形法。

如图 2-16（a）所示是一般位置直线 AB 的立体图。在垂直于 H 面的 $ABba$ 平面内，过点 B 作水平投影 ab 的平行线，交 Aa 于 C，则△ACB 是一个直角三角形。在此三角形中，直角边 CB 等于水平投影 ab 的长度（$CB=ab$）；另一直角边 AC 等于直线 AB 两端点 z 坐标差（$AC=Aa-Bb=z_A-z_B=\Delta Z_{A(B)}$），斜边 AB 即是线段的实长，而∠ABC 等于线段与投影面 H 的倾角 α。

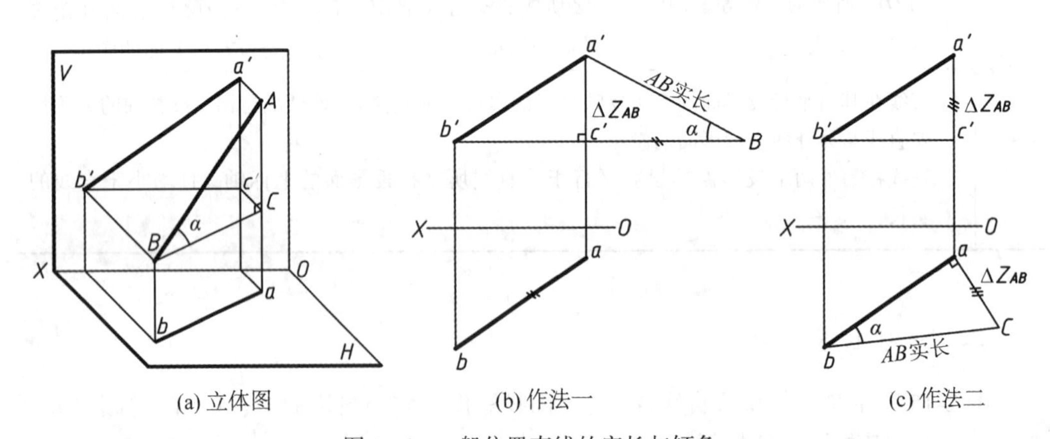

(a) 立体图　(b) 作法一　(c) 作法二

图 2-16　一般位置直线的实长与倾角

根据立体图的分析，我们可以利用它所表明的直角三角形中线段的实长、倾角、两端点坐标差和投影之间的关系，来完成如图 2-16（a）所示投影图上求实长和 α 角的几何作图：

作法一：如图 2-16（b）所示，在正面投影图中，以 $a'b'$ 的 z 坐标差 ΔZ_{AB} 为直角边，另一直角边上取 $c'B=ab$，则△$a'Bc'$≌△ABC，斜边 $a'B$ 等于线段 AB 实长，斜边 $a'B$ 与 $c'B$ 的夹角等于直线 AB 与 H 面的倾角 α。

作法二：如图 2-16（c）所示，在水平投影图中，以 ab 为一条直角边，过 a（或 b）作 $ab\perp aC$，并使 $aC=\Delta Z_{AB}$，则△bCa≌△BAC，斜边 bC 等于线段 AB 实长，斜边 bC 与 ab 的夹角等于直线 AB 与 H 面的倾角 α。

上述在投影图中完成的几何作图方法就是直角三角形法。在直角三角形中，有线段的实长、倾角 α、两端点的 z 坐标差、水平投影 ab 四个几何要素，只要知道其中任意两个，另外两个就可以求得。但这样只能求出直线与一个投影面的倾角，若要求直线与投影面的另外两个倾角，则两条直角边应作相应的变化，如图 2-17 所示是求线段的实长及 β 角的作图过程。若要求 γ 角，则还应另作直角三角形。

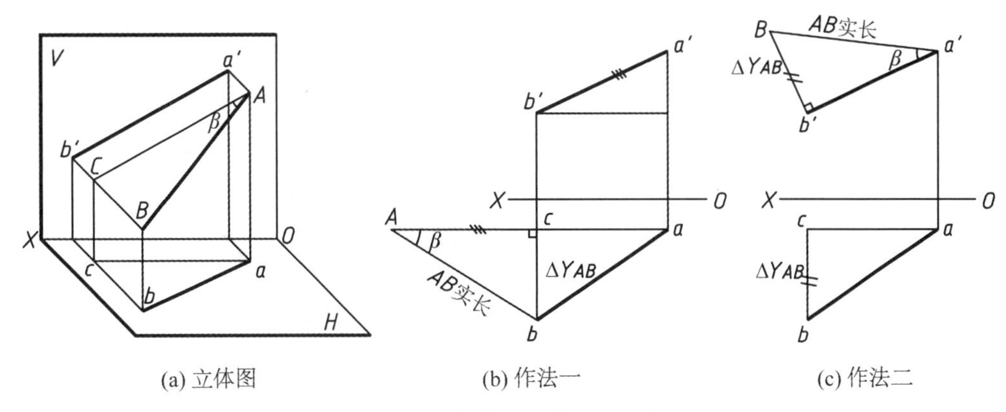

(a) 立体图　　(b) 作法一　　(c) 作法二

图 2-17　求线段的实长和 β 角

从以上的分析可看出，一个直角三角形只能求一个倾角，α、β、γ 三个倾角必须画三个三角形。倾角与直角边之间的关系如图 2-18 所示。

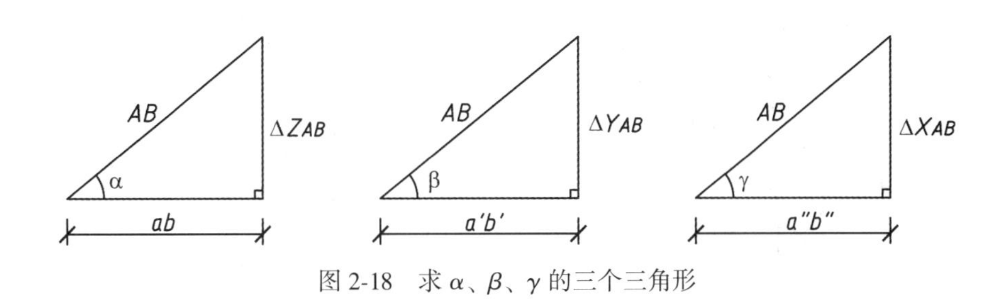

图 2-18　求 α、β、γ 的三个三角形

【例 2-3】 如图 2-19（a）所示，已知直线 AB 的水平投影 ab 和点 A 的正面投影 a'，直线对 V 面的倾角 $\beta=30°$，求直线的正面投影。

作图步骤如下（图 2-19（b））：

（1）在水平投影上过 b 作与 OX 轴平行的直线，与 a 和 a' 的投影连线相交于 a_0，则 aa_0 为线段两端点的 Y 坐标差 $\Delta Y_{A(B)}$。

（2）过 a 作与 aa_0 成 60°角的斜线，与 ba_0 的延长线相交于点 B，则 $\angle B=\angle\beta=30°$，$Ba_0=a'b'$。

（3）在正面投影上以 a' 为圆心、以 Ba_0 为半径画弧，与 bb' 投影连线相交于 b'。

（4）连 $a'b'$ 即为所求的正面投影。

四、直线上的点

1. 直线上点的几何条件

（1）直线上点的各投影位于直线的各同面投影上，且点的各投影要符合投影规律。

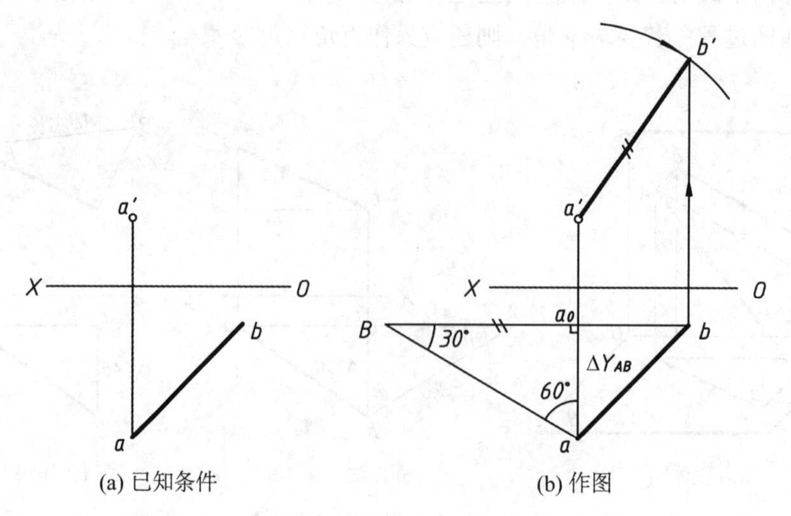

(a) 已知条件　　(b) 作图

图 2-19　补出线段的正面投影

如图 2-20 所示，点 C 在直线 AB 上，点 D 不在直线 AB 上。

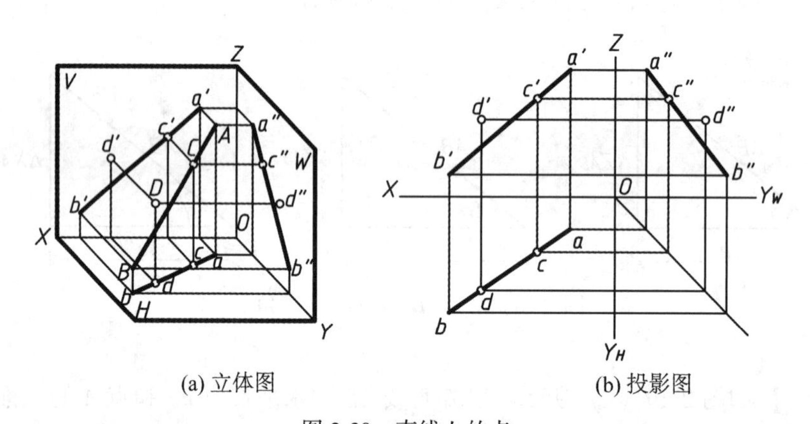

(a) 立体图　　(b) 投影图

图 2-20　直线上的点

（2）直线上的点把线段分成两段之比，等于点的投影把直线的投影分成两段之比。如图 2-20 所示，因 C 在直线 AB 上，所以 $AC:CB=ac:cb=a'c':c'b'=a''c'':c''b''$。

【例 2-4】如图 2-21（a）所示，试判断 C、D 两点是否在 AB 直线上。

分析：在一般情况下，由两面投影即可判断点是否在直线上。但当直线为投影面平行线，且已知的两个投影为该直线所不平行的投影面的投影时，如图 2-21（a）所示的侧平线，则通过两面投影是不能直接判断的，此时可按下列方法判断：

作法一：作出直线和点的侧面投影，如图 2-21（b）所示。投影 c'' 不在 $a''b''$ 上，所以点 C 不在直线 AB 上；投影 d'' 在 $a''b''$ 上，所以点 D 在直线 AB 上。

作法二：用定比性来判断，如图 2-21（c）所示。过 b' 作任意方向线段 $b'k=ba$，连接 $a'k$，在 $b'k$ 上量取 $b'm=bc$，$b'n=bd$，连接 $c'm$ 和 $d'n$，由于 $c'm$ 不平行 $a'k$，所以点

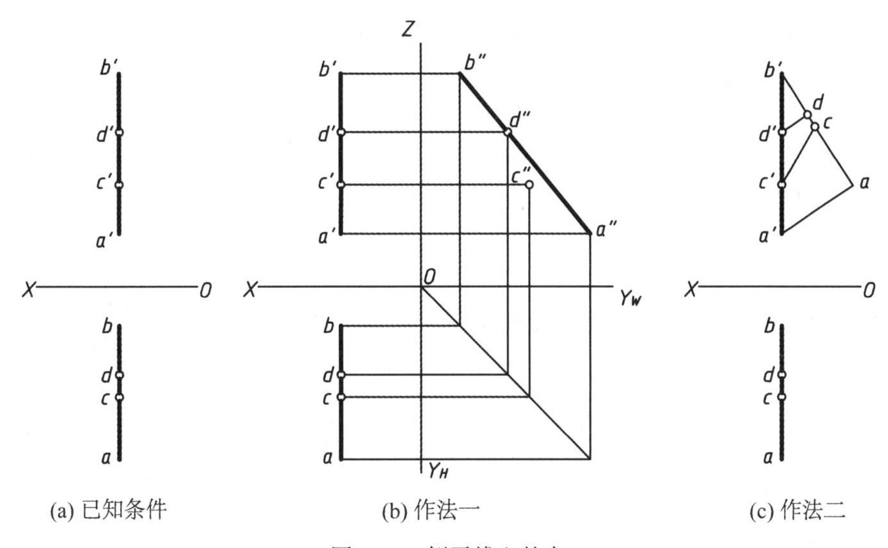

图 2-21　侧平线上的点

C 不在直线 AB 上，而 $d'n$ 平行于 $a'k$，所以点 D 在直线 AB 上。

【**例 2-5**】如图 2-22（a）所示，已知线段 AB 的两面投影，在线段上求距点 A15mm 的点 K 的投影。

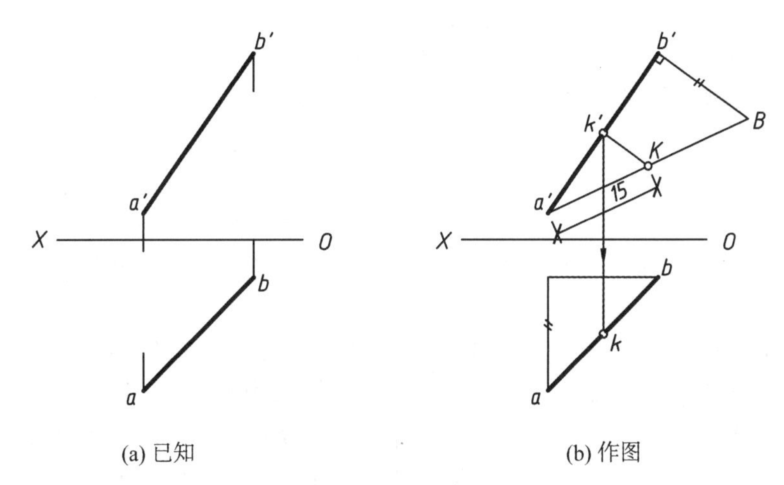

图 2-22　作出直线上点的投影

作图步骤如下（图 2-22（b））：

（1）用直角三角形法求出线段 AB 的实长 $a'B$。

（2）在 $a'B$ 上截取 $a'K=15$mm。

（3）作 $Kk' /\!/ b'B$ 交 ab 于 k'点，过 k'点向下引投影连线，交 ab 于 k。k 和 k'即为所求。

2. 直线的迹点

（1）迹点就是直线与投影面的交点。与 H 面的交点称为水平迹点；与 V 面的交点称为正面迹点；与 W 面的交点称为侧面迹点。显然，投影面垂直直线仅有一个迹点，投影面平行线有两个迹点（即直线与其不平行的两个投影面之交点），一般位置直线有三个迹点，即水平迹点、正面迹点、侧面迹点。如图 2-23（a）所示，点 M、N 分别为直线 AB 的水平迹点和正面迹点。

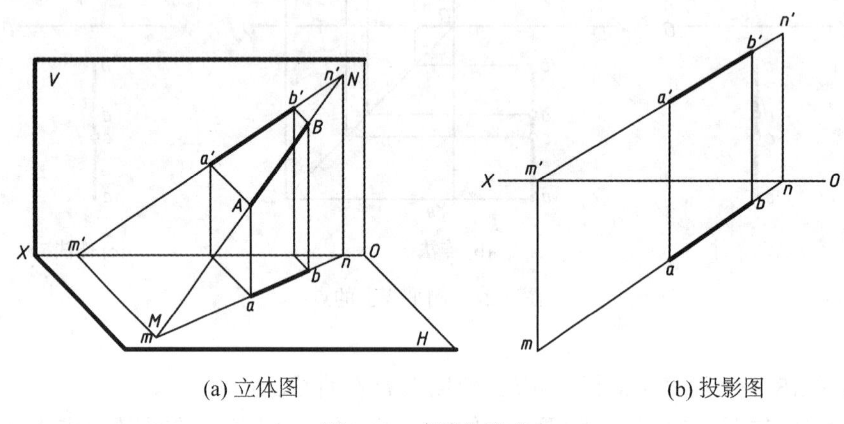

(a) 立体图　　(b) 投影图

图 2-23　直线的迹点

（2）迹点的求法。由于迹点是直线与投影面的交点，它既是直线上的点，也是投影面上的点，所以迹点的投影必符合直线上点及投影面上点的投影特性。如图 2-23（a）所示，水平迹点 M 是直线 AB 上的点，点 M 的水平投影 m 一定在 ab 上，正面投影 m'一定在 ab 上；水平迹点 M 是在 H 面内，所以点 M 的 H 投影 m 与 M 重合，正面投影 m'在 OX 轴上。正面迹点 N 是直线 AB 上的点，点 N 的正面投影 n'一定在 $a'b'$上，水平投影 n 一定在 ab 上；正面迹点 N 是在 V 面内，所以点 N 的 V 面投影 n'与 N 重合，水平投影 n 在 OX 轴上。因此，直线 AB 的水平迹点 M 和正面迹点 N 的投影，可按以下方法求得，如图 2-23（b）所示：

延长 $a'b'$，使其与 OX 轴相交，其交点 m'就是 M 的正面投影。由 m 作 OX 轴的垂线与 ab 的延长线交于点 m，即是点 M 的水平投影；m 与 M 重合。

延长直线 AB 的水平投影 ab，使与 OX 轴相交，交点 n 就是 N 的水平投影。由 n 作 OX 轴的垂线与 $a'b'$延长线的交点 n'，即是 N 的正面迹点；n'与 N 重合。

五、两直线的相对位置

空间两直线的相对位置有平行、相交和交叉三种。平行和相交两直线为共面直线，交叉两直线为异面直线。

1. 两直线平行

由平行投影的平行性可知：若空间两直线平行，则两直线的同面投影一定平行；反之，如果两直线的同面投影均平行，则这两直线在空间也一定平行，且两平行线段长度之比等于同面投影的长度之比。

如图 2-24 所示，若 $AB // CD$，则 $ab // cd$，$a'b' // c'd'$，$a''b'' // c''d''$，且 $AB : CD = ab : cd = a'b' : c'd' = a''b'' : c''d''$。

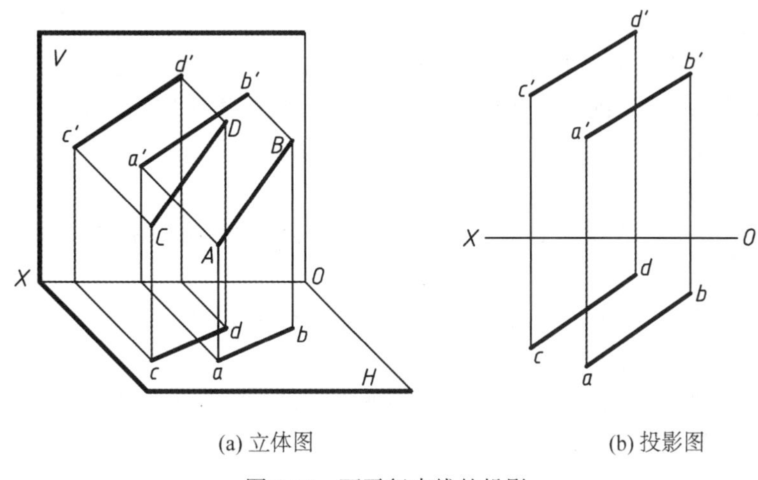

(a) 立体图　(b) 投影图

图 2-24　两平行直线的投影

【例 2-6】 如图 2-25（a）所示，判断直线 AB 与 CD 是否平行。

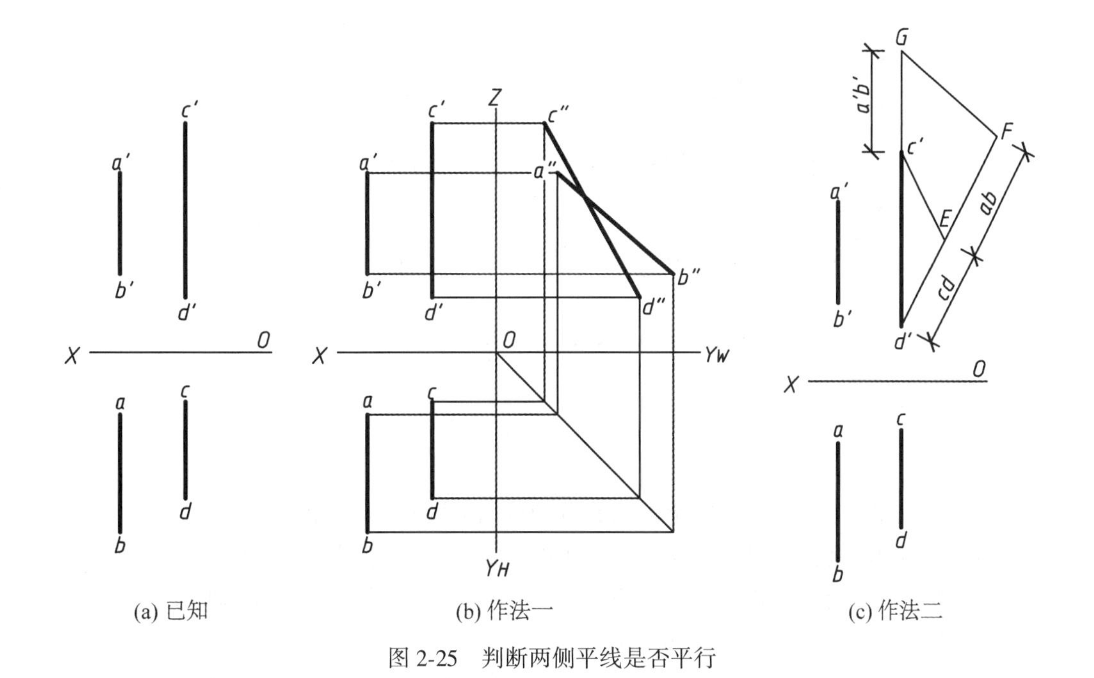

(a) 已知　(b) 作法一　(c) 作法二

图 2-25　判断两侧平线是否平行

分析：对两条一般位置直线来说，在投影图上，只要有任意两个同面投影平行，就可判定这两条直线在空间平行。但当两直线平行某一投影面，又未给出该投影面上的投影时，可用下列方法判别：

作法一：作出两直线的侧面投影，如图 2-25（b）所示。由于 $a''b''$不平行于 $c''d''$，所以两直线不平行。

作法二：利用比例法判断，如图 2-25（c）所示。过 d'引任意方向直线，截取线段如图所示，连接 $c'E$ 和 FG，从图中可看出 $c'E$ 和 FG 不平行，说明 $ab:cd \neq a'b':c'd'$，故空间两直线不平行。

作法三：若两直线端点的投影顺序不同，假如正面投影顺序是 $a'b'$、$c'd'$，而水平投影顺序是 ab、dc，即表示两直线空间方位不同，则可直接判断两直线在空间是不平行的。此法没给出图示。

2. 两直线相交

两直线相交必有一个交点，该交点是两直线的公共点。由平行投影的从属性和定比性，可得出如下结论：

（1）两直线相交，其同面投影必然相交，且投影的交点就是两直线交点的投影（交点投影的连线必垂直于投影轴）；

（2）交点分线段所成的比例等于交点的投影分线段同面投影所成的比例。

对两条一般位置直线来说，只要有任意两个同面投影交点的连线垂直于相应的投影轴，就可判定这两条直线在空间是相交的，如图 2-26 所示。但当两条直线中有一条为某一投影面的平行线时，则应另当别论。

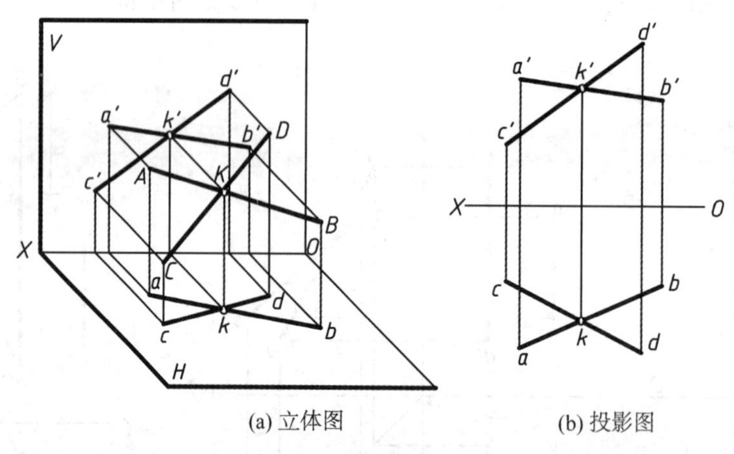

(a) 立体图　　(b) 投影图

图 2-26　相交两直线的投影

【例 2-7】如图 2-27（a）所示，试判断直线 AB 与 CD 是否相交。

分析：AB 为一般位置直线，CD 为侧平线，在这种情况下，仅凭其水平投影和正面投影不能判定两直线是否相交，因为它们交点的连线始终是垂直于 OX 轴的，但不一定是相交的两直线。判断的方法有如下两种：

作法一：利用第三面投影进行判定。作两直线的侧面投影 $a''b''$和 $c''d''$，如果侧面投影也相交，且侧面投影的交点和正面投影的交点连线垂直于 OZ 轴，则两直线是相交的，否则不相交。从图 2-27（b）可看出，两直线正面投影的交点和其侧面投影的交点连线不垂直于 OZ 轴，故直线 AB 和 CD 不相交。

作法二：利用直线上点的定比性进行判定。如图 2-27（c）所示，假定 AB 与 CD 相

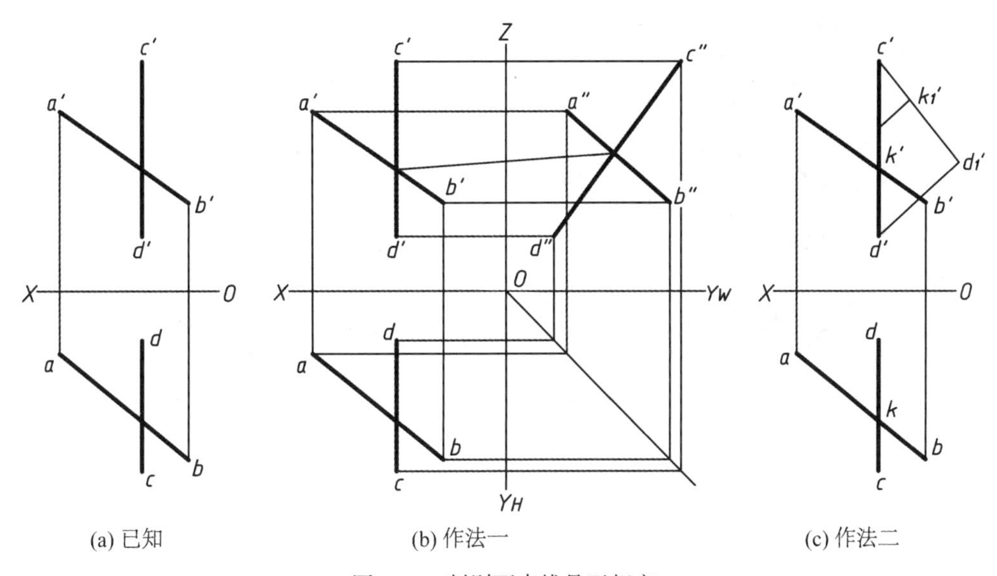

(a) 已知　(b) 作法一　(c) 作法二

图 2-27　判别两直线是否相交

交于 K，则 $ck:kd$ 应等于 $c'k':k'd'$。可以在正面投影上过 c' 任作一条直线，取 $c'k'_1=ck$，$k'_1d'_1=kd$；连接 d'_1d'，过 k'_1 作 d'_1d' 的平行线，它与 $c'd'$ 的交点不是 k'，说明 $ck:kd\neq c'k':k'd'$。由此可判定直线 AB 和 CD 不相交。

3. 两直线交叉

空间既不平行也不相交的两直线，称为交叉直线（或称为异面直线、交错直线）。交叉直线的投影，既不符合两直线平行的投影特性，也不符合两直线相交的投影特性。交叉直线的同面投影可能相交，但同面投影的交点并不是空间一个点的投影，因此两投影交点的连线不可能垂直于投影轴。

实际上，交叉直线投影的交点，是空间两个点的投影，是位于同一投射线上而分属于两条直线上的一对重影点。

1）沿 Z 轴重影点的判别

如图 2-28 所示，直线 AB 上的点Ⅰ和 CD 上的点Ⅱ，位于同一条铅垂线上，在 H 面上的投影重合为一点，即 2（1）。过 2（1）向上引投影连线，即可找到它们的正面投影 1′、2′。比较 1′和 2′可知，位于直线 AB 上的点Ⅰ在下，位于直线 CD 上的点Ⅱ在上。因此，当沿着投射方向从上向下看时，沿 Z 轴重影点 2 可见，1 不可见，放在括号内。

2）沿 Y 轴重影点的判别

直线 AB 上的点Ⅲ和 CD 上的点Ⅳ，位于同一条正垂线上，在 V 面上的投影重合为一点，即3′（4′）。过交点 3′（4′）向下引投影连线即可作出它们的水平投影 3、4。比较 3 和 4 可知，位于直线 AB 上的点Ⅲ在前，位于直线 CD 上的点Ⅳ在后。因此，当沿着投射方向从前向后看时，沿 Y 轴重影点 3′可见，4′不可见，放在括号内。

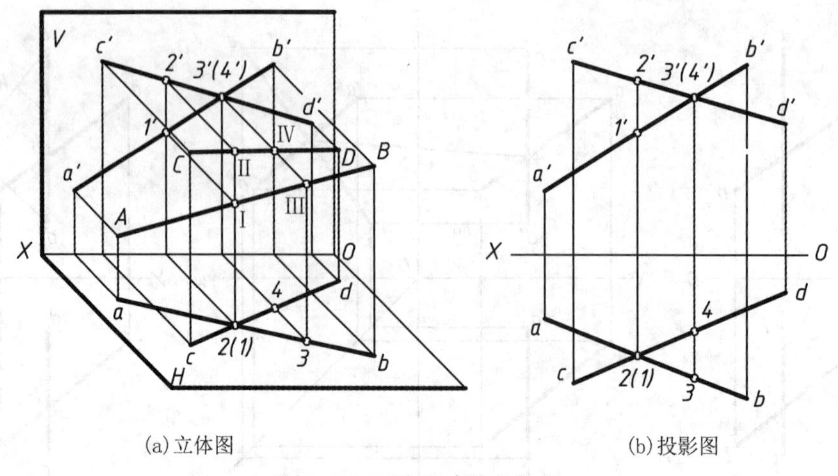

(a)立体图　　(b)投影图

图 2-28　两交叉直线的投影

六、直角投影定理

一般要使两直线的夹角在某一投影面上的投影角度不变，必须使两直线都平行于该投影面。但是，若两直线垂直（相交垂直或交叉垂直），一般情况下投影不反映直角。只有在特定条件下，投影才反映直角。

如图 2-29 所示，直线 $AB \perp BC$，且 $AB /\!/ H$，由于 $AB \perp BC$，$AB \perp Bb$（$AB /\!/ H$、$Bb \perp H$），所以 $AB \perp CBbc$；又因为 $ab /\!/ AB$，所以 $ab \perp CBbc$，故 $ab \perp bc$。

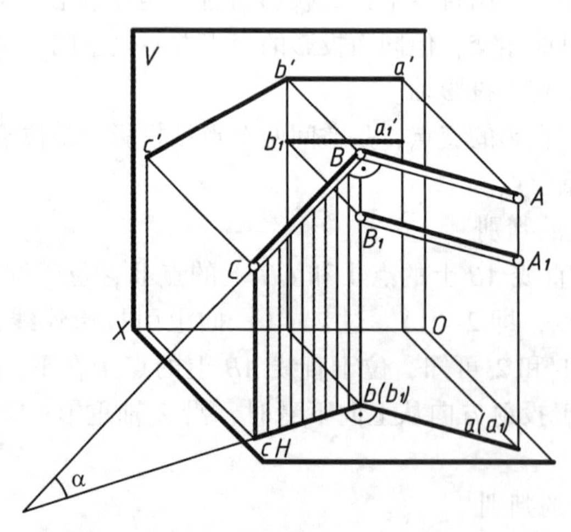

图 2-29　直角投影特性分析

如果把 AB 直线平移至 A_1B_1 的位置上，即 A_1B_1 与 BC 垂直交叉，同样可以得出 $a_1b_1 \perp bc$。

根据以上的推理，得出直角投影定理：若两直线互相垂直（垂直相交或垂直交叉)，只要其中有一条直线平行于某投影面，则两直线在该投影面的投影相互垂直，即两投影成直角；反之，若两直线（相交或交叉）在同一投影面中的投影相互垂直（即反映直角)，且其中一条直线平行于该投影面，则两直线空间一定是相互垂直的。

如图 2-30 所示，给出了两直线的两面投影，根据直角投影定理可以断定它们在空间是否相互垂直，其中图（a)、图（c）是垂直相交，图（b)、图（d）是垂直交叉。

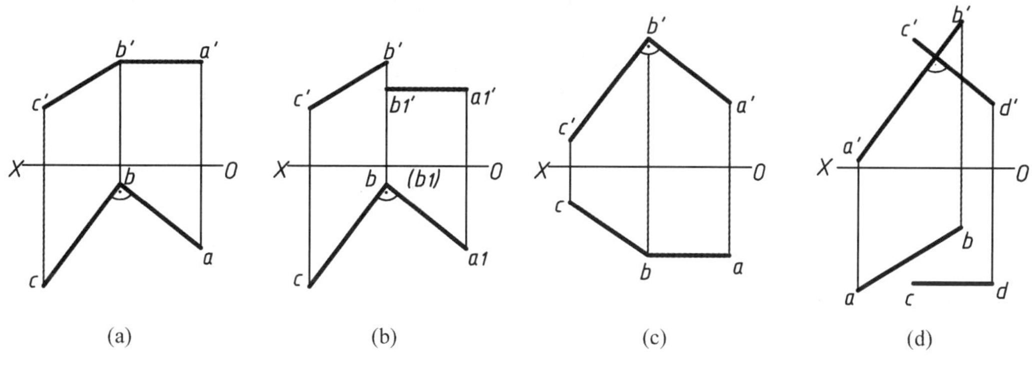

图 2-30　判断两直线是否垂直

【例 2-8】 如图 2-31（a）所示，求点 *A* 到正平线 *CD* 间的距离。

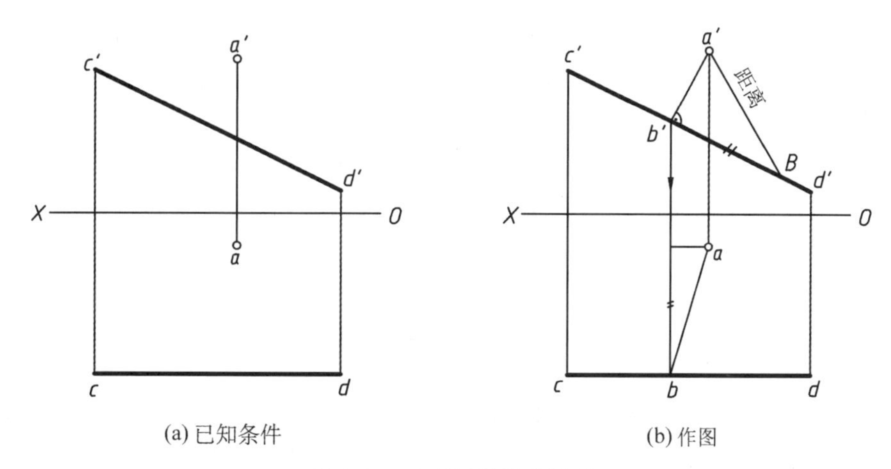

图 2-31　求点到直线的距离

分析：因为 *CD* 是正平线，根据直角投影定理，可以作出直线 *CD* 的垂线 *AB*，线段 *AB* 就表示点 *A* 到直线 *CD* 的距离。但作出的 *AB* 是一般位置直线，它的投影不反映实长，因此还需要用直角三角形法求出它的实长。

作图步骤如下（图 2-31（b））：

(1) 过 a'作 $c'd'$的垂线，并与 $c'd'$相交于 b'，得垂直线段的正面投影 $a'b'$。

(2) 过 b'向下引投影连线，交于 cd 于 b，连接 ab 即为垂直线段的水平投影。

(3) 用直角三角形法求出线段 *AB* 的实长 $a'B$，$a'B$ 即为所求距离实长。

【例 2-9】如图 2-32（a）所示，已知等边三角形 ABC 的 BC 边在正平线 MN 上，作出△ABC 的两面投影。

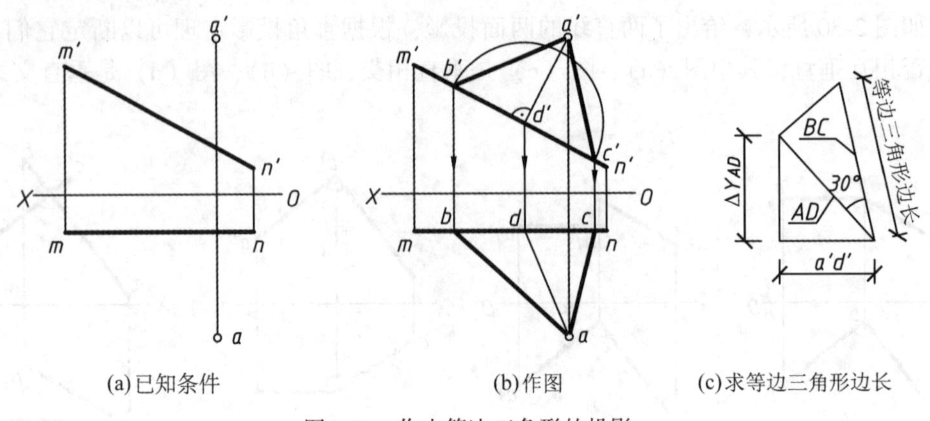

(a)已知条件　(b)作图　(c)求等边三角形边长

图 2-32　作出等边三角形的投影

分析：要作出△ABC 的投影，只要确定边长和在 MN 的位置就可作出。根据题意，可先作出 BC 边上高 AD，根据 AD 的投影作出 AD 实长。然后根据高 AD 作出等边三角形边的实长，根据边长来确定 BC 在 MN 上的投影。

作图步骤如下：

（1）过 a'点作 $m'n'$的垂线，垂足为 d'，过 d'向下引投影连线作出 d 点。

（2）连接 ad 和 $a'd'$，利用直角三角形法求 AD 的实长。利用 AD 的实长求等边三角形的边长，如图 2-32（c）所示。

（3）以 d'为中点，在 $m'n'$上截取等边三角形边长，$b'c'=BC$，作出 b'、c'，过 b'、c'分别向下引投影连线作出 b、c。最后连线作出△ABC 的两面投影，如图 2-32（b）所示。

第四节　平面的投影

由初等几何可知，不在同一直线上的三点确定一个平面。因此，表示平面的最基本方法是不在一条直线上的三个点，其他的各种表示方法都是由此派生出来的。平面的表示方法可归纳成以下五种，如图 2-33 所示：

（1）不在同一直线上的三点，如图 2-33（a）所示。

（2）直线和该直线外一点，如图 2-33（b）所示。

（3）两相交直线，如图 2-33（c）所示。

（4）两平行直线，如图 2-33（d）所示。

（5）平面图形，如图 2-33（e）所示。

以上五种平面的表示方法可以互相转换。但对同一平面而言，无论用哪一种表示方法，它所确定的平面是唯一的。

根据平面与投影面的相对位置，平面也分为一般位置平面和特殊位置平面。

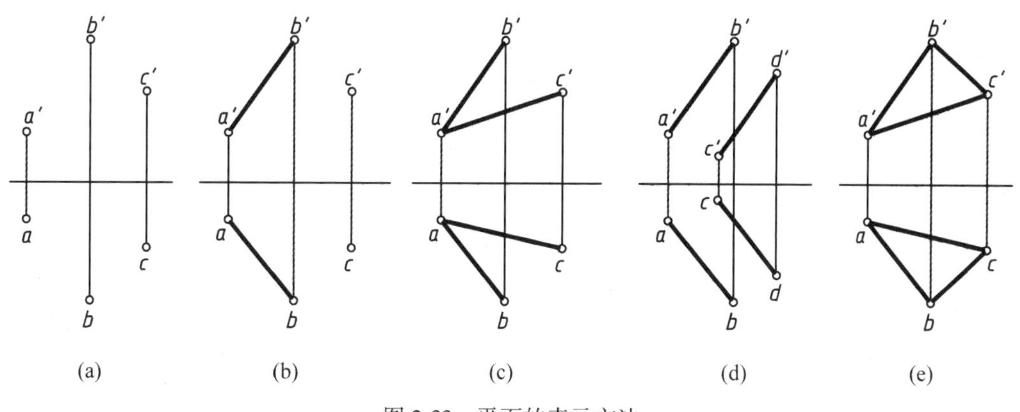

图 2-33　平面的表示方法

一、一般位置平面

与三个投影面都倾斜的平面，称为一般位置平面，如图 2-34 所示。由于一般位置平面与三个投影面都倾斜，因此平面三角形的三个投影均不反映实形，也无积聚性，但为原图形的类似形。

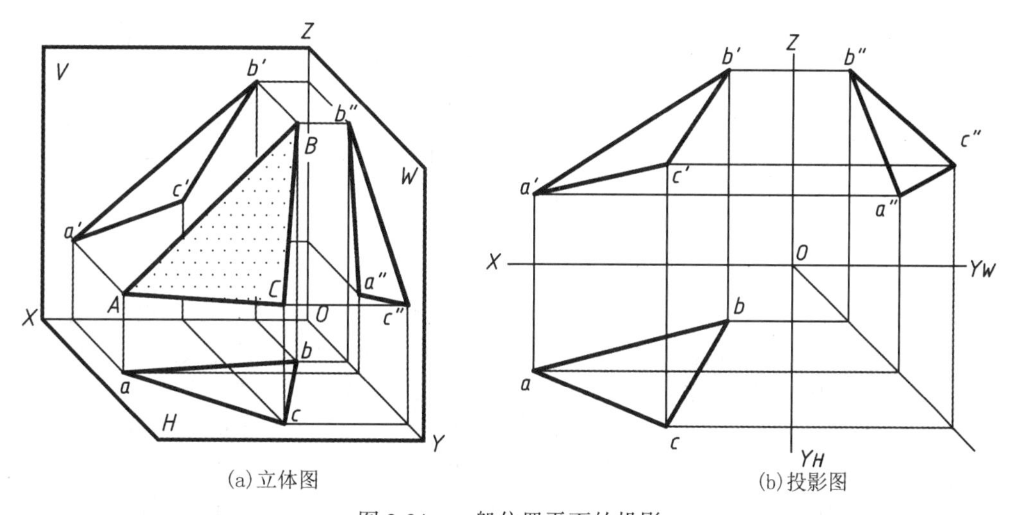

图 2-34　一般位置平面的投影

二、特殊位置平面

只与一个投影面垂直或平行的平面，称为特殊位置平面。它包括投影面垂直面、投影面平行面两种。

1. 投影面垂直面

只与一个投影面垂直的平面称为投影面垂直面，其中，垂直于 H 面的平面称为铅垂面；垂直于 V 面的平面称为正垂面；垂直于 W 面的平面称为侧垂面。

表 2-4 列出了三种投影面垂直面投影特性。

表 2-4　**投影面垂直面投影特性**

名称	铅垂面	正垂面	侧垂面
物体表面上的面	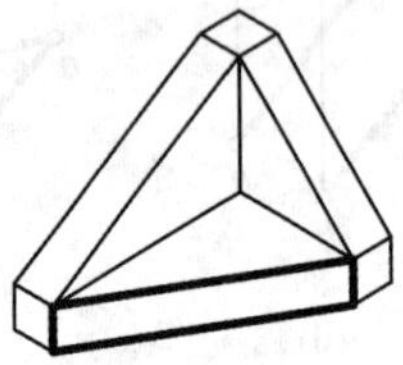	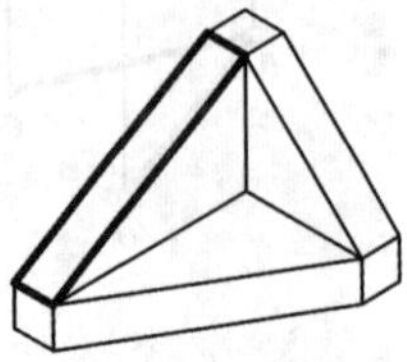	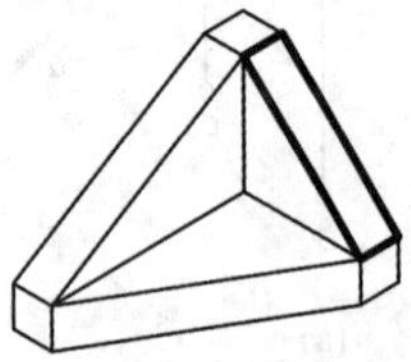
立体图	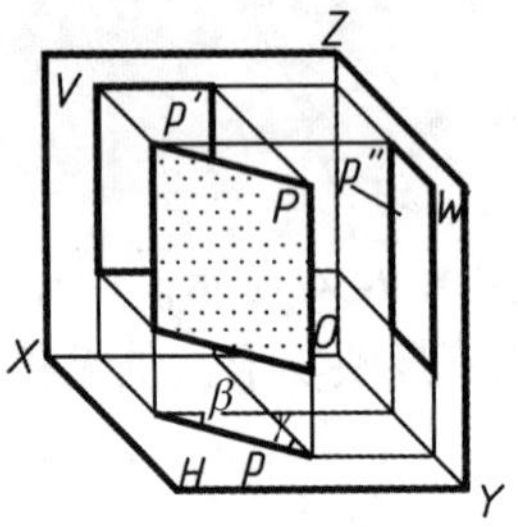	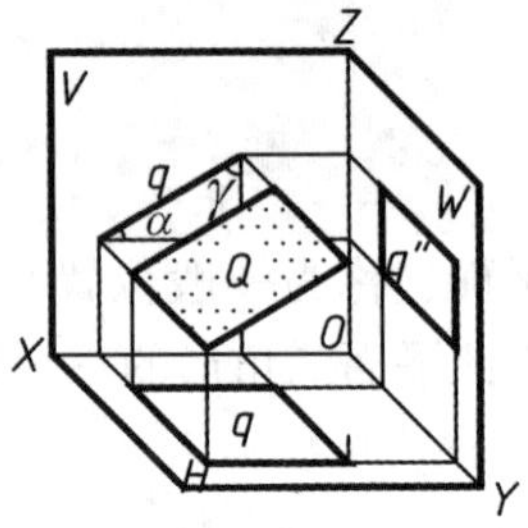	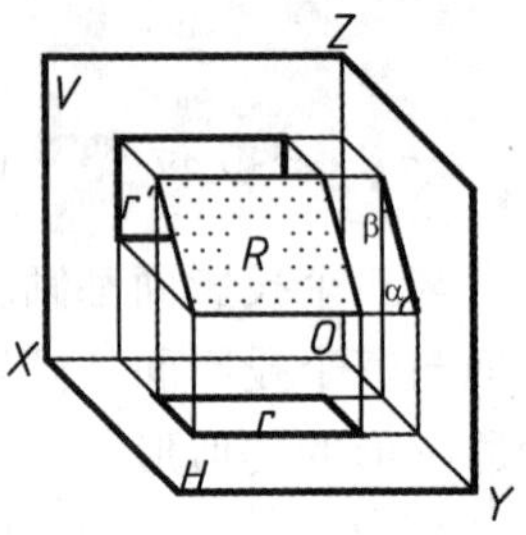
投影图	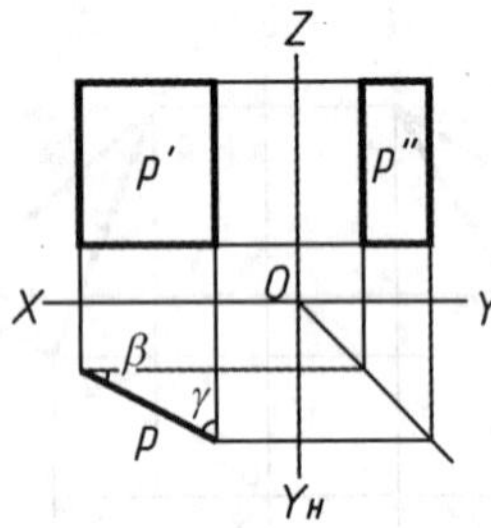	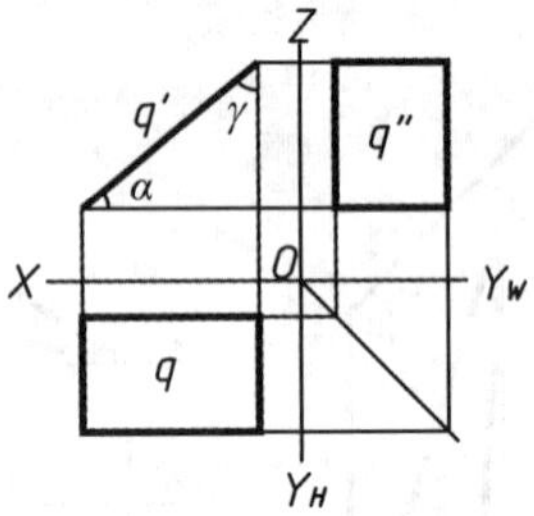	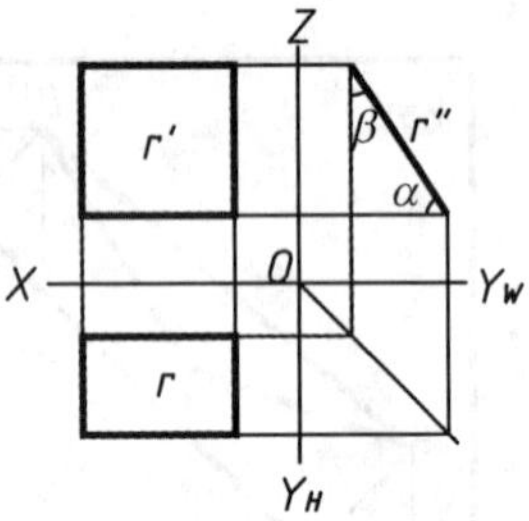
投影特性	1. 水平投影积聚成直线 p，且与其水平迹线重合。该直线与 OX 轴和 O_{YH} 轴夹角反映 β 和 γ 角 2. 正面投影和侧面投影为平面的类似形	1. 正面投影积聚成直线 q'，且与其正面迹线重合。该直线与 OX 轴和 OZ 轴夹角反映 α 和 γ 角 2. 水平投影和侧面投影为平面的类似形	1. 侧面投影积聚成直线 r''，且与其侧面迹线重合。该直线与 OY_W 轴和 OZ 夹角反映 β 和 α 角 2. 正面投影和水平投影为平面的类似形
共性	1. 平面在其所垂直的投影面上的投影积聚成一条直线（积聚性）；它与两投影轴的夹角，分别反映空间平面与另外两个投影面的倾角 2. 另外两个投影面的投影为空间平面图形的类似形		

2. 投影面平行面

只与一个投影面平行的平面称为投影面平行面，其中，与 H 面平行的平面称为水平面；与 V 面平行的平面称为正平面；与 W 面平行的平面称为侧平面。

表 2-5 列出了三种投影面平行面投影特性。

表 2-5　　**投影面平行面投影特性**

名称	水平面	正平面	侧平面
物体表面上的面	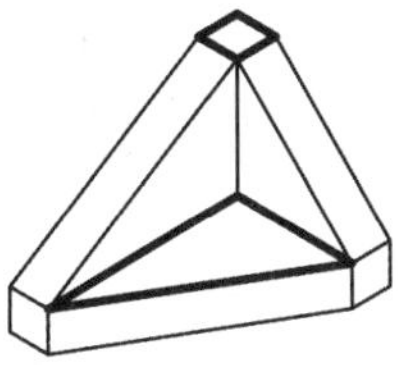	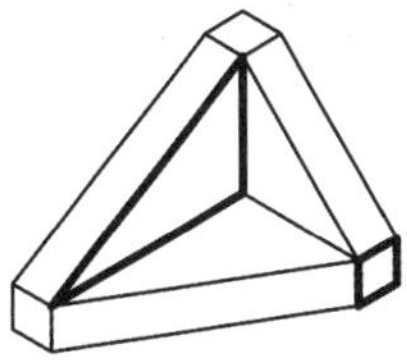	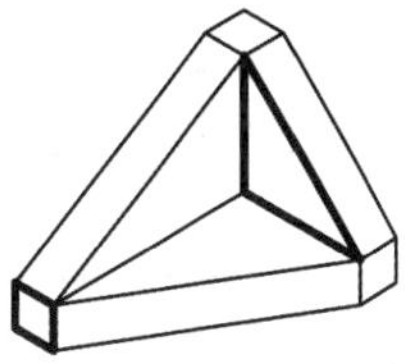
立体图	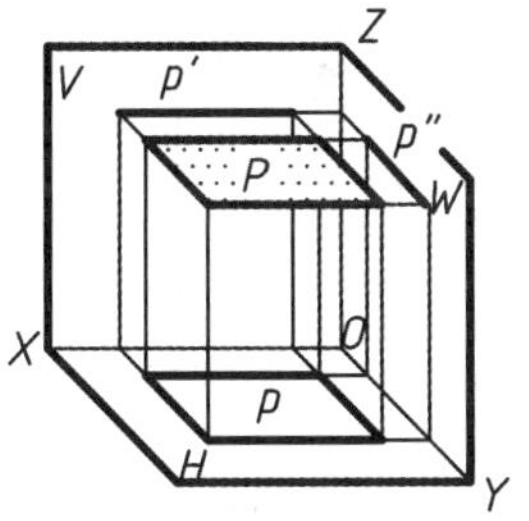	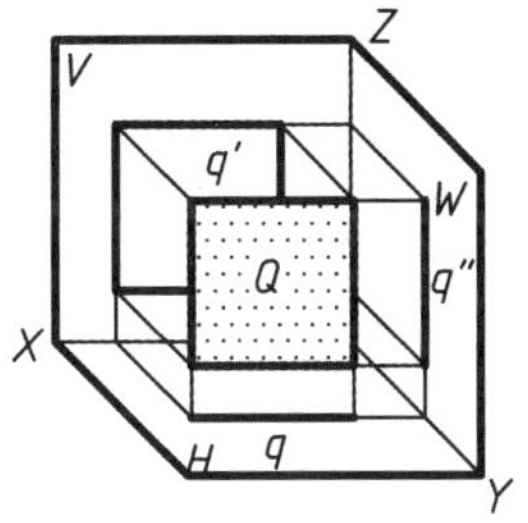	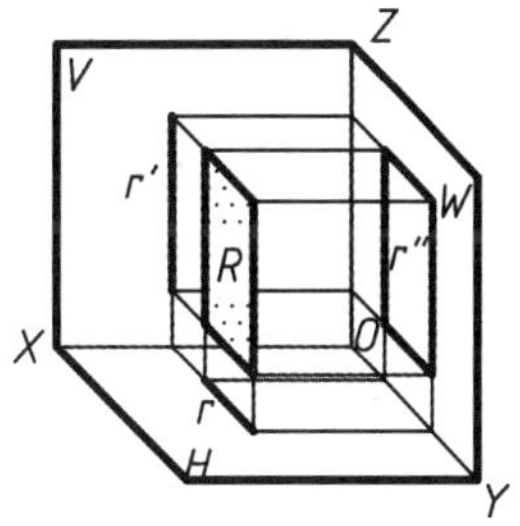
投影图	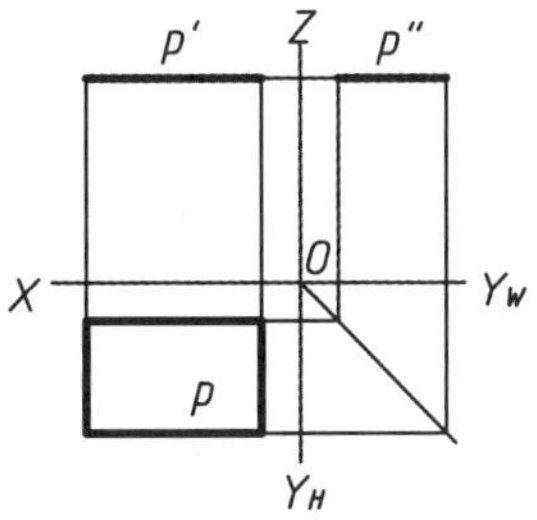	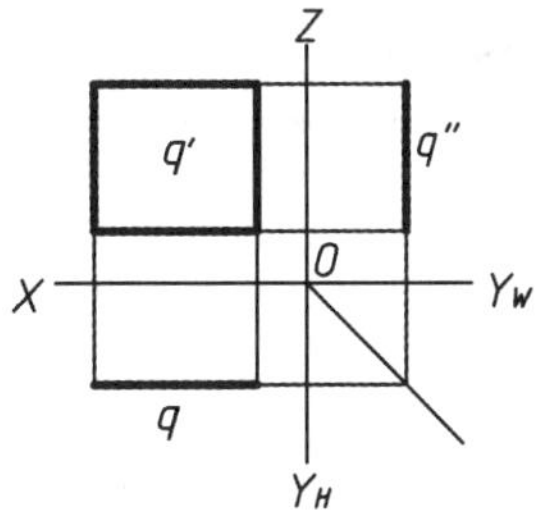	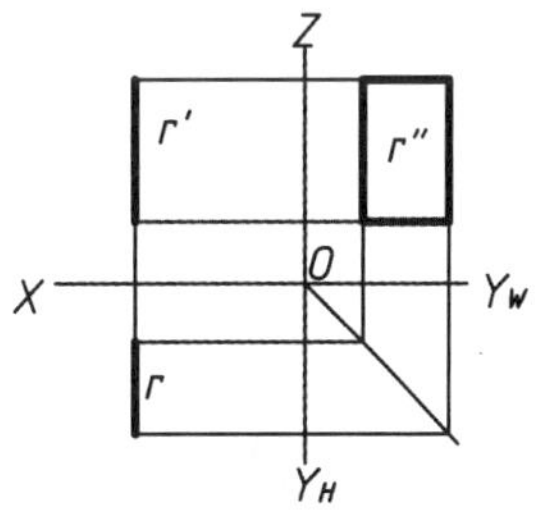
投影特性	1. 水平投影反映实形 2. 正面投影有积聚性，且平行 OX 轴；侧面投影也有积聚性，且平行于 OY_W	1. 正面投影反映实形 2. 水平投影有积聚性，且平行 OX 轴；侧面投影也有积聚性，且平行于 OZ	1. 侧面投影反映实形 2. 正面投影有积聚性，且平行 OZ 轴；水平投影也有积聚性，且平行于 OY_H
共性	1. 平面在所平行的投影面的投影反映实形（显实性） 2. 在另外两个投影面上的投影积聚成一条直线（积聚性），该直线平行相应的坐标轴		

三、平面上的点和直线

1. 点在平面上

点在平面上的几何条件是：若点在平面内任意一条直线上，则点在此平面上。如图 2-35（a）所示。因点 K 在△ABC 平面 AD 线上，所以点 K 在△ABC 平面上。

2. 直线在平面上

直线在平面上的几何条件是：若直线过平面上的两个已知点，或者直线过平面上的一个已知点，并且平行于平面上的一条已知直线，则该直线在此平面内。

如图 2-35（a）所示，因 *A*、*D* 两点在△*ABC* 平面上，所以直线 *AD* 在△*ABC* 平面上；同理，直线 *EF* 也在△*ABC* 平面上。

根据以上点和直线在平面上的几何条件，以及前述的点在直线上、两平行直线和两相交直线的投影关系，可在平面上作点或直线，也可用来判定点或直线是否在平面上。

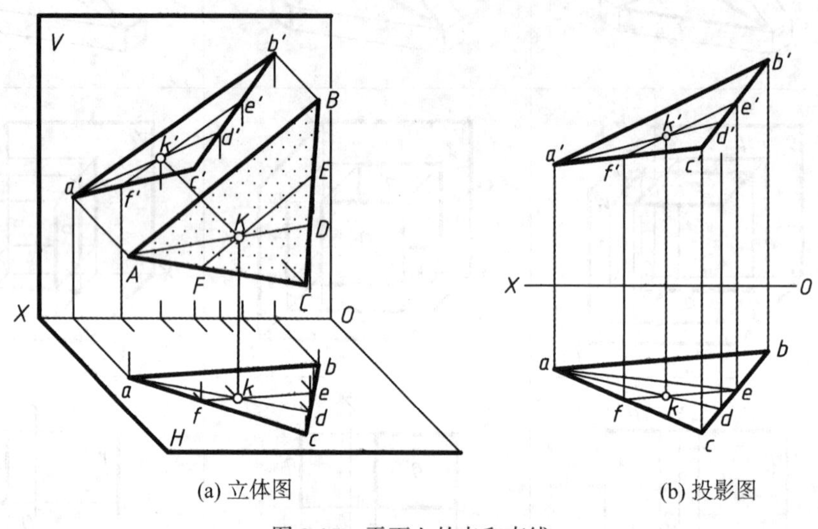

(a) 立体图　　(b) 投影图

图 2-35　平面上的点和直线

【例 2-10】 如图 2-36（a）所示，已知△*ABC* 平面上点 *M* 的水平投影 *m*，求它的正面投影。

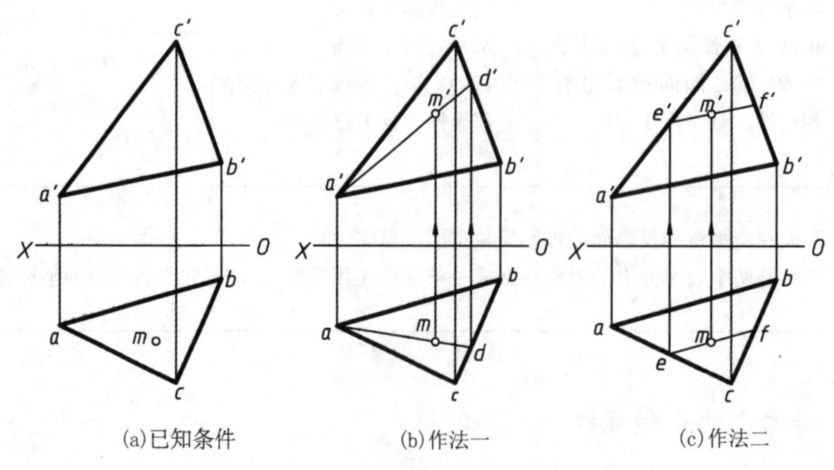

(a)已知条件　　(b)作法一　　(c)作法二

图 2-36　作出点 *M* 的正面投影

作法一（图 2-36（b））：

（1）在水平投影上连接 am，并延长交于 bc 交于 d。

（2）过 d 向上引投影连线，与 $b'c'$ 相交于 d'，连接 $a'd'$。

（3）过 m 向上引投影连线，与 $a'd'$ 相交于 m' 即为所求。

作法二（图 2-36（c））：

（1）在水平投影上过 m 作 ef，使 $ef /\!/ ab$，并与 ac 相交于 e、与 bc 相交于 f。

（2）过 e 向上引投影连线，与 $a'c'$ 相交于 e'，过 e' 作 $e'f' /\!/ a'b'$。

（3）过 m 向上引投影连线，与 $e'f'$ 相交于 m' 即为所求。

【例 2-11】 如图 2-37（a）所示，过 $\triangle ABC$ 平面上的点 A 在平面内作正平线和水平线。

分析：由于正平线的水平投影平行于 X 轴，可先过点 A 的水平投影作 X 轴的平行线，再根据投影关系确定其正面投影。同理，水平线的正面投影平行于 X 轴，故可先过点 A 的正面投影作 X 轴的平行线，再根据投影关系确定其水平投影。

作图步骤如下（图 2-37（b））：

（1）过 a 作 $ad /\!/ OX$，然后自 d 向上引投影连线作出 $a'd'$，则 AD 为 $\triangle ABC$ 平面上的正平线。

（2）过 a' 作 $a'e' /\!/ OX$，e' 在 $c'b'$ 的延长线上，然后自 e' 向下引投影连线作出 ae，则 AE 为 $\triangle ABC$ 平面上的水平线。

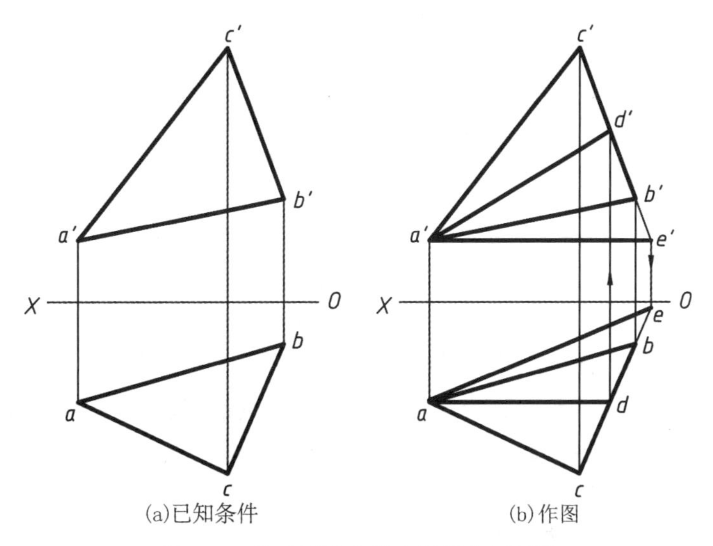

图 2-37　作出平面上的水平线和正平线

【例 2-12】 如图 2-38（a）所示，已知平面 $ABCDE$ 的 CD 边为正平线，作出平面 $ABCDE$ 的水平投影。

分析：从所给的已知条件看，得从 AB、CD 的投影开始考虑。正面投影 $a'b'$ 和 $c'd'$ 相交，而 CD 又是正平线，其水平投影平行于 OX 轴；ab 又已知，所以可先作出 cd。另一种方法是利用平面内的平行线去作图。

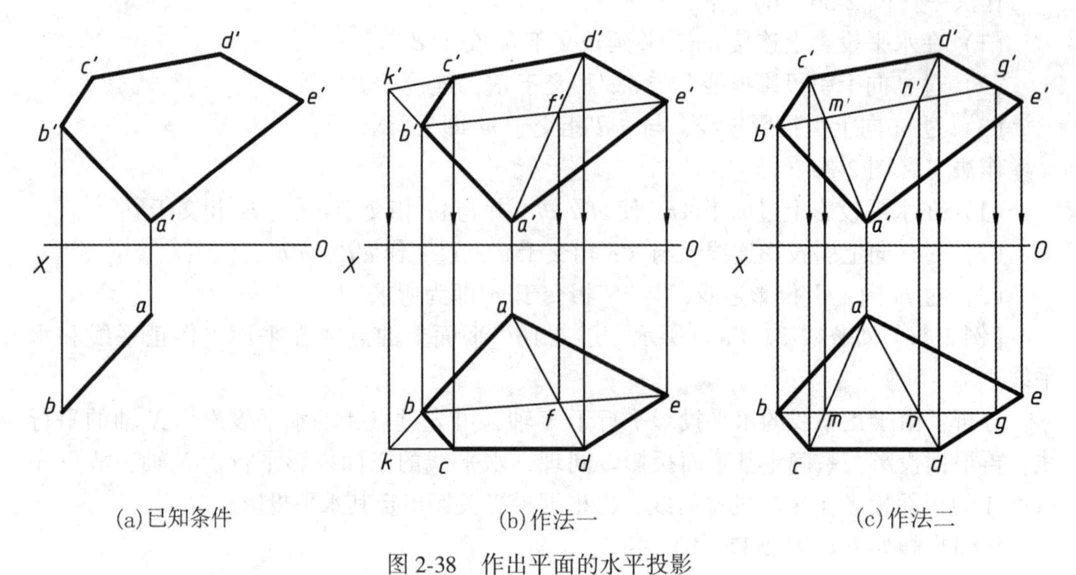

(a)已知条件　　(b)作法一　　(c)作法二

图 2-38　作出平面的水平投影

作法一（图 2-38（b））：

（1）在正面投影中作出 $a'b'$ 和 $c'd'$ 的交点 k'，K 点既在 AB 上也在 CD 上，过 k' 向下引投影连线交于 ab 于 k 点。

（2）过 k 作 $kd /\!/ OX$，过 $c'd'$ 向下引投影连线，交 kd 于 c、d 两点。

（3）连接 ad 和 $b'e'$、$a'd'$，$b'e'$ 和 $a'd'$ 交于 f'，过 f' 向下引投影连线交 ad 于 f。

（4）连接 bf，并延长与过 e' 向下引的投影连线交于 e。

（5）连接 $ABCDE$ 水平投影的各边，即为所求 $abcde$。

作法二（图 2-38（c））：

（1）过 b' 作 $b'g' /\!/ c'd'$，交 $d'e'$ 于 g'，因 CD 是正平线，所以 BG 也是正平线。过 g' 向下引投影连线，与过 b 所作的 $bg /\!/ ox$ 交于 g。

（2）连接 $a'd'$ 和 $a'c'$，与 $b'g'$ 交于 m'、n' 两点。

（3）过 m'、n' 两点向下引投影连线，与 bg 交于 m、n 两点。

（4）连接 am 和 an 并延长，与过 c'、d' 向下引的投影连线交于 c、d 两点。

（5）因 E 点在 DG 直线上，可过 e' 向下引投影连线与 dg 交于 e。

（6）连接 $ABCDE$ 水平投影的各边，即为所求 $abcde$。

3. 平面内对 H 面的最大斜度线

1）最大斜度线的形成

如图 2-39（a）所示，在平面内垂直于该平面内水平线 MN 的直线 AB，称为该平面 P 对 H 面的最大斜度线。由于它与 H 面的倾角 α 反映了平面的坡度，所以也称平面的最大坡度线。

2）投影特性

如图 2-39（b）所示，直线 MN（mn、$m'n'$）为平面 P（p、p'）内的水平线。直线 AB（ab、$a'b'$）为平面 P 的最大坡度线。由一边平行于投影面的直角投影特性可知，

$AB \perp MN$，$MN /\!/ H$ 面，则其水平投影 $ab \perp mn$，即平面的最大坡度线的水平投影与该平面内水平线的水平投影垂直。

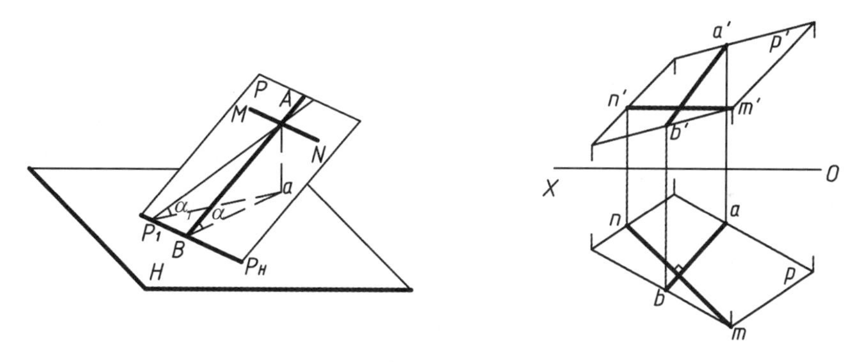

(a) 最大斜度线的形成　　(b) 最大坡度线的投影特性

图 2-39　平面内对 H 面的最大斜度线及投影特性

【例 2-13】 如图 2-40（a）所示，已知△ABC 的投影图，求该平面与 H 面的倾角 α。

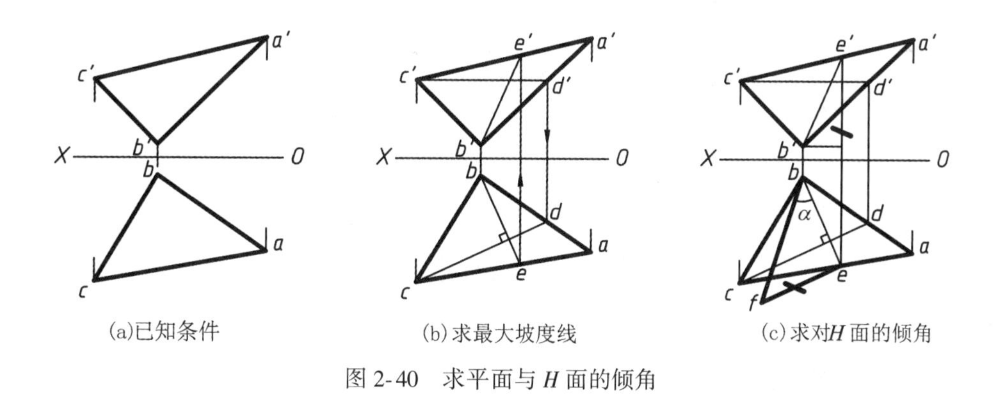

(a) 已知条件　　(b) 求最大坡度线　　(c) 求对 H 面的倾角

图 2-40　求平面与 H 面的倾角

分析：△ABC 与 H 面的倾角，就是该平面的最大坡度线与 H 面的倾角。因此，只要求出该平面的最大坡度线的两个投影，然后利用直角三角形法即可求得最大坡度线与 H 面的倾角 α。

作图步骤如下：

（1）如图 2-40（b）所示，作△ABC 的最大坡度线。在△ABC 内作一水平线 CD（cd、$c'd'$）；作 $be \perp cd$，并求出 $b'e'$，则 be、$b'e'$ 所确定的直线 BE，即为△ABC 的一条最大坡度线。

（2）如图 2-40（c）所示，用直角三角形法求 BE 与 H 面的倾角 α。以 be 为一直角边，以 B、E 两点的 z 坐标差为另一直角边作一直角三角形 bef，则 $\angle ebf$ 即为△ABC 与 H 面的倾角 α。

四、特殊位置平面迹线

在投影图上，平面也可以用平面迹线来表示。所谓平面迹线，就是平面与投影面的交线。我们把平面 P 与 H 面的交线称水平迹线，用 P_H 表示；平面 Q 与 V 面的交线称为正面迹线，用 Q_V 表示；平面 R 与 W 面的交线称为侧面迹线，用 R_W 表示。通常一般位置平面不用迹线表示；特殊位置平面在不需要表示平面形状，只要求表示平面空间位置时，常用迹线表示。

表 2-6 和表 2-7 分别列出了投影面垂直面和投影面平行面的迹线，从投影图上可以看出迹线的特点。

表 2-6 **投影面垂直面的迹线**

平面	铅垂面	正垂面	侧垂面
立体图	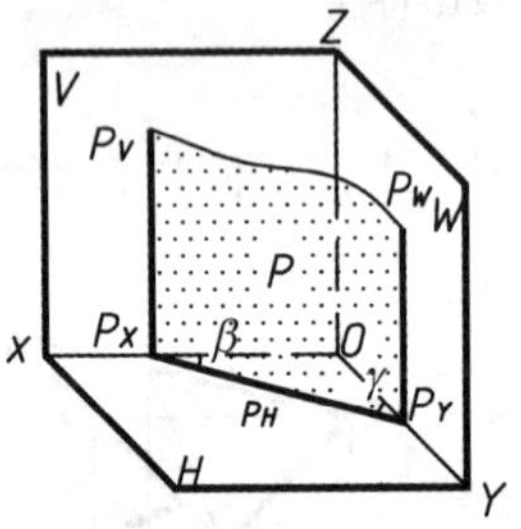 Z V P_V P_W W P X P_X β O γ P_H P_Y H Y	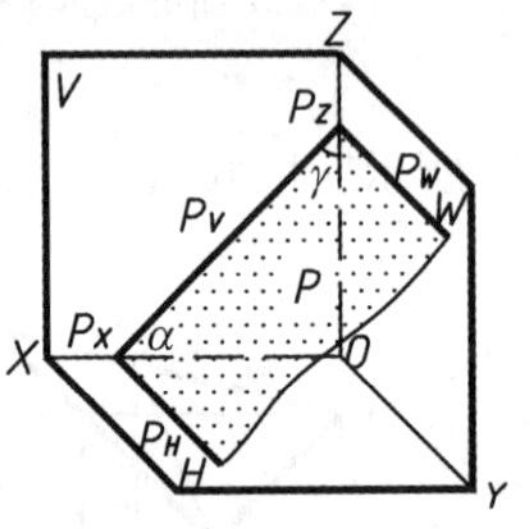 Z V P_Z γ P_W W P_V P X P_X α O P_H H Y	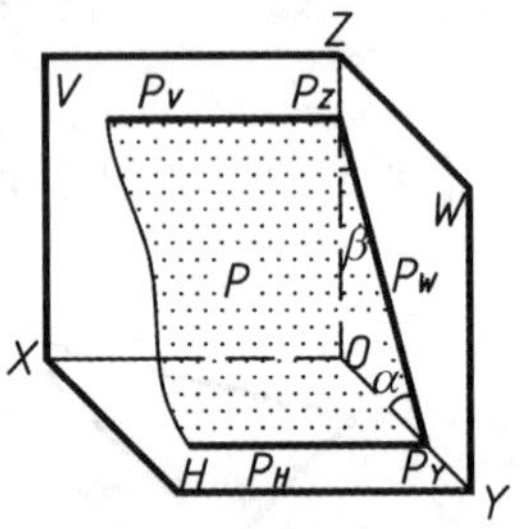 Z V P_V P_Z W β P_W P X O α H P_H P_Y Y
投影图	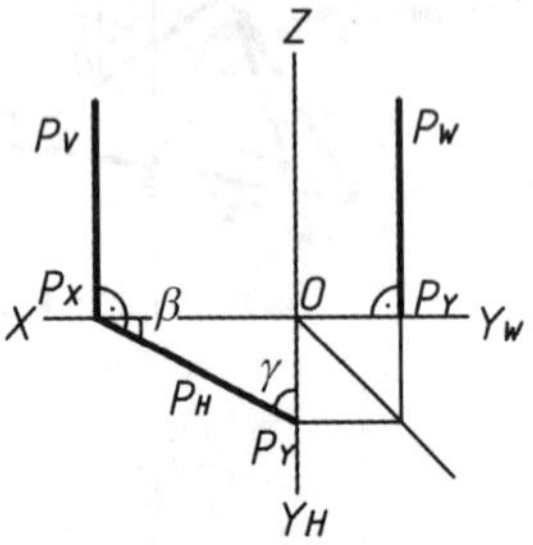 Z P_V P_W P_X X β O P_Y Y_W γ P_H P_Y Y_H	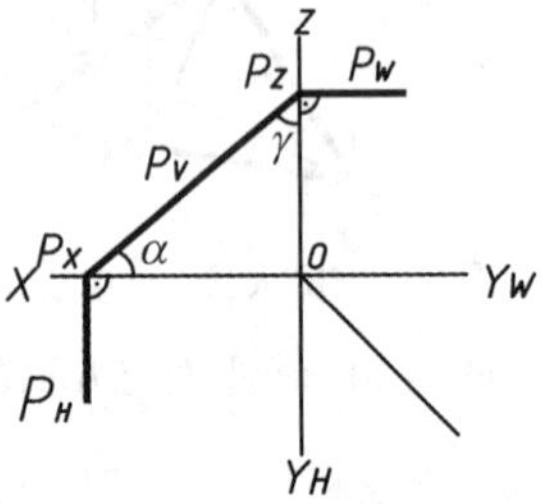 Z P_Z P_W γ P_V P_X X α O Y_W P_H Y_H	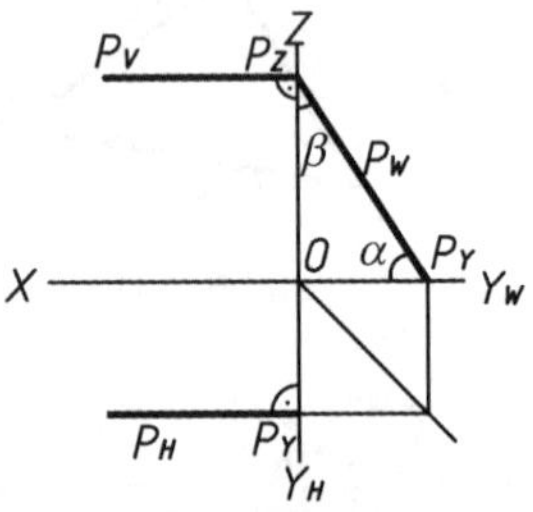 P_V P_Z Z β P_W X O α P_Y Y_W P_H P_Y Y_H
投影特性	1. 水平迹线 P_H 有积聚性，并且反映平面的倾角 β 和 γ 2. 正面迹线 P_V 和侧面迹线 P_W 分别垂直于 OX 轴和 OY_W 轴	1. 正面迹线 P_V 有积聚性，并且反映平面的倾角 α 和 γ 2. 水平迹线 P_H 和侧面迹线 P_W 分别垂直于 OX 轴和 OZ 轴	1. 侧面迹线 P_W 有积聚性，并且反映平面的倾角 α 和 β 2. 水平迹线 P_H 和正面迹线 P_V 分别垂直于 OY_H 轴和 OZ 轴
共性	1. 平面在它垂直的投影面上的迹线有积聚性（相当于平面的积聚投影），且迹线与投影轴的夹角等于平面与相应投影面的倾角 2. 平面的其他两条迹线垂直于相应的投影轴		

表 2-7　　**投影面平行面的迹线**

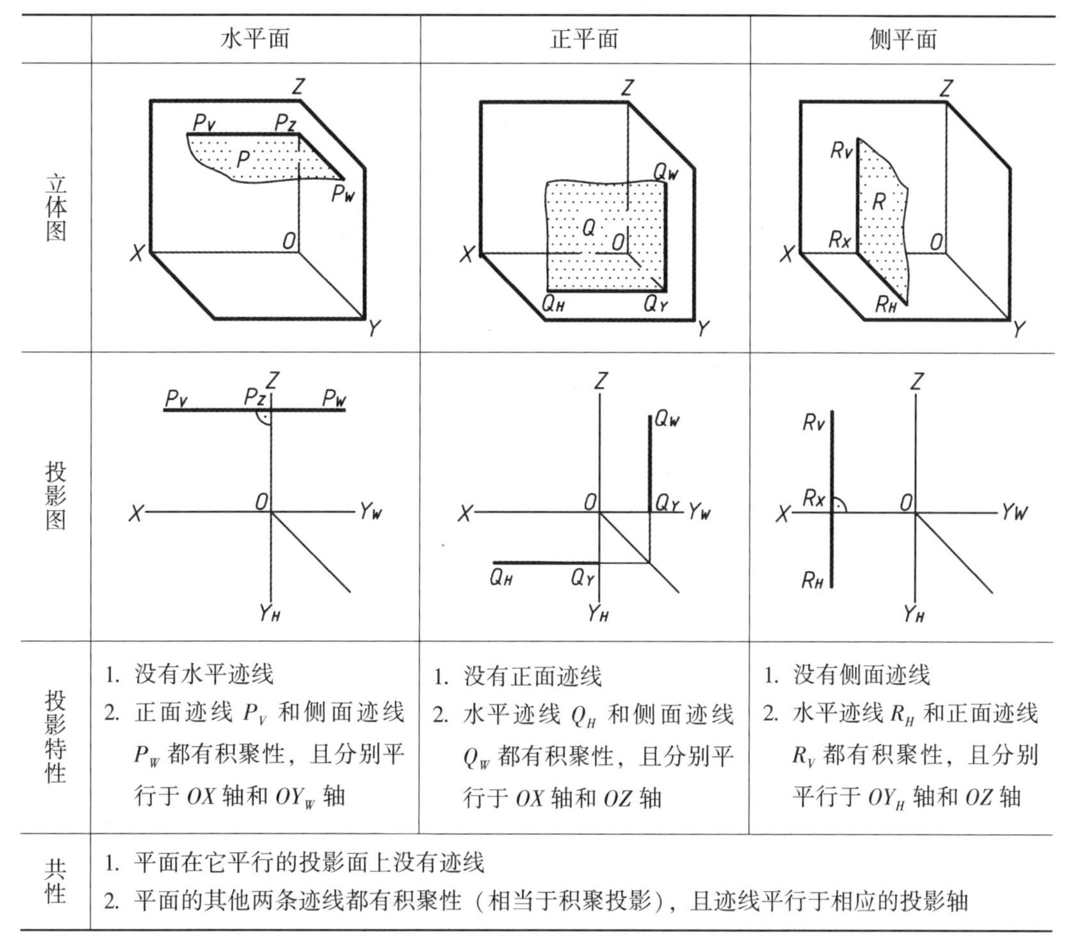

	水平面	正平面	侧平面
立体图			
投影图			
投影特性	1. 没有水平迹线 2. 正面迹线 P_V 和侧面迹线 P_W 都有积聚性，且分别平行于 OX 轴和 OY_W 轴	1. 没有正面迹线 2. 水平迹线 Q_H 和侧面迹线 Q_W 都有积聚性，且分别平行于 OX 轴和 OZ 轴	1. 没有侧面迹线 2. 水平迹线 R_H 和正面迹线 R_V 都有积聚性，且分别平行于 OY_H 轴和 OZ 轴
共性	1. 平面在它平行的投影面上没有迹线 2. 平面的其他两条迹线都有积聚性（相当于积聚投影），且迹线平行于相应的投影轴		

在两面投影图中，用迹线表示特殊位置平面是非常方便的。如图 2-41 所示，过一点可作的特殊位置平面有投影面垂直面、投影面平行面。P_H表示铅垂面 P（$P_V \perp OX$ 一般省略不画）；Q_V表示正垂面 Q（$Q_H \perp OX$ 一般也省略不画）；R_V表示水平面 R；S_H表示正平面 S。

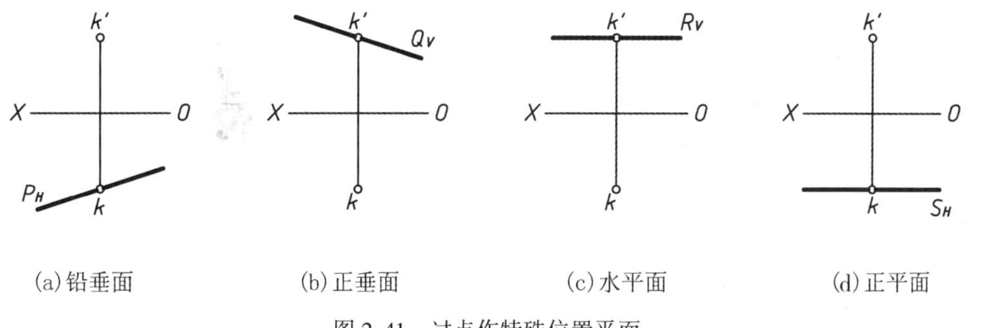

(a) 铅垂面　　(b) 正垂面　　(c) 水平面　　(d) 正平面

图 2-41　过点作特殊位置平面

如图 2-42 所示，过一般位置直线可作的特殊位置平面有投影面垂直面。

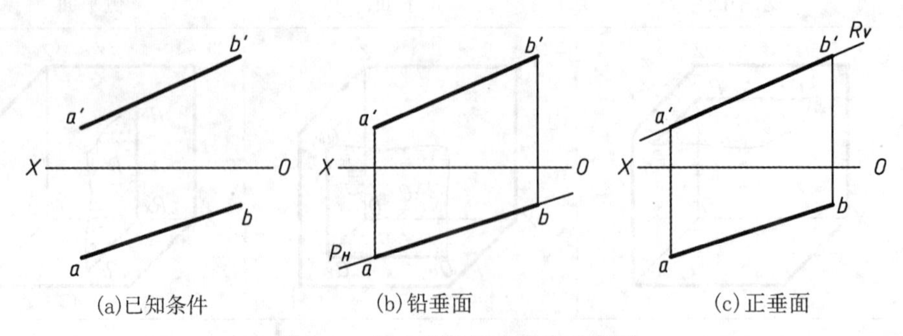

(a)已知条件 (b)铅垂面 (c)正垂面

图 2-42 过一般位置直线作垂直面

过投影面平行线可作的特殊位置平面有相应投影面的平行面和投影面垂直面。如图 2-43所示是以水平线为例，作出水平面 P_V和铅垂面 R_H。

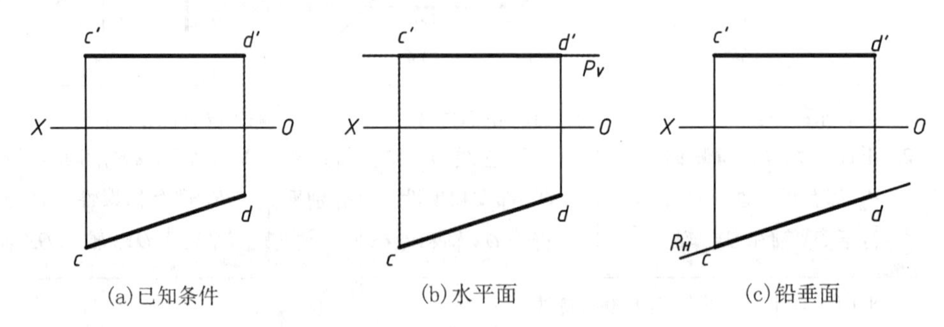

(a)已知条件 (b)水平面 (c)铅垂面

图 2-43 过投影面平行线作特殊位置平面

如图 2-44 所示，过投影面垂直线可作的特殊位置平面有相应投影面的垂直面及另两个投影面的平行面。如图 2-44 所示是以铅垂线为例，作出铅垂面 P_H、正平面 Q_V和侧平面 R_V。

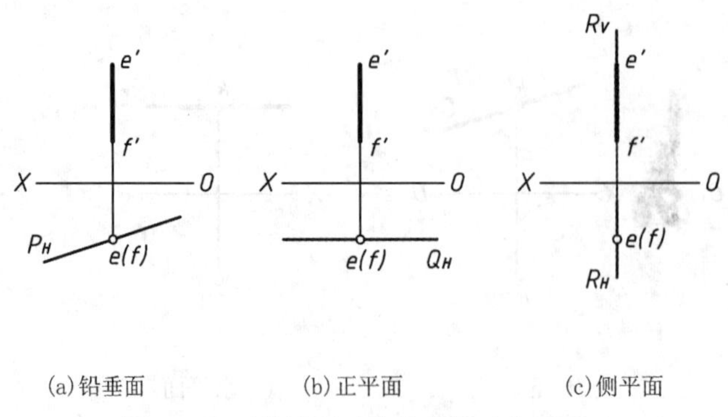

(a)铅垂面 (b)正平面 (c)侧平面

图 2-44 过投影面垂直线作特殊位置平面

第五节　换　面　法

一、换面法的实质和方法

通过前一章对点、线、面及其相对位置投影的介绍可知，当直线或平面相对于某投影面处于平行或垂直的特殊位置时，利用它们的投影特性就能求出实长、实形或倾角，如表 2-8 所示。

表 2-8　　**利用显实性和积聚性求几何元素间的问题**

实长（或实形）		距　离	
线段的实长	平面的实形	点到直线的距离	两直线间的距离
a′ b′ 实长 α a b	c′ e′ d′ c d 实形 e	e′ m′ n′ f′ m e(n,f)	a′ c′ m′ n′ d′ b′ d a(m,b) n c

当直线（或平面）相对投影面处于一般位置时，它们的投影不具有表 2-8 中所列的特性，解决问题要相对复杂。我们把一般位置直线（或平面）经换面变成特殊位置直线（或平面），使直线（或平面）有利于图解的位置，这便是采用换面法的目的。

如图 2-45 所示，用 V_1 面替换 V 面，使 $V_1 \perp H$，并且 $V_1 /\!/ AB$，即把一般位置直线 AB 变换成 V_1 面的平行线。

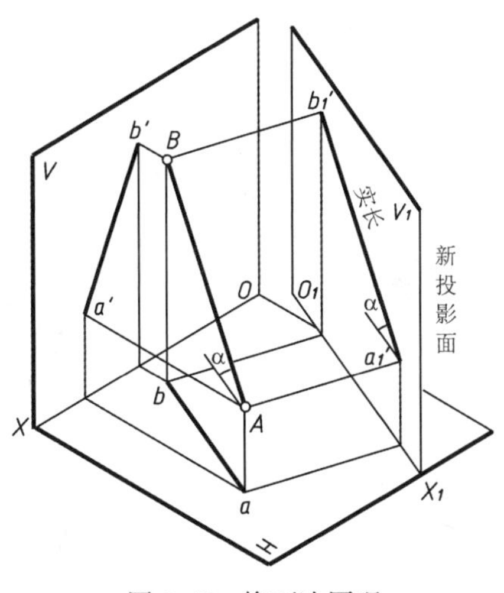

图 2-45　换面法原理

很明显，新投影面 V_1 面是不能任意选择的，首先要使空间几何元素在新的投影面上的投影能符合有利于解题的要求，而且新投影面必须与原投影体系中不变的 H 面垂直，在构成新投影体系中，运用正投影原理作出新的投影图。因此采用换面法解题，新投影面的选择必须符合以下换面法的规律：

（1）新投影面必须和空间几何元素处于最有利于解题的位置。

（2）新投影面必须垂直于一个不变的投影面。

二、换面法作图方法

1. 换面法的基本原理

换面法是在给出的两面投影体系中，保持空间几何元素不动，用一个新的投影面去替换其中的一个投影面，保留另一个投影面，新的投影面与保留的投影面必须垂直，以构成新的两面投影体系。其实质是通过改变投影面的位置来改变空间几何元素与投影面的相对位置，以便有利于问题的解决。

1）一次换面（换 V 面）

如图 2-46 所示，在两面投影体系 V/H 中，用新的投影面 V_1 替换投影面 V，保留投影面 H，并使 $V_1 \perp H$。于是，投影面 H 和 V_1 就形成了新的两面投影体系 V_1/H，它们的交线 O_1X_1 就成为新的投影轴。

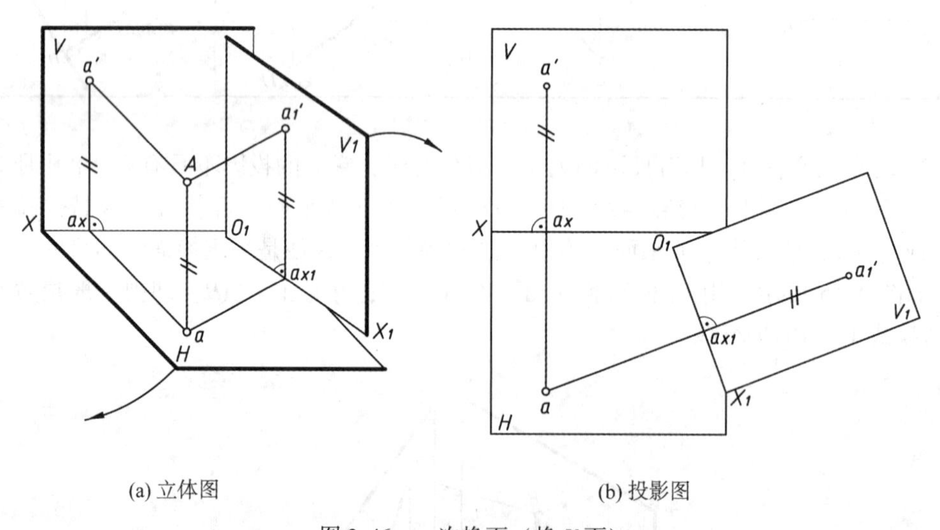

(a) 立体图　　(b) 投影图

图 2-46　一次换面（换 V 面）

如图 2-46 所示，点 A 在 V_1 面上的投影标记为 a'_1，a'_1 称为新的投影；在 V 面上的投影 a' 称为被替换的投影；在 H 面上的投影 a 称为被保留的投影。

当投影面 V、H 和 V_1 展开成一平面时，根据点的两面投影的性质，可知新的投影 a'_1 与原投影 a，a' 之间的关系为：

（1）a'_1 与 a 的连线（投影连线）垂直于新轴 O_1X_1，即 $a'_1a \perp O_1X_1$。

（2）a'_1 到 O_1X_1 轴的距离等于 a' 到 OX 轴的距离（等于空间点 A 到 H 面的距离），即 $a'_1a_{x1} = a'a_x = Aa$。

2）一次换面（换 H 面）

如图 2-47 所示，在两面投影体系 V/H 中，用新的投影面 H_1 替换投影面 H，保留投影面 V，并使 $H_1 \perp V$，于是，投影面 V 和 H_1 就形成了新的两面投影体系 V/H_1，它们的交线 O_1X_1 为新投影轴。

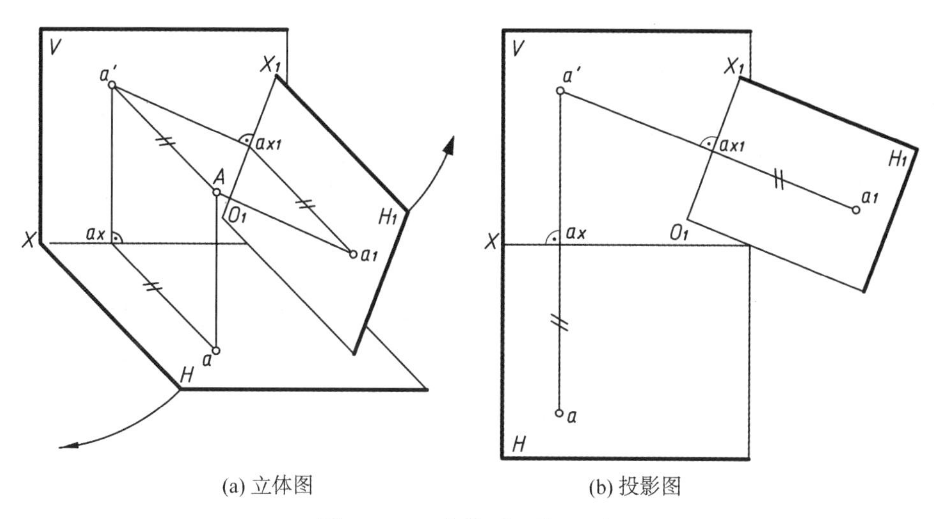

(a) 立体图　　(b) 投影图

图 2-47　一次换面（换 H 面）

此时，空间点 A 在 H_1 面上的投影标记为 a_1，a_1 称为新投影；在 H 面上的投影 a 称为被替换的投影；在 V 面上的投影 a' 称为被保留的投影。

当投影面 H、V 和 H_1 展开成为一个平面时，根据点的两面投影的性质可知，新的投影 a_1 与原投影 a' 和 a 之间的关系为：

（1）a_1 与 a' 的连线（投影连线）垂直于 O_1X_1 轴，即 $a_1a' \perp O_1X_1$。

（2）a_1 到 O_1X_1 轴的距离等于 a 到 OX 轴的距离（等于空间 A 点到 V 面的距离），即 $a_1a_{x1}=aa_x=Aa'$。

综上所述，无论是替换 V 面还是替换 H 面，均可得出如下点的换面投影规律：

（1）点的新投影与被保留投影的连线垂直于新轴。

（2）点的新投影到新轴的距离等于点的被替换投影到原轴的距离。

以上这两个规律，就是换面法作图的依据。

【例 2-14】 如图 2-48（a）所示，给出点 A 的两个投影 a 和 a'，以及新轴 O_1X_1，求点 A 在 V_1 面上的新投影 a'_1。

作图步骤如下（图 2-48（b））：

①过 a 点向 O_1X_1 引垂线（投影连线）。

②在垂线上截取 $a'_1a_{x1}=a'a_x$ 即得新投影 a'_1。

注意，图中投影轴 OX 两侧的符号 V、H 和投影轴 O_1X_1 两侧的符号 H、V_1 表示展开成一个投影面 V、H、V_1 的位置，投影面的边框线不必画出。

【例 2-15】 如图 2-49（a）所示，给出点 A 的两个投影 a 和 a'，以及新轴 O_1X_1，求点 A 在 H_1 面上的新投影 a_1。

作图步骤如下（图 2-49（b））：

①自 a' 向 O_1X_1 引垂线（投影连线）。

②在垂线上截取 $a_1a_{x1}=aa_x$，即得到新投影 a_1。

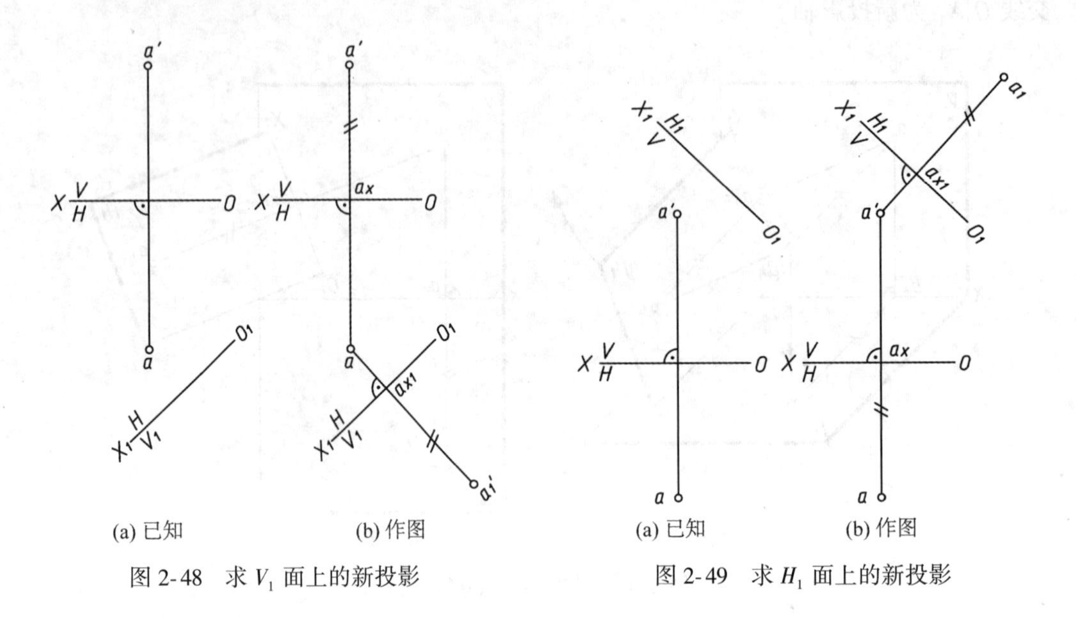

(a) 已知　(b) 作图

图 2-48　求 V_1 面上的新投影

(a) 已知　(b) 作图

图 2-49　求 H_1 面上的新投影

2. 换面法的应用

1）求一般位置直线与投影面的倾角和实长

分析：如图 2-50（a）所示，为把一般位置直线 AB 变换成投影面的平行线，求直线的实长，可用 V_1 面替换 V 面，并让 $V_1\perp H$、$V_1/\!/AB$，此时，新轴必然与直线的水平投影平行，即 $O_1X_1/\!/ab$，直线在 V_1/H 体系中即为 V_1 面的平行线，其投影即为实长。

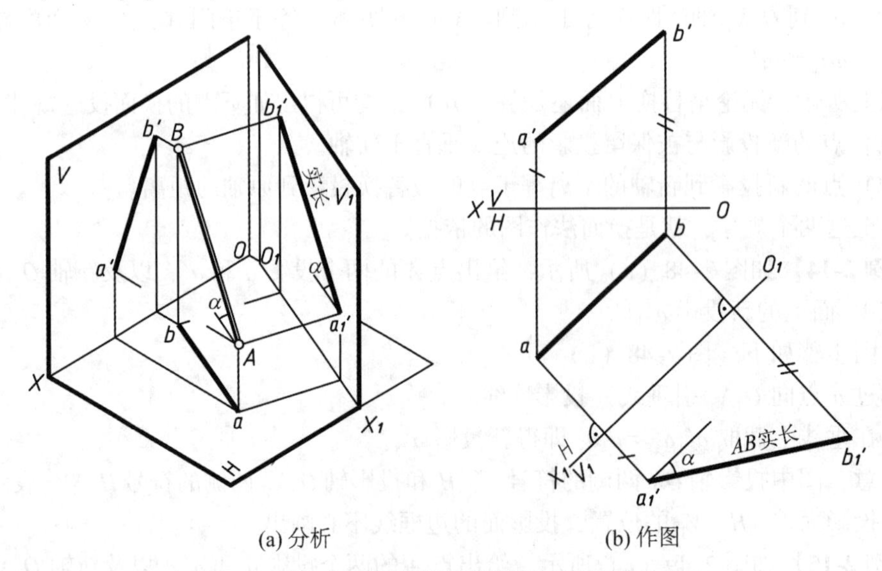

(a) 分析　(b) 作图

图 2-50　求一般位置直线与投影面 H 的倾角和实长

作图步骤如下（图 2-50（b））：

①作新轴 $O_1X_1 // ab$（O_1X_1 与 ab 的距离可随意决定）。

②分别作出 A、B 两点在 V_1 面上的新投影 a'_1 和 b_1'。

③用直线连接 $a'_1b'_1$，即为直线 AB 在 V_1 面上的新投影。

显然，投影 $a'_1b'_1$ 的长度等于线段 AB 的实长，$a'_1b'_1$ 与 O_1X_1 的夹角等于直线 AB 与 H 面的倾角 α。

如图 2-51 所示，若用 H_1 替换 H 面，也可以把直线 AB 变成投影面的平行线，此时，新轴 $O_1X_1 // a'b'$，直线 AB 在 V/H_1 体系中即为 H_1 面的平行线，新投影 a_1b_1 也等于线段 AB 的实长，但 a_1b_1 与 O_1X_1 轴的夹角应等于直线 AB 与 V 面的倾角 β。

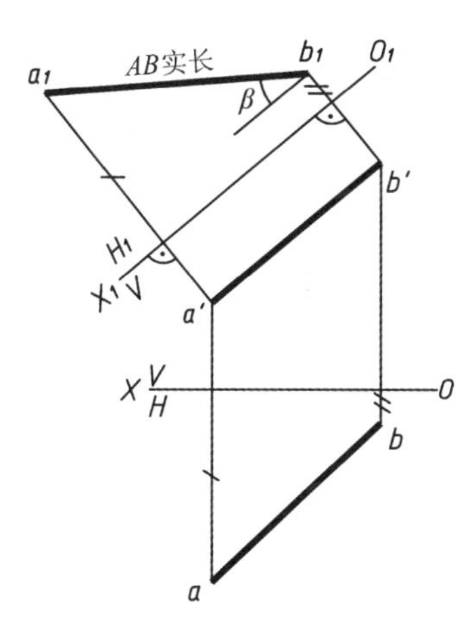

图 2-51　求一般位置直线与投影面 V 的倾角和实长

2）把投影面平行线变换成投影面垂直线

分析：如图 2-52（a）所示，为把正平线 AB 变换成投影面的垂直线，应该用 H_1 面去替换 H 面，并让 $H_1 \perp V$、$H_1 \perp AB$，此时，新轴必然与直线的实长投影垂直，即 $O_1X_1 \perp a'b'$，直线 AB 在 V/H_1 体系中即为 H_1 面的垂直线。

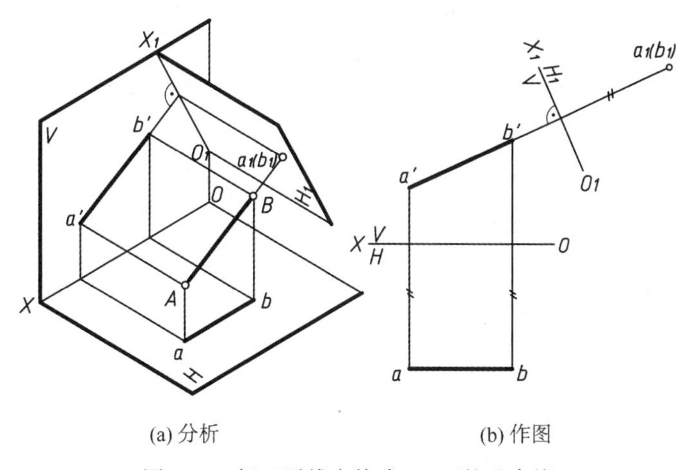

(a) 分析　　(b) 作图

图 2-52　把正平线变换成 H_1 面的垂直线

作图步骤如下（图 2-52（b））：

①作新轴 $O_1X_1 \perp a'b'$（距离可随意确定）；

②作出 A、B 两点在 H_1 面上的新投影 a_1（b_1），即为 AB 直线在 H_1 面上的积聚投影。

如图 2-53 所示是把水平线 CD 变换成 V_1 面垂直线的作图方法。图中，新轴 O_1X_1 应垂直于 CD 实长投影 cd，新投影 c'_1（d'_1）重合成一点。

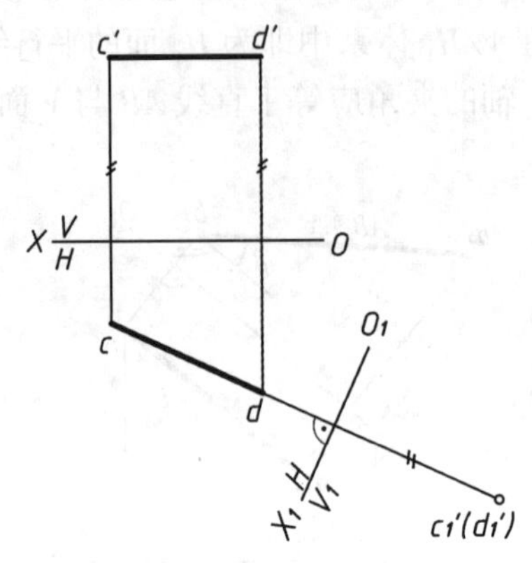

图 2-53　把水平线变换成 V_1 面的垂直线

3）把一般位置平面变换成投影面垂直面

分析：如图 2-54（a）所示，为把 ABC 平面变换成投影面的垂直面，可用 V_1 面替换 V 面。此时，V_1 面必须垂直于平面上的水平线，因为只有这样 V_1 面才能垂直于 H 面，ABC 平面才能在 V_1/H 体系中成为 V_1 的垂直面。

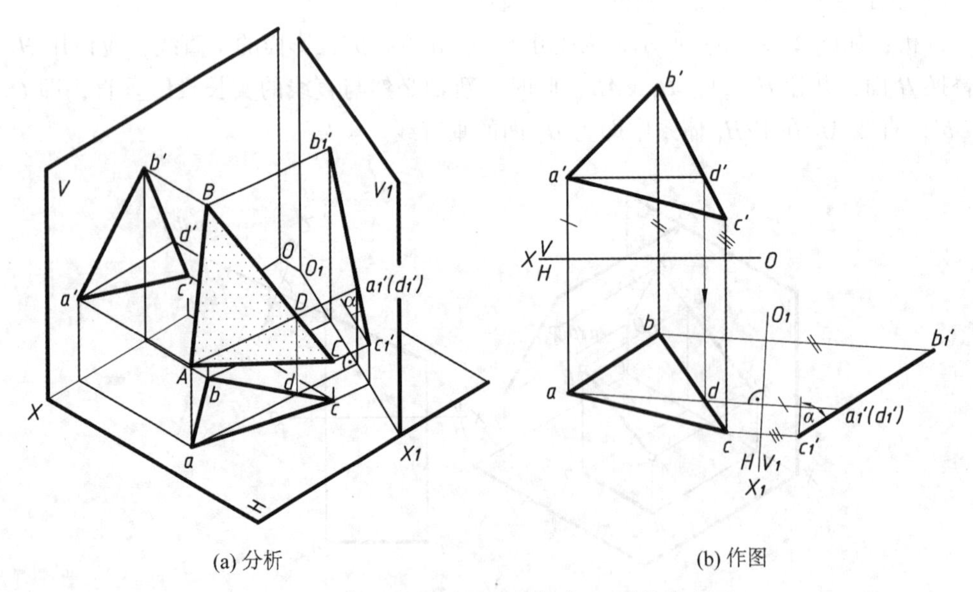

(a) 分析　　(b) 作图

图 2-54　把一般位置平面变换成 V_1 面的垂直面

作图步骤如下（图 2-54（b））：

①在 ABC 平面上作水平线 AD（$a'd' \rightarrow ad$）。

②作新轴 $O_1X_1 \perp ad$。

③分别作出 A、B、C 三点在 V_1 面上的新投影 a'_1、b_1'、c_1'（位于一条直线上）。

④用直线连接 $a'_1b'_1c'_1$，即为 ABC 平面在 V_1 面上的积聚投影。

显然，积聚投影 $a'_1b'_1c'_1$ 与 O_1X_1 轴的夹角等于 ABC 平面与 H 面的倾角 α。

如图 2-55 所示也是把一般位置平面变换成投影面的垂直面，但是用 H_1 面替换 H 面，此时 H_1 面必须垂直于平面上的一条正平线，才能把平面变换成 V/H_1 体系中 H_1 面的垂直面。作图时，新轴 O_1X_1 应垂直于正平线 AE 的实长投影 $a'e'$，作出的新投影 $a_1b_1c_1$ 应积聚成一条直线，它与 O_1X_1 轴的夹角等于平面 ABC 与 V 面的倾角 β。

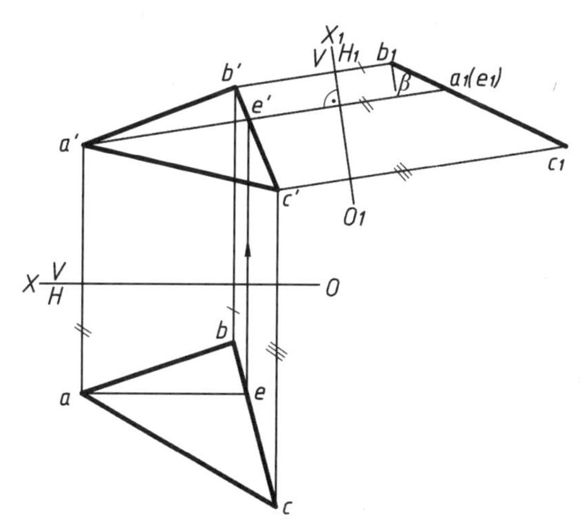

图 2-55　把一般位置平面变换成 H_1 面的垂直面

4）把投影面垂直面变换成投影面平行面

分析：如图 2-56（a）所示，为把铅垂面 ABC 变换成投影面平行面，必须用 V_1 面替换 V 面，只要 V_1 面平行于平面 ABC，也就必然垂直于 H 面，此时，新轴 O_1X_1 必然与平面的积聚投影 abc 平行。这样一来，平面 ABC 在 V_1/H 体系中就成为 V_1 面的平行面。

作图步骤如下（图 2-56（b））：

①作新轴 $O_1X_1 /\!/ abc$。

②分别作出顶点 A、B、C 在 V_1 面上的新投影 a'_1、b_1'、c_1'。

③将 a'_1、b_1'、c_1'连成三角形，即为平面 ABC 在 V_1 面上的新投影，它反映平面的实形。

如图 2-57 所示是把正垂面 DEF 变换成投影面的平行面，此时必须用 H_1 面替换 H 面，只要 $H_1 /\!/ DEF$（$\perp V$），就可以把 DEF 平面变换成 V/H_1 体系中 H_1 面的平行面。作图时，新轴 O_1X_1 应平行于 $d'e'f'$，作出的新投影 $d_1e_1f_1$ 即为平面 DEF 的实形。

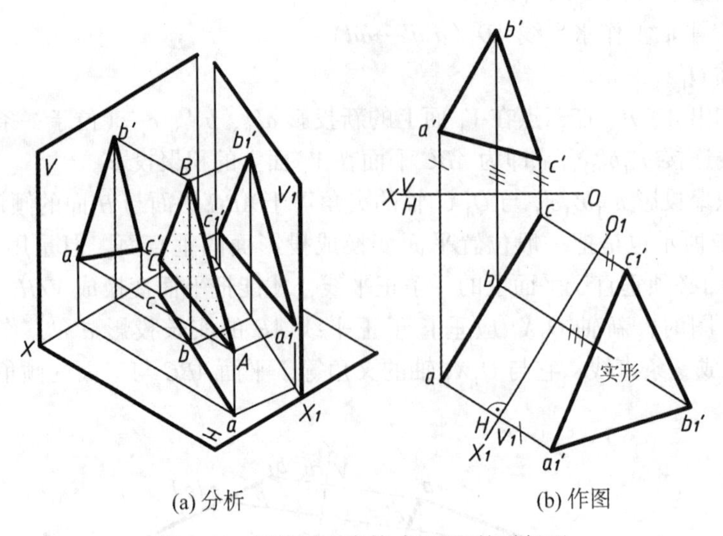

(a) 分析　　　　(b) 作图

图 2-56　把铅垂面变换成 V_1 面的平行面

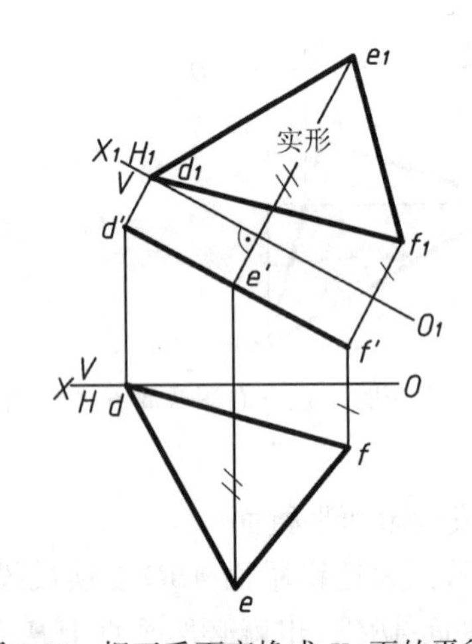

图 2-57　把正垂面变换成 H_1 面的平行面

本章小结

学习本章后，应了解投影的基本概念，中心投影和平行投影的形成和工程上常用的投影图，点的投影与直角坐标的关系，平面的表示法。掌握平行正投影的基本性质，点、各种位置直线和各种位置平面的正投影的特性，二补三作图方法，各种位置直线实长与和投影面倾角的求法，空间两直线间的关系（平行、相交、交叉）及其投影特性，点在直线上和点、线在平面上的投影特性，直角投影定理，平面对 H 面最大斜度线（最大坡度线）的求法，一次换面法的原理及作图方法，并能用一次换面法求一般位置直线的实长及其对投影面的倾角和投影面垂直面的实形。熟练掌握点、各种位置直线和各种位置平面的投影特性和作图方法，根据投影图判定两点相对位置及重影点可见性的方法，熟练掌握平面内点和直线的投影特性及在平面内定点和直线的作图方法，掌握用定比的方法确定直线上点的投影。

为了熟悉空间的两投影面和三投影面体系，初学时可以通过画轴测图，或用硬纸折成两面体系或三面体系，再将空间点与投影面体系联系起来，能加快树立空间概念。作投影图时，应将坐标与投影联系起来；对于两点在空间的相对位置，应着重掌握与投影面或投影轴互为对称的两点，以及两点在某一投影面上投影重合的重影点，特别是重影点在判别几何元素的可见性时应用比较广。对于无轴的投影图，应理解无轴并非不存在轴，而只是省略投影轴而已，在三面体系中用联系水平投影与侧面投影间关系的45°方向辅助线，就可按点在三面体系中的投影规律作图，而省去 OX、OY、OZ 轴。

直线与投影面的关系有七种（一般位置直线、投影面平行线三种、投影面垂直线三种），应牢固掌握投影特性和实长与和投影面倾角的求法，其中一般位置直线实长 L 及其与投影面的倾角 α、β、γ 的求法是应用直角三角形法求得的，在直角三角形法中，应牢记用投影或投影等长的线作为直角底边，而另一直角边为直线上两端点的坐标差，斜边等于实长，而斜边与底边的夹角，才是直线与相应投影面所成之角。点在线上的几何条件是二点的各投影位于直线的各同面投影上，且点的各投影要符合投影规律。点在线上把线段分成两段之比，等于点的投影把直线的投影分成两段之比，运用此规律往往可以只借助于 V 面、H 面两面投影就能解决有关侧平线的一些作图问题。空间两直线的平行、相交与交叉和两直线相互垂直（其中一条直线平行于投影面时的作图）可通过用两支笔在室内比划，以加深对它们投影图的理解。对于交叉两直线，它们的三面投影有可能都相交，但在某投影面相交的交点并非是交点而只是对该投影面的重影点。重影点可以通过两点间坐标的大小来判别可见性，其中 X、Y、Z 坐标大的点为相对于 W 面、V 面和 H 面可见的点。

平面的确定可以通过几何元素间的各种组合，也可以用迹线来表示，平面在空间是可以扩展的，所以不一定要画出其边框。例如，平行两直线，当我们已知其两面投影，则此平面就已被确定，没有必要再把它连成四边形。所以，初学时，应对平面的表示方法有正确的认识。在解题过程中，特殊位置（如平行和垂直）的直线和平面应用广泛，故要求运用熟练，特别是积聚性和实形。对它们的基本作图应该反应迅速，例如，过已知点作一有积聚性的平面（垂直面或平行面），过已知线作垂直面，过投影面平行线作投影面平行面等。几何条件往往是解题依据，所以不仅应熟知，而且要会用，使面上取点、面上作线等投影图画法都能熟练掌握，可以徒手在纸上根据几何条件，画出面上取点或取线的投影图，以熟悉各种情况及其作图。平面上的直线可以是一般位置直线或投影面平行线，在特殊位置平面上还可作垂直线，这样通过反复练习，必能为今后的作图技巧奠定扎实的基础。

一般位置的直线和平面也可以对应起来归纳，例如，它们的共性是投影小于实长或实长的投影不反映与投影面所成的角。在直线部分用直角三角形法求 L（实长）、α、β、γ，而在平面中，则分别对 H 面、V 面、W 面的最大斜度线求出它们与投影面的倾角 α_1、β_1、γ_1。这样，通过前后对照，才能融会贯通，提高学习效率。

在换面法中点的变换是多种变换的基础，因此对它们的变换规律必须牢固掌握。同时，应熟练掌握直线一次变换的四个基本变换（变一般位置直线为投影面平行线，变投影面平行线为投影面垂直线，变一般位置平面为投影面垂直面，变投影面垂直面为投影面平行面）作图方法。

本章的内容比较多，学生应学会归纳总结，记住一些基本的题目类型，在遇到空间一般位置问题时，就知道如何去解决了。

复习思考题

1. 中心投影和平行投影的主要区别是什么？平行投影的几何特性有哪些？
2. 点、各种线、各种面的投影特性是什么？
3. 已知点的两面投影求第三投影有几种方法？
4. 点的投影与其直角坐标有何关系？如何根据两点的投影图判定其相对位置？
5. 何为重影点？如何判断重影点的可见性？
6. 投影面平行线和投影面垂直线的投影特性是什么？
7. 如何求一般位置直线的实长及与 H、V、W 面的倾角 α、β、γ？
8. 如何用定比法求线段上点的投影？
9. 两直线在某投影面相互垂直，什么情况下两直线空间也相互垂直？
10. 平面有几种表示法？如何判定点或直线是否在已知平面内？在平面内取点和直线常用方法有几种？
11. 什么叫平面的最大坡度线？如何求？
12. 包含一般位置直线或投影面垂直线都能作哪些特殊位置平面？
13. 投影变换的目的是什么？
14. 在换面法中，点的新投影与被替换的投影之间有何关系？
15. 如何用换面法求一般位置直线实长和与 H 面的倾角 α？

第三章　立体的投影

◎自学时数

8 学时

◎教师导学

通过学习本章，使读者对基本立体的投影作图方法有个整体的概念，在辅导学生学习时，应注意以下几点：

(1) 应让学生掌握基本几何体（棱柱、棱锥、圆柱、圆锥、球）的投影特性和作图方法，以及在其表面上定点、画线的方法。

(2) 在掌握基本几何体的投影特性和作图方法，以及在其表面上定点、画线方法的基础上，能分析平面立体截交线的性质，掌握基本几何体截切后截交线的作图方法(截平面以特殊位置为主)，掌握两平面立体、平面立体与曲面立体以及两曲面立体相贯线的画法。

(3) 本章的重点是求基本几何体截切后的截交线，求平面立体与圆柱、圆柱与圆柱相交时的相贯线。

(4) 本章的难点是求作曲面立体截切后截交线，求作圆柱与圆柱相交时的相贯线。

(5) 通过本章的学习，学生应对立体及立体截切和相交的作图方法有个整体的概念。

工程上的形体，无论有多么复杂，都是由一些简单的立体按一定的方式组合而成的。这些简单的立体，称为基本几何体。基本几何体分为平面立体和曲面立体两大类。本章主要讨论基本几何体的投影，以及立体被平面截切后的截交线、立体与立体相交后相贯线的投影作图方法。

第一节　平面立体的投影和截切

平面立体是由多个平面围成的立体，工程上常见的平面立体有棱柱、棱锥和棱台等，如图 3-1 所示。由于平面立体是由平面围成，而平面是由直线围成，直线是由点连成，所以平面立体的投影可归纳为求其各表面的交线、顶点的投影。

平面立体各表面的交线称为棱线，作图时都应画出，并判别其可见性，可见的棱线画实线，不可见的棱线画虚线。

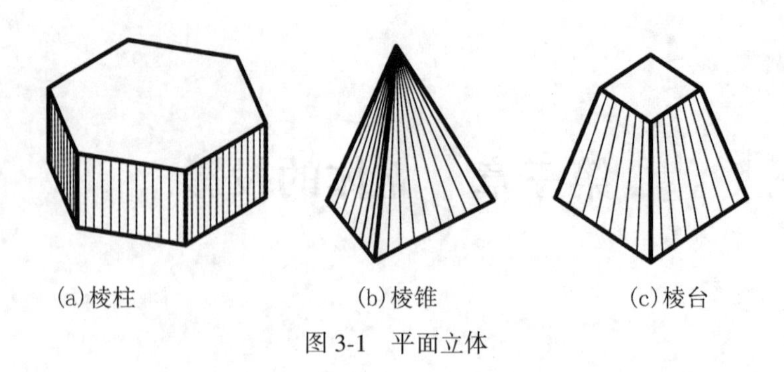

(a)棱柱　　(b)棱锥　　(c)棱台

图 3-1　平面立体

一、棱柱

1. 特征

棱柱由棱面及上、下底面组成，棱面上各条侧棱互相平行，有几条侧棱就称为几棱柱。如图 3-2（a）所示，有六条侧棱，故称为六棱柱。

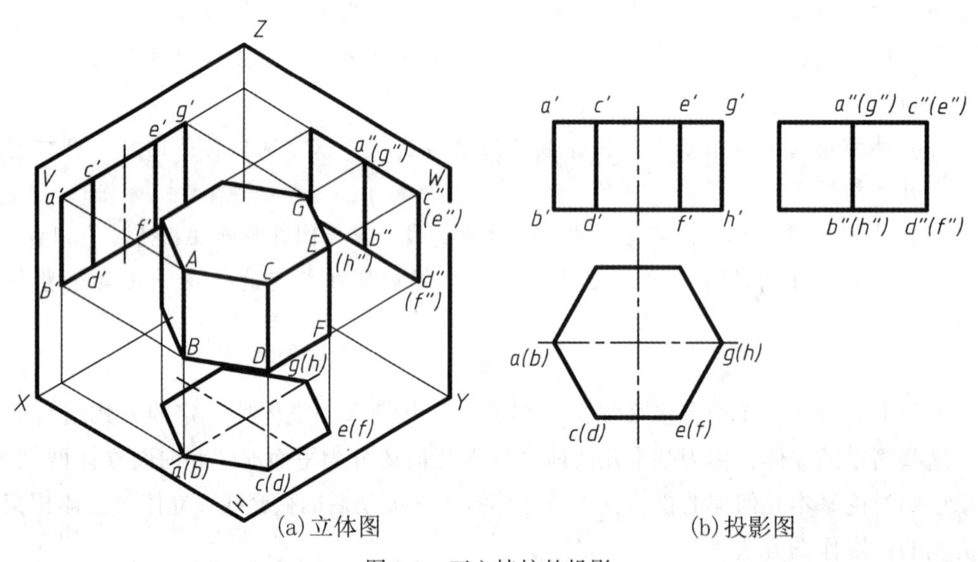

(a)立体图　　(b)投影图

图 3-2　正六棱柱的投影

2. 投影

为了表达出形体特征，以便看图和画图方便，常使棱柱的上、下底面平行于一个基本投影面，而其他棱面常同时垂直于一个基本投影面。如图 3-2（a）所示，上、下底面为平行于 H 面的正六边形；六个侧面是同时垂直于 H 面的矩形，其中前、后棱面平行于 V 面，另四个棱面均为铅垂面。

如图 3-2（b）所示是六棱柱的三面投影图。作投影图时，一般先画反映上、下重合底面实形的水平投影正六边形，上、下底面的正面和侧面投影分别积聚成平行于 x 轴和 y 轴的水平线段；然后再画六个侧棱面的投影，水平投影积聚在正六边形的六条边上，正面和侧面投影为等高而不等宽的矩形，其中前、后棱面的正面投影重合，并反映实形，侧面投影积聚为平行于 z 轴的线段；左前面和左后面、右前面和右后面的正面投影分别为重合的矩形，左前面和右前面、左后面和右后面的侧面投影分别也为重合的矩形。

如果把正六棱柱看成是由上、下正六边形与六条侧棱线构成的，则作投影图时，只要在完成上、下底面的三面投影后，直接画出六条侧棱线的投影即可，六条侧棱的水平投影积聚在正六边形的六个顶点上，正面和侧面投影为反映棱柱高的直线段。

为保证六棱柱投影间的对应关系，三面投影图必须保持：正面投影和水平投影长对正，正面投影和侧面投影高平齐，水平投影和侧面投影宽相等。这也是三面投影图之间的投影对应关系。

3. 棱柱表面上点的投影

在平面立体表面上取点、线与平面上取点、线的方法相同。不同的是，平面立体表面上取点、线存在着可见性问题。规定点的投影标记用“○”表示，可见的点投影符号用相应投影面的投影符号表示，如 m、m'、m''等；不可见的点用相应投影面投影符号加括号表示，如（n'）、（n''）等。

在投影图上，如果给出平面立体表面上点的一个投影，就可以根据点在平面上的投影特性，求出点在其他投影面上的投影。如图 3-3（a）所示，已知六棱柱表面上 M 点的正面投影 m'可见和点 N 的水平投影（n）不可见，求出它们在另外两个投影面的投影。

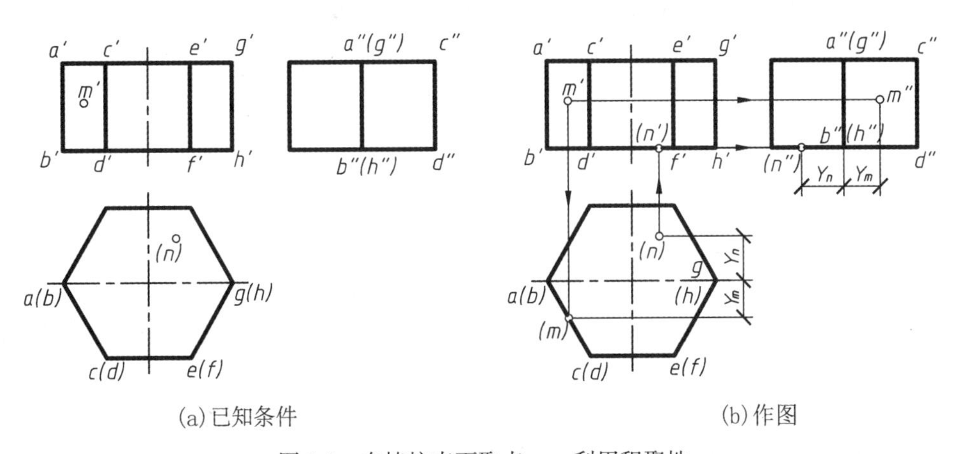

(a)已知条件　　(b)作图

图 3-3　在棱柱表面取点——利用积聚性

如图 3-3（b）所示，从投影图上可以看出，点 M 在六棱柱前左棱面 $ABDC$（铅垂面）上，利用铅垂面水平投影的积聚性，先求出水平投影（m），投影为不可见；然后利用“二补三”求出 m''，投影为可见。点 N 的水平投影为不可见，说明在六棱柱的下底面（水平面）上。利用水平面的正面和侧面都积聚成直线的特性，可直接在正面和侧面求出（n'）和（n''），两个投影均不可见。

二、棱锥

1. 特征

棱锥由一个多边形的底面和侧棱线交于锥顶的平面组成。棱锥的侧棱面均为三角形平面，棱锥有几条侧棱线，就称为几棱锥。

2. 投影

如图 3-4（a）所示是正三棱锥，底面是水平面（$\triangle ABC$），后棱面是侧垂面（$\triangle SAC$），左、右两个棱面是一般位置平面（$\triangle SAB$ 和 $\triangle SBC$）；侧棱线 SB 为侧平线，另外两条侧棱为一般位置直线。

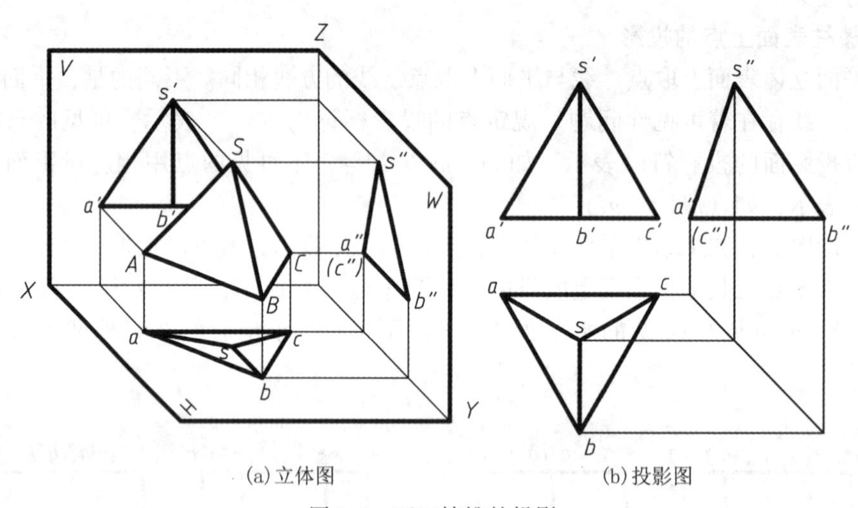

(a) 立体图　　(b) 投影图

图 3-4　正三棱锥的投影

把正三棱锥向三个投影面作正投影，得三面投影图，如图 3-4（b）所示。作投影图时，先画反映实形的底面水平投影 $\triangle abc$，$\triangle abc$ 的正面和侧面投影都积聚为水平线段 $a'b'c'$ 和 $a''b''c''$；然后再画锥顶 S 的投影，水平投影 s 在 $\triangle abc$ 的中间，正面、侧面投影由三棱锥的高度和 S 的位置确定 s' 和 s''，最后连接锥顶 S 和各顶点 A、B、C 的同面投影，即得三棱锥的三面投影图。

从三面投影图可以看出，侧垂面 SAC 的侧面投影积聚为一条线段，一般位置的侧棱面 SAB、SBC 的各个投影均为它们的类似三角形。

3. 棱锥表面上点的投影

在棱锥表面上定点，不像在棱柱表面上定点，可以根据点所在平面投影的积聚性直接作出，而是需要在所处平面上引辅助线，然后在辅助线上作出点的投影。

如图 3-5（a）所示，已知三棱锥表面上点 M 和 N 的正面投影 m' 和 n'，要作出它们的水平投影和侧面投影。

从投影图上可知：点 M 在左棱面 SAB 上，点 N 在右棱面 SBC 上。两点均在一般位置平面上，为求它们的水平投影和侧面投影，必须在平面上作辅助线才能求出。下面利用两种常用的画辅助线的方法，分别求 M、N 两点投影。

（1）在 SAB 平面内，通过锥顶 s' 和 m' 点在正面投影上画 $s'd'$ 线，然后再求出水平投影 sd；过 m' 向下引投影连线交 sd 于 m，最后利用“二补三”作图求 m''，m 和 m'' 均可见。

（2）在 SBC 平面内，过 n' 作 $n'e' /\!/ b'c'$，交侧棱 $s'c'$ 于 e'，过 e' 向下引投影连线交 sc 于 e，过 e 作 bc 的平行线与过 n' 向下引投影连线交于 n（可见），最后利用“二补三”作图，求（n''）（不可见）。

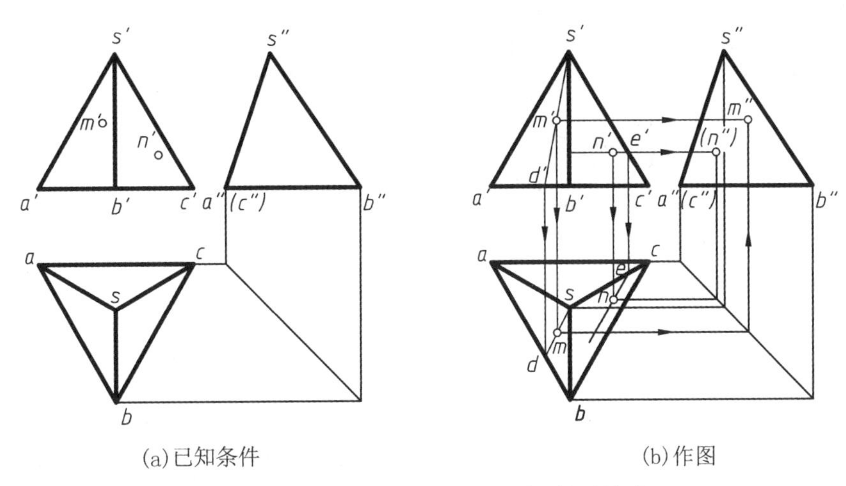

(a)已知条件　　(b)作图

图 3-5　在棱锥表面取点——利用辅助线法

三、平面立体的截切

平面立体被平面截切后，其平面称为截平面，截平面与立体表面的交线称为截交线。截平面与平面立体相交所得截交线是一个平面多边形，求出截平面与平面立体表面的交线多边形，或求出截平面与平面立体棱线的交点（即多边形顶点），然后依次连接各交点，即为所求截交线。

截交线的可见性，取决于各段交线所在表面的可见性，只有立体表面可见，截交线才可见，画成实线；表面不可见，交线也不可见，画成虚线。表面积聚成直线，其交线的投影不用判别可见性。

1. 棱柱被平面截切

如图 3-6（a）所示，六棱柱被正垂面 P 截切。由于正垂面与六棱柱的六条侧棱相交，所以截交线是六边形。如图 3-6（b）所示，P 是正垂面，故 P_V 有积聚性，则截交线的正面投影重合在 P_V 上，与六条侧棱线交点的正面投影 1′、2′（6′）、3′（5′）、4′可直接标出；六棱柱六个棱面的水平投影有积聚性，故截交线的水平投影与正六边形重合，六个交点就是正六边形的角点。要求的只有截交线的侧面投影。

利用点的投影规律，可直接求出截交线六顶点的侧面投影 1″、2″、3″、4″、5″、6″。依次连接六点即为截交线的侧面投影。截交线侧面投影均可见，故连成实线；六棱柱的右侧棱线侧面投影不可见应画成虚线，虚线与实线重合部分画实线。最后整理图面，完成截切后六棱柱的三面投影。

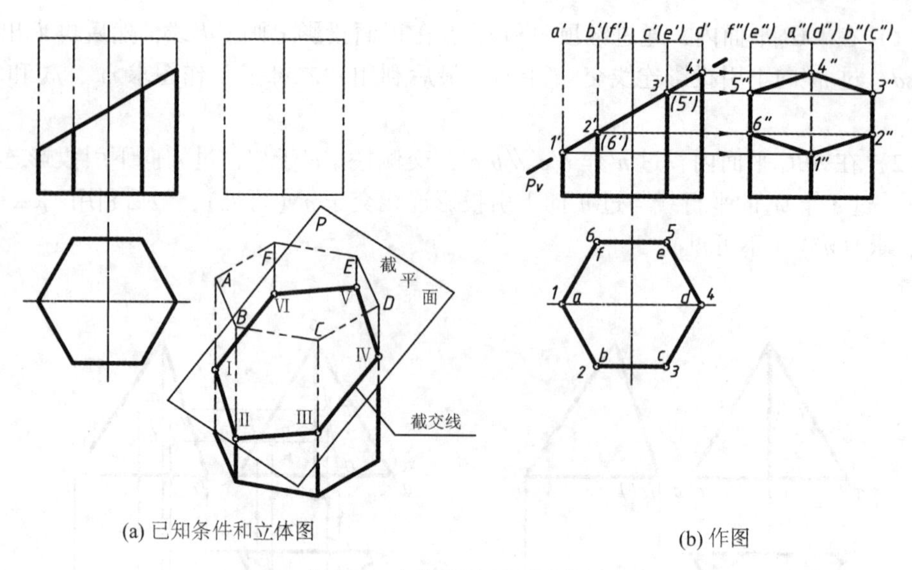

(a) 已知条件和立体图

(b) 作图

图 3-6　六棱柱被正垂面截切

【例 3-1】如图 3-7（a）所示，完成切口五棱柱的正面投影和水平投影。

分析：从侧面投影可以看出，五棱柱上的切口是被一个正平面 P 和一个侧垂面 Q 将五棱柱的前上角切去一部分形成的。截交线的侧面投影与 P_W 和 Q_W 平面积聚投影重合，两截平面交于一条交线。正平面 P 与五棱柱截交线的正面投影为矩形实形，水平投影积聚成一条线段；侧垂面 Q 与五棱柱截交线的正面投影和水平投影均为类似五边形。

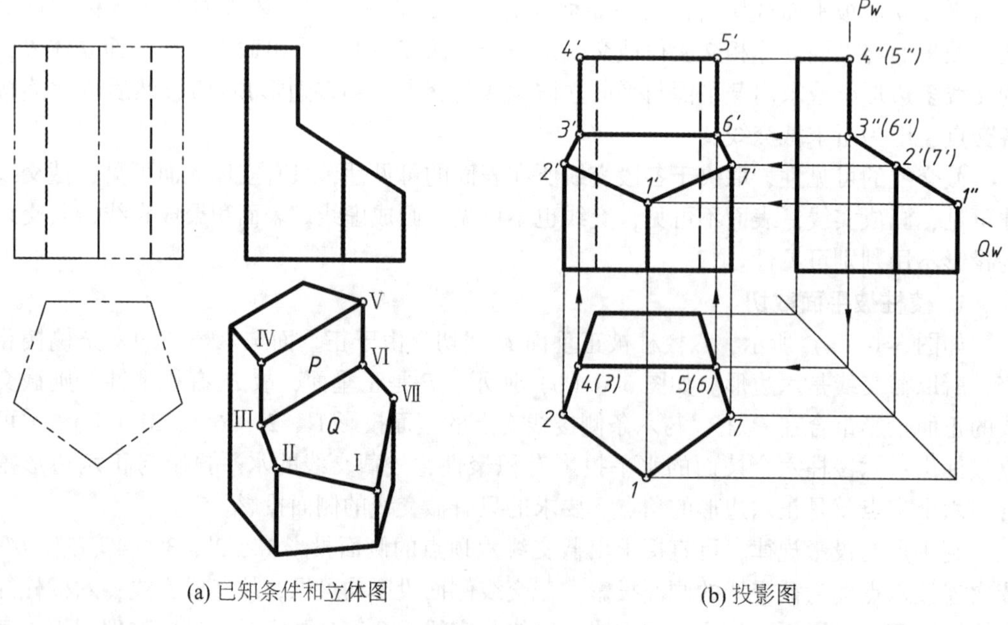

(a) 已知条件和立体图

(b) 投影图

图 3-7　五棱柱切割体

作图步骤如下（图3-7（b））：

（1）在五棱柱侧面投影的切口处，标出切口的各交点1″、2″（7″）、3″（6″）、4″（5″）。

（2）根据棱柱表面的积聚性，找出各交点的水平投影1、2、4（3）、5（6）、7（其中切口3456积聚成线段）。

（3）利用交点的水平投影和侧面投影，作出各交点的正面投影1′、2′、3′、4′、5′、6′，7′（其中切口3′4′5′6′反映实形，1′2′3′6′7′为五边形）。

（4）在正面投影图中，将同一个截平面所截的截交线连接起来，截交线都可见，画实线。

（5）补画棱线和外围轮廓的投影。将题目中未画全的各棱线，按投影关系补画到各相应的交点，不可见的棱线仍需画成虚线。

2. 平面与棱锥相交

如图3-8（a）所示，三棱锥被正垂面P截切，由于正垂面与三棱锥的三条侧棱线相交，所以截交线是三角形。

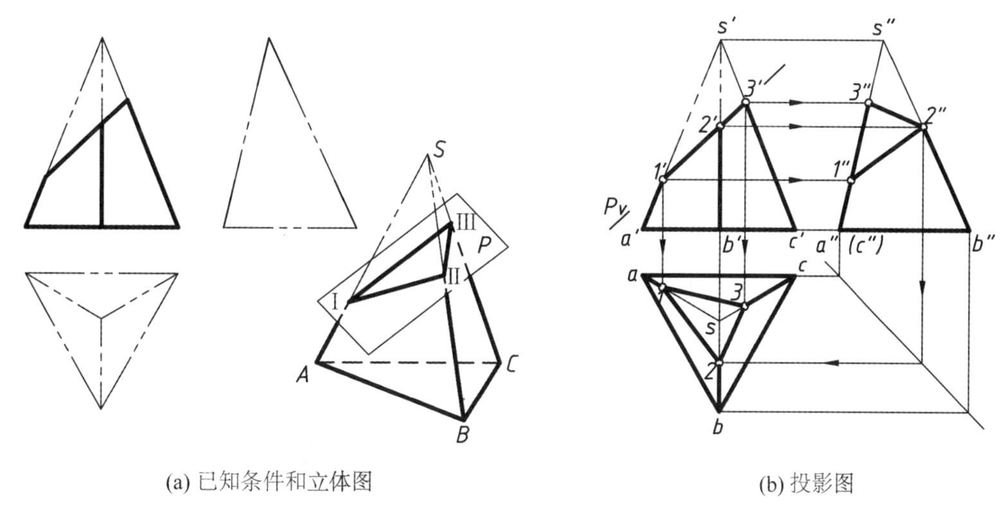

(a) 已知条件和立体图　　(b) 投影图

图3-8　三棱锥被正垂面截切

P是正垂面，故P_V有积聚性，截交线的正面投影重合在P_V上，与三条侧棱线交点的正面投影可直接标出1′、2′、3′，如图3-8（b）所示。Ⅰ点和Ⅲ点的水平和侧面投影，可通过1′和3′直接作到相应的棱线上，作出1和3、1″和3″；而Ⅱ点宜先过2′向右引投影连线，先求侧面投影2″，然后再利用“二补三”求水平投影2。依次连接Ⅰ、Ⅱ、Ⅲ的水平投影和侧面投影，即得截交线的投影。由于三棱锥的三个侧棱面的水平投影都可见，故截交线也可见；截交线的侧面投影，因正垂面将三棱锥的左上角切掉了，故也是可见的。

最后要完善基本几何体的各棱线，可见的线画实线，不可见的线画虚线，如图3-8（b)所示。

【例3-2】如图3-9（a）所示，完成四棱锥切割体的水平投影和侧面投影。

分析：从正面投影中可以看出，四棱锥的切口是由一个水平面 P_V 和一个正垂面 Q_V 切割而成的。水平面 P_V 切割四棱锥的截交线是三角形，正垂面 Q_V 切割四棱锥的截交线是五边形。

作图步骤如下（图 3-9（b））：

（1）在正面投影上，标出各交点的正面投影 1′、2′（3′）、4′（5′）、6′。

（2）过 1′、6′分别向下、向右引投影连线，在对应的棱线上，作出它们的水平投影 1、6 和侧面投影 1″、6″。

（3）过 4′，5′向右引投影连线，在对应棱线上，作出它们的侧面投影 4″、5″，并利用"二补三"作图，作出它们的水平投影 4、5。

（4）因为Ⅰ-Ⅱ和Ⅰ-Ⅲ线段分别与它们同面的底边平行，利用平行投影的特性可以作出Ⅱ，Ⅲ两点的水平投影 2、3，然后利用"二补三"作图，作出它们的侧面投影 2″、3″。

（5）依次连接各顶点的同面投影，并判别可见性，截交线的水平和侧面投影均为可见，画成实线。

（6）补画棱线和外围轮廓的投影。将题目中未画全的各棱线，按投影关系补画到各相应点处，四棱锥右侧棱线侧面投影为不可见，画成虚线。

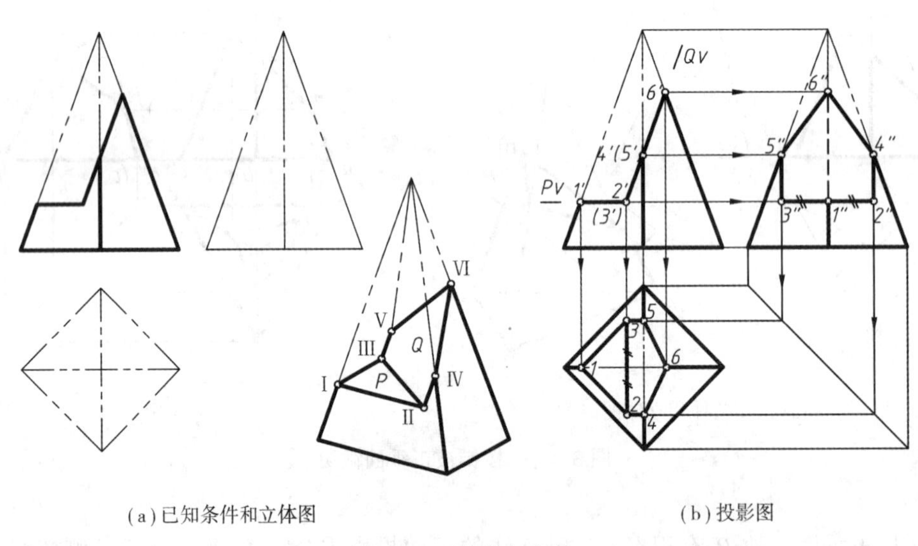

(a) 已知条件和立体图　　(b) 投影图

图 3-9　四棱锥切割体

第二节　曲面立体的投影及截切

由曲面围成或由曲面和平面围成的立体称为曲面立体。工程上应用较多的曲面立体有回转体，如圆柱、圆锥和球等。

回转体是由回转曲面或回转曲面与平面围成的立体，回转曲面是由运动的母线（直线或曲线）绕着固定的轴线（直线）做回转运动形成的，曲面上任意位置的母线称为素线。

曲面立体的投影是由构成曲面立体的曲面和平面的投影组成的。画曲面立体投影图时，轴线应用点画线画出，圆的中心线用相互垂直的点画线画出，其交点为圆心。所画点画线应超出轮廓线 3~5mm。

一、圆柱

圆柱由圆柱面和上、下圆形平面围成。圆柱面可看成是由一条直线（母线）AA_1 绕与其平行的直线（轴线）OO_1 回转一周而形成的。

1. 圆柱的投影

如图 3-10（a）所示，直立的圆柱轴线是铅垂线，上、下两端面是水平面。把圆柱向三个投影面作正投影，得三面投影图，如图 3-10（b）所示。

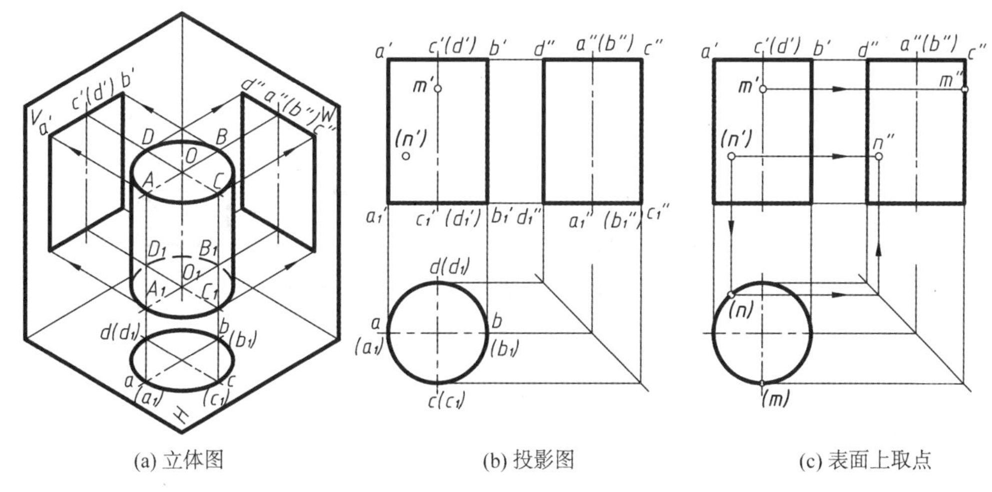

(a) 立体图　　　　(b) 投影图　　　　(c) 表面上取点

图 3-10　圆柱的投影及表面上取点

圆柱的水平投影积聚为一个圆，此圆也是上、下两端面的投影（反映实形）。作图时，先用垂直相交的点画线表示出圆的中心线。圆柱面的正面及侧面投影为大小相等的矩形，上、下两边为圆柱两端面的投影，长度等于圆的直径，图中的点画线表示圆柱轴线的投影。正面投影矩形的左、右两边 $a'a'_1$、$b'b'_1$ 为圆柱正面转向轮廓线 AA_1、BB_1 的投影，它们也是圆柱面前后两半可见与不可见的分界线。正面转向轮廓线的侧面投影 $a''a''_1$、$b''b''_1$ 与轴线重合，不需画出；同理，侧面投影矩形的左、右两边 $c''c''_1$、$d''d''_1$ 是圆柱侧面转向轮廓线 CC_1、DD_1 的投影，这两条转向线是圆柱面左右两半可见与不可见的分界线。侧面转向轮廓线的正面投影 $c'c'_1$、$d'd'_1$ 也与轴线重合，不需画出。正面和侧面的转向轮廓线水平投影积聚在圆周最左、最右、最前、最后四个点上。

2. 圆柱表面上的点和线

在回转体表面取点、线，与在平面上取点、线的作图相同。但需注意的是，在回转体表面作辅助线时，应选择容易画的圆或直线。为此，要熟练掌握常见回转曲面的形成及几何性质。

在圆柱面上取点时，可采用辅助直线法（简称素线法）。当圆柱轴线垂直于某一投影面时，圆柱面在该投影面上的投影积聚成圆，可直接利用这一特性在圆柱表面上取点、画线。

【例 3-3】 如图 3-10（b）所示，已知圆柱面上点 M、N 的正面投影，求其水平和侧面投影。

分析：由图可知，圆柱的轴线垂直于 H 面，故圆柱的水平投影积聚成圆。由 m' 可见性及图中的位置可知，点 M 在圆柱的侧面转向轮廓线上，故水平和侧面投影可直接求出（m）、m''。

由（n'）不可见及位置可知，点 N 在圆柱的左后半个柱面上，水平投影可在圆柱积聚投影圆上直接求出（n），再由（n'）、（n）“二补三”求出 n''（可见）。作图过程如图 3-10（c）所示。

【例 3-4】 如图 3-11（a）所示，已知圆柱表面上曲线的正面投影 Ⅰ-Ⅱ-Ⅲ-Ⅳ-Ⅴ，求曲线的水平和侧面投影。

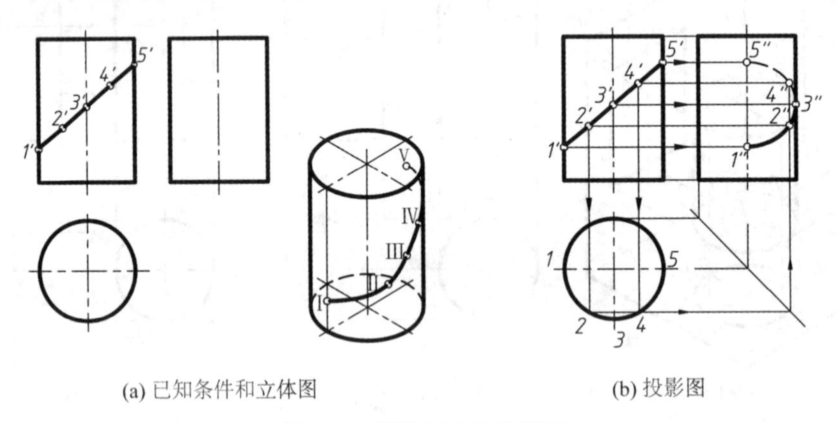

(a) 已知条件和立体图　　(b) 投影图

图 3-11　圆柱面上线的投影

分析：由图可知，曲线的正面投影均可见，说明曲线在圆柱的前半个柱面上；水平投影与柱面的前半个积聚半圆重合；Ⅰ-Ⅱ-Ⅲ在柱面的左半个柱面上，故侧面投影为可见，Ⅲ-Ⅳ-Ⅴ段在柱面的右半个柱面上，故侧面投影不可见。

作图步骤如下（图 3-11（b））：

（1）从正面投影可知Ⅰ点在最左侧的轮廓线上，Ⅲ点在最前的轮廓线上，Ⅴ点在最右侧轮廓线上。因此，Ⅰ点的水平投影 1 在横向点画线与圆周左侧的交点处，侧面投影 1″在轴线上；Ⅲ点的水平投影 3 在竖向点画线与圆周前面的交点处，侧面投影 3″在轮廓线上；Ⅴ点的水平投影 5 在横向点画线与圆周右侧的交点处，侧面投影 5″在轴线上。

（2）Ⅱ和Ⅳ两点应先求水平投影，过 2′和 4′向下引投影连线与水平积聚圆前半圆交于 2 和 4，然后用“二补三”作图，确定其侧面投影 2″和 4″。

（3）曲线Ⅰ-Ⅱ-Ⅲ-Ⅳ-Ⅴ的水平投影 12345 是积聚在前半个圆周上的半圆弧。侧面投影为曲线，故在侧面圆滑过渡地连接 1″2″3″4″5″，其中Ⅰ-Ⅱ-Ⅲ在左半个柱面上，故侧面投影 1″2″3″可见连实线；Ⅲ-Ⅳ-Ⅴ段在右半个柱面上，故侧面投影 3″4″5″不可见，连虚线。

二、圆锥

圆锥由圆锥面和底平面圆围成。圆锥面可看作是由一条直线 SA 绕与它相交的轴线 SO 回转而形成的曲面，如图 3-12（a）所示。

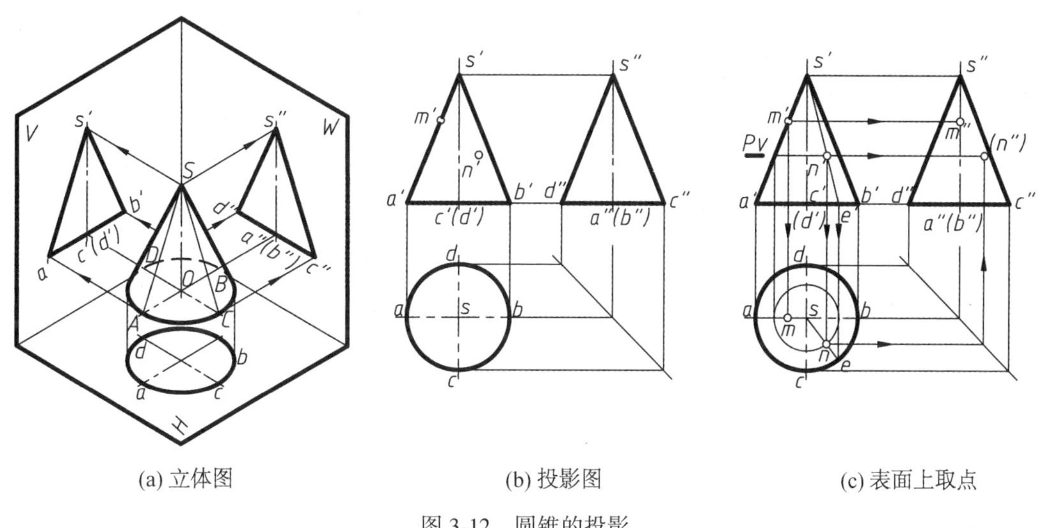

(a) 立体图　　(b) 投影图　　(c) 表面上取点

图 3-12　圆锥的投影

1. 圆锥的投影

如图 3-12（a）所示，圆锥的轴线是铅垂线，底面是水平面，其三面投影如图 3-12（b）所示。圆锥的水平投影为一圆，反映底面的实形，顶点的水平投影在圆心处；正面、侧面投影均为等腰三角形，其中底边为圆锥面下边轮廓和底面的投影，长度等于底圆的直径，而两腰分别为圆锥面正面转向线 SA、SB 和侧面转向线 SC、SD 的投影。正面转向线 SA、SB 为正平线，其水平投影与横向点画线重合，侧面投影与纵向点画线重合；侧面转向线 SC、SD 为侧平线，其在水平投影和正面投影均与纵向点画线重合，与轴线重合的转向线以点画线表示。

2. 圆锥表面上的点和线

圆锥面上任意一条素线均过圆锥顶点，母线上任意一点的运动轨迹都是圆。圆锥面的三个投影都没有积聚性，因此在圆锥表面上定点时，需利用其几何性质，采用作简单辅助线的方法。一种是过圆锥锥顶画辅助线的素线法；另一种是用垂直于轴线的圆作为辅助线的纬圆法。

【例 3-5】 如图 3-12（b）所示，已知圆锥面上点 M、N 的正面投影 m'、n'，求 M、N 的水平和侧面投影。

分析：由 M 点的投影 m'可知，M 点在圆锥面正面转向线上，且处于圆锥面的左半面上。过 m'向下作投影连线与 sa 交于 m，再过 m'向右引投影连线与 $s''a''$交于 m''。

点 N 不在转向线上，因此不能直接求出，可用以下两种方法求出（图 3-12（c））：

（1）素线法。过锥顶连 s'和 n'，并延长交底圆于 e'，然后过 e'向下引投影连线交前半个底圆于 e，连 se；再过 n'向下引投影连线与 se 相交，交点即为 N 点的水平投影 n

(可见)。N 点的侧面投影（n''）可用“二补三”作图求得（不可见）。

(2) 纬圆法。过 n' 点作直线平行于 $a'b'$，与轮廓素线相交，两个交点之间的线段长度就是过 N 点纬圆的直径，也是纬圆的正面投影。在水平投影上，以底圆圆心为圆心、以纬圆正面投影的线段长度为直径画圆，这个圆就是过 N 点所作纬圆的水平投影。过 n' 点向下引投影连线与纬圆的前半个圆周交于 n，即为 N 点的水平投影（可见）。然后再利用“二补三”作图求出其侧面投影（n''）（不可见）。

【例 3-6】 如图 3-13（a）所示，已知圆锥面上曲线Ⅰ-Ⅱ-Ⅲ的正面投影，求曲线的水平和侧面投影。

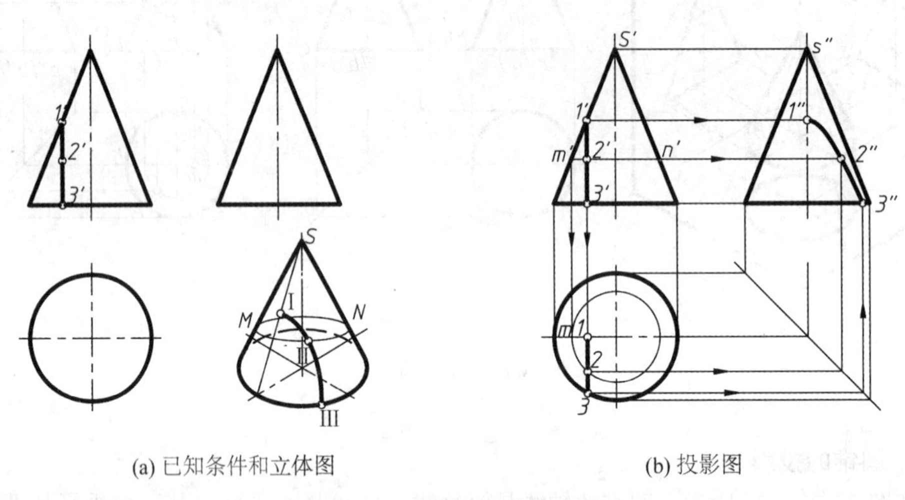

(a) 已知条件和立体图　　(b) 投影图

图 3-13　圆锥表面线的投影

分析：由图可知，曲线上的三个点都在圆锥面的前左面上，说明其正面和侧面投影均为可见。Ⅰ点在圆锥面最左侧转向轮廓线上，Ⅲ点在底圆上，这两个点是圆锥面上的特殊点，可通过引投影连线求出水平和侧面投影。而Ⅱ点是圆锥面上的一般点，可利用素线法或纬圆法先求水平投影，然后再求侧面投影。

作图步骤如下（图 3-13（b））：

(1) 过 1′分别向下、向右引投影连线求出 1 和 1″。

(2) 过 3′向下引投影连线与前半个圆周交于 3，然后利用“二补三”求出侧面投影 3″。

(3) 用纬圆法求Ⅱ点的投影。过 2′作直线平行于圆锥底面积聚投影（为三角形底边），与正面转向轮廓线交于 m'、n'；在水平投影上，以圆中心为圆心，以 $m'n'$ 为直径画圆，此圆即是过Ⅱ点的水平纬圆的投影。然后再过 2′向下引投影连线与纬圆的前半个圆周交于 2。最后利用“二补三”求出侧面投影 2″。

(4) 用实线连接 123，用圆滑过渡的曲线连接 1″2″3″，两面投影均为可见。

三、球

球是由圆球面围成的立体。球面是由一半圆母线绕其一条直径为轴线回转一周形成的曲面。

1. 球的投影

如图 3-14（a）所示，球的三面投影都是等直径的圆，它们的直径与球的直径相等，但三个投影面上的圆是不同转向线的投影。正面投影上的圆 a' 是球面正面转向轮廓线 A 的正面投影，是前、后两半球面的可见与不可见的分界线，A 的水平投影 a 与球水平投影的横向中心线重合，A 的侧面投影 a'' 与球侧面投影的纵向中心线重合，都不画实线。水平投影的圆 b 是球面 H 面转向轮廓线 B 的水平投影，是上、下两半球面可见与不可见的分界线，B 线的正面投影 b' 和侧面投影 b'' 均在横向中心线上，也不画实线。侧面投影的圆 c'' 是球面侧面转向轮廓线 C 的侧面投影，是左、右两半球面可见与不可见的分界线，C 线的正面投影 c' 和水平投影 c 均在纵向中心线上，同样也不画实线。

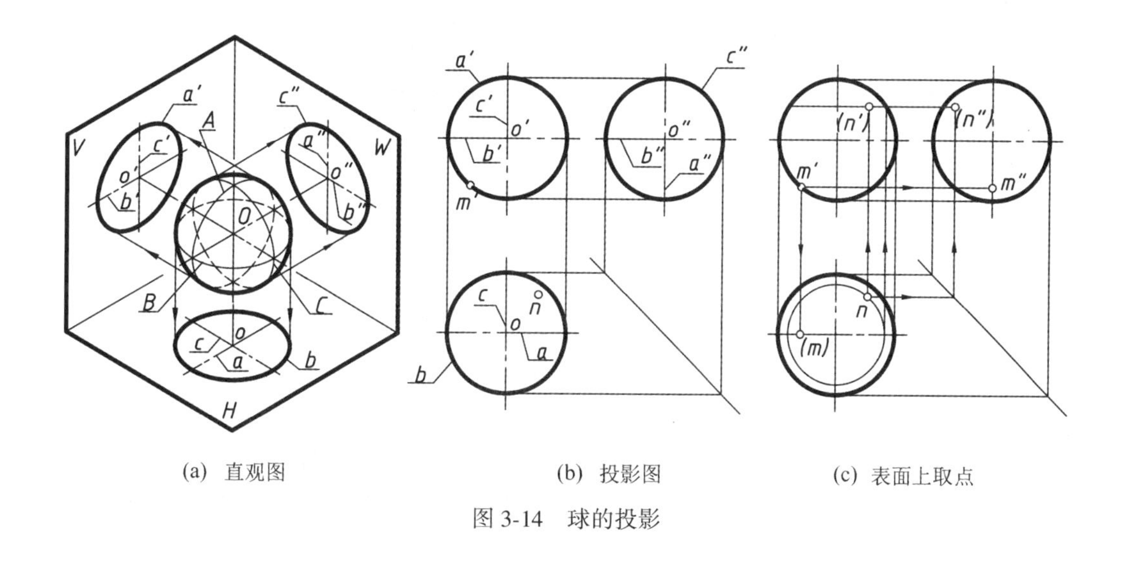

(a) 直观图　　(b) 投影图　　(c) 表面上取点

图 3-14　球的投影

球的三个投影均无积聚性，故作图时可先画出中心线确定球心的投影，然后再画出三个与球等直径的圆。

2. 表面上的点和线

球表面上取点、线，只能采用辅助纬圆法。为作图简便，可过已知点作与各投影面平行的辅助纬圆。

【**例 3-7**】如图 3-14（b）所示，已知球面上点的投影 m' 和 n，求它们的另外两个投影。

分析：由图可知，m' 在正面转向轮廓线上，且可见，说明 M 点位于正面转向轮廓线左半球的下半部分，其水平投影为不可见点，侧面投影为可见点。

从 N 点的 H 面投影 n 可知，N 点在上半球的右后半部分，为一般点，其正面投影和侧面投影均不可见。

作图步骤如下（图 3-14（c））：

（1）因 M 点在正面转向轮廓线上，是特殊点可直接作出。过 m' 分别向下、向右引投影连线交相应轴线求出 (m) 和 m''，(m) 不可见，m'' 可见。

（2）以 H 面轮廓圆的圆心为圆心，过 N 点的水平投影 n 画水平圆，求出水平圆的正面积聚投影，过 n 向上引投影连线交水平圆积聚投影于（n'）。然后利用“二补三”求出（n''）。（n'）和（n''）均不可见。

N 点的正面投影和侧面投影也可利用正平圆或侧平圆求（n'）和（n''），其结果是一样的。

【例 3-8】 如图 3-15（a）所示，已知球面上的曲线Ⅰ-Ⅱ-Ⅲ-Ⅳ的正面投影，求其另外两个投影。

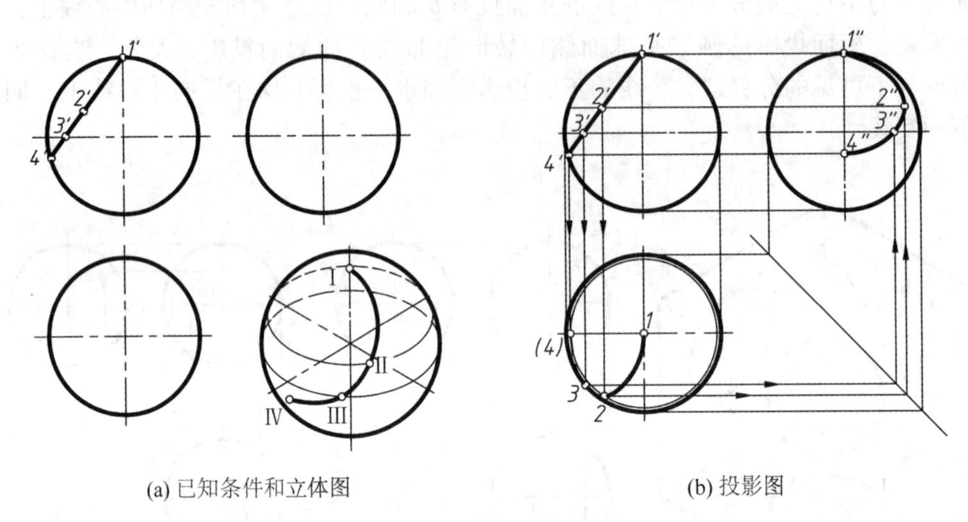

(a) 已知条件和立体图　　(b) 投影图

图 3-15　球表面上的点和线

分析：从投影图上可知Ⅰ、Ⅳ两点在球正面投影轮廓圆上，Ⅲ点在水平投影轮廓圆上，这三点是球面上的特殊点，可以通过引投影连线直接作出它们的水平投影和侧面投影。Ⅱ点是球面上的一般点，需要用纬圆法求其水平投影和侧面投影。

作图步骤如下（图 3-15（b））：

（1）1 和 1″可在投影图上直接求出。因Ⅰ点是正面投影轮廓圆上的点，且是球面上最高点，它的水平投影 1（可见）应落在中心线的交点上（与球心重影），侧面投影 1″落在竖向中心线与侧面投影轮廓圆的交点上（可见）。

（2）Ⅲ点是水平投影轮廓圆上的点，可过 3′向下引投影连线与水平投影轮廓圆前半周的交点即是 3（可见），侧面投影 3″（可见），落在横向中心线上，可由水平投影引投影连线求得。

（3）Ⅳ点是正面投影轮廓线上的点，它的水平投影不可见，过 4′向下引投影连线与水平投影的横向中心线的交点即为（4）；过 4′向右引投影连线与侧面投影竖向中心线交于侧面投影 4″，可见。

（4）用纬圆法求Ⅱ点的水平投影和侧面投影，在正面投影上过 2′作平行横向中心线的直线，并与轮廓圆交于两个点，则这两点间线段就是过点Ⅱ纬圆的正面投影；在水平投影上，以轮廓圆的圆心为圆心、以纬圆正面投影线段长度为直径画圆，即为过点Ⅱ纬圆的水平投影，然后过 2′向下引投影连线与纬圆前半个圆周的交点就是Ⅱ点的水平投影 2，最后利用“二补三”作图确定侧面投影 2″，2 和 2″均可见。

（5）用圆滑过渡的曲线连接Ⅰ-Ⅱ-Ⅲ-Ⅳ的水平投影1234，曲线Ⅰ-Ⅱ-Ⅲ段位于上半个球面，所以水平投影123可见，连实线；而Ⅲ-Ⅳ段位于下半个球面，34不可见，连虚线。点Ⅰ-Ⅱ-Ⅲ-Ⅳ均处在左半个球面上，所以Ⅰ-Ⅱ-Ⅲ-Ⅳ的侧面投影1″2″3″4″均可见，用圆滑过渡的曲线连接1″、2″、3″、4″各点（实线）。

四、曲面立体的截切

曲面立体被平面截切后，截交线一般情况下是由平面曲线或曲线和直线段所围成的封闭图形，特殊情况下是多边形。其形状取决于曲面立体形状和截平面的相对位置。

截交线是截平面和曲面立体表面的共有线，截交线上的点也就是它们的共有点。因此，在求截交线的投影时，先在截平面有积聚性的投影上确定截交线的一个投影，并在这个投影上选取若干个点；然后把这些点看成曲面立体表面上的点，利用曲面立体表面定点的方法，求出它们的另外两个投影；最后，把这些点的同面投影光滑连接，并判别投影的可见性。

为了准确地求出曲面立体截交线投影，通常需作出截交线形状和范围内的特殊点，这些特殊点包括最高点、最低点、最前点、最后点、最左点、最右点、可见与不可见的分界点（投影轮廓线上的点）、截交线本身固有的特殊点（如椭圆长短轴端点、抛物线和双曲线的顶点）等，然后按需要再选取一些一般点。

1. 圆柱被平面截切

圆柱被平面截切所得截交线的形状有三种，见表3-1。

表3-1　**圆柱截交线**

截平面位置	垂直于轴线	平行于轴线	倾斜于轴线
立体图	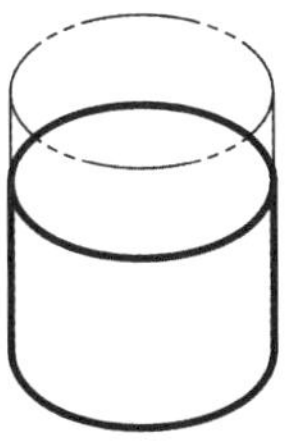	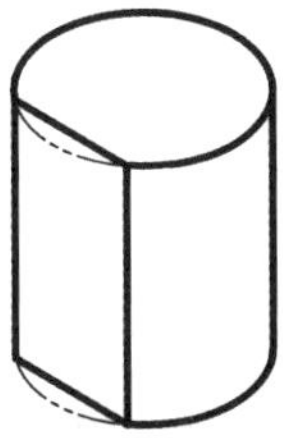	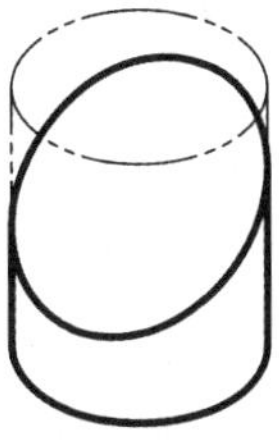
投影图	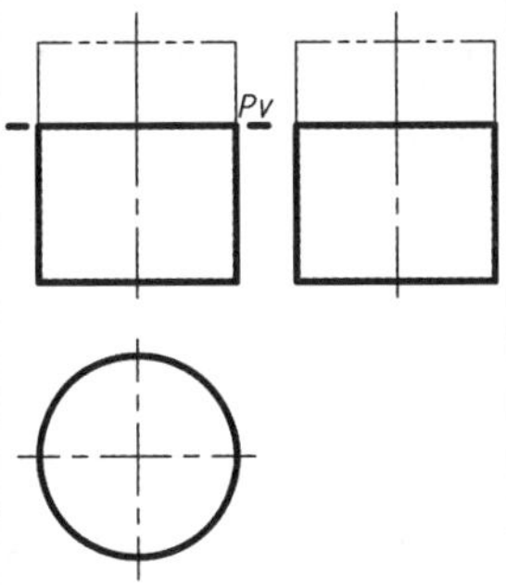 Pv	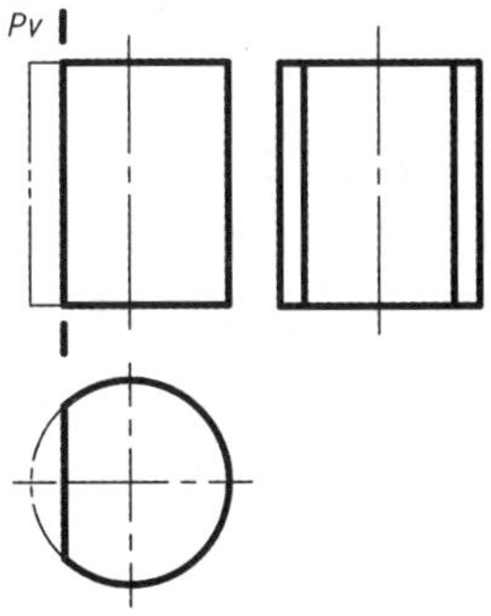 Pv	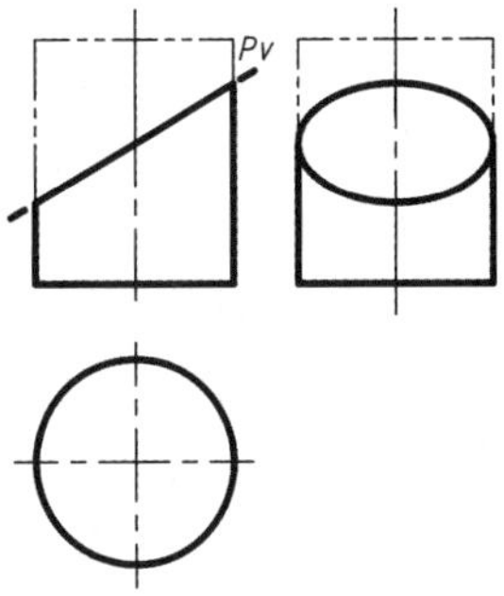 Pv
截交线形状	圆	两条平行于轴线的直线	椭圆

（1）当截平面垂直于圆柱的轴线时，截交线为圆。

（2）当截平面通过圆柱的轴线或平行于轴线时，截交线为两条平行的素线。

（3）当截平面倾斜于圆柱的轴线时，截交线为椭圆或椭圆弧和直线段，椭圆的长、短轴随截平面对圆柱轴线的倾斜角度的变化而变化。

【例 3-9】 如图 3-16（a）所示，圆柱被正垂面截切，求截交线的三面投影。

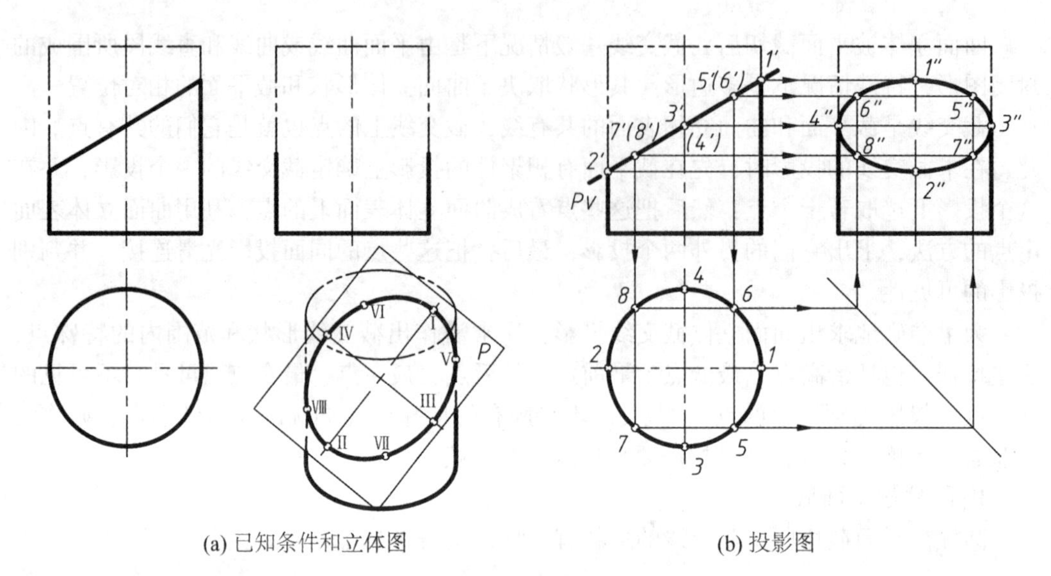

(a) 已知条件和立体图　　(b) 投影图

图 3-16　圆柱切割体

分析：从投影图上可知，截平面 P 与圆柱轴线倾斜，截交线应是一个椭圆。椭圆长轴Ⅰ-Ⅱ是正平线，短轴Ⅲ-Ⅳ是正垂线。因为截平面的正面投影和圆柱的水平投影有积聚性，所以椭圆的正面投影是积聚在 P_V线上，椭圆的水平投影是积聚在圆柱面积聚圆上，要求的只是椭圆的侧面投影。

作图步骤如下（图 3-16（b））：

（1）求特殊点。在正面投影中正面转向线上标出 1′、2′，侧面转向线上标出 3′（4′），根据圆柱面的性质，很容易求出 1、2、3、4 和 1″、2″、3″、4″。

（2）求一般点，在正面投影中标出 5′（6′）、7′（8′），根据圆柱水平投影是积聚圆，可过这四个点正面投影向下引投影连线，在圆周上找到它们的水平投影 5、6、7、8，然后利用“二补三”求出侧面投影 5″、6″、7″、8″。

（3）按水平投影点的顺序依次光滑连接各点的侧面投影即得截交线的侧面投影。

（4）整理轮廓线。圆柱的侧面转向轮廓线应分别画到 3″、4″处。

讨论：当截平面与圆柱轴线相交的角度发生变化时，其侧面投影上椭圆的形状、长短轴方向以及大小也随之改变，如图 3-17 所示。图中 $c''d''$长度都是圆柱直径，当 $\alpha<45°$时，$c''d''>a''b''$，侧面投影是以 $c''d''$为长轴、$a''b''$为短轴的椭圆，如图 3-17（a）所示；当 $\alpha=45°$时，$c''d''=a''b''$，侧面投影是圆，如图 3-17（b）所示；当 $\alpha>45°$时，$c''d''<a''b''$，侧面投影是以 $a''b''$为长轴、$c''d''$为短轴的椭圆，如图 3-17（c）所示。

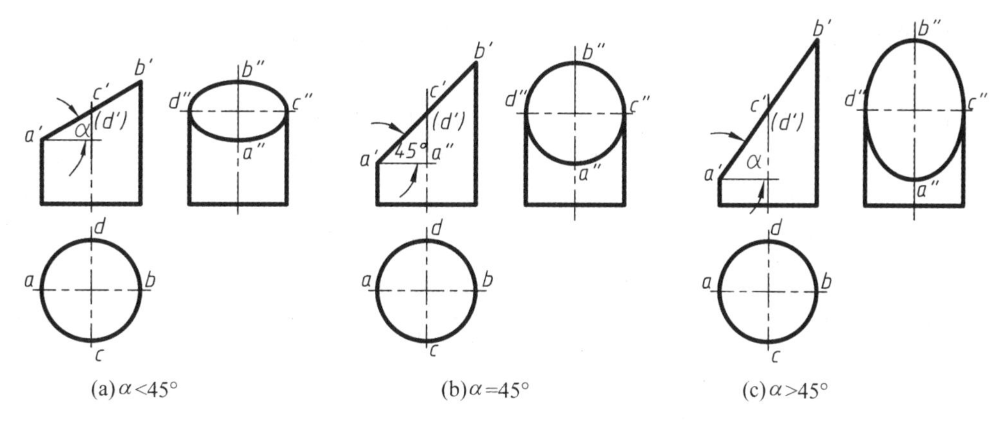

图 3-17　截交线与轴线所成角度对截交线形状的影响

【**例 3-10**】如图 3-18（a）所示，已知圆柱被截切后的正面投影，求圆柱被截切后的水平投影和侧面投影。

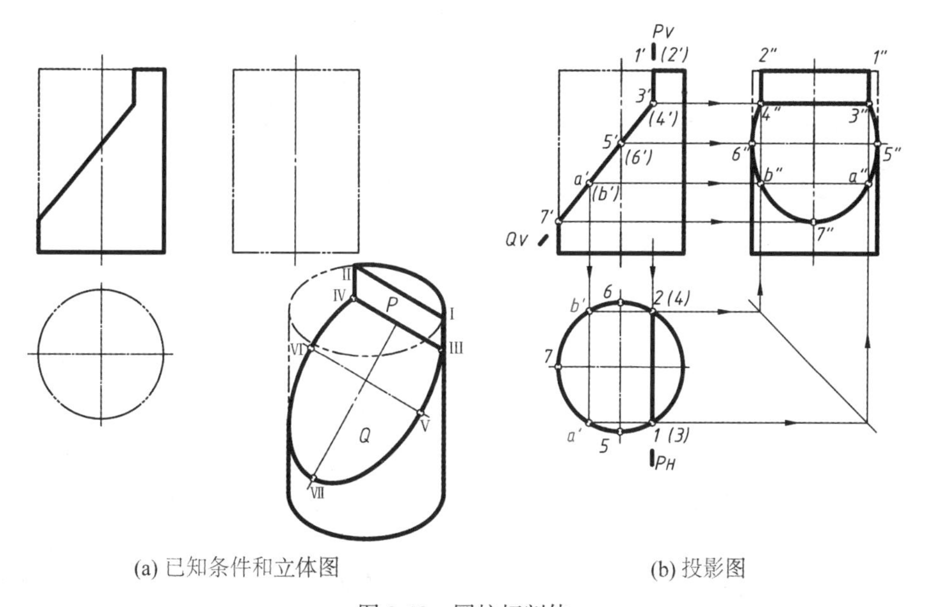

(a) 已知条件和立体图　　(b) 投影图

图 3-18　圆柱切割体

分析：圆柱轴线垂直于水平投影面，截平面 P_V 是平行于圆柱轴线的侧平面，与圆柱面的交线应为平行于圆柱轴线的两条直线，与上端面的交线为正垂线；截平面 Q_V 是与圆柱轴线倾斜的正垂面，截交线是椭圆的一部分。两截平面的交线是正垂线。截交线的正面投影与 P_V、Q_V 积聚投影重合，截交线的水平投影与圆柱面的积聚投影圆及 P_H 重合。所以主要是求截交线的侧面投影。

作图步骤如下（图 3-18（b））：

（1）Q 平面与圆柱的截交线是椭圆，所以首先找特殊点Ⅲ、Ⅳ、Ⅴ、Ⅵ、Ⅶ，其中Ⅲ、Ⅳ是平面 P、Q 和圆柱面的共有点（其连接为 P、Q 两平面交线）；Ⅴ、Ⅵ是侧面转向点；Ⅶ是正面转向点。Ⅴ、Ⅵ、Ⅶ也是椭圆长短轴上的特殊点。图中加了两个一般点 A、B，各点的求法已标明在图 3-18（b）上。

（2）P 平面与圆柱的截交线是平行于圆柱轴线的两平行线Ⅰ-Ⅲ、Ⅱ-Ⅳ。在侧面投影过 3″、4″作与圆柱轴线平行的线即为 P 平面与圆柱的截交线。P 平面与圆柱上端面的交线为正垂线，水平投影应补上 12 线（可见）。

（3）整理轮廓线。侧面转向轮廓线应补到 5″、6″点，P、Q 两平面交线的水平和侧面投影都应有线，注意补上 34 和 3″4″。完成三面投影图。

【例 3-11】 如图 3-19（a）所示，求带槽圆柱管的侧面投影。

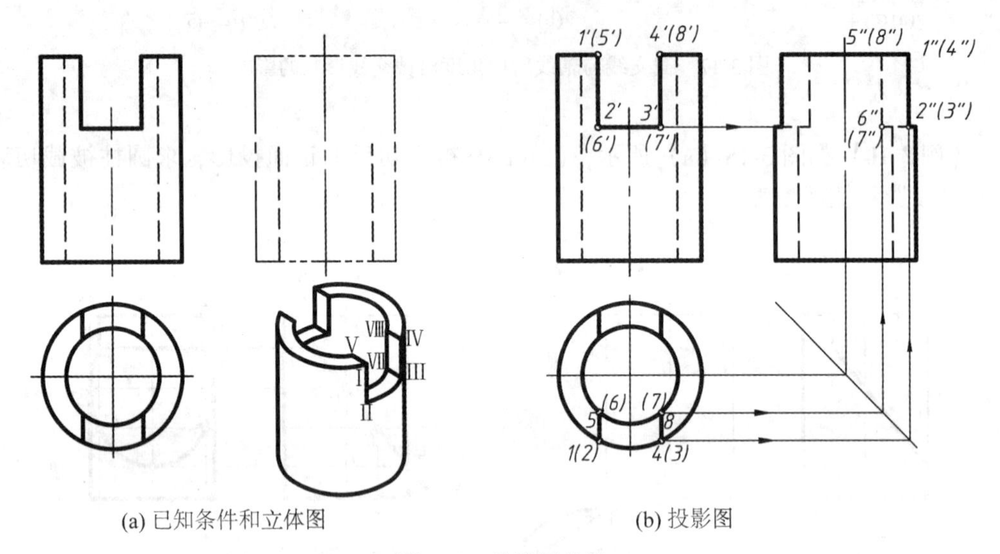

(a) 已知条件和立体图　　(b) 投影图

图 3-19　带槽圆柱管

分析：圆柱管轴线垂直于水平投影面。可将圆柱管看成两个同轴而直径不同的圆柱表面（外柱面和内柱面）。圆柱管上端所开的通槽可以认为是被两个侧平面和一个水平面截切而成。三个截平面与圆柱管的内、外表面均有截交线。两个侧平面截圆管的内、外表面及上端面均为直线，水平面截圆柱管的内、外表面为圆弧。截交线的正面投影与截切的三个平面重合在三段直线上，水平投影重合在四段直线和四段圆弧上，这四段圆弧都重合在圆柱管的内、外表面的水平投影圆上。可以根据截交线的正面投影和水平投影，求其侧面投影。

作图步骤如下（图 3-19（b））：

（1）根据圆柱管内、外表面截交线上点的正面投影 1′（5′）、2′（6′）、3′（7′）、4′（8′）（只求前半部分的截交线，后半部分找对应点即可），其中 1′、2′、3′、4′是与外柱面的交点，5′、6′、7′、8′是与内柱面的交点。相对应的水平投影可直接求出 1（2）、4（3）、5（6）、8（7）。

（2）利用“二补三”求出侧面投影 1″（4″）、2″（3″）、5″（8″）、6″（7″）。

（3）依次连接截交线上各点的侧面投影。因圆柱管内表面的侧面投影是不可见的，故截交线画虚线。槽底的侧面投影大部分是不可见的，所以连线时，应注意虚、实分界点是侧平面与圆柱的交线为界。

（4）圆柱开槽后，圆柱管内、外表面的最前和最后素线在开槽部分已被截去，故在侧面投影中，槽口部分圆柱的内外轮廓已不存在了，所以不画线。

2. 圆锥被平面截切

圆锥被平面截切后，截平面与圆锥轴线或素线的相对位置不同，其截交线的性质和形状也不同。所得截交线的五种形状见表 3-2。

表 3-2　**圆锥截交线**

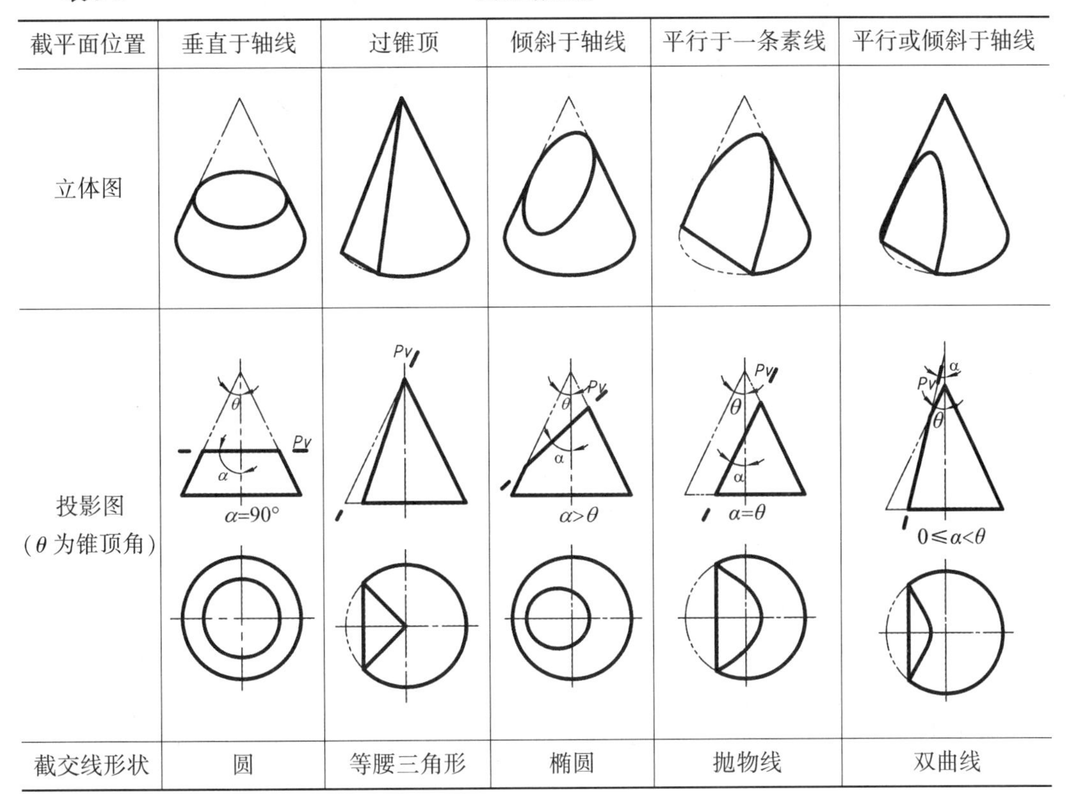

截平面位置	垂直于轴线	过锥顶	倾斜于轴线	平行于一条素线	平行或倾斜于轴线
立体图					
投影图（θ 为锥顶角）	$\alpha=90°$		$\alpha>\theta$	$\alpha=\theta$	$0\leqslant\alpha<\theta$
截交线形状	圆	等腰三角形	椭圆	抛物线	双曲线

由于锥面的投影没有积聚性，所以为了求解截交线的投影，可依据具体情况，采用素线法或纬圆法求出截交线上的点，并将这些点的同面投影光滑地连成曲线，同时要判别可见性，整理图形完成作图。

【例 3-12】 如图 3-20（a）所示，求圆锥被正垂面 P 截切的截交线。

分析：从正面投影可知，截平面 P 与圆锥轴线夹角大于锥顶角，所以截交线是一个椭圆。这个椭圆的正面投影积聚在截平面的积聚投影 P_V上，水平投影和侧面投影仍然是椭圆，且都不反映实形。

为了求出椭圆的水平投影和侧面投影，首先在椭圆的正面投影上标出所有的特殊点（长短轴端点、正面和侧面投影轮廓线上的点）和几个一般点，然后把这些点看作圆锥表面上的点，用圆锥表面定点的方法（素线法或纬圆法），求出它们的水平投影和侧面

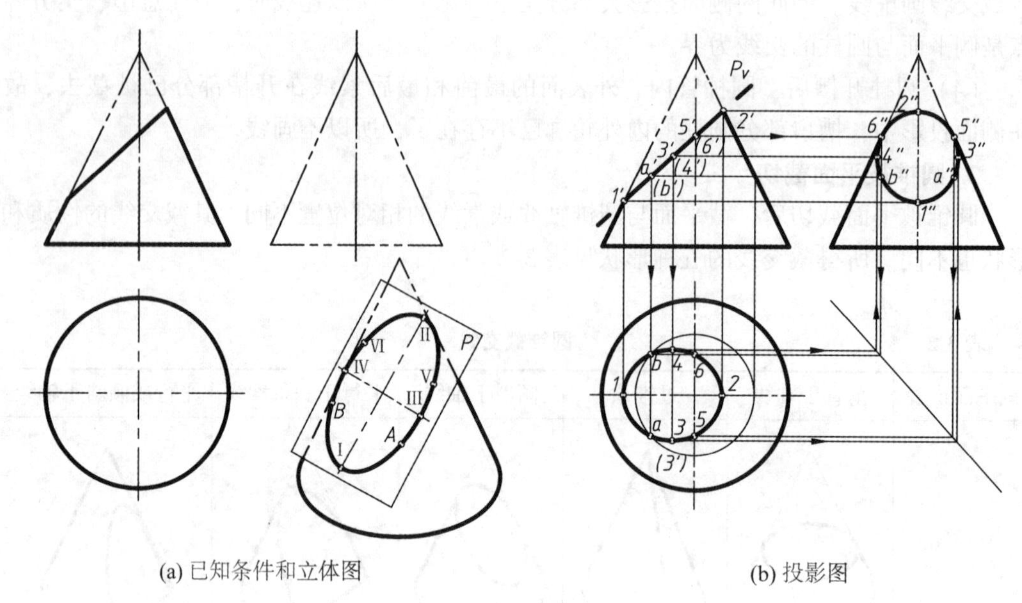

(a) 已知条件和立体图　　(b) 投影图

图 3-20　圆锥切割体

投影，再将它们的同面投影依次连接成椭圆。

作图步骤如下（图 3-20（b））：

（1）在正面投影上，标出椭圆长、短轴端点的投影 1′、2′、3′（4′），其中 3′（4′）是线段 1′2′的中点，1′、2′也是正面投影轮廓线上的点；侧面投影轮廓线上的点5′（6′）和一般点 a'（b'）。

（2）过 1′、2′、5′、6′向下和向右引投影连线，直接求出它们的水平投影 1、2、5、6 和侧面投影 1″、2″、5″、6″。

（3）用纬圆法求出 Ⅲ、Ⅳ、A、B 点的水平投影 3，4，a，b，然后利用“二补三”求出侧面投影 3″、4″、a''、b''。

（4）将八个点的同面投影光滑地连成椭圆。截交线的水平和侧面投影均可见，应连实线。

【例 3-13】 如图 3-21（a）所示，已知有缺口圆锥的正面投影，求水平和侧面投影。

分析：圆锥缺口部分可看成是被 P、Q、R 三个平面截切而成的。P 平面是正垂面，且通过锥顶，截交线是两条交于锥顶的直线；Q 平面也是正垂面，与圆锥轴线倾斜，且与圆锥前后素线相交，与右侧素线平行，截交线是抛物线的一部分；R 平面是水平面垂直于圆锥轴线，截交线是圆的一部分。即圆锥缺口部分的截交线是由直线、抛物线弧和圆弧组成，截平面间相交成两条直线。

作图步骤如下（图 3-21（b））：

（1）求特殊点。在正面投影中，确定各段截交线的结合点及投影轮廓线上点的投影 1′、2′（3′）、4′（5′）、6′（7′）、8′（9′）、10′。Ⅰ、Ⅳ、Ⅴ点是特殊点，水平和侧面投影可直接求出；Ⅵ、Ⅶ、Ⅷ、Ⅸ、Ⅹ点在同一个水平圆上，可先求各点的水平投影，然后利用“二补三”求侧面投影；Ⅱ、Ⅲ点可利用其特点用素线法先求水平投影

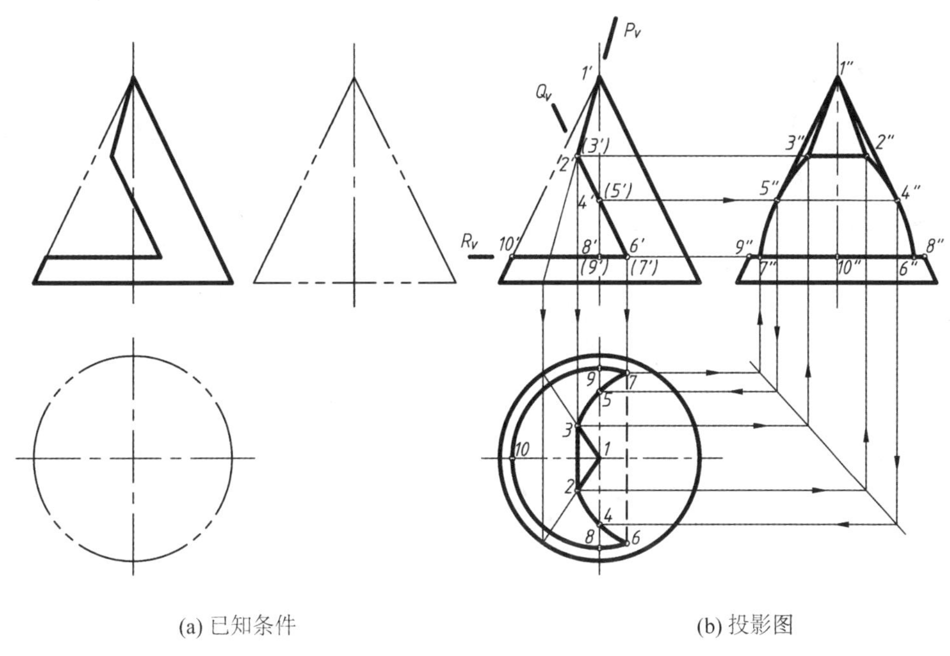

(a) 已知条件　　　　(b) 投影图

图 3-21　带缺口的圆锥

后，再求侧面投影。

（2）作一般点。如上述 10 个点所作截交线还不够的话，可在截交线是抛物线的正面积聚投影上再作几个一般点，采用素线法或纬圆法求它们其余两面投影（本题没有作一般点）。

（3）判别可见性。截交线的水平投影和侧面投影均可见，*P*、*Q* 两平面的交线也可见；但 *Q*、*R* 两平面的交线的水平投影 67 不可见，应连虚线，侧面投影与 *R* 平面的积聚投影重合。

（4）将所求各点的同面投影依次用直线、抛物线弧和圆弧连接，即得带缺口圆锥的水平投影和侧面投影。

（5）完善圆锥部分的轮廓线。因圆锥侧面投影轮廓 4″8″、5″9″被截去，故其圆锥侧面投影的最外轮廓线是不完整的，上面连到 4″、5″点，下面连到 8″、9″点。

3. 球被平面截切

球被平面截切后，不论截平面与球轴线的相对位置如何，其截交线均为圆。

当截平面为投影面平行面时，截交线在截平面所平行的投影面上的投影为圆（反映实形），其他两投影为线段（长度等于截圆直径）；

当截平面为投影面垂直面时，截交线在截平面所垂直投影面上的投影是一段直线（长度等于截圆直径），其他两投影为椭圆。

【例 3-14】 如图 3-22（a）所示，已知被正垂面截切后球的正面投影，求其余两面投影。

分析：因球是被正垂面截切，所以截交线的正面投影积聚在截切平面的直线段上，长度等于截圆直径，其水平投影和侧面投影均为椭圆。

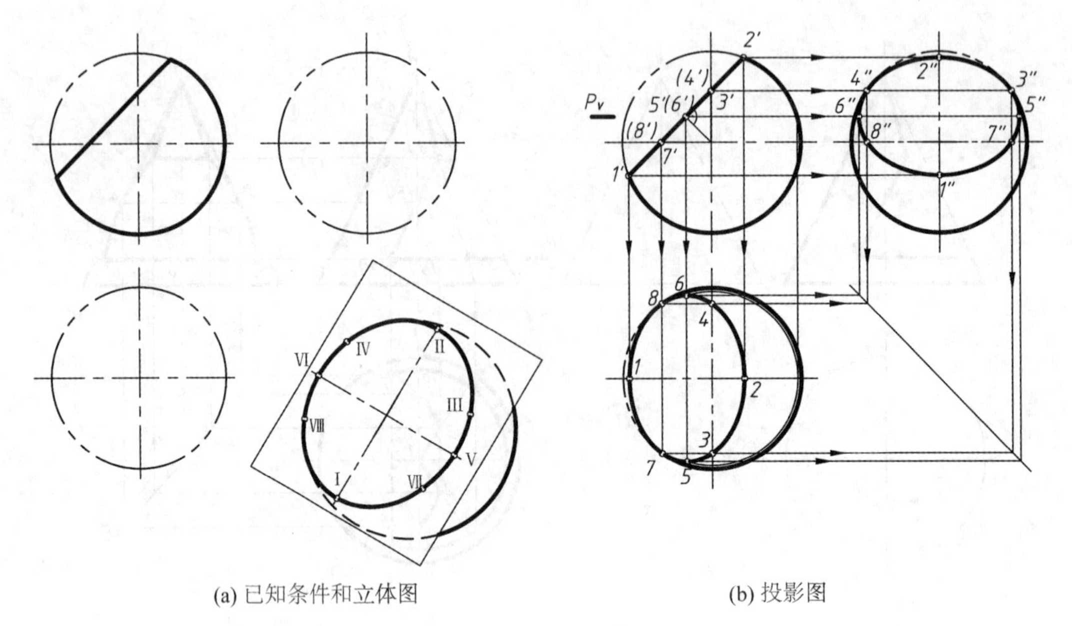

(a) 已知条件和立体图　　(b) 投影图

图 3-22　球切割体

作图步骤如下（图 3-22（b））：

（1）作特殊点。在截平面的正面投影上标出截平圆最左、最右点 1′、2′（在正面轮廓圆上）和最前、最后点 5′（6′）（在线段 1′2′的中点处），上下半球分界圆上的点 7′（8′）和左右半球分界圆上的点 3′（4′）。

（2）求出各特殊点的水平投影和侧面投影，其中 1、2 和 1″、2″应在前后半球分界圆上（即水平投影在横向中心线上，侧面投影在竖向中心线上）；3″、4″在侧面投影轮廓圆上，3、4 在 *H* 面竖向中心线上；5、6 点得用纬圆法求得，5″、6″可利用“二补三”求得；7，8 在水平投影轮廓圆上，7″，8″在侧面投影横向中心线上。

（3）在水平投影上，按 175324681 顺序光滑连成椭圆，并将 718 段左侧球的轮廓圆 78 间擦掉。

（4）在侧面投影上，按 1″7″5″3″2″4″6″8″1″顺序光滑连成椭圆，并将 3″2″4″段上面球的轮廓圆擦掉。

（5）补全球轮廓线到分界点处。水平投影补到 7、8 分界，侧面投影补到 3″、4″分界，完成作图。

【例 3-15】 如图 3-23（a）所示，完成半球切割体的水平投影和侧面投影。

分析：球被水平面 *P* 截切的截交线，正面投影和侧面投影积聚成直线，而水平投影反映圆弧实形；被正垂面 *Q* 截切的截交线，正面投影积聚成直线（与 Q_V 重合），而水平投影和侧面投影均为椭圆的一部分。*P*、*Q* 两平面的交线为正垂线。由此可知，两平面的正面投影都积聚成直线段，即截交线的正面投影已知，主要是求作半球截切后的水平投影和侧面投影。

作图步骤如下（图 3-22（b））：

（1）作特殊点，在正面投影上标出球被 *P* 平面截切的特殊点为 1′、2′（3′），被 *Q*

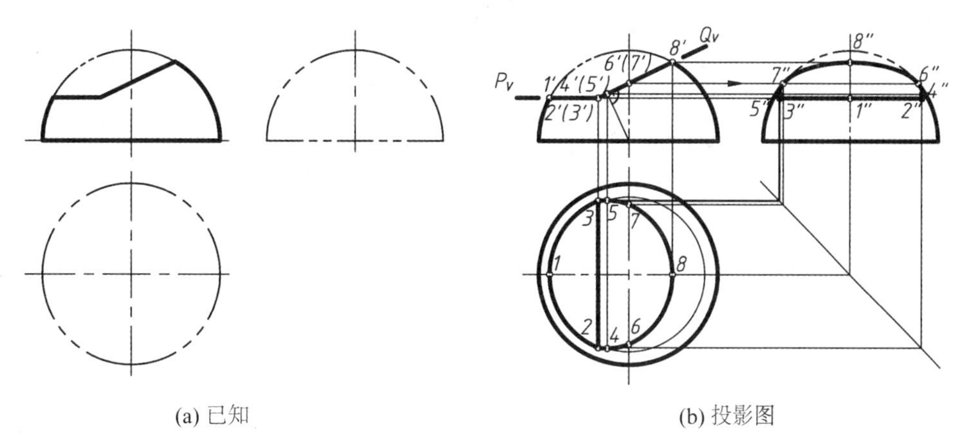

(a) 已知　　　　(b) 投影图

图 3-23　半球切割体

平面截切的特殊点为 2′（3′）、4′（5′）、6′（7′）、8′，其中 2′、3′为两平面截交线的分界点，4′、5′、8′为椭圆轴端点的投影，6′、7′为侧面投影转向轮廓线上的点，8′为正面投影转向轮廓线上的点。除 2′、3′和 4′、5′必须用纬圆法求出外，其余各点均可直接求出。

（2）作一般点。如用上述 8 个点所作截交线还不够的话，可在截交线是椭圆线的正面积聚投影上再做几个一般点，采用纬圆法求它们其余两面投影（本题没有作出）。

（3）判别可见性。由于半球的左上部分被截切，所以水平投影和侧面投影均可见。将所求各点的同面投影依次光滑连接。

（4）整理轮廓线。水平投影外轮廓线是完整的圆，侧面转向线的投影只画 6″、7″点以下的部分。

第三节　两立体相贯

两立体相贯，也称两立体相交，其表面交线称为相贯线。相贯线是两立体表面的共有线。相贯线的形状和数量是由相贯两立体的形状及相对位置决定的。

一、两平面立体相贯

两平面立体相交所得相贯线，一般情况是封闭的空间折线，如图 3-24 所示。当一个立体全部贯穿到另一立体时，在立体表面形成两条相贯线，这种相贯形式称为全贯，如图 3-24（a）所示；当两个立体各有一部分棱线参与相贯时，在立体表面形成一条相贯线，这种相贯形式称为互贯，如图 3-24（b）所示。

相贯线的每一直线段都是两平面体表面的交线，折线的顶点是一个平面体的棱线与另一平面体表面的交点。因此，求相贯线就是求两平面体表面的交线及棱线与表面的交点。

求两平面立体相贯线的方法是：

（1）确定两立体参与相交的棱面和棱线。

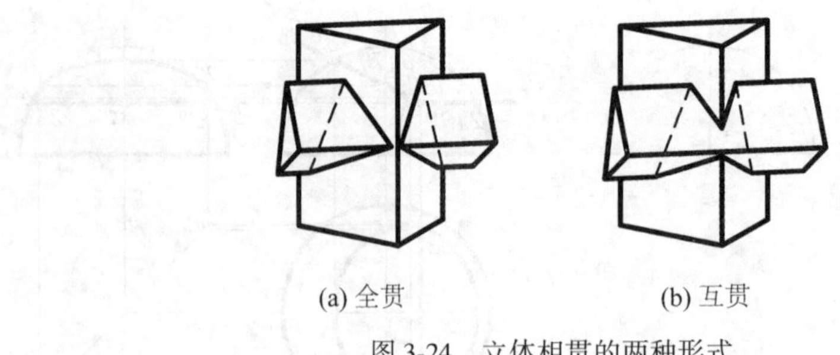
(a) 全贯　　(b) 互贯

图 3-24　立体相贯的两种形式

（2）求出参与相交的棱面与棱线的交点。

（3）依次连接各交点的同面投影。连点的原则是：只有当两个点对于两个立体而言都位于同一个棱面上时才能连接，否则不能连接。

（4）判别相贯线的可见性。判别的基本原则是：在同一投影中只有当两立体相交表面都可见时其交线才可见，连实线；如果相交表面中有一个不可见，交线就不可见，连虚线。

（5）补画棱线和外围轮廓的投影。将题目中未画全的各棱线，按投影关系补画到各相应的交点处，不可见的棱线仍画成虚线。

【例 3-16】 如图 3-25（a）所示，求直立三棱柱与水平三棱柱的相贯线。

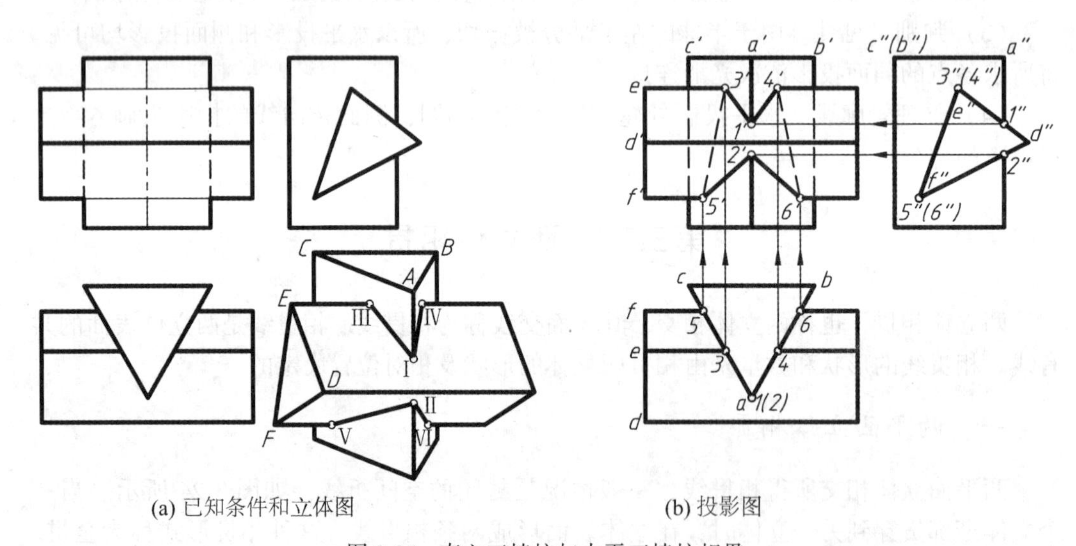

(a) 已知条件和立体图　　(b) 投影图

图 3-25　直立三棱柱与水平三棱柱相贯

分析：从水平投影和侧面投影可以看出，两三棱柱都是部分贯入另一三棱柱为互贯，相贯线应是一条空间折线。

因为直立三棱柱的水平投影有积聚性，所以相贯线的水平投影必然积聚在直立三棱柱左右两棱面与水平三棱柱相交的部分；同理，水平三棱柱的侧面投影有积聚性，所以相贯线的侧面投影重合在水平三棱柱三个棱面与直立三棱柱相交的部分。实际上，相贯线的三面投影已经已知两个，只需求出正面投影即可。

从立体图中可以看出，直立三棱柱的 A 棱和水平三棱柱的 E 棱、F 棱参与相交其余棱线未参与相交。每条棱线与棱面有两个交点，可见相贯线上总共有 6 个折点，求出这些折点便可连成相贯线。

作图步骤如下（图 3-25（b））：

（1）在水平投影和侧面投影上，相应确定六个折点的投影 1（2）、3、4、5、6 和 1″，2″、3″（4″）、5″（6″）。

（2）过 3、4 向上引投影连线与 e'棱相交于 3′、4′，过 5、6 也向上引投影连线与 f'棱交于 5′、6′，过 1″、2″向左引投影连线与 a'棱相交于 1′、2′。

（3）依次连接各交点，在正面投影中，直立棱柱参与相贯的两棱面均可见，水平棱柱前边两可见棱面与其相交的交线 3′1′4′、5′2′6′可见，连实线；水平棱柱后棱面的正面投影不可见，故该棱面上交线的正面投影 3′5′和 4′6′不可见，连虚线。

（4）补全棱线和轮廓线的投影。将参与相贯的各棱线补画到交点处；直立棱柱上的 B、C 棱线未参与相交，但其正面投影中间部分被水平棱柱遮挡，为不可见，应画成虚线。

【例 3-17】 如图 3-26（a）所示，求三棱柱与三棱锥的相贯线。

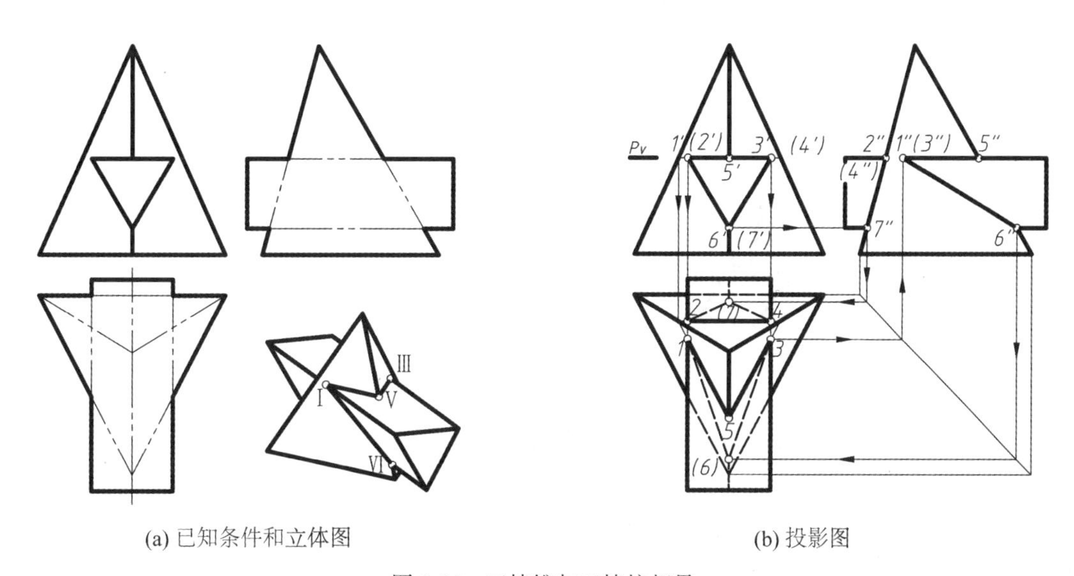

(a) 已知条件和立体图　　　　(b) 投影图

图 3-26　三棱锥与三棱柱相贯

分析：从水平投影和正面投影可以看出，三棱柱整个贯穿到三棱锥中，是全贯，形成前、后两条相贯线。前面一条是由三棱柱的三个棱面与三棱锥的前两个棱面相交而成的空间封闭折线；后面一条是由三棱柱的三个棱面与三棱锥的后面相交而成的三角形。

由于三棱柱的三个棱面的正面投影有积聚性，所以两条相贯线的正面投影，重合在三棱柱各棱面正面投影的积聚投影上。

从图中可知，三棱柱的三条棱线和三棱锥一条棱线参与相交，其中三棱柱下面的一条棱与三棱锥前面的一条棱相交。前面一条相贯线为 4 个折点组成的空间四边形；后面一条相贯线有3个折点组成的三角形。

作图步骤如下（图3-26（b））：

（1）在相贯线的正面投影上标出各折点的投影1′（2′）、3′（4′）、5′、6′（7′）。

（2）过棱柱的上棱面作水平面P_V，作出P_V平面与三棱锥截交线的水平投影，各面上的截交线均平行于底边，作出1、2、3、4、5；侧面投影2″（4″）、5″可直接在各棱线和棱面上求出，1″（3″）得利用“二补三”求出。

（3）Ⅵ点在三棱锥的最前棱上，Ⅶ点在三棱锥后棱面（侧垂面）上，所以先求Ⅵ、Ⅶ点的侧面投影6″、7″，然后再利用“二补三”求出水平投影6、7。

（4）连线，水平投影的153和24可见连实线，163和274不可见连虚线；侧面投影的5″1″6″和5″3″6″重影按可见的5″1″6″连成实线；2″4″7″在棱锥后面积聚的棱面上连实线。

（5）补画棱线和外围轮廓的投影。将题目中未画全的各棱线，按投影关系补画到各相应的交点处，不可见的棱线仍画成虚线。这里主要补三棱锥前棱和三棱柱三条侧棱的水平投影。

若在三棱锥内开个三棱柱孔，如图3-27所示，孔口相贯线的作图方法与图3-26的作图方法完全相同，所不同的是，贯穿孔补的是孔内不可见的棱线，应画成虚线，如图3-27中的水平和侧面投影。

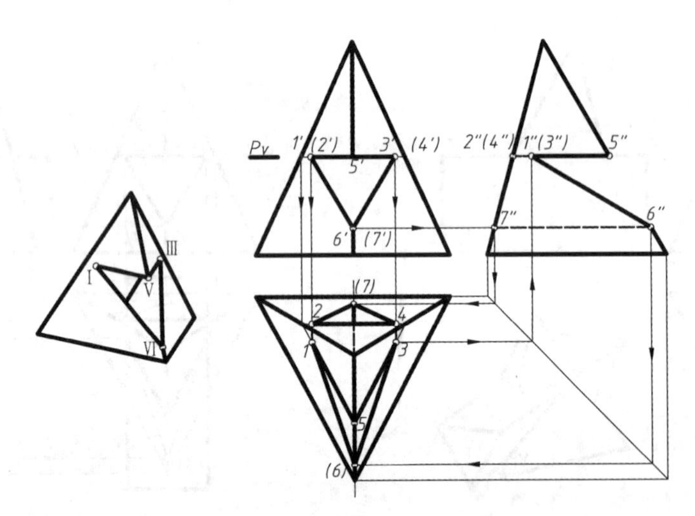

图3-27　三棱锥内穿三棱柱孔

二、平面立体和曲面立体相贯

平面立体与曲面立体相贯所得相贯线，一般是由几段平面曲线结合而成的空间曲线。相贯线上每段平面曲线都是平面立体的一个棱面与曲面立体的截交线，相邻两段平面曲线的交点是平面立体的一条棱线与曲面立体的交点。因此，求平面立体与曲面立体的相贯线，就是求平面与曲面立体的截交线和求直线与曲面立体的交点。

求平面立体与曲面立体相贯线的方法是：

（1）求出平面立体棱线与曲面立体的交点；

（2）求出平面立体的棱面与曲面立体的截交线；

（3）判别相贯线的可见性，判别方法与两平面立体相交时相贯线的可见性判别方法相同。

【例 3-18】 如图 3-28（a）所示，求四棱锥与圆柱的相贯线。

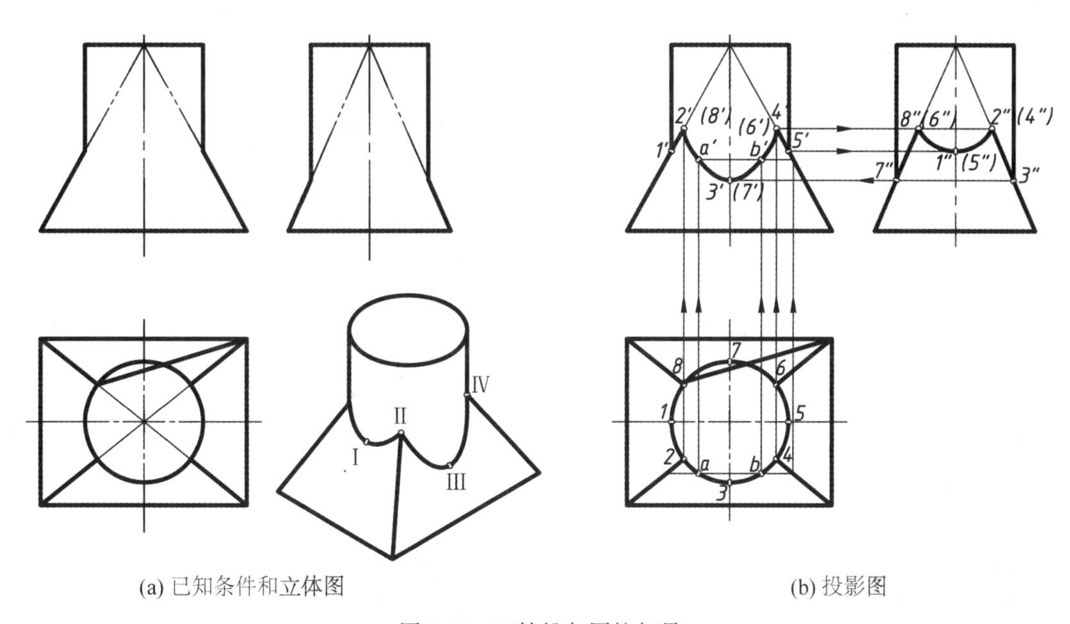

(a) 已知条件和立体图　　(b) 投影图

图 3-28　四棱锥与圆柱相贯

分析：由图可知，两相贯体左右、前后对称，相贯线也应左右、前后对称。又因圆柱的轴线过四棱锥的锥顶，所有相贯线是由棱锥的 4 个棱面截切圆柱面所得的四段椭圆弧组合而成。4 条棱线与圆柱面的 4 个交点就是这 4 段椭圆弧的分界点，这 4 个点的高度相同，为相贯线上的最高点。

由于圆柱的轴线垂直于 H 面，相贯线的水平投影就位于圆柱面的积聚投影上，故相贯线的水平投影已知。

四棱锥的左右两个棱面为正垂面，其正面投影积聚为直线段，相应的两段相贯线椭圆弧的正面投影也在该直线段上；同理，另两段相贯线椭圆弧的侧面投影，在四棱锥侧垂面的积聚投影上。

作图步骤如下（图 3-28（b））：

（1）求特殊点，包括 4 段椭圆弧分界点（每段椭圆弧的端点）、最高点、最低点、最前点、最后点等。最高点也是 4 段椭圆弧分界点，在 H 投影面中为 4 条棱线与圆柱面的交点 2、4、6、8，由此可求得正面投影 2′（8′）、4′（6′），侧面投影 2″（4″）、8″（6″）。在水平投影中圆的中心线与圆周相交的点 1、3、5、7 分别为各椭圆弧最低点的水平投影。在正面投影中 1′、5′两点为圆柱最左、最右轮廓线与棱面积聚投影的交点；侧面投影 1″（5″）重合在圆柱的轴线上。在侧面投影中 3″、7″为圆柱最前、最后轮廓线与前后棱面积聚投影的交点，正面投影 3′（7′）两点重合在圆柱的轴线上。Ⅲ、Ⅶ点还是相贯线上的最前、最后点，Ⅰ、Ⅴ点也是相贯线上最左、最右点。

（2）求一般点。在相贯线水平投影的适当位置上取一般点 a、b，这两点是圆柱面与棱锥面的共有点，利用棱锥表面定点的方法，即可求得 a'、b'，a''（b''）侧面投影在棱锥侧垂面积聚直线上，求不求不影响截交线的投影，所以可不求出。

（3）依次光滑连接各段相贯线上的点。由于两相贯体前后对称，相贯线也应前后对称，故在正面投影中只连接 $2'a'3'b'4'$ 段即可，而 $2'1'$（$8'$）段和 $4'5'$（$6'$）段与正垂面积聚投影重合。相贯线的侧面投影与正面投影具有相同的投影特性，求作的结果如图 3-28（b）所示。

【例 3-19】如图 3-29（a）所示，求三棱柱与圆锥的相贯线。

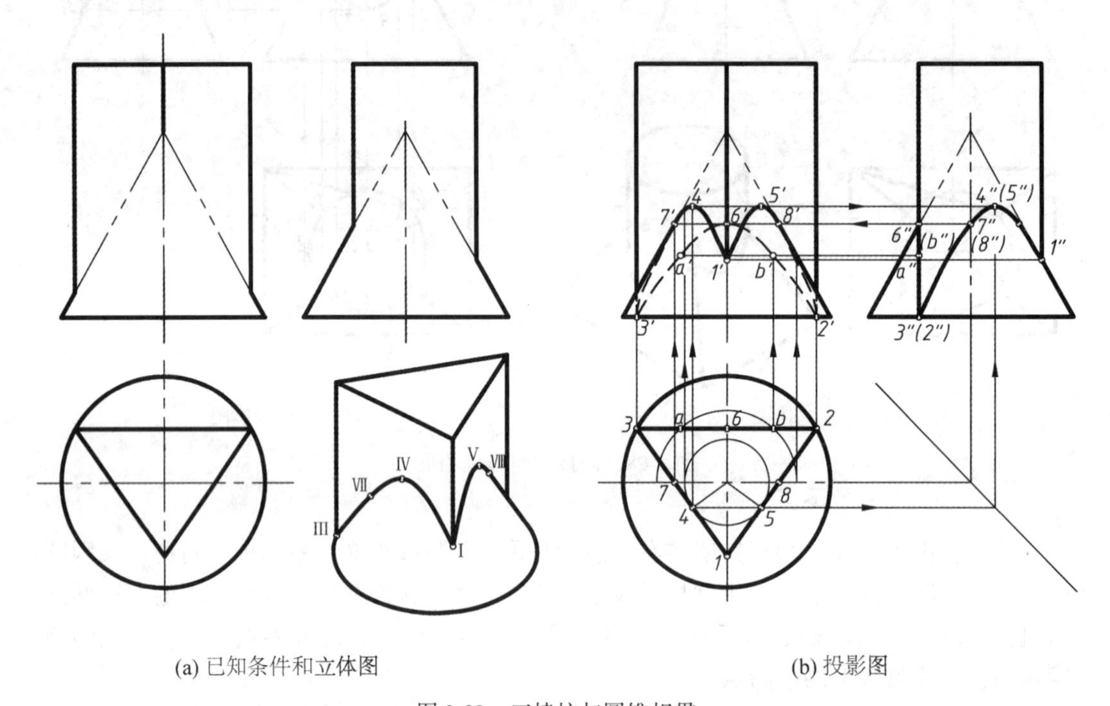

(a) 已知条件和立体图　　　　(b) 投影图

图 3-29　三棱柱与圆锥相贯

分析：由图可知，三棱柱与圆锥的相贯线是由三棱柱的 3 个棱面与圆锥面相交形成 3 条截交线组成，其空间形状均为双曲线。三棱柱的 3 条棱线与圆锥面的 3 个交点是这 3 段双曲线的分界点。

在投影图中，相贯线的水平投影重合在三棱柱棱面积聚投影上为已知，由于三棱柱的后面为正平面，故该面上的相贯线在正面投影中反映实形，侧面投影在后棱面的积聚投影上；另两个棱面上相贯线的正面投影左右对称，侧面投影重合。

作图步骤如下（图 3-29（b））：

（1）求特殊点。包括每段平面曲线的分界点（双曲线的端点）、最低点、最高点、圆锥轮廓线上的点。在 H 投影面中，结合点为三条棱线与圆锥面的交点 1、2、3。W 面投影中最前面的棱线与圆锥转向轮廓线的交点即为 $1''$，由此可得正面投影 $1'$；$2'$、$3'$ 和 $2''$、$3''$ 分别在圆锥底面在 V 和 W 面的积聚投影上。点Ⅰ也是相贯线上最前点；点Ⅱ、Ⅲ还是相贯线上的最左点、最右点，也是最低点。在水平投影过圆心作棱面积聚投影的垂线，垂足 4、5、6 点是三段相贯线的最高点。用纬圆法先求 4′、5′，然后利用“二补三”求 4″（5″）；在 *W* 面中后棱面积聚投影与圆锥轮廓线的交点为 6″，6′在正面圆锥轴线上。在水平投影中，圆锥水平中心线与三棱柱左右两个积聚平面的交点 7、8 为圆锥正面投影可见与不可见的分界点，其正面投影 7′、8′在圆锥左右转向轮廓线上，侧面投影 7″（8″）在圆锥的轴线上。

（2）求一般点。在水平投影中，作圆锥的截切纬圆与三棱柱积聚投影相交 a、b，纬圆的正面投影和侧面投影均为直线段，根据水平投影的交点即可求得正面投影 a'、b' 和侧面投影 a''（b''）（积聚在后棱面上）。

（3）依次光滑连接各点，并判断可见性。在正面投影中，前半个锥面和三棱柱的前两个棱面可见，因此相贯线上 7′、8′两点之前的相贯线为可见，用实线连接；7′、8′两点之后相贯线不可见，用虚线连接；由于相贯线左右对称，其侧面投影中可见与不可见部分重合。只画左半部分投影的相贯线即可，用实线连接。

（4）补画棱线、轮廓线到相应交点，补画时注意棱线的可见性。在 *V* 面上三棱柱左、右棱应补到 3′、2′，其中让圆锥遮挡部分看不见，画虚线；而前棱应补到 1′点，可见画实线。圆锥正面轮廓线应补到 7′、8′分界，可见画实线。在 *W* 面上三棱柱后面两棱应补到 3″（2″），前棱补到 1″；圆锥侧面轮廓线应补到 1″、6″点。

三、两曲面立体相贯

由于相贯两曲面立体的形状和相对位置的不同，相贯线的形式也有所不同。但任何两曲面立体的相贯线都具有以下基本特性：

（1）相贯线是两曲面立体表面的共有线，相贯线上的每一点都是两曲面立体表面的共有点；相贯线也是两曲面立体的分界线。

（2）两曲面立体的相贯线，一般情况下是空间封闭的曲线，特殊情况下可能是平面曲线（椭圆、圆等）或直线。

1. 两曲面立体相交的一般情况

既然相贯线是两曲面立体表面的共有线，那么求相贯线实质是求两曲面立体表面一系列共有点。求作两曲面立体相贯线的投影时，一般是先作出两曲面立体表面上一些共有点的投影，然后再按顺序光滑连接成相贯线的投影。

在求作相贯线上的点时，与作曲面立体截交线一样，应作出一些能控制相贯线范围和形状的特殊点，如曲面立体投影轮廓线上的点，相贯线上最高、最低、最左、最右、最前、最后点等，然后按需要再作相贯线上的一般点。在连线时，不可见的相贯线画虚线，可见性的判别原则是：只有同时位于两个立体可见表面上的相贯线才是可见的，否则不可见。最后将两曲面立体看成一个整体，按投影关系整理轮廓线，即完成全图。

当参与相交的两立体中，至少有一个立体表面的某一投影具有积聚性（如垂直于投影面的圆柱）时，相贯线的一个投影必积聚在这个有积聚性的投影上。可以用在曲面立体表面上取点的方法作出两曲面立体表面上的这些共有点的投影。具体作图时，先在圆柱面的积聚投影上，标出相贯线上的一些特殊点和一般点；然后把这些点看作是参与相交两曲面立体的共有点，用表面取点的方法，求出它们的其他投影；最后，把这些点的同面投影光滑地连接起来（可见线连成实线、不可见线连成虚线）。

【例 3-20】如图 3-30（a）所示，求轴线垂直相交的两圆柱的相贯线。

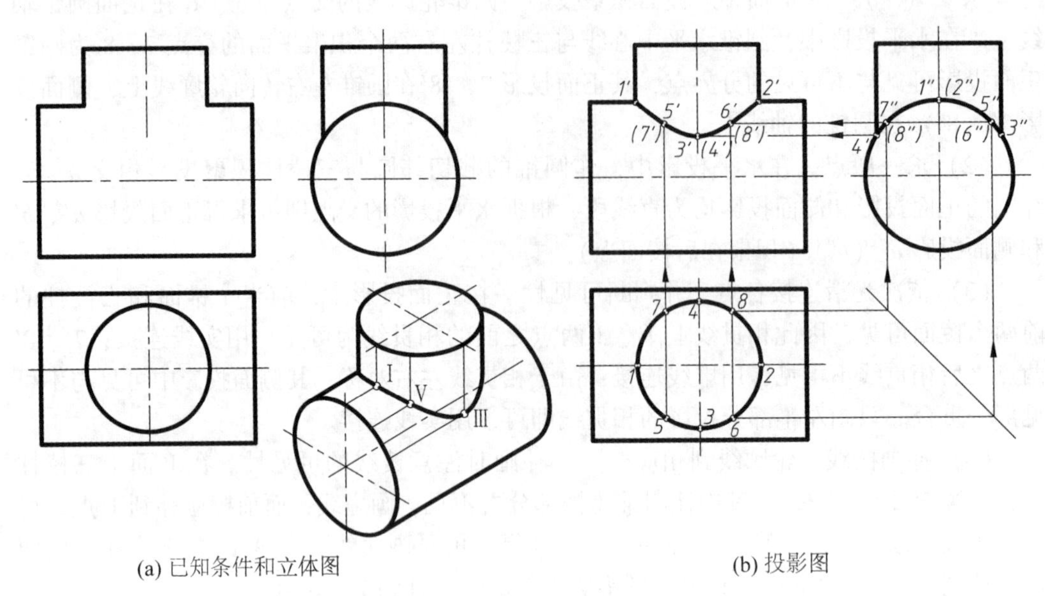

(a) 已知条件和立体图　　(b) 投影图

图 3-30　圆柱与圆柱相贯

分析：由于两圆柱轴线垂直相交，轴线为铅垂线的圆柱水平投影有积聚性，轴线为侧垂线的圆柱侧面投影有积聚性，相贯线的水平投影和侧面投影分别在这两个有积聚性圆的公共部分，因此，根据这两个投影即可求出相贯线的正面投影。因相贯线前后、左右对称，所以相贯线前后部分的正面投影重合。

作图步骤如下（图 3-30（b））：

（1）求特殊点。由于两圆柱轴线相交，且同时平行于正面，故两圆柱面的正面转向线位于同一正平面内。因此，它们的正面投影的交点 1′、2′就是相贯线上最高点（Ⅰ、Ⅱ分别也是最左、最右点）的投影；相贯线上最低点（也是最前、最后点）的正面投影 3′、4′可过侧面投影 3″、4″按投影关系求出。

（2）求一般点。在相贯线的水平投影任取一般点 5、6、7、8，求出相应的侧面投影 5″（6″），7″（8″），利用“二补三”求 5′（7′），6′（8′）。

（3）连曲线并判别可见性。将求出的各点按顺序 1′5′3′6′2′光滑地连接起来，由于相贯线前后对称、正面投影可见与不可见部分重合，故只画出实线即可。

两立体相贯可能是它们的外表面，也可能是内表面，在两圆柱相贯中，就会出现如图 3-31 所示的两外表面相交、外表面与内表面相交、两内表面相交的三种形式，但其相贯线的求法是完全相同的。

当相交两圆柱轴线的相对位置变动时，其相贯线的形状也发生变化。图 3-32 所示为两圆柱直径不变，而轴线的相对位置由正交变为交叉时相贯线的几种情况。

【例 3-21】如图 3-33（a）所示，求轴线正交的圆柱和圆锥的相贯线。

分析：圆柱与圆锥相交后的相贯线为一封闭的空间曲线，前后具有对称性。由于圆柱面的侧面投影有积聚性，所以相贯线的侧面投影与圆柱面的侧面投影（圆）重合，

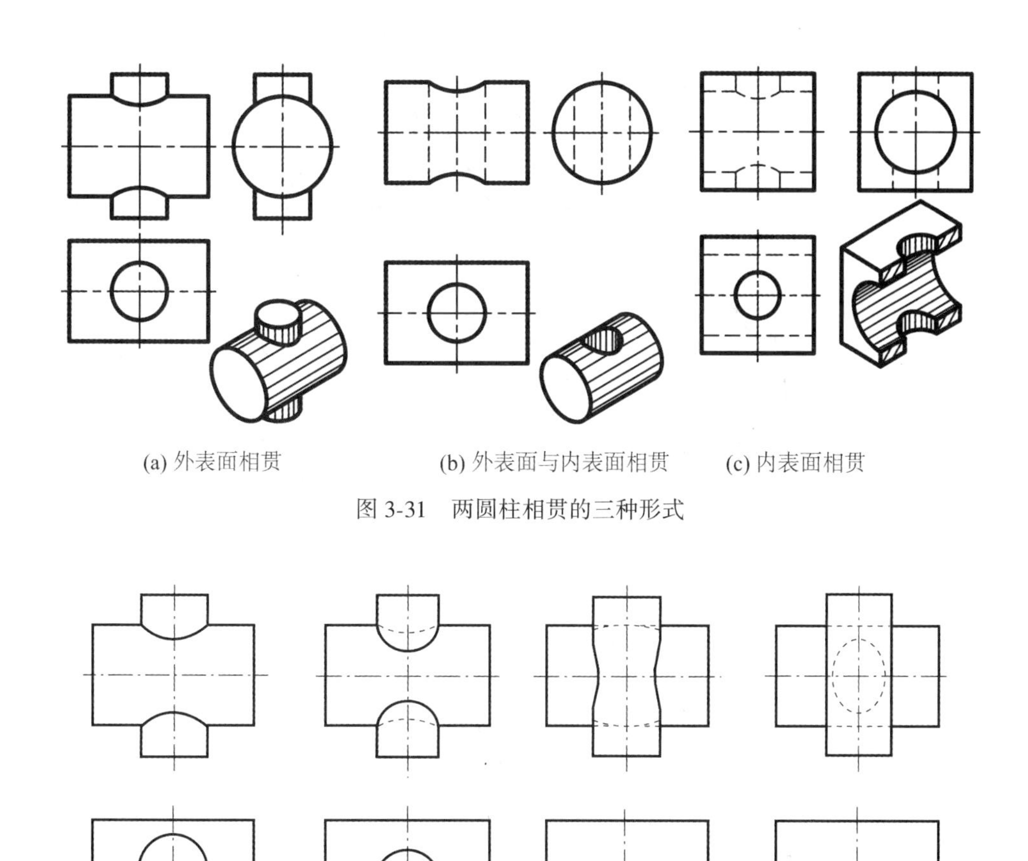

(a) 外表面相贯　　(b) 外表面与内表面相贯　　(c) 内表面相贯

图 3-31　两圆柱相贯的三种形式

(a)　　(b)　　(c)　　(d)

图 3-32　圆柱与圆柱轴线相对位置变动对相贯线的影响

为已知，所需求的是相贯线的正面投影和水平投影。

作图步骤如下（图 3-33（b））：

（1）求特殊点。全部圆柱参与相贯，其正面转向线和水平转向线上各有两个点为相贯线上的特殊点，分别是Ⅰ、Ⅱ、Ⅲ、Ⅳ，其侧面投影可直接标出 1″、2″、3″、4″。因为相贯线上的点是两曲面共有点，所以Ⅰ、Ⅱ、Ⅲ、Ⅳ点也在圆锥面上。其中Ⅰ、Ⅱ两点在圆锥的正面转向线上，在正面投影图中可直接求出 1′、2′，水平投影 1、2 在圆锥横向轴线上。Ⅲ、Ⅳ两点在锥面同一个纬圆上，根据纬圆法，先求水平投影 3、4，然后再求正面投影 3′、4′。

（2）求一般点。在Ⅰ、Ⅱ之间可求一系列一般点，在相贯线上取前后对称的两对点Ⅴ、Ⅵ和Ⅶ、Ⅷ。侧面投影 5″、6″是直接选的一般点，利用 5、6 在同一个水平纬圆的特点，先求水平投影，然后再求正面投影 5′、6′；同理，7″、8″两点也同在一个水平纬圆上，与Ⅴ、Ⅵ点的求法一样。

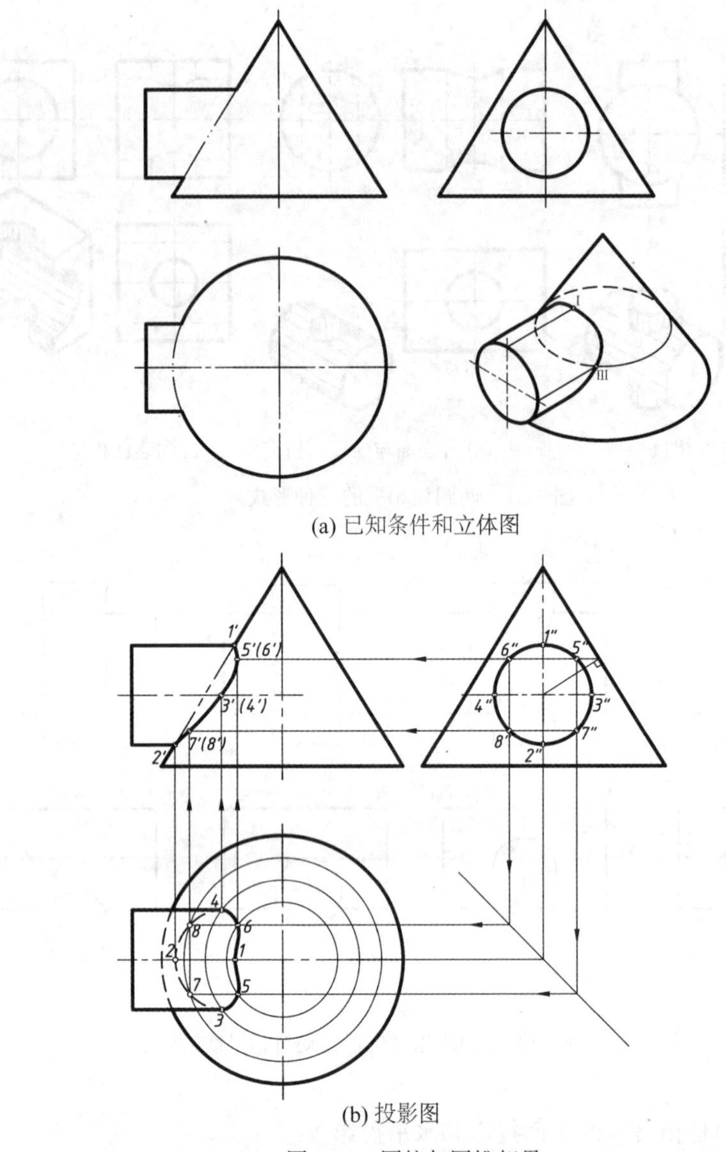

(a) 已知条件和立体图

(b) 投影图

图 3-33　圆柱与圆锥相贯

（3）依次光滑连线，并判别可见性。两相贯体前后对称，其相贯线的正面投影前后也是对称的，水平投影圆柱的下半部分不可见，以 3、4 为分界点，线 35164 为可见，连实线；线 37284 为不可见，连虚线。

（4）整理轮廓线。相贯体为一整体，将各转向线的投影画到相应交点的位置，如水平投影中圆柱的转向轮廓线应分别画到 3、4 点，可见画实线；圆锥底圆被圆柱遮挡部分应补画成虚线。正面投影中在圆柱正面转向线之间不应画圆锥正面转向轮廓线的投影，两体外轮廓线只画到 1′、2′处。

2. 两曲面立体相贯的特殊情况

在一般情况下，两曲面立体的相贯线是空间曲线。但是，在特殊情况下，两曲面立体的相贯线的投影可能是平面曲线或直线。下面介绍两种相贯线为平面曲线的特殊情况。

1）两回转体共轴

当两个共轴的回转体表面相贯时，其相贯线是一个垂直于轴线的圆。如图 3-34（a）是圆柱与圆锥共轴，图 3-34（b）是圆柱与半球共轴，其相贯线是垂直于轴线的圆，当轴线是铅垂线时，该圆的水平投影是与圆柱等径的圆，其正面投影和侧面投影均积聚为直线。图 3-34（c）是球与圆锥共轴，其相贯线也为水平圆，该圆正面投影积聚为直线，水平投影为圆（反映实形），因在下半球，所以为虚线圆。

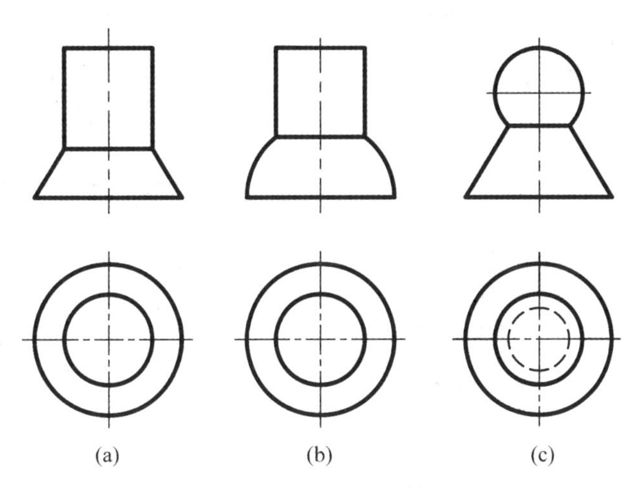

图 3-34　共轴的两回转体相贯

2）两回转体公切于一个球

当两个回转体公切于一个球面时，其相贯线是两个椭圆。

如图 3-35（a）所示为两直径相等的圆柱正交，它们公切于一个球面，其相贯线为两个大小相等的椭圆，椭圆的水平投影与积聚圆柱面的投影重合，正面投影为两圆柱最外轮廓线交点交叉相连的两条直线段。

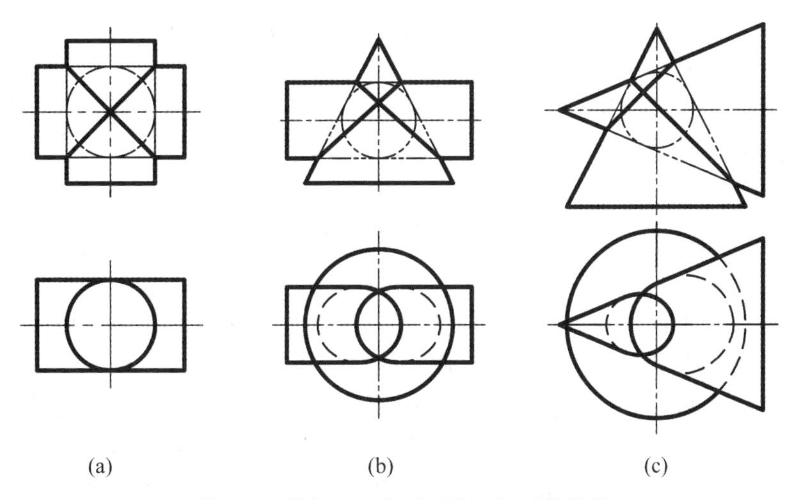

图 3-35　公切于一个球面的两回转体相贯

图 3-35（b）为轴线正交的圆柱与圆锥公切于一个球面，相贯线为两个大小相等的椭圆；图 3-35（c）为轴线正交的圆锥与圆锥公切于一个球面，相贯线为两个大小不等的椭圆。以上两种情况中，椭圆的水平投影仍为椭圆，而正面投影是参与相交的两曲面立体最外轮廓线交点交叉相连的两条直线段。

【例 3-22】 如图 3-36（a）所示，求圆管与半圆管的相贯线。

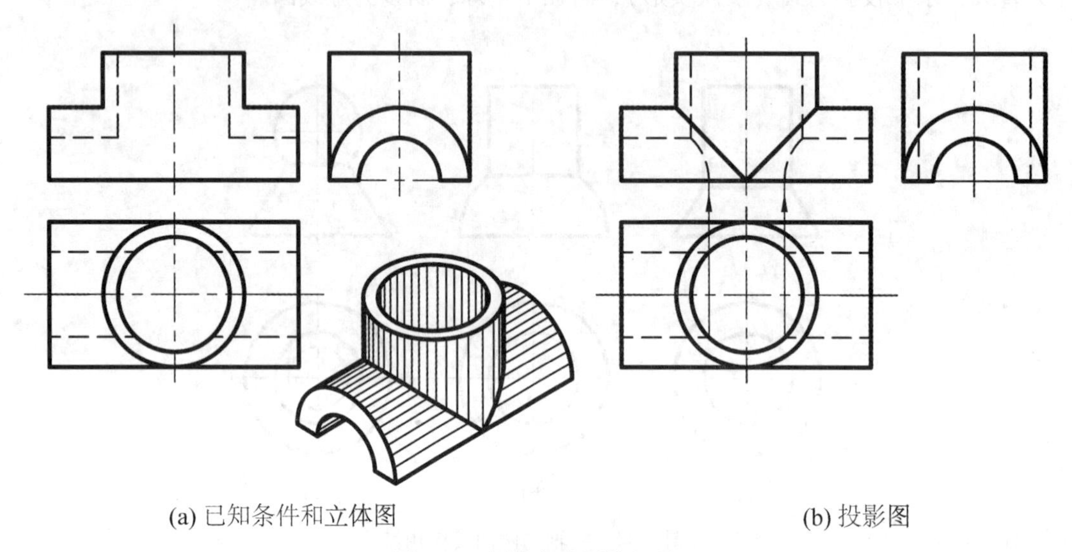

(a) 已知条件和立体图　　(b) 投影图

图 3-36　圆管与半圆管相贯

分析：由立体图可知，圆管与半圆管为正交，外表面与外表面相贯，内表面与内表面相贯。

外表面为两个直径相等的圆柱相贯，相贯线为两条平面曲线半个椭圆，它的水平投影积聚在大圆上，侧面投影积聚在半个大圆上，正面投影应为两段直线。

内表面的相贯线为两段空间曲线，水平投影积聚在小圆的两段圆弧上，侧面投影积聚在半个小圆上，正面投影应为曲线，没有积聚性，应按两曲面立体一般情况相交求得相贯线。

作图步骤如图 3-36（b）所示，按上述分析及投影关系，分别求出内、外交线的投影，即为相贯线的投影。

本 章 小 结

基本几何体分平面立体、曲立面体两类。常见平面体有棱柱体、棱锥体、棱台体等。常见的曲面体有圆柱体、圆锥体、圆台体、球体等。

学习基本几何体投影是学习建筑形体投影的基础。要理解基本几何体投影图中每条线和每个线框的空间意义。在基本几何体表面取点、取线作图时，必须分析其所在的空间位置和投影可见性，然后选用相应方法作图。平面立体的作图方法有积聚投影法、辅助线法，曲立面体的作图方法有素线法和纬圆法。

立体的截交线由截平面截割形体而得。截交线一般是封闭的，截交线围成的平面称为截面。被平面截割后的形体称为截断体。

要求平面立体的截交线，应先求出平面立体各棱线与截平面的交点（注意截平面所处的位置），然后将位于平面体同一侧上的两点用直线段连接起来，即为所求得的截交线。位于形体可见表面的截交线可见。

曲面立体截交线应重点理解圆柱体、圆锥体、球体被平面所截的截交线的空间类型和作图原理，会用素线法或纬圆法求解截交线，作曲面体截交线时，应注意特殊点（截交线上最高、最低、最左、最右、最上、最下和转向线上的点）的求作，为了提高作图精度，还需作相应的中间点，描点连线后注意可见性的判断。

两立体的相交称为相贯。相贯线是两立体表面的共有线。两平面立体的相贯线一般为空间折线，特殊情况为平面折线。平面立体和曲面立体相贯的相贯线一般是由若干平面曲线或平面曲线和直线组成。两曲面立相贯的相贯线一般是封闭的空间曲线，特殊情况下是封闭的平面曲线，求出相贯线后应注意可见性的判断。求解相贯线的方法有辅助线法、积聚性法、辅助平面法等。

复习思考题

1. 如何在平面立体表面上定点，并判别其可见性？

2. 在铅垂圆柱面最右轮廓素线上的点，其侧面投影位于何处？是否可见？

3. 用素线法在圆锥面上取点时，所作的辅助素线是否一定要通过锥顶？为什么？

4. 球面上有一点，其水平投影与圆心重合，且不可见，试问：该点的正面和侧面投影位于何处？

5. 曲面立体表面上的线段，其某一投影反映为直线的含义是什么？

6. 求作曲面立体截交线的投影时，必须先求出截交线上的哪些点？

7. 求两平面立体相贯线时，求得表面共有点之后，如何连线？

8. 求两平面立体与曲面立体的相贯线，和求曲面立体的截交线有什么不同？

9. 求两立体的相贯线时，什么样的点称为特殊点？为什么一定要求出这些点？

10. 求两曲面立体相贯线时，选择辅助平面的原则是什么？

11. 如何判别两立体相贯线投影的可见性，它与判别立体表面上点、线的可见性有什么不同？

第四章　曲线、曲面及立体表面展开

◎自学时数

4 学时

◎教师导学

通过本章的学习，使读者对曲线、曲面及立体表面展开涉及的内容有个整体的概念，在辅导学生学习时，应注意以下几点：

(1) 应让学生掌握曲线、曲面投影及立体表面展开的基本作法。

(2) 在掌握基本作法的基础上，了解曲线、曲面及立体表面展开在建筑设计中的应用；掌握曲线和曲面合理组合运用的方法；而立体表面展开，在生产中，经常用到各种薄板制件的下料上，不同形状的立体，其展开的方式方法也不同。在这一章中，将介绍工程上常见的曲线、曲面的形成及投影和常用薄板制件的表面展开方法。为学生学习后续章节奠定基础。

(3) 本章的重点是掌握圆柱螺旋面、单叶回转双曲面、双曲抛物面的投影特性及其画法；掌握平面立体表面、圆柱面和圆锥面展开图的画法。

(4) 本章的难点是管接头展开图的画法。

(5) 通过本章的学习，学生应对曲线、曲面及立体表面展开所涉及的内容有个整体的概念。

第一节　曲线与曲面

一、曲线

1. 曲线的形成

曲线可以看成由以下三种方式形成：

(1) 一个动点连续运动所形成的轨迹，如图 4-1 (a) 所示。

(2) 直线族或曲线族的包络线，如图 4-1 (b)、(c) 所示。

(3) 平面与曲面或两曲面相交的交线，如图 4-1 (d) 所示。

2. 曲线的分类

(1) 按点的运动有无规律，曲线可分为规则曲线和不规则曲线。

(2) 按曲线上点的分布可分为平面曲线和空间曲线两类。曲线上所有点都在同一平面上的曲线称为平面曲线。曲线上任一连续四个点不在同一平面上的曲线称为空间曲线。

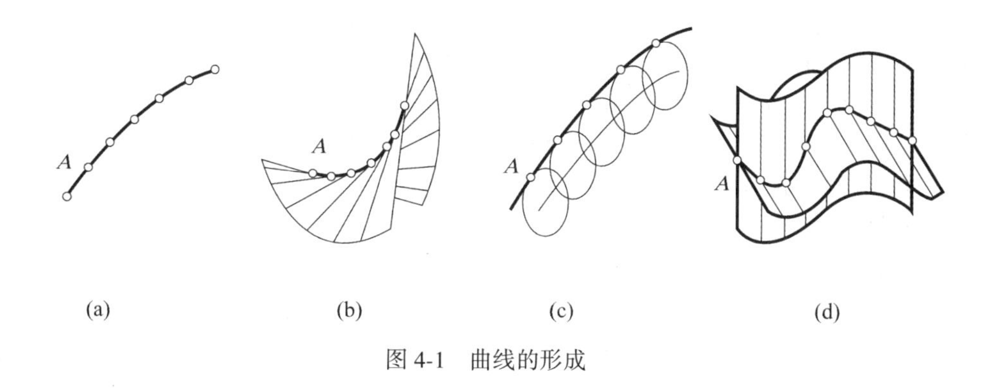

图 4-1　曲线的形成

3. 曲线的投影特性及其画法

由于曲线可以看成是由点运动而形成的，所以，按照曲线形成的方法，依次求出曲线上一系列点的各面投影，然后把各点的同面投影顺次光滑连接，即得该曲线的投影。但为了准确绘制曲线的投影，一般应先画出控制曲线形状的特殊点（如极限位置点、分界点等），然后画出中间的一般点，最后按顺次光滑连接，如图 4-2 所示。

根据曲线的投影，可得到曲线的投影特性：

（1）曲线的投影一般仍为曲线。

（2）当平面曲线所在平面平行于投影面时，曲线在该投影面上的投影反映实形。

（3）当平面曲线所在平面垂直于投影面时，曲线在该投影面上的投影积聚成直线。

（4）曲线上的点，其投影一定在曲线的各同面投影上。

（5）当直线与曲线相切时，它们的同面投影仍相切，其切点是原切点的投影。

（6）代数曲线的投影，其次数一般不变。如二次曲线的投影一般仍为二次曲线，圆和椭圆的投影一般仍为椭圆。

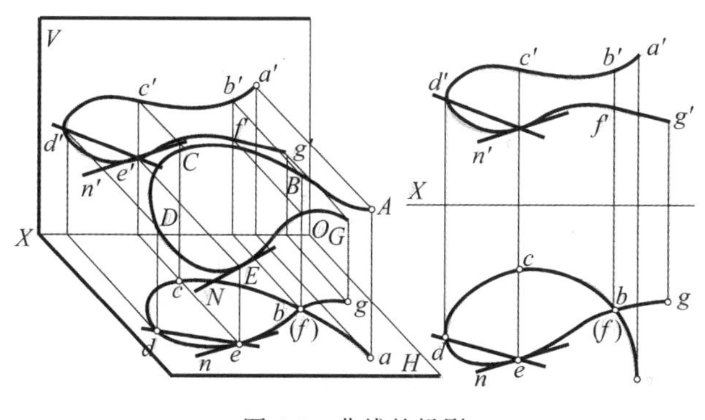

图 4-2　曲线的投影

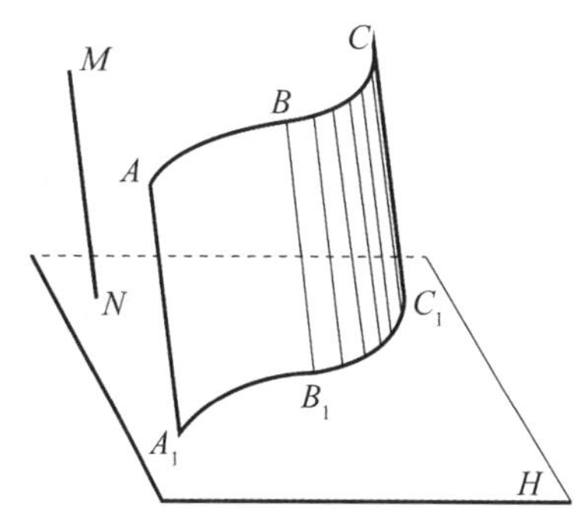

图 4-3　曲面的形成

二、曲面

1. 曲面的形成和分类

曲面可以看成是一条线（直线或曲线）在空间作有规律或无规律的连续运动所形

成的轨迹，或者说曲面是运动线所有位置的集合。运动的线按一定的规律运动所形成的曲面，称为规则曲面，运动的线做无规律的运动所形成的曲面，称为不规则曲面。运动的线称为母线，而曲面上任一位置的母线称为素线，约束母线运动规律的点、线、面分别称为导点、导线和导面。本章主要研究规则曲面。如图 4-3 所示曲面，是由直母线 AA_1 沿着曲导线 ABC 运动且在运动中始终平行于直导线 MN 所形成的。

规则曲面的分类：

（1）根据母线的形状，曲面可分为直纹曲面和非直纹曲面。凡由直线作为母线形成的曲面，称为直纹曲面（或直线面）；而只能由曲线为母线形成的曲面，则称为曲线面。

（2）根据母线运动时有无旋转轴，曲面可分为回转面和非回转面。凡由母线绕轴线旋转而形成的曲面，称为回转面；而不能由母线旋转而形成的曲面，则称为非回转面。

（3）根据曲面能否展开成平面，曲面可分为可展曲面和不可展曲面。凡可以展开成平面的曲面，称为可展曲面；凡不可以展开成平面的曲面，称为不可展曲面。

2. 曲面的投影画法

只要作出能够确定曲面几何要素的必要投影，就可确定一个曲面，因为母线和导元素给定后，形成的曲面将唯一确定。所以，表达曲面一般应画出曲面边界的投影和曲面外形轮廓线的投影，对于复杂的曲面，需画出一系列素线的投影。

曲面的轮廓线就是在正投影条件下，包络已知曲面的投射柱面与曲面的切线，当曲面轮廓线与曲面的某些位置的素线重合时，这些母线称为界限素线，曲面的轮廓线对不同投影面各不相同。

第二节　工程中常见曲线和曲面

一、圆柱螺旋线

1. 圆柱螺旋线的形成

一点沿圆柱面直母线作等速直线运动，同时该母线又绕圆柱面轴线作等速回转运动，则该点在空间的运动轨迹即为圆柱螺旋线。圆柱螺旋线有三要素：

（1）圆柱直径 d，如图 4-4（a）所示。

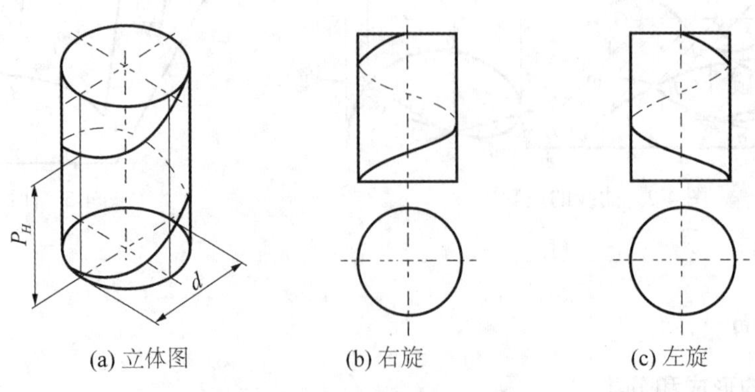

(a) 立体图　　(b) 右旋　　(c) 左旋

图 4-4　圆柱螺旋线的三要素

（2）导程 P_H，当动点所在圆柱直母线旋转一周时，点沿该母线移动的距离称为螺旋线的导程，如图 4-4（a）所示。

（3）旋向分为右旋、左旋两种。右螺旋线的动点运动遵循右手定则，如图 4-4（b）所示，可见部分右边高；左螺旋线的动点运动遵循左手定则，如图 4-4（c）所示，可见部分左边高。

2. 圆柱螺旋线的投影

圆柱螺旋线的直径、导程、旋向是决定其形状的基本要素。根据圆柱螺旋线的这些要素和点的运动规律，即可画出它的投影。

设圆柱螺旋线的轴线垂直于 H 面，作直径为 D、导程为 S 的右螺旋线两面投影，其步骤如下：

（1）作一轴线垂直于 H 面、直径为 D，高度为 S 的圆柱两面投影，如图 4-5（a）所示。

（2）将水平投影圆周和导程分为相同的等份（通常分为 12 等份），如图 4-5（b）所示。

（3）由圆周上各等分点向上作垂直线，与由导程上相应的各等分点所作的水平直线相交，得螺旋线上各点的 V 面投影 1′，2′，3′，…，如图 4-5（c）所示。

（4）依次平滑地连接各点，即得到圆柱螺旋线的正面投影——正弦曲线。其水平投影重合在圆周上，如图 4-5（c）所示。

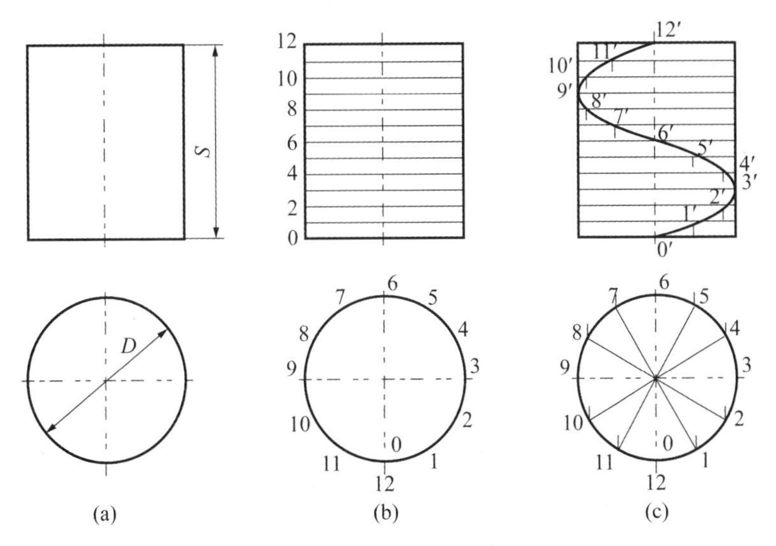

图 4-5　圆柱螺旋线的投影

二、正螺旋面

1. 正螺旋面的形成

一直母线以一条圆柱螺旋线及其轴线为导线，并始终平行于轴线垂直的导平面形成的曲面，称为正螺旋面。若按一定规律运动，所形成的曲面称为圆柱螺旋面，如图 4-6

所示。正螺旋面属于锥状面，是不可展的直线面。

2. 正螺旋面的投影

为了更清楚地表示正螺旋面，画其投影图时，除了画出导线的投影外，一般还需画出一系列素线的投影，因正螺旋面轴线垂直于 H 面，故所有素线都是水平线，如图 4-7 所示。

注意：正螺旋面的旋向与它的边缘螺旋线的旋向相同。右旋正螺旋面的 V 投影，轴线右侧表示的是正螺旋面的顶面，轴线左侧表示的是正螺旋面的底面。

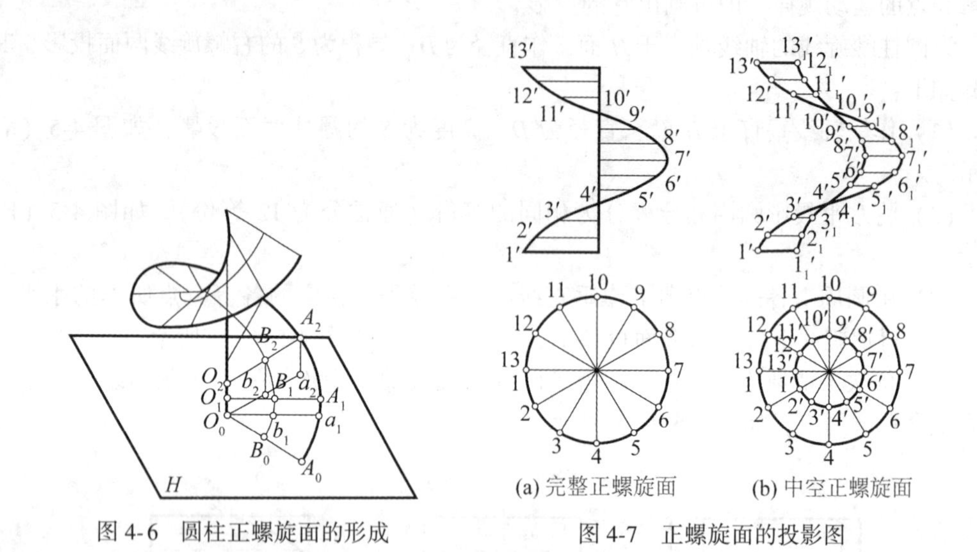

(a) 完整正螺旋面　(b) 中空正螺旋面

图 4-6　圆柱正螺旋面的形成　　图 4-7　正螺旋面的投影图

3. 正螺旋面的应用实例

正螺旋面在工程上应用十分广泛，如螺旋楼梯、螺旋楼梯扶手等。

【例 4-1】 已知螺旋楼梯的内、外导圆柱的半径分别为 r、R，导程 P_h，旋向为右旋，步级数为 12，每步高为 $P_h/12$，梯板竖向厚度为 δ，完成螺旋楼梯的投影。

作图步骤如下：

（1）根据内外圆柱的半径、导程的大小，以及梯级数，画出螺旋面的两面投影，如图 4-8（a）所示。为简化作图，假设沿螺旋梯走一圈有 12 级，一圈高度就是该螺旋面的导程，螺旋梯内外侧到轴线的距离，分别是内外圆柱的半径；把螺旋面的 H 投影分为 12 等份，每一等份就是螺旋梯上一个踏面 H 投影。螺旋梯踢面的 H 投影，积聚在两踏面的分界线上，如图中（2_1）1_1、2_2（1_2）和（4_1）3_1、4_2（3_2）等。螺旋梯的 H 面的投影，如图 4-8（a）所示。

（2）画出各踏面和踢面的 V 面投影。第一踢面 $1_1'2_1'2_2'1_2'$ 的 H 面投影积聚成一水平线段（1_1）2_12_2（1_2），踢面的底线 1_11_2 是螺旋面的一根素线，求出它的 V 投影 $1_1'1_2'$ 后，过两端点分别画一竖直线，截取一级的高度，得点 $2_1'$、$2_2'$，连线得矩形 $1_1'2_1'2_2'1_2'$，就是第一级踢面的 V 投影。以此类推，可作出其他踢面的 V 面投影，矩形的上边线是同级踏面的 V 面投影，作图时同时判别可见性，虚线省略不画，如图 4-8（b）、（c）所示。

螺旋楼梯可见性的判别：旋楼梯在 V 面投影中，前半的外侧面可见，后半的内侧面可见。右旋时，轴线右侧的踢面可见，轴线左侧的底面（正螺旋面）可见；左旋时，则轴线左侧的踢面可见，轴线右侧的底面（正螺旋面）可见。

（3）画出螺旋楼梯板底面的投影。画梯板底面的 V 投影，可对应于梯级螺旋面上的各点，向下截取相同的高度，求出底板螺旋面相应各点的 V 投影。比如第七级踢面底线的两端点是 M_1 和 M_2。从它们的 V 面投影 m_1' 和 m_2' 向下截取梯板沿竖直方向的厚度，得 n_1' 和 n_2'，即所求梯板底面上与 M_1、M_2 相对应的两点 N_1、N_2 的 V 面投影。同法求出其他各点后，用圆滑曲线连接，即为梯板底面的 V 面投影。

（4）检查。擦去作图辅助线，描深、连接踏步侧面，完成全图，如图 4-8（d）所示。其应用如图 4-8（e）所示。

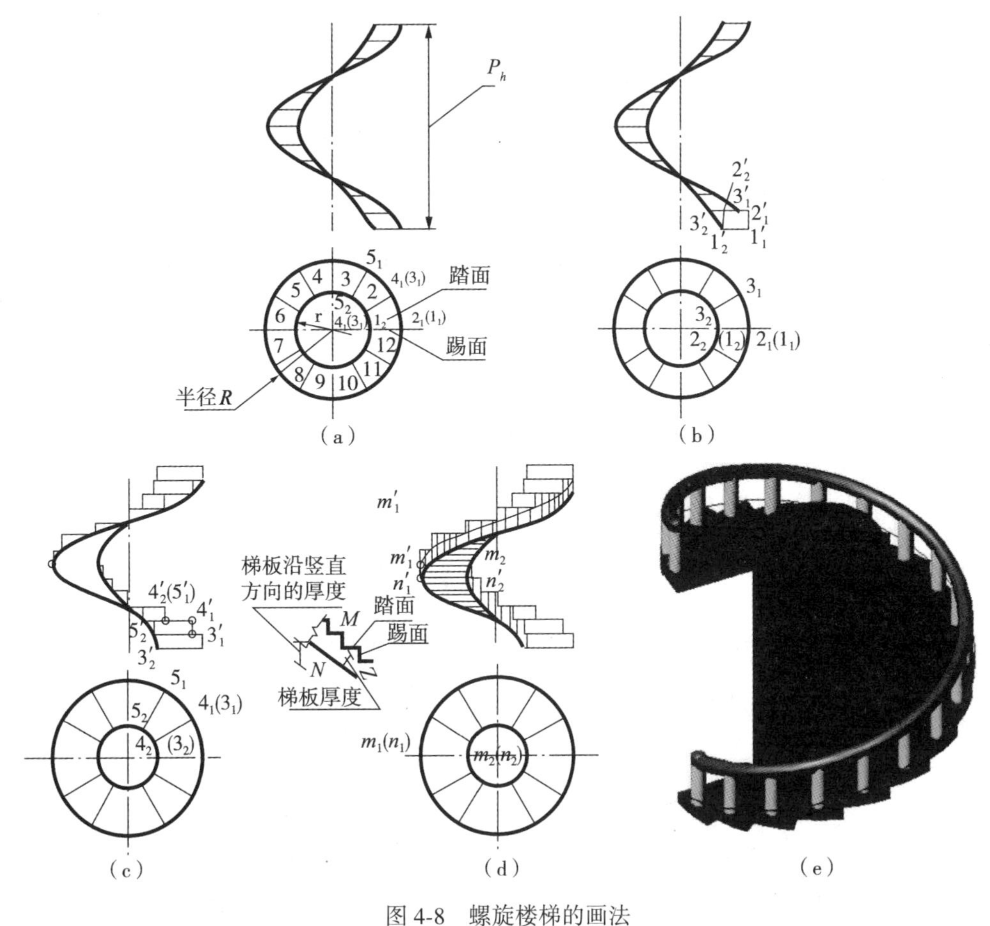

图 4-8　螺旋楼梯的画法

三、双曲抛物面

1. 双曲抛物面的形成

一直母线沿着两条交叉的直导线运动，并始终平行于一导平面所形成的曲面，称为双曲抛物面，如图 4-9 所示，两交叉直线 AB 和 CD 为导线，铅垂面 P 为导平面。直母线 AC 沿着交叉直导线 AB 和 CD 移动，并始终平行于铅垂导平面 P。AC 线的轨迹，即为双曲抛物面。双曲抛物面的相邻两素线为交叉直线，所以是不可展曲面。

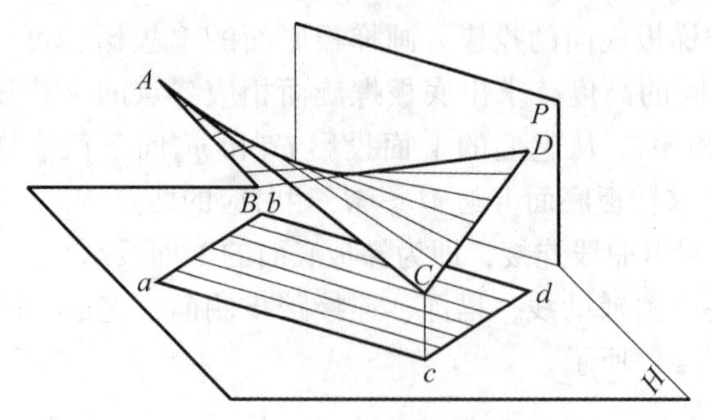

图 4-9　双曲抛物面的形成

2. 双曲抛物面的投影

如图 4-10 所示，如果给出两交叉直导线 AB、CD 及导平面 P，只要画出一系列素线的投影，即可完成双曲抛物面的投影图。作图方法如下：

（1）将交叉直导线之一 ab 分成若干等份（例如 5 等份）。

（2）过 ab 上的各等分点作导平面 P_H 的平行线，求出 cd 线上对应各等分点的位置。

（3）求出 ab 和 cd 线上各等分点在 V 面的投影，连接各对应点，并判别可见性，即完成各素线的投影。

（4）作出各素线正面投影的包络线。

如图 4-10 所示，还给出了双曲抛物面在屋面和河岸过渡曲面的应用示例图。

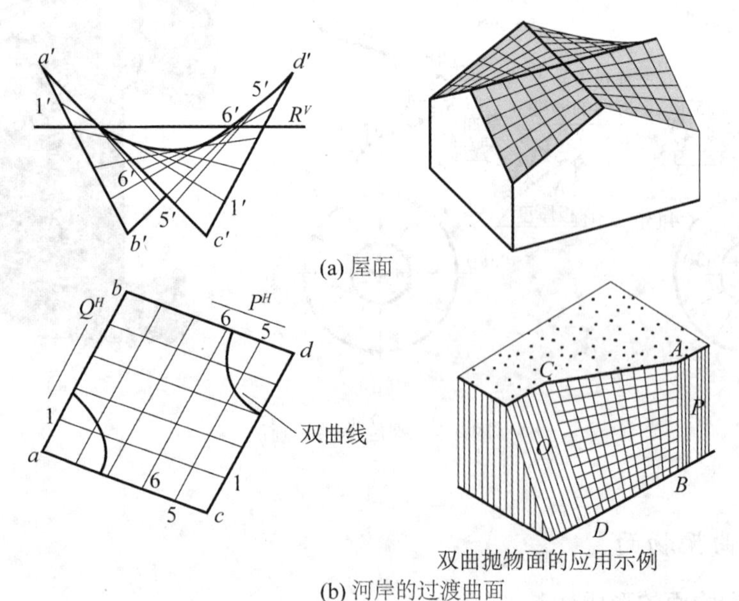

图 4-10　双曲抛物面的投影

四、单叶双曲回转面

1. 单叶双曲回转面的形成

一直母线围绕与之交叉的轴线作回转运动，即形成一单叶双曲回转面，如图 4-11 所示。单叶双曲回转面的相邻两素线为交叉直线，所以是不可展曲面。

2. 单叶双曲回转面的投影

（1）画出回转轴线和直母线的两面投影。

（2）作出轮廓线顶圆和底圆的投影。

（3）作出若干素线及外视转向线的投影。

如图 4-12 所示，是单叶双曲回转面上两族数量相同的素线组成的水塔支架和热电场水塔实用图。

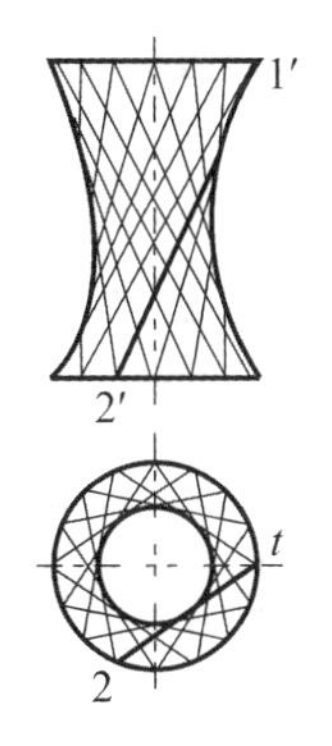

图 4-11　单叶双曲回转面的形成及投影图

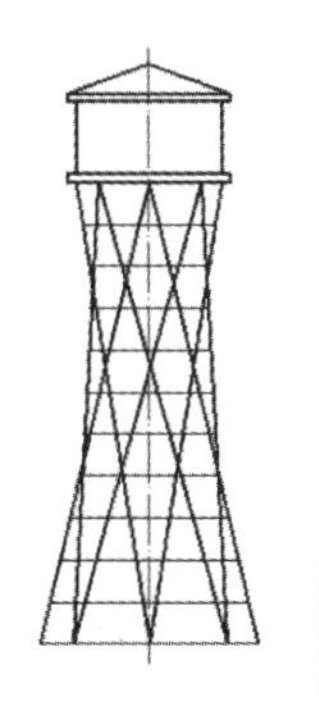

图 4-12　水塔支架和热电场水塔

第三节　立体表面展开

立体表面可看成由若干小块平面组成，把表面沿适当位置裁开，按每小块平面的实际形状和大小，无褶皱地摊开在同一平面上，称为立体表面展开，如图 4-13 所示。

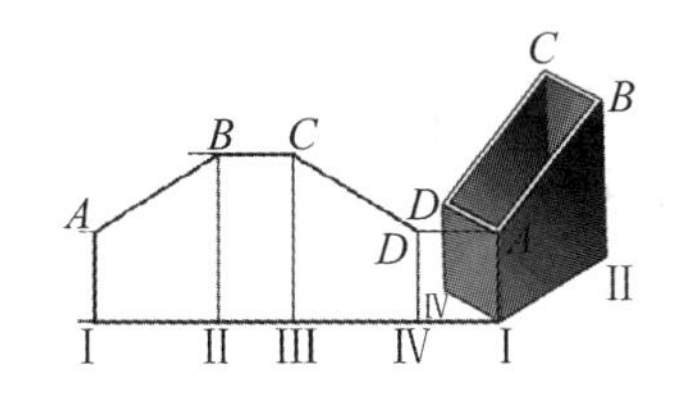

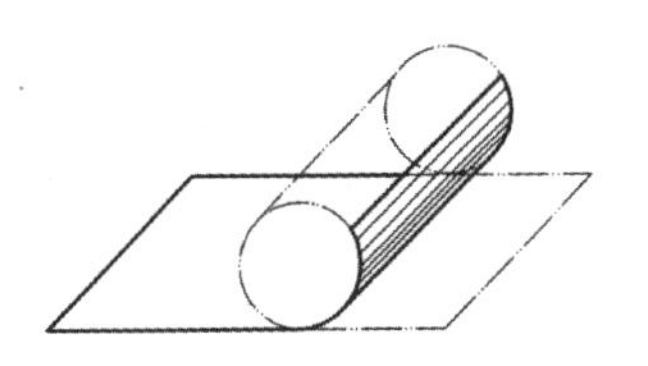

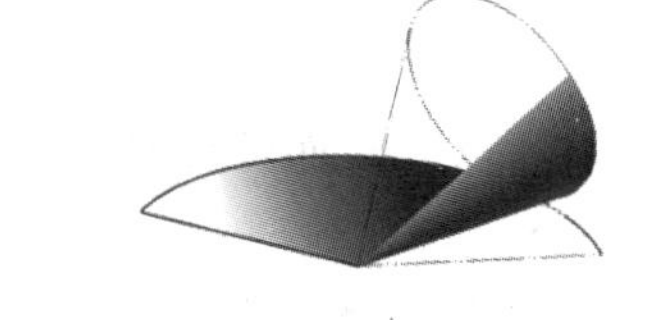

图 4-13　立体表面展开

立体表面分为可展开和不可展开两种。多面体的表面都为可展面。曲面体中只有柱面、锥面和切线面为可展曲面，因为这些曲面上相邻素线平行或相交，可以构成小块平面。对于不可展曲面，工程实际中，一般把它们近似为相应的可展曲面，进行近似展开。

一、多面体的表面展开

多面体的表面由若干多边形平面组成。如图 4-14（a）所示的料斗，上部有棱锥体表面，下部为棱柱体表面。棱锥和棱柱的表面由矩形和梯形组成。因此，要作出多面体表面的展开图，只要作出属于多面体表面的所有多边形的实形，并依次把它们画在同一平面上。

1. 棱柱的展开

棱柱的各棱线互相平行，若用一个垂直于棱线的正截面截棱柱，则沿截交线展开后，截交线成为一直线，且展开后的各棱线垂于该直线。棱柱表面展开，一般利用这种正截面方法进行。

【例 4-2】 如图 4-14（b）所示，已知料斗下部出料管的投影图，试作其表面展开图。

作图步骤如下：

（1）将顶部正截面的截交线展开成一水平线。可作出料管上部棱柱表面的展开图。

（2）过出料管边线 *AB* 作棱柱的正截面，在展开图中作水平线 *RBAKR*，将其上各点正面投影中的长度量取到相应的竖直线上，连点即得展开图。如图 4-14（c）所示。

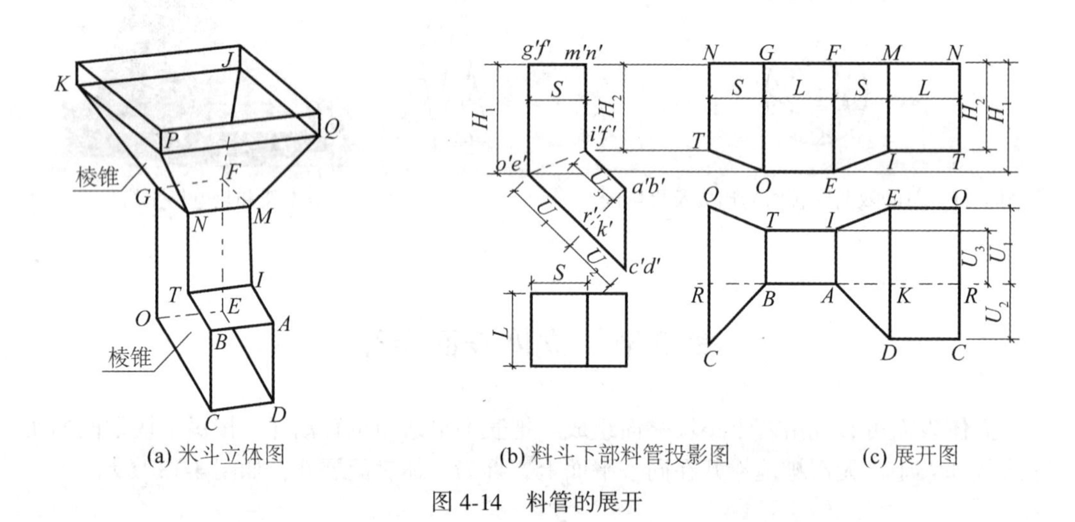

(a) 米斗立体图　　(b) 料斗下部料管投影图　　(c) 展开图

图 4-14　料管的展开

从以上的展开图可看出，这样展开所得到的上、下两部分棱柱表面的展开图可以拼画在一起，从而可节省板料，而且上、下两部分连接处的展开折线在安装时能准确地拼合在一起。

2. 棱锥的展开

棱锥的侧表面都是三角形，只要求出各棱线和底边的实长，依次画出各棱面（三角形）的实形，即为展开图。

【例 4-3】 如图 4-15（a）所示，已知三棱锥 *S-ABC* 切割体的投影图，截交线为 *DEF*，试作出其展开图。

已知三棱锥的底面为水平面，所以水平投影反映各条底边的实长。各棱边实长可以

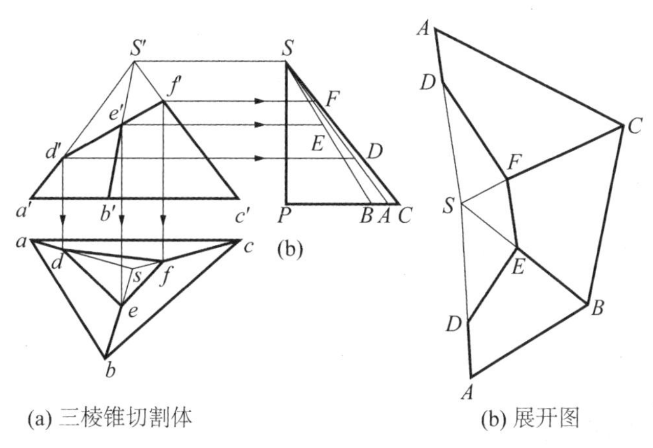

(a) 三棱锥切割体　　(b) 展开图

图 4-15　棱锥切割体的展开

利用直角三角形法作得。依次拼画各棱面的实形在一起，即得截头三棱锥的展开图。作图过程如图 4-15（b）所示。

【例 4-4】 如图 4-16（a）所示，已知料斗进口投影图，试作其表面展开图。

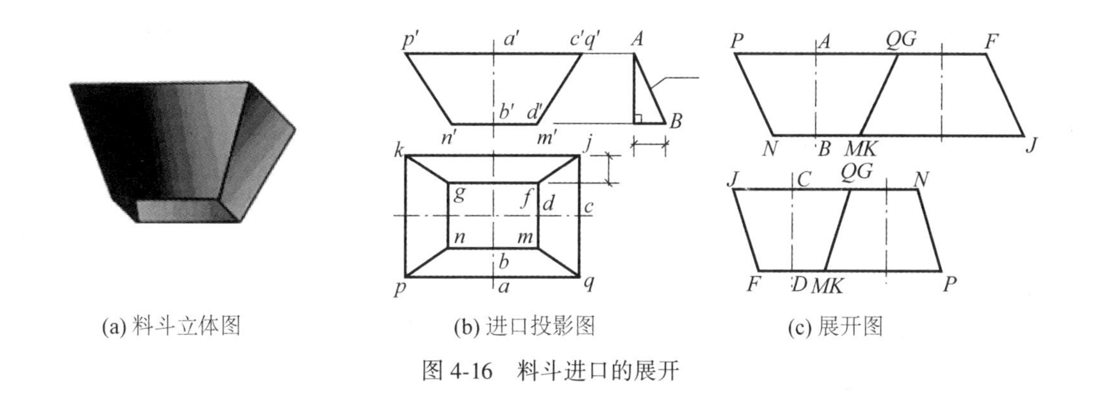

(a) 料斗立体图　　(b) 进口投影图　　(c) 展开图

图 4-16　料斗进口的展开

分析：已知四棱台表面有两个互相垂直的对称面，若以对称线为基准进行展开，有利于作图。

作图步骤如下：首先作前、后两个长边棱面的实形，然后作左、右两个短边棱面的实形，拼画在一起，即可得四棱台棱面的展开图。作图过程如图 4-16（b）所示。

二、可展曲面的展开

1. 柱面的展开

柱面可以看成棱线无限增多的棱柱面，因而其展开方法与棱柱面类似。这里主要讨论圆柱面的展开。

【例 4-5】 如图 4-17（a）所示，已知直径为 D 的圆柱切割体投影图，试作圆柱面的展开图。

分析：已知圆柱底面为水平面，且为柱的正截面。将圆柱底圆展开成一条水平线

(长度为圆的周长 πD)，将其与正面投影对齐。将圆柱底圆及其展开线作相同的等分，过各等分点作柱面素线的正面投影。用光滑曲线连接各点，得到截交线的展开曲线，即得截切圆柱面的展开图。如图 4-17（b）所示。

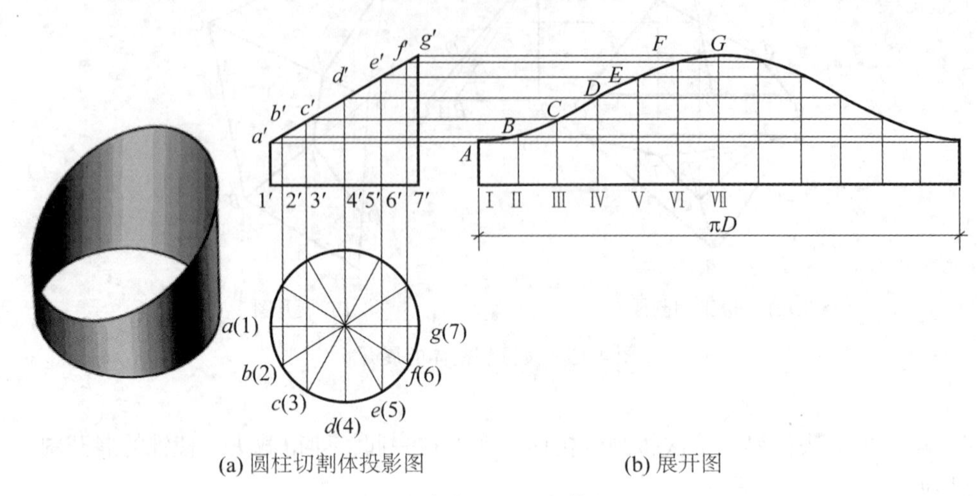

(a) 圆柱切割体投影图　　(b) 展开图

图 4-17　斜切圆柱切割体的展开

【例 4-6】如图 4-18（a）所示，已知由四节圆柱面管节组成的直角弯管的投影图，管径为 d，试作其表面展开图。

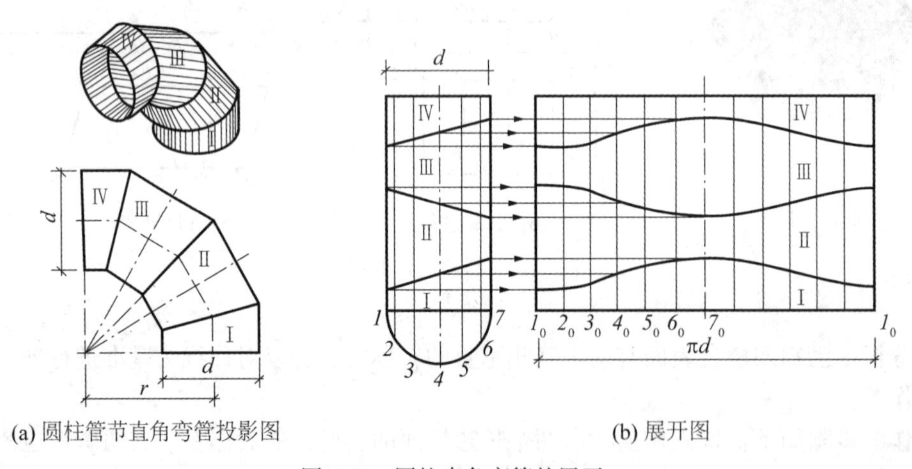

(a) 圆柱管节直角弯管投影图　　(b) 展开图

图 4-18　圆柱直角弯管的展开

分析：柱底弯管两端的管节Ⅰ和Ⅳ相同，中间的管节Ⅱ和Ⅲ相同，而且端部管节恰为中间管节的一半。如果把管节Ⅱ和Ⅳ分别绕它们各自的轴线转 180°，则可与管节Ⅰ和Ⅲ组成一个直圆柱面管，这样，对于每一个管节都可以按截切圆柱面展开的方法作展开图。其作图过程如图 4-18（b）所示。其各管节的展开图可拼合成一个矩形，可以充分利用板料。

【例 4-7】如图 4-19 所示，已知圆柱面叉管的投影图，主管直径为 D_1，支管直径为

d_1，试作其展开图。

作图步骤如下：

（1）作叉管的相贯线，通过作支管圆柱面端部的辅助半圆，得出相贯线上的点。

（2）作支管展开图。为了便于作图，将支管正截面（圆）展开成长度为 πd_1 的直线，使此直线位于支管端部底圆正面投影的延长线上，这样，就可按截切圆柱面展开的方法作出支管柱面展开图。

（3）作主管展开图。为了便于作图，将主管正截面（底圆）展开成长度为 πD_1 的直线，使其位于主管底圆正面投影的延长线上。作图过程如图 4-19 所示。

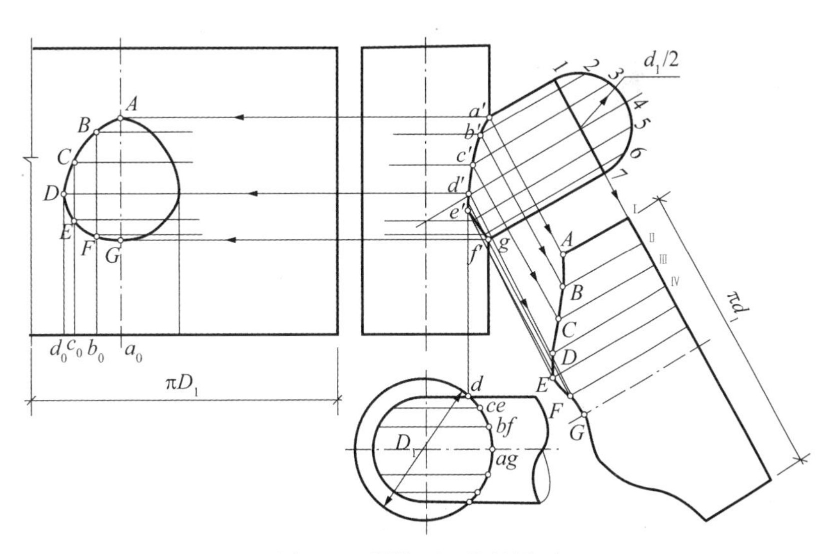

图 4-19　圆柱面叉管的展开

2. 锥面的展开

锥面可以看成棱线无限增多的棱锥面，因而其展开方法与棱锥面类似，故采用三角形法。

【例 4-8】 如图 4-20（a）所示，已知斜切口圆锥的投影图，试作其表面展开图。

分析：圆锥面上各素线长度相等，在正面投影中外形素线反映实长。锥底圆的水平投影反映实形。若圆锥没有被截断，则它的展开图为一扇形，扇形的半径 R 等于圆锥素线实长，扇形的弧长等于底圆的周长 πD，如图 4-20（b）所示。对于截切的圆锥，可通过截交线上点的正面投影作水平线，与外形素线交于各点，从而得到被截断的各素线的实长。作图过程如图 4-20（b）所示。

三、变形接头的展开

如图 4-21（a）所示是一个上圆下方的变形接头，从图 4-21（b）骨架模型可知，它由 4 个相同的等腰三角形和 4 个相同的 1/4 局部斜锥面组成，将这些组成部分依次展开画在同一平面上，即得该方圆过渡管的展开图，如图 4-21（d）所示。作图步骤如下：

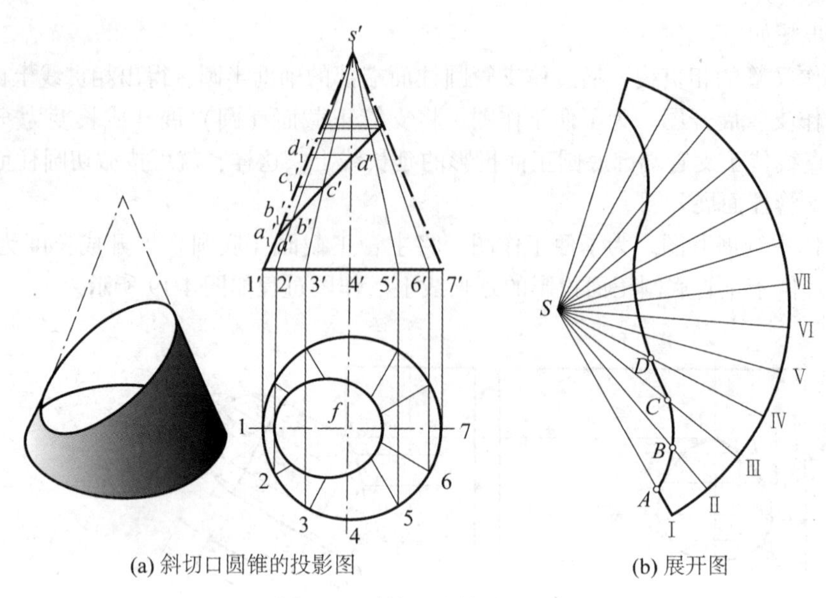

(a) 斜切口圆锥的投影图　　(b) 展开图

图 4-20　斜切口圆锥的展开

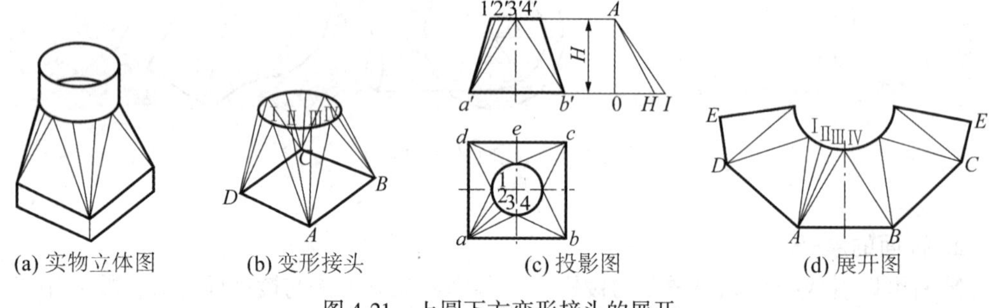

(a) 实物立体图　　(b) 变形接头　　(c) 投影图　　(d) 展开图

图 4-21　上圆下方变形接头的展开

（1）在水平投影图上，将圆口的 1/4 圆弧分成三等份，得分点 2、3。由图 4-21（b）可知，连线 $a1$、$a2$、$a3$、$a4$ 分别为斜圆锥面上素线 AⅠ、AⅡ、AⅢ、AⅣ的水平投影，其中素线 AⅠ=AⅣ、AⅡ=AⅢ。

（2）用直角三角形法求作素线 AⅠ和 AⅡ的实长，画在正面投影的右侧，图 4-21（c）中 0Ⅰ=$a1$，0Ⅱ=$a2$，实长为 AⅠ（AⅣ）、AⅡ（AⅢ）。

（3）在展开图上，取 $AB=ab$，分别以 A、B 为圆心，以 AⅠ为半径作圆弧，交于点Ⅳ，得三角形 ABⅣ，为三角形的实形。再分别以Ⅳ、A 为圆心，以 34 的弧长（近似作图用弦长代替）和 AⅡ为半径作圆弧，交于Ⅲ点，得三角形 AⅢ-Ⅳ。同理，依次作出三角形 AⅡ-Ⅲ、AⅠ-Ⅱ，用光滑曲线连接Ⅰ、Ⅱ、Ⅲ、Ⅳ各点，即可得 1/4 斜锥面的展开图。

（4）以完全相同的方法继续作图，即得方圆接管的展开图。实际作图时，可以从以上所得 1/4 斜锥面的展开图作样板，画其余部分。下料时，为了便于接合，应从平面部分截开，可以是整块，如图 4-21（d）所示，也可以做成对称的两块。

作不可展曲面的展开图时，可假想把它划分为若干与它接近的可展曲面的小块(柱面或锥面等)，按可展曲面进行近似展开；或者假想把它分成若干与它接近的小块平面，从而作近似展开。

本章小结

曲线和曲面都有规则和不规则两种，本章主要介绍了工程上常用的曲线和曲面，如螺旋线和螺旋面、双曲抛物面、单叶双曲回转面的投影的绘制及应用。

平面立体的展开是求出立体各个表面的实形，曲面立体的展开是求作可展曲面(如圆柱、圆锥）截切后的展开，不可展曲面是采作近似展开的方法展开曲面。

复习思考题

1. 规则曲线和曲面是怎样形成的？
2. 如何根据已知条件，绘制圆柱螺旋面、单叶双曲回转面、双曲抛物面的投影图？
3. 如何设计螺旋楼梯扶手？并画其投影图。
4. 举例说明圆柱螺旋面、单叶双曲回转面、双曲抛物面在工程实际中的应用。
5. 什么是立体表面的展开图？它在实际生产中有何用途？
6. 柱面和锥面的展开方法各有什么特点？
7. 立体表面的裁开处对展开图的形状、用料和拼装等有什么影响？

第五章　组合体视图

◎自学时数

8 学时

◎教师导学

通过本章的学习，使读者对组合体视图涉及的相关内容有一个整体的概念，在辅导学生学习时，应注意以下几点：

（1）应让学生掌握组合体三视图的基本作图方法。

（2）在掌握基本作图方法的基础上，掌握用形体分析法和线面分析法读、画组合体视图的方法和步骤；掌握组合体尺寸标注的方法和步骤。为学生学习后续章节奠定基础。

（3）本章的重点是组合体投影图的画法、读法和尺寸标注。

（4）本章的难点是组合体的读图（识图）。

（5）通过本章的学习，学生应对组合体三视图的作图方法有个整体的概念。

第一节　组合体的组成与分析

一、组合体的三视图

在工程制图中，形体向投射面投影所得的图样称为视图。在三面投影体系中的正面投影称为主视图，水平投影称为俯视图，侧面投影称为左视图。主视图、俯视图和左视图统称为组合体的三视图。如图 5-1（a）所示。

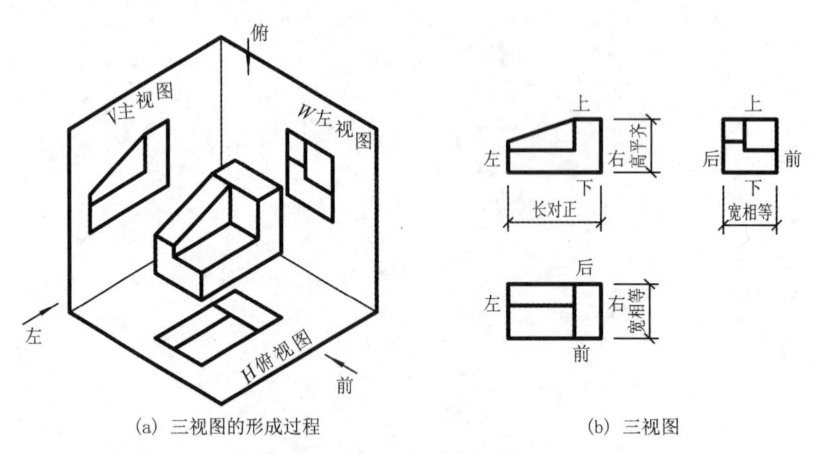

(a) 三视图的形成过程　　(b) 三视图

图 5-1　三视图的形成及其特性

实际画图时，一般采用无轴系统，如图 5-1（b）所示，且必须保持三视图间的投影规律，即主视图和俯视图长对正，主视图和左视图高平齐，俯视图和左视图宽相等（简称投影对应关系）。

二、形体分析法

形体分析法是在绘制和阅读工程图时把复杂形体（组合体）看成是由若干简单形体（基本形体）通过不同的组合方式组合而成的一种分析方法，组合方式有叠加、挖切等。

1. 形体间的组合形式

组合体是由基本形体通过叠加和挖切等方式组合而成的。所谓叠加，就是把基本形体表面重合地摆放在一起而形成的组合体，如图 5-2 所示。所谓挖切，就是从基本体中挖去一个基本体，被挖去的部分就形成空腔或孔洞；或者是在基本体上切去一部分，使被切的实体成为不完整的基本形体，如图 5-3 所示。

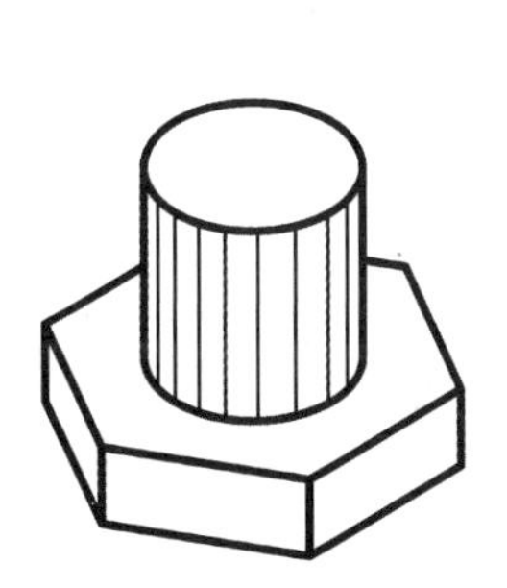

图 5-2　叠加式组合体

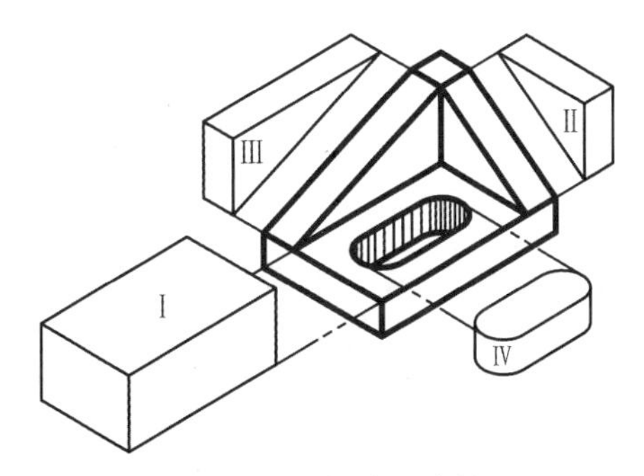

图 5-3　挖切式组合体

2. 各形体表面间的过渡关系

形体经叠加、挖切组合后，形体的表面间可能产生共面、相切和相交三种组合关系。

1）共面

当两个基本体具有互相连接的一个面（共平面或共曲面）时，它们之间没有分界线，在视图上也就不画线。如图 5-4（a）所示，由于上、下两个四棱柱的前、后面共面，所以三视图中主视图投影表面共面的位置无线；而图 5-4（b）的两个叠加体上部共圆柱面，所以俯视图中也无线。而当两个基本体除重合表面共面外，再没有公共的表面时，在视图中两个基本体之间有分界线。如图 5-4（c）所示，由于上、下两个四棱柱的前、后、左、右四个表面不共面，所以三视图中的主视图和左视图上、下两部分投影相交处有线。

2）相交

相交是指两基本体的邻近表面相交所产生的交线，应画出交线的投影。表 5-1 列出了常见两形体表面相交的例子。从表中可以看出，无论是两实体表面相交，还是实体与空形体或空形体与空形体表面相交，其相交的本质都是一样的，只要形体的大小和相对位置相同，交线就完全相同。

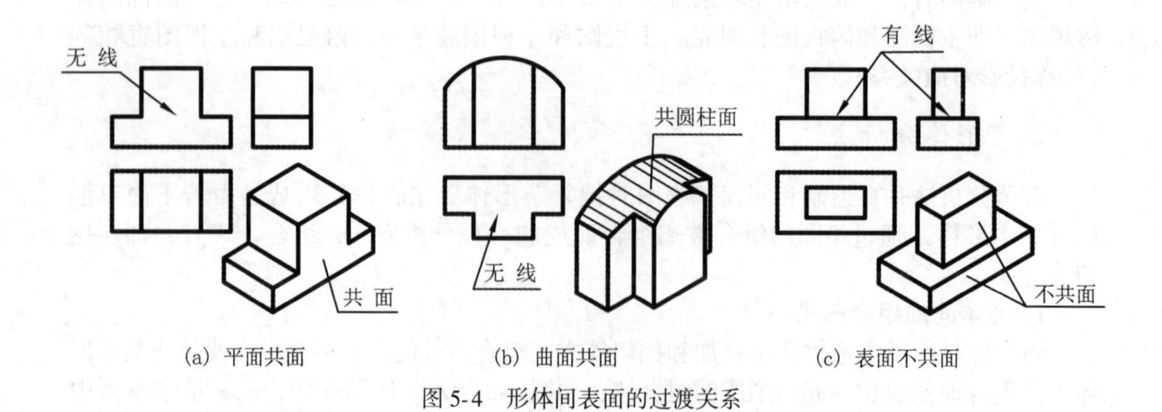

(a) 平面共面　　(b) 曲面共面　　(c) 表面不共面

图 5-4　形体间表面的过渡关系

表 5-1　　形体间产生交线的情况

形体	叠加	挖切	
四棱柱与圆柱相交	融为一体，无转向线	转向线被切掉了	融为一体，无转向线
圆柱与圆柱相交	相贯线分界	切掉了，没有转向线	切掉了，没有转向线

3）相切

相切是指两个基本体的邻近表面（平面与曲面或曲面与曲面）光滑过渡。如图 5-5 所示的圆柱和底座的前面和后面是相切组合成一体的，两体表面交界处为光滑过渡，所以两表面之间不能画分界线。

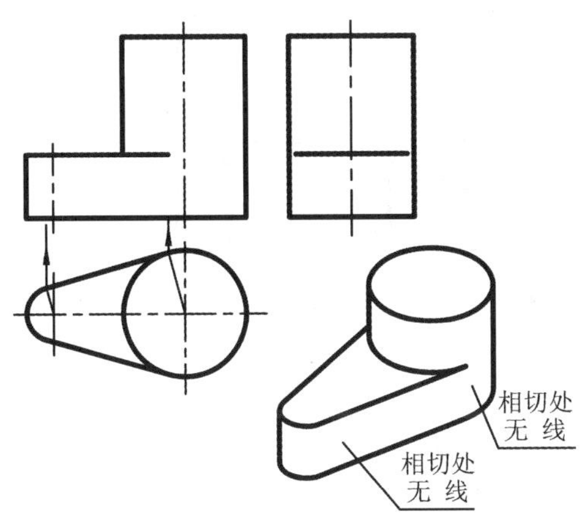

图 5-5　形体间表面相切

三、线面分析法

线面分析法是在形体分析法的基础上，运用线、面的空间性质和投影规律，分析形体表面的投影，进行画图、读图的方法。当用形体分析方法看较复杂的形体时，常会碰到有的线框可以对应的其他视图上几个投影，这时就必须进一步对这一复杂的局部进行线面分析。所谓线面分析法，就是根据围成形体的某些侧面或侧面交线的投影，分析它们的空间形状和位置，由面想象出被它们包围的整个形体的空间形状。用线面分析法读图，关键是要分析出视图中每一个线框和每一条线段所表示的空间意义。

1. 线段的含义

视图中的线段可能表示以下三种含义：

（1）可能是形体上某一特殊位置平面的积聚投影，如图 5-6 所示俯视图上的①线是侧平面 *C* 的积聚投影。

（2）可能是形体两相邻平面的交线，如图 5-6 所示俯视图上的③线为水平面 *E* 和正垂面 *F* 的交线，④线是圆柱面 *D* 与水平面 *E* 的交线。

（3）可能是回转曲面的转向轮廓线，如图 5-6 所示俯视图②线是圆柱的转向轮廓线的投影。

2. 线框的含义

一个形体不论其形状如何，它的投影轮廓总是封闭的线框，而形体上某一组成部分其投影轮廓也是一个封闭的线框；反之，投影图上的每一个封闭线框，也必然代表空间形体的某一表面（平面或曲面）的投影轮廓。如图 5-6 的线框 *b* 是水平面 *B* 的水平投影，线框 *d* 为圆柱面 *D* 的水平投影。

一个视图上的线框在其他视图上的对应投影有两种可能：一种是积聚为一线段；另一种是类似形或实形。也就是说，如果一个视图上的一个线框在其他视图上没有对应的

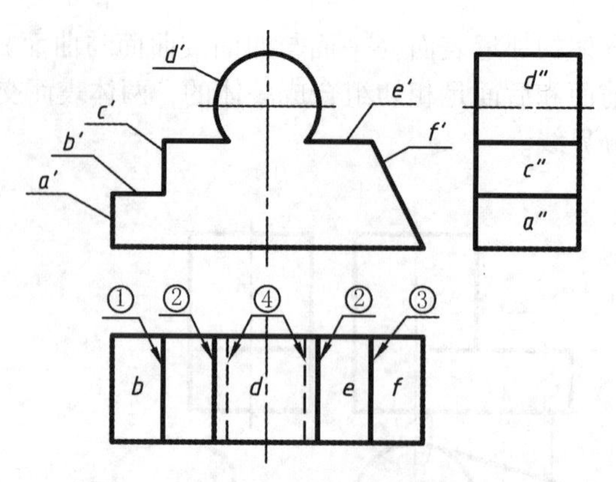

图 5-6　线段、线框和相邻两线框的含义

类似形，就必然积聚成一线段，如图 5-6 所示俯视图中的线框 f，主视图没有与其对应的四边形，则平面 F 在主视图上积聚为一斜线，该平面为正垂面。如图 5-7 所示，表示垂直面和一般位置面投影具有类似性的一组组合体三视图，供分析时参考。

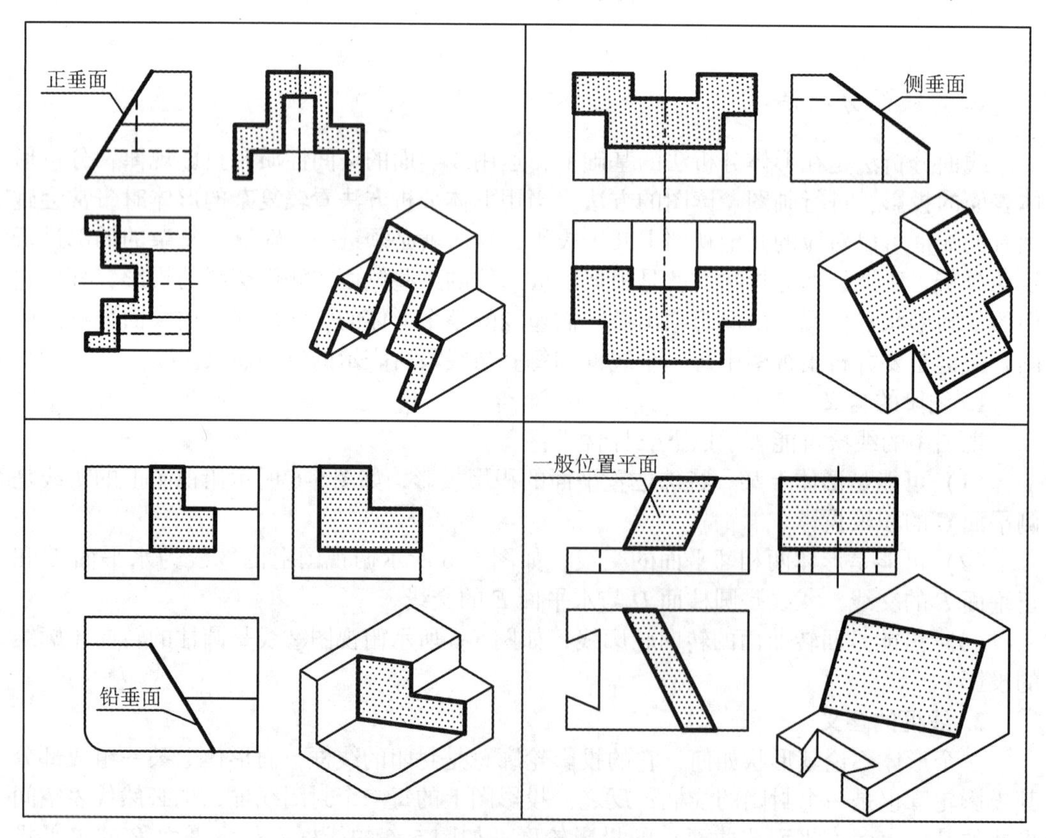

图 5-7　垂直面和一般位置面的投影具有类似性

3. 相邻两线框的含义

视图上相邻的两线框可能有以下两种含义：

（1）可能是两个平行的平面，如图 5-6 所示左视图中的 a''、c''两个相邻线框，为两个相互平行的侧平面。

（2）也可能是两个相交的平面，如图 5-6 所示俯视图中的 e、f 为相交的水平面和正垂面。

究竟为两个相交平面还是两个平行平面，要根据其他视图才能判断。

第二节 组合体视图的画法

在画组合体的投影图之前，必须熟练掌握基本形体投影图的画法，然后分析该组合体是由哪些基本形体按什么形式组合而成的，最后根据各基本形体的投影特性和它们之间的相对位置，逐个画出它们的投影，从而形成组合体的投影。

下面介绍画组合体视图的方法和步骤。

一、形体分析方法

将一个较为复杂的组合体按其功用合理地分解成几个基本部分，弄清各部分的形状、相对位置和表面间过渡关系，有分析、有步骤地画图。如图 5-8（a）所示的形体是由一个被挖去一个圆柱的四棱柱，上面叠加了一个三棱柱，四棱柱前右下端又叠加了一个四棱柱组合而成的，如图 5-8（b）所示。

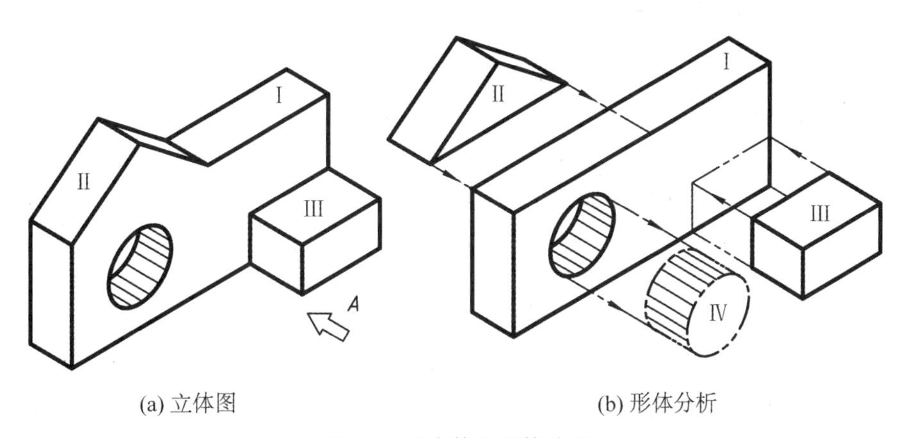

(a) 立体图 (b) 形体分析

图 5-8 组合体的形体分析

二、视图的选择

每一个物体都可以画出多个视图，但用哪些视图表示才是最清楚、最简单的，这就有个视图选择问题。视图的选择包括两方面内容，即如何选择主视图和确定视图的数量。

1. 主视图的选择

用一组视图来表达形体，首先要确定主视图，主视图一旦确定，其他的视图也随之而确定。因此，主视图的选择是否恰当，将影响其他视图的选择和画法。选择主视图应遵循以下原则：

1）正常位置

形体在正常状态或使用条件下放置的位置，称为正常位置。例如，吊车在使用条件下总是立着的，但不用时也可能是平着放的，然而人们通常看到的吊车是立着的，因此立着放就是它的正常位置。画主视图时，应使形体处于正常位置。

2）特征位置

形体安放在正常位置后，还应选择能够反映物体的形状特征和结构特征的方向作为主视方向，来绘制主视图。

3）避免虚线

视图中的虚线是表示物体不可见部分的轮廓线，不但不好画，而且也不便于标注尺寸；虚线越多，表明不可见部分越多，当然也不便于识读。

如图 5-9（a）所示，按箭头 *A* 方向投射，所得到的主视图，能反映出底板、立板和支撑板三部分的形状特征和相互位置，且左视图中的虚线很少，如图 5-9（b）所示。若按 *B* 方向投射，虽然也能看出三者之间的形状特征和相对位置关系，但左视图中出现的虚线较多，如图 5-9（c）所示，给读图和画图都带来不便，故 *B* 向不可取。

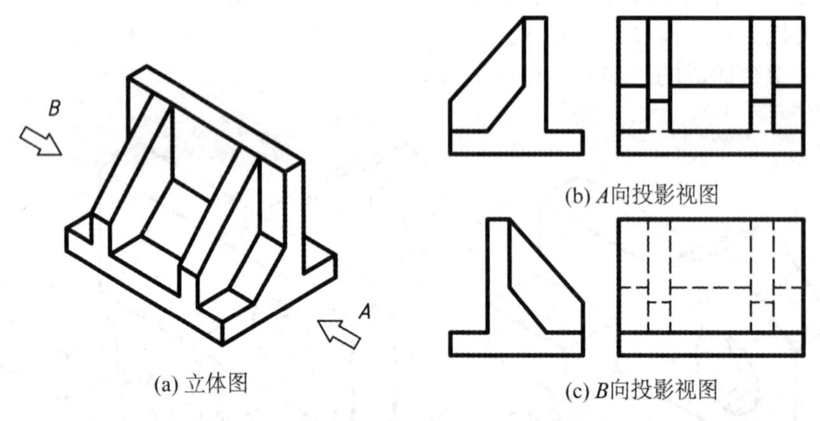

(a) 立体图　(b) *A*向投影视图　(c) *B*向投影视图

图 5-9　主视图的选择

此外，画三视图时，还应考虑图面的合理布局，所谓合理布局，就是除了要充分利用图纸外，更重要的是使一组视图的图面重心位于图面的中间范围内。

2. 确定视图的数量

确定视图数量的原则是：用最少的视图，最完整、清楚地把物体表达出来。

当主视图确定以后，分析组合体还有哪些基本形体的形状和相对位置没有表达清楚，以便选择其他视图。对于多数组合体，一般画出其主视图、俯视图和左视图，即可把组合体表达清楚。如图 5-8（a）所示，在确定 *A* 向作为主视图投射方向后，还必须画出俯视图和左视图，才能将整个形体表达清楚。对于较复杂的形体，有时需增加其他的视图，这部分将在下一章介绍。

三、画图步骤

1. 确定比例、图幅

在确定了主视图投射方向和安放位置后，就要根据形体的大小和标注尺寸时所需的位置，选择适当的比例和图幅。

2. 布置视图

画出各个视图的定位线、轴线或主要端面位置线等，并注意3个视图的间距，给标注尺寸留下适当位置，使视图均匀布置在图幅内。如图5-10（a）所示。

3. 画底图

根据物体的结构特征逐个画出各部分形体的三面投影图。先画大的易定位的形体，再画小的不易定位的形体。如图5-8所示的形体，先画形体Ⅰ，如图5-10（b）所示；然后画形体Ⅰ上叠加的三棱柱Ⅱ，如图5-10（c）所示；再画形体Ⅲ，如图5-10（d）所示；最后画挖去形体Ⅳ后形成的孔，如图5-10（e）所示。

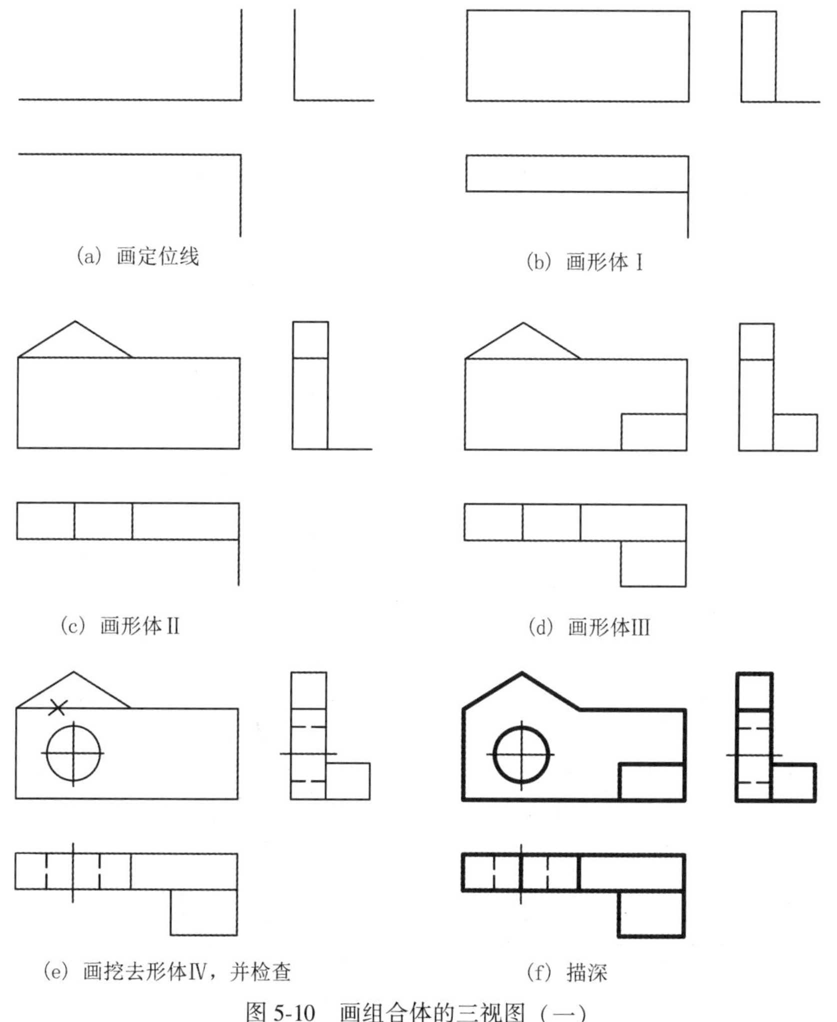

图5-10　画组合体的三视图（一）

4. 检查描深

底稿画完之后，要逐个检查各基本体的投影是否完整，各基本体之间的相对位置是否正确，并特别注意表面过渡关系是否正确。例如，形体Ⅰ上面的三棱柱和形体Ⅰ的前端面共面，在主视图上下过渡表面不应画出界线，应将多余线去掉，如图 5-10（e）所示。在检查确认无误后，再根据线型要求描深，如图 5-10（f）所示。

【例 5-1】 如图 5-11（a）所示，画出组合体的三视图。

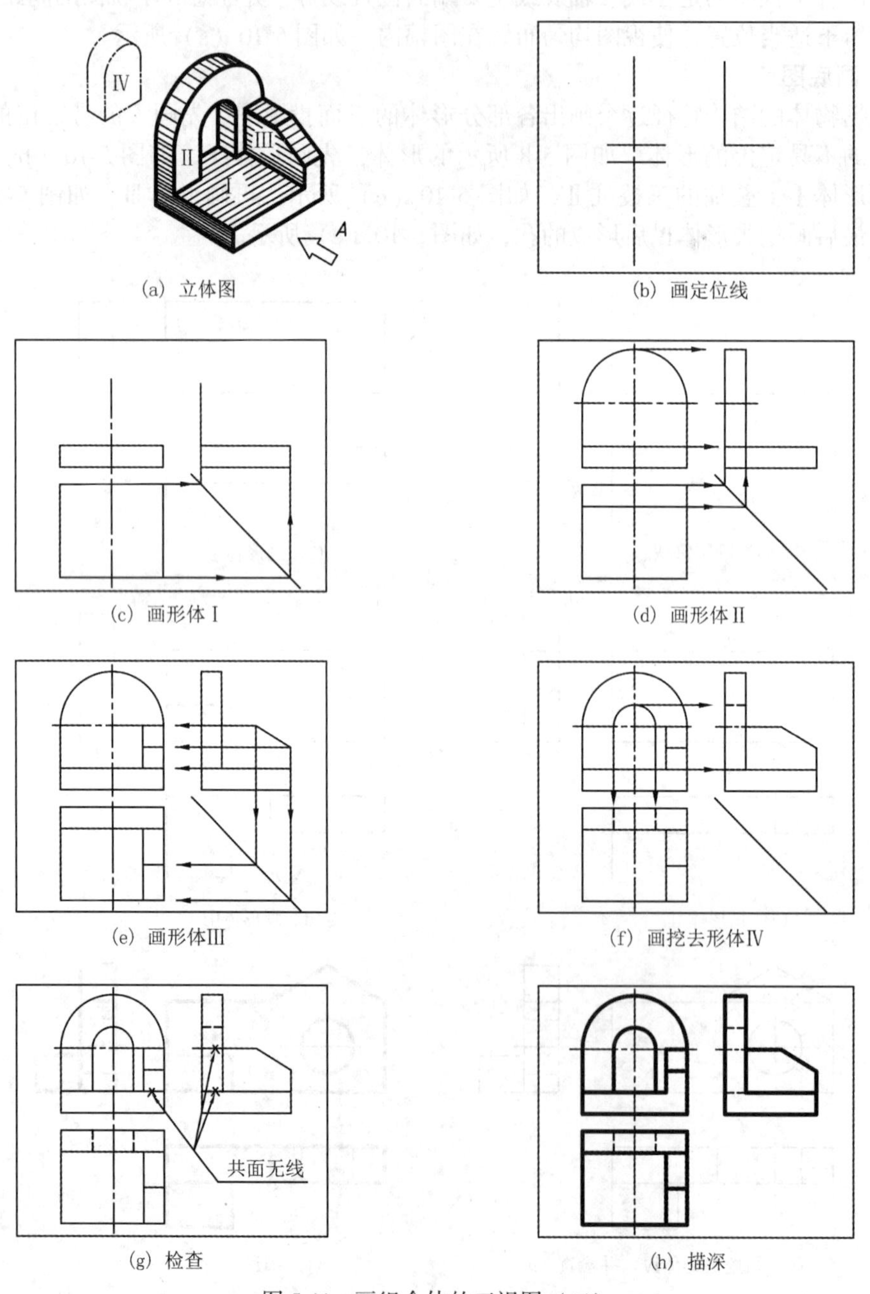

图 5-11 画组合体的三视图（二）

画图步骤如下：

（1）形体分析。该组合体由形体Ⅰ、Ⅱ、Ⅲ、Ⅳ组合而成。形体Ⅰ和Ⅱ与Ⅲ均为共面叠加，在形体Ⅱ上挖去形体Ⅳ，如图 5-11（a）所示。

（2）确定主视图。选择图 5-11（a）中箭头所指的方向为主视图投射方向。

（3）选比例，定图幅。按 1∶1 比例，确定图幅的大小。

（4）布图、画定位线。如图 5-11（b）所示。

（5）逐个画出各形体的三视图。如图 5-11（c）~（f）所示。

（6）检查、描深。如图 5-11（g）、（h）所示。

【例 5-2】 如图 5-12（a）所示，画出组合体的三视图。

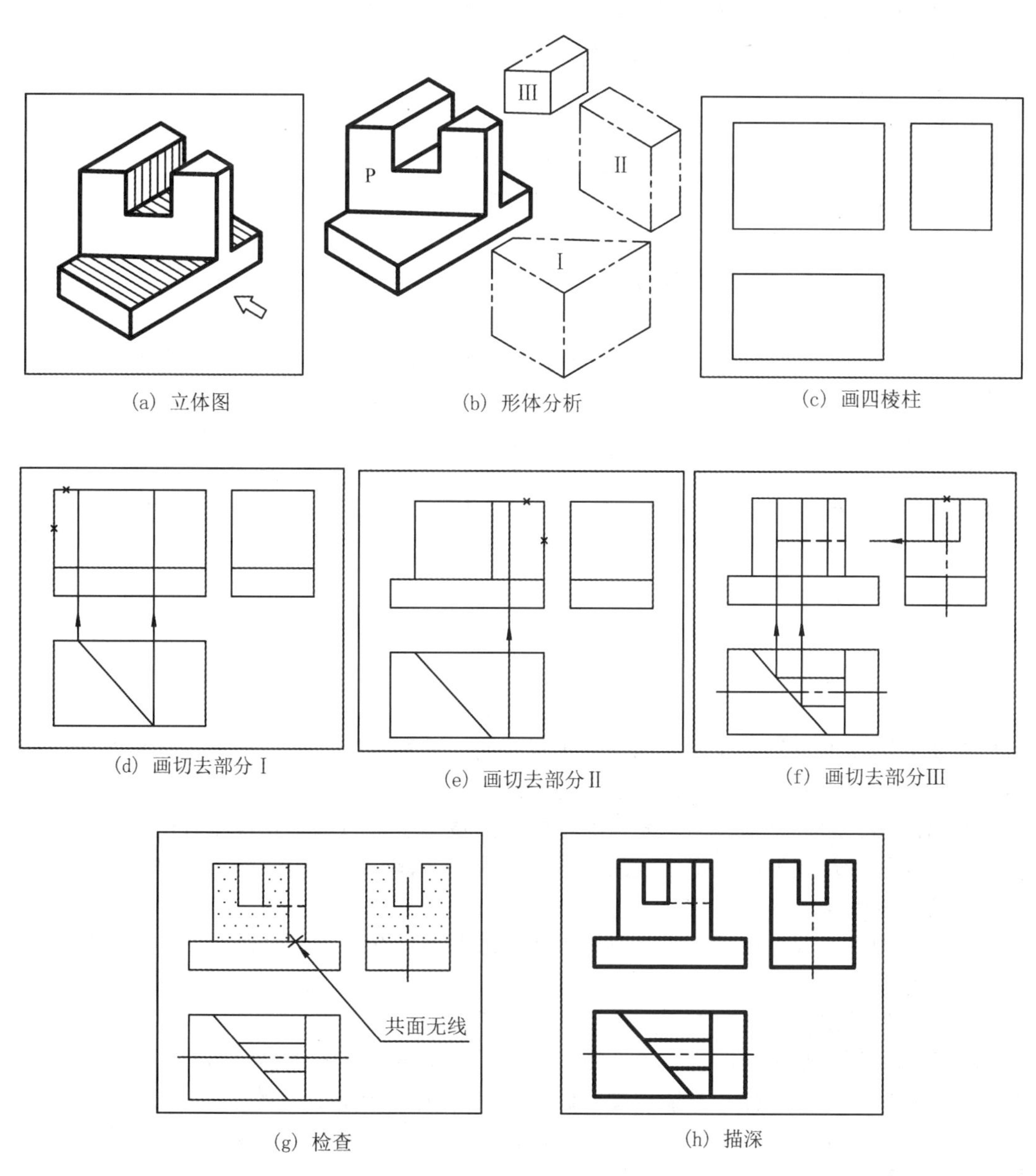

（a）立体图　（b）形体分析　（c）画四棱柱

（d）画切去部分Ⅰ　（e）画切去部分Ⅱ　（f）画切去部分Ⅲ

（g）检查　（h）描深

图 5-12　画组合体的三视图（三）

画图步骤如下：

(1) 形体分析。由图 5-12 (b) 形体分析可知，该组合体是在四棱柱的基础上依次切去Ⅰ、Ⅱ、Ⅲ部分而形成的。

(2) 确定主视图。选择图 5-12 (a) 中箭头所指的方向为主视图投射方向。

(3) 选比例，定图幅。按 1：1 比例，确定图幅的大小。

(4) 布图、画定位线。

(5) 逐个画出各形体的三视图。如图 5-12 (c) ~ (f) 所示。

画图时，应先画出四棱柱的三面视图，然后分别画出切去Ⅰ、Ⅱ、Ⅲ各部分的三面视图。

(6) 检查、描深。如图 5-12 (g)、(h) 所示。

【例 5-3】 画出如图 5-13 (a) 所示组合体的三视图。

画图步骤如下：

(1) 形体分析。由图 5-13 (b) 形体分析可知，该组合体是在六棱柱上叠加两个形体Ⅱ，在中间依次挖切Ⅲ、Ⅳ、Ⅴ部分所形成的。

(2) 确定主视图。选择图 5-13 (a) 中箭头所指的方向为主视图投射方向。

(3) 选比例，定图幅。按 1：1 比例，确定图幅的大小。

(4) 布图、画定位线。如图 5-13 (c) 所示。

(5) 逐个画出各形体的三视图。如图 5-13 (d) ~ (f) 所示。

如图 5-13 (d) 所示，先画六棱柱Ⅰ和切去形体Ⅴ的主视图，然后对应再画出另两面视图；如图 5-13 (e) 所示，应先画三棱柱Ⅱ有积聚性的俯视图，然后再画另两视图；如图 5-13 (f) 所示，应先画切去半圆柱有积聚投影的主视图和有积聚性的四棱柱孔的俯视图，然后画四棱柱孔在主视图上的投影，同时也就画出了半圆柱孔和四棱柱孔在主视图上的交线（积聚为一点），最后根据投影对应关系，画出左视图的交线投影。

(6) 检查、描深。该组合体的各形体过渡表面有共面、挖切和相交，检查时，对这些特殊位置的投影要注意检查，将多余的线去掉，如图 5-13 (g) 所示。最后完成描深，如图 5-13 (h) 所示。

四、徒手画图

在实际工作中，例如在选择视图、布置幅面、实物测绘、参观记录、方案设计和技术交流时，常常需要徒手画图，因此，徒手画图是每个工程技术人员必须掌握的技能。徒手画出的图，通称草图，但绝非指潦草的图。草图也要力求达到视图表达正确，图形大致符合比例以及线型的规定，线条光滑、美观，字体端正、图面整洁等要求。

1. 草图的要求

绘制草图，一般是在印有淡色方格纸或将透明图纸衬上方格纸进行，其方法基本上同仪器图相同。

草图虽然是徒手画的，有一定的误差，但不能潦草、失真。它是目测估计形体的大小和各部分比例绘制出来的，在长、宽、高以及各基本形体的大小、相互之间的比例关系上，应与实物大致一样。不能把高的画成矮的，把长的画成短的。所绘草图的大小，要根据形体的大小、繁简等实际情况，选择适当的比例，进行放大或缩小。徒手画出的图形既要准确、清晰，又要便于标注尺寸。

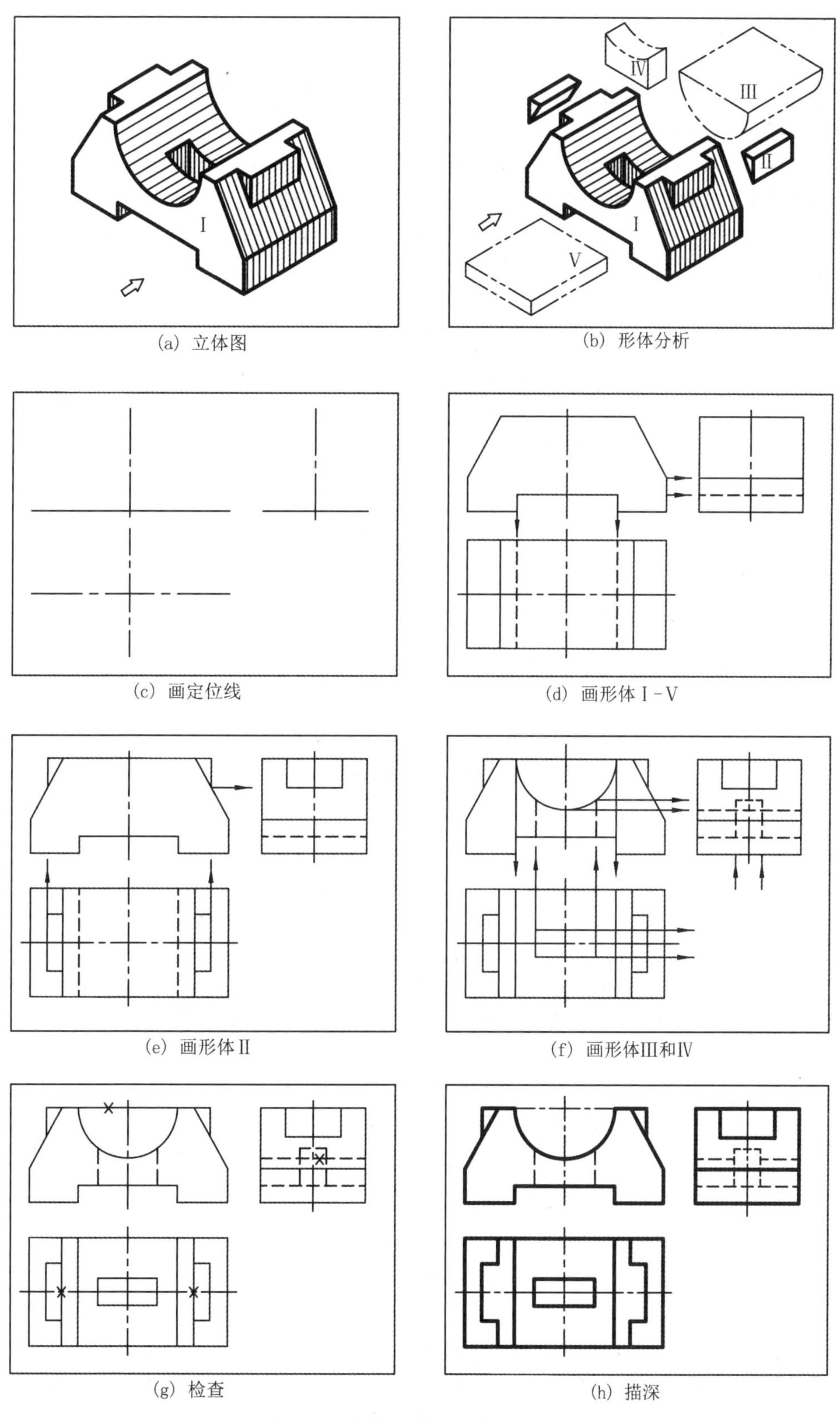

图 5-13　画组合体的三视图（四）

画草图的底线一般用 HB 铅笔，描深粗实线用 2B 铅笔，虚线用 B 铅笔，铅芯一律削成圆锥状。

草图中的点画线、细实线用 H 铅笔一次画成。草图中的字体同仪器图的要求一致。

2. 画草图的技巧

画草图时，图纸可以不固定，手执笔的姿势如图 5-14 所示。手执笔的部位不能太低，用力不能过大。画图时，要目测估计或用铅笔测量形体各组成部分的长、宽、高，找准它们的相互位置及大小比例关系。然后，用方格纸上的格数来控制所画图线的长短。

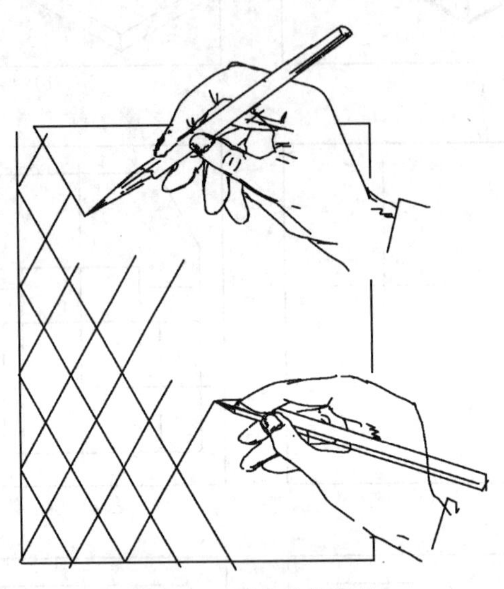

图 5-14　画直线的姿势

1）徒手画直线

画水平线和垂直线时，应尽量在方格纸的格线上画。画水平线时，可将图纸放得稍斜些，以便从左下方向右上方画，如图 5-14 所示。画短线时，将手腕抵住纸面，用移动手指画出。画较长线时，宜以均匀的速度移动手腕，目光看向终点。画垂直直线时，应从上向下画，如图 5-14 所示，45°斜线要沿方格的对角线方向画。任意斜线应从左上方向右下方或从右上方向左下方画。如图 5-15 所示为徒手画的各类直线段。

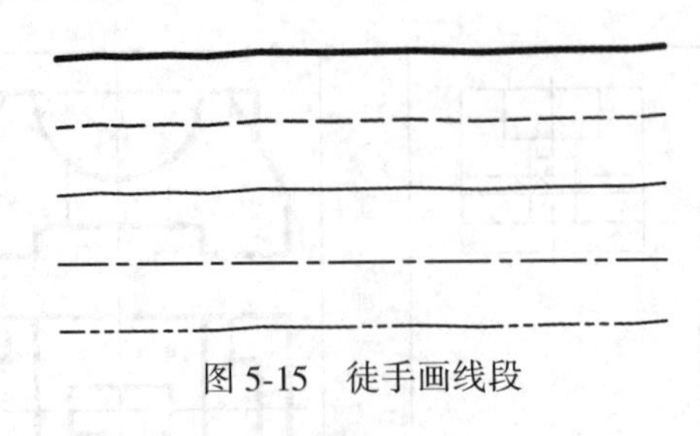

图 5-15　徒手画线段

如图 5-16 所示为徒手画出的与水平线成 30°、45°、60°等特殊角度的斜线，方法为按两条直角边的近似比例关系画出，定出两端点后连成直线。也可以按等分圆弧的方式画出。

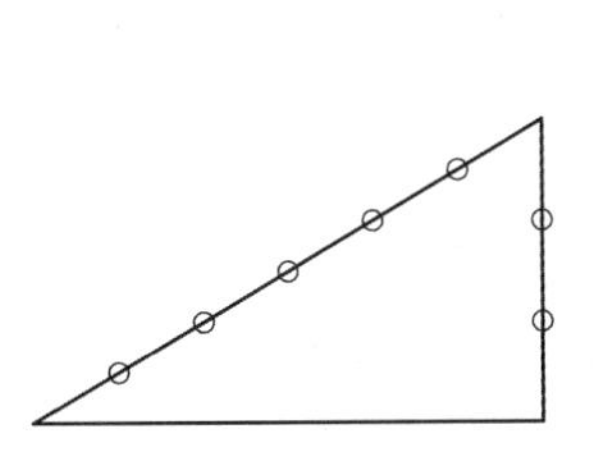
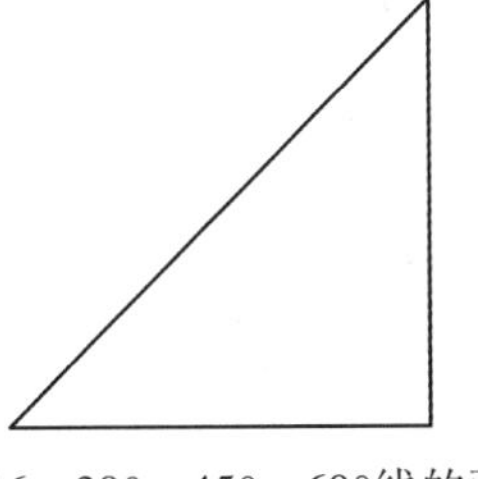
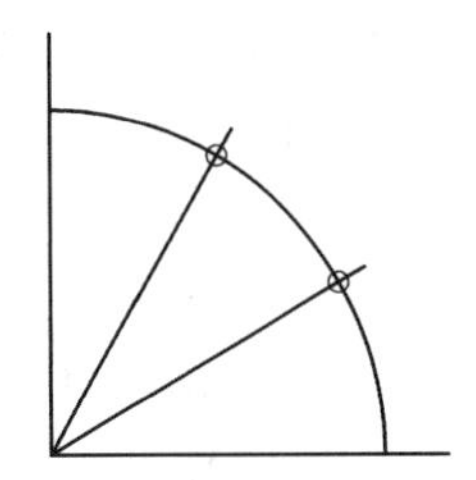

图 5-16　30°、45°、60°线的画法

2）徒手画圆

画圆时，先在方格纸上确定圆心，然后过圆心画出水平、垂直两条中心线。画直径较小的圆时，在中心线上按半径目测定出 4 个点，然后徒手连接成圆，如图 5-17（a）所示。画直径较大的圆时，通过圆心画几条不同方向的射线，按半径目测确定一些点后，再徒手连成圆，如图 5-17（b）所示。

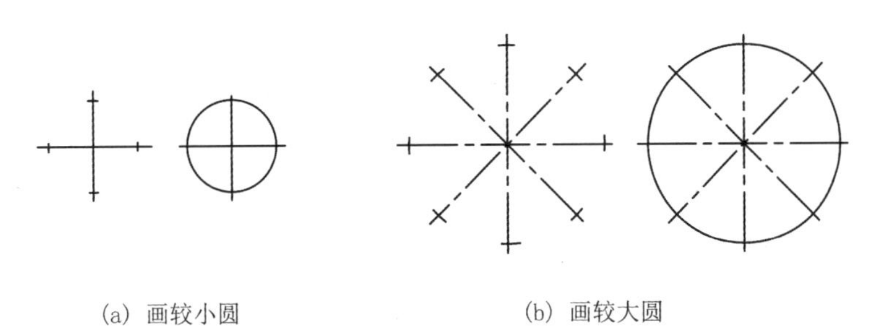

(a) 画较小圆　　(b) 画较大圆

图 5-17　徒手画圆

3）徒手画椭圆

椭圆的长、短轴一般是已知的，如图 5-18 所示。根据长、短轴的长度，先作出椭圆的外切矩形，如果所画椭圆较小，可以直接徒手画出椭圆，如图 5-18（a）所示；如果所画椭圆较大，则在画出外切矩形后，再作出矩形的对角线，将对角线的一半长度目测分成 10 等份，定出 7 等分的点，如图 5-18（b）中的 5、6、7、8 点。依次用光滑曲线连接 1、5、4、9、2、7、3、8 八个点（八点法），即得所作椭圆。

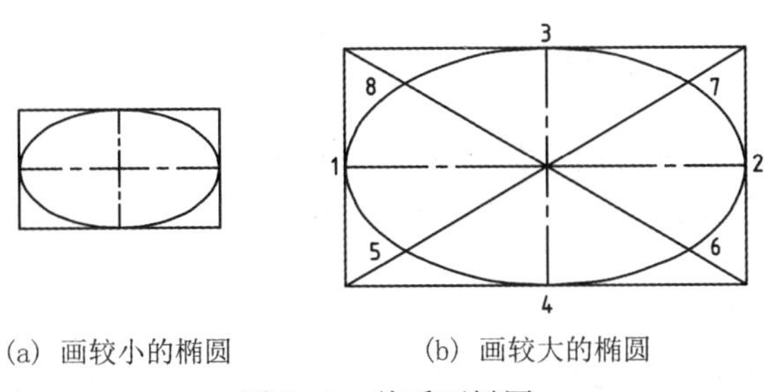

(a) 画较小的椭圆　　(b) 画较大的椭圆

图 5-18　徒手画椭圆

徒手画草图时，图线要尽量符合规定，直线要平直，粗细分明，图线应流畅；视图要完整、清楚，布局要合理、恰当。

如图 5-19 所示，为徒手画的形体模型。画图时，要按照投影关系和各部分的目测比例先画出整体，然后再画出局部。

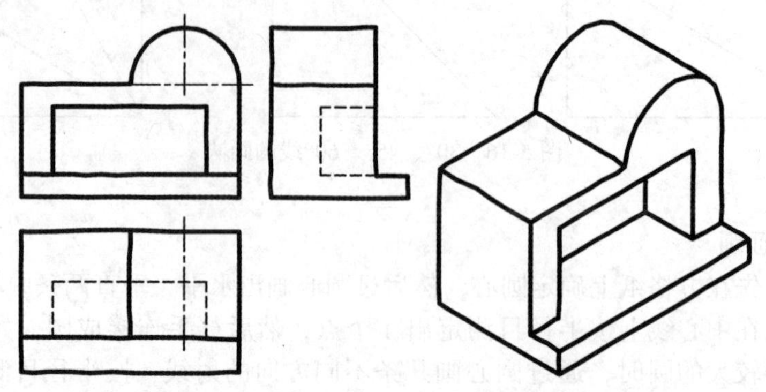

图 5-19　徒手画建筑形体模型的视图和立体图

第三节　组合体的尺寸标注

组合体视图，只能确定其形状，而要确定组合体的大小及各部分的相对位置，还必须标注出齐全的尺寸。标注尺寸应满足以下要求：

正确——要符合国家最新颁布的制图标准。

完整——所标注的尺寸必须能够完整、准确、唯一地表示物体的形状和大小。

清晰——尺寸的布置要整齐、清晰，便于识图。

合理——标注的尺寸应满足设计要求，并满足施工、测量和检验的要求。

一、组合体的尺寸分类

在画组合体视图时，常把组合体分解成基本形体，在标注组合体尺寸时，也可以用同样的方法对组合体的尺寸进行分析，除了要标注各基本形体的尺寸外，还需标注出它们之间的相对位置尺寸以及总体尺寸，因此，组合体的尺寸分为三类，即定形尺寸、定位尺寸和总体尺寸。

1. 定形尺寸

表示构成组合体各基本形体形状大小的尺寸，称为定形尺寸。常见的基本形体尺寸标注见表 5-2。

组合体中一个基本体某方向上的定形尺寸与另一个基本体同方向的定形尺寸重复时，省略不注；若有两个以上大小一样、形状相同的基本体，且按规律分布，则可用省略方式标注定形尺寸。

如图 5-20 所示的组合体，由左、右两侧各带一个圆柱孔的底板和带有切槽的梯形叠加而成。俯视图中竖向尺寸 25 与主视图中尺寸 50 和 5 是底板的定形尺寸；俯视图中的尺寸 2ϕ10（为大小一样的 2 个圆柱孔的长度、宽度尺寸）与主视图中尺寸 5（圆柱孔的高度尺寸）是圆柱孔的定形尺寸；俯视图中的 8 与主视图中尺寸 50、25 和 20（25−5=20）是梯形的定形尺寸；俯视图中尺寸 8 与主视图中尺寸 15 和 10 是梯形上部所挖槽的定形尺寸。

表 5-2 **常见的基本形体的尺寸标注示例**

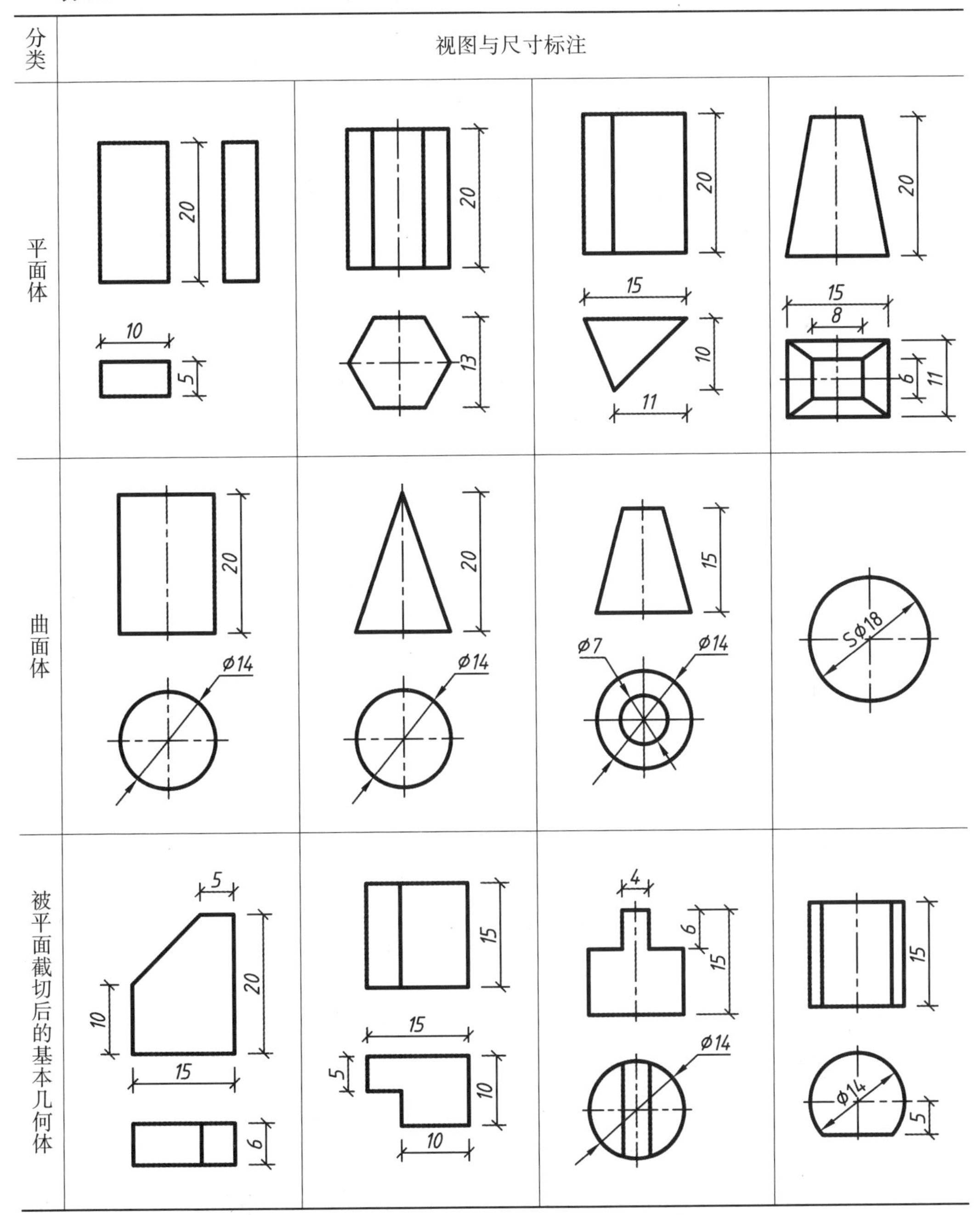

2. 定位尺寸

表示组合体中各基本形体之间相对位置的尺寸，称为定位尺寸。

在组合体的长、宽、高任一方向上，至少要有一个尺寸基准作为标注定位尺寸的基准面。一般选择组合体的对称平面（反映在视图上是点画线）、大的或重要的底面、端面或回转体的轴线作为尺寸基准。基准选定后，即可分别注出各基本形体的定位尺寸。

如图 5-20 所示，俯视图中的尺寸 30 是这个形体底板两侧圆柱孔圆心之间延长度方

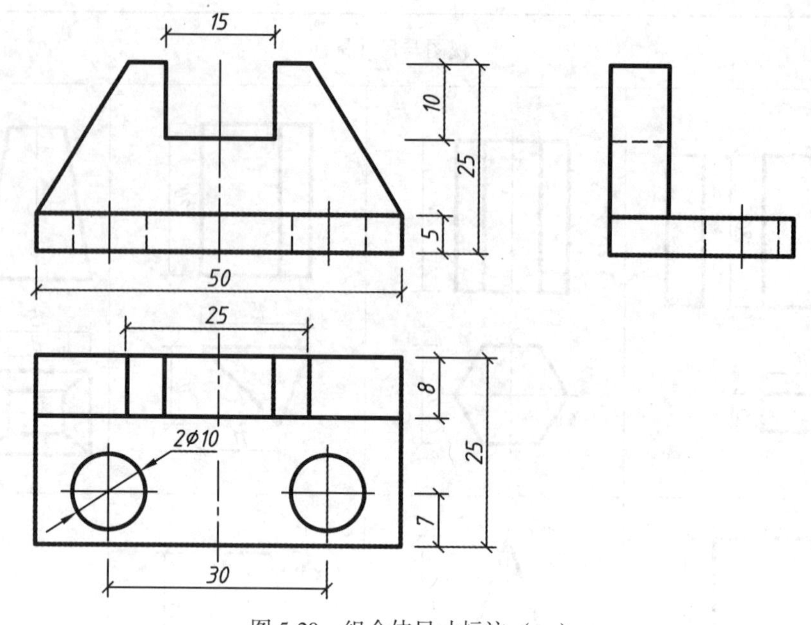

图 5-20　组合体尺寸标注（一）

向的定位尺寸，尺寸基准是图中竖向中心线；尺寸 7 是圆柱孔圆心沿宽度方向的定位尺寸，尺寸基准是形体的前端面（正平面）。主视图上的尺寸 5 是上面梯形板沿高度方向的定位尺寸，其基准是形体的底面。

若基本体在某方向上处于叠加、共面、对称、同轴中一种位置时，就省略该方向上的一些定位尺寸；如某个方向的相互位置可由定形尺寸或其他因素所确定，就不需标注这个方向的定位尺寸；当回转体的轴线或基本形体的对称平面与某方向的基准重合时，不标注定位尺寸，只要标注基本形体的定形尺寸即可。如图 5-20 所示，上、下两体是叠加而成的，故高度方向的定位尺寸由底板的定形尺寸 5 决定，不需另注高度方向的定位尺寸；叠加时，上、下两部分后端面共面，左右对称线重合，故前后左右的定位尺寸都省略不标注。

3. 总体尺寸

表示组合体的总长、总宽、总高的尺寸，称为总体尺寸。如图 5-20 所示的总长 50、总宽 25、总高 25，就是这个形体的总体尺寸。

二、组合体尺寸标注中的注意事项

（1）当组合体出现交线时，不能直接标注交线的尺寸，而应该标注产生交线的形体或截面的定形、定位尺寸。

如图 5-21 所示的形体，是由一个圆柱经切割而成。从形体组成的角度看，属于挖切式组合体。切去部分的尺寸应该标注 20，如图 5-21（a）所示；而不应注 54，如图 5-21（b）所示。前者标注的是截平面的定位尺寸，后者是所得截交线之间的距离。截平面定位后，其交线是自然形成的，故不标注尺寸。

如图 5-22 所示，是两圆柱相交的例子，正确的尺寸标注方法如图 5-22（a）如示。

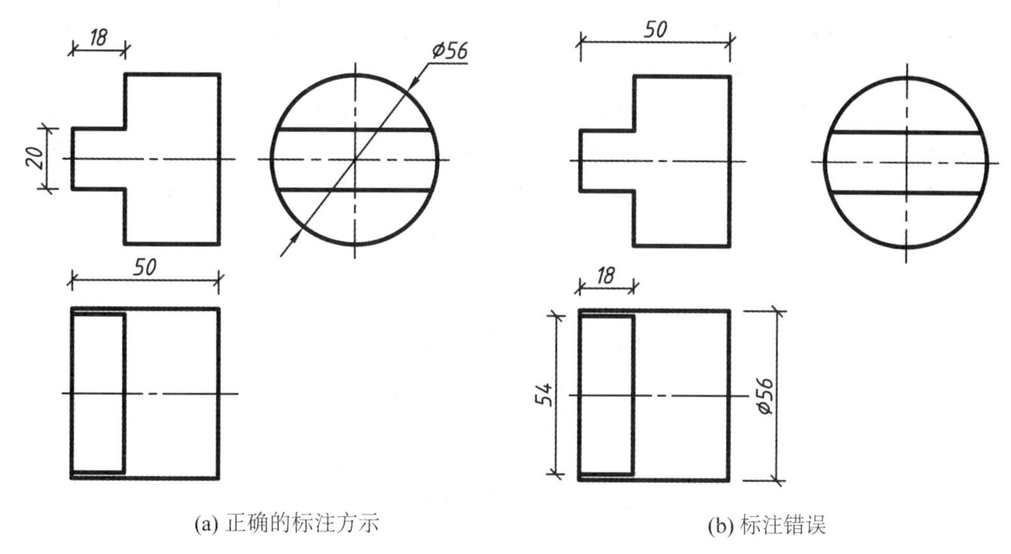

(a) 正确的标注方示　　(b) 标注错误

图 5-21　切割体的尺寸标注

而图 5-22（b）中用 *R*15 直接标注相贯线尺寸是错误的。其原因一是不应直接标注交线尺寸；二是相贯线不是圆弧。

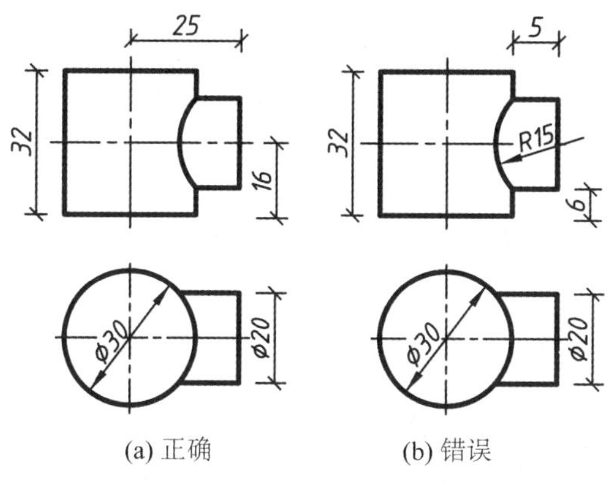

(a) 正确　　(b) 错误

图 5-22　相贯体的尺寸标注

（2）确定回转体的位置，应确定其轴线，而不应确定其轮廓线。如图 5-22（b）中以轮廓线高度 6 来确定横放圆柱高低是错误的，在确定其左右位置时，以竖放圆柱右轮廓作为尺寸基准也是错误的。

（3）为了使图面清晰，应当尽可能将尺寸注在图形轮廓线之外，并位于两个视图之间，如高度方向尺寸应尽可能标注在主视图与左视图之间，长度方向尺寸应尽可能标注在主视图与俯视图之间。但一些细部尺寸为了避免引出标注的距离太远，应就近标注。

（4）形体上每个几何体的定形尺寸，应尽可能集中注在形状特征明显的视图上，并尽可能靠近基本形体。如图 5-20 中梯形板上所开的槽，尺寸 15 和 10 应集中标注在主视图上，而底板及板上的孔应集中注在俯视图上，这样，读图时比较方便。

（5）尺寸尽量不标注在虚线上，一般一个尺寸只注一次。如图5-20中底板上两个小孔的尺寸，就应标在俯视图上。

（6）尽量避免尺寸线与尺寸线或尺寸界线相交，相互平行的尺寸应按大小排列，小的尺寸在内，大的尺寸在外，并使它们的尺寸数字互相错开。尺寸线相互平行、等距，距离为7~10mm，标注定位尺寸时，对圆形要标注出圆心的位置。如图5-23所示。

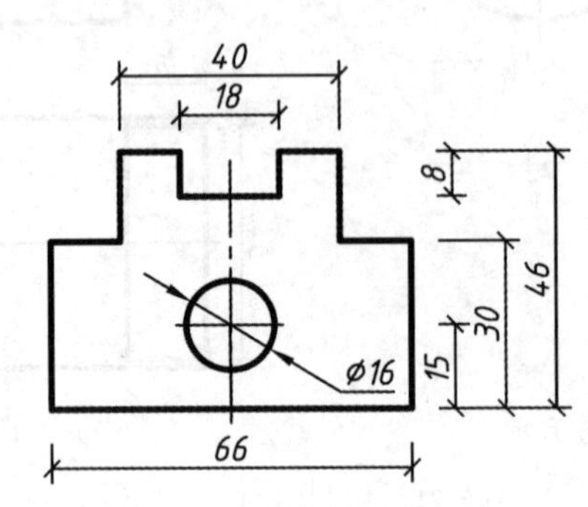

图5-23　平行尺寸的标注

在比较简单的组合体视图上标注尺寸，可以先将各个简单几何体的定形尺寸分别完整地标出，然后标注各简单几何体的定位尺寸，最后标注总尺寸。在比较复杂的组合体视图上标注尺寸时，可以先标注一个简单几何体的定形尺寸，然后标注第二个简单几何体与第一个简单几何体的定位尺寸，再标注第二个简单几何体的定形尺寸……直到标注完最后一个简单几何体的尺寸为止，最后标注组合体的总体尺寸。

三、组合体尺寸标注的方法和步骤

组合体尺寸标注的核心内容是运用形体分析法保证尺寸标注的完整、准确。其方法和步骤如下：

（1）分析组合体是由哪几个基本体组成。

（2）标注出每个基本体的定形尺寸。

（3）标注出基本体相互间的定位尺寸。

（4）标注出组合体的总体尺寸。

（5）调整定形尺寸、定位尺寸和总体尺寸的位置，将重复或多余尺寸去掉。

【例5-4】 如图5-24所示，标注组合体的尺寸。

（1）形体分析。前面图5-8已经分析过。

（2）定形尺寸。后竖板的长、宽、高分别为54、9、21（30−9=21）。竖板上叠加的三棱柱长、宽、高为28、9、9，圆柱孔为$\phi14$，通孔孔深为9。前右下角的四棱柱的长、宽、高为16、9、10。

（3）定位尺寸。组合体的前后两部分叠加在一起，且底面和右端面对齐，以组合体的右端面、后面和底面为基准，前后两部分在长度和高度方向的定位尺寸省略，后板的宽度9就是前面四棱柱宽度方向的定位尺寸。后板上的圆柱孔为通孔，以左端面和底面为基准，宽度方向的定位尺寸可省略，长度方向和高度方向的定位尺寸分别为14和12。

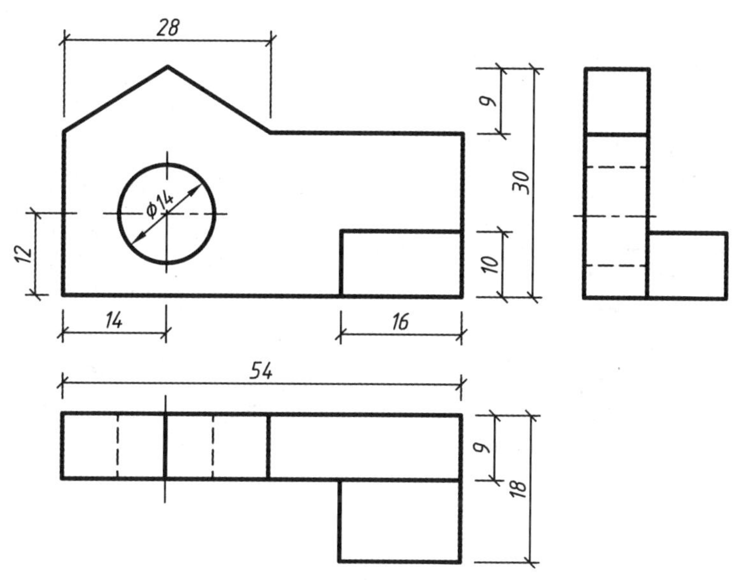

图 5-24　组合体尺寸标注（二）

（4）总体尺寸。组合体的总长为 54，总宽为 18，总高为 30。

（5）调整尺寸。调整后的尺寸布局如图 5-24 所示。标注过程中减去的尺寸是最后调整时要删除的尺寸。

【例 5-5】 如图 5-25（a）所示，标注组合体的尺寸。

（1）形体分析。该组合体由底板、肋板和竖板组成。底板和竖板中的孔左右对称，其对称平面重合。竖板和肋板叠加在底板上，底板和竖板的左面、右面、后面共面。如图 5-25（b）所示。

（2）选定位尺寸的基准。选对称平面为长度方向的尺寸基准，底板的后端面为宽度方向的基准，底板的底面为高度方向的基准。

（3）逐个标注形体的定形尺寸、定位尺寸。

标注的次序如下：

①标注底板的尺寸。定形尺寸为长 100、宽 40、高 8。因为底板是整个组合体的基础，所以底板没有定位尺寸。

②标注底板上两个圆孔的尺寸。长度及宽度方向的定形尺寸为 $\phi 10$；高度方向等于底板的高度方向定形尺寸。长度方向的定位尺寸标注 50，对于基准面对称分布（一般标注对称尺寸 50，而不标注两个 25），宽度方向标注 15，高度方向省略。

③标注竖板的尺寸。长度方向定形尺寸同底板长度方向尺寸，宽度方向为 8，高度方向尺寸为 55（63−8=55）。长度方向定位尺寸因为竖板以它的对称面与底板的对称面重合而省略，宽度方向定位尺寸因为竖板和底板二者的后面共面也省略了，高度方向等于底板高度方向的定形尺寸。

④标注竖板上长圆孔的尺寸。长度方向定形尺寸标 *R*5；宽度方向等于竖板宽度方向的定形尺寸；高度方向尺寸标注 25。长度方向定位尺寸标注 50；因长圆孔在竖板上是通孔，所以不用标注宽度方向的定位尺寸；高度方向定位尺寸标 15。

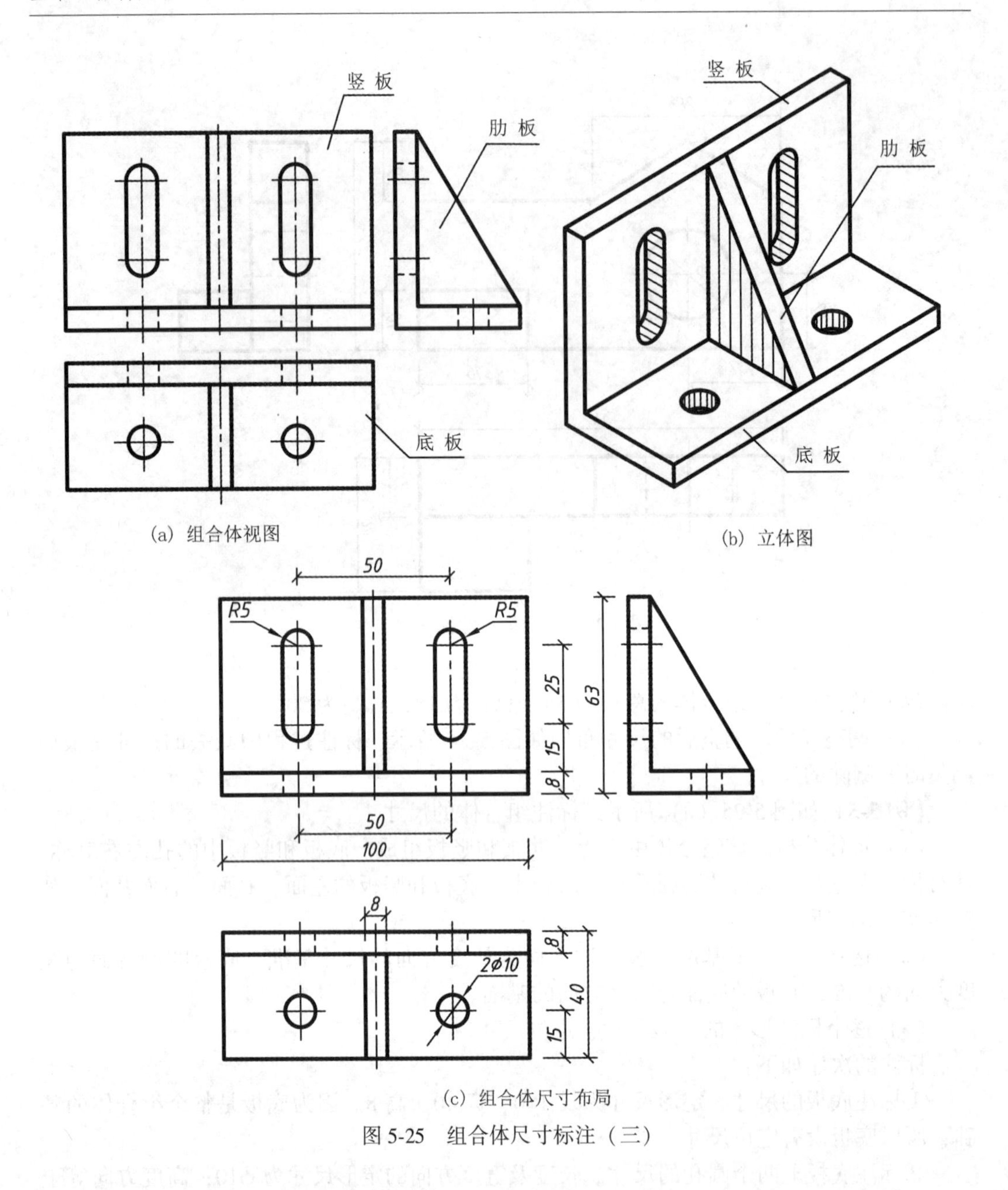

(a) 组合体视图

(b) 立体图

(c) 组合体尺寸布局

图 5-25　组合体尺寸标注（三）

⑤标注肋板的尺寸。肋板的定形尺寸为长 8、宽 32（40-8=32）、高 55。长、宽、高三个方向定位尺寸都省略，因长度方向在对称面上，宽由底板宽已给出，高由底板高已给出。

(4) 标注总体尺寸。长度等于底板长度尺寸 100，宽度为 40，高度为 63。

具体尺寸布局如图 5-25（c）所示。

第四节　组合体视图的读图（识读）

画图是把形体用正投影方法在平面上用一组视图表达出来，读图则是根据形体的视图想象形体的空间形状的过程。读图是画图的逆过程，也是培养和发展空间想象能力、空间思维能力的过程。读图时，除了应熟练地运用投影进行分析外，还应掌握读图的基本方法。

一、读图的基本知识

（1）掌握投影图间的投影对应关系，即长对正、高平齐、宽相等。

（2）掌握各种位置直线和各种位置平面的投影特性。

（3）掌握基本形体的投影特性，且能根据基本形体的投影图进行形体分析。

（4）掌握尺寸标注，并能用尺寸配合图形，来确定形体的形状和大小。

二、形体分析法

在前述组合体视图的画法中，已经提到过形体分析法，画图时，首先要对物体进行形体分析，把它分解为一些基本形体，然后根据它们的相对位置和组成形式依次画出各基本形体的视图，最后得到整个物体的视图。而读图则是先在视图上把物体分解成几个组成部分（或分成几个基本形体），然后根据每个组成部分的视图想象出它们的形状，最后再根据各组成部分的相对位置想象出整个物体的空间形状。这种读图的方法称为读图形体分析法。在视图上把物体分成几个组成部分，并找出它们相应的各视图，这是运用形体分析法读图的关键。

由前面分析可知：一个形体无论其形状如何，它的各投影轮廓总是封闭的线框。而形体上某一组成部分，其投影轮廓也是一个封闭的线框；反之，投影图上的每一个封闭线框，也必然是形体或形体某一组成部分的投影轮廓线。因此，在视图上划分出几个封闭线框，相当于把形体分成几个组成部分。

现以图 5-26（a）所示为例，说明用形体分析法读图的方法和步骤。

1. 分线框、对投影

在已知的投影图中划分若干个线框，把每个线框看成是某一形体的一个投影。线框的划分应以便于想出基本形体形状为原则。如图 5-26（a）所示，是一个形体的三视图。在主视图上，我们把它划分成 4 个封闭的线框，每一线框都可看成是形体的一个组成部分的投影轮廓。利用投影对应关系找出每一个组成部分在其他视图中的对应投影，如图 5-26（b）、（c）所示。

2. 按投影、定形体

按投影规律对应地找出该部分的其他投影。根据各种基本形体的投影特征，确定该部分形体的形状。

3. 综合起来想整体

确定了各组线框所表示的简单形体后，再分析简单形体的相对位置，就可以想象出形体的整体形状，如图 5-26（d）所示。

三、线面分析法

当用形体分析法看物体较复杂的部分时，经常会碰到有的线框可以对应其他视图上几个投影，这时就必须进一步对这些复杂的局部进行线面分析。现以图 5-27（a）为例，说明用线面分析法读图的方法和步骤。

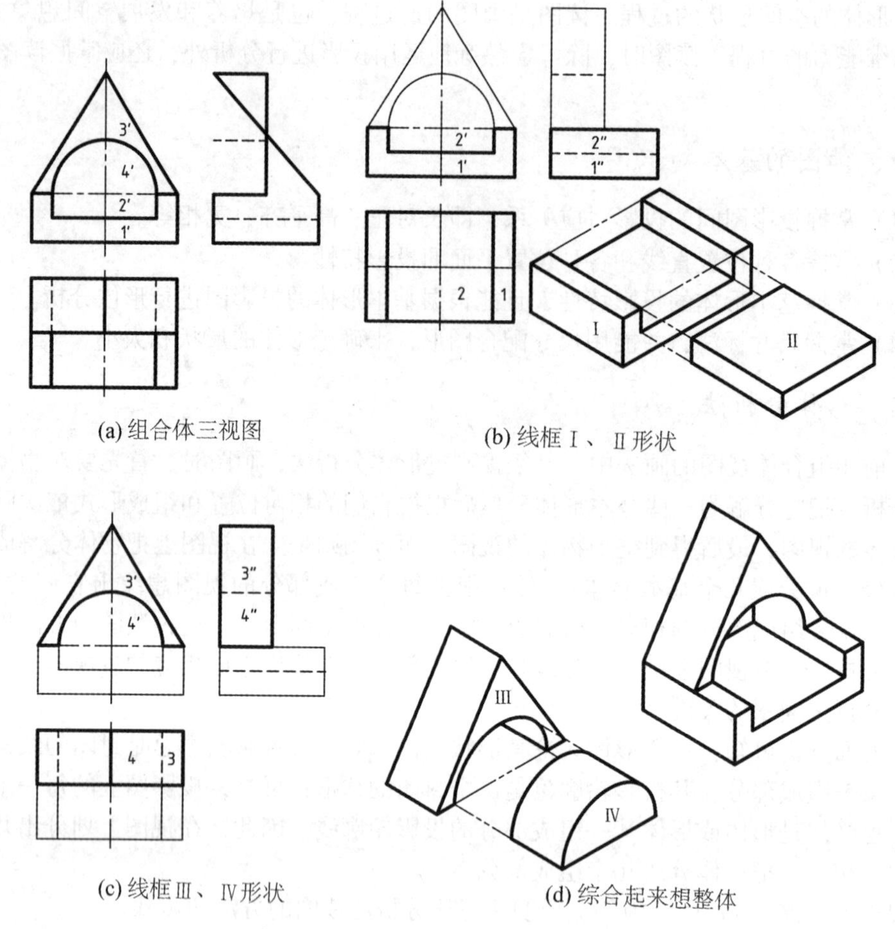

(a) 组合体三视图　(b) 线框Ⅰ、Ⅱ形状

(c) 线框Ⅲ、Ⅳ形状　(d) 综合起来想整体

图 5-26　用形体分析法读组合体视图

1. 分线框、对投影

使用形体分析法时，将视图中的封闭线框理解为“体”，而使用线面分析法分析时，是将视图中的封闭线框理解为形体的“面”，一般位置面的对应投影是类似形，特殊位置面的对应投影具有积聚性。如图 5-27（a）所示视图中，可以分析出 6 个线框的投影，分别表示长方体被切割后的主要表面。

2. 按投影、定表面

按投影规律对应的找出各组对应投影，对照各种位置的平面和直线的投影性质，可以确定它们是侧平面Ⅰ、正垂面Ⅱ、正平面Ⅲ、侧垂面Ⅳ、正平面Ⅴ和水平面Ⅵ。例如，在主视图和俯视图中没有 1″线框的类似形，找出对应的积聚投影 1′和 1，故可以判断Ⅰ面是侧平面；同理，可以判断Ⅲ、Ⅴ面是正平面，Ⅵ面是水平面。在俯视图和左视图中，线框 2 和 2″是类似形，而主视图无对应类似形，所以主视图中积聚为线段 2′，故可以判断Ⅱ面是正垂面；同样可以判断Ⅳ面是侧垂面。

3. 围合起来想整体

把分析所得的各个表面，对照视图中所给定的相对位置，即可围合出形体的形状，如图 5-27（f）所示。

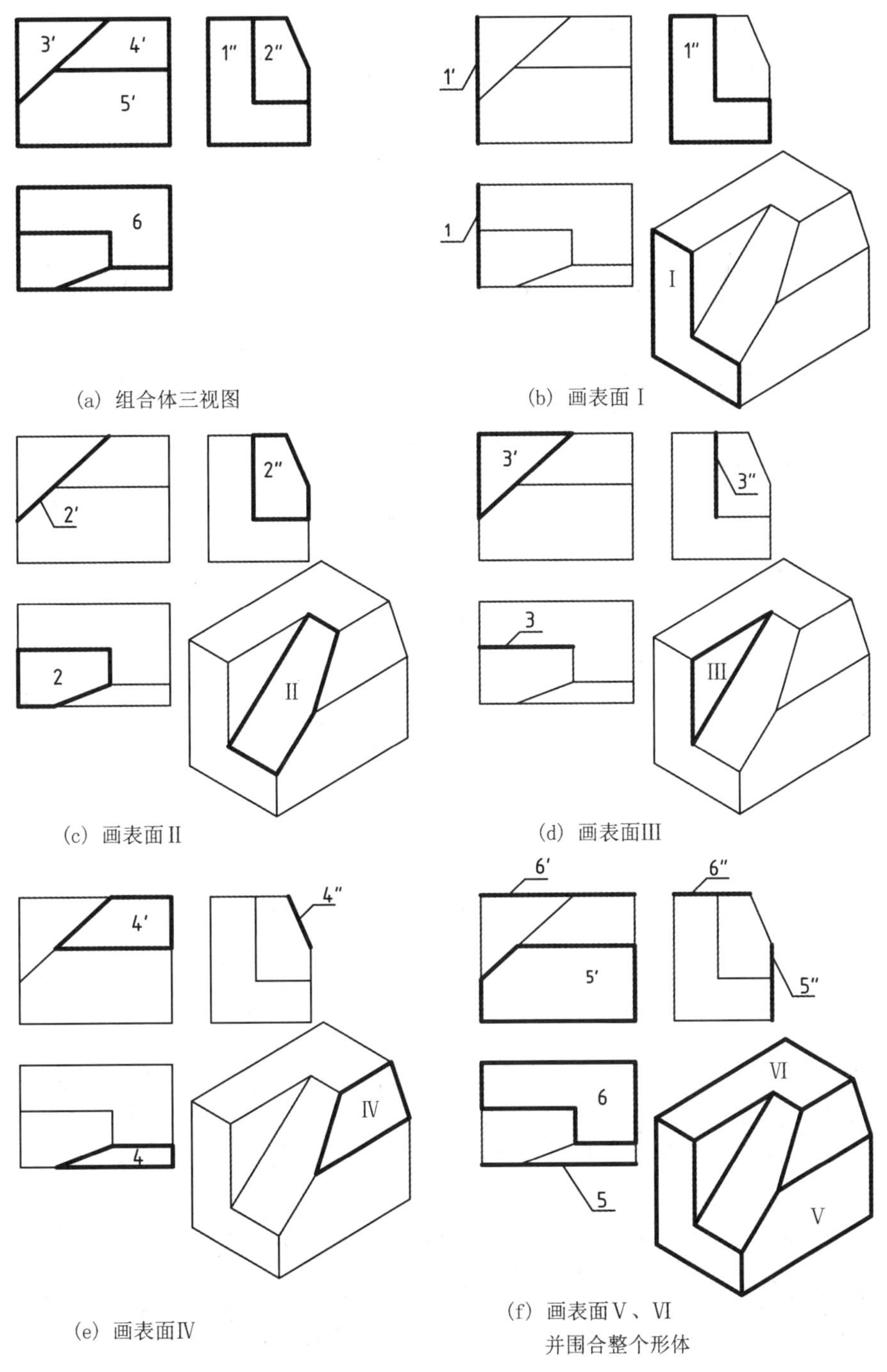

(a) 组合体三视图　(b) 画表面 I

(c) 画表面 II　(d) 画表面III

(e) 画表面IV　(f) 画表面 V、VI 并围合整个形体

图 5-27　用线面分析法读组合体视图

四、读图时的注意事项

1. 几个视图联系起来读图

通常在没有标注尺寸的情况下，只看一个视图是不能正确判断形体形状的。如图

5-28 所示的 4 组视图中，主视图完全相同；而图 5-29 所示的 5 组视图中，俯视图则完全相同，但它们代表的空间形体根据主视图和俯视图可知是完全不同的形体。

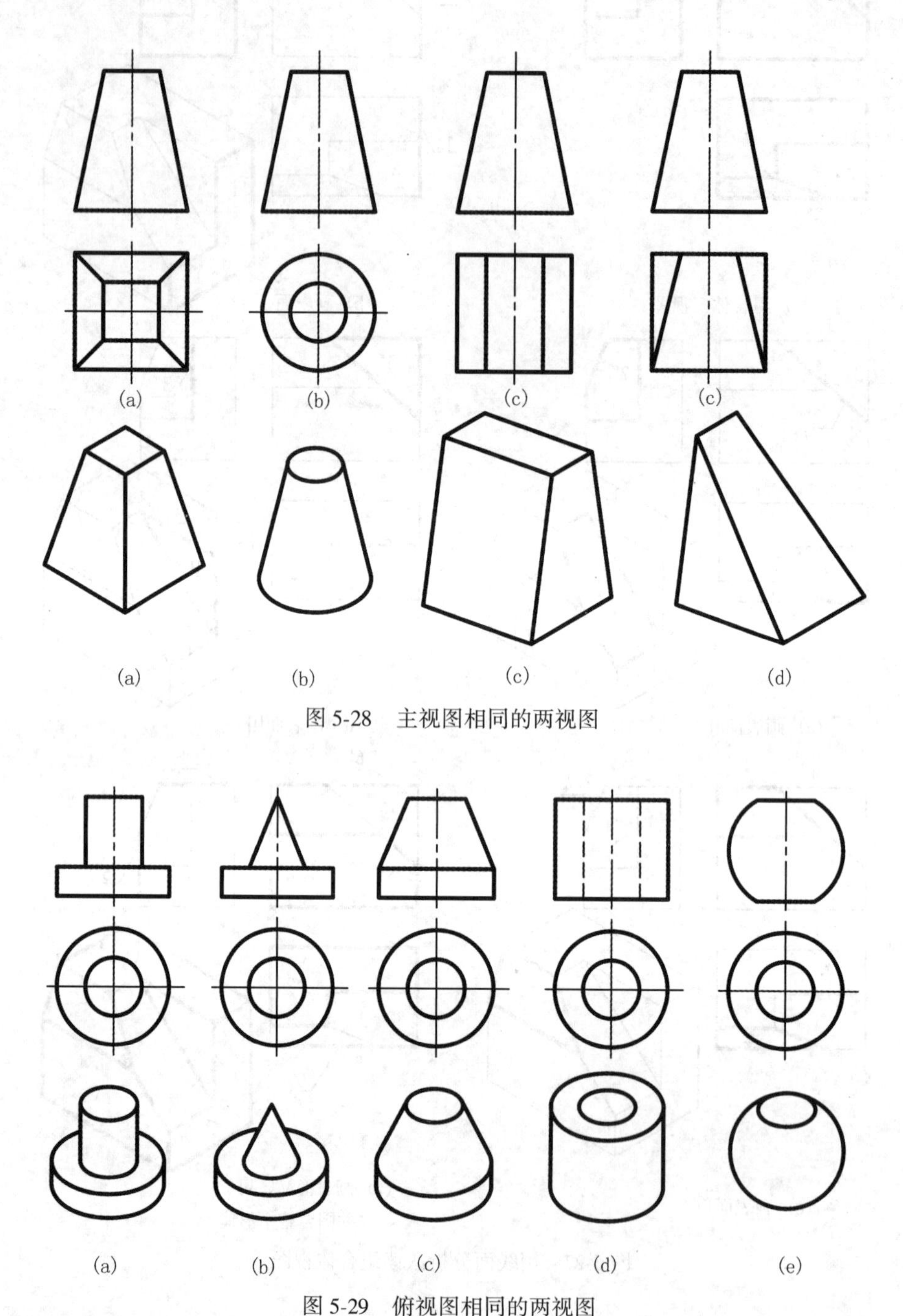

图 5-28　主视图相同的两视图

图 5-29　俯视图相同的两视图

有时只根据两个视图也不能判断形体的空间形状。如图 5-30 所示的三组视图，它们的主视图和左视图完全相同，但通过俯视图的分析可知，它们是完全不同的形体。所以读图时，只有把各自的三面投影视图配合起来分析，才能正确判断其各个形体的空间形状。

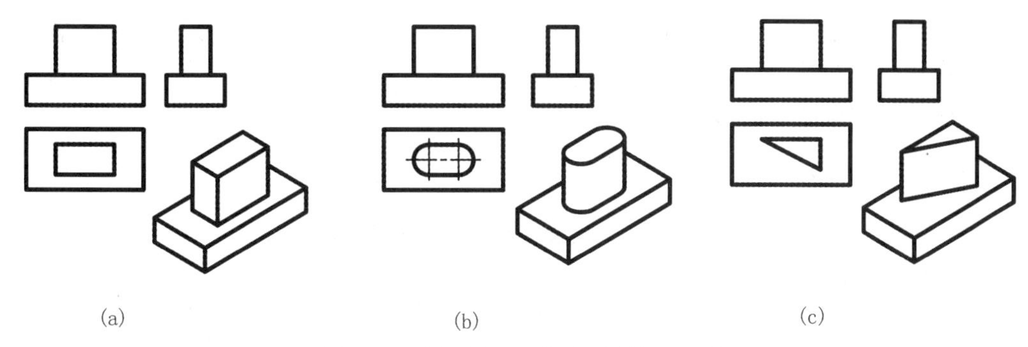
(a)　(b)　(c)

图 5-30　主视图、左视图相同的三视图

2. 利用实线、虚线的变化分析形体

如图 5-31（a）、（b）所示，俯视图和左视图均相同，主视图外轮廓相同，但中间线有虚实之分，分析三视图的对应关系，不难看出它们是两个不同的形体，一个是中间立着个三棱柱，另一个是在中间挖了个三棱柱。

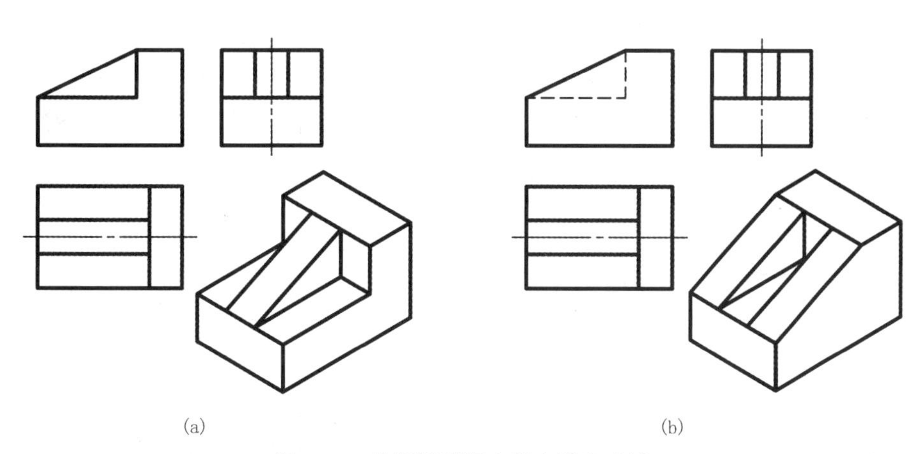
(a)　(b)

图 5-31　分析投影图中的实线和虚线

3. 注意形体之间的表面连接关系

组合体是由基本形体组合而成的，由于基本形体之间的相对位置不同，它们之间的表面连接关系也不同。形体之间的表面连接关系可分为四种：①共面；②不共面；③相交；④相切。读图时，必须看懂形体之间的表面连接关系，才能看出形体表面的凹凸和层次，才能彻底想清楚物体的形状。在画图时，必须注意这些关系，才能不多线、不漏线。

（1）当两个形体的表面共面时，中间应该无线。因为两个表面合成为一个连续的表面，应该是一个封闭的线框，如图 5-4（a）和（b）所示。

（2）当两个形体的表面不共面时，中间应该有线隔开，形成两个封闭线框，如图 5-4（c）所示；否则，就成了一个连续的表面了。

（3）当两形体表面相交时，在相交处应该画出交线，两体相交应以交线分界（表 5-1）。

(4) 当两形体的表面相切时，在相切处应该不画线，如图 5-5 所示，是平面与曲面相切，曲面与曲面相切，相切处均无线。

读图是一个复杂的思维过程，应边对线框、边分析、边想象、边修正，从而判断出形体的形状。它的基础是对投影法和平行投影性质的理解，对基本形体投影的熟悉，以及对形体分析和线面分析的掌握和运用。

五、读图举例

【例 5-6】 如图 5-32（a）所示，读懂形体的俯视图和左视图，想象出形体空间形状，并补画主视图。

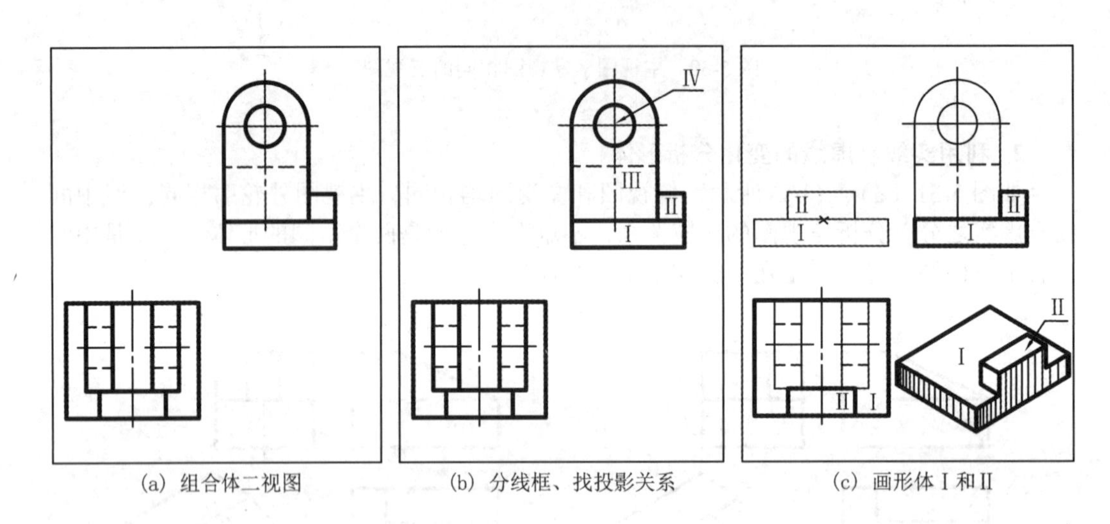

(a) 组合体二视图　　(b) 分线框、找投影关系　　(c) 画形体Ⅰ和Ⅱ

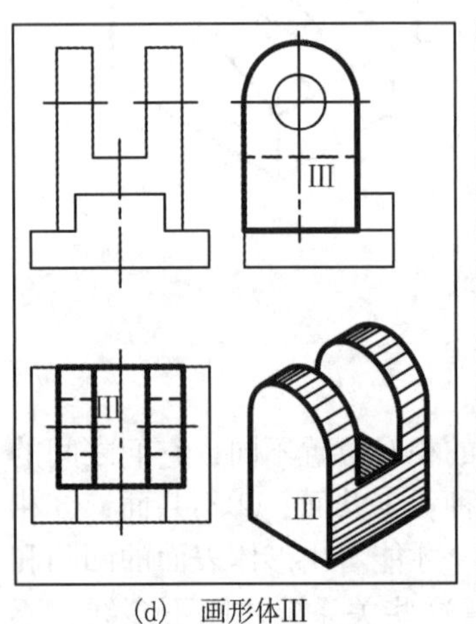

(d) 画形体Ⅲ

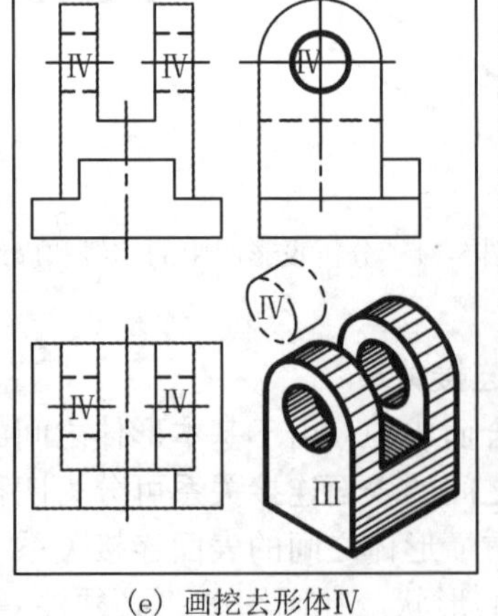

(e) 画挖去形体Ⅳ

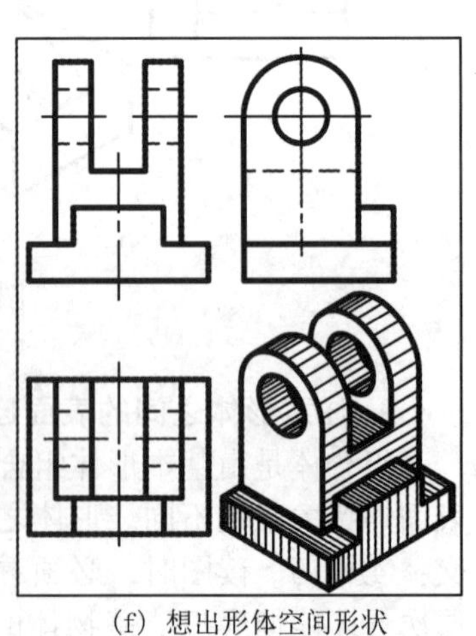

(f) 想出形体空间形状

图 5-32　“二补三”作图（一）

首先用形体分析法进行粗读，想象出形体的空间形状，再根据画图步骤，画出各形体的形状和相邻表面间的位置关系，按照三视图投影规律，逐个画出形体的主视图，经检查后描深图线。其补图过程如下：

(1) 分线框、对投影。将左视图中的线框分成四部分，如图 5-32（b）所示。

（2）按投影、定形体。根据俯视图、左视图，补画出各线框所示形体的主视图，如图 5-32（c）～（e）所示。

（3）综合起来想整体。根据各形体间的相互位置,组合体的形状如图 5-32(f)所示。

【例 5-7】 如图 5-33（a）所示，已知形体的两面投影图，补画其另一投影。

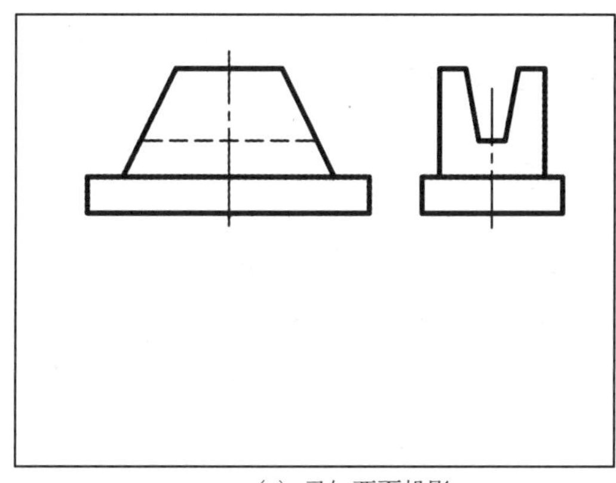

(a) 已知两面投影

(b) 形体分析

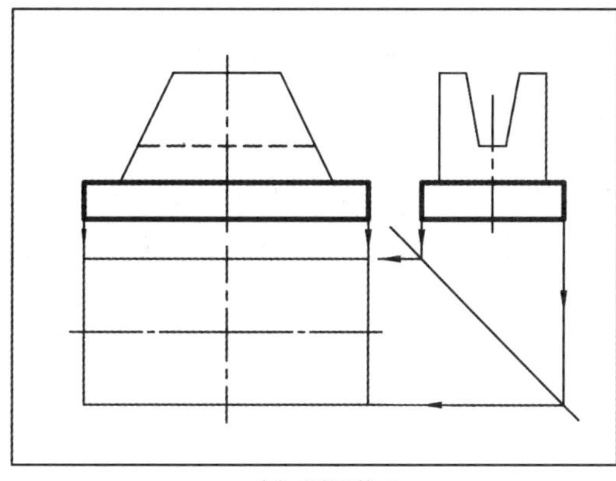

(c) 画形体 I

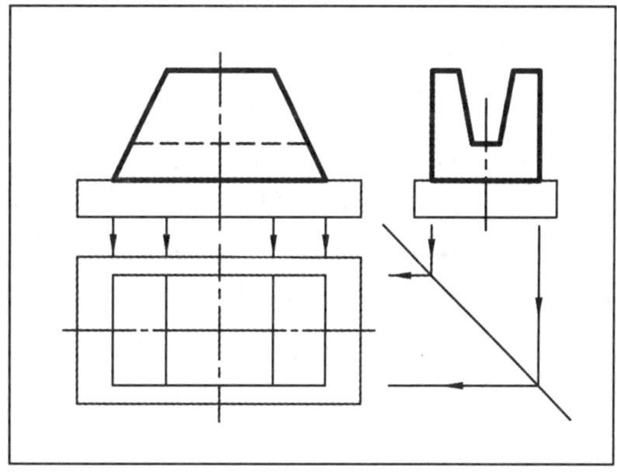

(d) 画形体 II

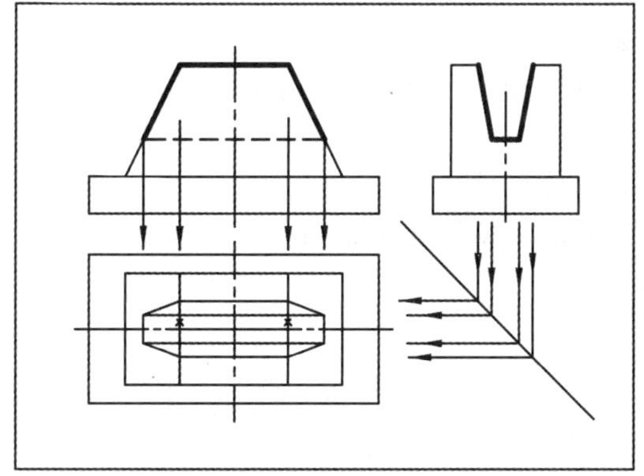

(e) 画挖去形体III，并将多余线去掉

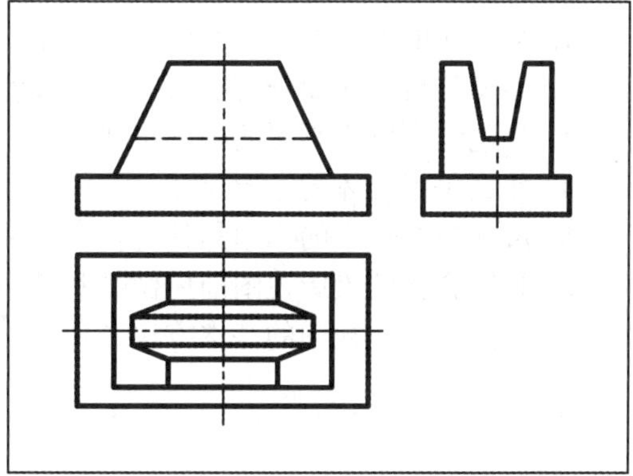

(f) 描深

图 5-33 "二补三"作图（二）

补图过程如下：

(1) 读图。先用形体分析法进行粗读，根据给出的两面视图，运用形体分析法可知，该形体是由一个四棱柱的底板Ⅰ和一个带梯形切槽Ⅲ的梯形棱柱Ⅱ组成的。如图5-33 (b) 所示。

(2) 补图。按形体分析的结果，先补出底板Ⅰ的俯视图如图5-33 (c) 所示，再补出梯形棱柱Ⅱ的俯视图，如图5-33 (d) 所示，最后补出切槽Ⅲ的俯视图，如图5-33 (e) 所示。整理俯视图，将多余图线去掉，补图结果如图5-33 (f) 所示。

本章小结

组合体是由基本形体叠加、挖切组合而成的类似于工程形体的形体。

在绘制组合体投影图时，首先要明确组合体的组合方式、表面连接关系及位置关系，进行形体分析后，再对组合体进行特征投影的选择、注意投影图选择中的平衡性等，使组合体以最少的投影图反映其尽可能多的内容。

组合体尺寸由定形尺寸、定位尺寸和总体尺寸三部分组成。标注定位尺寸时，应选好定位基准，对于平面体，通常选取最左或最右端面作为长度方向的定位基准，选取最前或最后端面作为宽度方向的定位基准，选取最上或最下端面作为高度方向的定位基准(对土木类型体通常选择最下端面作为高度方向的定位基准)；对于回转型曲面立体，如圆柱、圆锥和球体等，选择回转轴线作为定位基准。

标注组合体尺寸时要做到大尺寸在外，小尺寸在内，小尺寸之和应等于大尺寸。相关尺寸应标注在两投影之间，并尽量标注在特征投影上，尺寸标注做到不重复。

组合体投影图的识读是学习中的难点，注意识读投影图的一般方法和步骤，注意形体分析法和线面分析法在识读中的交错应用。

对于组合体投影的学习，必须多画、多读、多想，有时需结合画轴测图来帮助理解。

复习思考题

1. 组合体的组合方式、表面连接关系有哪些？
2. 形体分析和线面分析的实质是什么？在画图和读图时如何应用？
3. 简述组合体投影图的画图步骤。
4. 什么是组合体的定形尺寸、定位尺寸和总体尺寸？
5. 尺寸在图形中的作用是什么？在标注尺寸时，怎样才能做到完整、清晰？
6. 画组合体的投影视图前应做哪些基本分析？
7. 阅读组合体视图的基本方法是什么？

第六章　轴测投影

◎自学时数

4学时

◎教师导学

通过学习本章，使读者对轴测投影图的形成和作图方法有个整体的概念，在辅导学生学习时，应注意以下几点：

(1) 应让学生掌握轴测投影（斜二测和正等测）的基本作图方法。

(2) 在掌握轴测投影基本作图方法的基础上，了解轴测投影的基本知识，掌握轴测投影的选择和正等测和斜二测的基本画法。

(3) 本章的重点是确定轴测轴方向，能利用轴测投影图正确地表达基本体及截切和相贯体。

(4) 本章的难点是确定作轴测投影图的先后次序以及圆在正等侧中的画法。

(5) 通过本章的学习，学生应对轴测投影的原理及作图方法有个整体的概念。

工程上广泛使用正投影图来绘制施工图样，如图6-1（a）所示。正投影图能完整、准确地表达物体各部分的形状和尺寸大小，而且绘图简便、便于施工，是工程上普遍采用的图样；但它的立体感不强，缺乏读图基础的人很难看懂。如采用轴测投影图来表达同一物体，则很容易看懂。如图6-1（b）、(c）所示分别为用斜二测和正等测画法画出的轴测投影图，比较起来看，轴测投影图的立体感强、直观性好、易于读图；但作图较多面正投影复杂，且度量性较差。所以多数情况下，轴测投影图只能作为一种辅助图样，用来表达某些建筑物及其构配件的整体形状和节点的搭接情况，以弥补多面正投影图的缺陷。

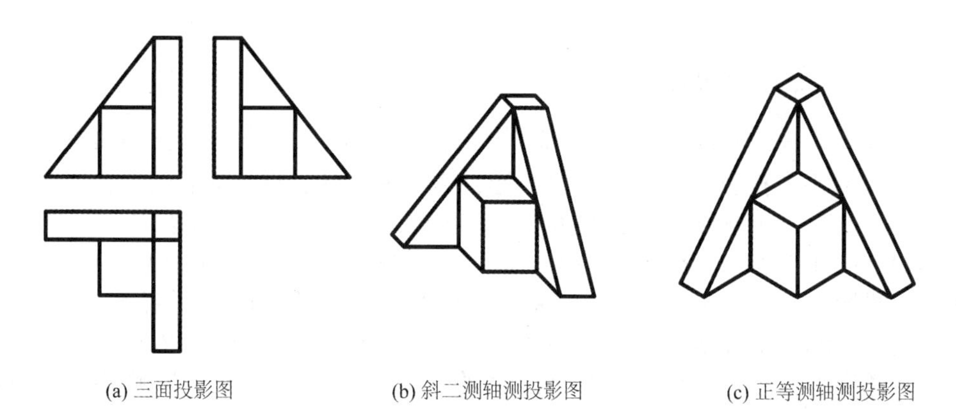

(a) 三面投影图　　(b) 斜二测轴测投影图　　(c) 正等测轴测投影图

图6-1　正投影图与轴测投影图

第一节　轴测投影的基本知识

一、轴测投影图的形成

将物体连同确定其空间位置的直角坐标系一起，沿不平行于任何坐标面的方向，用平行投影法投射到一个平面 P 上所得到的单面投影图，称为轴测投影图，简称轴测图。投影面 P 称为轴测投影面，S 称为投射方向。

轴测投影图不仅能反映物体三个侧面的形状，立体感强；而且能够测量物体三个方向的尺寸，具有可量性。但测量时必须沿轴测量，这就是轴测投影命名的由来。

轴测投影的形成及分类如图 6-2 所示。

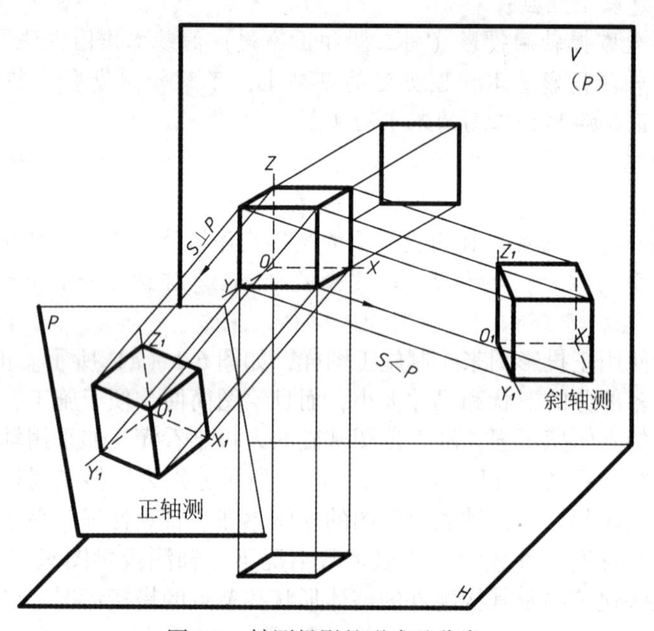

图 6-2　轴测投影的形成及分类

二、轴间角及轴向伸缩系数

如图 6-2 所示，O-XYZ 是表示空间物体长、宽、高三个方向的直角坐标系；O_1-$X_1Y_1Z_1$ 是坐标系在投影面 P 上的轴测投影，称为轴测轴。轴测轴表明了轴测图中长、宽、高三个方向。轴测轴之间的夹角（$\angle X_1O_1Y_1$、$\angle Y_1O_1Z_1$ 和 $\angle X_1O_1Z_1$,）称为轴间角。假设在空间三坐标上各取等长的，由于各轴与轴测投影面 P 的倾角不同，所以它们在轴测投影也不同。投影长度与实际长度之比，称为该轴的轴向伸缩系数（或变形系数），分别用 p、q、r 表示，即 $p=O_1X_1/OX$、$q=O_1Y_1/OY$、$r=O_1Z_1/OZ$。

轴间角和轴向伸缩系数是绘制轴测图时的重要参数，不同类型的轴测图有其不同类型的轴间角和轴向伸缩系数。

三、轴测投影的基本性质

轴测投影属于平行投影，因此具有平行投影的基本性质。

（1）空间平行的线段其投影也平行，即物体上与坐标轴平行的线段，在轴测图中也平行于对应的轴测轴。

（2）平行坐标轴的线段的轴投影与线段实长之比，等于相应的轴向伸缩系数。

四、轴测投影的分类

根据投射方向相对轴测投影面的位置不同，轴测投影可分为两类：当投射方向 S 垂直于投影面 P 时，所得投影称为正轴测投影；当投射方向 S 倾斜于投影面 P 时，所得投影称为斜轴测投影。根据轴间角和轴向系数的不同，它们各自又可分为若干种。本书只介绍正等测图、斜二测图和水平面斜轴测图的画法。

第二节　斜轴测投影

当投射方向 S 与投影面 P 倾斜、坐标面 XOZ（即物体的正面）与投影面 P 平行时，所得的平行投影称为正面斜轴测投影；当投射方向 S 与投影面 P 倾斜、坐标面 XOY（即物体的水平面）与投影面 P 平行时，所得平行投影称为水平斜轴测投影。不论是正面斜轴测投影还是水平斜轴测投影，如果三个伸缩系数都相等，就称为斜等轴测投影（简称斜等测）；如果两个伸缩系数相等，一个不等，则称为斜二等轴测投影（简称斜二测）。

工程上常用斜轴测投影是斜二测，它具有画法简便、图样立体感强等优点。

本节主要讨论斜二测的轴间角和轴向伸缩系数以及斜二测的画法，然后简单介绍水平斜等测图及其画法。

一、斜二测的轴间角和伸缩系数

1. 正面斜二测

如图 6-3（a）所示，使坐标面 XOZ 平行于轴测投影面 P，投射方向 S 倾斜于投影

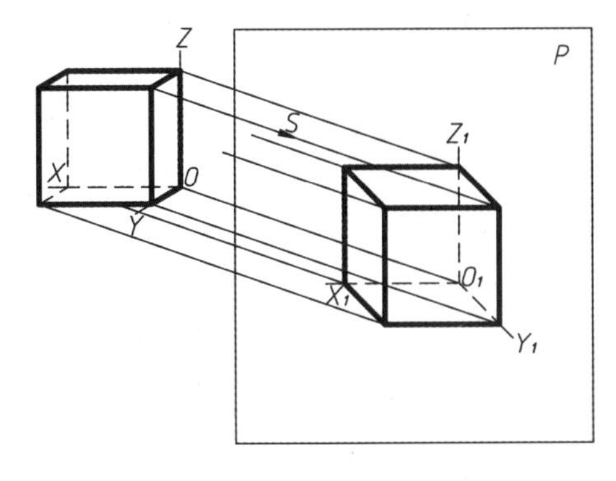

(a) 正面斜二测投影

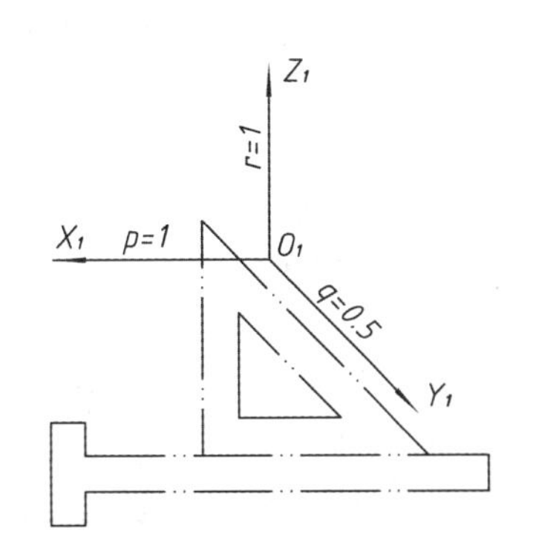

(b) 斜二测的轴间角与伸缩系数

图 6-3　正面斜二测投影图

面 P，将物体向投影面 P 进行斜投影，即得正面斜轴测投影。因为坐标面 XOZ 平行于投影面 P，所以轴间角 $\angle X_1O_1Z_1=90°$，而且沿长度方向伸缩系数 $p=O_1X_1/OX=1$，高度方向伸缩系数 $r=O_1Z_1/OZ=1$。轴测轴中 O_1Y_1 的方向与投射方向 S 有关，O_1Y_1 的长短与投射方向 S 和投影面 P 的倾斜角度有关。为作图方便，以获得较好的直观效果，取轴间角 $\angle X_1O_1Y_1=\angle Y_1O_1Z_1=135°$（或 $\angle X_1O_1Y_1=45°$、$\angle Y_1O_1Z_1=225°$），取宽度方向伸缩系数 $q=O_1Y_1/OY=0.5$。

以上将正面或正平面作为轴测投影面所得到的斜轴测图，称为正面斜二测轴测图。

如图 6-3（b）所示为斜二测的轴间角和变形系数，画图时，将 O_1Z_1 轴放在铅垂位置上，O_1X_1 轴放在水平位置上，O_1Y_1 轴与水平横线成 45°角。

2. 水平斜二测

同理，水平斜二测中 XOY 面平行于投影面，$\angle X_1O_1Y_1=90°$。轴向伸缩系数 $p=q=1$，即长度和宽度尺寸保持不变，r 取 0.5，即高度方向尺寸取一半，如图 6-4 所示。

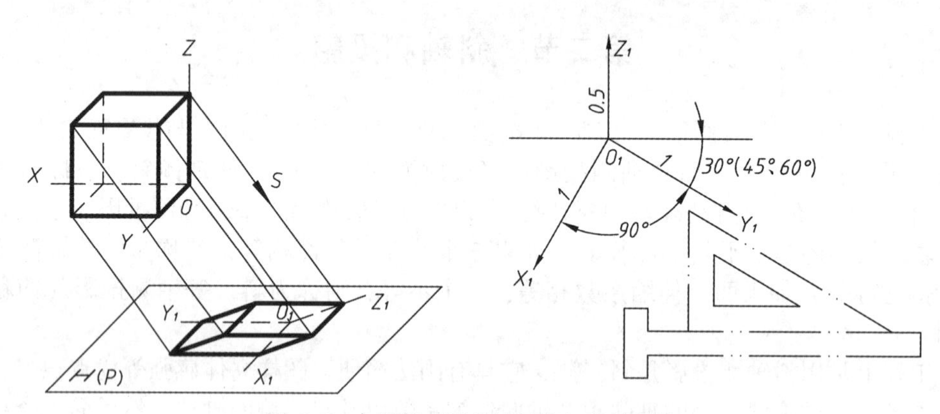

图 6-4　水平斜二测的轴间角与伸缩系数

二、斜二测的形式和作图方法

1. 轴测图的形式

画图前，首先要根据物体的形状特征选定斜二测的种类，由于正面投影一般能反映物体的基本特征，所以多数情况选用正面斜二测；只有在画一些建筑物的鸟瞰图时，才选用水平斜二测。

当选用正面斜二测时，由于正面或与正面平行的平面不变，因此要把物体形状较为复杂的一面作为正面，同时还要根据形状的特点，适当地选择 O_1Y_1 轴方向。如图 6-5 所示为立体四个方向的正面斜二测，它们所要展示立体的面是不同的。

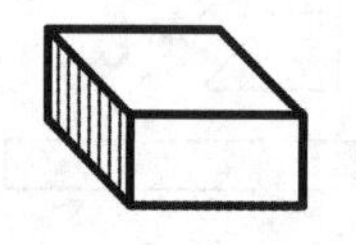
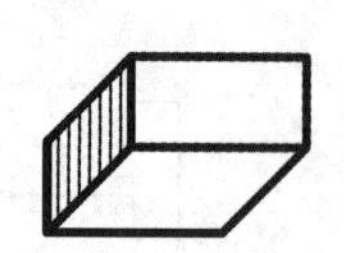
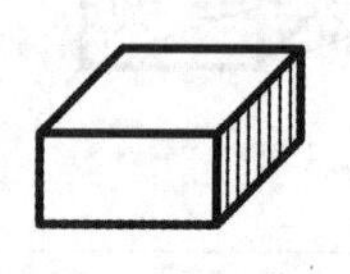
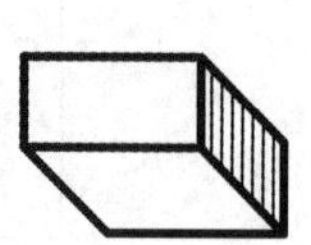

图 6-5　正面斜二测的不同形式

2. 坐标的确定

为了确定物体上各点的位置，首先将坐标轴选定在物体的投影图上，确定的原则是：若物体在某个方向上是对称的，坐标原点一般定在对称中心线上，坐标轴定在轴线或对称线上；若物体不具有对称性，坐标原点通常选在物体的某个顶点上，坐标轴选在物体的棱线上。坐标面 *XOY* 一般与物体的水平面重合。

3. 作图方法

画轴测图常用的方法有坐标法、特征法、叠加法、切割法。其中，坐标法是最基本的方法，其他方法都是根据物体的特点在坐标法的基础上演变而成的。画轴测图时，轴测图上的轴测轴只是作参照用的，轴测轴的选择是以测量尺寸方便为原则选定起画点，依据轴测图的基本性质画出。

画轴测图时，首先要画出参考轴测轴，然后沿轴向按伸缩系数比例画出物体上各点的轴测投影；最后连接各点的轴测投影，完成所给形体的轴测投影图。作轴测图时，只画可见的线，不画不可见的线。

三、坐标法和特征面法画正面斜二测图

1. 坐标法

坐标法是利用平行坐标轴的线段量取尺寸，以确定物体上各顶点的位置，并依次连接，画出物体轴测图的方法。

【例 6-1】 如图 6-6（a）所示，作正三棱锥的正面斜二测图。

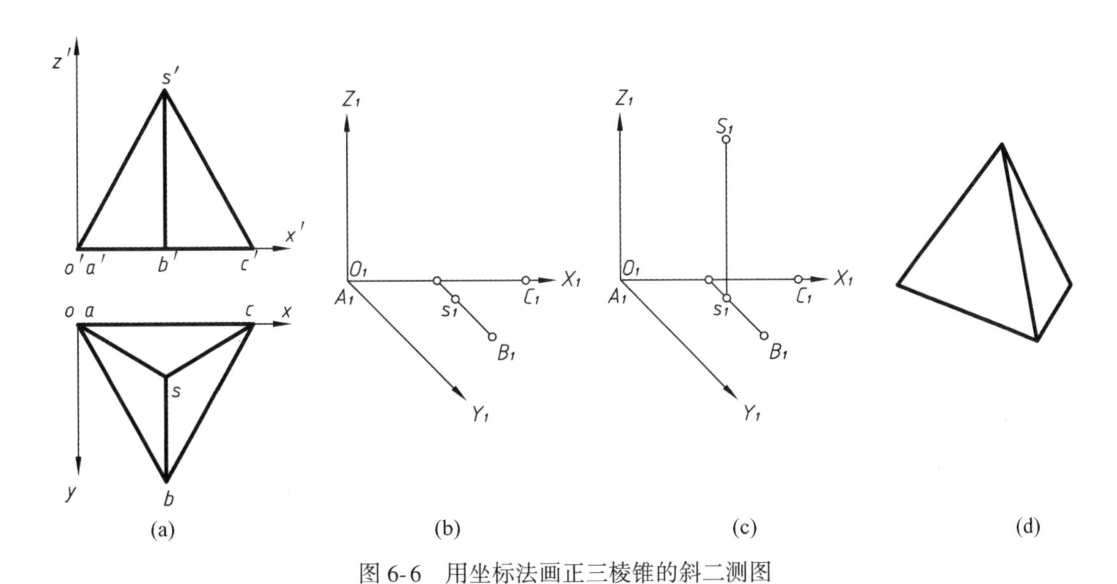

图 6-6 用坐标法画正三棱锥的斜二测图

作图步骤如下：

（1）将坐标轴定位在形体上，坐标顶点 *O* 与 *A* 点重合，三棱锥的底面 *ABC* 与坐标面 *XOY* 重合，如图 6-6（a）所示。

（2）画出轴测轴，根据 *A*、*B*、*C* 三点的坐标，定出底面各角点 A_1、B_1、C_1 和锥顶 S_1 在底面的投影 s_1。注意沿轴测轴量取长度，其中 O_1X_1、O_1Z_1 轴的变形系数为 1，

O_1Y_1 轴的变形系数为0.5，如图6-6（b）所示。

（3）根据锥顶 S 的高度定出轴测图上的投影 S_1，量取 $s_1S_1=s'b'$，如图6-6（c）所示。

（4）连接各顶点 S_1A_1、S_1B_1、S_1C_1、A_1B_1、B_1C_1，擦去多余线条和所标注的符号，描深图线，完成作图，如图6-6（d）所示。

2. 特征面法

特征面法是根据物体的特征，先画出能反映物体形状特征的一个可见面，然后再画出可见的侧棱，再画出物体的其他表面，最后画出物体轴测图的方法。

【例6-2】 如图6-7（a）所示，作花格砖的正面斜二测图。

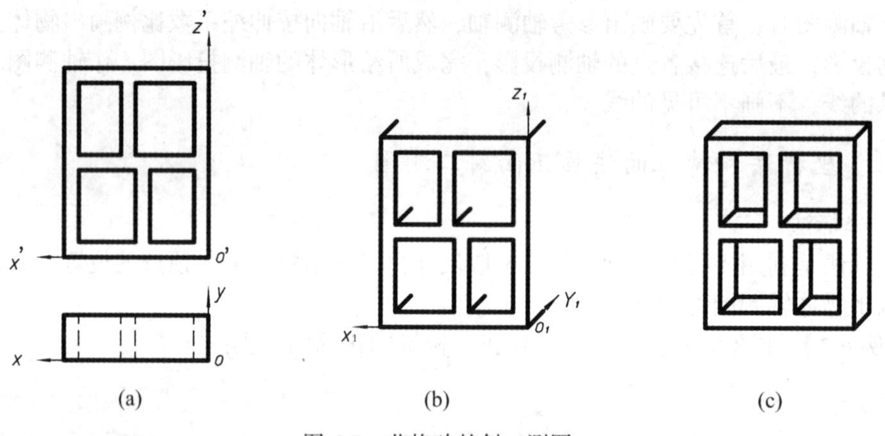

图6-7　花格砖的斜二测图

作图步骤如下：

（1）取坐标面 XOZ 与花格砖的正面重合，坐标原点 O 在右前下角，如图6-7（a）所示。

（2）画出轴测轴，根据形体正面投影图的形状，画出花格砖正面形状，并从各角点作与 O_1Y_1 轴平行的棱线，只画看得见的7条棱线，如图6-7（b）所示。

（3）在作出的平行线上截取花格砖宽度的一半，并画出花格砖后面可见的轮廓线，擦去轴测轴，描深图线，即完成花格砖的斜二测图，如图6-7（c）所示。

【例6-3】 如图6-8（a）所示，作拱门的正面斜二测图。

分析：拱门是由墙体、台阶和门洞组成，可采用叠加和切割法一部分一部分地画，逐步完成整个图形。

作图步骤如下：

（1）把 XOY 坐标面选在底面上，XOZ 坐标面选在墙体前面，OZ 轴在拱门的对称中心线上，如图6-8（a）所示。

（2）画出墙体斜二测图，如图6-8（b）所示。

（3）画出台阶的斜二测图，台阶应居中，台阶的后面应靠在墙体的前面，如图6-8（c）所示。

（4）画出门洞的斜二测图，门洞后面只画出从门洞中能够看到的后边缘线，如图6-8（d）所示。

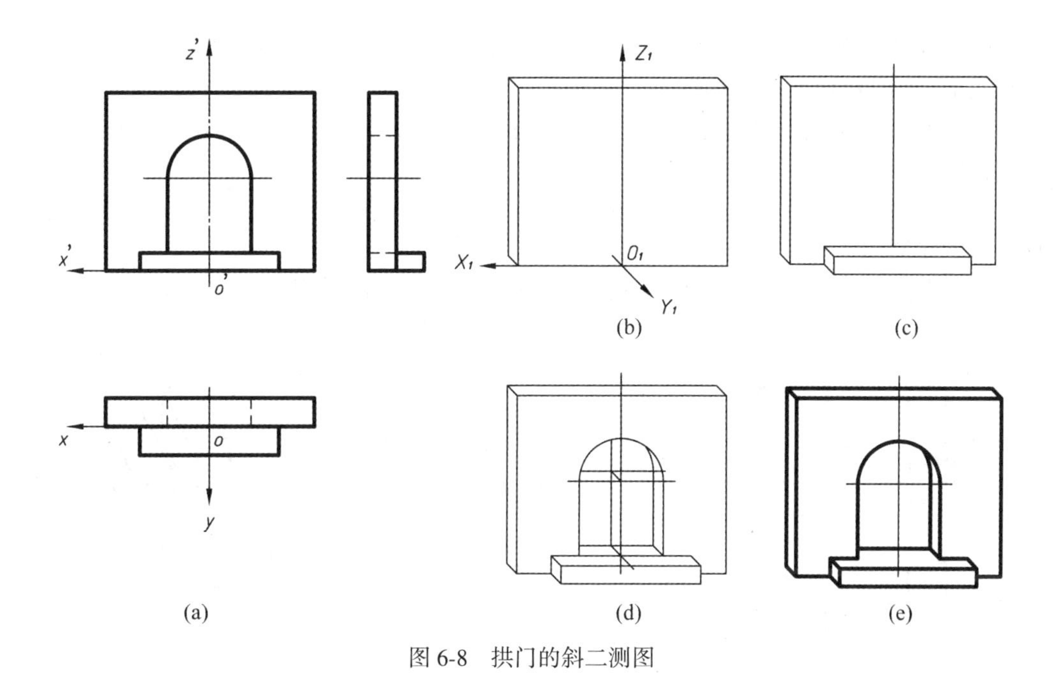

(a)　(b)　(c)　(d)　(e)

图 6-8　拱门的斜二测图

(5) 擦去多余线条和标记，描深，完成拱门的斜二测图，如图 6-8（e）所示。

【例 6-4】 如图 6-9（a）所示，作圆柱的斜二测图。

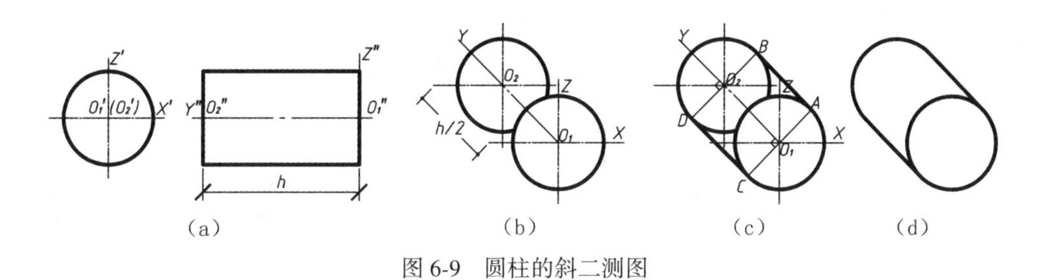

(a)　(b)　(c)　(d)

图 6-9　圆柱的斜二测图

分析：让圆柱前端面与坐标面 XOZ 平行，则前、后两端面圆的轴测投影仍为圆，为作图方便，选择前端面圆心为坐标原点 O_1，OY 轴与该圆柱轴线重合。

(1) 作出加在圆柱体上的直角坐标轴的两面投影，如图 6-9（a）所示。

(2) 作轴测轴，并在 OY 轴上量取 $O_1O_2=h/2$，再分别以为圆心 O_1、O_2，作该圆柱前、后两端面圆，如图 6-9（b）所示。

(3) 分析作圆 O_1 和 O_2 的公切线 AB、CD，如图 6-9（c）所示。

(4) 擦去多余线条和标记，描深，完成圆柱的斜二测图，如图 6-9（d）所示。

四、水平斜二测图的画法

【例 6-5】 如图 6-10 所示，作建筑小区的水平斜二测图。

作图步骤如下：

(1) 把坐标面 XOY 选在地面上，坐标原点 O 位在左前角上，如图 6-10（a）所示。

（2）画出轴测轴，O_1Z_1 为竖直方向，将 O_1X_1 与水平横线成60°角，O_1Y_1 与 O_1X_1 成90°角，如图6-10（b）所示。

（3）根据水平投影图画出各个建筑物底面的轴测图，与水平投影图的形状、大小、位置相同。

（4）过各角点向上引直线，只画可见的线，并量取各自高度的一半，画出各建筑物顶面的轮廓线。

（5）擦去多余线条和标记,描深,完成小区的水平斜二测图,如图6-10(c)所示。

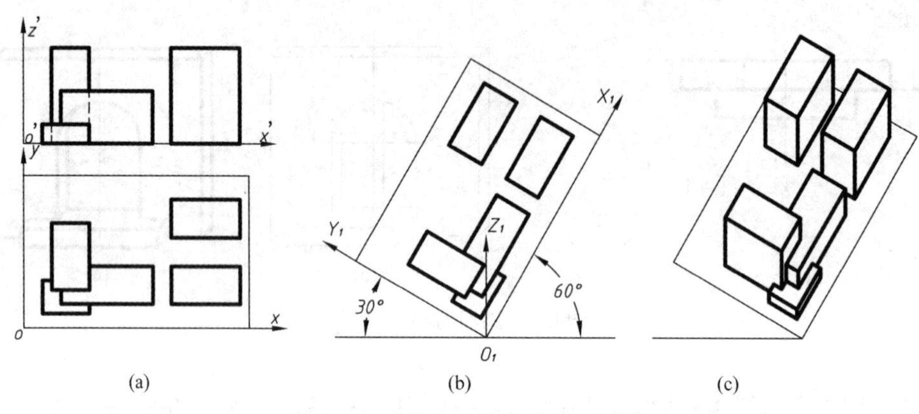

图6-10　建筑小区的水平斜二测图

第三节　正等轴测图

当投射方向 S 与投影面 P 垂直，三个坐标面 XOY、YOZ 和 XOZ 都与投影面 P 倾斜时，所得的平行投影称为正轴测投影。在正轴测投影中，若三个轴向伸缩系数相等，则称为正等轴测投影，简称正等测；若两个变形系数相等，一个不等，则称为正二等轴测投影，简称正二测。

因正等测画法比较简单，而且立体感强，所以工程上常用正等测来表达物体的形状。本节主要讨论正等测的轴间角、轴向伸缩系数和正等测的画法。

一、正等测的轴间角与轴向伸缩系数

当投影方向与轴测投影面垂直，而且物体三个方向的坐标轴与轴测投影面的夹角均相等时，所画出的轴测图称为正等轴测图。

如图6-11（a）所示，因为三个坐标与投影面成相同的倾角，所以三个轴间角应该相等，即 $\angle X_1O_1Y_1=\angle X_1O_1Z_1=\angle Y_1O_1Z_1=120°$，一般是将 O_1Z_1 轴画成铅垂线，O_1X_1、O_1Y_1 轴画成与水平横线成30°角，如图6-11（b）所示。轴向伸缩系数 $p_1=q_1=r_1=0.82$，为作图方便，常取 $p=q=r=1$，3个方向伸缩系数都取1时，称为简化伸缩系数，这只是为简化作图而取的近似值。

用简化轴向伸缩系数时，物体上所有沿轴向尺寸都与实际尺寸等长量取，但画出的正等测图是个放大了1/0.82≈1.22倍的图。因为是整个物体同时放大，所以物体的形状并不改变，也不影响物体的表达。采用简化轴向伸缩系数画出的轴测图与实际图形只

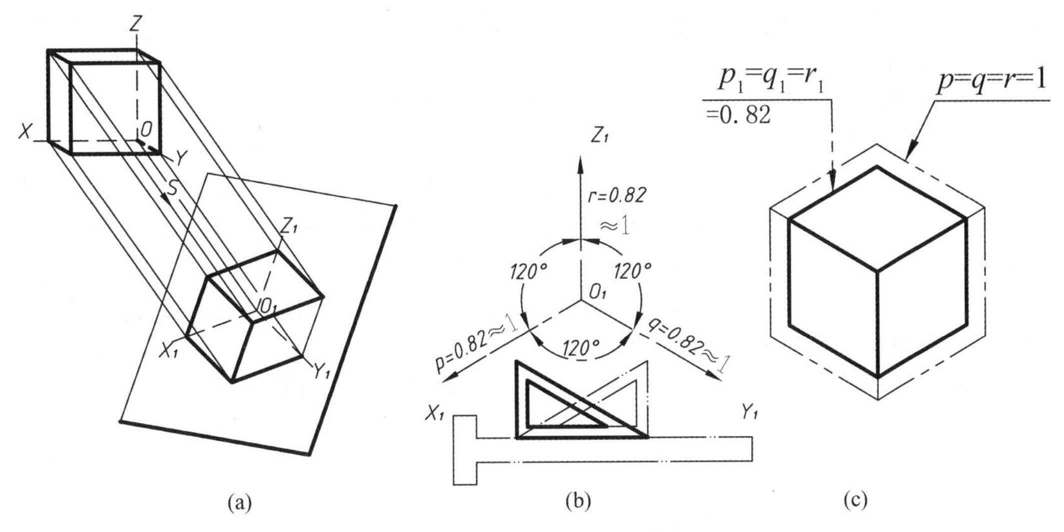

(a) (b) (c)

图 6-11 正轴测投影图的轴间角和轴向伸缩系数

是大小有差别，如图 6-11（c）所示。

二、正等测的画法

正等测的画法与斜二测的画法相似，只是轴间角与伸缩系数有所不同。作图时，一般将 O_1Z_1 轴画成铅垂线，另外两个方向可按物体所要表达的内容和形体特征进行选择，目的是尽可能地将所需表达的部分清晰地表达出来。

【例 6-6】 如图 6-12 所示，用坐标法作出正六棱柱的正等轴测图。

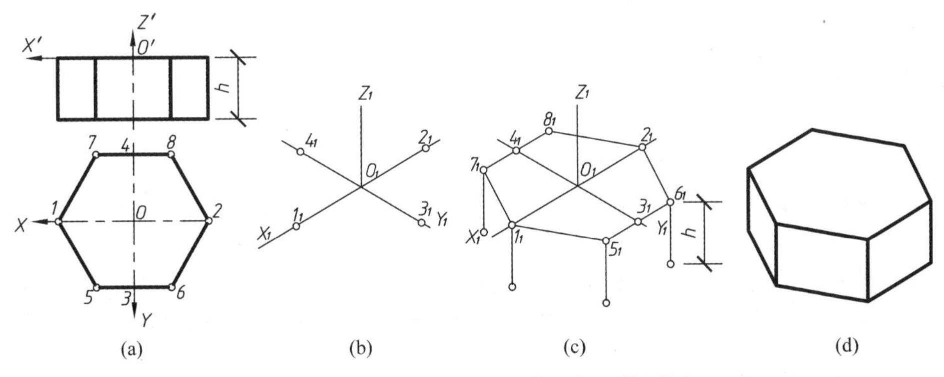

(a) (b) (c) (d)

图 6-12 用坐标法画正六棱柱的正等测图

分析：正六棱柱的上、下底面都是水平位置的正六边形，前后、左右均对称，可选取上底面的中心为原点 O，两条对称中心线为 X 轴和 Y 轴，六棱柱的轴线作为 Z 轴，建立直角坐标系，如图 6-12（a）所示。这样选取坐标轴，使坐标原点选取在可见表面上，可避免画出不必要的图线，简化作图过程。

作图步骤如下：

（1）在已给的投影图上定出坐标轴和原点，取上表面对称中心为原点 O，并在水平投影图中确定坐标轴上的点 1、2、3、4；六棱柱顶面正六边形的顶点 5、6、7、8，如图 6-12（a）所示。

（2）画轴测轴，按尺寸定出 1、2、3、4 各点的轴测投影 1_1、2_1、3_1、4_1，其中 1_1、2_1 为顶平面的两个顶点，如图 6-12（b）所示。

（3）过 3_1、4_1 分别作直线平行于 O_1X_1 轴，分别以 3_1、4_1 为中点向两边截取 5 到 6 长度的一半，得 5_1、6_1、7_1、8_1 四个顶点。连接各顶点，得上底面投影。过各顶点向下作 O_1Z_1 轴平行线，并截取棱线长为 h，得下底面各顶点，如图 6-12（c）所示。

（4）连接上述各顶点，画出下底面可见棱线，擦去多余图线及标记，描深全图，完成正等轴测图，如图 6-12（d）所示。

【例 6-7】 如图 6-13（a）所示，用特征面法作出物体的正等轴测图。

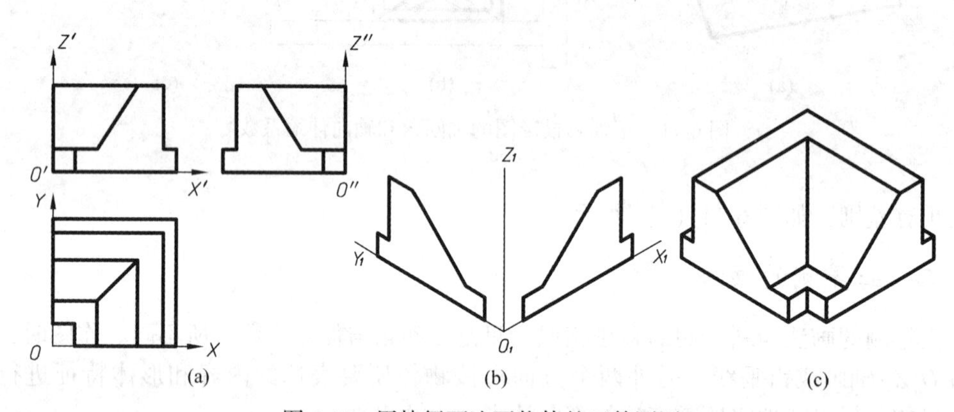

图 6-13　用特征面法画物体的正等测图

分析：由图可知，物体的前表面和左表面反映物体的形状特征，所以采用特征面法作正等测图。

作图步骤如下：

（1）在已给的投影图上定出坐标轴和原点，取前左下角点为原点 O，坐标面 XOY 与下底面重合，如图 6-13（a）所示。

（2）画轴测轴，并将前表面和左表面按 1∶1 的比例画在相应的正等测坐标面内，如图 6-13（b）所示。

（3）沿两表面各顶点分别作 O_1X_1、O_1Y_1 轴的平行线，使之对应相交，并补作表面交线，擦去多余图线及标记，描深全图，即得物体的正等测图，如图 6-13（c）所示。

三、圆的正等测的画法

1. 坐标面（或平行于坐标面）上圆的正等测的近似画法

在绘制圆的正等测时，常采用四心圆弧法近似画椭圆。如图 6-14（a）所示，为 XOY 坐标面内的圆，其直径为 d，它内切于正方形，切点为 A、B、C、D。

用四心圆弧法画正等测椭圆的步骤如下：

（1）过圆心 O_1 作轴测轴 O_1X_1、O_1Y_1，确定椭圆的长、短轴方向。由直径 d 确定圆的外切点 A_1、B_1、C_1、D_1 四点，过这 4 个点作圆外切正方形的正等测，图形为菱形，连菱形的对角线 12、56，如图 6-14（b）所示。

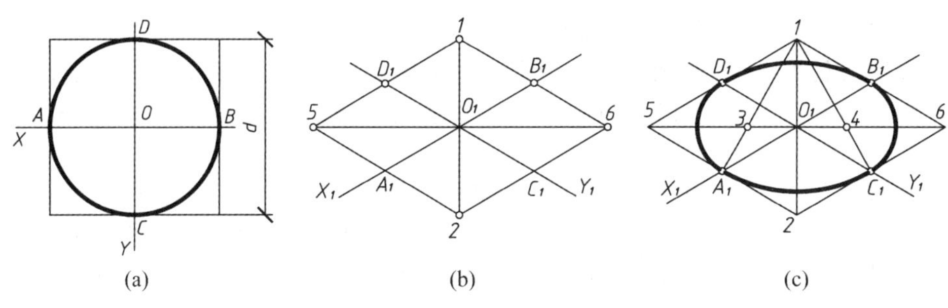

(a)　(b)　(c)

图 6-14　四心圆弧法画圆的正等测

(2) 连接 $1A_1$、$1C_1$ 交 56 于 3、4 两点，则 1、2、3、4 分别为 4 段圆弧的圆心。分别以 1、2 为圆心，以 $1A_1$ 为半径画 $\overset{\frown}{A_1C_1}$、$\overset{\frown}{D_1B_1}$ 弧；以 3、4 为圆心，以 $3A_1$ 为半径画 $\overset{\frown}{A_1D_1}$、$\overset{\frown}{C_1B_1}$ 弧。并以 A_1、B_1、C_1、D_1 为切点描深 4 段圆弧，即画出近似椭圆，如图 6-14（c）所示。

用四心圆弧法画椭圆，就是用 4 段不同心的圆弧近似画椭圆。实际画图时为简化作图，一般不作菱形，只定出 4 段圆弧的圆心及四个切点即可。故上述可简化为如图 6-15 所示的形式。

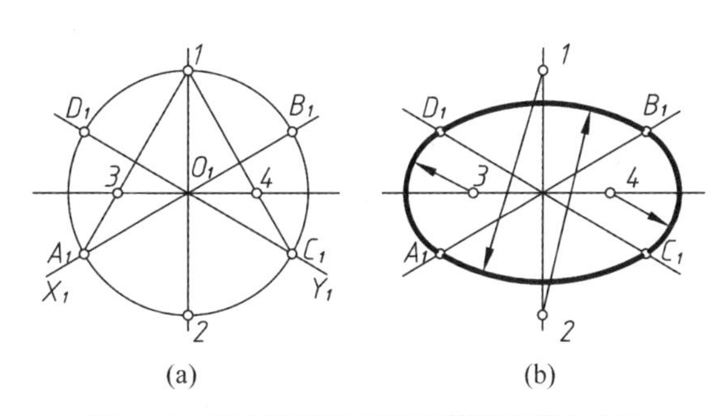

(a)　(b)

图 6-15　四心圆弧法画圆正等测的简化方法

具体方法是：过 O_1 作轴测轴及长、短轴方向线，并以 O_1 为圆心、圆的半径为半径画圆交 O_1X_1、O_1Y_1 轴于 A_1、B_1、C_1、D_1 四个点，交短轴方向线于 1、2 两点，连 $1A_1$、$1C_1$ 交长轴于 3、4 点。分别以 1、2、3、4 为圆心，A_1、C_1、B_1、D_1 为切点作出四段圆弧，如图 6-15（b）所示。

2. 圆角正等测画法

如图 6-16（a）所示，底板的四角为四分之一圆柱面，半径为 R，厚度为 h。每个圆角的正等测都是椭圆的一部分。

从图 6-14 可知，圆的正等轴测图是由四段圆弧连接起来的。圆上两弧 $\overset{\frown}{AC}$、$\overset{\frown}{BD}$ 对应椭圆上 $\overset{\frown}{A_1C_1}$、$\overset{\frown}{D_1B_1}$ 两弧；$\overset{\frown}{AD}$、$\overset{\frown}{BC}$ 对应椭圆上两弧 $\overset{\frown}{A_1D_1}$、$\overset{\frown}{C_1B_1}$ 两弧；在轴测图上 $\triangle 125$ 为等边三角形，A_1 是 25 的中点，$1A_1 \perp 25$，$1C_1 \perp 26$，根据以上分析，画圆角轴测图时，只要在作圆角的边上量取半径 R，如图 6-16（b）所示，过量得点作边线的垂线，然后以与边垂线的两直线交点为圆心，垂线长为半径画弧，此圆弧即为轴测图中四分之

一圆角，如图6-16（c）所示。具体作图如下：

（1）画底板外接长方体轴测图。从长方体上表面各角点，沿两边分别量取长度为R的点作为切点，过切点作相应边的垂线，分别交于1、2、3、4点，如图6-16（b）所示。

（2）以1、2、3、4为圆心，相应垂线长度为半径作圆弧，如图6-16（b）所示。

（3）将1、3、4沿Z_1轴方向向下平移距离h，得1_1、3_1、4_1。再分别以1_1、3_1、4_1为圆心、以相应的半径为半径作圆弧，并作出各角点两圆弧的公切线，如图6-16（b）所示。

（4）擦去多余和被遮挡的图线，描深，完成全图，如图6-16（c）所示。

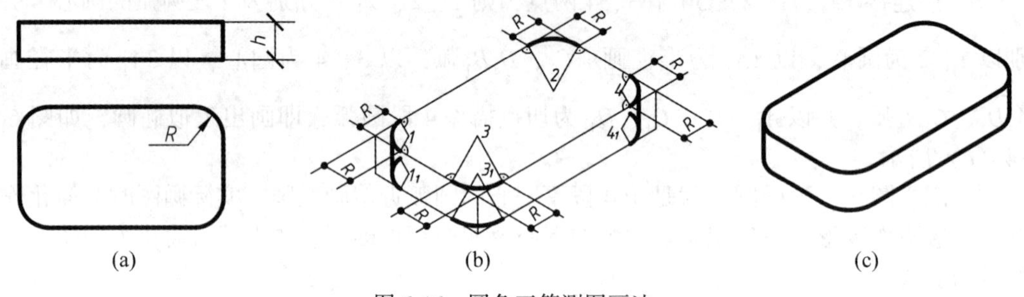

图6-16　圆角正等测图画法

3. 曲面立体的正等测图

【例6-8】如图6-17（a）所示，画出圆柱的正等轴测图。

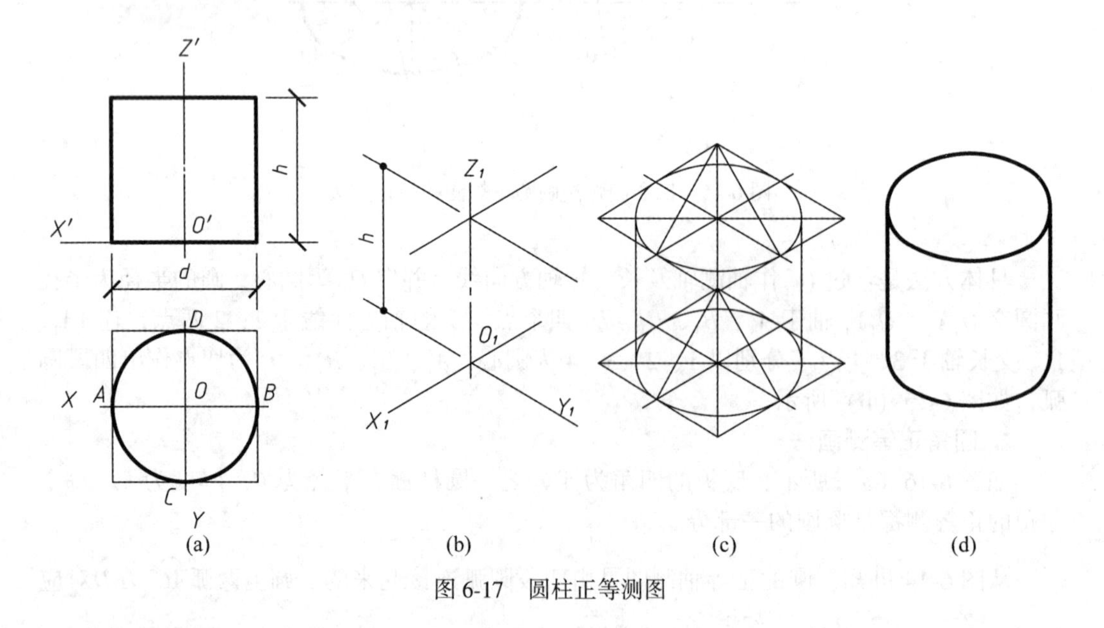

图6-17　圆柱正等测图

分析：圆柱的轴线是铅垂线。它的上、下两端面是平行于XOY坐标面且直径相等的圆。

作图步骤如下：

（1）在正投影图中选定坐标系，如图 6-17（a）所示。

（2）画轴测轴，定出上、下端面中心的位置，如图 6-17（b）所示。

（3）画上、下端面正等测椭圆及两侧轮廓线，如图 6-17（c）所示。

（4）擦去多余和被遮挡的图线，描深，完成圆柱正等测图，如图 6-17（d）所示。

如图 6-18 所示是不同方向上圆柱的正等测图的画法。

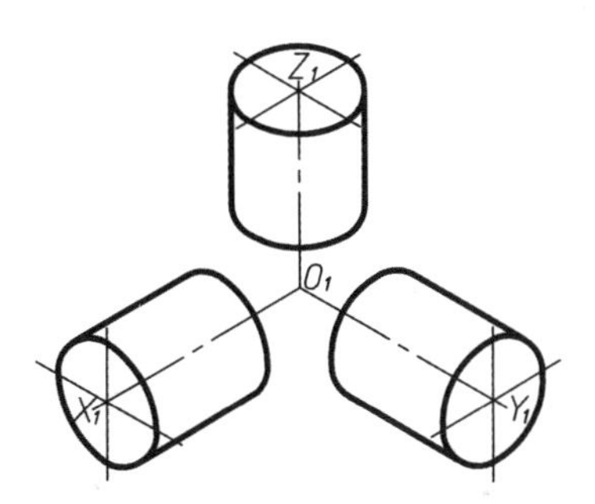

图 6-18　不同方向上圆柱的正等测图

第四节　轴测图的选择

在绘制轴测图时，首先考虑的是用哪种轴测图能将物体表达清楚。由于斜二测图和正等测图的投射方向与轴间角，以及投射方向与坐标面之间的角度均有所不同，而且物体本身又都有其特殊性，这些都会影响到轴测图的表达效果。所以在选择轴测图种类时，首先应考虑画出的轴测图要有较强的立体感，不能有太大的变形，以影响人们的视觉效果；其次应根据物体的特征，考虑从哪个方向去观察物体，才能使物体最需表达的部分表现出来，以便图示明显、作图简便。

一、轴测类型的选择

（1）在多面正投影中，如果物体的表面与水平方向成 45°，如图 6-19（a）所示的

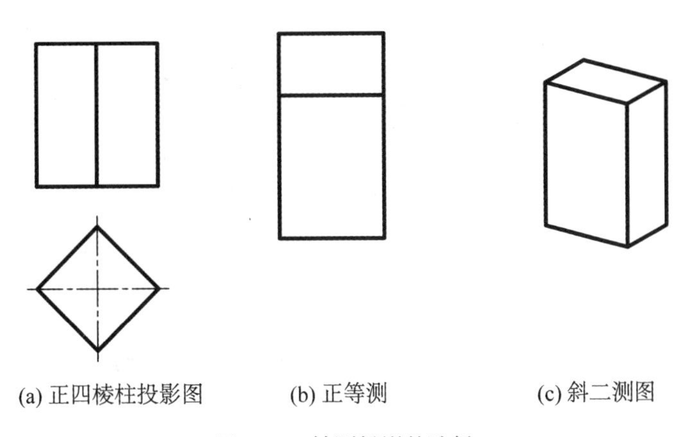

(a) 正四棱柱投影图　　(b) 正等测　　(c) 斜二测图

图 6-19　轴测投影的选择

正四棱柱。此时不应采用正等测图来表达物体，原因是正等测图在这个方向上均聚成与 Z 轴平行的直线，需用轴测投影表达物体形状的平面表达不出来，如图 6-19（b）所示。同理，若多面正投影图中物体表面交线位于和水平方向成 45°的平面内，交线的轴测投影是平行于 Z 轴的直线，这也会削弱物体的表现程度。上述两种情况宜选择斜二测轴测图或正二测轴测图，其立体感效果比较好，如图 6-19（c）所示。

（2）正等测图的三个轴间角和轴向伸缩系数均相等，故平行于三个坐标面的圆的轴测投影（椭圆）的画法相同，且作图简便。因此，当物体多个坐标面上有圆或圆弧时，宜采用正等测图，如图 6-20 所示。

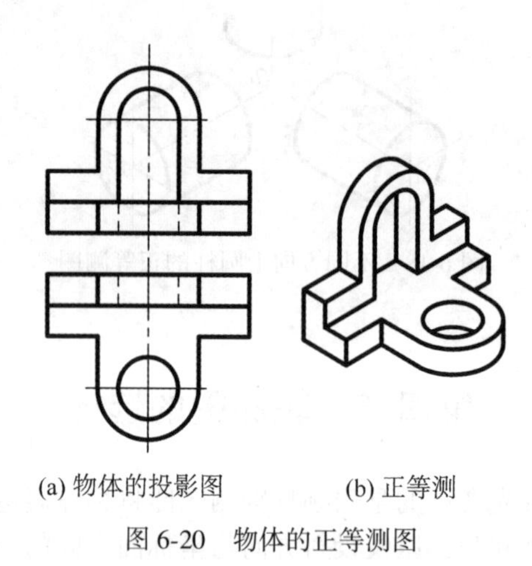

(a) 物体的投影图　　(b) 正等测

图 6-20　物体的正等测图

（3）当物体某一轴向具有圆、圆弧或其他较为复杂形状时，应选择作图比较简便的斜二测。因某一轴向可选择在与坐标 XOZ 平行的平面上，这样在斜二测轴测图中反映实形，画图较为方便，如图 6-21 所示。

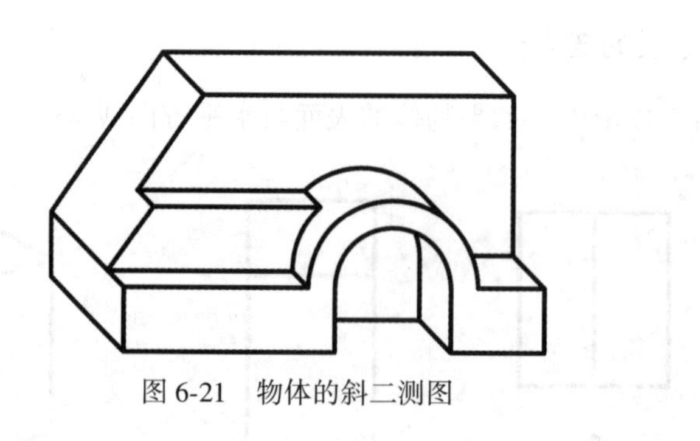

图 6-21　物体的斜二测图

二、投射方向的选择

当轴测投影的类型确定后，根据形体自身的特征，还需选择投射方向，原则是尽可能充分表达物体比较复杂的部分。如图 6-22 所示，为同一物体四种不同投射方向所画出的正等测图，图中分别列出前左俯视、前右俯视、后左仰视、后右仰视的轴测图。画图时，应根据物体要表示的部分予以选择。

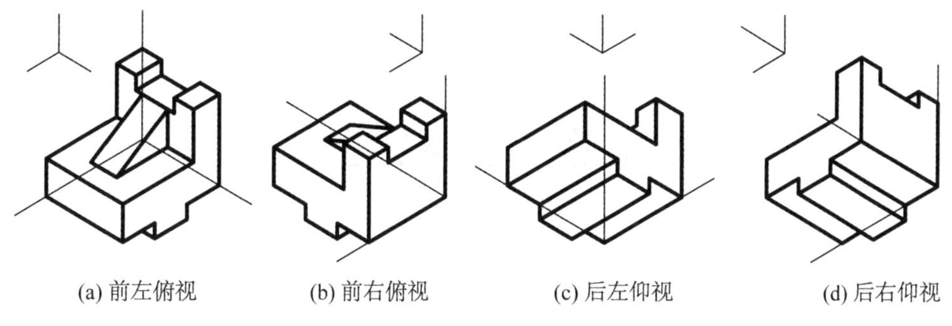

(a) 前左俯视　(b) 前右俯视　(c) 后左仰视　(d) 后右仰视

图 6-22　正等测投影方向的选择

从图 6-22 所示明显可看出，立体感最好的是图 6-22（a），较好的是图 6-22（b），图 6-22（c）、(d）则比较差，原因是它们主要表现了物体的底部，而复杂的部分基本在上部，上部的肋板在图中根本没表示出来，所以效果比较差。

本 章 小 结

轴测投影有平行性（平行两直线的平行投影仍平行）和同比性（平行两直线的平行投影的伸缩系数相等）的特性。轴测投影分正轴测投影和斜轴测投影两大类，常用正等测和斜二测。

画斜二测投影图时，所有与 *XOZ* 面平行的面都是 1 : 1 画出，*Y* 方面取原画长度的一半，圆的斜二测在 *XOZ* 面画实形圆，所以用斜二测画图时，尽量把有圆的面设在 *XOZ* 面上。画正等测投影图时，*X*、*Y*、*Z* 三个方向简化都取图形原长，圆在正等测中画成四段圆弧合成为椭圆。

轴测投影图的画法有坐标法、叠加法、切割法、特征面法等，坐标法是基础。作图前，应弄清形体的形状，分析其特点、选择最佳的投影角度，使形体大部分能通过轴测图展示出立体效果。

复习思考题

1. 正等测投影、斜二轴测投影和水平斜等轴测投影的轴间角和轴向伸缩系数有何区别？

2. 如何求作点的斜二轴测投影图和正等轴测投影图？

3. 在用“四心法”作物体上不同位置的投影面平行圆时，应如何确定轴测投影椭圆长、短轴的方向？

4. 在什么情况下，物体上某些平面的轴测投影反映实形？画图时应如何利用这一性质？

5. 正面斜二轴测图和水平斜二轴测图，在画法上有何不同？

第七章 透视投影

◎**自学时数**

4学时

◎**教师导学**

通过学习本章，使读者对透视投影的形成和作图方法有个整体的概念，在辅导学生学习时，应注意以下几点：

(1) 应让学生掌握透视投影的形成和作图方法。

(2) 在掌握透视投影的形成和作图方法的基础上，了解透视的特点及透视图中常用的术语及符号。掌握用视线迹点法求作点、线的透视。了解灭点的概念，掌握各种位置线灭点的求法及特点，会应用直线的灭点求作平面多边形及形体的透视。掌握平面灭线的概念及各种位置平面灭线的特点，会由给出的透视图确定各面灭线及两平面交线的灭点。了解在透视图中视点远近、视平线高低及画面偏角大小对透视效果的影响。掌握由所给两面投影图，利用灭点、真高线等来求作建筑物的一点及两点透视。

(3) 本章的重点和难点都是利用灭点、真高线等来求作建筑物的一点及两点透视。

(4) 通过本章的学习，学生应对画建筑物透视图作图方法有个整体的概念。

第一节 透视投影的基本知识

一、透视的形成

如图7-1所示，在观察者和物体之间设立一画面，由人眼向物体各点引视线，依次连接视线与画面的交点即得空间物体的透视图。“透视”就是“透过去看”的意思。基本作图法就是求视线与画面的交点。

二、透视投影中的术语和符号

如图7-2所示，为了讨论问题的方便，先对透视投影中的各要素赋予相应的名称和符号。铅垂面K称为画面，水平面H称为基面，两者的交线x-x称为基线（也称为地平线）。观察者眼睛称为视点P，从视点P向画面K所作垂线的垂足p'称为主点（也称为心点），视线Pp'称为视距，视距是视点P到画面K的距离。在画图上，通过主点p'的水平线h-h称为视平线，它实际上是从视点P引出的所有水平视线与画面交点的轨迹，也是过视点的水平视线平面R与画面的交线。视平线h-h到基线x-x的距离称为视高

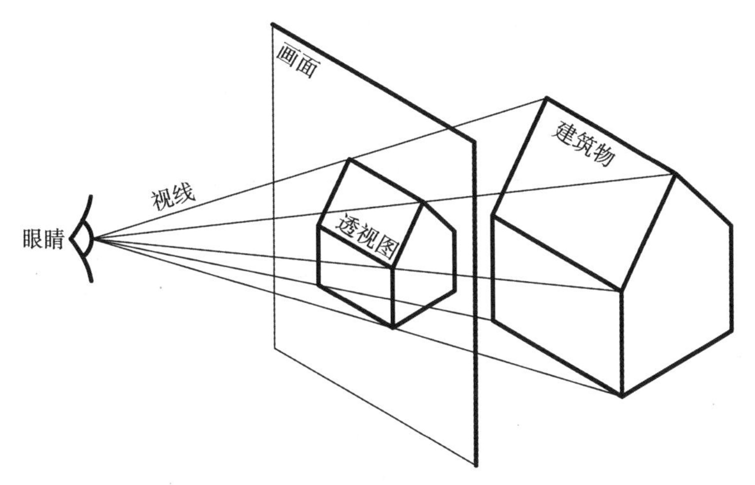

图 7-1 透视图的形成

(即视点的高度)。视点 P 正投影到地面上所得的投影 p 称为站点，站点到基线的距离也等于视距。

从图 7-2 不难看出，房屋上某一点的透视，即为通过该点的视线与画面的交点，某一直线的透视，即为通过直线的视平面与画面的交线。在画面上，若把房屋可见顶点及棱线的透视，依次连接起来，即得它的透视图。

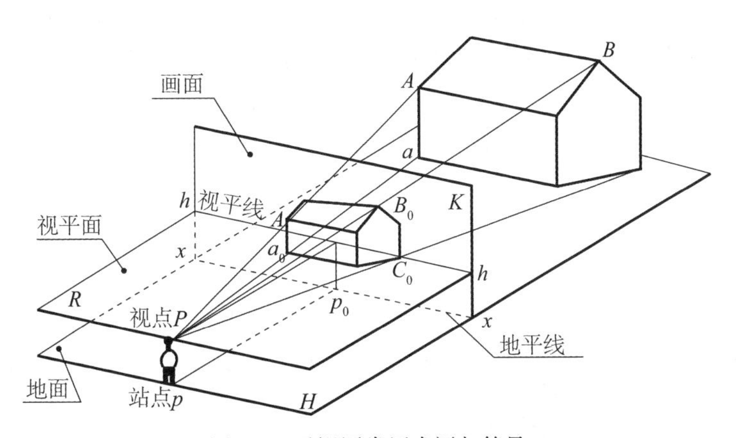

图 7-2 透视图常用术语与符号

为作图方便和清晰起见，把空间互相垂直的画面 K 和基面 H，分开后画在一张图纸上，如图 7-3 所示。画面画在基面的上方或下方均可。在实际作图时，画面和基面的边框一般不画，基线 X-X 线既在画面上，也在基面上，为了区分画面和基面的位置，把基面上的 X-X 线都用 GL 表示。在基线 X-X 以上的部分属于画面，是画透视图的范围；在 GL 线的上、下两侧，属于基面，GL 线的下方表示画面之前，是站点所在的范围；GL 线的上方则表示画面之后，要表达的物体一般位于这个范围。

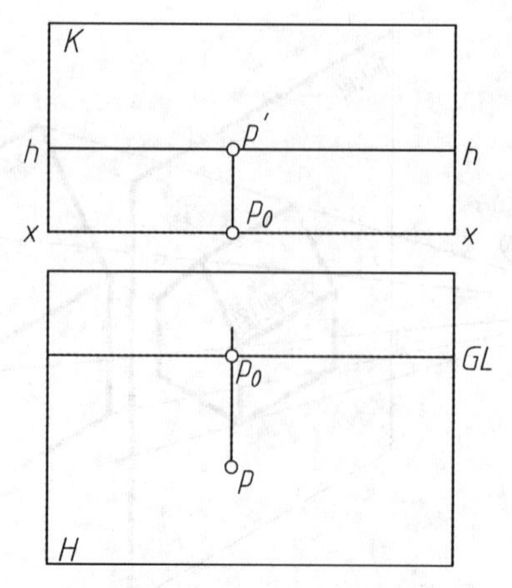

图 7-3　画面和基面摊平在一个平面上

第二节　点、直线和平面的透视投影

一、点的透视投影

在画面 K 上作空间点 A 的透视，如图 7-4（a）所示。视线 PA 与画面 K 的交点 A_1 即为空间 A 点的透视。但仅由透视点 A_1 不能确定空间点 A 的位置，因为所有位于视线 PA 上的点，其透视均重合于 A_1。为使点 A_1 具有可逆性，需作出点 A 在地面 H 上的正投影 a 的透视 a_1。点 A 在地面上的正投影 a 称为点 A 的基点，通过基点 a 的视线与画面的交点 a_1 称为点 A 的基透视。投射线 Aa 为铅垂线，视平面 PAa 为铅垂面，由此可得视平面 PAa 与画面 K 的交线 A_1a_1 也是一条铅垂线，由此得出结论：点的透视及其基透视总是位于同一条铅垂线上。

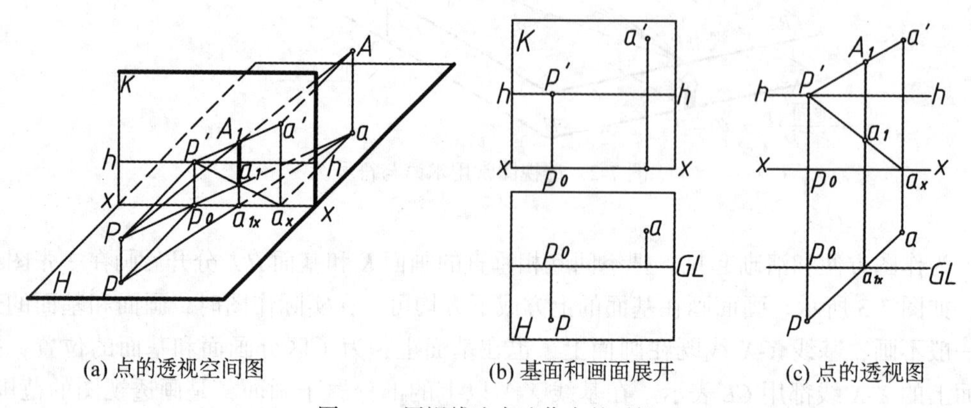

(a) 点的透视空间图　　(b) 基面和画面展开　　(c) 点的透视图

图 7-4　用视线迹点法作点的透视

由于点 A 的透视就是过该点的视线 PA 与画面 K 的交点 A_1，则所求点 A 的透视就是视线 PA 的正面迹点 A_1。这种画法称为视线迹点法。

如图 7-4（a）所示，为了求点 A 的透视和基透视，自视点 P 向 A 和 a 引视线 PA 和 Pa。这两条视线的正面投影分别是 $p'a'$ 和 $p'a_x$，这两条视线的 H 面投影重合为一条直线 Pa，Pa 与基线 x-x 相交于一点 a_{1x}，这就是点 A 的透视与基透视的 H 面投影，由 a_{1x} 向上作竖直线与 $p'a'$ 和 $p'a_x$ 相交得点 A 的透视 A_1 和基透视 a_1。

A_1 的具体作图过程如图 7-4（c）所示：

（1）在基面 H 上连点 p 和 a，得视线 PA 的水平投影；

（2）在画面 K 上连点 p' 和 a'，得视线 PA 的正面投影；

（3）由 pa 和画面迹线 GL 的交点 a_{1x} 引 x-x 线的垂线与 $p'a'$ 相交，得点 A 的透视 A_1。点 A 基点 a 的透视作法相同。

二、直线的透视及消失特性

1. 直线的透视

直线的透视是通过该直线的视线平面与画面的交线。绘制直线的透视，可归结为求作直线上任意两点的透视。

【例 7-1】如图 7-5 所示，作出直线 AB 的透视图。

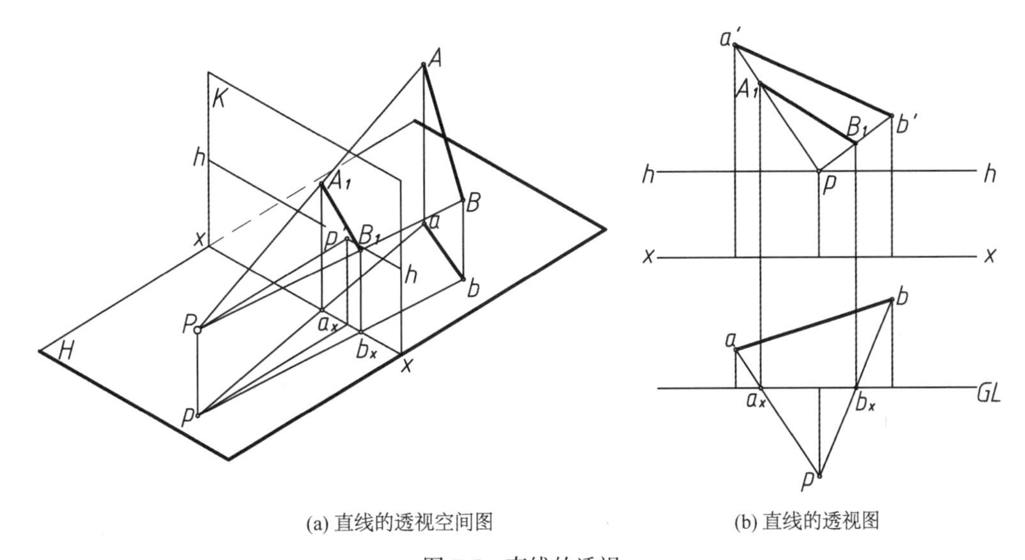

(a) 直线的透视空间图　　(b) 直线的透视图

图 7-5 直线的透视

作图步骤如下：

（1）用视线迹点法作出直线 AB 两端点的透视 A_1 和 B_1。

（2）用直线连 A_1 和 B_1，即得直线 AB 的透视 A_1B_1，如图 7-5（b）所示。

2. 直线的迹点和灭点

如图 7-6 所示，将直线 AB 延长，使之与画面相交，则交点 T 即为直线的迹点。现将直线 AB 向另一方向延长至无穷远，过视点 P 向该直线上无穷点所作的视线就与 AB

平行，该视线与画面相交点 F 称为直线 AB 的灭点。显然，若有一组平行线，它们应有一个共同的灭点，该灭点就是直线上无穷远点的透视。迹点与灭点的连线 TF 称为直线 AB 的全透视。

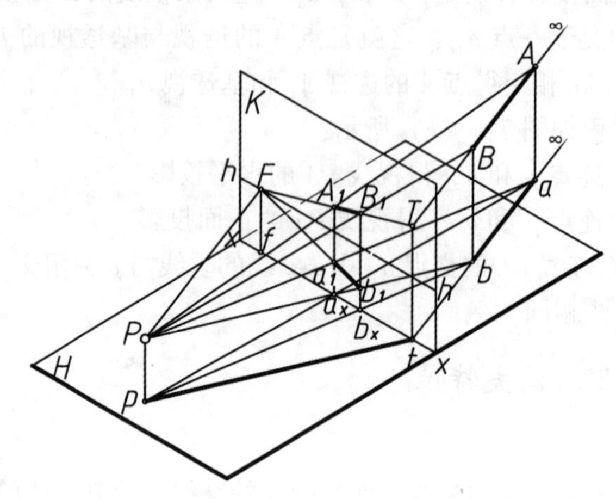

图 7-6　直线迹点和灭点的概念

【例 7-2】 如图 7-7（a）所示，作出高度为 H 的水平线 AB 的透视和基透视。

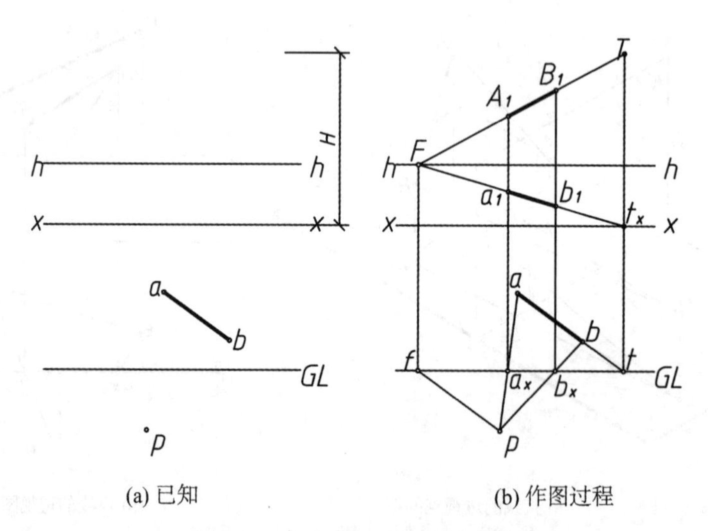

(a) 已知　　(b) 作图过程

图 7-7　水平线的透视和基透视

分析：如图 7-6 所示，AB 为水平线，T 为 AB 的迹点，F 为灭点。显然，同一方向的一组水平线有同一个灭点；不同方向的水平线，它们的灭点都在视平线 h-h 上。

作图步骤如下：

（1）过站点 p 作 $pf/\!/ab$，交 GL 于 f，过 f 向上作竖直线交视平线于 F，求得 AB 的灭点 F。

（2）延长 ab 与 GL 交于点 t，过 t 向上作竖直线与 x-x 交于 t_x，与高度 H 交于点 T

（AB 的迹点）。

（3）分别连 pa、pb，交于 GL 于 a_x、b_x；过 a_x、b_x向上作竖直线与 FT 交于 A_1、B_1；与 Ft_x交于 a_1、b_1。

（4）连直线 a_1b_1 得 AB 的基透视，连直线 A_1B_1 得 AB 的透视。

【例 7-3】如图 7-8（a）所示，作出画面垂直线 AB 的透视和基透视。

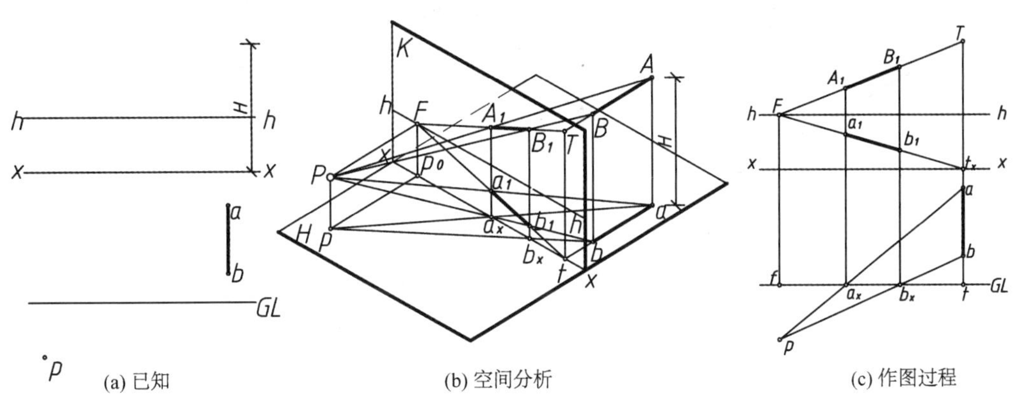

(a) 已知　　(b) 空间分析　　(c) 作图过程

图 7-8　画面垂直线的透视和基透视

分析：如图 7-8（b）所示。直线 AB 垂直于画面，现将 AB 延长，与画面相交于迹点 T。过视点 P 作平行于直线 AB 的视线，它即是主视线。主点 p'就是画面垂直线 AB 的灭点 F。所以任何画面垂直线的灭点都是主点 p'。直线的透视是直线两端点透视的连线。根据点的透视作图原理作出 AB 的透视和基透视，

作图步骤如图 7-8（c）所示：

（1）过视线 P 向点 A 作视线，可得视线的水平投影 pa 和正面投影 $p'a'$（因 AB 垂直于画面 K，迹点 T 与 a'、b'重合，$p'a'$即为 $p'T$，即图中标的 FT）

（2）延长 ab 与 GL 交于点 t，过 t 向上作竖直线与 x-x 交于 t_x，与高度 H 交于点 T（AB 的迹点）。

（3）分别连 pa、pb，交 GL 于 a_x、b_x；过 a_x、b_x向上作竖直线与 FT 交于 A_1、B_1；与 Ft_x交于 a_1、b_1。

（4）连直线 a_1b_1 得 AB 的基透视，连直线 A_1B_1 得 AB 的透视。

【例 7-4】如图 7-9（a）所示，作出与画面平行的水平线 AB 的透视和基透视。

分析：与画面平行的水平线也称为基线的平行线，如图 7-9（a）所示。它与画面相交在无穷远处，根据视线迹点法的作图原理，其透视与基透视均为自身的平行线，都平行于 x-x。

作图步骤如图 7-9（b）所示。

另需注意的是，透视图可根据需要既可画在水平投影的上方，也可以画在水平投影的下方，甚至可以画在水平投影的中间，只要保持对应关系即可。

三、透视高度的确定

由直线的透视特性可知，如果铅垂线位于画面上，则其透视就是该直线本身，它能

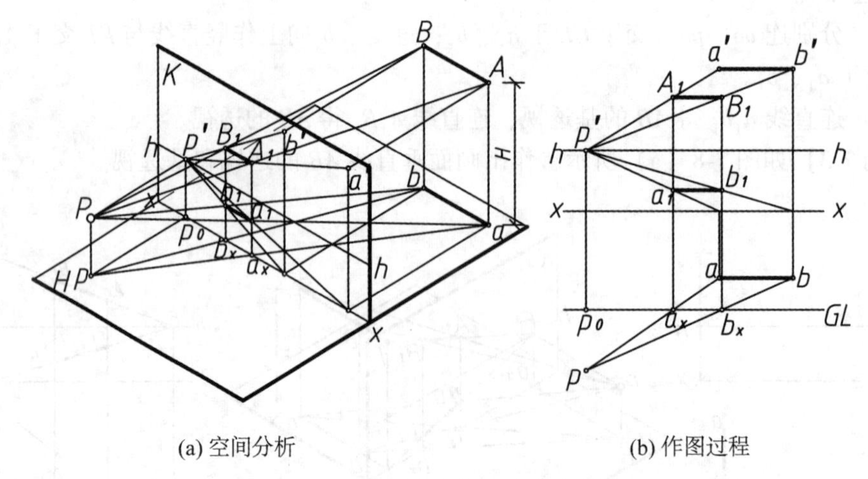

(a) 空间分析　　　　(b) 作图过程

图 7-9　基线平行线的透视和基透视

反映自身真实的高度，故称画面上的铅垂线为真高线。距画面不同远近的同样高度的铅垂线，具有不同的透视高度，但都可以利用真高线来解决透视高度的量取和确定问题。

【例 7-5】如图 7-10（a）所示，已知落地的铅垂线 AB 的真实高度 H 和它的基透视 a_1（b_1），作出 AB 的透视。

分析：由点的透视特性可知，点 B 位于基面，其透视 B_1 和基透视 b_1 重合；点 A 的基透视 a_1 也位于该点。又由水平线的透视特性可知，当过铅垂线 AB 的两端点任做两条互相平行且与画面相交的水平线时，其公共的灭点一定位于视平线 h-h 上；这两条水平线与画面的交点的连线一定反映铅垂线 AB 和真实高度 H。因此首先在视平线上的适当位置取一灭点 F，连接 F 和 B_1 并延长，使之交基线 x-x 于点 N；过点 N 作竖直线 NM 使之等于真高 H；连接 M 和 F，MF 与过点 B_1 向上作的竖直线交于 A_1，则 A_1B_1 就是铅垂线 AB 的透视，如图 7-10（b）、（c）所示。

显然，也可以这样：首先在基线 x-x 上任取一点 N；自 N 作高度为 H 的真高线 NM；连接 N 和 B_1 并延长，使之交视平线 h-h 得灭点 F；连接 M 和 F，MF 与过点 B_1 向上作的竖直线交于点 A_1，则 A_1B_1 也是真高线为 H 的铅垂线的透视，如图 7-10（b）、（c）所示。

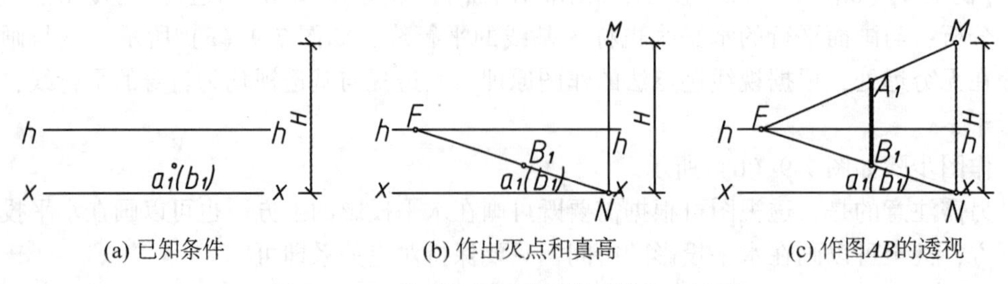

(a) 已知条件　　　　(b) 作出灭点和真高　　　　(c) 作图AB的透视

图 7-10　由铅垂线的真高和基透视作出透视

四、平面的透视

作平面的透视，就是作构成平面的各轮廓线的透视。当平面通过视点时，其透视将会积聚成一条直线。

【例 7-6】 如图 7-11（a）所示，作出基面上六边形 *ABCDEM* 的透视。

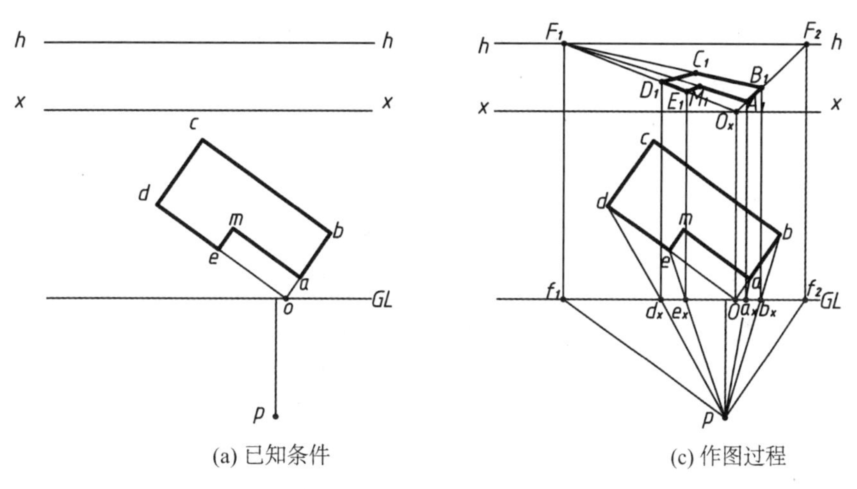

(a) 已知条件　　(c) 作图过程

图 7-11　平面多边形的透视

分析：由透视特性可知，基面上的图形，其透视与基透视重合。

作图步骤如图 7-11（b）所示：

（1）作出灭点，从图 7-11（a）可知，该平面多边形只有两个方向的直线；轮廓线 *ab*、*em*、*dc* 相互平行，轮廓线 *ed*、*am*、*bc* 相互平行，缺口的顶点 *O* 在画面上。过站点 *p* 作 *ab* 的平行线，交 *GL* 于点 f_2，并由此向上作竖直线交视平线 *h-h* 于 F_2，这就是平面多边形轮廓线 *ab*、*em*、*dc* 的公共灭点；同理，做轮廓线 *ed*、*am*、*dc* 的公共灭点 F_1。

（2）过站点 *p* 向平面多边形的顶点 *a*、*b*、*d*、*e* 引直线（即过这些点视线的水平投影）。与画面位置 *GL* 相交于 a_x、b_x、d_x、e_x 等点；缺口的顶点 *O* 在画面上，过 *O* 向上作竖直线交基线 *x-x* 于 O_x，O_x 即为点 *O* 的透视。连线 F_2O_x，与过点 a_x、b_x 向上作的竖直线交于点 *A*、*B* 的透视 A_1、B_2，连线 F_1O_x，与过点 d_x、e_x 向上作的竖直线交于点 *D*、*E* 的透视 D_1、E_2；连线 F_1A_1、F_2E_1 交于点 *M* 的透视 M_1，连线 F_1B_1、F_2D_1 交得点 *C* 的透视 C_1。

（3）依此连接 A_1、B_1、C_1、D_1、E_1、M_1，即作出平面的透视图。

第三节　视点的选择

人们在生活中往往有这样的感觉，在观看同一幢房屋时，人站的距离远近、视点的高低、主视线的方向等条件不相同，所看到这幢房屋的形状和大小不同。所以，在画透视图前，应对视点的位置进行选择，以便作出较为理想的透视效果。视点的选择一般应综合考虑以下三个方面：

一、视角

在观察外界景物时，当人眼的位置固定时，观看到的外接景物是有一定范围的。如图 7-12 所示，人眼较清的视野可近似地看成一个 60°顶角的圆锥体，称为视锥。视锥的最左和最右的轮廓视线，称为极边视线；在 H 面上投影的夹角，称为视角，用字母 α 表示。人眼最清晰的视角 α 在 28°~37°之间。视角 α 的大小，对视距有着相应的要求，视距的大小也决定着站点 p 离开画面的远近。所以说，控制视角大小的问题，就是在 H 面上如何确定站点 p 的位置。

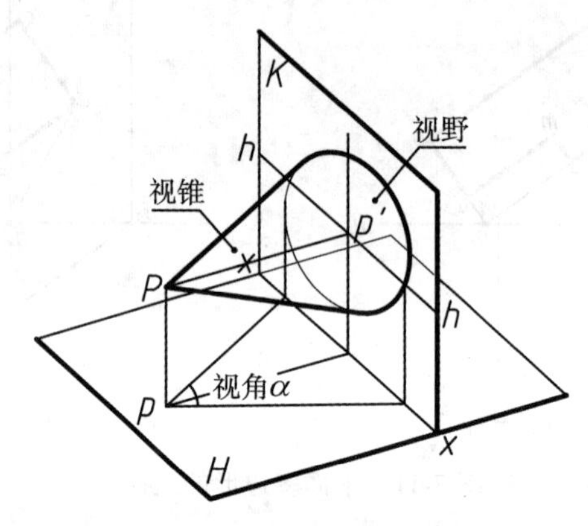

图 7-12　人眼的视角范围

在绘制外景透视图时，可以用图 7-13 中（只画出了 H 面上的投影）所示的三种方法来确定站点。

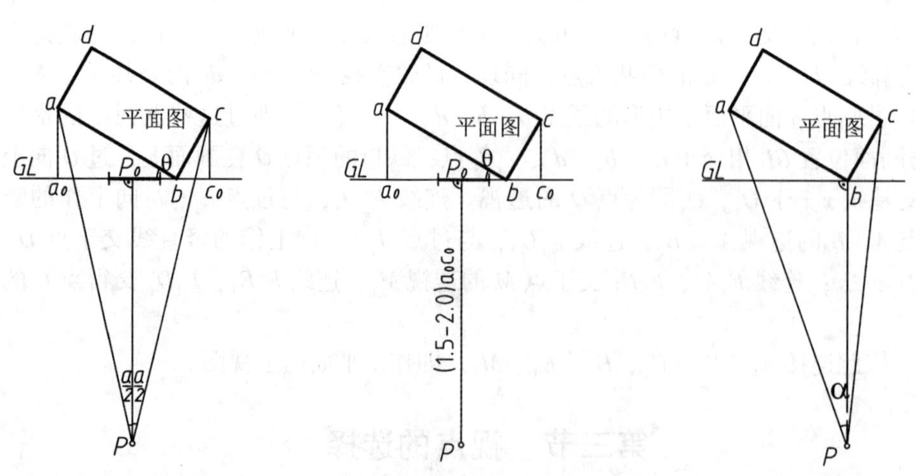

(a) 在平面图上确定站点的方法之一　(b) 在平面图上确定站点的方法之二　(c) 在平面图上确定站点的方法之三

图 7-13　确定站点的方法

（1）如图 7-13（a）所示，过极边角点（极边视线的水平投影所通过的角点）a 和

c，分别向 GL 线作垂线，交得点 a_0 和 c_0，把线段 $a_0c_0$3 等分，在中间$\frac{1}{3}$段内任选一点 p_0，过 p_0 作 GL 线的垂线，使顶角为 30°三角板的两边，分别通过极边角点 a 和 c，同时令三角板的 30°顶角角点位在过 p_0 的 GL 线的垂线上，则顶角点 p 就是要确定的站点。pp_0 为主视线的水平投影，反映视距的大小，此时视角 α 约为 30°。

（2）如图 7-13（b）所示，用上述方法先找出 p_0 点，过 p_0 点做出 GL 线的垂线；再在此垂线上，量取主视线的投影 pp_0 =（1.5~2.0）a_0c_0，所得 p 点即为站点。此时的视角 α，已控制在 28°~37°之间。

（3）如图 7-13（c）所示，可以简便地从物体靠在画面上的角点 b，直接作 GL 线的垂线，并在此垂线上，用前面两种方法之一，确定出站点 p 的位置。

在画室内透视时，视距可稍加缩短，选 pp_0 =（1.5~2.0）a_0c_0，视角则在 37°~60°之间。

二、视高

视高反映在画面上，就是视平线与基线的距离。视高常选取人的身高 1.5~1.7m。但这并不是不变的，应根据建筑物的类型和表面的需要，视平线可以高于（或低于）建筑物。当视平线高于建筑物时，画出的透视图成为鸟瞰图。它适用于表现区域规划的全貌、室内透视或街景等。如图 7-14 所示为一个长方形建筑物在不同视高下透视图的变化情况。

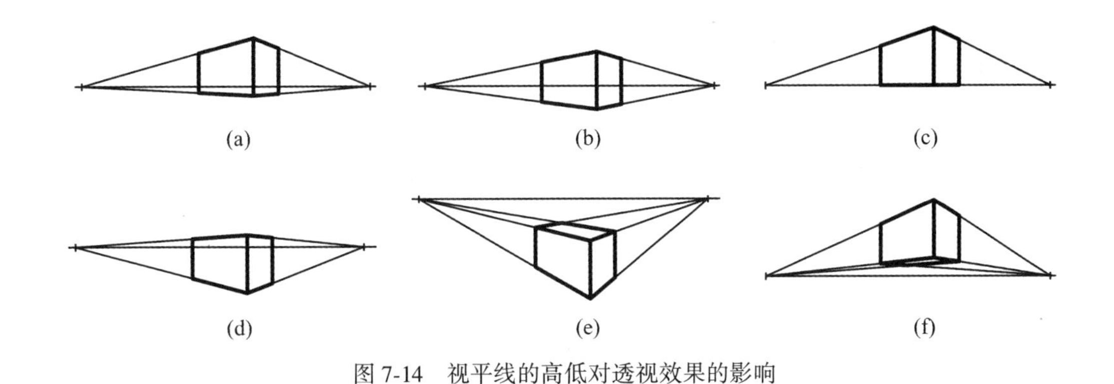

图 7-14　视平线的高低对透视效果的影响

三、画面偏角

把所要表现的建筑物的主要立面与画面的夹角，称为画面偏角（用字母 θ 表示）。

一般可以先选一个适宜的画面偏角，再确定站点。偏角 θ 可在 0°~45°之间选取，常选 0°或 30°。

当 θ=0°时，建筑物的一个立面与画面平行，透视图中只有一个灭点，这种透视图称为平行透视图或一点透视。

当 $\theta\neq$0°时建筑物的立面均与画面成一个夹角，透视图有两个灭点，这种透视图称为成角透视或两点透视，如图 7-11 所示。

第四节　透视图的基本画法

透视图最基本的也是最常用的方法，就是运用直线在透视图中的消失特性，求出直线的灭点，再用视线迹点法求出物体上某些点的透视，从而作出物体的透视图。这种方法称为建筑师法。为熟练掌握用建筑师法画建筑物透视图的方法和步骤，下面举几个例子。

一、两点透视图的画法

【例 7-7】 如图 7-15（a）所示，已知建筑物的三面投影，用建筑师法作出所示双坡小房的两点透视图。

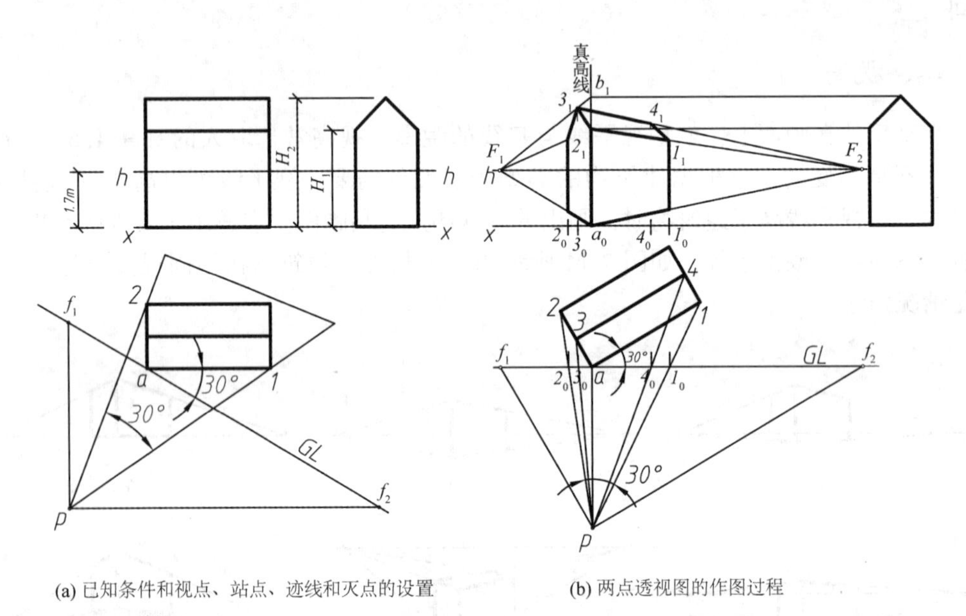

(a) 已知条件和视点、站点、迹线和灭点的设置　　(b) 两点透视图的作图过程

图 7-15　用建筑师法作双坡小屋的两点透视图

作图步骤如下：

（1）在小房的水平投影上，过墙角点 a 作画面迹线 GL，且与正面墙面 $a1$ 成 30° 偏角；

（2）在水平投影的上方作视平线 h-h 和基线 x-x（基线 x-x 与侧面投影图的底线重合），按比例尺（本题没有给出，实际的房屋图中都标有比例）取视高 1. 7m；

（3）选好站点 p，过 p 作平行于建筑物两个主向面上水平线 $a1$ 和 $a2$ 的平行线，与画面迹线 GL 分别交于灭点的投影 f_1 和 f_2；

（4）从水平投影中的 f_1、f_2 分别向上引垂线交到视平线上得灭点 F_1、F_2，连 a_0F_1 和 a_0F_2 作出 $a1$ 和 $a2$ 的透视方向线；

（5）在水平投影中，从站点 p 向建筑物的各可见点 1、2、3、4 引视线的投影，与画面迹线 GL 交 1_0、2_0、3_0、4_0 得各透视宽度点，从这些点向上引垂线，可截得透视中的各透视宽度；

（6）过点 a_0 作真高线，按高度 H_1 作小房墙身（长方体）的透视。

（7）作双坡屋顶的透视。在真高线上量取屋脊高度 H_2，得 b_1 点，作透视线 b_1F_1，由 3_0 点向上引 GL 线的垂线，与透视线 b_1F_1 相交于 3_1 点；再作透视线 3_1F_2（3-4 直线的透视线），由 4_0 点向上引 GL 线的垂线，与透视线 3_1F_2 相交于 4_1 点；3_14_1 即为屋脊线 3-4 的透视。

（8）最后完成双坡小房的透视图，如图 7-15（b）所示。

【例 7-8】 如图 7-16 如示，已知建筑物的水平投影和侧面投影，求作它的两点透视图。

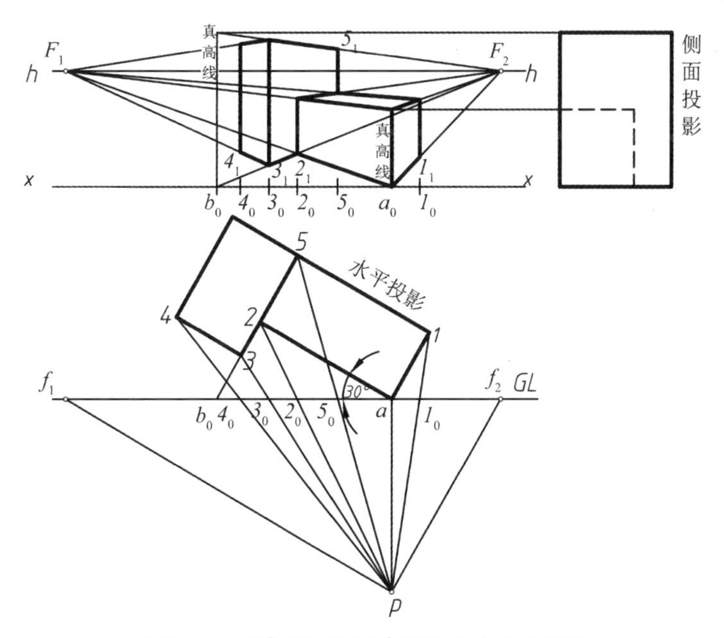

图 7-16　用建筑师法作建筑物的两点透视图

作图步骤如下：

（1）在水平投影上过角点 a 作画面迹线 GL，且与正面墙面 $a2$ 成 30°偏角；

（2）在水平投影的上方作视平线 h-h 和基线 x-x（基线 x-x 与侧面投影图的底线重合），按比例尺取视高 1.7m；

（3）选好站点 p，过站点 p 作平行于建筑物两个主向面上的水平线 $a2$ 和 $a1$ 的平行线，与画面迹线 GL 分别交于灭点的投影 f_1 和 f_2；

（4）从水平投影中的 f_1、f_2 分别向上引垂线交到视平线上得灭点 F_1、F_2，并连接 a_0F_1 和 a_0F_2 作出 $a2$ 和 $a1$ 的透视方向线；

（5）在水平投影中，从站点 p 向建筑物的各可见点 1、2、3、4、5 引视线的投影，与画面迹线 GL 交 1_0、2_0、3_0、4_0、5_0 得各透视宽度点，从这些点向上引垂线，可截得透视中的各透视宽度；

（6）过点 a_0 作真高线，同时，过 3 点所在的墙角线顺着右侧墙面延伸到画面上得

b_0 点，从而得到该墙角线的真高线，由真高线向灭点消失画出建筑物顶面点 5_1，完成顶面的透视；

（7）其余作图都已在图中标明。最后完成全部透视图，如图 7-16 所示。

由本例可以看出，为了透视作图的方便，可以根据需要设立真高线。

【例 7-9】 如图 7-17 所示，已知建筑物的两面投影图，求作它的两点透视图。

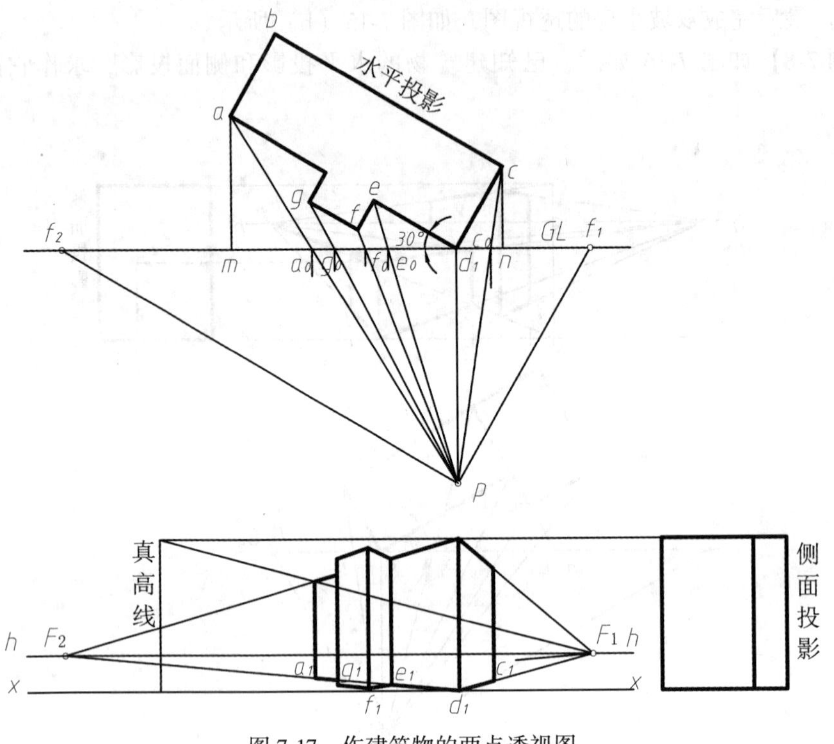

图 7-17　作建筑物的两点透视图

作图步骤如下：

（1）在水平投影上过角点 d，作画面迹线 GL，且与正面墙面 de 成 30°偏角；

（2）在水平投影的下方作视平线 h-h 和基线 x-x（基线 x-x 与侧面投影图的底线重合），按比例尺取视高 1.7m；

（3）选好站点 p，过站点 p 作平行于建筑物两个主向面上水平线 dc 和 de 平行线，与画面迹线 GL 分别交于灭点的投影 f_1 和 f_2；

（4）过水平投影中的 f_1、f_2 分别向下引垂线交到视平线上得灭点 F_1、F_2，过 d 向下引垂线与基线 x-x 交于 d_1，过 d_1 作出 d_1e_1 和 d_1c_1 的透视方向线；

（5）在水平投影中，从站点 p 向建筑物的各可见点 a、c、e、f、g 引视线的投影，与画面迹线 GL 交 a_0、c_0、e_0、f_0、g_0 得各透视宽度点，从这些点向下引垂线，可截得透视中的各透视宽度；

（6）过点 d_1 作真高线，由真高线向灭点消失画出建筑物顶面各点，完成顶面的透视；

（7）其余作图都已在图中表明。最后完成全部透视图，如图 7-17 所示。

【例 7-10】如图 7-18 所示，已知室内水平投影（包括画面迹线）和正面投影的室内静高、门高、窗高，用建筑物法作出室内的两点透视图。

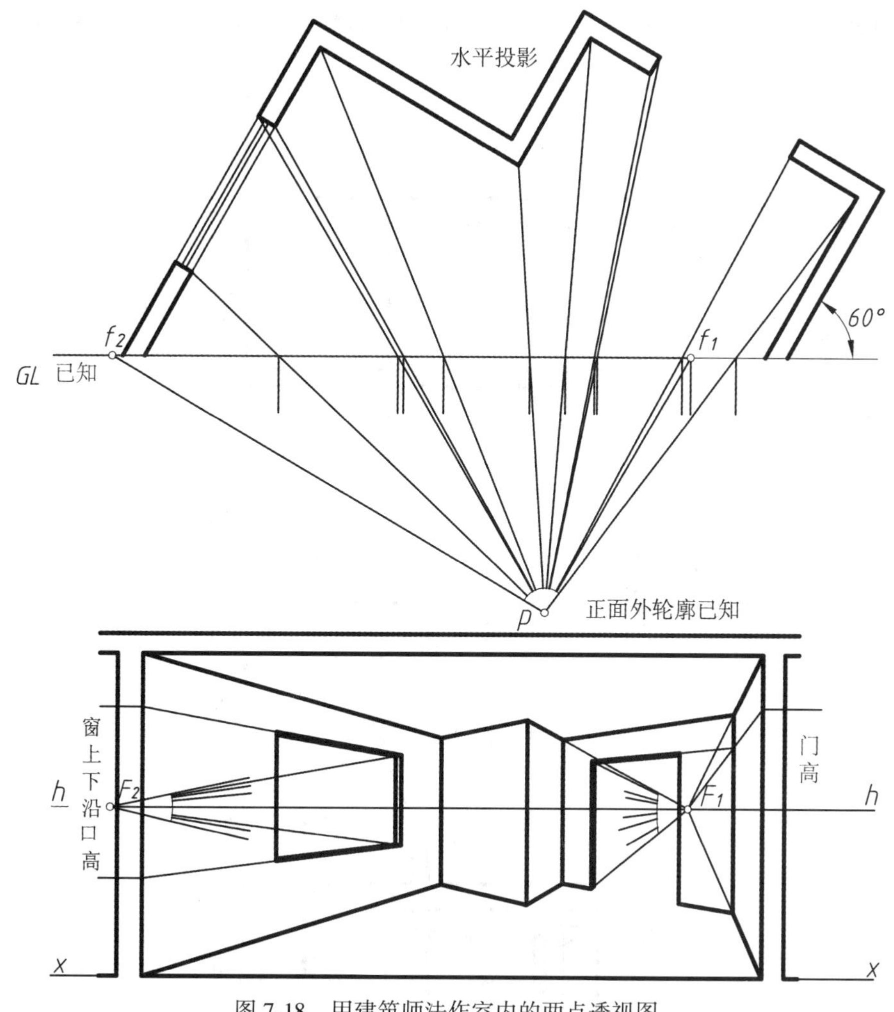

图 7-18　用建筑师法作室内的两点透视图

作图步骤如下：

（1）在水平投影图上选好站点 p，过站点 p 作墙身地面线的平行线的投影，交画面迹线于 f_1 和 f_2；

（2）在水平投影中，从站点 p 向室内建筑物的各墙角点和门窗各角点引可见视线的投影，与画面迹线 GL 交于各透视宽度点，从这些点向下引垂线，可截得透视中的各透视宽度；

（3）在正面外轮廓图内作视平线 h-h（设在窗上下沿口中间稍下一点）和基线 x-x（基线 x-x 与室内地平线重合）。过水平投影中的 f_1、f_2 分别向下引垂线交到视平线上得灭点 F_1、F_2；

(4) 利用灭点 F_1 和 F_2 以及门高和窗上下沿口的真高线，即可完成透视图。作图过程都已在图中表明。最后完成全部透视图，如图 7-18 所示。

二、一点透视图的画法

【**例 7-11**】如图 7-19 所示，已知建筑物的两面投影图，求作它的一点透视图。

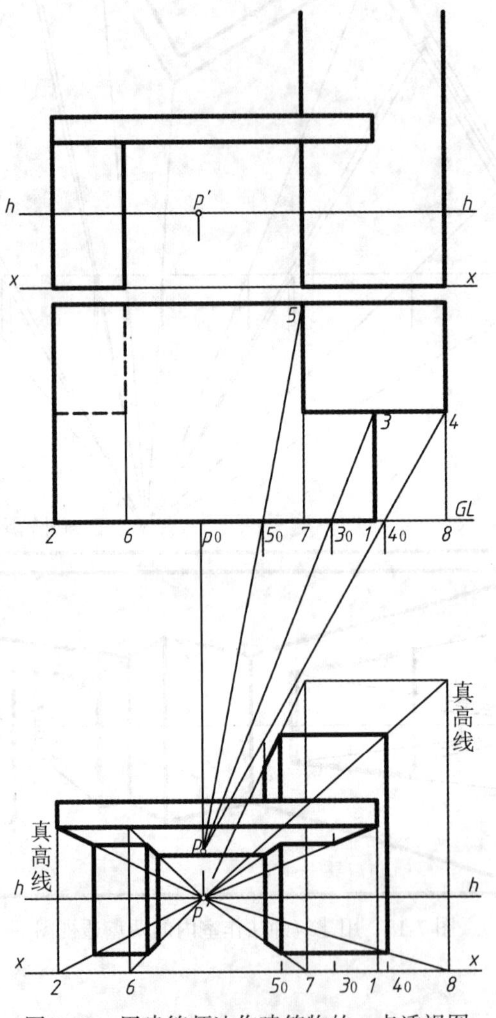

图 7-19　用建筑师法作建筑物的一点透视图

分析：如果使画面平行于建筑物的正面投影，建筑物的侧面就垂直于画面，则建筑物的长度方向和高度方向的棱线均没有灭点，只有宽度方向的棱线有灭点。由于宽度方向的棱线与画面垂直，所以，宽度方向棱线的灭点，就是主视线与画面的交点是主点 p'。为画图简单起见，可以使画面与建筑物的某部分重合，该部分的透视图则反映实形。作图步骤如下：

(1) 选画面迹线 *GL* 与门厅前端面积聚投影重合。

(2) 延长建筑物最左和最右侧墙面与 *GL* 线交于 2、8 点，在 28 线段中间 1 \ 3 区

间内选取 p_0 点，再过 p_0 点作 GL 线的垂线，选择站点 p，使左、右极边视线投影的灭角控制在60°内，并使心点的投影 p_0 在画宽的正中偏左一点。

（3）确定视平线 $h\text{-}h$ 在左侧四棱柱延高度方向中间，基线 $x\text{-}x$ 与建筑物的底面重合。

（4）在适当位置作透视图。先按视高画出基线 $x\text{-}x$ 和视平线 $h\text{-}h$，并在 $h\text{-}h$ 线上确定主点 p'（即 p_0p 与 $h\text{-}h$ 线的交点）。凡垂直于画面的直线均消失于该点。

（5）过建筑物各可见角点引视线的投影，与 GL 线交得 3_0、4_0、5_0 各透视宽度点，从这些点向下引垂线，可截得透视图中的各透视宽度。

（6）分别过2、8点作真高线，完成左右立柱的透视图，最后完成上板透视图。其他作图过程已在图中标明。

本章小结

学习本章后，应了解透视投影的基本知识，掌握点、直线、平面、建筑形体透视图的求法，熟悉透视图的特点及投影规律，掌握一点透视图和二点透视图的画法。

点的透视是通过该点的视线与画面的交点。直线的透视在一般情况下仍为直线。直线可分为画面平行线和画面相交线两类。

画面平行线的特性是画面平行线的透视与画面平行线本身平行，且画面平行线上各线段长度之比，等于这些线段透视长度之比。

画面相交线的特性是画面相交线（或其延长线）的透视必通过迹点，且透视必通过该点的灭点。相互平行的画面相交线具有同一灭点。画面相交线具有近大远小的视觉效果，即原线段的长度之比在透视中不再保持。

透视图的作法：首先画出一个迹点（或一个已知点）的透视，然后画出画面相交线的灭点，最后用视线和画面的交点定出端点的透视。

透视图高度的确定：画面上直线的透视就是其本身，即画面上的直线的透视具有真高。不在画面上的直线的透视不是真高，需要添加辅助线引到画面上来确定高度。

透视图的种类：一点透视（正面透视），也称为一灭点透视；两点透视（成角透视），也称为两灭亡点透视。

复习思考题

1. 什么位置的直线在透视图中会产生灭点？如何求作任意水平线的灭点？
2. 如何用视线迹点法求作水平线上任意点的透视？
3. 什么叫真高线？它在透视作图中有何应用？
4. 用建筑师法作透视图时，有哪几个主要步骤？试举例说明。

第八章　建筑形体的表达方法

◎自学时数

8学时

◎教师导学

通过本章的学习，使读者对建筑形体的表达方法有个整体的认识，在辅导学生学习时，应注意以下几点：

(1) 应让学生掌握建筑形体的基本表达方法。

(2) 在掌握基本表达方法的基础上，掌握各种视图、剖面图、断面图的画法，以及常用的简化画法和规定画法，做到投影正确，视图选择恰当，尺寸齐全、清晰，了解第三角投影法。为后续专业作图的表达奠定基础。

(3) 本章的重点是各种视图、剖面图、断面图的画法。

(4) 本章的难点是根据形体的形状，用最少的视图、最完整地的表达形体的各部分。

(5) 通过本章的学习，学生应对建筑形体的表达所涉及的内容和规定有个整体的概念。

第一节　视　　图

一、基本视图

将物体放在一个方盒内向盒的六个面进行正投影，如图8-1（a）所示，所得的六面视图称为基本视图。六面视图的名称依次为平面图（H面投影）、正立面图（V面投影）、左侧立面图（W面投影）、底面图（H_1面投影）、背立面图（V_1面投影）和右侧立面图（W_1面投影）。其展开在同一平面上如图8-1（b）所示，其标准配置关系如图8-1（c）所示，这种配置不必注写视图名称。但在实际工作中，为了合理利用图纸，当在同一张图纸绘制六面视图或其中的某几个图时，图样的顺序宜按主次关系从左至右依次排列，如图8-1（d）所示。此时，每个视图一般均应标注图名，图名宜标注在图样的下方或上方，并在图名下绘一条粗实线，其长度应以图名所占长度为准。视图无论如何布置，其六面视图间仍保持“长对正、高平齐、宽相等”的投影对应规律。没有特殊情况，优先选用正立面图、平面图和左侧立面图这三个视图。

二、辅助视图

工程制图中，形体除了可以用基本视图表示外，还可以采用一些辅助视图来表达需

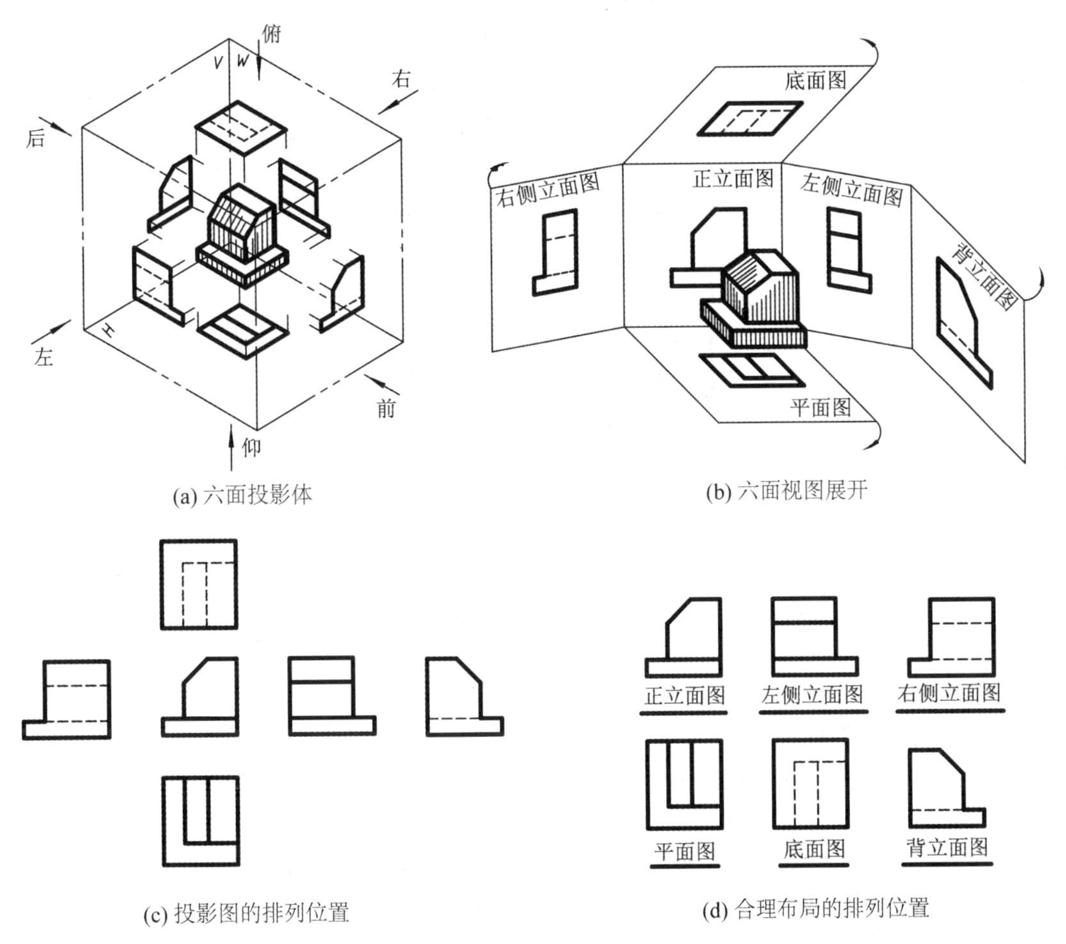

(a) 六面投影体　(b) 六面视图展开

(c) 投影图的排列位置　(d) 合理布局的排列位置

图 8-1 形体六面视图形成及位置

要表达形体的部位。下面介绍几种常见的表达方法：

1. 局部视图

局部视图是将形体的某一部分向基本投影面投影所得的视图。当形体在某个方向仅有部分形状需要表示，而又没有必要画出整个基本视图时，可采用局部视图。局部视图相当于基本视图的一部分。

采用局部视图时应注意以下几点：

（1）在基本视图上用带字母的箭头指明投影部位和投射方向，对应在局部视图的下方（或上方）用相同的字母标明“*X* 向”。如图 8-2 所示的“*A* 向”。

（2）局部视图可按基本视图的形式配置，如图 8-2 所示，必要时，也可以配置在其他适当位置。

（3）局部视图的断裂处边界线用波浪线或折线表示，当所表示的局部结构是完整的，且外轮廓又是封闭时，可省略波浪线。

2. 斜视图

当形体的表面与基本投影面成倾斜位置时，在基本投影面上就不能反映表面的实

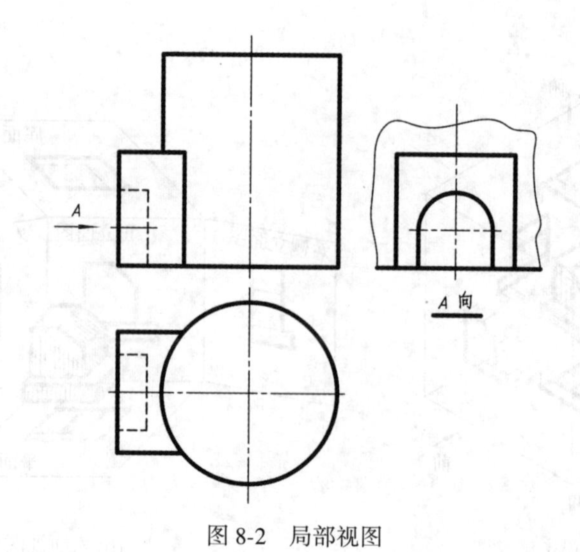

图 8-2　局部视图

形。这时，可用换面法，增设一个与倾斜表面平行的辅助投影面，并用正投影法在该投影面上作出反映倾斜部分实形的投影。这种将形体向不平行于基本投影面的平面投影所得的视图，称为斜视图，如图 8-3 所示。

采用斜视图时应注意以下几点：

（1）斜视图的标注方法与局部视图一样。

（2）斜视图尽可能按投影关系配置，如图 8-3 所示的 *A* 向视图。必要时，也可以平移到图纸其他适当位置，为了画图方便，也可以将图形旋转配置，但必须在图形名称后加注“旋转”二字，如图 8-3 所示的“*A* 向旋转”，或用“⌒ *A*”表示。

（3）斜视图是为了反映倾斜表面的实形，所设的辅助投影面只能垂直于一个基本投影面，形体上原来平行于基本投影面的表面，在斜视图中不反映实形，所以一般以波浪线或折线为界省略不画。在基本视图中同样要处理好这类问题，如图 8-3 所示的俯视图。

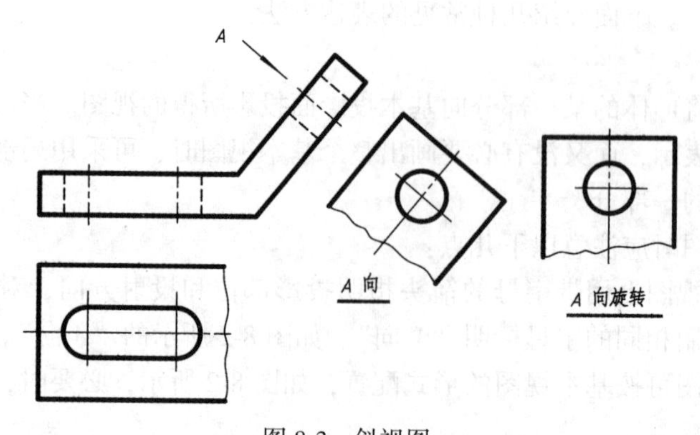

图 8-3　斜视图

3. 展开视图

当形体呈折线形或曲线形时，该形体的某些面可能与投影面平行，而另一些面则不平行。与投影面平行的面，可以画出反映实形的投影图，而倾斜的或弯曲的面则不能同时反映实形，为了同时表达出这些面的实形和大小，假想把形体的某些倾斜或弯曲部分展至与某一基本投影面平行后，再向该基本投影面投影，这样所得到的视图称为展开视图。

展开视图不作任何标注，只需在图名后注写“展开”二字即可，如图 8-4 所示。

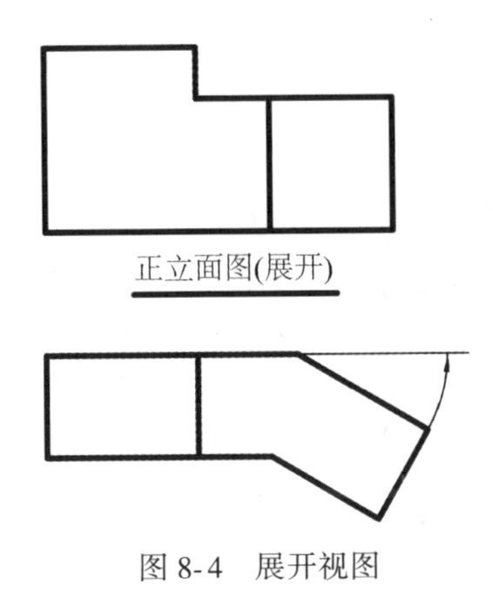

图 8-4　展开视图

4. 镜像视图

有些建筑结构，直接用正投影法，绘制出的俯视图可能虚线过多，给看图带来许多不便。这时，如果把 H 面当成一个镜面，在镜面中就会得到形体的反射图像，如图 8-5（a）所示，这种投影法称为镜像投影法，用镜像投影法绘制的视图称为镜像视图。用镜像投影法画的视图，应在图名后加注“镜像”二字，如图 8-5（b）所示“平面图（镜像）”。它与前面所说的俯视图不同。或按图 8-5（c）所示画出镜像投影识别符号表示。

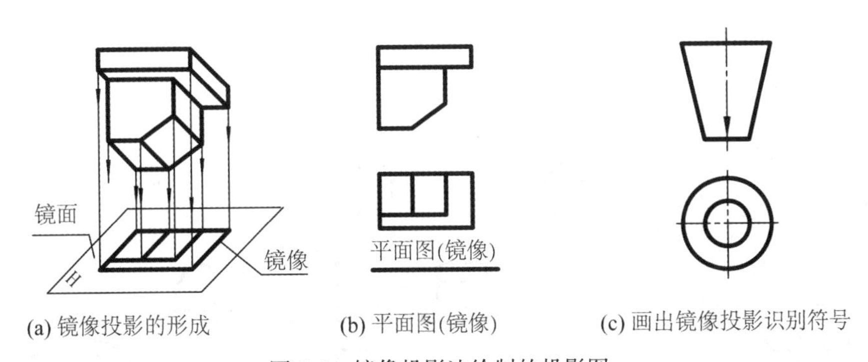

(a) 镜像投影的形成　(b) 平面图(镜像)　(c) 画出镜像投影识别符号

图 8-5　镜像投影法绘制的投影图

三、第三角投影简介

1. 第三角投影的概念

互相垂直的三个投影面（V、H、W）扩展后，可将空间分成 8 个分角，如图 8-6（a）所示，这 8 个分角依次称为第一分角、第二分角……第八分角。大多数国家的制图标准中把形体放在第一分角进行正投影。根据我国的制图标准规定，工程图样均采用第一角投影画法。但也有些国家，如美国、英国、日本等，则采用第三角投影，即将形体放在第三分角进行正投影，如图 8-6（b）所示。随着我国加入 WTO，国际间技术合作、技术交流日益增加，有必要对第三角投影的画法有所了解。

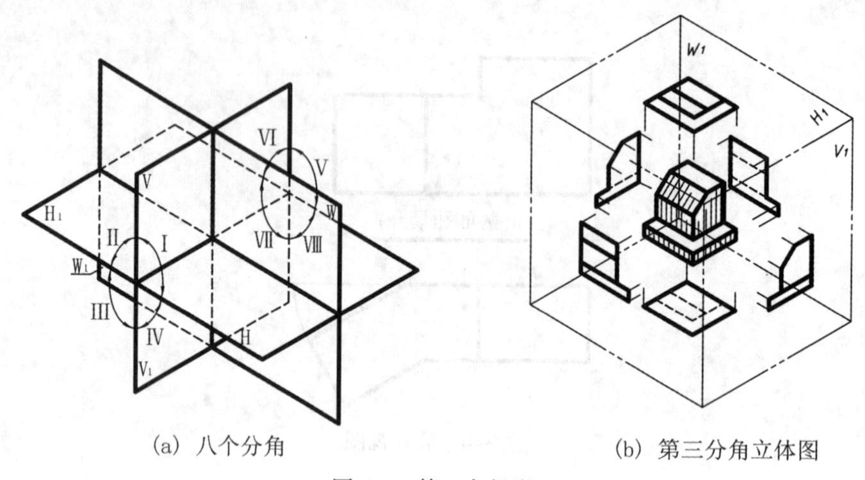

(a) 八个分角　　(b) 第三分角立体图

图 8-6　第三角投影

2. 第三角投影法

如图 8-6（b）所示，把形体放在第三分角中，并向三个投影面进行正投影，然后再按图 8-7（a）所示，V_1 保持不动，将 H_1 面向上旋转 90°，将 W_1 面向左旋转 90°，便得到位于一个平面上属于第三角投影的六面投影图，如图 8-7（b）所示。

如采用第三角画法，则必须在图样中画出如图 8-7（c）所示的第三角画法的标识符号。

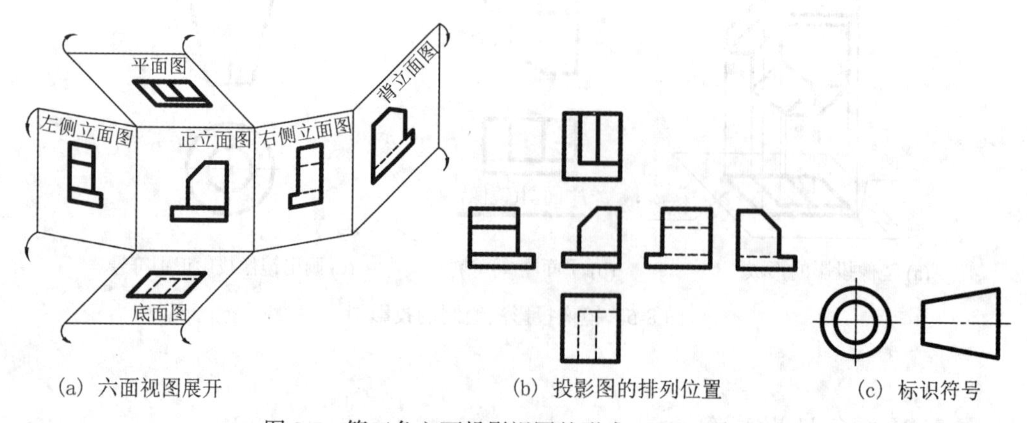

(a) 六面视图展开　　(b) 投影图的排列位置　　(c) 标识符号

图 8-7　第三角六面投影视图的形成、配置及标识

3. 第一角与第三角的比较

1）相同点

投影都采用正投影法，在三面投影之间仍遵循“长对正、高平齐、宽相等”的三

等对应关系。

2）不同点

（1）观察者、形体、投影面三者位置关系不同。第一角投影画法是将形体置于第一分角内，形体处于观察者与投影面之间，投影过程为“观察者→形体→投影面”；而第三角投影画法是将形体置于第三分角内，形体处于投影面之后，假定投影面是透明的，投影过程为“观察者→投影面→形体”。

（2）投影图的排列位置不同。第一角投影的 H 面平面图置于 V 面正立面图的下方，W 面的左侧立面图置于 V 面正立面图的右侧，而第三角投影是 H_1 面平面图置于 V_1 面正立面图上方，W_1 面的左侧立面图置于 V_1 面正立面图的左侧，如图 8-7（b）所示。

第二节　剖　面　图

在投影图中，形体的可见轮廓线画实线，不可见的轮廓线画虚线。对于内部形状比较简单的形体，只用投影视图来表示还可以，但对于内部形状比较复杂的形体，投影视图的虚线会很多，使得视图中的实线和虚线纵横交错、内外层次不分明，给读图带来很大的不便，甚至会将形体理解错。同时，虚线多，给尺寸标注也带来了很大的不便。如图 8-8 所示，正立面和左侧立面的实线和虚线，很难确定其在空间形体的位置。为了解决以上问题，工程上常采用剖面图来表达形体的内部结构。

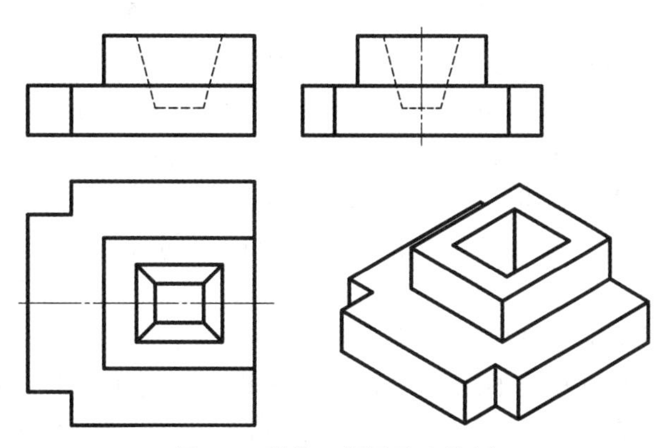

图 8-8　形体三视图及立体图

一、剖面图的形成与标注

1. 剖面图的形成

剖面图是用假想剖切平面将形体切开后，移去观察者和剖切平面之间的部分，将剩余部分向投影面投射，这样所得的视图称为剖面图。如图 8-9（a）所示，用与 V 面平行的剖切平面 P 沿形体前后对称面将其剖开，与原来未剖切的图 8-8 正立面图对比可以看出，由于将形体假想剖开，形体内部结构显露出来，在剖面图上，原来不可见的线变成了可见线，而原外轮廓可见的线有部分变成不可见的了，此时不可见的线可不画。

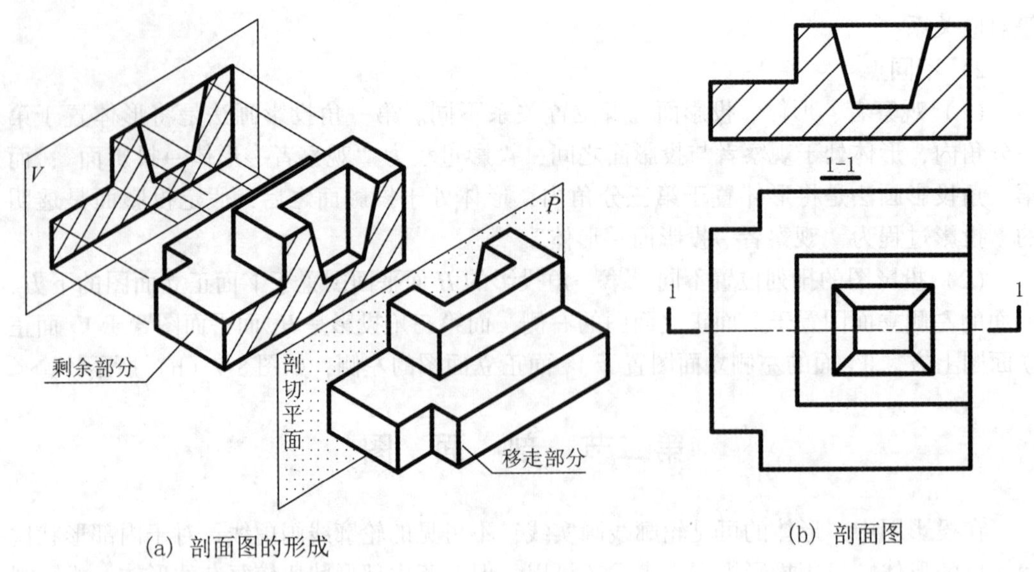

(a) 剖面图的形成　　　　(b) 剖面图

图 8-9　形体剖切及剖面图

2. 剖面图的标注

(1) 剖切位置线。剖面图的剖切位置，用剖切位置线来表示。作剖面图时，一般都使剖切平面平行于基本投影面，从而使断面的投影反映实形，若是对称形体，则剖切平面要通过对称面。剖切平面既为投影面平行面，与之垂直的投影面上的投影则积聚成一条直线，这条直线表示剖切位置。剖切位置线在视图的两端用粗实线画成两段，长度为 6~10mm。画图时，剖切位置线在图中不应与视图上的图形轮廓线相交，如图 8-9（b）所示。

(2) 投射方向线。为表明剖切后剩余部分形体的投射方向，在剖切位置线两端各画一段垂直于剖切位置线的粗实线，长度为 4~6mm，如图 8-9（b）所示。

(3) 剖面图的编号。对复杂结构的形体，可能要同时剖切几次。为了区分清楚，对每一次剖切要进行编号，采用阿拉伯数字，按顺序从左到右、从下到上的连续编排，并注写在剖视方向的端部，剖切位置线需要转折时，在转折处的外侧也应加注相同的编号。编号数字一律水平书写，如图 8-10 所示。在相应的剖面图下方或上方，写上与剖切符号相同的编号作为剖面图的图名，如图 8-9（b）中的 1-1，并在图名下方画一条等长的粗实线。

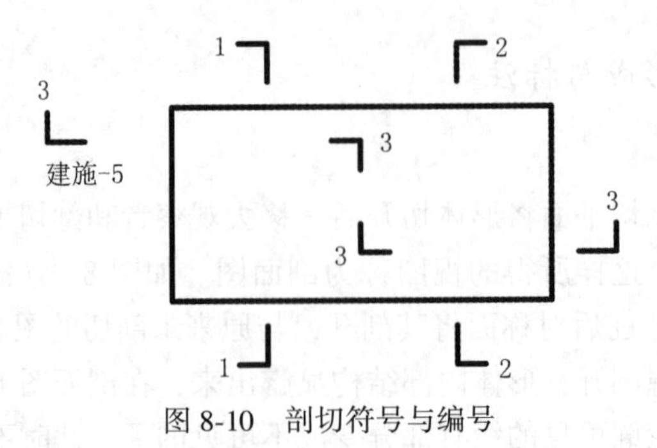

图 8-10　剖切符号与编号

（4）材料图例线。剖切平面与形体接触的部分，一般要画出表示材料类型的图例，如图 8-11 所示。在不指明材料时，用间隔均匀（一般为 2~6mm）的 45°方向细斜线画出图例线，在同一形体的各个剖面图中，图例线方向、间距要一致，如图 8-9（b）所示。

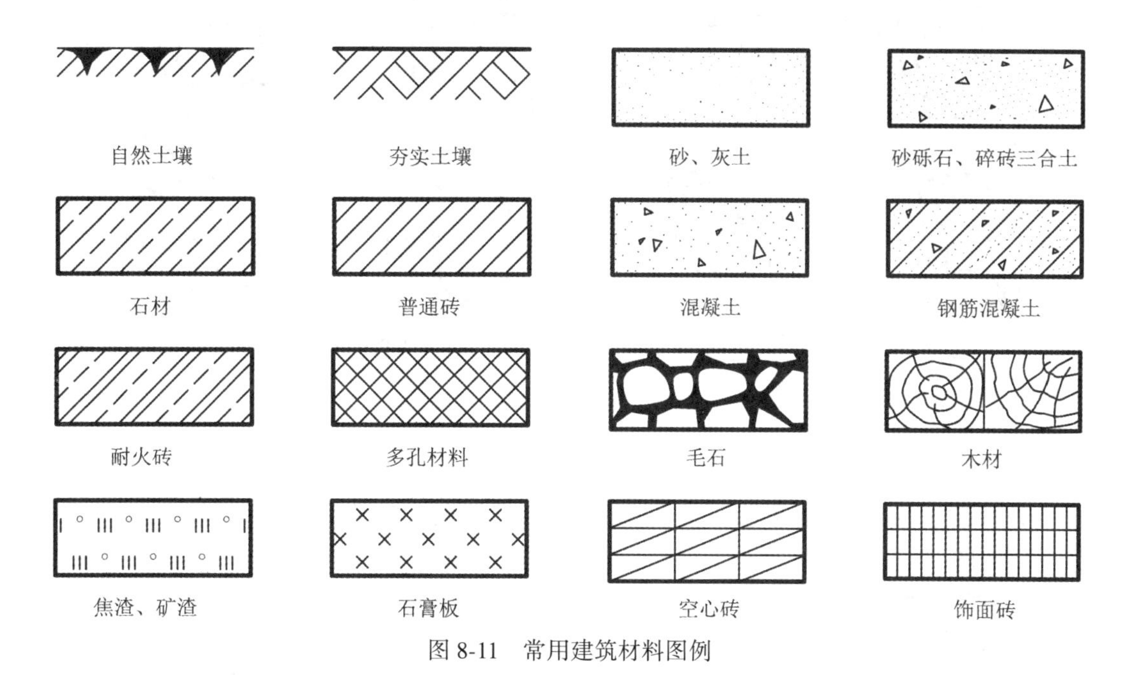

图 8-11　常用建筑材料图例

（5）剖面图如与被剖切图样不在同一张图纸内，可在剖切位置线的另一侧注明其所在图纸的图纸号，如图 8-10 中的“建施-5”，也可以在图纸上集中说明。

（6）有些习惯画法可以不标注剖切符号，如通过形体的对称面的剖切符号、房屋图的平面图的剖切符号等，可以不标注。

二、画剖面图时的注意事项

（1）剖切是假想的，目的是为了清楚地表达形体的内部形状，并不是真正地将形体切开拿走一部分。因此，除了剖面图外，其他视图应按未剖切前的形体形状画出。如图 8-9（b）的平面图，并未因画了 1-1 剖面图而只画一半。同一形体若需要进行几次剖切时，每次剖切前，都应按完整的形体进行考虑。如图 8-9（b）所示，作了 1-1 剖面图之后，若左侧立面图也采用剖面图，则仍按完整形体剖切。

（2）为了使剖面图中的截断面反映实形，剖切平面一般应平行于基本投影面，且尽量通过形体的孔、洞、槽的对称中心线。

（3）剖面图是“剖切”后将剩下的部分进行投射，所以，在画剖面图时，剩下部分所有看得见的图线均应画出，而看不见的轮廓线（虚线）一般可省略不画。如图 8-9（b）中 1-1 剖面图省略了看不见的虚线。

（4）要仔细分析剖面后面的结构形状，分析有关视图的投影特点，以免画错。如图 8-12 所示，要注意区别它们不同之处在什么地方。

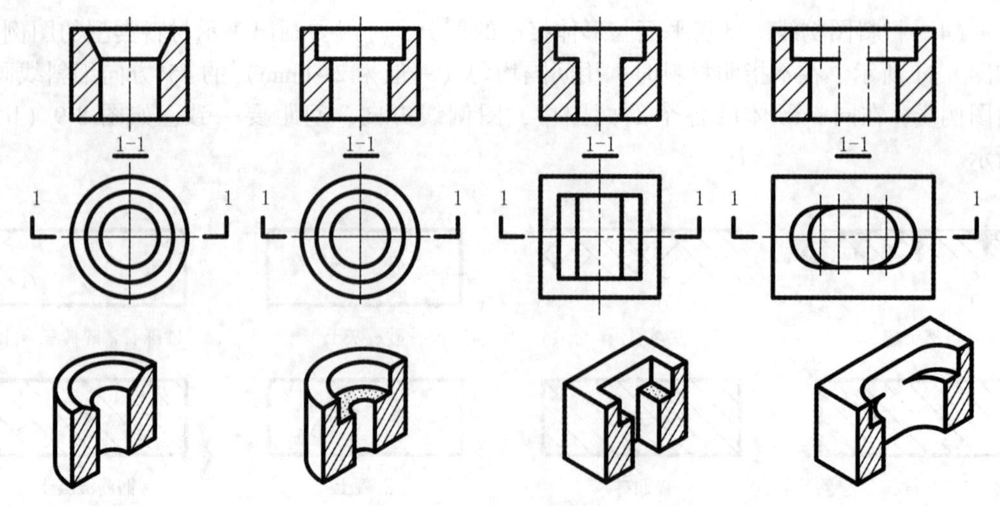

图 8-12　孔槽的剖面图（立体图为剖切后剩下的部分）

三、剖面图的种类

为了表示形体的内部形状，可根据形体的形状特点，采用不同的剖切方式，画出不同的剖面图。

1. 全剖面图

1）形成

假想用一个平面，将形体全部地剖开，然后画出它的剖面图，这种剖面图称为全剖面图，如图 8-9 所示。全剖面图一般要标注剖切位置线，只有当剖切平面与形体的对称平面重合，且全剖面图又置于基本投影图位置时，可以省略标注。

2）适用范围

外形结构比较简单而内部结构比较复杂的形体。

2. 半剖面图

1）形成

当形体的内、外形在某个方向上具有对称性，且内外形又都比较复杂时，以对称点画线为界，将其投影的一半画成表示形体外部形状的正投影，另一半画成表示内部结构的剖面图，中间用点画线分界。这种投影图和剖面图各画一半的图，叫做半剖面图。如图 8-13 所示，由于正立面图是对称图形，为了同时表示内外形，所以采用半剖面；同理，平面图和左侧立图也是对称图形，为了表示该方向的内外形也应画成半剖面，如图 8-14（a）~（d）所示。

2）适用范围

内、外形都需要表达的对称形体。

3）注意事项

（1）半剖面图的半个视图和半个剖面图的分界线画成点画线（对称线），不能当成形体的外轮廓线画成实线。若作为分界线的点画线刚好与轮廓线重合，则应避免用半剖面。

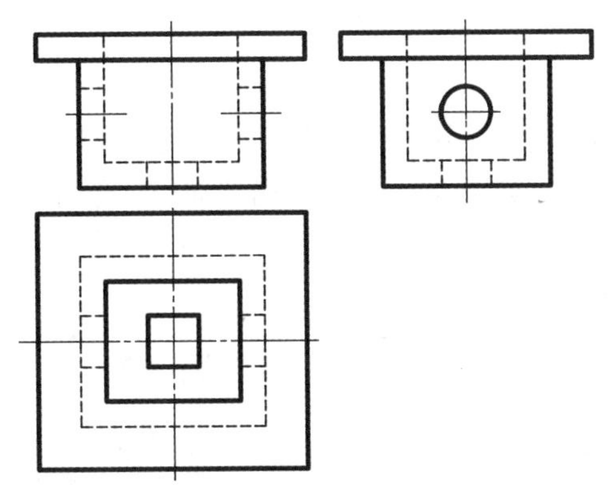

图 8-13　组合体三视图

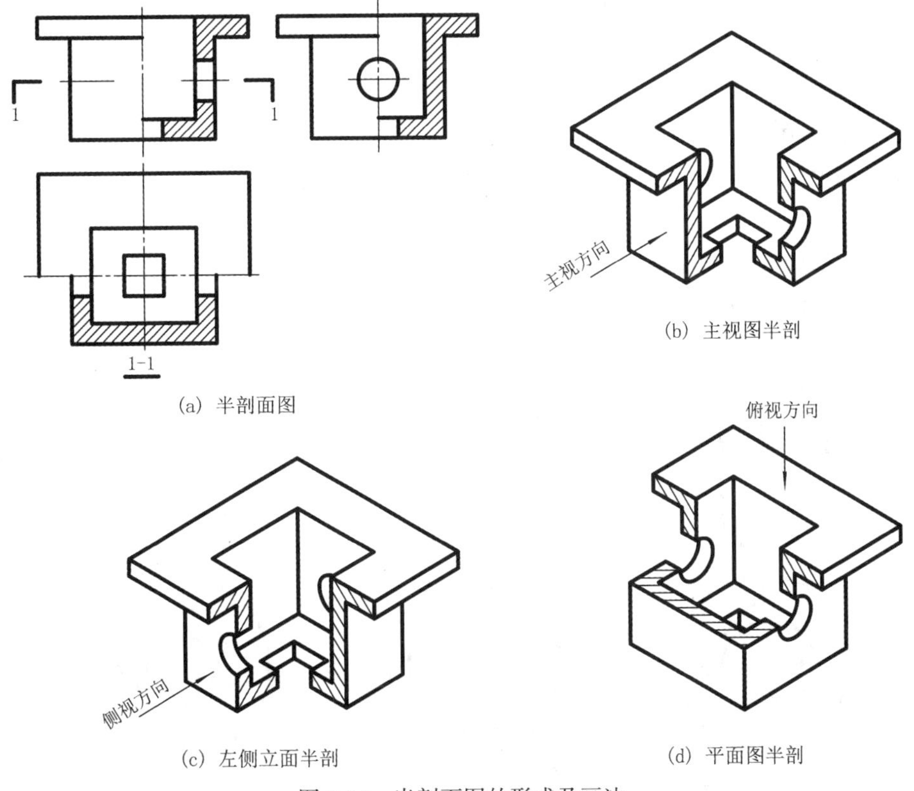

(a) 半剖面图　(b) 主视图半剖　(c) 左侧立面半剖　(d) 平面图半剖

图 8-14　半剖面图的形成及画法

(2) 当对称点画线为竖直时，将视图画在点画线的左侧，剖面图画在点画线的右侧；当对称点画线为水平时，将外形投影图画在水平点画线的上方，剖面图画在水平点画线的下方，如图 8-14 (a) 所示。

(3) 若形体具有两个方向的对称平面，且半剖面图又置于基本投影位置时，标注可以省略，如图 8-14 (a) 所示的正立面图和侧立面图标注均省略了。但当形体具有一个方向的对称面时半剖面图必须标注，标注方法同全剖面图，如图 8-14 中置于平面图位置的 1-1 剖面。

3. 局部剖面图

1）形成

在不影响外形表达的情况下，用剖切平面局部地剖开形体来表达结构内部形状所得到的剖面图，称为局部剖面图，如图 8-15 所示。局部剖切的位置与范围用波浪线来表示。

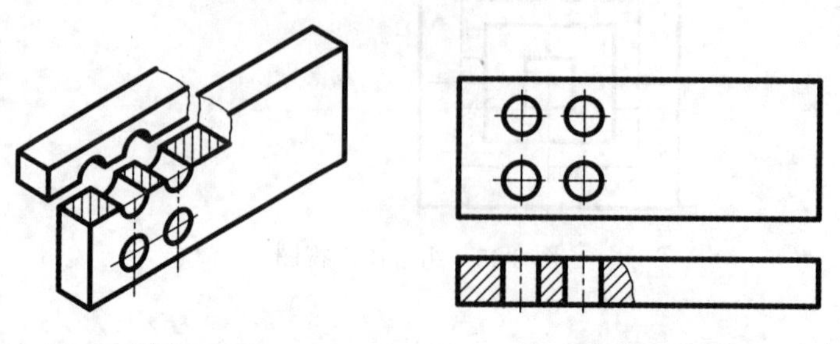

(a) 局部剖面图的形成　　(b) 局部剖面图

图 8-15　局部剖面图的形成及画法

2）适用范围

（1）外形复杂、内部形状简单且需保留大部分外形，只需表达局部内部形状的形体。

（2）形体轮廓与对称轴线重合，不宜采用半剖或不宜采用全剖的形体，可采用局部剖，如图 8-16 所示。

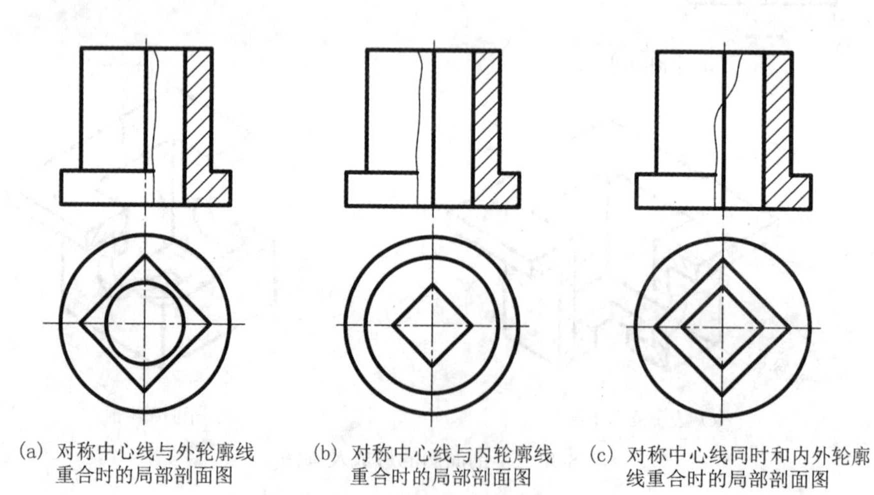

(a) 对称中心线与外轮廓线重合时的局部剖面图　　(b) 对称中心线与内轮廓线重合时的局部剖面图　　(c) 对称中心线同时和内外轮廓线重合时的局部剖面图

图 8-16　局部剖面图的选用

（3）建筑物的墙面、楼面及其内部构造层次较多，可用分层局部剖面来反映各层所用的材料和构造，分层剖切的剖面图，应按层次以波浪线将各层隔开，波浪线不应与任何线重合，如图 8-17 所示。

3）注意事项

（1）局部剖切比较灵活，但应照顾看图的方便，不应过于零碎。一般每个剖面图

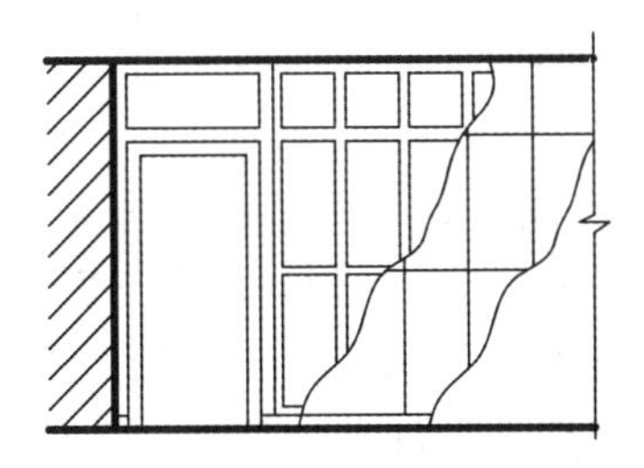

图 8-17　分层剖切的局部剖面图

局部剖不能多于三处。

（2）用波浪线表示形体断裂痕迹，波浪线应画在实体部分，不能超出视图轮廓线或画在中空部位，不能与图上其他图线重合。

（3）局部剖面图只是形体整个外形投影中的一部分，不需标注。

4. 阶梯剖面图

1）形成

当形体内部结构层次较多，采用一个剖切平面不能把形体内部结构全部表达清楚时，可以假想用两个或两个以上相互平行的剖切平面来剖切形体，所得到的剖面图，称为阶梯剖面图，如图 8-18（a）所示。

2）适用范围　阶梯剖面图适合于表达内部结构不在同一平面的形体。

3）注意事项

（1）阶梯剖面图必须标出名称、剖切符号，如图 8-18（b）立面图所示。为使转折处的剖切位置不与其他图线发生混淆，应在转折处标注转折符号“┘”，并在剖切位置的起、止和转折处注写相同的阿拉伯数字，如图 8-18（b）平面图所示。

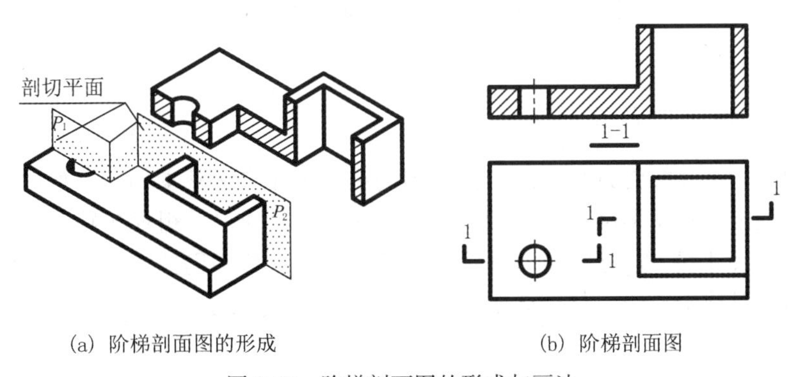

(a) 阶梯剖面图的形成　　(b) 阶梯剖面图

图 8-18　阶梯剖面图的形成与画法

（2）阶梯剖面图的剖切平面转折位置不应与图形轮廓线重合，也不应出现不完整的要素，如不应出现孔、槽的不完整投影。只有当两个投影在图形上具有公共对称中心线或轴线时，才允许各画一半，此时应以中心线或轴线为界。

（3）在剖面图上，由于剖切平面是假想的，不应画出两个剖切平面转折处交线的投影。

5. 旋转剖面图

1）形成

用两个相交的剖切平面（交线垂直于一基本投影面）剖切形体后，将被剖切的倾斜部分旋转与选定的基本投影面平行，再进行投射，使剖面图即得到实形又便于画图，这样的剖面图叫旋转剖面图。如图 8-19 所示，1-1 剖切平面在形体回转轴的右侧平行于 V 面，投影反映实形，左侧小部分不平行于投影面，应先旋转左侧与 V 面平行，再投影得到旋转剖面图。

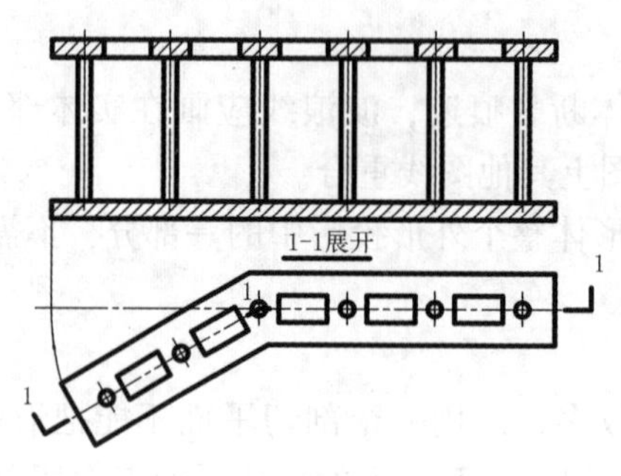

图 8-19　旋转剖面图

2）适用范围

内部不在同一平面上，且具有同一回转轴的形体。

3）注意事项

（1）旋转剖的剖切面交线常和形体的主要孔、轴的轴线重合。采用旋转剖时，必须标出剖面图的名称，标注出全部剖切符号，在剖切面的起讫和转折处用相同的字母标出。

（2）在画旋转剖面图时，应先剖切、后旋转，然后再投影。而且应在旋转剖面图名称后边注写“展开”二字。

四、剖面图中的尺寸标注

剖面图中的尺寸标注方法与组合体视图的尺寸标注方法基本相同，均应遵循制图标准中的有关规定。对于半剖面图，因其图形不完整而造成尺寸组成欠缺时，在尺寸组成完整的一侧，尺寸线、尺寸界线和标注方法依旧，尺寸数字仍按图形完整时注出，但需将尺寸线画过对称中心线。如图 8-20 所示尺寸 26 和圆孔 $\phi16$。

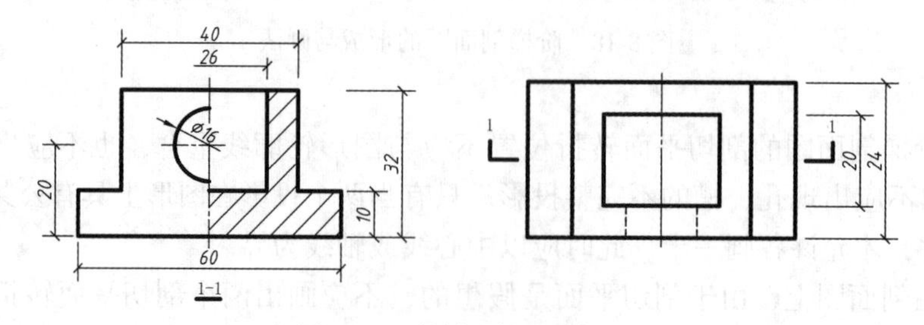

图 8-20　半剖面的尺寸标注

剖面图中画剖面线的部分，如需标注尺寸数字，应将相应的剖面线断开，不要使剖面线穿过尺寸数字，如图 8-21 所示。

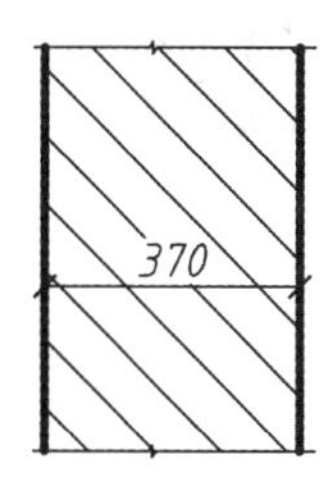

图 8-21　剖面线中的尺寸标注

五、综合读图

读图前，应掌握的基本知识同读组合体视图一样。其主要方法也是形体分析法和线面分析法。读图的步骤一般是先概括后细分，先形体分析后线面分析，先外后内，先整体后局部，再由局部到整体，最后加以综合，想象出形体的完整形状。

【例 8-1】 如图 8-22（a）所示，已知形体的三面投影及立体图，试用适当的视图将形体内外结构表示清楚。

1. 读图

根据三面投影图可知，*H* 面投影图都可见，故没有必要采用剖面图；主视方向内部比较复杂，所以可采用全剖面来表示内部结构；*W* 面图具有对称性可采用半剖面。

2. 确定剖切位置，并将视图画成剖面图

1）确定剖面位置

在主视方向上因形体前后对称，所以选择前后对称面作为剖面。如图 8-22（b）所示。形体剖开后，其内部形状完全显露出来，故原 *V* 面图中的虚线都变成可见的粗实线，如图 8-22（c）所示。在左视方向上形体的左半部分是完全可以看到的，故剖切平面没必要通过此内部；而形体的右半部分内部为阶梯孔，且局部对称，故选择通过阶梯孔轴线的侧平面作为剖面，如图 8-22（d）所示。剖切后将形体前左角移去，将剩余的部分向 *W* 面投影，一半视图（画在 *W* 面投影图的左半边）与原图的粗实线是一样的；一半剖面图（画在 *W* 面图的右半边）是将剖切平面通过的截面和剩余部分一起投影，如图 8-22（e）所示。

2）标注剖切符号

全剖的 *V* 面图因剖切平面通过前后对称面，所以可不标注剖切位置线和剖切符号；但 *W* 面图的半剖面图，因图形左右不具有对称性，所以剖切位置线和剖切符号必须标注。如图 8-22（e）所示的 1-1 位置线和符号可省略不标注，但 2-2 必须标注。

3）画图例线

在各剖切平面剖到的形体截面上画上图例线，注意同一形体不论是哪个剖面图，其图例线的方向和均匀程度必须一致。

3. 检查，描深

检查各剖面图是否有多线、漏线，及时修正。检查无误后，根据图线要求描深。

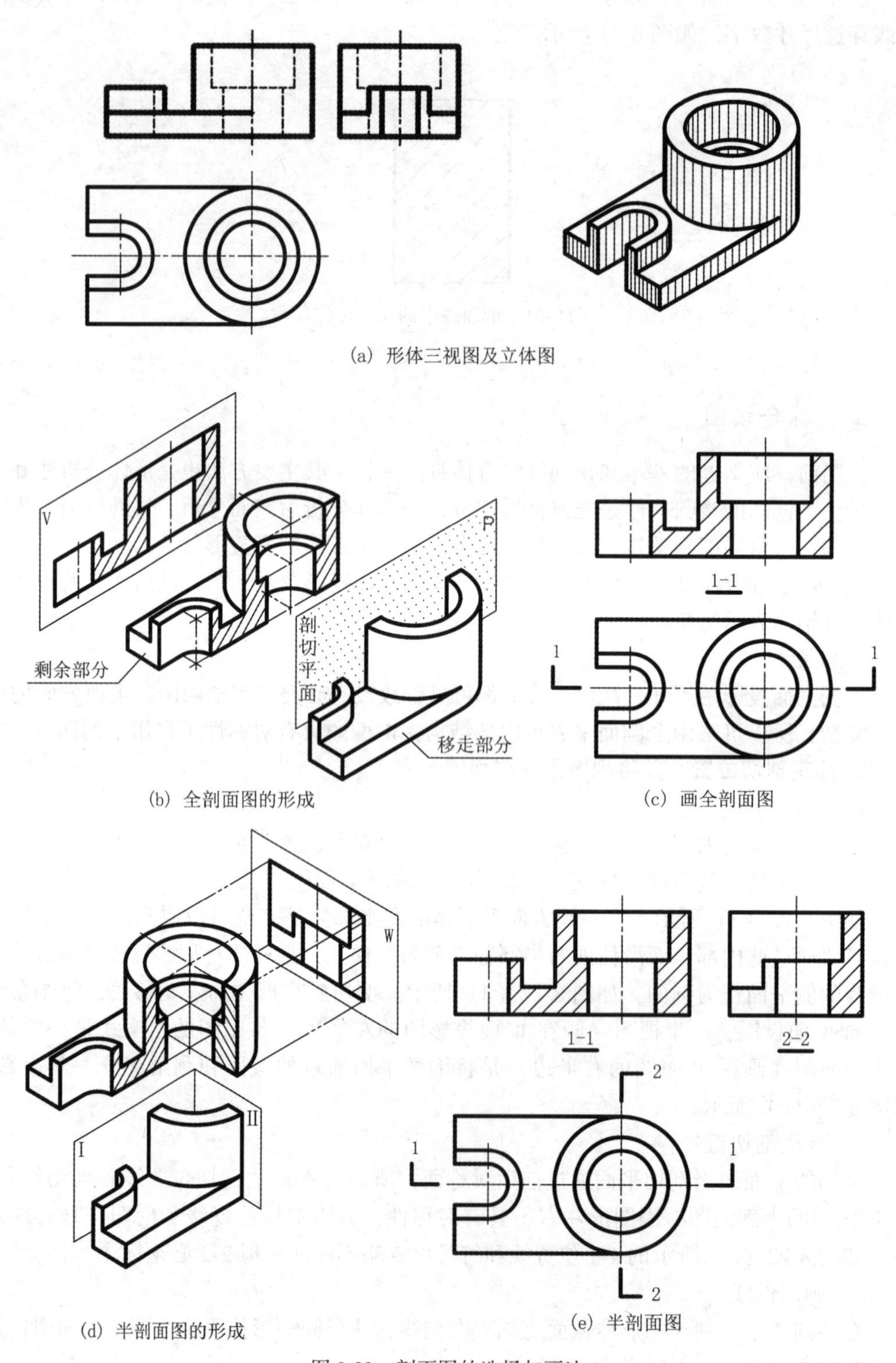

(a) 形体三视图及立体图

(b) 全剖面图的形成

(c) 画全剖面图

(d) 半剖面图的形成

(e) 半剖面图

图 8-22　剖面图的选择与画法

六、轴测剖面图

轴测图能直观地反映形体的外形；剖面图、断面图能详细准确地表达形体内部构造。若把轴测图和剖面图结合起来画，则既能直观地表达外部形状，又能准确看清内部构造，这便是本节要研究的轴测剖面图。

1. 形成与分类

在轴测图中，形体内部结构表达不清楚时，可假想用剖切平面将形体的轴测图剖开，然后作其轴测图，称为轴测剖面图。

根据需要，剖切时，有时用单一剖切面剖切整个形体得轴测全剖面图，如图 8-9（a）所示；有时用几个平行的剖切平面剖切形体也得轴测全剖面图，如图 8-18（a）所示；有时用两个互相垂直的平面剖切形体，可得轴测半剖面图，如图 8-14（a）所示；有时甚至用一个或几个不规则的平面局部地剖切形体，保留大部分外形，这样可得轴测局部剖面图，如图 8-15（a）所示。

2. 轴测剖面图上图例画法的规定

（1）为了使轴测剖面图能同时表达形体的内、外形状，一般采用互相垂直的平面剖切形体的 1/4，剖切平面应选取通过形体主要轴线或对称面的投影面平行面作为剖切平面，如图 8-23 所示。

（2）在轴测剖面图中，断面的图例线不再画 45°方向斜线，而是与轴测轴有关，其方向应按图 8-24 所示方法绘出。在与该坐标面相关的两轴测轴上，任取一单位长度并乘以该轴的变形系数后定点，然后连线，即为该坐标面轴测图剖面线的方向。

（3）当沿着筋板或薄壁纵向剖切时，同剖面图剖到这部分一样，不画剖面线，仅用实线将它和相邻结构分开。

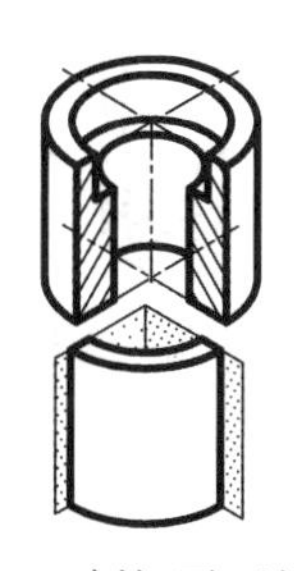

图 8-23　剖切平面的位置

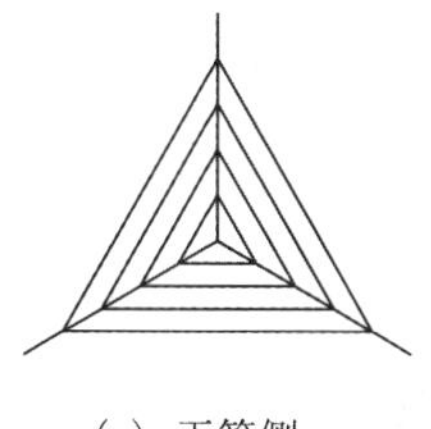

(a) 正等侧

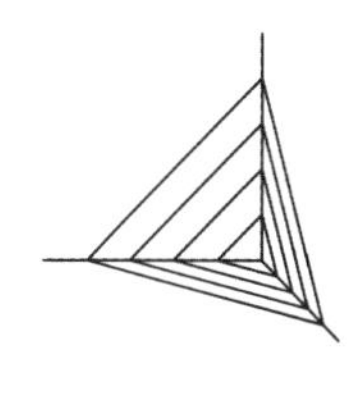

(b) 斜二测

图 8-24　轴测剖面图中剖面线的规定画法

3. 轴测剖面图的画法

画轴测剖面图的方法有两种：

1）先画后剖

所谓先画后剖，就是先画完整形体的轴测图，然后进行剖切，最后补画形体内形和添加剖面线的方法，如图 8-25 所示。

2）先剖后画

所谓先剖后画，就是先画剖切断面形状并添加剖面线，然后按先近后远、先内后外的原则完成外形与细节的方法。

比较两种方法，第二种方法比第一种方法作图图线少，但初学者不易掌握，一般应在熟悉第一种方法后再用第二种方法。

4. 轴测剖面图画法示例

轴测剖面图的画法与轴测图画法基本相同，只是在相应的断面上要画上图例线。轴测剖面图中的可见线宜用中实线，断面轮廓宜用粗实线绘制，不可见线一般不画，必要时，可用细虚线画出所需部分。

【例 8-2】 如图 8-25（a）所示，已知形体的投影图，作出轴测剖面图。

作图步骤如下：

（1）画出形体的轴测图，如图 8-25（b）所示。

（2）确定剖切平面在对称平面上，沿剖切平面将形体剖开，如图 8-25（c）所示。

（3）将多余的线去掉，画出断面及内部显露出来的可见轮廓线，如图 8-25（d）所示。

（4）在各断面上画出材料图例线，完成的轴测剖面图，如图 8-25（e）所示。

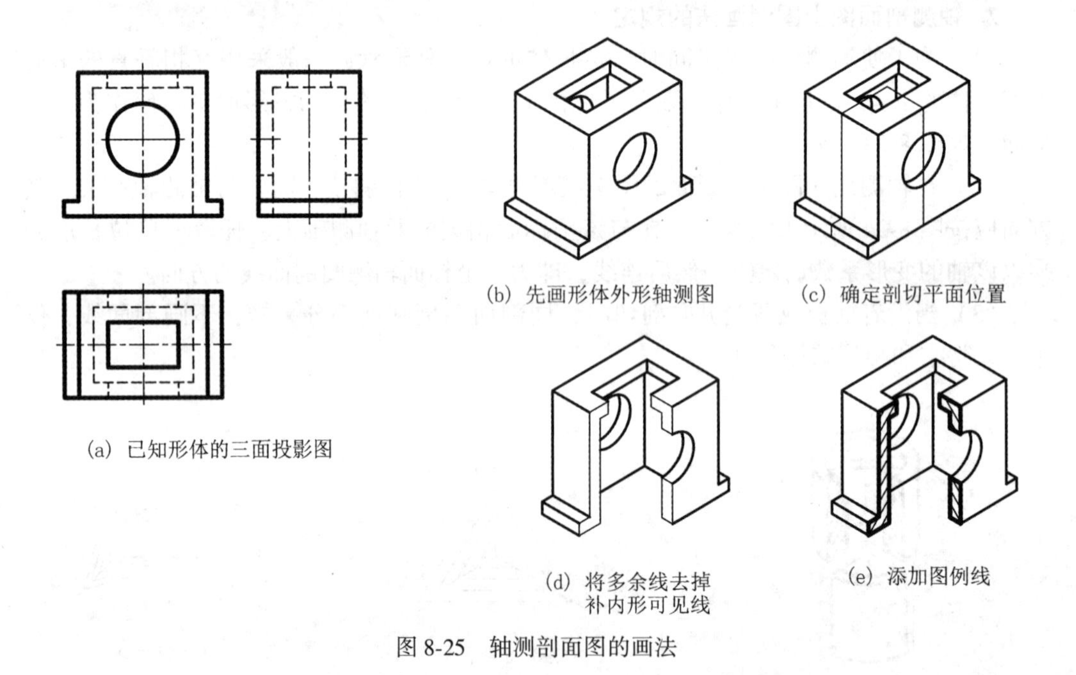

(a) 已知形体的三面投影图　(b) 先画形体外形轴测图　(c) 确定剖切平面位置　(d) 将多余线去掉补内形可见线　(e) 添加图例线

图 8-25　轴测剖面图的画法

第三节　断　面　图

一、断面图的形成与标注

1. 断面图的形成

假想用剖切平面将形体的某处剖开后，仅画出该剖切面与形体接触部分的图形（即截面），并在断面上画上材料图例（或剖面线），这种图形称为断面图。如图 8-26（a）、（c）所示为楼梯断面图。

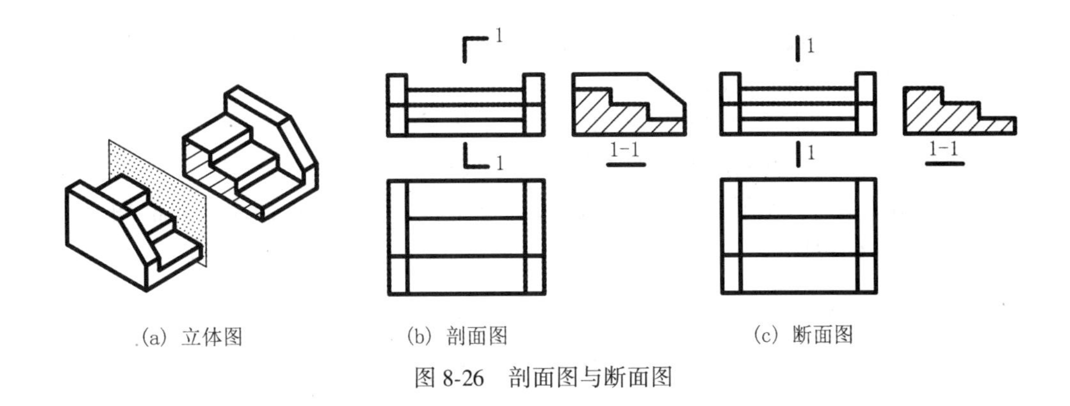

图 8-26　剖面图与断面图

2. 断面图的标注

只有画在投影图之外的断面图才需要标注，如图 8-26（c）所示。断面图要用剖切符号表明剖切位置和投射方向。剖切位置的画法同剖面图，用长度为 6~10mm 的短粗实线画出剖切位置线。断面图的剖视方向用编号的注写位置表示投影方向，例如编号写在剖切位置线右侧，表示投影方向向右，如图 8-26（c）所示。编号写在剖切位置线的下方，表示投射方向向下，如图 8-27 所示。断面图的编号、材料图例、图线线型均与剖面图相同，图名注写时只写上编号即可，不再写“断面图”三个字。

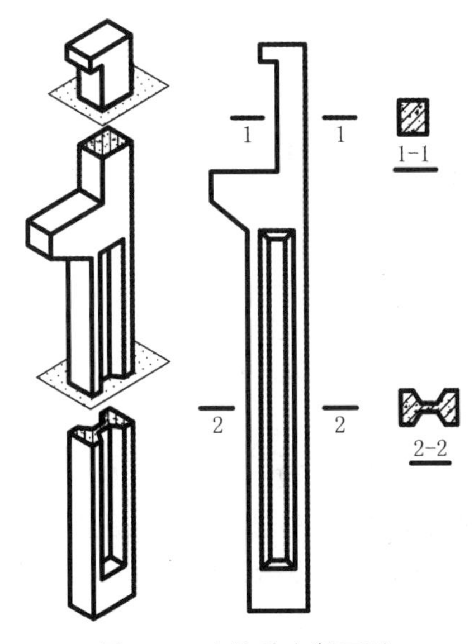

图 8-27　立柱移出断面图

二、断面图与剖面图的区别

（1）性质上：剖面图是切开后余下部分的投影，是体的投影。而断面图只是切开后断面的投影，是面的投影。剖面图中包含断面图，而断面图只是剖面图中的一部分。如图 8-26（b）、（c）所示。

（2）画法上：剖面图是画出切平面后的所有可见轮廓线，而断面图只画出切口的形状，其余轮廓线即使可见也不画出。

（3）标注上：剖面图既要画出剖切位置线，又要画出投射方向线，而断面图则只画剖切位置线，其投影方向用编号的注写位置来表示。

（4）剖切形式上：剖面图的剖切平面可以发生转折，而断面图每次只能用一个剖面去剖切，不允许转折。

三、断面图的种类与画法

有些构件，需表达其内形，在没必要画出剖面图时，可用断面图来表示。适当选择断面图，可以简化形体的表达方式，常用的断面图有移出断面、重合断面和中断断面。

1. 移出断面

画在形体投影图之外的断面图称为移出断面。如图 8-27 所示，图中采用了移出断面来表示立柱各段的断面形状。

移出断面的外形轮廓线用粗实线绘制。当形体需要作出多个断面时，可将各个断面图整齐地排列在视图的周围，以便于识读。当移出断面图尺寸较小时，断面可涂黑表示。断面图也可用较大的比例绘出，以利于标注尺寸和清晰地显示截断面的构造。

2. 重合断面

将断面图重叠画在基本视图轮廓之内的断面图，称为重合断面图，如图 8-28（a）所示。

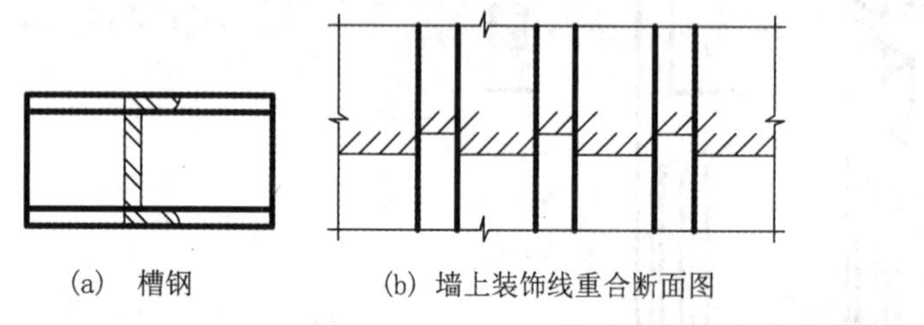

(a) 槽钢　　(b) 墙上装饰线重合断面图

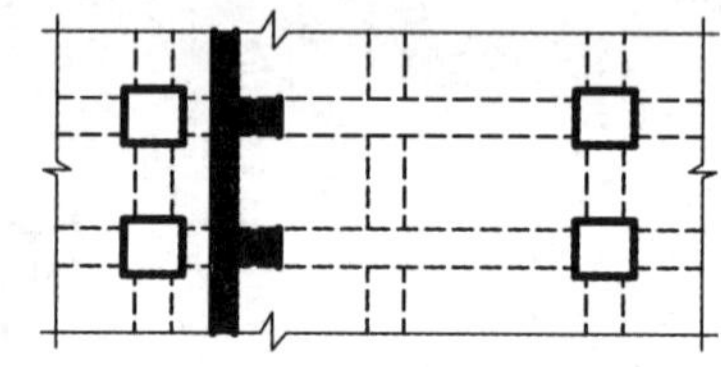

(c) 楼板层重合断面图

图 8-28　重合断面图

重合断面图的比例应与基本视图一致，其断面轮廓线规定用细实线，并不加任何标注。视图上与断面图重合的轮廓线，不应断开，仍按完整图画出。

如图 8-28（b）所示为墙面装饰的重合断面图，仅用来表示墙面的起伏，故该断面图不画成封闭线框，只在断面图的范围内，沿轮廓线边缘加画 45°剖面线。

如图 8-28（c）所示为现浇钢筋混凝土楼板层的重合断面图，是用侧平面将楼板层得到的断面图，经旋转后重合在平面上，因梁板断面图形较窄，不易画出材料图例，故用涂黑表示。

3. 中断断面图

当形体较长，且沿长度方向断面图形状相同或按一定规律变化时，可以将断面图画在视图中间断开处，这种断面图称为中断断面图，如图 8-29 所示。中断断面图轮廓线用粗实线表示。

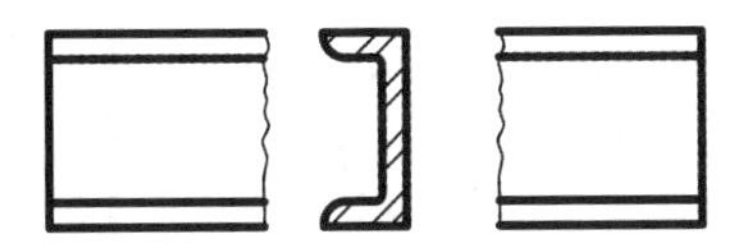

图 8-29　中断断面图

第四节　常用的简化画法和规定画法

一、简化画法

1. 折断画法

当只需表示形体的一部分形状时，可假想将不需要的部分折断，画出留下部分投影，并在折断处画上折断线。对不同材料的形体，折断线的画法也不同，如图 8-30 所示。

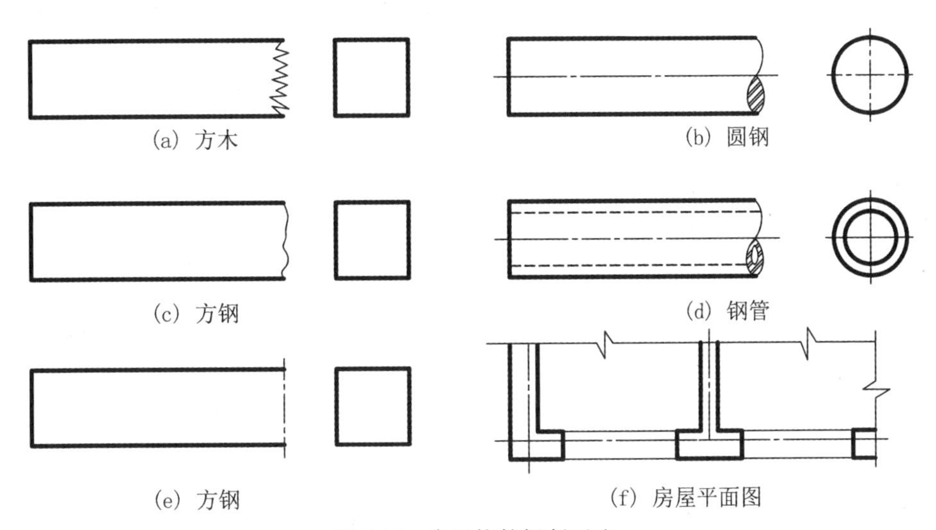

图 8-30　常见构件折断画法

2. 断开画法

若形体较长，且沿长度方向形状相同或按一定规律变化时，其投影图可采用断开画法。即假想将其折断，去掉中间一部分，只画出两端部分，但尺寸要按总长标注，断开处应以折断线表示，如图 8-31 所示。

3. 对称画法

对于对称形体的投影图，可以以对称中心线为界，只画出该图形的一半，并在对称线上画上对称符号。对称符号是用两平行细实线画在对称中心线的两端，平行线的长度为 6~10mm，两平行线的间距为 2~3mm，平行线在对称线两侧的长度应相等，两端的对称符号到图形的距离也应相等，如图 8-32（a）所示。如果图形不仅左右对称，而且上下也对称，还可进一步简化只画出该图形的四分之一，但此时要增加一条竖向对称线和相应的对称符号，如图 8-32（b）所示。如果图形在对称线处外轮廓线有变化时，对

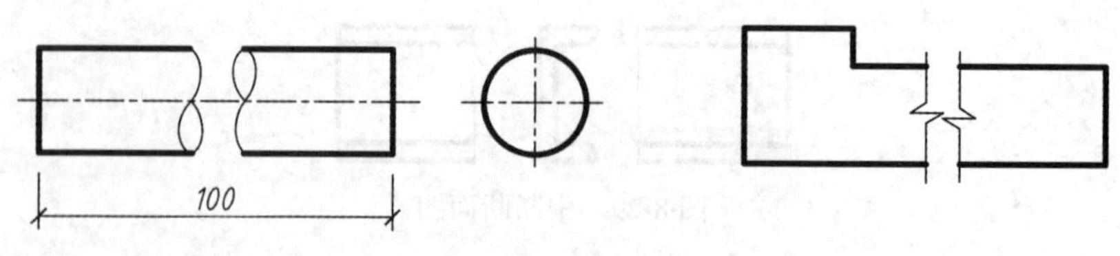

图 8-31　断开画法

称图形可画到超出对称线，此时不宜画对称符号，而在超出对称线部分画上折断线，如图 8-32（c）所示。

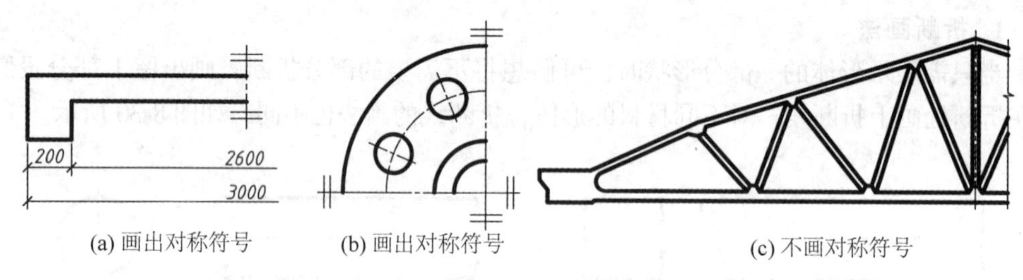

(a) 画出对称符号　(b) 画出对称符号　(c) 不画对称符号

图 8-32　对称画法

4. 相同要素的省略画法

构配件内多个完全相同且连续排列的构造要素，可仅在两端或适当位置画出其完整形状，其余部分以中心线或中心线交点表示，如图 8-33（a）、（b）、（c）所示。

如相同构造要素少于中心线交点，则其余部分应在相同构造要素位置的中心线交点处用小圆点表示，如图 8-33（d）所示。

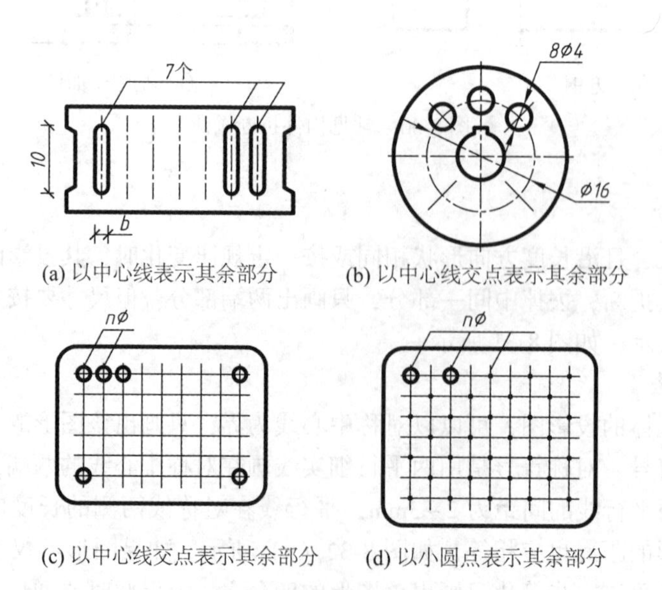

(a) 以中心线表示其余部分　(b) 以中心线交点表示其余部分

(c) 以中心线交点表示其余部分　(d) 以小圆点表示其余部分

图 8-33　相同要素省略画法

5. 构配件局部不同的省略画法

当两个构配件仅部分不相同时，则可在完整地画出一个后，另一个只画不相同部分。但应在两个构配件的相同部分与不同部分的分界处，分别绘制连接符号。两个连接符号应对准在同一线上，如图 8-34 所示，用折断线的两侧加标注 *A* 表示连接符号。

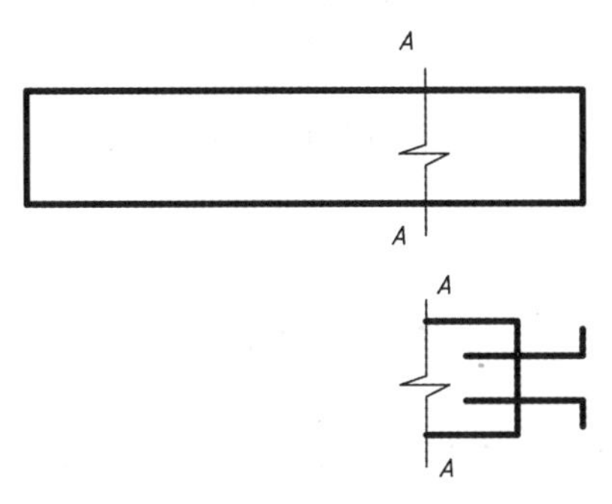

图 8-34　构件局部不同的省略画法

二、规定画法

1. 不剖物体

当剖切平面纵向通过薄壁、筋板或柱、轴等实心物体的轴线或对称平面时，这些物体不画图例线，只画外形轮廓线，此类物体称为不剖物体，如图 8-35 所示的筋板。

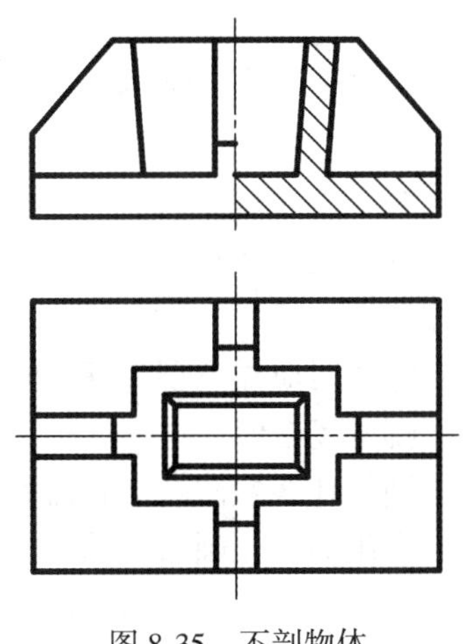

图 8-35　不剖物体

2. 图例线的规定画法

当剖面或断面的主要轮廓线与水平线成 45°倾斜时，应将图例线画成与水平线成 30°或 60°方向，如图 8-36 所示。

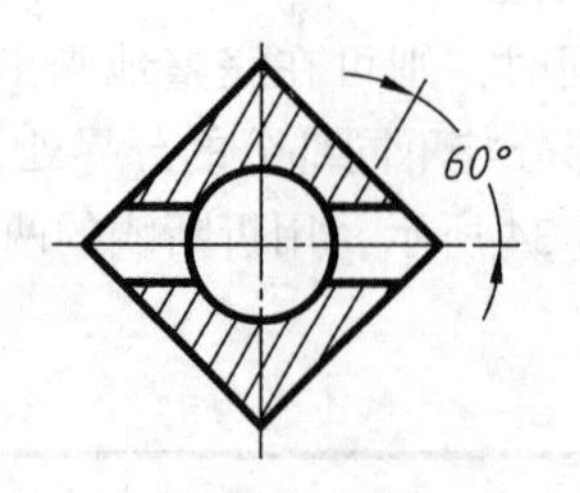

图 8-36　图例线的规定画法

本章小结

剖面图、断面图是建筑工程图中常用的图示形式，必须熟练掌握。

假想用一个剖切平面沿形体的孔、洞、槽进行剖切，移去介于剖切平面和观察者之间的部分，作出剩余部分的正投影称为剖面图。剖面图是形体的投影。剖面图有全剖面图、半剖面图、局部剖面图、阶梯剖面图、旋转剖面图等，适用于各种不同的场合。

对于某些单一杆件或要表示某一部分截面形状时，可以采用断面图。断面图是假想用剖切平面将物体切开后，仅画出截断面的正投影图。断面图有移出断面图、重合断面图、中断断面图。

剖面图、断面图都是假想的，每一次剖切都是在完整形体上的剖切。剖面图、断面图上一般不画虚线，剖切到的形体断面轮廓应画粗实线，材料图例线画细线。

复习思考题

1. 注写各种建筑形体的图名时，需注意什么？
2. 剖面图是怎么形成的？画剖面图应注意什么？
3. 剖面图有哪几种？各适用于哪些场合？
4. 剖切符号的意义是什么？标注时应注意哪些规定？
5. 断面图有几种？各适用于哪些场合？
6. 剖面图和断面图的主要区别是什么？两者又有何关系？
7. 简化画法的意义是什么？常用的简化画法有哪些？其使用条件是什么？

第九章　标 高 投 影

◎自学时数

4 学时

◎教师导学

通过本章的学习，使读者对标高投影有个整体的概念，在辅导学生学习时，应注意以下几点：

(1) 应让学生掌握点线面的标高投影的求法。

(2) 在掌握点线面标高投影的基础上，掌握直线坡度和平距的概念和关系。掌握平面上等高线的作法和各种表示方法，了解同坡曲面的特性，掌握工程上相邻坡面交线、坡脚线和开挖线的作法，掌握地形图的表示法，能根据地形图作地开断面图。

(3) 本章的重点是坡度和平距的关系，平面和曲线的标高表示法，曲面和地形面标高投影图的方法。

(4) 本章的难点是工程上相邻坡面交线、坡脚线和开挖线的作法。

(5) 通过本章的学习，学生应对标高投影的作图方法有个整体的概念。

在土木工程中，常常需要绘制地形图。土木工程实体大多以地面为基础进行施工，由于地面是高低不平的复杂曲面，所以地面对建筑工程的布置、施工等都有很大的影响。若在某处高低起伏的地面上要修建一个水平广场，则必须要有该区域的地形图，才能进行设计绘图，以确定填方、挖方坡面的坡脚线、开挖线以及各坡面间的交线。而由于地面高度方向的变化与水平方向的变化相差很大，如采用前面所述的多面正投影来表达地面形状，就很难表达清楚。为此，在土木工程中常用标高投影法来表达地面形状。

标高投影法，就是在形体的水平投影图上，加注形体上某些特殊点、线、面的高程数值和绘图比例尺（或给出绘图比例）来表示形体的一种图示方法。

第一节　点、直线和平面的标高投影

一、点的标高投影

在点的水平投影旁，标注出该点与水平投影面的高度距离，并画出绘图比例尺，便得到该点的标高投影，如图 9-1 所示。

在标高投影中，设水平基准面 H 的高程为 0，高于水平基准面 H 的为正，低于水平基准面 H 的为负。高程或标高的单位为米（m），在图上不需注明。

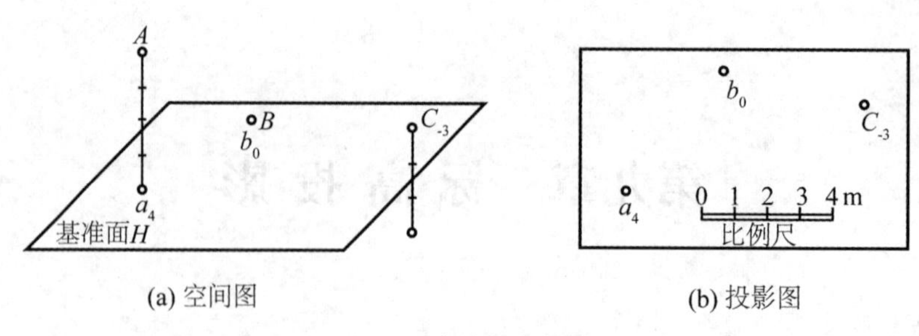

(a) 空间图　　(b) 投影图

图 9-1　点的标高投影

二、直线的标高投影

1. 直线的标高投影表示法

（1）在直线的水平（*H* 面）投影上，加注它两个端点的标高，如图 9-2（b）所示。

（2）在直线的水平（*H* 面）投影上，加注直线上一点的标高以及直线坡度和表示直线下坡方向的箭头，如图 9-2（c）所示。

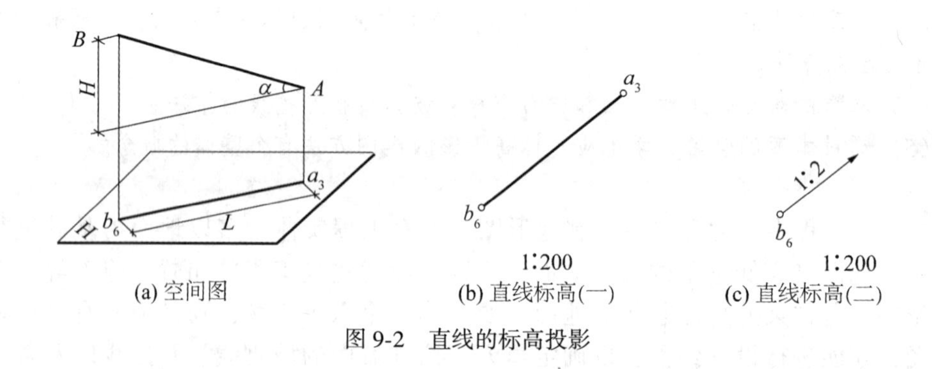

(a) 空间图　　(b) 直线标高(一)　　(c) 直线标高(二)

图 9-2　直线的标高投影

2. 直线的坡度和平距

1）坡度

直线上任意两点的高度差与该两点的水平距离之比，称为该直线的坡度。用符号“*i*”表示，如图 9-3 中直线 *AB* 的坡度为 $i=\frac{H}{L}=\tan\alpha$，其中 *H* 为高度差；*L* 为水平距离。式中表明当直线的水平距离为一个单位时，其高差即为坡度。

2）平距

当直线上两点的高程差为一个单位长度时，这两点间的水平距离称为该直线的平距，用 *l* 表示，则 $l=\frac{L}{H}=\cot\alpha$。从公式可以看出，平距和坡度互为倒数，即 $l=\frac{1}{i}$也就是说，坡度越大，平距越小；反之，坡度越小，平距越大。

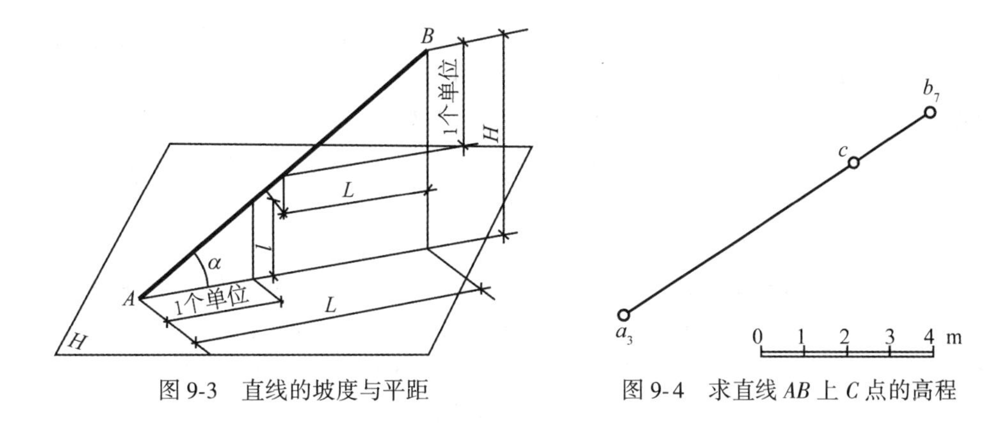

图 9-3　直线的坡度与平距　　　　图 9-4　求直线 *AB* 上 *C* 点的高程

【**例 9-1**】如图 9-4 所示，已知直线 *AB* 的标高投影 a_3b_7，求直线 *AB* 上 *C* 点的高程。

作图步骤如下：

（1）求直线 *AB* 的坡度。由图中比例尺量得 $L_{AB}=8\text{m}$，而 $H_{AB}=4\text{m}$，所以直线 *AB* 的坡度 $i=H_{AB}/L_{AB}=4/8=1/2$。

（2）求 *C* 点的高程。用比例尺量得 $L_{CB}=2\text{m}$，则 $H_{CB}=i\times L_{CB}=(1/2)\times 2\text{m}=1\text{m}$，即 *C* 点的高程为 $(8-1)\ \text{m}=6\text{m}$。

【**例 9-2**】如图 9-5（a）所示，已知直线上 *B* 点的高程及直线的坡度，求直线上高程为 2.4m 的点 *A*，并定出直线上各整数标高点。

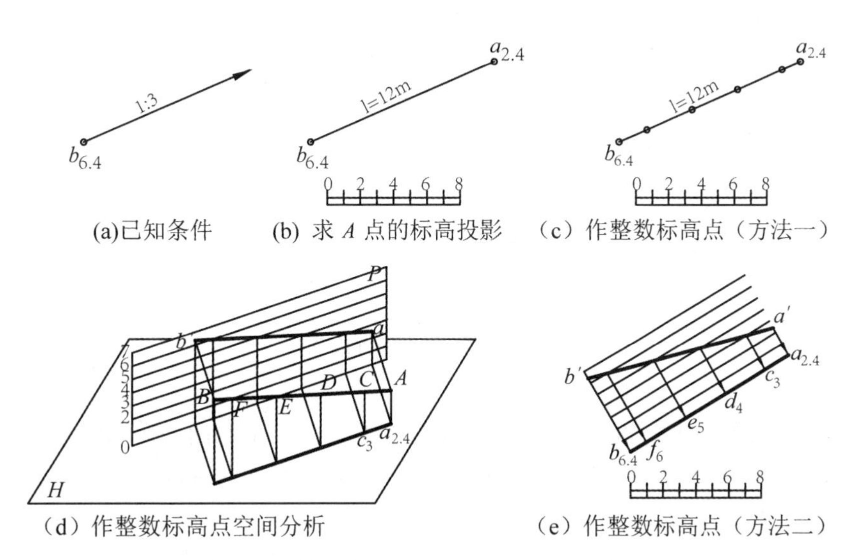

图 9-5　作直线上已知高程点和整数标高点

作图步骤如下：

（1）求点 *A* 的投影。如图 9-5（b）所示。$H_{BA}=(6.4-2.4)\ \text{m}=4\text{m}$，$L_{BA}=H_{BA}/i=4/(1/3)=12\text{m}$，从 $b_{6.4}$ 高程沿下坡方向按比例尺量取 12m，得 *A* 点的标高投影 $a_{2.4}$。

（2）求整数标高点。

方法一：数解法，如图 9-5（c）所示，在 BA 两点间的整数标高点有高程为 6m、5m、4m、3m 的 4 个点 F、E、D、C。高程为 6m 的点 F 与高程为 6.4m 的点 B 之间的水平距离：$L_{BF}=H_{BF}/i=(6.4-6)\div 1/3=1.2\text{m}$，由 $b_{6.4}$沿 ba 方向，用比例尺量取 1.2m，即得高程为 6m 的点 f_6。因平距 l 是坡度 i 的倒数，则 $l=1/i=1/(1/3)=3$，自 f_6点起用平距 3m，依次量得 e_5、d_4、c_3 各点，即为所求。

方法二：图解法，如图 9-5（d）、（e）所示。作一辅助铅垂面 P，使其平行于 BA，在平面 P 上，按比例尺从高程 2m 开始，作出相应整数高程的水平线，并作出直线 BA 在 P 平面上的正投影 $b'a'$。由 $b'a'$与各水平线的交点返回作图，即可得到该直线上的各整数标高点 c_3、d_4、e_5、f_6。作图步骤为：①按图中比例尺作一组相应高程的水平线与 ab 平行，最高一条为 7m，最低一条为 2m；②根据 A，B 两点的高程在铅垂面上作出直线 BA 的投影 $b'a'$；③自 $b'a'$与各整数标高的水平线的交点向 $b_{6.4}a_{2.4}$作垂线，即得 $b_{6.4}a_{2.4}$上的整数标高点。

三、平面的标高投影

1. 平面上的等高线和坡度线

因为平面内水平线上各点到基准面的距离是相等的，所以平面内的水平线就是平面上的等高线，也可看成是水平面与该平面的交线，如图 9-6（a）所示。由于平面内的水平线互相平行，因此等高线的投影也互相平行，如图 9-6（b）所示。当相邻等高线的高差相等时，其水平距离也相等。

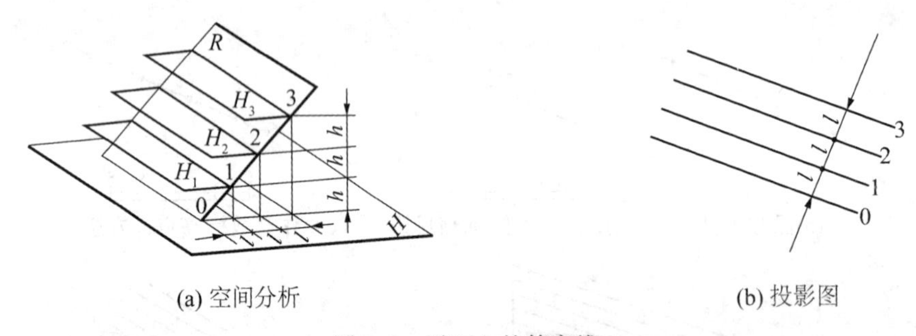

(a) 空间分析　　(b) 投影图

图 9-6　平面上的等高线

平面内对基准面的最大斜度线称为坡度线。其方向与平面内的等高线垂直，它们的水平投影必互相垂直。坡度线对基准面的倾角也就是该平面对基准面的倾角，因此，坡度线的坡度就代表该平面的坡度。

【例 9-3】 如图 9-7（a）所示，已知平面△ABC 的标高投影为△$a_5b_9c_4$，求作该平面的坡度线以及该平面对 H 面的倾角 α。

作图步骤如下：

（1）先作出 a_5b_9和 b_9c_4两条边的整数刻度点；

（2）把两条边上相同刻度点连线，即得平面的等高线；

（3）在适当位置任作一条和等高线垂直的直线，该线即为平面的坡度线；

（4）利用直角三角形法作出 α，作图结果如图 9-7（b）所示。

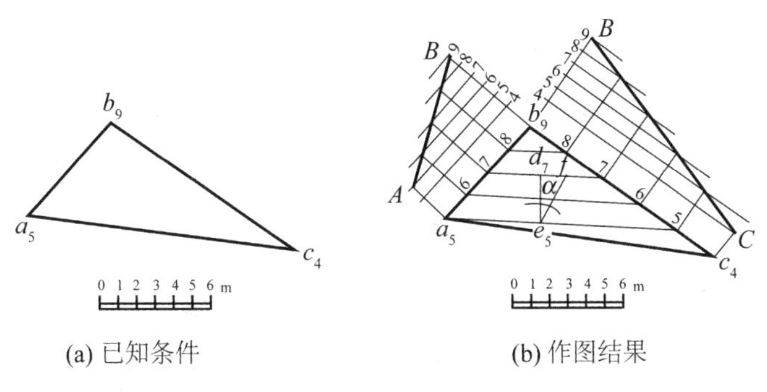

(a) 已知条件　　(b) 作图结果

图 9-7　作△ABC 的坡度线及对 H 面的倾角 α

2. 平面的表示方法和平面上等高线的作法

在多面正投影中介绍的五种平面表示方法在标高投影中仍然适用，即平面用几何元素的标高投影来表示。其中，经常采用的形式有以下三种：

1）用平面上的两条等高线表示

如图 9-8（a）所示，用平面上两条高程分别为 10、15 的等高线表示平面。如果在该平面上作高程为 12、14 的等高线，可先在等高线 10 和 15 之间作一条坡度线 ab，并将坡度线分成五等份，各等分点 c、d、e、f 即是该平面上高程为 11、12、13、14 的点，过点 d 和点 f 作直线平行于高程为 10 的等高线得高程为 12、14 的两条等高线，如图 9-8（b）所示。

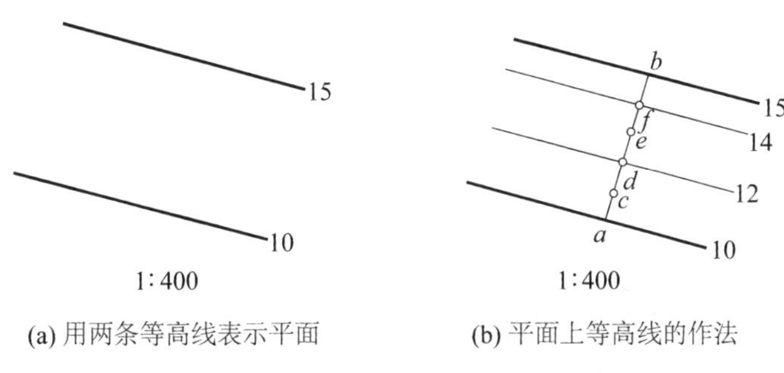

(a) 用两条等高线表示平面　　(b) 平面上等高线的作法

图 9-8　用两条等高线表示平面及平面上等高线的作法

2）用平面上的一条等高线和一条坡度线表示

如图 9-9（a）所示，用平面上一条高程为 15 的等高线和坡度为 1∶2 的坡度线表示该平面。根据坡度为 1∶2，可知高程差为 1 的等高线间的平距 $l=2$。由此，可作出该平面上一系列等高线，如图 9-9（b）所示。

3）用平面上一条倾斜直线和该平面坡度大小以及坡度的大致方向来表示

如图 9-10（a）所示，用平面上的一条倾斜线 a_3b_6 和平面上的坡度 $i=1∶0.6$ 表示平面。图中的箭头只表示平面的倾斜方向，并不表示坡度线的方向，故将它用带箭头的虚线表示。

空间分析：如图 9-10（c）所示，过 AB 作一平面与锥顶为 B，素线坡度为 $i=1∶0.6$ 的

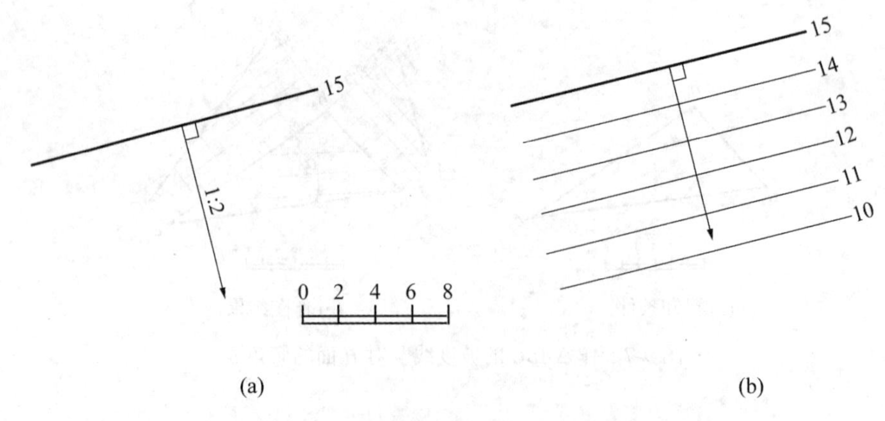

图 9-9　用一条等高线和坡度的大小及方向表示平面

正圆锥相切，切线（圆锥上的一条素线）就是该平面的坡度线。

如图 9-10（b）表示了该平面上等高线的作法，因为平面上高程为 3m 的等高线必通过 a_3，b_6与高程为 3 的等高线之间的水平距离 $L_{AB}=lH_{AB}=0.6\times3\text{m}=1.8\text{m}$。以 b_6为圆心，以 $R=1.8\text{m}$ 为半径，向平面的倾斜方向画圆弧，然后过 a_3 点作圆弧的切线，即得到平面上高程为 3m 的等高线，再将 a_3b_6分成三等份，等分点为直线上高程为 4m、5m 的点，过各等分点作直线与等高线 3 平行，就得到平面上高程为 4m、5m 的两条等高线。

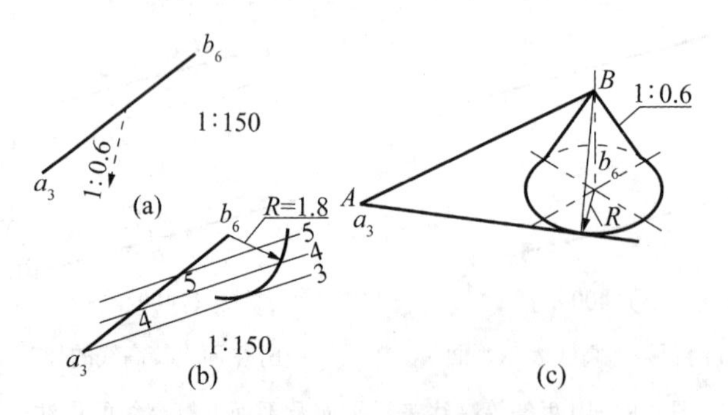

图 9-10　用一条倾斜直线和坡度表示平面

3. 平面与平面的交线

在标高投影中，求平面与平面的交线，通常采用辅助平面法，即以整数高程的一组水平面作为辅助平面，辅助平面与已知两平面的交线是平面上相同整数高程的等高线。如图 9-11 所示，求两平面 S、T 的交线时，用高程为 15 的辅助平面 H_{15}与两平面 S、T 相交，其交线分别是两平面 S、T 上高程为 15 的等高线，这两条等高线的交点 A 就是两平面 S、T 的一个共有点；同理，用高程为 10 的辅助平面 H_{10}可求得另一个共有点 B，连接 AB，即得到两平面 S、T 的交线。

由此得出：两平面上相同高程的等高线交点的连线，就是两平面的交线。

在工程中，把相邻两坡面的交线称为坡面交线，填方形成的坡面与地面的交线称为坡脚线，挖方形成的坡面与地面的交线称为开挖线。

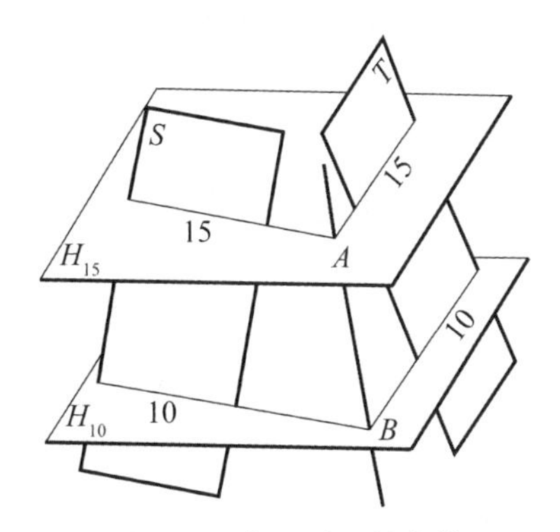

图 9-11　求两平面的交线

【例 9-4】在地面上修建一平台和一条自地面通到台顶面的斜坡引道。平台顶面高程为 5m，地面高程为 2m，它们的形状和各坡面坡度如图 9-12（a）所示，求坡脚和坡面交线。

分析：因各坡面和地面都是平面，因此坡脚线和坡面交线都是直线。需作出平台上 4 个坡面的坡脚线和斜坡引道两侧 2 个坡面的坡脚线，以及它们之间的坡面交线，如图 9-12（c）所示。

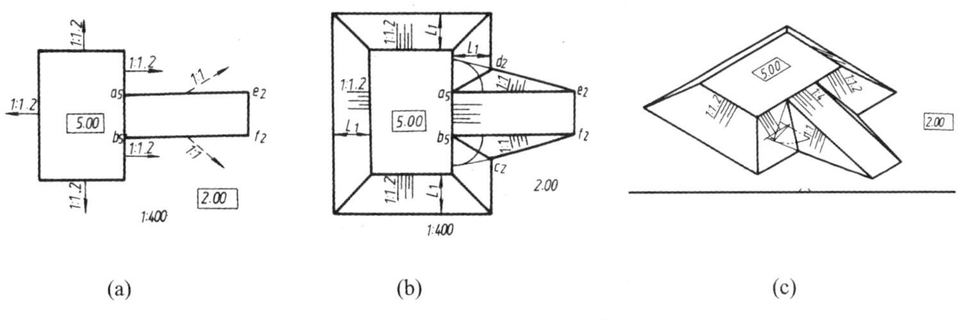

(a)　(b)　(c)

图 9-12　作平台与斜坡引道的标高投影图

作图步骤如下：

（1）求坡脚线。因地面的高程为 2m，各坡面的坡脚线就是各坡面内高程为 2m 的等高线。平台坡面的坡度为 1∶2，坡脚线分别与相应的平台边线平行，其水平距离可由 $L=l\times H$ 确定，式中高度差 $H=(5-2)\text{m}=3\text{m}$，所以 $L_1=1.2\times3\text{m}=3.6\text{m}$。斜坡引道两侧坡面的坡度为 1∶1，其坡脚线求法为：以 a_5 为圆心，以 $L_2=1\times3\text{m}=3\text{m}$ 为半径画圆弧，再自 e_2 向圆弧作切线，即为所求坡脚线。另一侧坡脚线的求法相同。

（2）求坡面交线。平台相邻两坡面上高程为 2m 的等高线的交点和高程为 5m 的等高线的交点是相邻两个共有点。连接这两个共有点，即得平台两坡面的交线。因各坡面坡度相等，所以交线应是相邻坡面上等高线的分角线，图中为 45°斜线。

平台坡面坡脚线与引道两侧坡脚线的交点 d_2、c_2 是相邻两坡面的共有点，a_5、b_5 也是平台坡面和引道两侧坡面的共有点，分别连接 a_5d_2 和 b_5c_2 即为所求坡面交线。

(3) 画出各坡面的示坡线，其方向与等高线垂直，注明坡度。作图结果如图 9-12 (b) 所示。

第二节　曲面和地形的标高投影

在标高投影中表示曲面，常用的方法是假想用一系列高差相等的水平面截切曲面，画出这些截交线（即等高线）的水平投影，并标明各等高线的高程。工程上常见的曲面有锥面、同坡曲面和地形面等。这里仅介绍正圆锥面和地形面。

一、正圆锥面的标高投影

如图 9-13 所示，如果正圆锥面的轴线垂直于水平面，假想用一组水平面截切正圆锥面，其截交线的水平投影是同心圆，这些圆就是正圆锥面上的等高线。等高线的高差相等，其水平距离亦相等。在这些圆上分别加注它们的高程，该图即为正圆锥面的标高投影。高程数字的字头规定朝向高处。由图中可见，锥面正立时，等高线越靠近圆心，其高程数字越大；锥面倒立时等高线越靠近圆心，其高程数字越小。

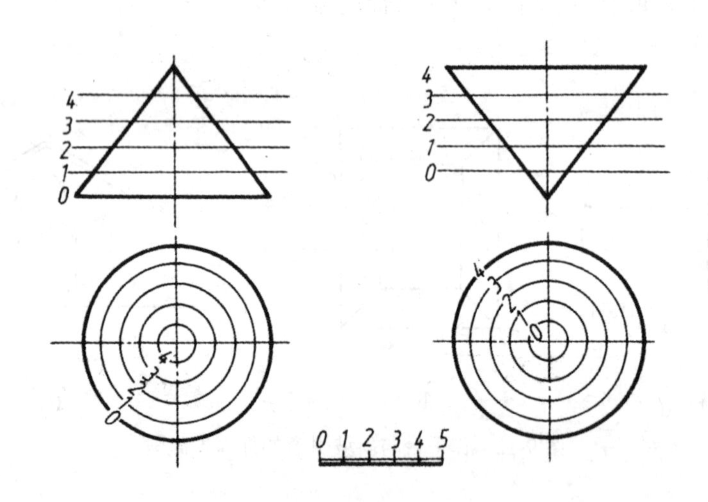

图 9-13　正圆锥面的标高投影图

【例 9-5】 在土坝与河岸的连接处用圆锥面护坡，河底高程为 96m，土坝、河岸、圆锥台顶面高程为 106m，各坡面坡度如图 9-14 (a) 所示，求坡脚线及各坡面交线。

分析：河岸坡面和土坝坝面的坡脚线都是直线，圆锥面的坡脚线是圆弧线，河岸坡面与圆锥面的交线和土坝坡面与圆锥面的交线均为圆锥曲线。

作图步骤如下：

(1) 求坡脚线。如图 9-14 (c) 所示，河底高程为 96m，因此，土坝、河岸的坡脚线是高程为 96m 的等高线，且与同一坡面上的等高线平行。其水平距离分别为 L_1

= （106−96） m×1.5 = 15m，L_2 = （106−96） m×2 = 20m。圆锥护坡的坡脚线圆与圆锥台顶圆在同一圆锥面上，它们的投影是同心圆，其水平距离 $L_3 = L_1$ = 15m。需注意的是：圆锥面坡脚线的圆弧半径为圆锥台顶半径 R_1 与其水平面距离 L_3 之和，即 $R = R_1 + L_3$。

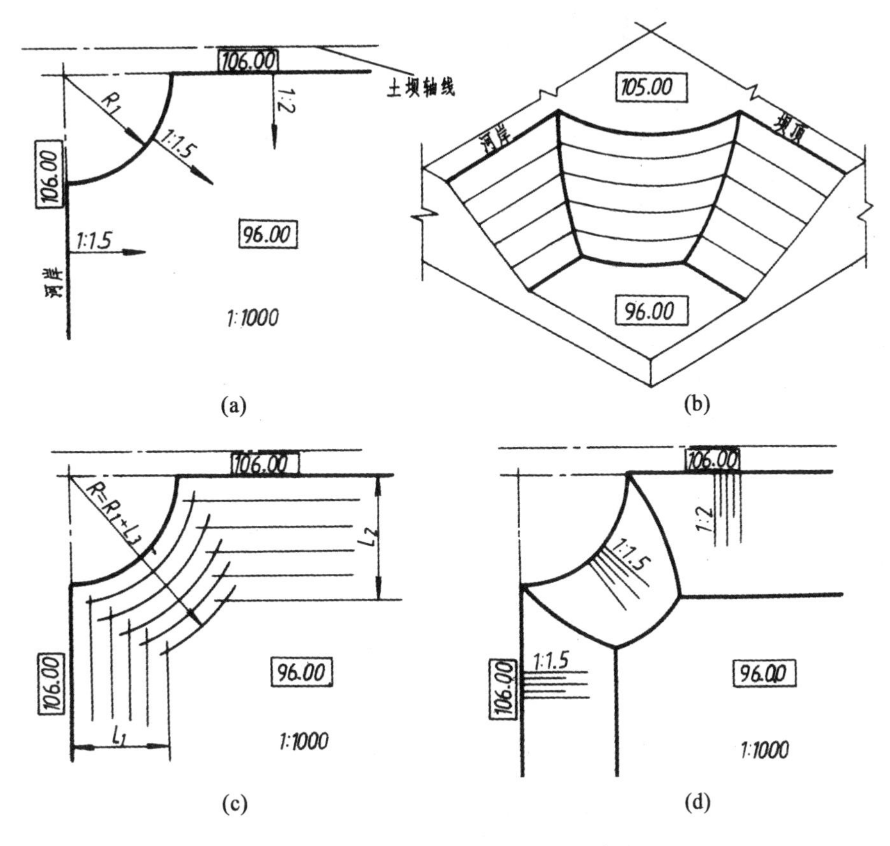

图 9-14　作土坝与河岸连接处的标高投影图

（2）求坡面交线。如图 9-14（b）所示，两条坡面交线为平面曲线，需求出一系列共有点，其作图方法为：在相邻坡面上作出相同高程的等高线，同高程等高线的交点，即为两坡面的共有点，如图 9-14（c）所示。用光滑曲线分别连接左右两边的共有点，即得出坡面交线。

（3）画出各坡面的示坡线，完成作图，如图 9-14（d）所示。

应注意的是圆锥面上的示坡线应通过锥顶。

二、同坡曲面的标高投影

1. 同坡曲面的形成

如图 9-15 所示，同坡曲面可以看成是轴线始终垂直于水平面，锥顶角相同，且锥顶沿着空间曲线 *AB* 运动的正圆锥的包络面。

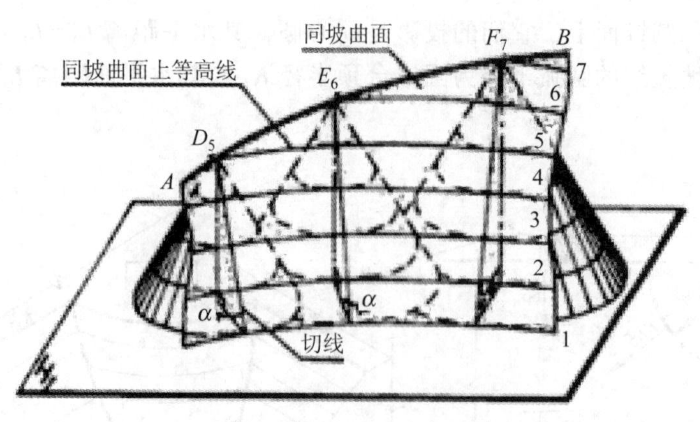

图 9-15　同坡曲面的形成及特性

2. 同坡曲面的特性

（1）同坡曲面的坡度与运动的正圆锥的坡度相等；

（2）同坡曲面上的等高线与各正圆锥面上相同标高的等高线一定相切；

（3）同坡曲面与运动的正圆锥处处相切。

【例 9-6】 如图 9-16（a）所示，在高程为 0 的地面上修筑一条弯道，路面自 0 逐渐上升为 4m，与干道相接，干道的坡度为 1∶2，弯道的坡度为 1∶1。求作干道与弯道坡面的坡脚线以及干道与弯道的坡面交线。

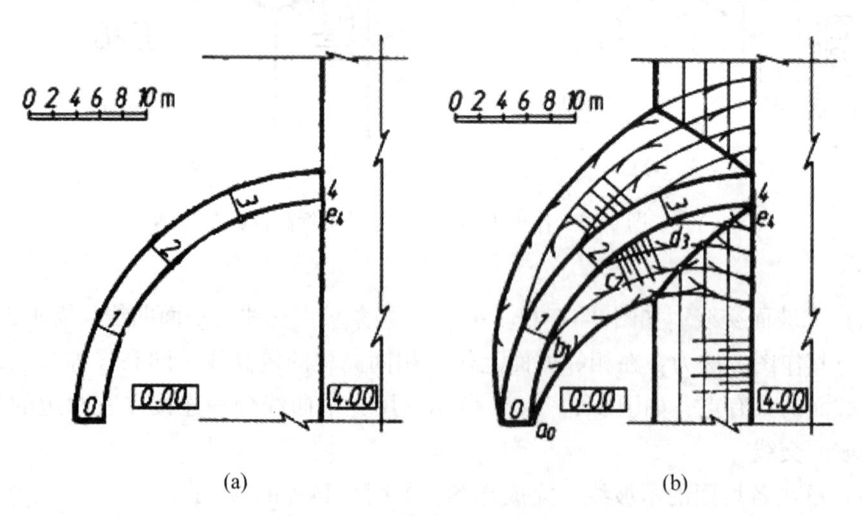

(a)　　　　(b)

图 9-16　作弯道的标高投影

作图步骤如下：

（1）作坡脚线。由于干道坡脚线与干道边线平行，由 $L=4\text{m}\div1/2=8\text{m}$ 可知，弯道两侧边坡是同坡曲面。在曲导线上定出整数标高点 a_0、b_1、c_2、d_3、e_4 作为正圆锥面的锥顶位置；以各锥顶为圆心，$R=l$、$2l$、$3l$、$4l$（$l=2\text{m}$）画同心圆，得各锥面的等高线；自 a_0 作各锥面上 0 等高线的公切线，即为弯道坡脚线，内外侧作法相同。

（2）作坡面交线。作诸正圆锥面上同高程等高线的公切线，得同坡曲面的等高线；画出干道坡面上 3、2、1 诸等高线；将同高程等高线的交点依次连成光滑曲线；画出各坡面的示坡线。

三、地形面的标高投影

1. 地形面的表示法

假想用一组高差相等的水平面截割地面，便得到一组高程不同的等高线，由于地面是不规则的曲面，因此，地形面上的等高线是不规则的平面曲线。画出这些等高线的水平投影，并注明每条等高线的高程和它们的绘图比例，即得到地形面的标高投影图，如图 9-17 所示。

地形面的标高投影图，又称为地形图。由于地形图上等高线的高差（称为等高距）相等，因此地形图能够清楚地反映地形的起伏变化以及坡向等。如图 9-18 所示，靠近中部的两个环状等高线中间高，四周低，表示有两个小山头。山头北面等高线密集，表明地面的坡度大；山头南面等高线稀疏，表明地势平坦。相邻山头之间是鞍部。

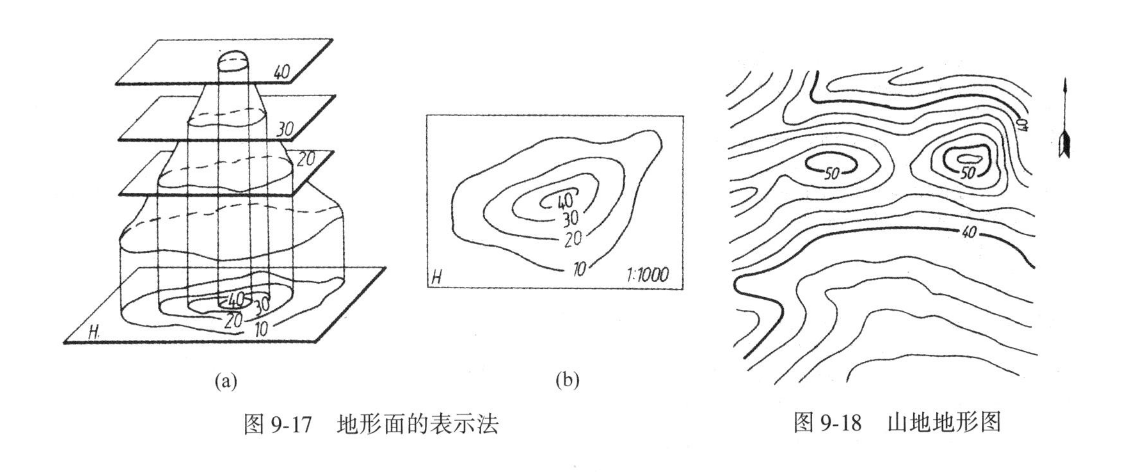

图 9-17　地形面的表示法

图 9-18　山地地形图

2. 地形断面图

用铅垂面剖切地形面，切平面与地形面的截交线就是地形断面，画上相应的材料图例，称为地形断面图。其作图方法如图 9-19 所示，以 *A-A* 剖切线的水平距离为横坐标，以高程为纵坐标。按等高距及地形图的比例尺画一组水平线，如图 9-19 中的 15，20，25，…，55，然后将剖切线 *A-A* 与地面等高线的交点 a，b，c，…，p 之间的距离量取到横坐标轴上，得 a_1，b_1，c_1，…，p_1。自点 a_1，b_1，c_1，…，p_1 向上引竖直线，在相应的水平线上定出各点。光滑连接各点，并根据地质情况画上相应的材料图例，即得 *A-A* 断面图。断面处地势的起伏情况可以从断面图上形象地反映出来。

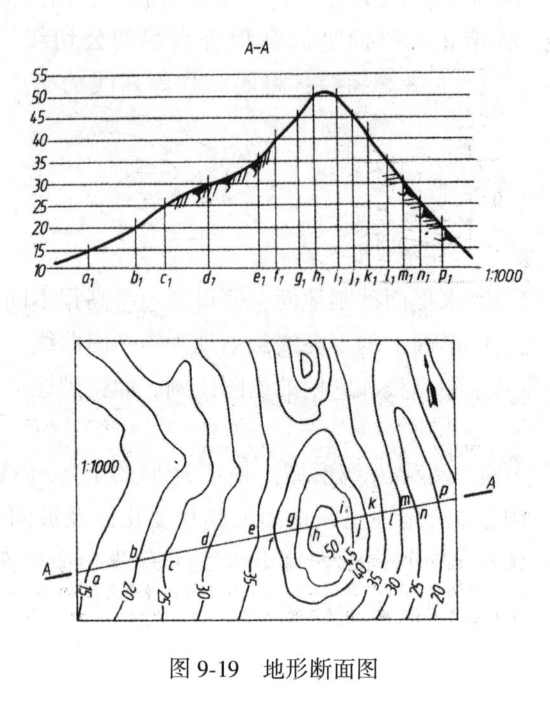

图 9-19　地形断面图

本章小结

本章主要介绍了点、直线、平面、曲面及地形面的标高投影的表示方法，以及坡面与坡面、坡面与地形面之间的交线的求法

在点的水平投影旁，标注出该点离开水平面高度的数字便可得到该点的标高投影。直线一般由它的水平投影加注直线上两点的标高投影来表示，如果是水平线，可由其水平投影加注一个标高来表示。平面的标高表示法有：用点、直线等几何元素表示平面，用等高线表示平面，用坡度比例尺表示平面，用一条等高线和一条最大坡度线表示平面，用一条一般位置直线和平面的坡度表示平面。

曲面的标高投影由曲面上等高线表示，若曲面坡度均相同时，则称为同坡曲面。地形面的标高投影可由等高线表示，这些等高线一般是不规则的平面曲线，这种用等高线来表示地面形状的标高投影，称为地形图。

求坡面与坡面、坡面与地形面的交线，只要求出坡面或地形面上标高相同的等高线的交点，然后用直线或曲线顺次将各交点连接起来即可。

复习思考题

1. 标高投影是怎样形成的？等高线上的数字表示什么？
2. 在标高投影中，比例尺有什么用途？
3. 何谓开挖线、坡脚线？

4. 常用什么方式表示平面？如何求出平面上的等高线？
5. 求两平面、平面与圆锥面、平面与地形面交线的方法有何不同？
6. 同坡曲面是如何形成的？如何作出同坡曲面的等高线？
7. 如何绘制地形图及地形断面图？

第十章　房屋建筑施工图（房屋建筑工程专业必修）

◎自学时数

8 学时

◎教师导学

通过本章的学习，使读者对房屋建筑施工图所涉及的内容有个整体的概念，在辅导学生学习时，应注意以下几点：

（1）应让学生掌握房屋建筑施工图所包含的基本内容。

（2）在掌握基本内容的基础上，初步掌握房屋建筑施工图的内容和图示特点，如视图的配置、比例、图线、尺寸标注、图例、习惯画法、规定画法以及专业制图标注中的其他相关规定。初步掌握绘制和阅读专业图样的方法和步骤。为学生学习后续专业课奠定基础。

（3）本章的重点是房屋建筑施工图的图示特点以及规定画法。

（4）本章的难点是楼梯的画法。

（5）通过本章的学习，学生应对房屋建筑施工图所涉及的内容有个整体的概念。

第一节　概　　述

建筑是提供人们生活、生产、工作、学习和娱乐的活动场所。按照建筑的使用功能不同，一般可将建筑分为民用建筑和工业建筑两大类。建筑尽管功能、外观各不相同，但其设计、施工的建筑施工图以及组成建筑的内涵基本是一致的。

一、房屋的组成及分类

一幢房屋建筑，自下而上第一层称为底层或首层，最上一层称为顶层。底层和顶层之间的若干层可依次称为二层、三层……或统称为标准层（还可称为中间层）。其组成通常包括基础、墙柱、楼面及地面、楼梯、门窗和屋顶等六大主要部分，它们分别处在同一建筑中不同的部位，发挥着各自应有的作用。为便于识读房屋建筑图，现以图 10-1 所示房屋轴测图为例，说明房屋的组成及分类。

基础是房屋埋在地面以下、地基之上的承重构件。其作用是承受房屋的全部荷载，并将这些荷载传递到地基上；屋顶、外墙和雨篷起隔热、保温、避风遮雨的作用；屋面、天沟、雨水管、散水等起着排水的作用；台阶、门、走廊、楼梯起着沟通房屋内外、上下交通的作用；窗则主用用于采光和通风的作用；墙裙、勒脚、踢脚板等起保护墙身的作用。

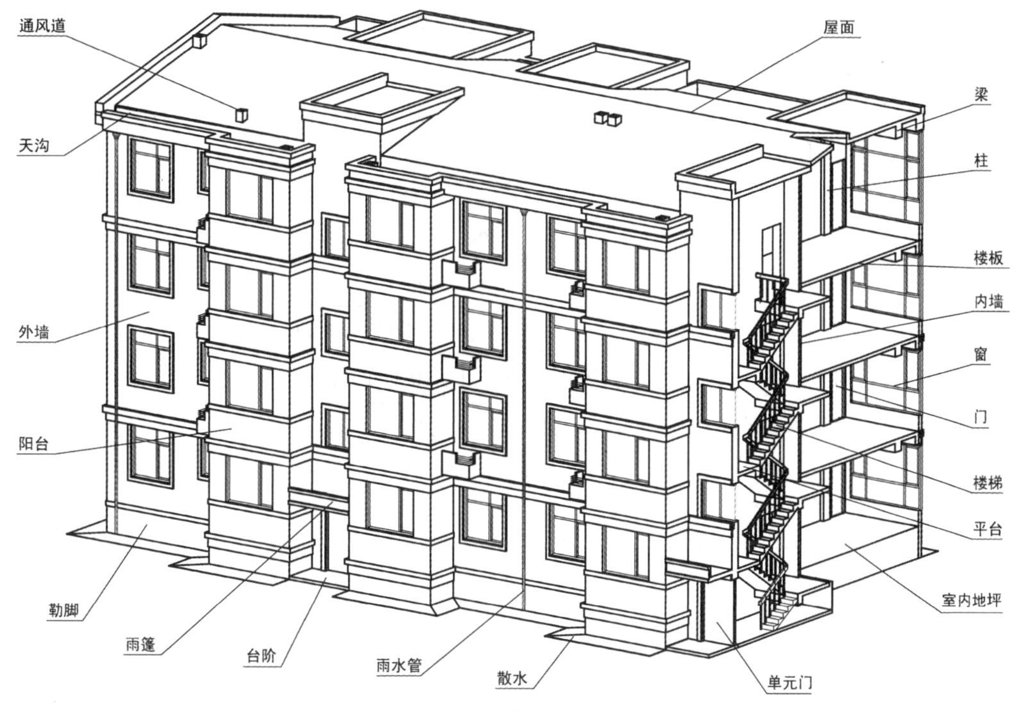

图 10-1　房屋的组成

二、房屋建筑的设计阶段及其图纸

建造房屋必须经过一个设计过程，设计工作一般分为初步设计和施工图设计阶段。

初步设计阶段：一般需经过收集资料、调查研究等一系列设计前的准备工作，然后提出一个或多个设计方案，经比较后确定设计方案，绘制初步设计图纸。初步设计的图纸主要有：建筑总平面图，房屋主要的平面图和立面图、剖面图。初步设计图纸较为简略，主要反映建筑物的内外形状、结构造型、立面艺术处理、地理环境等。初步设计要送交有关部门审批。在已经批准的初步设计的基础上，各专业工种进行深入细致的设计，完成建筑设计、结构设计、水、暖、电等设备设计，绘制出各专业工种的施工图。本书主要介绍这一阶段的工程图。

三、施工图的分类

一套完整的房屋建筑施工图依其内容和作用的不同，通常可分为：图纸目录和设计总说明、建筑施工图（简称建施）、结构施工图（简称结施）、设备施工图（简称设施）。设备施工图主要表示室内给水排水（简称水施）、采暖通风（简称暖施）、电气照明（简称电施）和信息传送等设备施工图。

四、建筑施工图的特点

1. 采用正投影法绘制

施工图是用正投影法绘制的，一般在 H 面的投影称为平面图，在 V 面的投影称为正立面图（或背立面图），在 *W* 面的投影称为左侧立面图（或简称为侧立面图）。

2. 用缩小比例绘制

建筑庞大而复杂，相比图纸的尺寸很小，所以施工图一般采用较小的比例。其选用标准要根据建筑物的大小，参照表 10-1 选取。

表 10-1　　**比　例**

图　名	比　例
总平面图	1∶500、1∶1000、1∶2000
建筑物、构筑物的平面图、立面图、剖面图	1∶50、1∶100、1∶150、1∶200、1∶300
建筑物、构筑物的局部放大图	1∶10、1∶20、1∶25、1∶30、1∶50
配件及构造详图	1∶1、1∶2、1∶5、1∶10、1∶15、1∶20、1∶25、1∶30、1∶50

3. 用图例符号绘制

为了保证制图质量，提高效率，表达统一和便于识读，我国制定了国家标准《建筑制图标准》（GB/T50104—2010），《建筑结构制图标准》（GB/T50105—2010），《建筑给水排水制图标准》（GB/T50106—2010）等专业制图标准。在绘制房屋施工图中的各类图样时，必须遵守这些制图标准的有关规定。

第二节　施工图中常用的标注及符号

为了使房屋施工图的图面统一而简洁，制图标准对常用的符号画法及标注方法作了明确的规定。

一、尺寸单位

建筑施工图除总平面图中的尺寸单位为米（m）外，其余图中的尺寸单位均为毫米（mm），标注尺寸时不注写单位。

二、图名及比例的注写

建筑施工图的图名一般注写在图样下部居中的位置。图名右侧注明绘制图样使用的比例，比例的字号要比图名的字号小一号或两号。图名下用粗实线绘制底线，底线应与字取平，如图 10-2 所示。

底层平面图 1:100　　② 1:20

图 10-2　图名及比例的注写

三、标高

标高用于表示某一位置的高度，分为绝对标高和相对标高两种。标高以米（m）为单位。

绝对标高：我国把青岛黄海平均海平面定为绝对标高的零点，其他各地的标高均以此为基准测量而得。总平面图中所注标高为绝对标高，数值取至小数点后两位，不足两位时用“0”补齐。

相对标高：专用于某一建筑工程的标高，一般将房屋首层的室内地坪高度定为相对标高的零点，记为“±0.000”，向上为正数标高不注“+”，向下为负数标高加注为“-”。除总平面图外的其他图样中所注标高均为相对标高，数值取至小数点后三位，不足三位时也应用“0”补齐。

标高符号是用细实线画的等腰直角三角形，如图 10-3（a）所示。符号的尖端应指到被注高度的位置，尖端可向下，也可向上，标高数字应注写在标高符号的左侧或右侧，如图 10-3（b）所示。当位置不够，不能将数字直接写在横线的附近时，可引出标注，如图 10-3（c）所示。室外地坪标高符号，宜用涂黑的三角形表示，如图 10-3（d）所示。

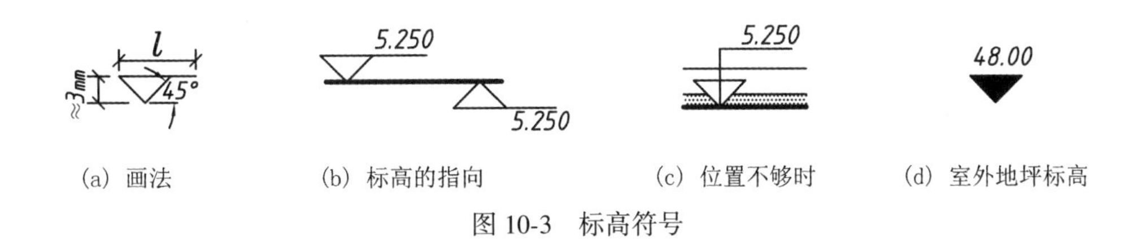

图 10-3　标高符号

在总平面图中，除了建筑物要注明标高外，在构筑物、道路中心的交叉点等也需标注标高，以表明该处的高程。

若需在图样的同一位置表示几个不同的标高，标高数字可按图 10-4 所示的形式标注。

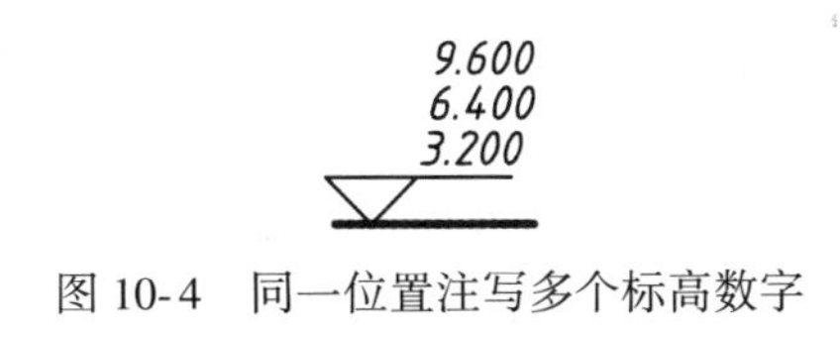

图 10-4　同一位置注写多个标高数字

四、定位轴线

在建筑施工中，用来确定建筑基础、墙、柱和梁等承重构件的相对位置，并带有编号的轴线，称为定位轴线。定位轴线是施工定位、放线和测量定位的依据。

定位轴线采用细点画线表示，画到伸入墙内 10～15mm。轴线端部画直径为 8～10mm 的细实线圆，在圆内对轴线进行编号。在平面图中，定位轴线的编号宜注写在图样的下面和左侧。下面在水平方向的编号采用阿拉伯数字，从左到右依次编号，称为横向轴线；左侧垂直方向的编号用大写拉丁字母自下而上按顺序编写，称为纵向轴线。但拉丁字母中的 *I*、*O*、*Z* 三个字母不得用于轴线编号，以免与数字 1、0、2 混淆，如图 10-5 所示。若建筑物不对称或比较复杂时，定位轴线也可以在平面图的右侧和上面标注，还可以分区标注，如图 10-6 所示。

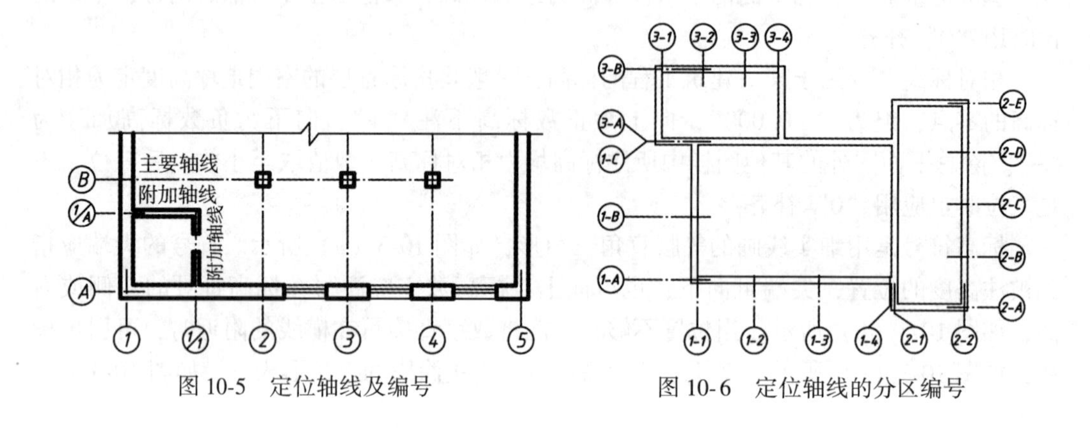

图 10-5　定位轴线及编号　　　　图 10-6　定位轴线的分区编号

对于非承重构件的定位轴线一般做附加轴线标注，其编号用分数形式表示。分母表示前一个定位轴线的编号，分子表示附加轴线的编号。编号宜用阿拉伯数字顺序编号。如图 10-5 所示的 1/1 、1/*A*。如果 1 号轴线和 *A* 号轴线之前要加附加轴线，那么轴线应以 01 、0*A* 分别表示位于 1 号轴线或 *A* 号轴线前的轴线。

对于框架结构的建筑，定位轴线一般在墙、柱的中间。在砖墙承重的民用建筑中，定位轴线位置与墙厚及位于其上部的梁板搭接深度有关，楼板在墙上搭接深度一般为 120mm，所以，外墙的定位轴线距离内墙皮为 120mm 的位置上；内承重墙一般为一砖厚，定位轴线居中设置。

五、索引符号与详图符号

为了方便施工时查阅图纸，应以规定的符号注明所画详图与被索引图样之间的关联，即注明详图的编号和所在图纸的图号，以及被索引图样所在图纸的图号。

1. 索引符号

在图样中的某一局部或某个构件，如需另画详图，应以索引符号索引，如图 10-7（a）所示。索引符号是由直径为 10mm 的圆和水平直线组成，圆及水平直线均应以细实线绘制。索引符号应按下列规定编写：

（1）索引出的详图，如与被索引的图样同在一张图纸内，应在索引符号的上半圆中用阿拉伯数字注明该详图的编号，并在下半圆中间画一段水平细实线，如图 10-7（b）所示。

（2）索引出的详图，如与被索引的图样不在同一张图纸内，则应在索引符号的上半圆中用阿拉伯数字注明该详图的编号，在索引符号的下半圆中用阿拉伯数字注明该索引的详图所在图纸的编号，如图 10-7（c）所示。数字较多时，可加文字标注。

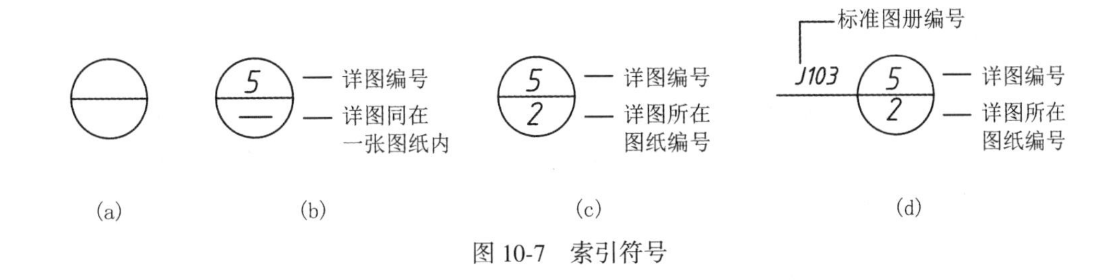

图 10-7　索引符号

（3）索引出的详图，如采用标准图，则应在索引符号水平直线的延长线上加注该标准图册的编号，如图 10-7（d）所示。

2. 索引局部剖面详图的索引符号

索引符号如用于索引剖面详图，应在被剖切的部位绘制剖切位置线，并以引出线引出索引符号，引出线所在的一侧应为投射方向。索引符号的编写符合上述“1”中的规定，如图 10-8 所示。

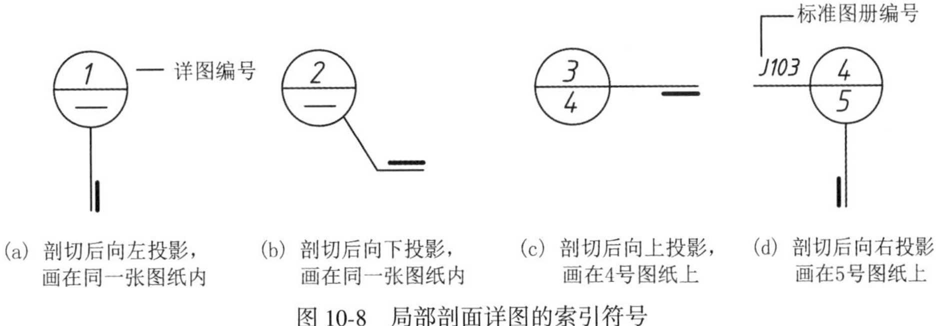

图 10-8　局部剖面详图的索引符号

3. 详图符号

详图的位置和编号，应用详图符号表示。详图符号是用粗实线绘制的直径为 14mm 的圆。详图应按下列规定编号：

（1）详图与被索引的图样同在一张图纸内时，应在详图符号内用阿拉伯数字注明详图的编号，如图 10-9（a）所示。

（2）详图与被索引的图样不在同一张图纸内，应用细实线在详图符号内画一条水平直线，在上半圆注明详图编号，在下半圆中注明被索引的图纸编号，如图 10-9（b）所示。

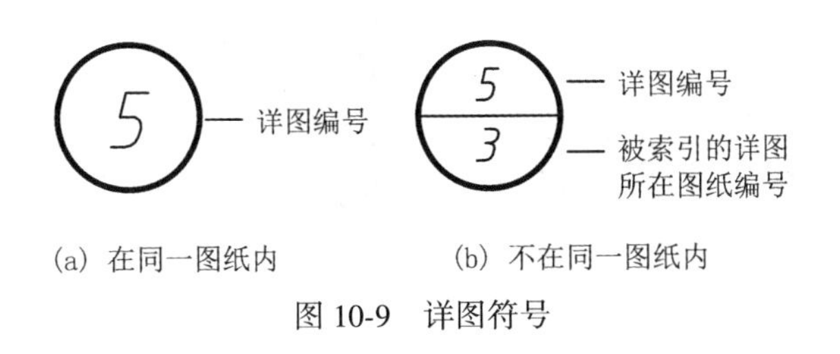

图 10-9　详图符号

六、指北针及风向频率玫瑰图

指北针是用来确定新建建筑的朝向的，如图 10-10（a）所示。指北针是用直径 24mm 的细实线圆来表示的，中间箭头的箭尾宽度应为 3mm。圆内指针应涂黑并指向正北，在指北针的尖端部写上“北”或“N”字样。

风向频率玫瑰图是根据某一地区多年统计，各个方向平均吹风次数的百分数值，按一定比例绘制的，是新建建筑所在地区风向情况的示意图，如图 10-10（b）所示。一般多用八个或十六个罗盘方位表示，玫瑰图上表示风的吹向是从外面吹向地区中心，图中粗实线为全年风向玫瑰图，细虚线为夏季风向玫瑰图。由于风向玫瑰图也能表明建筑和地物的朝向情况，所以在已经绘制了风向玫瑰图的图样上则不必再绘制指北针。

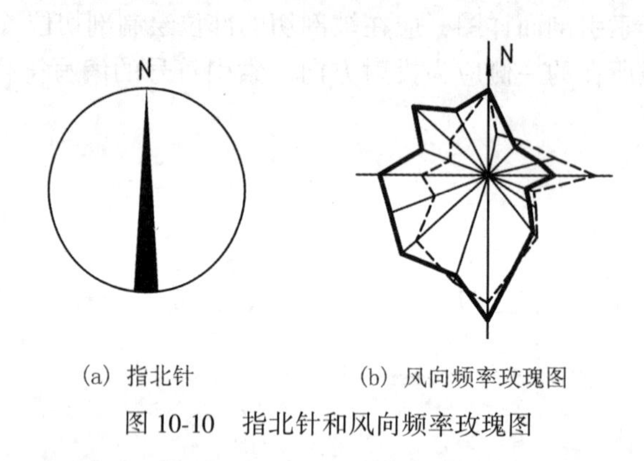

(a) 指北针　　(b) 风向频率玫瑰图

图 10-10　指北针和风向频率玫瑰图

在建筑总平面图上，通常应绘制当地的风向玫瑰图。没有风向玫瑰图的城市和地区，则在建筑总平面图上画上指北针。风向频率图最大的方位为该地区的主导风向。

七、多层构造引出说明

建筑的地面、楼面、屋面、散水、檐口等构造是由多种材料分层构成的，在详图中除画出材料图例外还要用文字加以说明。说明的顺序应由上至下，并应与被说明的层次一致；如层次为横向排序，则由上至下的说明顺序应与左至右的层次一致。如图 10-11 所示。

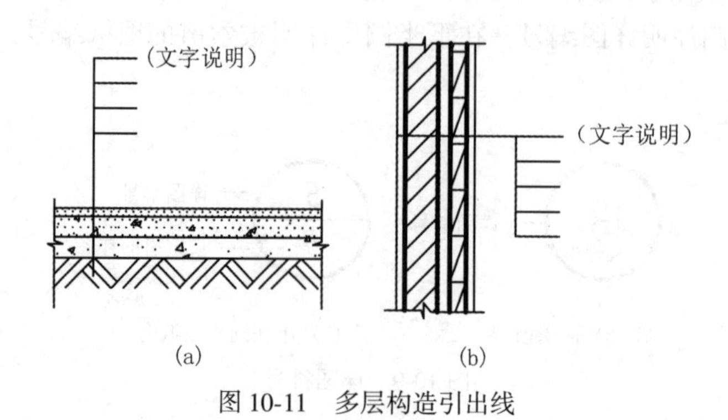

(a)　　(b)

图 10-11　多层构造引出线

第三节　建筑施工图

建筑施工图主要包括设计说明、总平面图、平面图、立面图、剖面图、建筑详图等。

一、设计说明

设计说明主要是对建筑施工图上未能详细表达的内容，用文字加以说明，如设计依据、工作概况、构造做法、用料选择等。此外，还包括防火规范等一些有关部门要求的规范内容，设计说明一般放在一套施工图的首页。

二、总平面图

用水平投影图和相应的图例，在画有等高线或加上坐标方格网的地形图上，画出新建、拟建、原有和拆除的建筑物、构筑物的图样，称为总平面图。

建筑总平面图是将拟建工程附近一定范围内的建筑物、构筑物及其自然状况，用水平投影图来表示的图样。它主要反映原有与新建建筑的平面形状、所在位置、朝向、标高、占地面积以及周边情况等内容。建筑总平面图是新建建筑定位、施工放线、土石方施工及施工总平面设计和其他工程管线设置的依据。

1. 建筑总平面图的图示方法和有关规定

1）图线

新建建筑物的可见轮廓线用粗实线，原有建筑物、构筑物、道路、围墙等可见轮廓线用细实线，计划扩建建筑物、构筑物、预留地、道路、围墙、运输设施、管线的轮廓线用中虚线，中心线、对称线、定位轴线用点画线，与周边分界用折断线。

2）比例

建筑总平面图的常用比例如表 10-1 所示，图 10-12 采用 1∶1000 的比例。

3）建筑定位

在总平面图中确定每栋建筑物的位置采用坐标网格，按上北下南方向绘制。根据场地形状或布局，可向左或向右偏转，但不宜超过 45°，坐标网格应以细实线表示。

在图中选定适当位置为坐标原点，以 A、B 为坐标轴，用细实线画成网格通线。标出建筑两个相对墙角的 A、B 坐标值，即可确定其位置。如图 10-12 所示有三栋新建住宅，住宅两个相对墙角的坐标为$\frac{A=11.73}{B=2.49}$、$\frac{A=25.465}{B=36.80}$。坐标网除可确定建筑物的位置外，还可算出建筑的总长和总宽（总长为 36.80−2.49=34.31m，宽为 25.465−11.73=13.735m）。

4）图例及代号

建筑物和构筑物是按比例缩小绘制在图纸上的，所以都按统一规定的图例和代号来表示，表 10-2 列出了一些常用的总平面图图例。

表 10-2　　**总平面图图例（GB/T50103—2001）**

名　称	图　　例	画法说明
新建的建筑物	X= Y= ① 12F/2D H=59.00m	新建建筑物以粗实线表示与室外地坪相接处±0.00外墙定位轮廓线 建筑物一般以±0.00高度处的外墙定位轴线交叉点坐标定位。轴线用细实线表示，并标明轴线号 标注建筑编号，地上、地下层数，建筑高度，建筑出入口位置 地下建筑物用粗虚线表示其轮廓 建筑上部外挑建筑用细虚线表示 建筑物上部连廊用细虚线表示并标注位置
原有的建筑物		用细实线表示
计划扩建的预留地或建筑物		用中粗虚线表示
拆除的建筑物		用细实线表示
围墙及大门		
挡土墙	5.00 1.50	挡土墙根据不同设计的需要标注 墙顶标高/墙底标高
挡土墙上设围墙		
坐　标	1. X 105.00　Y 425.00 2. A 105.00　B 425.00	1. 表示地形测量坐标系 2. 表示自设坐标系 坐标数字平行于建筑标注
方格网交叉点标高	-0.50 | 77.85 78.35	“78.35”为原地面标高； “77.85”为设计标高； “-0.50”为施工高度； “-”表示挖方； “+”表示填方
室内地坪标高	151.00 (±0.00)	数字平行于建筑物书写
室外地坪标高	▼143.00	室外标高也可采用等高线表示

名　称	图　　例	画法说明
新建的道路	0.30% 100.00 R6 107.50	“R6”表示道路转弯半径。“107.50”为道路中心线交叉点设计标高，两种表示方式均可，同一张图纸采用一种方式表示；“100.00”为变坡点之间距离，“0.30%”表示道路坡度，—— 表示坡向
原有的道路		
计划扩建的道路		
拆除的道路		
填挖边坡		
草　坪	1. 2. 3.	1. 草坪 2. 表示自然草坪 3. 表示人工草坪
花　卉		
常绿阔叶乔木		
常绿阔叶灌木		
喷泉		

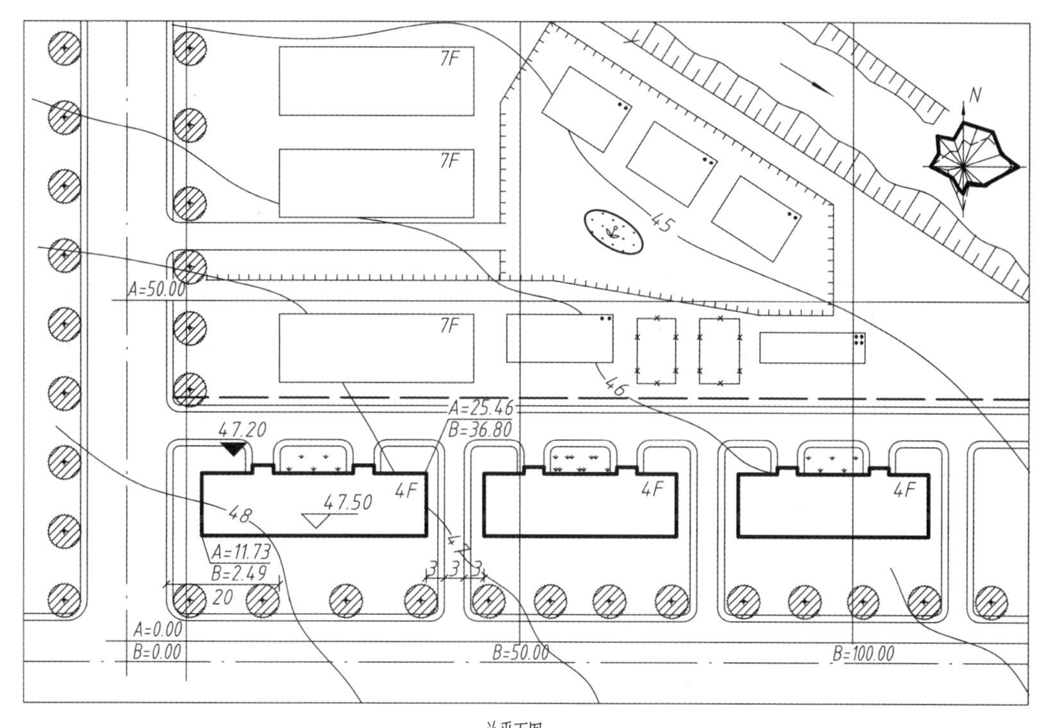

图 10-12　总平面图

2. 总平面图的阅读

如图 10-12 所示为某住宅小区总平面图。在图的下方用粗实线表示的是拟建的三栋 4 层住宅楼，原有建筑是用细实线表示的，其中打叉的是应拆除的建筑。总平面图中的小黑点或数字是表示该建筑物的层数。带有圆角的平行细实线表示原有的道路。拟建建筑平面图的凸出部分是建筑的入口。每个入口均有道路相连。道路或建筑物之间的空地设有绿化带，道路两侧均匀地植树常绿阔叶灌木。

从图 10-12 中的等高线可以看出，西南地势较高，坡向东北，在东北部有一条河从西北流向东南，河的两侧砌有护坡。河的西南侧有三座二层别墅小楼，楼前有一花坛。

三、建筑平面图

建筑平面图反映出建筑的形状、大小及房间的布置，墙、柱的位置和厚度，门窗的类型和位置等。因此建筑平面图是施工过程中施工放线、砌墙、安装门窗、预留孔洞、室内装修及编制预算、施工备料等工作的重要依据，是施工图中最基本、最重要的图样之一。

1. 建筑平面图的形成与分类

1）建筑平面图的形成

除屋顶平面图以外，建筑平面图是假想用一个水平的剖切平面沿门窗洞口将房屋切开，画出剖切面以下部分的水平剖面图称为建筑平面图，简称为平面图。如图 10-13 所示。

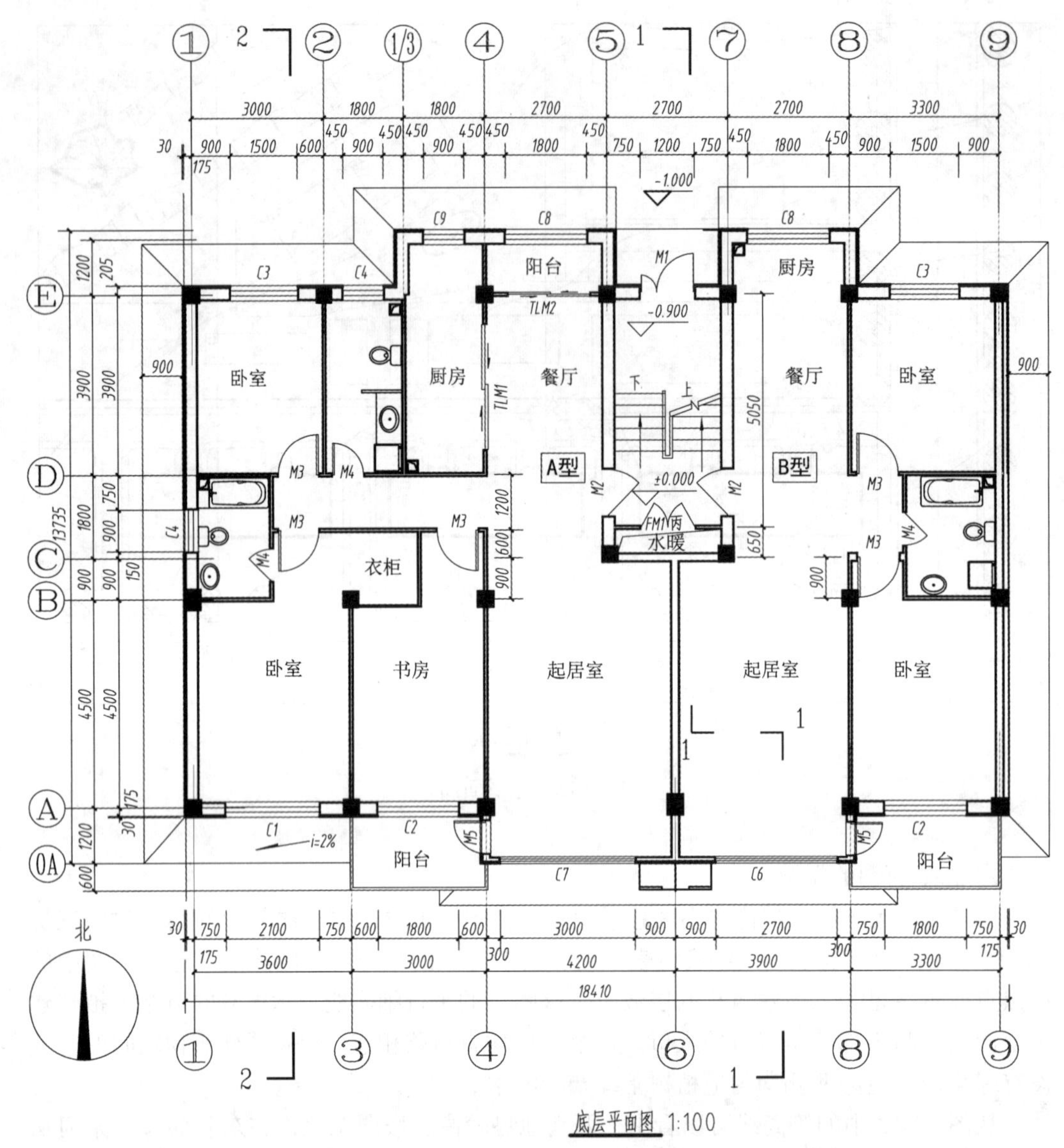

图 10-13　底层平面图

2）建筑平面图的分类

根据剖切平面位置的不同，建筑平面图可分为底层平面图（也称为一层平面图或首层平面图）、标准层平面图（也可用其对应的楼层命名）、顶层平面图、屋顶平面图和局部平面图。

2. 建筑平面图的图示方法和有关规定

1）比例

建筑的形体一般都比较大，因此画图时都采用缩小的比例。建筑平面图常用的比例见表 10-1，常用 1∶100 比例。

2）朝向

为了更加精确地确定建筑的朝向，在底层平面图上应画出指北针。其他层平面图不用再画指北针了。

3）图线

凡被剖切的主要建筑构造，如承重墙、柱的断面轮廓线用粗实线绘制，墙、柱断面轮廓线不包括抹灰层的厚度，一般在 1：100 的平面图中不画抹灰层；被剖到的次要建筑构造和未剖到的构配件轮廓线，如窗台、阳台、台阶、楼梯、门的开启方向和散水等均用中粗线；尺寸线、尺寸界线、索引符号、标高符号、粉刷线、保温层线等用中线；图例线、家具线、纹样线等用细实线（0.25*b*）；中心线、对称线、定位轴线用点画线。

4）图例

由于建筑图的画图比例较小，所以在平面图、立面图、剖面图和详图中对如门窗、楼梯、烟道、通风道等建筑中的建筑配件以及洗脸盆、炉灶、大便器等卫生设施都不能按真实投影去画，而是要用国标中规定的图例表示。常见的建筑图例见表 10-3。

5）尺寸标注

建筑平面图中的尺寸主要分为以下几个部分：

（1）外部尺寸。标注在建筑平面图轮廓以外的尺寸叫外部尺寸。通常外部尺寸按照所标注的对象不同，又分为三道，它们分别是（按由外往内的顺序）：

第一道尺寸表示建筑的总长和总宽。如图 10-13 中的总长为 18.41m，总宽为 13.735m。

第二道尺寸用以确定各定位轴线间的距离。横向轴线尺寸叫开间尺寸，如图 10-13 中 A 户型主卧室的开间尺寸为 3.6m，起居室的开间尺寸为 4.2m，楼梯间的开间尺寸为 2.7m；纵向轴线间的尺寸叫进深尺寸，如图 10-13 所示，主卧室的进深尺寸为 4.5m，楼梯间的进深尺寸为 5.05m。

第三道尺寸是以轴线为基准，表达门、窗以及墙垛等水平方向或垂直方向的定形尺寸和定位尺寸。

当建筑的前后、左右外墙尺寸一样时，可只标注一侧；部分一样时，可只标注不同部分。否则，平面图的上下、左右都需要标注尺寸。

外墙以外的台阶、平台、散水等细部尺寸，应另行标注。

（2）内部尺寸。内部尺寸应注写在建筑平面图的轮廓线以内，它主要用来表示建筑内部构造，如内墙上的门窗洞口的大小和位置尺寸、内墙厚度等。室内某些固定设备，如厕所、厨房等的大小和位置也应标注，如图 10-14 所示。

（3）标高尺寸。建筑平面图上的标高尺寸，主要是指某层楼面（或地面）上各部分的标高。按建筑制图标准规定，该标高尺寸应以建筑物底层地面的标高±0.000 为基准。高于它的为正，但不标注符号“+”；低于它的为负，需标注符号“-”。在底层平面图中，还需标出室外地坪的标高值（同样应以底层地面标高为参照点）。标高以米为单位，标注到小数点后三位。

（4）坡度尺寸。在屋顶平面图上，应标注描述屋顶面的坡度尺寸，该尺寸通常由两部分组成：坡比和坡向。

6）门窗编号及门窗表

在平面图中，门窗是用图例画出的。如图 10-14 所示，窗是用 4 条平行的细实线表

表 10-3　　　　　　**常用建筑构造及配件图例（GB/T50104—2010）**

名　称	图　例	名　称	图　例	名　称	图　例
墙　体	有保温层 无保温层	单面开启单扇门（包括平开或单面弹簧）		双层双扇平开门	
隔　断					
栏　杆					
楼梯间平面图	顶层 下 中间层 下 上 底层 上	单面开启双扇门（包括平开或单面弹簧）		固定窗	
电梯井		墙洞外双扇推拉门		单层外开平开窗	
检查口		双面开启单扇门（包括双面平开或双面弹簧）		单层内开平开窗	
孔　洞					
墙预留槽洞	宽×高或ϕ 标高 宽×高或ϕ×深 标高				
烟　道		双面开启双扇门（包括双面平开或双面弹簧）		双层内外开平开窗	
通风道		双层单扇平开门		单层推拉窗	
自动扶梯	上　　上				

示的，单面开启单扇门，如图中的 M2 进户门是由一条向内或向外的与门洞口长度相同的 90°（或 45°）中实线连接一段圆弧线来表示门的开启方向的。门窗洞口附近应标注门窗编号，M 表示门的代号，C 表示窗的代号，TLM 表示推拉门的代号（均为汉语拼音的第一个字母）。1，2，3，…是不同类型门窗的编号。表 10-4 是建筑施工图门窗表。

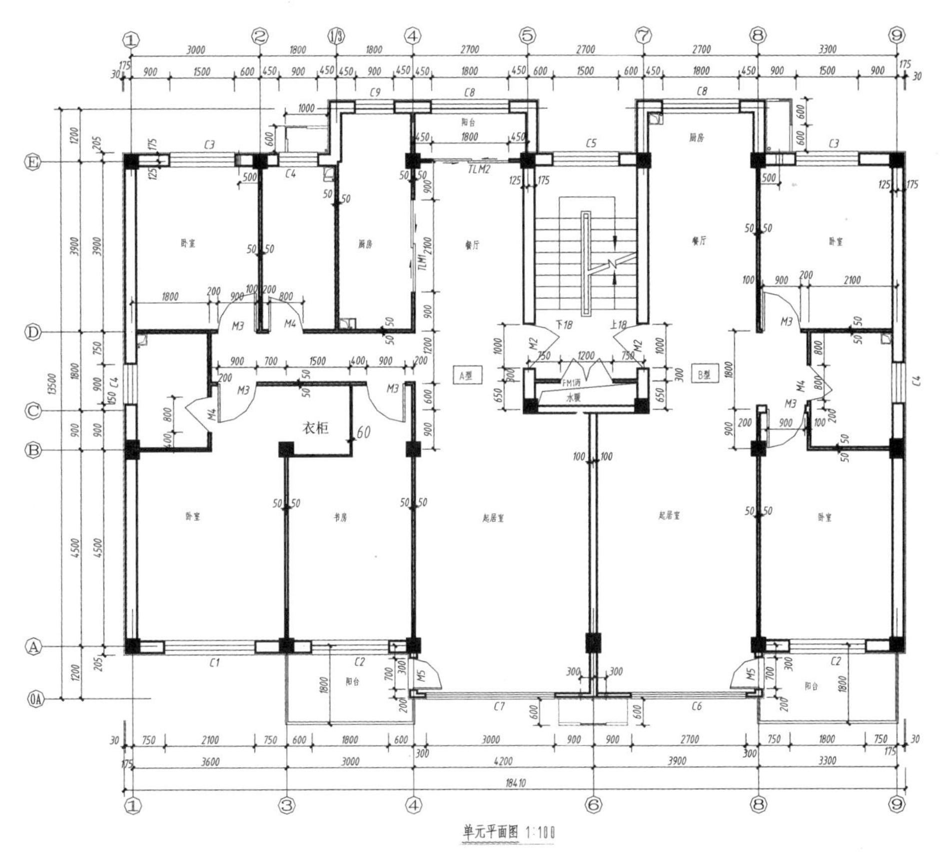

图 10-14　单元平面图

表 10-4　　　　　　　　　　门　窗　表

名称	门窗编号	洞口尺寸（宽×高）	数量	备　　注
窗	C1	2100×1650	4	单框双玻隔热断桥包塑铝合金平开窗
	C2	1800×1650	8	单框双玻隔热断桥包塑铝合金平开窗
	C3	1500×1650	8	单框双玻隔热断桥包塑铝合金平开窗
	C4	900×1200	8	单框双玻隔热断桥包塑铝合金平开窗
	C5	1500×1200	3	单框双玻隔热断桥包塑铝合金平开窗
	C6	2700×2100	3	单框双玻隔热断桥包塑铝合金平开窗
	C6′	2700×3000	1	单框双玻隔热断桥包塑铝合金平开窗
	C7	3000×2100	3	单框双玻隔热断桥包塑铝合金平开窗
	C7′	3000×3000	1	单框双玻隔热断桥包塑铝合金平开窗
	C8	1800×1500	8	单框双玻隔热断桥包塑铝合金平开窗
	C9	900×1500	4	单框双玻隔热断桥包塑铝合金平开窗

续表

名称	门窗编号	洞口尺寸（宽×高）	数量	备　注
门	M1	1500×2100	1	单元入口电子对讲门　保温　防盗
	M2	900×2100	8	三防门（保温　防盗　乙级防火）
	M3	900×2100	20	成品实木门（用户自理）
	M4	800×2100	12	成品实木门（卫生间，用户自理）
	M5	700×2100	8	三防门（保温　防盗　乙级防火）
	TLM1	2100×2100	4	推拉门　用户自理
	TLM2	1800×2100	4	推拉门　用户自理
	FM1 丙	1200×1500	4	丙级防火门，距地 150

3. 读图示例

平面图包括对房屋作水平剖切后所看到的有关该层房屋的所有内容以及定位轴线和轴线编号。因此，在底层平面图 10-13 中，除了绘制各房间的布置及名称、走廊、楼梯等的位置，该层所有门、窗的分布和编号及门的开启方向，还应绘制出入口以及室外的台阶、坡道、散水坡的位置及尺寸等，并画上指北针，如图 10-13 所示。各层平面图中楼梯间可分为底层、中间层、顶层三种情况。

四、建筑立面图

建筑立面图主要表示建筑的外貌特征和立面上的艺术处理，所以建筑立面图主要为室外装修所用。

1. 建筑立面图的形成与命名

1）建筑立面图的形成

将建筑的各个立面按正投影法投射到与之平行的投影面上，得到的投影图称为建筑立面图，简称立面图。

2）建筑立面图的命名

在建筑施工图中，立面图的命名方式较多。一般有如下三种：以建筑的主要入口命名为正立面图，其他按基本投影关系分别称为背立面图、左侧立面图、右侧立面图；以建筑的朝向命名为南立面图、北立面图、西立面图和东立面图；以定位轴线的编号命名，如图 10-15 所示，⑨—①立面图。由图 10-13 可知，若改以主要入口命名，图 10-15 中⑨—①立面图也可称为正立面图，或北立面图。

2. 建筑立面图的图示方法和有关规定

1）比例

建筑立面图的比例和平面图相同。常用的比例如表 10-1 所示。

2）图线

用加粗线表示建筑物室外地坪线，其线宽通常取为 1.4b；用粗实线表示建筑物的外轮廓线，其线宽规定为：用中实线表示门窗洞口、檐口、阳台、雨篷、台阶等，其线

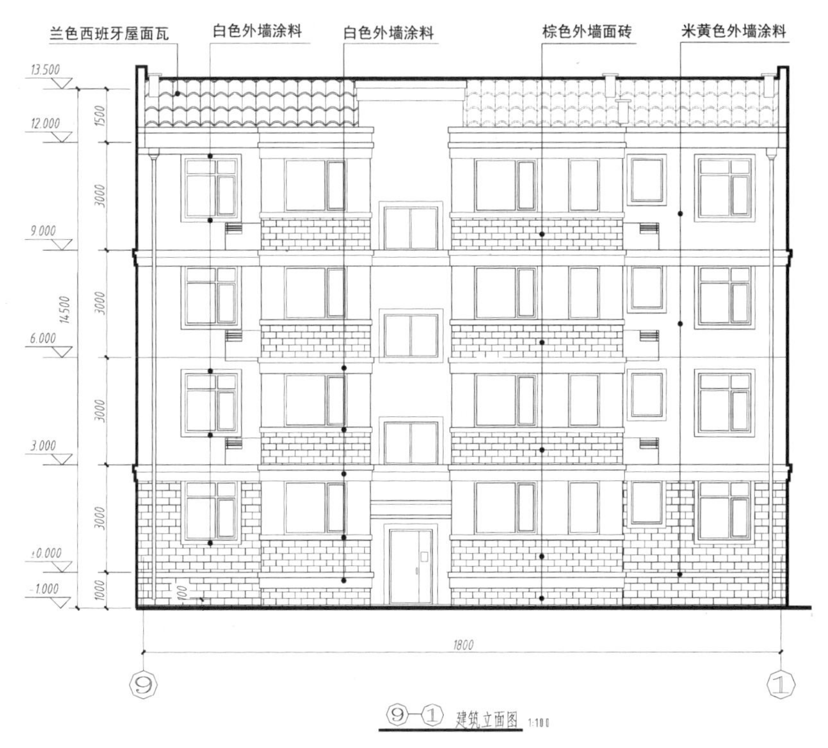

图 10-15　建筑立面图

宽为 0.5b；用细实线表示建筑物上的墙面分隔线、门窗格子、雨水管以及引出线等细部构造的轮廓线，它的线宽约为 0.25b。

3）定位轴线

立面图上的定位轴线一般只画两端的定位轴线和编号，如图 10-15 中只画出了轴线①和⑨，且编号应与平面图中的相对应，故也可以说，定位轴线是平面图与立面图间联系的桥梁。

4）图例及墙面做法

因为立面图比例较小，其门、窗、阳台也应该按照表 10-3 中的建筑构配件图例来表示。外墙的装饰做法可利用文字详细说明，也可用材料图例表示在立面图中，如图 10-15 所示。

5）标高

在立面图上通常只表示高度方向的尺寸，且该类尺寸主要用标高尺寸表示。一张立面图上应标出室外地坪、勒脚、窗台、窗沿、雨篷底、阳台底、檐口顶面等各部位的标高。

通常，立面图中的标高尺寸，应注写在立面图的轮廓线以外。注写时，要上下对齐，并尽量使它们位于同一条铅垂线上。

3. 读图示例

现以实例的住宅楼⑨—①立面图为例，如图 10-15 所示，说明立面图表达的主要内容及阅读方法。

从图名或轴线编号可知该图表示的是建筑北立面图，其比例为1∶100。从图中可看出，该建筑的外部造型，也可了解该建筑的屋顶形式、门窗、阳台、檐口等细部形式及位置。该建筑包括一层在内共4层，层高都为3m。建筑室外地坪处标高为-1.0m，该建筑总高度（结构）为14.50m。由图可知，该楼一层及封闭阳台的外墙面为棕色外墙面砖，C1窗口等装饰用白色外墙涂料，其他主要墙面、露台外墙面为米黄色外墙涂料，屋面为蓝色西班牙屋面瓦。

五、建筑剖面图

建筑剖面图用以表示建筑物内部的结构形式、构造方式、分层情况和各部位的材料、高度等，它同时反映了建筑物在垂直方向各部分之间的组合关系。

在建筑施工图中，建筑平面图表示的是建筑的平面布置，立面图反映的是建筑的外貌和装饰，而剖面图则用来表示建筑内部构造、分层情况、各层之间的联系以及高度等。这三者之间相互配合，是建筑施工图中不可缺少的基本图样，简称为平、立、剖图。

1. 建筑剖面图的形成与特点

1）建筑剖面图的形成

假想用一个或多个剖切平面在建筑平面图的横向或纵向沿建筑的主要入口、窗洞口、楼梯等需要剖切的位置将建筑垂直地剖开，移去靠近观察者的那部分所得的正投影图，称为建筑剖面图，简称剖面图。

2）特点

要想使剖面图达到较好的图示效果，必须合理选择剖切位置和剖切后的投射方向。剖切位置应根据图样的用途和设计深度，在平面图上选择能反映全貌、构造特征以及有代表性的部位剖切。在设计过程中，如可通过门、窗洞、楼梯间剖切。剖切数量视建筑物的复杂程度和实际情况而定，并用阿拉伯数字或拉丁字母命名。剖面图习惯不画基础，如图10-13所示，1-1剖切位置是通过建筑的左侧单元大门和楼梯，也是建筑内部结构、构造比较复杂，变化较多的部位。如果用一个剖切平面不能满足要求时，则允许将剖切平面转折后来绘制剖面图。

2. 建筑剖面图的图示方法和有关规定

1）比例

绘制建筑剖面图时，可以采用与建筑平面图相同的比例。但有时为了将建筑的构造，表达得更加清楚，也允许采用比平面图更大的比例。常用的建筑剖面图比例见表10-1。

2）图线

用加粗线表示建筑物被剖到的室外地面线，其线宽通常取为1.4*b*。其他图线的使用与平面图相同。

3）定位轴线

在剖面图中，凡是被剖到的承重墙、柱都要画出定位轴线，其注写要与底层平面图相对应。

4）图例

与平面图、立面图一样，建筑剖面图也采用图例来表示有关的构配件，具体的详细画法如表 10-3 所示。

5）标高与尺寸标注

标注出各部位完成面的标高和尺寸。如室外地面标高、室内一层地面及各层楼面标高、楼梯平台，各层的窗台、窗顶、屋面以及屋面以上的通风道等的标高。

标注高度方向的尺寸。外部尺寸为三道尺寸，最外一道尺寸为建筑的总高尺寸；中间一道尺寸为楼层高度尺寸；最里一道尺寸为室内门、窗、墙裙等沿高度方向的定形和定位尺寸。

3. 读图示例

（1）了解剖切位置、投射方向和画图比例，如图 10-13 所示，建筑底层平面图上的 1-1 剖面图的剖切位置和投射方向。

（2）了解墙体剖切情况，如图 10-16 所示，1-1 剖面图共剖到Ⓞⓐ，Ⓐ、Ⓒ、Ⓔ墙。Ⓔ轴线所在墙为楼梯间的外墙，为单元进户门所在处；标高为-0. 90m 处为门洞；门洞和窗洞顶部均有钢筋混凝土过梁；雨篷与门洞顶梁连成为整体。图 10-16 还表达出了Ⓞⓐ轴线所在墙上南向封闭阳台窗户和内侧栏杆位置及高度。

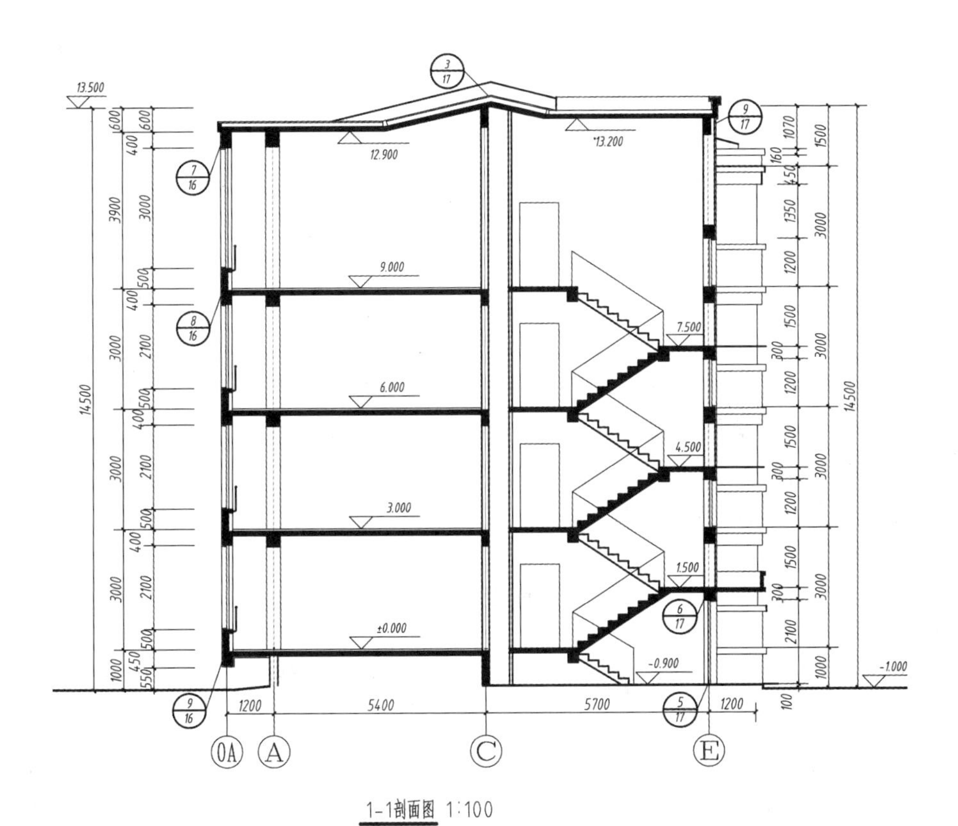

1-1剖面图 1:100

图 10-16　建筑剖面图

（3）了解地面、楼面、屋面的构造，由于另有详图表示，所以在1-1剖面图中，只示意地用线条表示了地面、楼面和屋面的位置及屋面架空层。

（4）了解楼梯的形式和构造，从1-1剖面图中可以大致了解到楼梯的形式和构造。该楼梯为平行双跑式，每层有两个梯段。各为9个踏步。楼梯梯段为板式楼梯，其休息平台和楼梯均为现浇钢筋混凝土结构。

（5）了解其他未剖切到的可见部分，图中表达了每层Ⓐ轴和⑥相交处的柱子，以及A户型北侧阳台墙体的位置及高度，均用中实线绘制。

（6）了解各部分尺寸和标高等。

剖面图中的外部尺寸也分为三道：最里一道尺寸表示门窗洞的高度和定位尺寸，如图10-16所示，在图的左侧注明了0A轴线所在外墙上封闭阳台窗洞的高度为2100mm，窗台高为500mm，窗上过梁的高度为400mm；中间一道尺寸表示楼房的层高，各层的层高均为3m；最外一道尺寸是建筑的总高，该楼总高为14.50m。

另外，在图的右侧还注明了楼梯间外墙上门窗洞的高度，它们至休息平台的定位尺寸及门窗过梁的高度。在图内还标注了地面、各层楼面、休息平台和顶层屋顶的标高尺寸。图中还注有7个索引符号。

六、建筑详图

由于建筑平、立、剖面图，一般采用较小的比例绘制，因此对某些建筑构配件及节点的详细构造（包括式样、做法、用料和详细尺寸等）都无法表达清楚。根据施工需要而采用较大比例绘制的建筑细部的图样，通称建筑详图。建筑详图简称详图，也可称为大样图或节点图。它们通常作为建筑平、立、剖图的补充。如果所要作补充的建筑构配件（如门窗作法）或节点系套用标准图或通用详图时，一般只要注明所套用图集的名称、编号或页次即可，而不必画出详图。

建筑详图表示方法依据需要而定，例如对于墙身、屋面、地面和楼面等节点，则通常需要用若干个节点剖面详图表示其细部尺寸和构造做法，而对于细部构造较复杂的楼梯详图则需要画出楼梯平面详图及剖面详图。详图是施工放样的重要依据，建筑图通常需要绘制如单元平面详图、楼梯间详图、阳台详图、厨厕详图、门窗和壁柜详图和节点详图等，下面只介绍楼梯详图和墙身节点详图。

1. 建筑详图的图示方法和有关规定

1）比例

详图所采用的比例要比平、立、剖面图大，常用比例见表10-1。

2）图线

建筑详图的图线基本上与建筑平、立、剖面图相同，但被剖切到的抹灰层和楼地面的面层线用中实线画。对比较简单的详图，可只采用线宽为b和$0.25b$粗细两种图线。

2. 楼梯详图

楼梯是建筑中上下交通的设施，楼梯一般由梯段、休息平台和栏杆（或栏板）组成。楼梯详图主要表示楼梯的结构形成、构造、各部分的详细尺寸、材料和做法。楼梯详图是楼梯施工放样的主要依据。

楼梯详图包括楼梯平面图、楼梯剖面图和踏步、栏杆、扶手等详图。

1）楼梯平面图

（1）形成：假想沿着建筑各层第一梯段的任一位置，将楼梯水平剖切后向下投影所得的图形，称为楼梯平面图。

（2）分类及规定画法：与建筑平面图中的道理相同，楼梯平面图一般也有三种：底层楼梯平面图、中间层楼梯平面图和顶层楼梯平面图。

为了避免与踏步线混淆，按制图标准规定，剖切线应用倾斜的折断线表示（折断线的倾斜角度常为45°），并用箭头表示梯段的走向（向上或向下），同时标出各层楼梯的踏步总数。

楼梯平面图的图名应分别注写在相应图的下方或一侧，且其后应注上比例。常用的楼梯平面图的比例为1∶50。

（3）内容及阅读举例：如图10-17（a）所示，是楼梯底层平面图。由图可知，其定位轴线应与相应的建筑平面图相符。

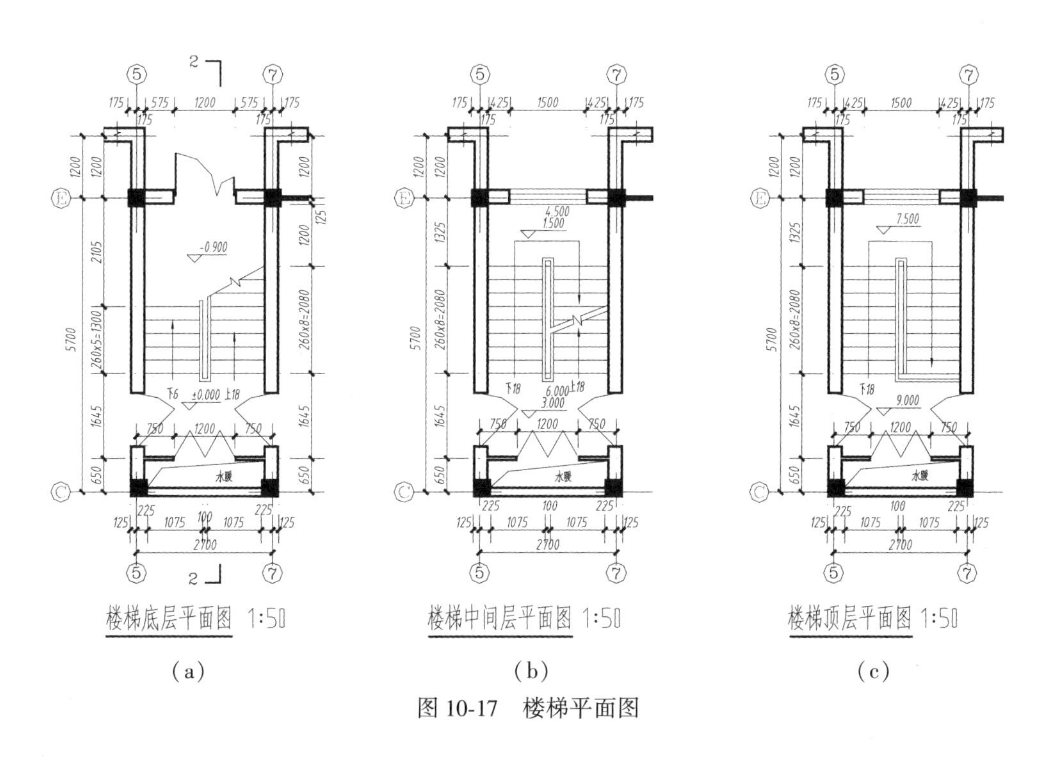

（a）　　（b）　　（c）

图10-17　楼梯平面图

在底层平面图中，剖切后倾斜的折断线，应从休息平台的外边缘画起（平台部分不表示），从而使得第一梯段的踏步数全部表示出来。由此可知，该楼一层至二层的第一梯段为9级踏步，其水平投影应为8格（水平投影的格数=踏步数-1）。由休息平台的外边缘起取260mm×8mm（踏步宽）的长度后可确定楼梯的起步线，将楼梯起步线到休息平台外边缘的距离分为8等份，画出8条踏步线。楼梯宽度和扶手等均应按实际尺寸绘制。图中箭头指明了楼梯上、下的走向，旁边的数字表示踏步数，“上18”是指由此向上18个踏步可以到达二层楼面；“下6”则表示将由一层地面到出口处，需向下走6个踏步。

在楼梯底层平面图上，楼梯起步线至休息平台外边缘的距离，被标注成 260×8 = 2080mm 的形式，其目的就是为了将梯段的踏步尺寸一并标出。

另外，在楼梯的底层平面图上，还应标注出各地面的标高和楼梯剖面图的剖切符号等内容，例如图 10-17（a）中的 2-2 剖面。

如图 10-17（b）所示是楼梯中间层平面图，它是沿二至三层（或三至四层）间的休息平台以下将梯段剖开，楼梯中间层平面图中的倾斜折断线，应画在梯段的中部。在画有折断线的一侧表示的是从该层楼面至上一层第一梯段，另一侧（靠近休息平台的一侧）则表示的是下一层的第一梯段上的可见踏步及休息平台；而在扶手的另一边，表示的是休息平台以上的第二梯段踏步。在图中该段（指第二段）画有 8 个等分格，由此说明，该段有 9 个踏步（水平投影格数+1 = 踏步数）。尺寸标注与底层平面图基本相同，故不再叙述。

如图 10-17（c）所示是楼梯顶层平面图，由于此时的剖切平面位于楼梯栏杆（栏板）以上，梯段未被切断，故在楼梯顶层平面图上不画折断线。图中表示的是下一层的两个梯段和休息平台。且箭头只指向下楼的方向。在绘制楼梯顶层平面图时，应特别注意扶手的画法，扶手应与顶层安全栏杆的扶手相连。

2）楼梯剖面图

按照楼梯底层平面图上标注的剖切位置，用一个铅垂的剖切平面，沿各层的一个梯段和楼梯间的门窗洞剖开，向另一个未剖切的梯段方向投射，此时所得的剖面图称为楼梯剖面图。如图 10-18 所示。由图可知，楼梯剖面图亦可看成是前面所讲住宅楼的建筑剖面图 1-1 剖面图的局部放大图。

楼梯剖面图主要用来表示各楼层及休息平台的标高、梯段踏步、构件连接方式、栏杆形式、楼梯间门窗洞的位置和尺寸等内容。通常楼梯剖面图应选取和楼梯平面图相同的画图比例。

3. 墙身节点详图

外墙身由地面至屋顶各部位的构造、材料、施工要求及墙身有关部位的连接关系，需要用几个墙身节点剖面详图来表达，它是砌墙、立门窗口、室内外装修等施工和编制工程预算的重要依据。

1）形成

外墙节点详图是建筑剖面图中某处墙的局部放大图，通常从室外地坪到屋顶檐口分成几个节点。对一般的多层建筑而言，其节点图应包括底层、中间层、顶层三个部分。如图 10-19 所示，是图 10-1 拟建住宅楼外墙节点剖面详图。

2）读图示例

如图 10-19 所示，它是由Ⓔ轴所在外墙的底层、中间层和顶层 3 个节点大样图组合而成。底层节点详图表明了室内地面和室外散水的构造做法，用 20 厚 1∶3 水泥砂浆掺 5%防水粉做墙身防潮层，做在一层地面以下 80mm 处。水泥砂浆踢脚高 150mm。中间层节点详图主要表明楼面的做法，在窗上洞口位置的现浇钢筋混凝土梁和楼板浇筑在一起，梁高为 450mm。顶层节点详图表明了天沟和坡屋面的尺寸、型式及材料做法。坡屋面主要由钢筋混凝土板、保温层、防水层和屋面瓦构成。

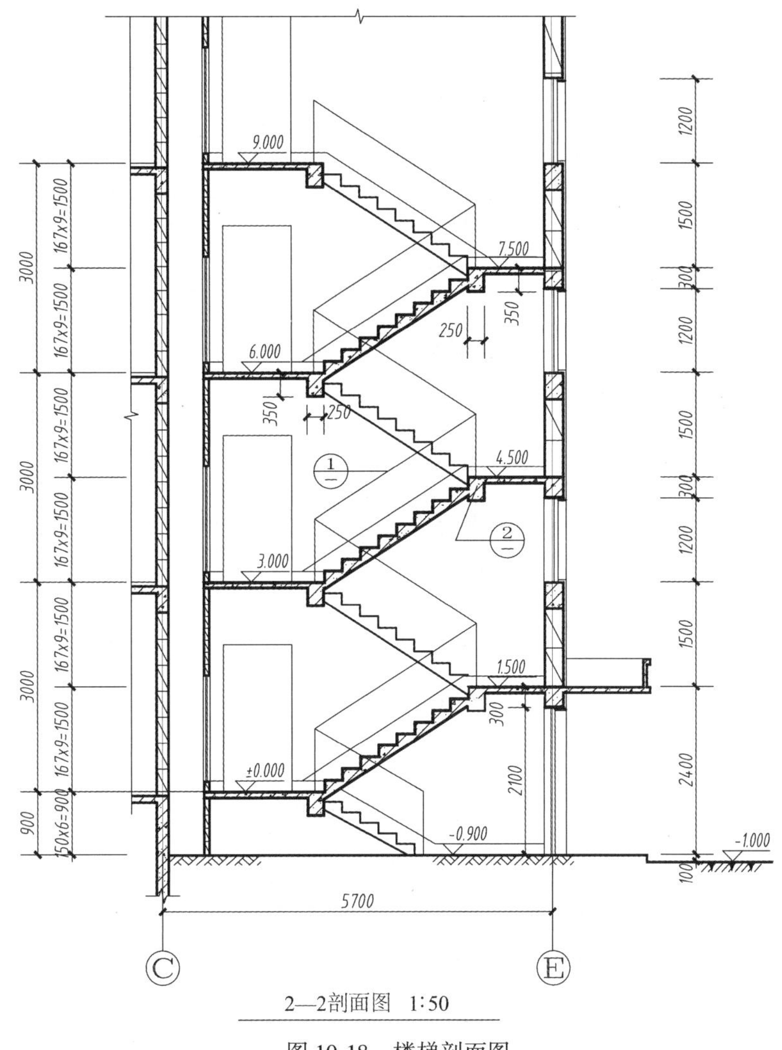

2—2剖面图　1∶50

图 10-18　楼梯剖面图

七、建筑施工图的绘制

一般情况下首先绘制平面图，然后是立面图和剖面图，最后根据需要绘制详图。当建筑平、立、剖面图绘制在同一张图纸上时，应按照投影关系进行布置。

1. 平面图的画图步骤

（1）按照所画建筑的大小，在表 10-1 中选择合适的画图比例。本图采用 1 ∶ 100 比例。

（2）画定位轴线，并按规定的顺序进行编号，如图 10-20（a）所示。

（3）画出柱、墙的轮廓线，特别注意构件的中心是否与定位轴线重合。画墙身轮廓线时，应从轴线处分别向两边量取，如图 10-20（b）所示。

（4）由定位轴线定出门窗的位置，然后按表 10-3 的规定画出门窗图例，如图 10-20（b）所示。

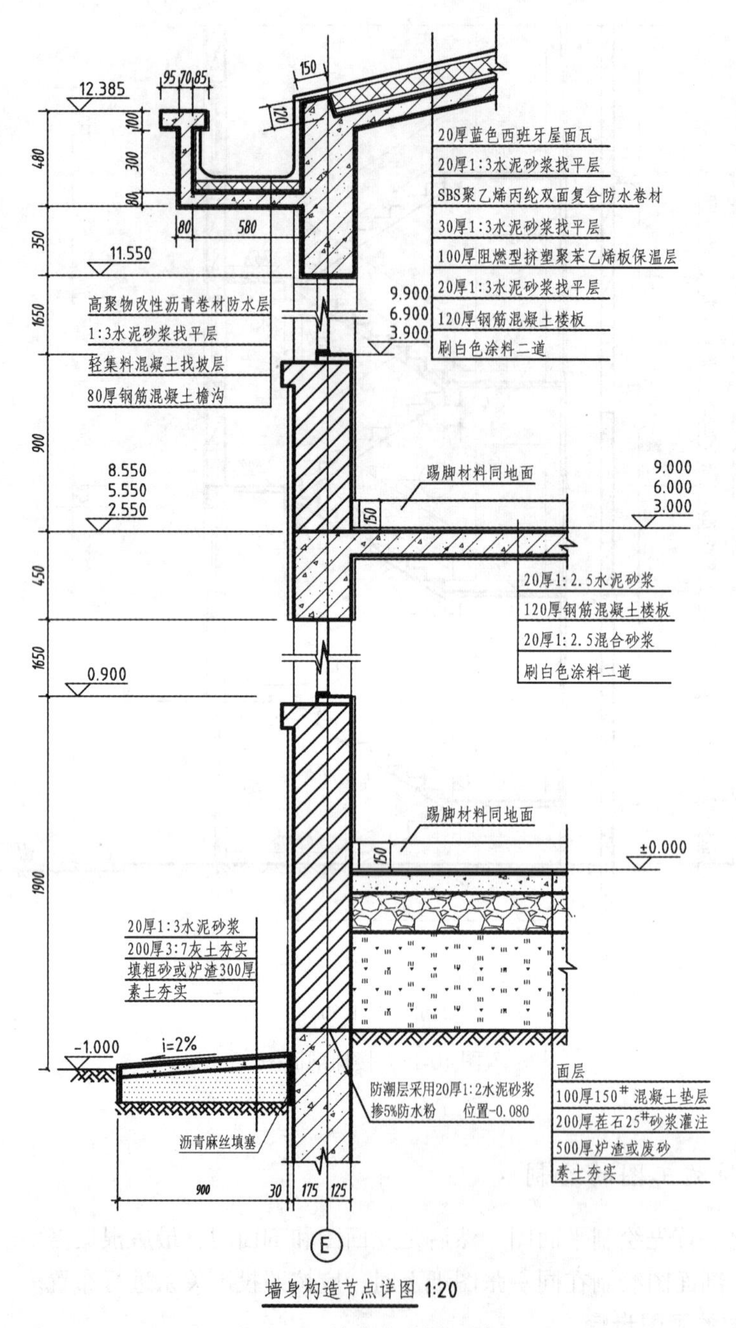

图 10-19　外墙节点剖面详图

(5) 画其他构配件的轮廓，如台阶、楼梯、阳台、雨篷、散水和雨水管等，如图10-20 (c) 所示。

(6) 标注尺寸，注写定位轴线编号、标高、剖切符号、门窗代号及图名和比例等内容，如图 10-20 (c) 所示。

(7) 检查后按线型要求描深相关图线，如图 10-14 所示。

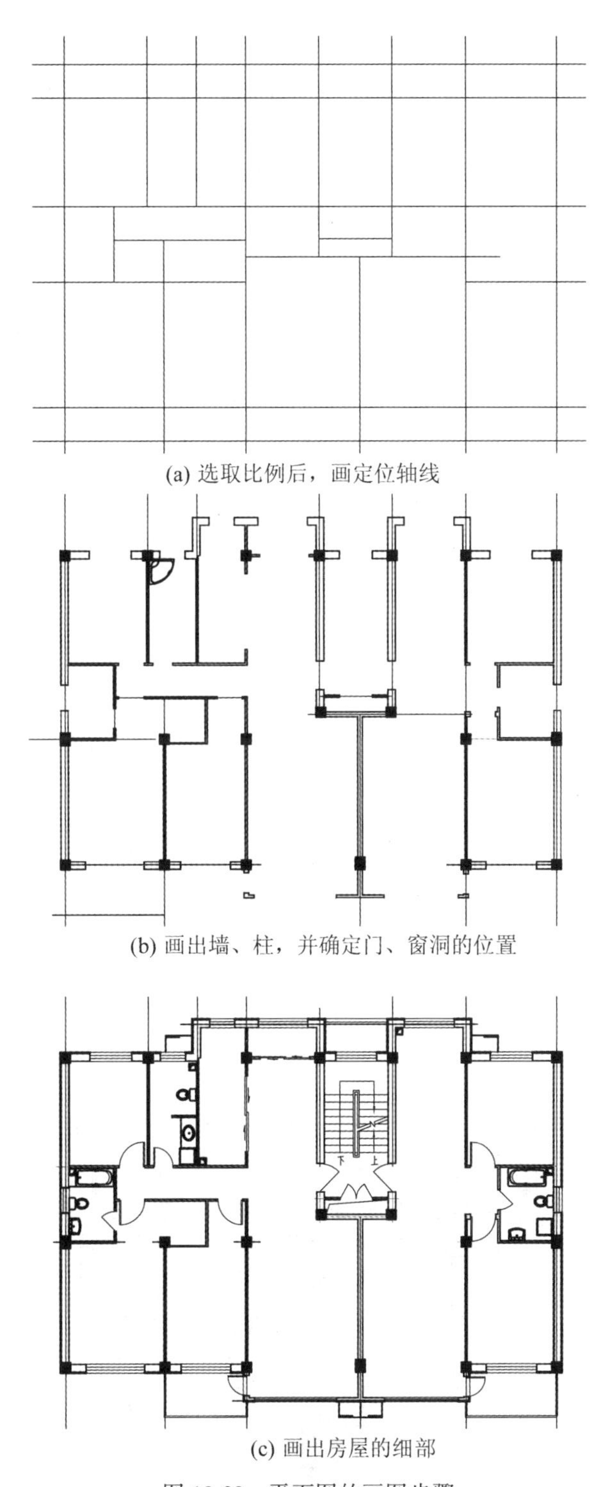

(a) 选取比例后，画定位轴线

(b) 画出墙、柱，并确定门、窗洞的位置

(c) 画出房屋的细部

图 10-20　平面图的画图步骤

2. 立面图的画图步骤

（1）选取和平面图相同的画图比例。

（2）画两端的定位轴线、室外地坪线、外墙轮廓线及屋顶线，定出门窗位置线，如图 10-21（a）所示。

（3）画出门窗、阳台、檐口、雨水管、勒脚等细部结构。对于相同的构件，只需画出其中的一到两个，其余的只画外形轮廓，如图 10-21（b）所示的门窗等。

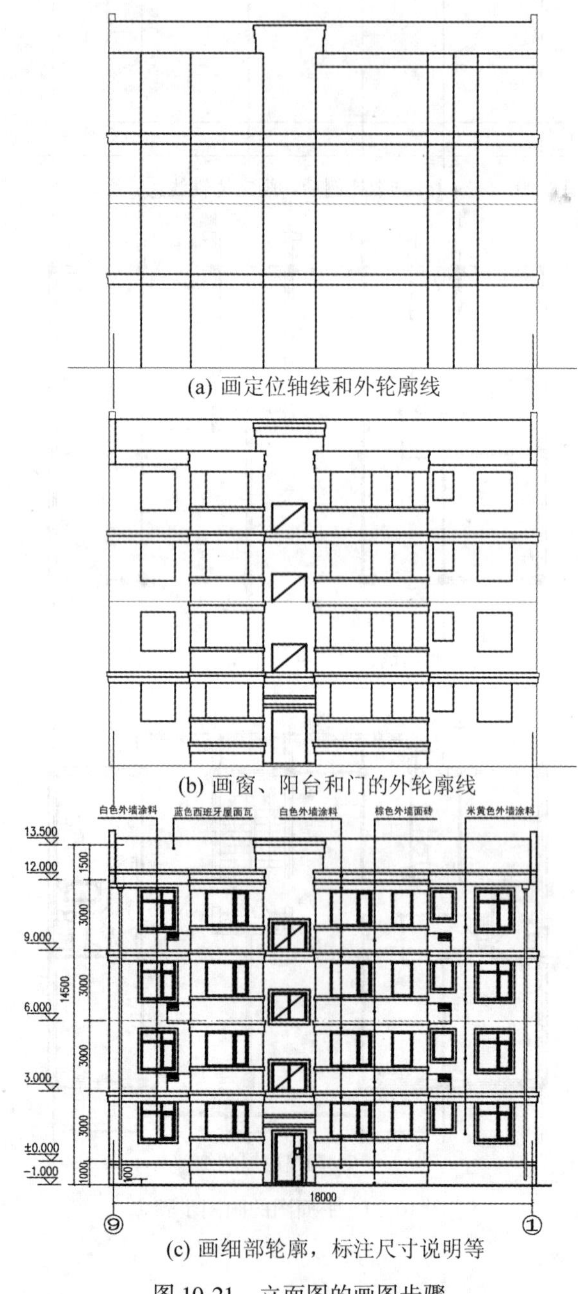

(a) 画定位轴线和外轮廓线

(b) 画窗、阳台和门的外轮廓线

(c) 画细部轮廓，标注尺寸说明等

图 10-21　立面图的画图步骤

（4）标注尺寸及标高，填写图名、比例和外墙装饰材料的做法等。

（5）检查后描深图线。为了立面效果明显、图形清晰、重点突出、层次分明，立面图上的线型和线宽一定要区分清楚，如图 10-21（c）所示。

3. 剖面图的画图步骤

（1）选取合适的画图比例。

（2）画定位轴线，室内外地坪线、楼面线、屋面线、休息平台线等，如图 10-22（a）所示。

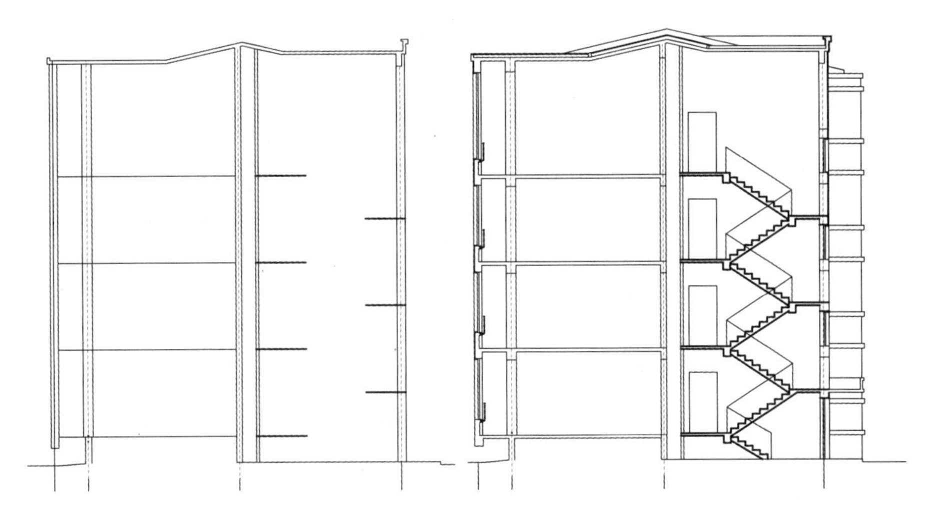

（a）画轴线、定墙柱，并确定各层标高的控制线　　　　（b）画剖面的细部

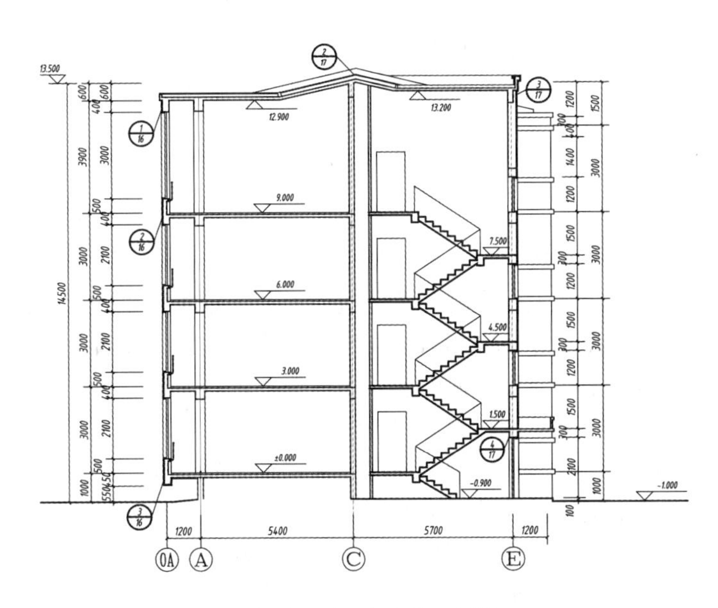

（c）标注尺寸、标高等，并描深

图 10-22　剖面图的画图步骤

（3）画出内、外墙身厚度、楼板、屋顶构造厚度，再画出门窗洞高度、过梁、防

潮层、楼梯段及踏步、休息平台、台阶等的轮廓，如图 10-22（b）所示。

（4）画未剖切到的可见轮廓，如墙垛、柱、阳台、雨篷、门窗、楼梯、栏杆等，如图 10-22（b）所示。

（5）画出各部分的高度尺寸和标高，如图 10-22（c）所示。

（6）写出图名、比例及从地面到屋顶各部分的构造说明等，并标出需要表达的细部详图的索引符号和编号，如图 10-22（c）所示。

（7）检查后按线型标准的规定描深各类图线，如图 10-22（c）所示。

本章小结

建筑物按其使用功能，可分为民用建筑和工业建筑两类。

一套房屋施工图，按其内容和作用不同，一般可分为图纸目录、施工总说明、建筑施工图、结构施工图、设备施工图。建筑施工图主要包括建筑总平面图、房屋平面图、立面图、剖面图、建筑详图等。

建筑总平面图表达的基本内容、尺寸注法和常用比例。识读时，需熟悉图例，了解新建房屋的朝向、位置及用地面积和周围环境等。

本章重点是掌握房屋平面图、立面图、剖面图的图示内容及绘图步骤和方法。

建筑详图的作用和内容，熟悉各种建筑详图的图示特点，掌握建筑详图的图示内容和方法。一般了解各种建筑构配件和节点的构造、材料和做法。

楼梯图的画法是难点，需注意当梯段为 10 级踏步时，水平方向仅为 9 等份，而竖直方向才是 10 等份。梯段板是有厚度的，应以梯板底面的垂直方向量取，楼梯的扶手高度应是自踏面中心至扶手顶面的高度。

房屋建筑施工图，以房屋图的图示特点以及规定画法为重点，楼梯画法为难点。

复习思考题

1. 房屋由哪几部分组成？各部分的作用是什么？
2. 一套完整的房屋施工图由哪几部分组成？其编排顺序是什么？
3. 什么叫绝对标高？什么叫相对标高？房屋施工图中常用哪一种标高？
4. 建筑总平面图是如何形成的？它表达了哪些内容？
5. 在建筑总平面图上，用什么方法确定拟建房屋的位置？
6. 建筑平面图是怎样形成的？一幢房屋常需画出哪些建筑平面图？
7. 建筑平面图中定位轴线编号的原则是什么？
8. 建筑平面图上尺寸标注有何规定？如何识读建筑平面图？
9. 建筑立面图是怎样形成的？如何命名？主要表达哪些内容？
10. 建筑剖面图是怎样形成的？主要表达哪些内容？
11. 什么叫建筑详图？建筑详图有哪几种？
12. 外墙节点详图表达了哪些节点构造？
13. 建筑平、立、剖面图之间有何关联？

第十一章　结构施工图（房屋建筑工程专业必修）

◎**自学时数**

8 学时

◎**教师导学**

通过本章的学习，使读者对结构施工图所涉及的内容有个整体的概念，在辅导学生学习时，应注意以下几点：

(1) 应让学生掌握结构施工图所包含的基本内容。

(2) 在掌握基本内容的基础上，了解钢结构的一般知识和钢筋混凝土结构的基本知识，初步掌握结构施工图的内容和图示特点，如视图的配置、比例、图线、尺寸标注特点、图例、习惯画法、规定画法以及专业制图标注中的其他相关规定。初步掌握阅读和绘制梁、板、柱基本构件钢筋混凝土结构图的方法和步骤，初步掌握阅读和绘制钢结构节点图的方法和步骤。为学生学习后续专业课奠定基础。

(3) 本章的重点是结构施工图的内容和图示特点，阅读和绘制梁、板、柱基本构件钢筋混凝土结构图的方法和步骤。

(4) 本章的难点是钢筋混凝土梁、板、柱平法施工图的画法。

(5) 通过本章的学习，学生应对结构施工图所涉及的内容有个整体的概念。

第一节　概　　述

建筑结构是指在建筑物中用来承受各种荷载，起到骨架作用的空间受力体系。建筑结构因所用的材料不同，可分为钢筋混凝土结构、砌体结构、钢结构、轻型钢结构、木结构和组合结构等，图 11-1 为一施工中的框架结构。

图 11-1　框架结构房屋

建筑结构一般由基础、墙、柱、梁板、屋架等若干结构构件组成，结构设计中为表达结构构件的材料、形状、大小、位置及其相互关系，将其绘制成图样，用来指导施工，这种图样称为结构施工图，简称“结施”。

结构施工图是做施工放线、挖基坑、做基础、支模板、绑扎钢筋、设置预埋件、预留孔洞、浇筑混凝土（或安装预制的梁、板、柱）等构件，以及编制预算和进行施工组织设计等各项工作的依据。

结构施工图主要包括基础施工图、楼层结构平面图、屋顶结构平面布置图和各种构件的结构详图、节点详图等。

绘制结构施工图，除应遵守《房屋建筑制图统一标准》（GB/T50001—2010）中的基本规定外，还必须遵守《建筑结构制图标准》（GB/T50105—2010）的相关规定。

一、比例

绘图时，根据图样的用途、被绘物体的复杂程度，应选用表 11-1 所列的常用比例。

表 11-1　**结构施工图的比例**

图　名	常用比例	可用比例
结构平面图、基础平面图	1∶50、1∶100、1∶150	1∶60、1∶200
圈梁平面图、总图中管沟、地下设施等	1∶200、1∶500	1∶300
详图	1∶10、1∶20、1∶50	1∶5、1∶25、1∶30

二、图线

建筑结构施工图中的图线应按表 11-2 所列规定选用。

表 11-2　**结构施工图中图线的选用**

名称		线型	线宽	一般用途
实线	粗		b	螺栓、钢筋线、结构平面布置图中的单线结构构件线、钢木支撑及杆件线、图名下横线、剖切线
	中粗		$0.7b$	结构平面图及详图中剖到或可见的墙身轮廓线、基础轮廓线、钢、木结构轮廓线、钢筋线
	中		$0.5b$	结构平面图及详图中剖到或可见的墙身轮廓线、基础轮廓线、可见的钢筋混凝土结构轮廓线、钢筋线
	细		$0.25b$	标注引出线、标高符号线、索引符号线、尺寸线

续表

名称		线型	线宽	一般用途
虚线	粗		b	不可见的钢筋线、螺栓线，结构平面图中不可见的单线结构构件线及钢、木支撑线
	中粗		0.7b	结构平面图中的不可见构件、墙身轮廓线及不可见钢、木结构构件线，不可见的钢筋线
	中		0.5b	结构平面图中的不可见构件、墙身轮廓线及不可见钢、木结构构件线，不可见的钢筋线
	细		0.25b	基础平面中管沟轮廓线，不可见钢筋混凝土构件轮廓线
单点长画线	粗		b	柱间支撑、垂直支撑、设备基础轴线图中的中心线
	细		0.25b	定位轴线、对称线、中心线、重心线
双点长画线	粗		b	预应力钢筋线
	细		0.25b	原有结构轮廓线
折断线			0.25b	断开界线
波浪线			0.25b	断开界线

三、定位轴线

结构施工图上的轴线位置及编号应与建筑施工图一致。

四、尺寸标注

结构施工图上的尺寸一般应与建筑施工图相符合，但结构施工图中所注尺寸是结构构件的设计尺寸，一般不包括结构表面粉刷或建筑构造面层的厚度。

桁架式结构的几何尺寸可用单线图表示，尺寸可直接注写在杆件的一侧，不需画尺寸线和尺寸界限。如第一章中图 1-27 所示。

五、构件代号

《建筑结构制图标准》（GB/T50105—2010）规定，对于梁、板、柱等钢筋混凝土构件，可用代号表示，构件代号采用汉语拼音音头，如：GL 代表过梁等，见表 11-3。

表 11-3　　常用构件代号

序号	名　称	代号	序号	名　称	代号	序号	名　称	代号
1	板	B	11	圈梁	QL	21	桩	ZH
2	屋面板	WB	12	过梁	GL	22	挡土墙	DQ
3	空心板	KB	13	连系梁	LL	23	地沟	DG
4	楼梯板	TB	14	基础梁	JL	24	柱间支撑	ZC
5	盖板	GB	15	楼梯梁	TL	25	梯	T
6	檐口板	YB	16	框架梁	KL	26	雨篷	YP
7	墙板	QB	17	屋架	WJ	27	阳台	YT
8	梁	L	18	刚架	GJ	28	预埋件	M-
9	屋面梁	WL	19	支架	ZJ	29	钢筋骨架	G
10	吊车梁	DL	20	柱	Z	30	基础	J

注：1. 预制混凝土构件、现浇混凝土构件、钢构件和木构件，一般可直接采用本表中的构件代号。在绘图中，除混凝土构件可不注明材料代号外，其他材料的构件可在构件代号前加注材料代号，并在图纸中加以说明。

2. 预应力混凝土构件的代号，应在构件代号前加注“Y-”，如 Y-GL 表示预应力混凝土过梁。

六、构件标准图集

构件标准图集分为全国通用和各省、市通用两类。下面介绍构件的编号、代号和标记的应用示例。

【例 11-1】 XGL1. 18-2（辽 2004 G307）。

编号意义：辽 2004 G307——辽宁省建筑标准设计结构标准图集《钢筋混凝土过梁》。

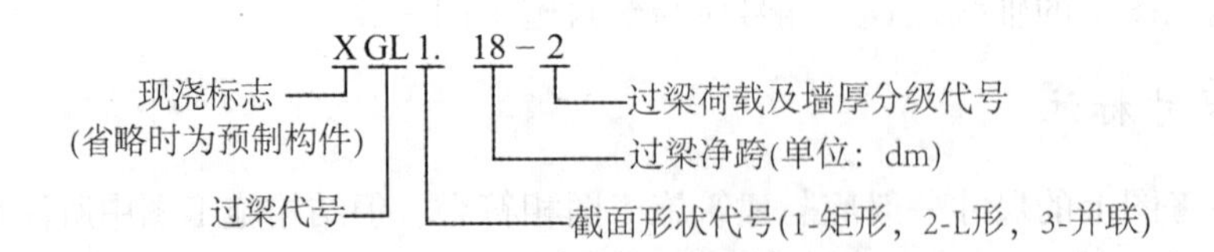

第二节　钢筋混凝土构件图

一、钢筋混凝土结构的基本知识

1. 钢筋的保护层和等级代号

为了保护钢筋，防止腐蚀、防火以及加强钢筋与混凝土的粘结力，钢筋的外边缘应留有保护层，保护层的最小厚度见表 11-4。钢筋按其强度和品种分成不同的等级，分别用不同的直径符号表示，见表 11-5。

表 11-4　　**受力钢筋混凝土保护层最小厚度**　　（单位：mm）

环境类别	板、墙、壳	梁、柱、杆
一	15	20
二 *a*	20	25
二 *b*	25	35
三 *a*	30	40
三 *b*	40	50

注：混凝土强度不大于 C25 时，表中数值增加 5mm；钢筋混凝土基础宜设置混凝土垫层，基础中钢筋的保护层厚度应从垫层顶面算起，且应不小于 40mm。

表 11-5　　**常用钢筋种类**

牌号 种类	代号	直径 （mm）	抗拉强度设计值 （N/mm^2）	抗压强度设计值 （N/mm^2）	备注
			普通钢筋		
HPB300	ϕ	6～22	270	270	Ⅰ级（光圆钢筋）
HRB335	Φ	6～50	300	300	Ⅱ级（带肋钢筋）
HRBF335	Φ^F	6～50	300	300	Ⅱ级（带肋钢筋）
HRB400	Φ	6～50	360	360	Ⅲ级（带肋钢筋）
HRBF400	Φ^F	6～50	360	360	Ⅲ级（带肋钢筋）
RRB400	Φ^R	6～50	360	360	Ⅲ级（带肋钢筋）
HRB500	Φ	6～50	435	410	Ⅳ级（带肋钢筋）
HRBF500	Φ^F	6～50	435	410	Ⅳ级（带肋钢筋）

2. 钢筋在构件中的作用和名称

配置在钢筋混凝土构件中的钢筋，如图 11-2 所示，按其受力和作用可分为以下几种：

（1）受力筋：在构件中主要承受拉、压应力的钢筋。

（2）箍筋：用来固定受力筋的位置。多用于梁和柱内。同时也承受一定的剪力和扭力。

（3）架立筋：固定梁内箍筋位置的钢筋。它与受力筋、箍筋一起构成梁内的钢筋骨架。

（4）分布筋：固定板内受力筋的钢筋，其方向通常与受力筋垂直，与受力筋一起构成板内的钢筋骨架。

（5）构造筋：构造筋因构造上的要求或施工安装的需要而配置的钢筋。如预埋锚固筋、吊环等。架立筋和分布筋也属于构造筋。

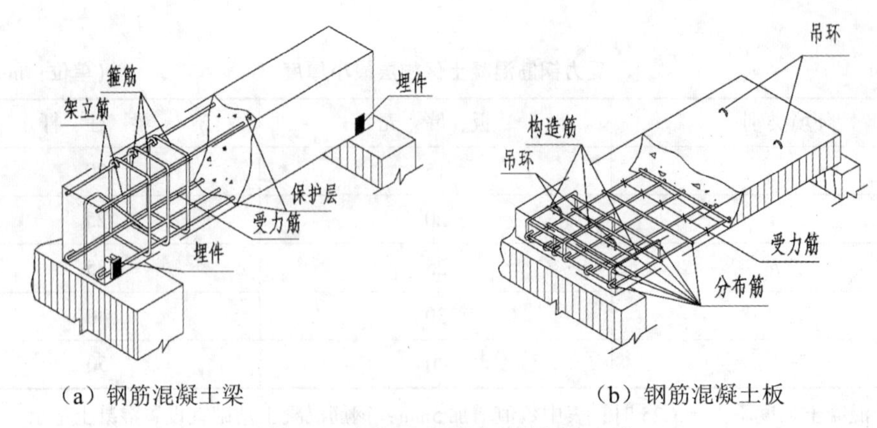

（a）钢筋混凝土梁　　（b）钢筋混凝土板

图 11-2　钢筋在构件中的作用和名称

3. 钢筋弯钩

为了增加钢筋与混凝土的粘结力，在钢筋的端部做成弯钩，有半圆、直角弯钩和斜弯钩三种，常见钢筋弯钩及搭接简化表示方法如图 11-3 所示。带弯钩钢筋实际长度要比端点间长出一部分。但Ⅱ级钢筋以上的钢筋不需做半圆弯钩。

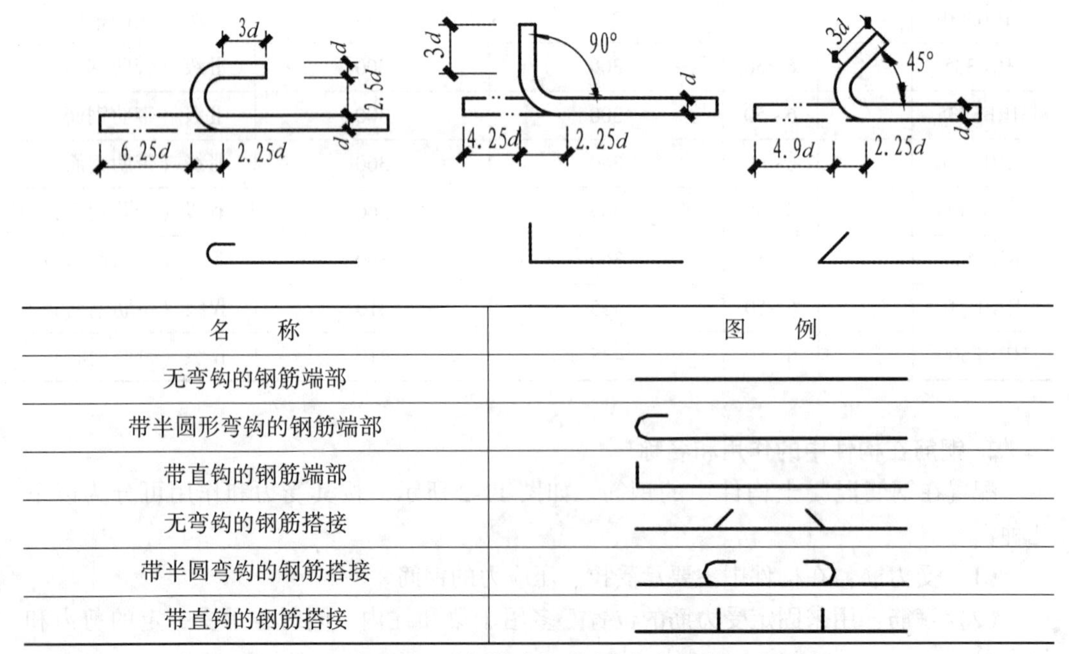

名　　称	图　　例
无弯钩的钢筋端部	
带半圆形弯钩的钢筋端部	
带直钩的钢筋端部	
无弯钩的钢筋搭接	
带半圆弯钩的钢筋搭接	
带直钩的钢筋搭接	

图 11-3　常见的几种钢筋弯钩形式及钢筋简化画法图例

4. 钢筋的标注

在混凝土施工图中，钢筋的标注内容应有钢筋的编号、数量、代号、直径、间距及所在位置。钢筋编号用阿拉伯数字注写在直径为 6mm 的细实线圆内，用引出线指向相应的钢筋。钢筋标注内容均注写在引出线的水平线上。如注出数量，可不注间距，如注出间距就可不注数量。具体标注方式如图 11-4 所示。对于排列过密的钢筋，可采用列表法。

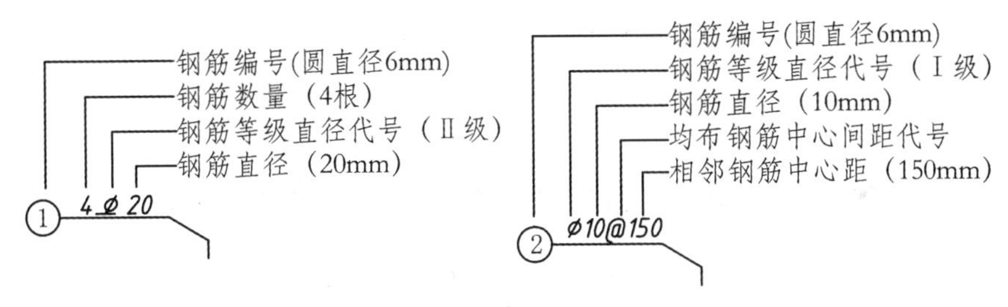

图 11-4　钢筋的标注形式

二、混凝土构件施工图内容

钢筋混凝土构件施工图由模板图、配筋图、预埋件详图和钢筋明细表等组成，它是制作构件时安装模板、钢筋加工、绑扎或焊接的依据。

1. 模板图

模板图主要表达构件的外形尺寸，同时需标明预埋件的位置，预留孔洞的形状、尺寸及位置，是构件模板制作、安装的依据。简单构件可不单独绘模板图，可把模板图与配筋图合并表示，只画其配筋图。

模板图是按构件的外形投影绘制的视图，外形轮廓采用中粗实线绘制。如图 11-5 所示为钢筋混凝土板的模板图，图中板上设置 5 个不同直径的圆孔，板的四角有 4 个预埋件。

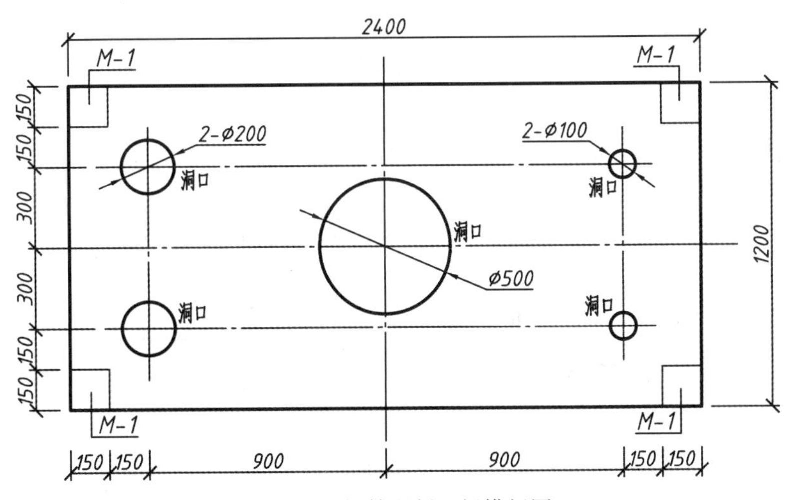

图 11-5　钢筋混凝土板模板图

2. 配筋图

配筋图是表示构件内各种钢筋的形状、位置、数量、级别和配置情况的图样。配筋图主要包括配筋平面图、配筋立面图、配筋断面图和钢筋详图。

1）配筋平面图

钢筋混凝土板一般只用一个平面图表示钢筋情况，假定构件为一透明体而画出的一个水平正投影图。主要表示构件内钢筋的形状及其排列位置。构件轮廓线用中实线画出，钢筋用粗实线表示。当钢筋的类型、直径、间距均相同时，可只画出其中一部分，其余可省略不画。图 11-6 为钢筋混凝土楼板配筋图。

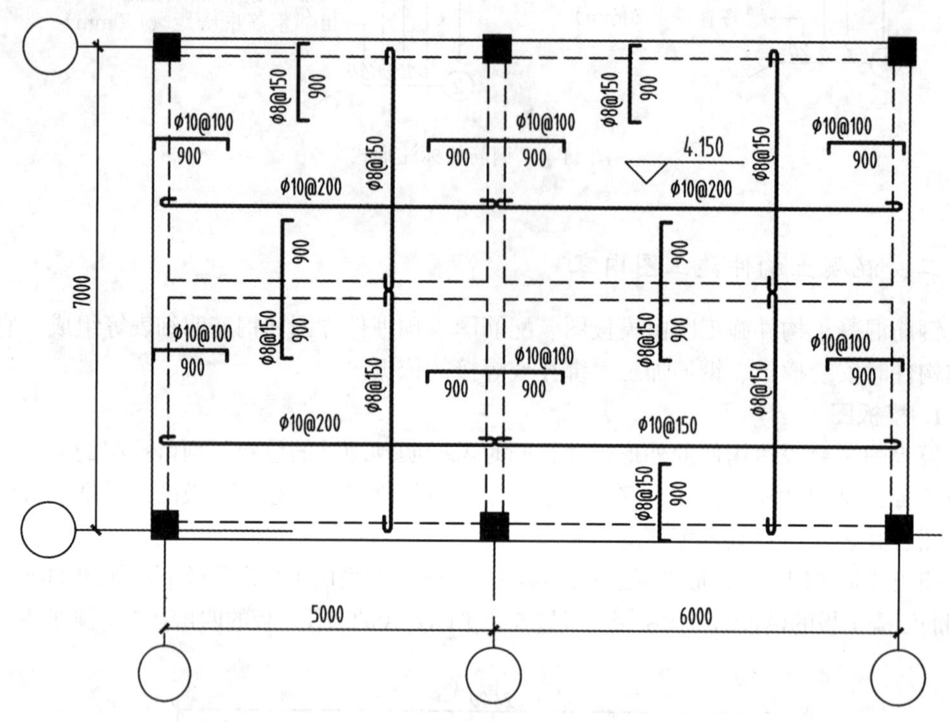

图 11-6　钢筋混凝土楼板配筋图

当板中配置双层钢筋时，底层钢筋的弯钩应向上或向左，顶层钢筋的弯钩应向下或向右，如图 11-7（a）所示。类似的情况是当钢筋混凝土墙体配双层钢筋时，在配筋立面图中，远面钢筋的弯钩应向上或向左，而近面钢筋的弯钩应向下或向右，如图 11-7（b）所示。

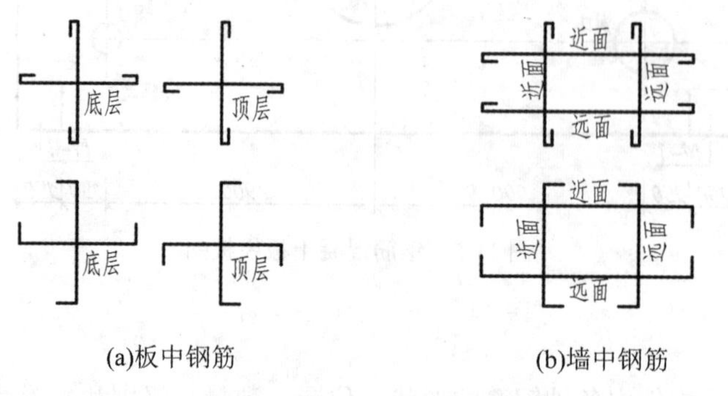

图 11-7　混凝土板、墙中钢筋位置的规定画法

2）配筋立面图

比较长细的构件（梁和柱）用立面图和断面图表达，配筋立面图是假定构件为一

透明体而画出的一个正面投影图。构件轮廓线用中实线画出，钢筋用粗实线表示。当钢筋的类型、直径、间距均相同时，可只画出其中一部分，其余可省略不画。图 11-8 为钢筋混凝土梁立面配筋图和断面配筋图。

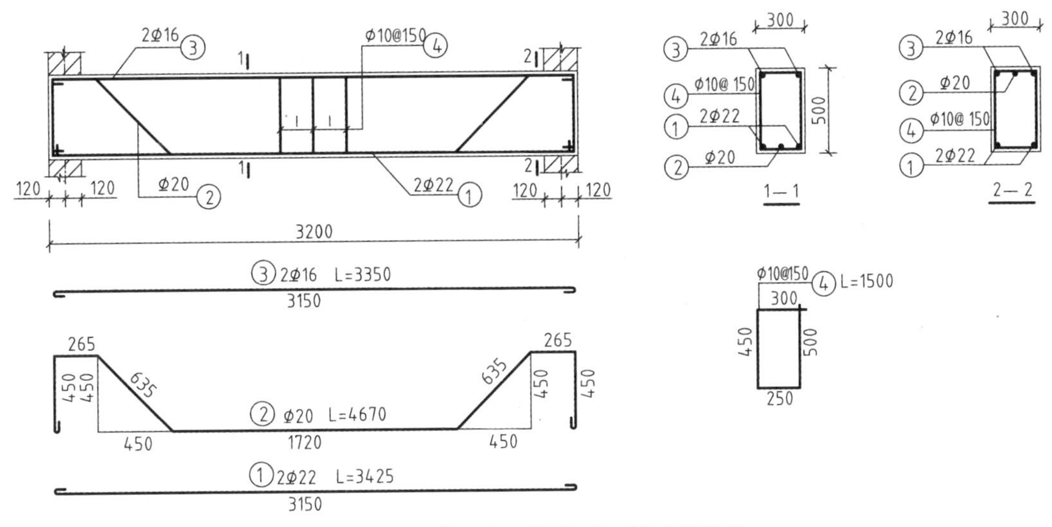

图 11-8　钢筋混凝土梁立面、断面配筋图

3）配筋断面图

配筋断面图是构件的横向剖切投影图。一般在构件断面形状或钢筋数量、位置有变化之处，均应画出断面图。构件断面轮廓线用中实线画出，钢筋横断面用黑圆点表示。

4）钢筋编号

在配筋图中，为了区别构件中不同直径、不同级别、不同形状和不同长度的钢筋，采用编号法。每一种钢筋编一号，用指引线指向相应的钢筋。如图 11-8 中的①号钢筋是受力筋，直径是 22mm、根数为 2，钢筋等级为Ⅱ级，标记为 2ϕ22。

5）钢筋详图

钢筋详图又称为钢筋成型图，是从配筋图中把每一编号的钢筋单独画出来的钢筋图。在钢筋详图中要把钢筋的每一段长度都注出来。在钢筋详图中注写的钢筋长度不包括弯钩长度。如图 11-8 中的钢筋详图，①号钢筋的长度等于梁长减去两个保护层，即 $3200-2\times25=3150$mm。弯起钢筋的斜度可用直角三角形式注写。弯起钢筋的弯起高度，一般按钢筋的外皮尺寸计算，钢箍尺寸按钢筋的内皮尺寸计算，否则应加以注明。如图 11-8 所示，②号钢筋的斜长度 $=450/\sin45°=636$mm，其中 450mm 为弯起高度。

在钢筋详图上除注长度尺寸外，还要注写编号、钢筋级别、直径、根数以及包括弯钩在内的总长。例如①号钢筋的总长 $L=3150+2\times6.25\times22=3425$mm。

3. 钢筋明细表

钢筋明细表是供施工备料和编制预算时使用。表 11-6 为图 11-8 中梁的钢筋表。

表 11-6 **钢筋表**

构件编号	钢筋编号	钢筋规格	钢筋简图	长度 (mm)	根数（根）	总长 (mm)	总重量 (kg)
L-1	①	22	①2φ22 L=3425 3150	3425	2	6850	20.41
	②	20	265 636 ②φ20 L=4672 636 265 450 450 450 1720 450 450 450	4672	1	4672	11.55
	③	16	③2φ16 L=3350 3150	3350	2	6700	10.59
	④	10	300 450 500 250	1500	23	34500	21.29

4. 预埋件详图

在预制钢筋混凝土构件中，一般除钢筋外还配有各种预埋件，如吊环、安装用钢板等，因此还需画出预埋件详图。如图 11-9 所示的预埋件 M-1、M-2、M-3 详图。

三、钢筋混凝土构件图示实例

1. 钢筋混凝土简支梁

1）模板图

如图 11-8 所示的钢筋混凝土简支梁比较简单，所以可不单独绘模板图，而是将模板图与配筋图合并表示，只画其配筋图。

2）配筋图

如图 11-8 所示为钢筋混凝土简支梁结构图。梁的立面图和断面图分别表明了梁长、宽、高为 3200mm、300mm、500mm。两端支承在墙上，各伸入墙内 240mm。梁的下部跨中配置了 3 根受力筋，其中，②号钢筋在支座附近从梁底弯起到梁的顶面，称为弯起钢筋，是直径为 20mm 的Ⅱ级钢筋；①号钢筋位于梁的下部，是两根直径为 22mm 的Ⅱ级钢筋；③号钢筋为两根架立筋，配置在梁的上部，是直径为 16mm 的Ⅱ级钢筋；④号钢筋是箍筋，直径为 10mm 的Ⅰ级钢筋，间距为 150mm。

3）钢筋详图

如图 11-8 的下部给出了钢筋混凝土简支梁所用的钢筋形状，在图上标明了钢筋的编号、根数、等级、直径、各段长度和总长度等。例如，①号钢筋两端带弯钩，其上标注的 3150 是指梁的长度减去两端保护层的厚度，钢筋的下料长度为 $L = 3425$mm；②号钢筋总长 4670mm。箍筋尺寸按钢筋的内皮尺寸计算。

2. 钢筋混凝土板

1）模板图

板的结构一般比较简单，多数不单独绘制模板图。如需绘制时，要求如前所述，图 11-5 是一开洞复杂板的模板图。

2）配筋图

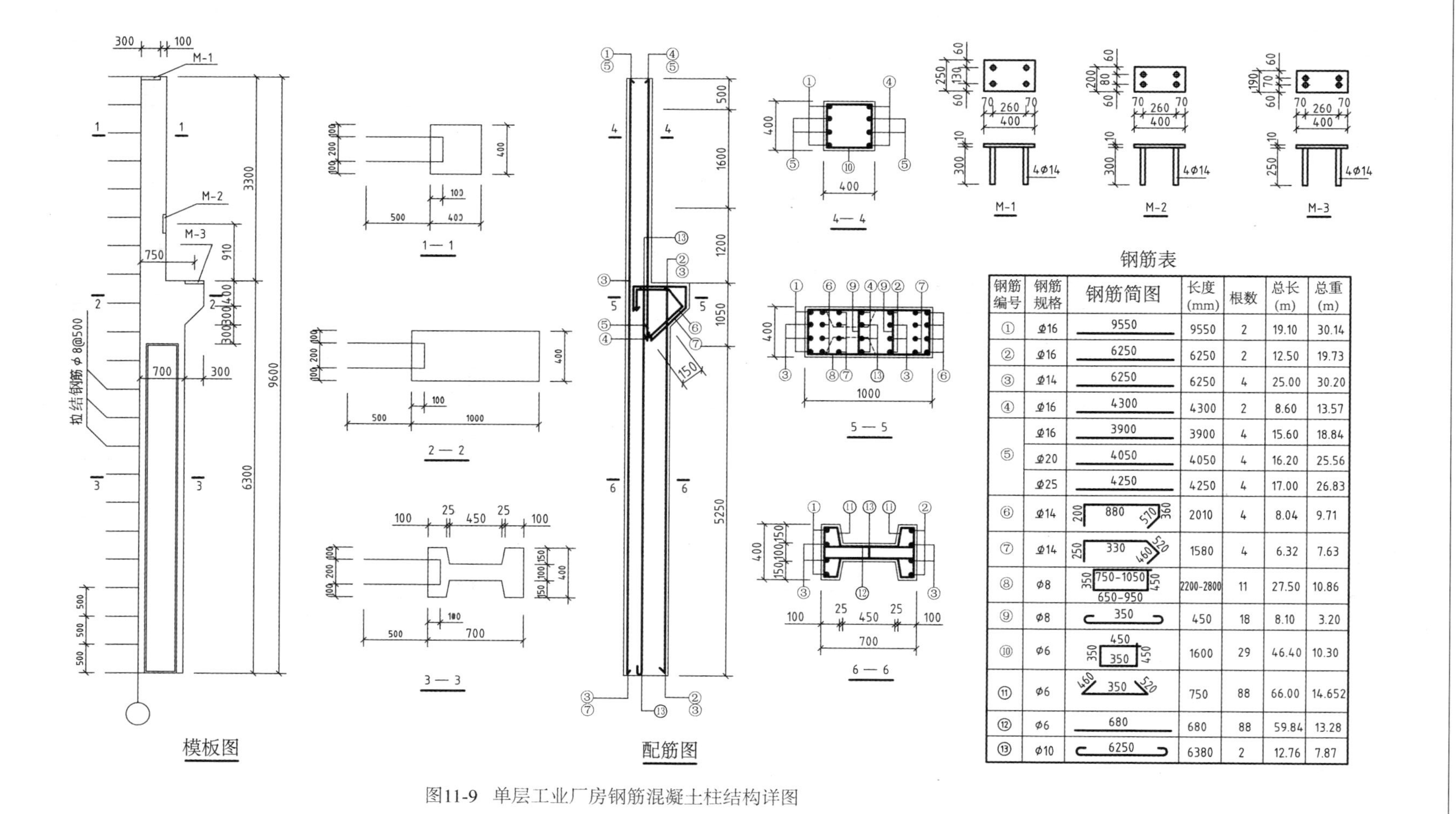

钢筋表

钢筋编号	钢筋规格	钢筋简图	长度(mm)	根数	总长(m)	总重(m)
①	Φ16	9550	9550	2	19.10	30.14
②	Φ16	6250	6250	2	12.50	19.73
③	Φ14	6250	6250	4	25.00	30.20
④	Φ16	4300	4300	2	8.60	13.57
⑤	Φ16	3900	3900	4	15.60	18.84
	Φ20	4050	4050	4	16.20	25.56
	Φ25	4250	4250	4	17.00	26.83
⑥	Φ14	200, 880, 570, 360	2010	4	8.04	9.71
⑦	Φ14	250, 330, 460, 520	1580	4	6.32	7.63
⑧	φ8	350, 750-1050, 450, 650-950	2200-2800	11	27.50	10.86
⑨	φ8	350	450	18	8.10	3.20
⑩	φ6	450, 350, 350, 450	1600	29	46.40	10.30
⑪	φ6	460, 350, 520	750	88	66.00	14.652
⑫	φ6	680	680	88	59.84	13.28
⑬	φ10	6250	6380	2	12.76	7.87

图11-9　单层工业厂房钢筋混凝土柱结构详图

在板的配筋图中，用中粗实线画出板的平面形状，用中粗虚线画出板下边的墙、梁、柱的边缘位置线。而对于板厚或梁的断面形状，则用重合断面的方法表示。板中配筋与梁不同，板内钢筋一般等距排列，而且有单向配筋（单向板）；双向配筋（双向板）。钢筋在板中的位置，按结构受力情况确定。配筋绘在板的平面图上，并需画出板内受力筋的形状和配置情况，注明其编号、规格、直径、间距（或数量）等。每种规格的钢筋只画一根表示即可，按其平面形状画在安放位置上。在平面上与受力筋垂直配置的分布筋可不必画出，但需在附注或钢筋表中说明其级别、直径、间距（或数量）及长度等。

3. 钢筋混凝土柱

如图 11-9 所示是单层工业厂房钢筋混凝土柱的结构详图。由于这种钢筋混凝土柱的外形、配筋、预埋件均比较复杂，所以要用模板图、配筋图、预埋件详图等来表示。

1）模板图

如图 11-9 所示模板图，该柱总高为 9600mm，分为上柱和下柱两部分。上柱高为 3300mm，下柱高为 6300mm。由断面图可知，上柱断面为正方形，尺寸为 400mm×400mm；下柱断面为“工”字形，外围尺寸为 700mm×400mm。下柱的上端设有突出的牛腿，用以支承吊车梁。牛腿断面为矩形，尺寸为 1000mm×400mm。柱上设置了三个预埋件，用于柱子与其他构件连接，预埋件采用钢板焊接钢筋的方法，钢筋浇筑于柱混凝土中。柱子的外侧设有间距 500mm 的拉结钢筋，便于与外墙拉结，提高建筑的整体性。

2）配筋图

配筋图以立面图为主，再配合断面图，便可表示出配筋情况。厂房柱主要是单向受弯，所以柱的受力钢筋主要布置在受力方向的柱截面边缘附近。从图中可以看到上柱受力筋为①号钢筋，下柱的受力筋为②号钢筋，由 1-1 断面图可知，上柱的箍筋为⑩号钢筋 ϕ6@200。由图 2-2 断面图可知，柱牛腿中的配筋⑦号为受力钢筋，⑥号为弯起钢筋，⑧号为箍筋，其尺寸随断面变化而改变。

第三节　钢筋混凝土施工图平面整体表示方法

一、平面整体表示方法概述

通过前面的学习，我们掌握了钢筋混凝土结构施工图的绘制与表达方法，这些方法具有简明直观的优点，但绘图工作量较大、工作繁琐、图纸数量多。

混凝土结构施工图平面整体表示方法（简称平法）是有别于前述方法的一种新的施工图表达方式，平法改变了以往在结构施工图上把结构构件索引出来再逐个绘制配筋图的方法，作图简单、表达清晰。

国家已制定了相应的标准设计图集，主要包括《混凝土结构施工图平面整体表示方法制图规则和构造详图（现浇混凝土框架、剪力墙、梁、板）》（11G101-1）、《混凝土结构施工图平面整体表示方法制图规则和构造详图（现浇混凝土板式楼梯）》（11G101-2）、《混凝土结构施工图平面整体表示方法制图规则和构造详图（独立基础、条形基础、筏形基础及桩基承台）》（11G101-3）。由于篇幅所限，本教材不能讲述平法的全部规则，读者需要时可参阅以上三部国家标准图集。本书主要介绍梁、柱的平法标注规则。

二、混凝土梁平法施工图的表示方法

混凝土梁平法施工图是在梁的结构平面图上采用平面注写方式或截面注写方式表达钢筋配置的图示法。

1. 平面注写方式

平面注写方法是在梁平面布置图上从不同编号的梁中各选取一根，在梁侧直接注写梁的跨数、截面及配筋的具体数据，注写信息包括集中注写和原位注写两部分，集中注写表示梁的通用数值，原位注写表示梁不同截面的特殊数值。绘图时当集中注写的某项数值不适合梁的某部位时，则将该项数据原位标注，施工时，原位标注取值优先。

1）集中注写数值

图 11-10 为一跨梁端悬挑框架梁的平面注写配筋图，集中注写信息由 5 项必注值和一项选注值组成，图中集中注写信息说明如下：

KL5（1B）200×500（必注值）：梁编号（梁跨数、悬挑情况<A 表示一端悬挑，B 表示两端悬挑>）截面宽×高。

φ8@100/200（2）（必注值）：箍筋直径、加密区间距/非加密间距（箍筋肢数）。

2φ25（必注值）：梁上部通长筋根数、直径。当梁上部既有通长钢筋又有架立筋时，用“+”号相连标注，并将通长筋写在“+”号前面，架立筋写在“+”号后面并加括号。例如，当梁配置四肢箍时，用 2φ25+（2φ14）表示，其中 2φ25 为通长筋，（2φ14）为架立钢筋。若梁上部仅有架立筋无通长钢筋，则全部写入括号内。当梁的上部纵向钢筋和下部纵向钢筋均为通长筋，且多数跨配筋相同，此时可将标准写在梁的下侧，并用分号“；”分隔。

φ2φ14（必注值）：梁侧构造钢筋总根数、直径。梁侧钢筋分为构造配筋和受扭纵筋。构造钢筋用大写字母 G 打头，例如 G2φ14，表示在梁的每侧各配 1φ14 构造钢筋。梁侧受扭纵筋用 N 打头，如 N6φ18，表示梁的每侧配置 3φ18 的纵向受扭钢筋。

（-0.05）（选注值）：梁顶标高与结构层标高的差值，负号表示低于结构层标高，正值相反。当梁顶与相应的结构层标高一致时，则不标此项。

2）原位注写数值

需要原位注写的数值主要有：梁支座上部纵筋、梁下部纵筋、与集中注写的内容不符的数值、附加箍筋和吊筋。图 11-10 原位注写信息从左往右依次说明如下：

4φ25　2/2：表示梁左支座左侧上部纵筋共 4φ25，包括通常纵筋的 2φ25，分两层设置，每层 2 根。

4φ25　2/2：表示梁左支座右侧上部纵筋共 4φ25，包括通常纵筋的 2φ25，分两层设置，每层 2 根。

4φ25　2/2：表示梁右支座左侧上部纵筋共 4φ25，包括通常纵筋的 2φ25，分两层设置，每层 2 根。

5φ25　3/2：表示梁右支座右侧上部纵筋共 5φ25，包括通常纵筋的 2φ25，分两层设置，上层 3 根，下层 2 根。

3ϕ20：梁下部钢筋。当梁下部纵向钢筋多于一排时，用“/”号将各排纵向钢筋自下而上分开。例如梁下部注写为 6ϕ25（2/4）表示梁下部纵向钢筋为两排，上排为 2ϕ25，下排为 4ϕ25，全部钢筋伸入支座。

当同排纵筋有两种直径时，用加号“+”将两种规格的纵筋相连表示，并将角部钢筋写在“+”号前面。例如 2ϕ25+2ϕ20 表示 2ϕ25 放在角部，2ϕ20 放在顶梁的中部。

当梁上部支座两边的纵向筋规格不同时，需在支座两边分别标注；当梁上部支座两边纵筋相同时，可仅在支座一边标注，另一边可省略标注。

当梁上部和下部均为通长钢筋，而在集中标注时已经注明，则不需在梁下部重复做原位标注。

2ϕ16：表示梁中部集中力作用处附加的吊筋。

图 11-10 所表示的框架梁的平面注写配筋图如用传统画法其配筋图如图 11-11 所示，可见平法标注简洁方便，但平法标注对钢筋的长度和细部尺寸不够详细，需与相应的标准图集配合使用。

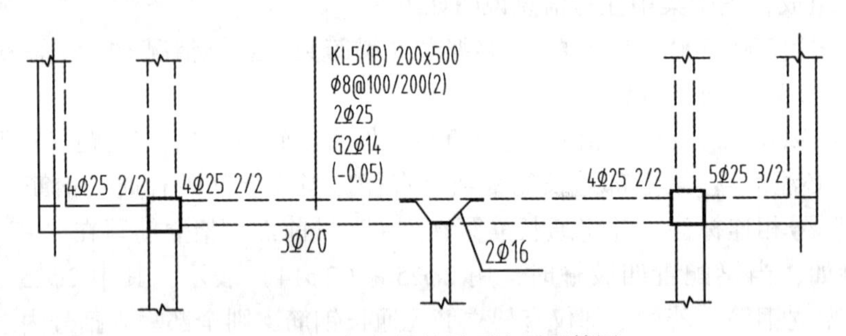

图 11-10　框架梁的平面注写配筋图

2. 截面注写方式

截面注写方式是在平面布置图上，分别从不同编号的梁中选一根梁，用剖切断面引出梁的配筋断面图，并在其上注写截面尺寸及配筋的具体数值，图 11-12 为截面注写方式梁平法施工图。

三、混凝土柱平法施工图的表示方法

柱平法施工图是在柱平面布置图上采用列表注写方式或截面注写方式表达柱的截面尺寸及配筋信息。柱平面布置图可以采用适当比例单独绘制，也可以与剪力墙平面布置图合并绘制。

1. 列表注写方式

列表注写方式是在柱平面布置图上，分别在相同编号的柱中选择一个柱在图中标注几何参数代号，然后列柱表，在柱表中注写柱编号、柱段起止标高、几何尺寸与配筋的具体数值，并配以各柱截面形状及其箍筋类型，如图 11-13 所示。

柱表注写内容规定如下：

1）注写柱编号

在平面布置图中注写柱编号，柱编号由类型代号和顺序号组成。柱代号注写为框架

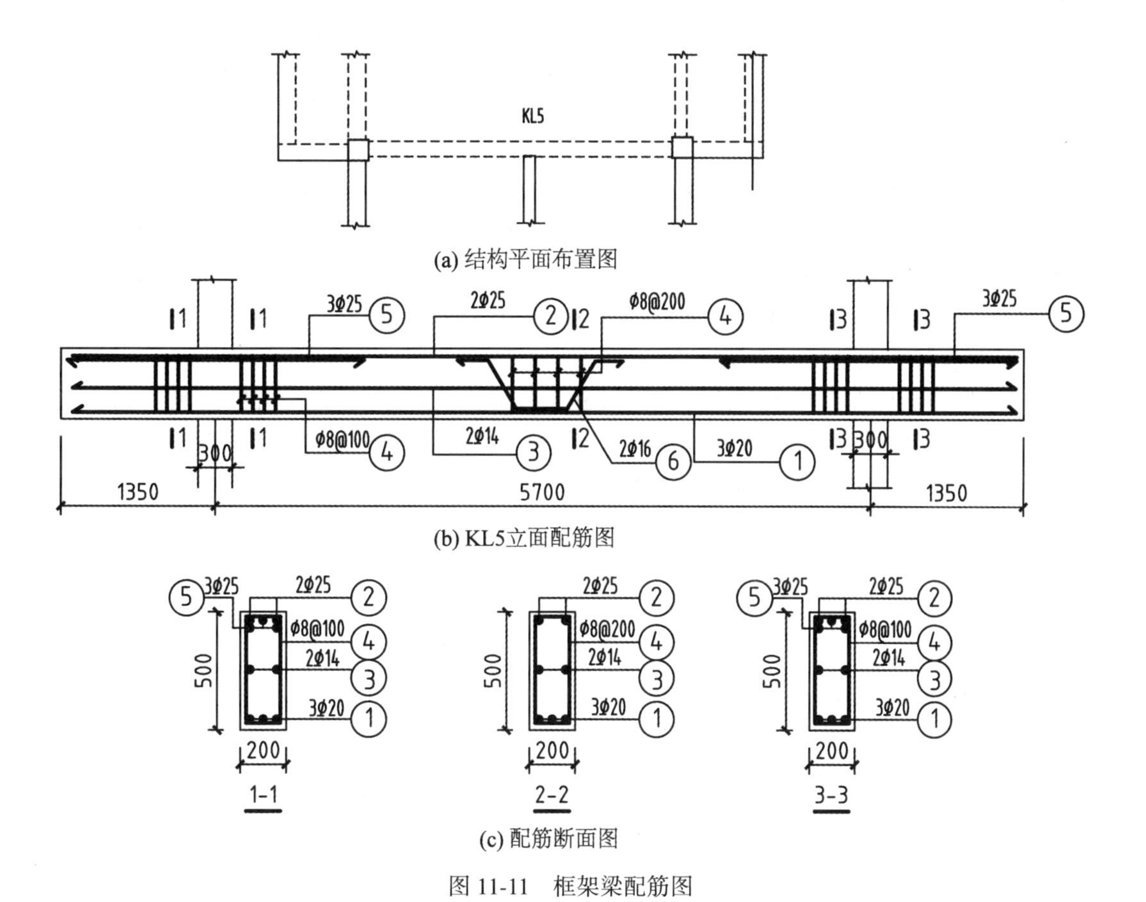

图 11-11　框架梁配筋图

KL5
(-0.05)
1 1 2 3 3
2Φ16

5Φ25
Φ8@100
G2Φ14
3Φ20
1-1
200X500

2Φ25
Φ8@200
G2Φ14
3Φ20
2-2
200X500

5Φ25
Φ8@100
G2Φ14
3Φ20
3-3
200X500

图 11-12　截面注写方式梁平法施工图

柱（KZ）、框支柱（KZZ）、芯柱（XZ）、梁上柱（LZ）、剪力墙上柱（QZ），图 11-13 的柱为框架柱，序号按柱的类型种类依序编号，如图 11-13 中的柱编号 KZ1～KZ9。

2）注写各段柱的起止标高

起止标高自柱子根部向上以变截面位置或截面未变但配筋改变为界分段注写。框架柱和框支柱的根部标高指基础顶面标高；芯柱的根部标高指根据结构实际需要而定的起始位置标高；梁上柱的根部标高指梁顶面标高；剪力墙上柱的根部标高为墙顶面标高。如图 11-13 中的柱标高分两段-3.600～0.050、0.050～10.150。

3）列柱尺寸及位置数据表

对矩形截面柱在布置图中注写截面尺寸 $b×h$ 及与轴线关系的几何参数代号 $b1$、$b2$ 和 $h1$、$h2$ 的具体数值，需对应于各段柱分别注写。当截面的某一边收缩变化至与轴线重合或偏到轴线的另一侧时，$b1$、$b2$ 和 $h1$、$h2$ 中的某项为零或为负值。

对于圆柱，表中 $b×h$ 一栏改用在圆柱直径数字前加 d 表示。为表达简单，圆柱截面与轴线的关系也用 $b1$、$b2$ 和 $h1$、$h2$ 表示，并使 $d=b1+b2=h1+h2$。

如图 11-13 中的柱表中对应 $b×h$、$b1$、$b2$、$h1$、$h2$ 数据。

4）纵筋列表

当柱纵筋直径相同，各边根数也相同时（包括矩形柱、圆柱和芯柱），将纵筋注写在“全部纵筋”一栏中，如图 11-13 中的 KZ1 在-3.600～0.050 段内全部纵筋 16ϕ25。除此以外，柱纵筋分角筋、截面 b 边中部筋和 h 边中部筋三项分别注写，如图 11-13 中的 KZ1 在 0.050～10.150 段内：角筋 4ϕ25、b 边一侧中部筋 3ϕ25、h 边一侧中部筋 3ϕ25。对称配筋时可只注写一侧。

5）箍筋列表

在柱表中箍筋类型栏内注写箍筋类型号与肢数，在箍筋栏内注写箍筋数量，包括箍筋级别、直径与间距，如图 11-13 柱表中的箍筋数据。

当为抗震设计时，用斜线“/”区分柱端箍筋加密区与柱身非加密区长度范围内箍筋的不同间距。施工人员需根据标准构造详图的规定，在规定的几种长度值中取其最大者作为加密区长度。当框架节点核心区内箍筋与柱端箍筋设置不同时，应在括号中注明核心区箍筋直径及间距。

2. 截面注写方式

柱截面注写方式是在柱平面布置图上，分别在同一编号的柱中选择一个截面，以直接注写截面尺寸和配筋数值的方式绘制柱平法施工图，如图 11-14 所示。

绘图时，对除芯柱之外的所有柱截面进行编号，从相同编号的柱中选择一个截面，按另一种比例原位放大绘制柱截面配筋图，并在各配筋图上继其编号后再注写截面尺寸 $b×h$、角筋或全部纵筋（当纵筋采用一种直径且能够图示清楚时）、箍筋的具体数值，以及在柱截面配筋图上标注柱截面与轴线关系 $b1$、$b2$、$h1$、$h2$ 的具体数值，如图 11-14 中 KZ4 的截面注写数值。

当纵筋采用两种直径时，需再注写截面各边中部筋的具体数值（对于采用对称配筋的矩形截面柱，可仅在一侧注写中部筋，对称边省略不注）。

当在某些框架柱的一定高度范围内，在其内部的中心位设置芯柱时，首先进行编号，继其编号之后注写芯柱的起止标高、全部纵筋及箍筋的具体数值，芯柱截面尺寸按

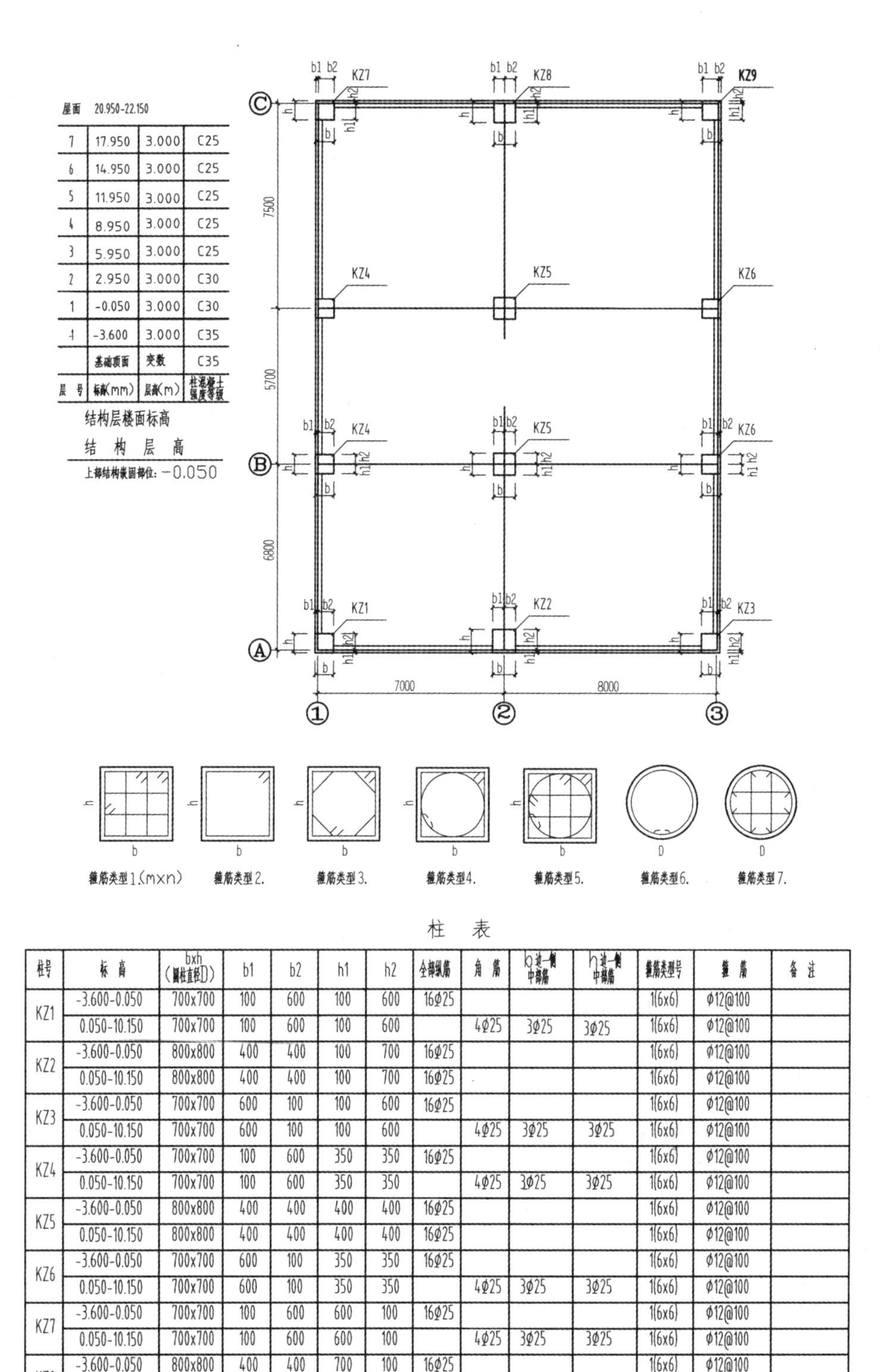

柱　表

柱号	标高	b×h（圆柱直径D）	b1	b2	h1	h2	全部纵筋	角筋	b边一侧中部筋	h边一侧中部筋	箍筋类型号	箍筋	备注
KZ1	-3.600-0.050	700x700	100	600	100	600	16φ25				1(6x6)	φ12@100	
	0.050-10.150	700x700	100	600	100	600		4φ25	3φ25	3φ25	1(6x6)	φ12@100	
KZ2	-3.600-0.050	800x800	400	400	100	700	16φ25				1(6x6)	φ12@100	
	0.050-10.150	800x800	400	400	100	700	16φ25				1(6x6)	φ12@100	
KZ3	-3.600-0.050	700x700	600	100	100	600	16φ25				1(6x6)	φ12@100	
	0.050-10.150	700x700	600	100	100	600		4φ25	3φ25	3φ25	1(6x6)	φ12@100	
KZ4	-3.600-0.050	700x700	100	600	350	350	16φ25				1(6x6)	φ12@100	
	0.050-10.150	700x700	100	600	350	350		4φ25	3φ25	3φ25	1(6x6)	φ12@100	
KZ5	-3.600-0.050	800x800	400	400	400	400	16φ25				1(6x6)	φ12@100	
	0.050-10.150	800x800	400	400	400	400	16φ25				1(6x6)	φ12@100	
KZ6	-3.600-0.050	700x700	600	100	350	350	16φ25				1(6x6)	φ12@100	
	0.050-10.150	700x700	600	100	350	350		4φ25	3φ25	3φ25	1(6x6)	φ12@100	
KZ7	-3.600-0.050	700x700	100	600	600	100	16φ25				1(6x6)	φ12@100	
	0.050-10.150	700x700	100	600	600	100		4φ25	3φ25	3φ25	1(6x6)	φ12@100	
KZ8	-3.600-0.050	800x800	400	400	700	100	16φ25				1(6x6)	φ12@100	
	0.050-10.150	800x800	400	400	700	100	16φ25				1(6x6)	φ12@100	
KZ9	-3.600-0.050	700x700	600	100	600	100	16φ25				1(6x6)	φ12@100	
	0.050-10.150	700x700	600	100	600	100		4φ25	3φ25	3φ25	1(6x6)	φ12@100	

图 11-13　列表法柱平法施工图

构造确定，并按标准构造详图施工，设计不标注，但当设计者采用特殊做法时，应另行注明。芯柱定位随框架柱，不需要注写其与轴线的几何关系。

如柱的分段尺寸与配筋均相同，仅截面与轴线的关系不同，可将柱编为同一编号，但应在未画配筋的柱截面上注写该柱截面与轴线关系的具体尺寸。

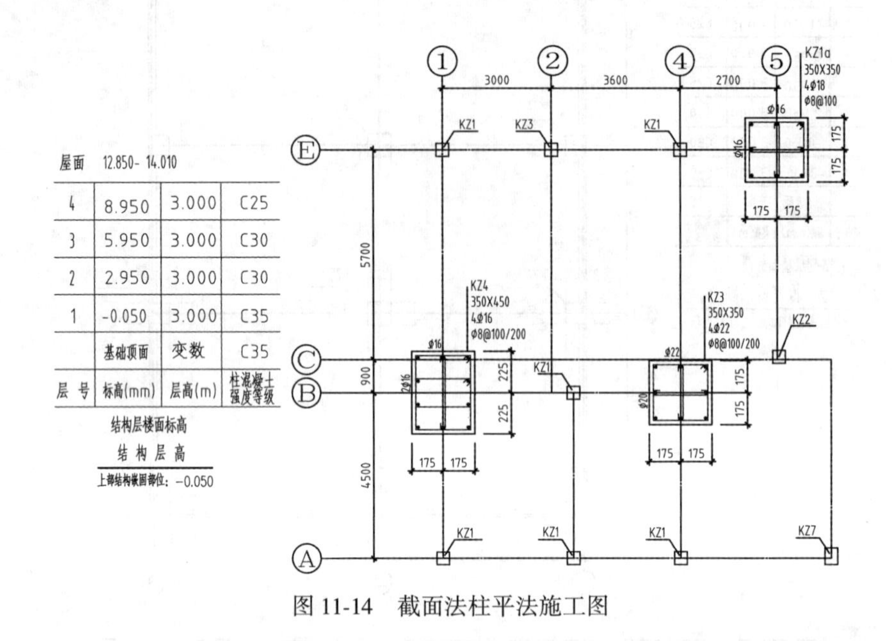

图 11-14　截面法柱平法施工图

第四节　钢结构施工图

钢结构是用钢板、圆钢、钢管、钢索、型钢等钢材，经加工、连接、安装而组成的工程结构。钢结构主要用于大跨度结构、重型厂房结构、高耸结构、高层建筑结构、大型容器结构等。

钢结构施工图一般包括结构布置图（平面布置图、立面布置图）、构件详图和节点详图。

一、钢结构施工图常用代号和符号

1. 型钢代号与规格（表 11-7）

表 11-7　　**常用型钢的标注方法**

序号	名称	截面	标注	说明
1	等边角钢	∟	∟ $b \times t$	b 为肢宽 t 为肢厚
2	不等边角钢	∟	∟$B \times b \times t$	B 为长肢宽 b 为短肢宽 t 为肢厚

续表

序号	名称	截面	标注	说明
3	工字钢	I	I N　Q I N	轻型工字钢加 Q 字
4	槽钢	[	[N　Q [N	轻型槽钢加 Q 字
5	方钢	b	□ b	
6	扁钢	b	— $b\times h$	
7	钢板	▬	— $\frac{-b\times h}{L}$	$\frac{宽\times厚}{板长}$
8	圆钢		Φd	
9	钢管	○	$\Phi d\times t$	d 为外径 t 为壁厚
10	T 型钢	T	TW×× TM×× TN××	TW 为宽翼缘 T 型钢 TM 为中翼缘 T 型钢 TN 为窄翼缘 T 型钢
11	H 型钢	H	HW×× HM×× HN××	HW　为宽翼缘 H 型钢 HM　为中翼缘 H 型钢 HN　为窄翼缘 H 型钢
12	起重机钢轨		QU ××	
13	轻轨及钢轨		××kg/m 钢轨	
14	薄壁方钢	□	B □ $b\times t$	薄壁型钢加注“B”字 t 为壁厚
15	薄壁等肢角钢	L	B L $b\times t$	
16	薄壁等肢卷边角钢	a	B $b\times a\times t$	
17	薄壁槽钢	[	B [$h\times a\times t$	
18	薄壁卷边槽钢	a	B $h\times b\times a\times t$	
19	薄壁卷边 Z 型钢	h b a	B $h\times b\times a\times t$	

2. 螺栓、孔、电焊铆钉表示方法（表 11-8）

表 11-8　　螺栓、孔、电焊铆钉的表示方法

序号	名称	图例	说明
1	永久螺栓	M ϕ	1. 细“+”线表示定位线 2. M 表示螺栓型号 3. ϕ 表示螺栓孔直径 4. d 表示膨胀螺栓、电焊铆钉直径 5. 采用引出线标注螺栓时，横线上标注螺栓规格，横线下标注螺栓孔直径
2	高强螺栓	M ϕ	
3	安装螺栓	M ϕ	
4	膨胀螺栓	d	
5	圆形螺栓孔	ϕ	
6	长形螺栓孔	ϕ b	
7	电焊铆钉	d	

3. 钢结构常用焊缝符号及表示方法

单面焊缝标注如图 11-15 所示，当箭头指向焊缝所在的一面时，应将图形符号和尺寸标注在横线的上方，如图 11-15（a）所示；当箭头指向焊缝所在另一面（相对应的那面）时，应将图形符号和尺寸标注在横线的下方，如图 11-15（b）所示；表示环绕工作件周围的焊缝时，其围焊焊缝符号为圆圈，绘在引出线的转折处，并标注焊角尺寸 K，如图 11-15（c）所示。

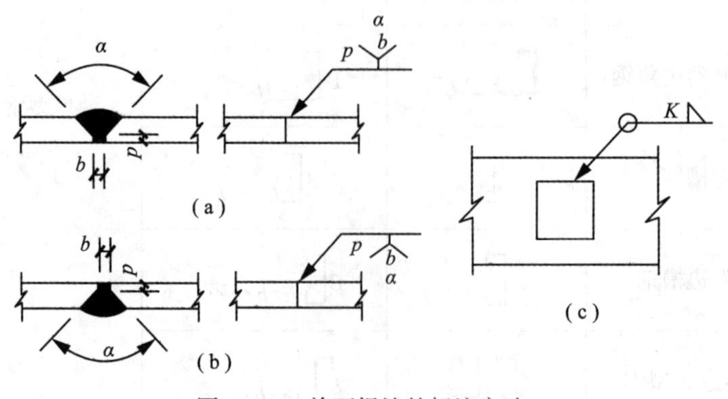

图 11-15　单面焊缝的标注方法

双面焊缝的标注如图 11-16 所示，应在横线的上、下都标注符号和尺寸。上方表示箭头一面的符号和尺寸，下方表示另一面的符号和尺寸，如图 11-16（a）所示；当两面的焊缝尺寸相同时，只需在横线上方标注焊缝的符号和尺寸，如图 11-16（b）、（c）、（d）所示。

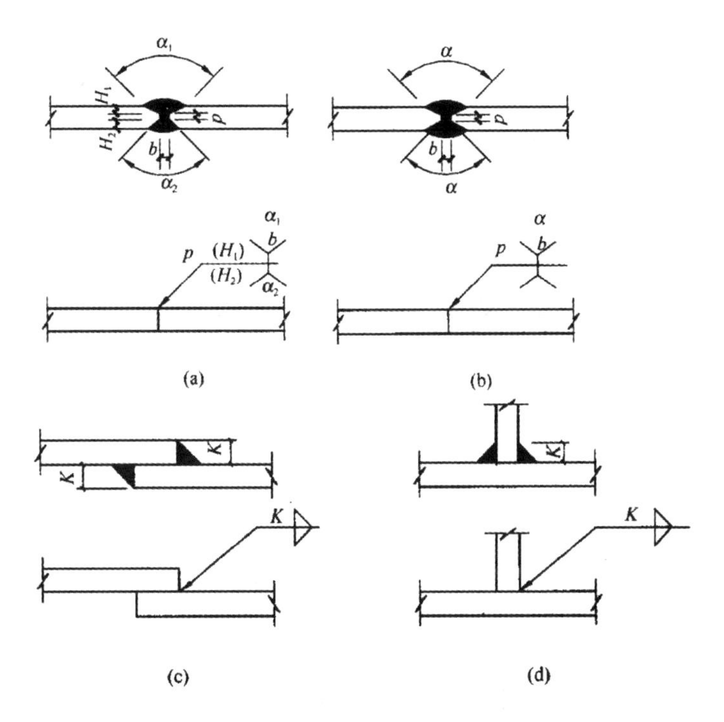

图 11-16　双面焊缝的标注方法

3 个和 3 个以上的焊件相互焊接的焊缝，不得作为双面焊缝标注。其焊缝符号和尺寸应分别标注如图 11-17 所示。

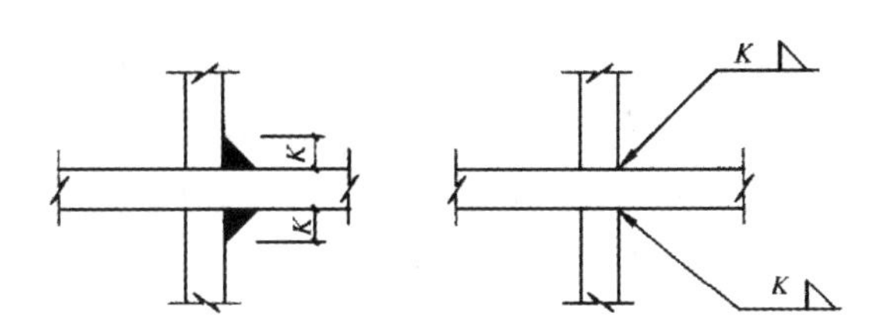

图 11-17　3 个以上的焊件焊缝标注

相互焊接的 2 个焊件中，当只有 1 个焊件带坡口时（如单面 V 形），引出线箭头必须指向带坡口的焊件，如图 11-18 所示。

相互焊接的 2 个焊件，当为单面带双边不对称坡口焊缝时，引出线箭头必须指向较大坡口的焊件，如图 11-19 所示。

当焊缝分布不规则时，在标注焊缝符号的同时，宜在焊缝处加中实线（表示可见

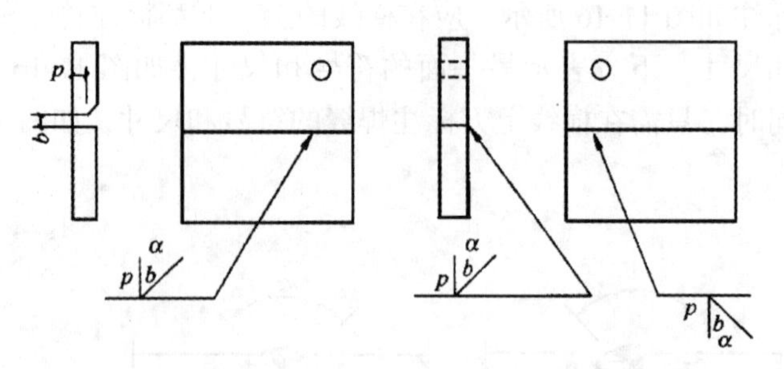

图 11-18　一个焊件带坡口的焊缝标注方法

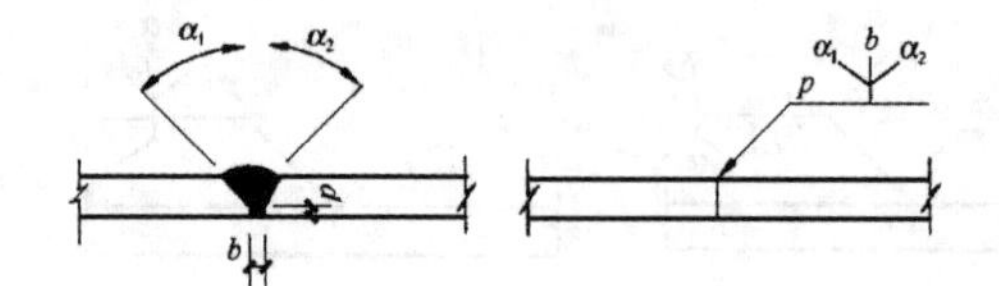

图 11-19　不对称坡口焊缝标注方法

焊缝)，或加细栅线（表示不可见焊缝)，如图 11-20 所示。

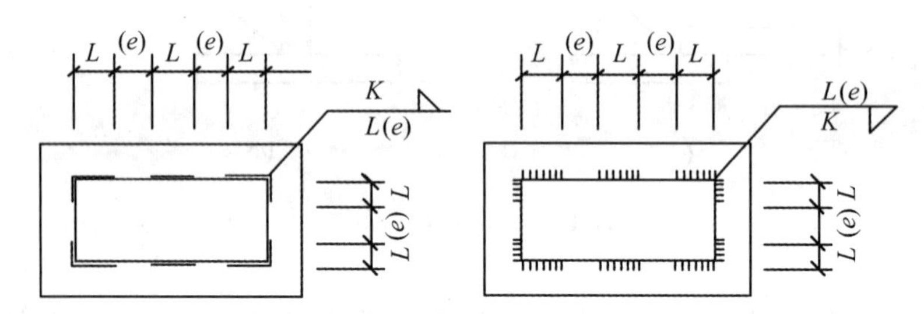

图 11-20　不规则焊缝标注方法

在同一图形上，当焊缝型式、断面尺寸和辅助要求均相同时，可只选择一处标注焊缝的符号和尺寸，并加注“相同焊缝符号”，相同焊缝符号为 3/4 圆弧，绘在引出线的转折处，如图 11-21（a）所示。在同一图形上，当有数种相同的焊缝时，可将焊缝分类编号标注。在同一类焊缝中可选择一处标注焊缝符号和尺寸。分类编号采用大写的拉丁字母 A、B、C……，如图 11-21（b）所示。

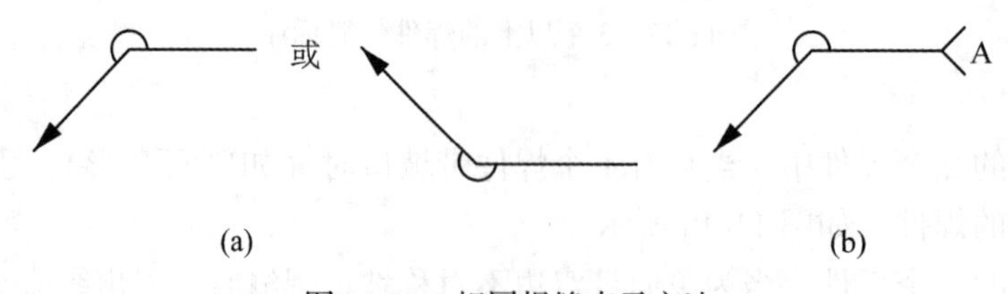

图 11-21　相同焊缝表示方法

需要在施工现场进行焊接的焊件焊缝，应标注“现场焊缝”符号。现场焊缝符号为涂黑的三角形旗号，绘在引出线的转折处，如图 11-22 所示。

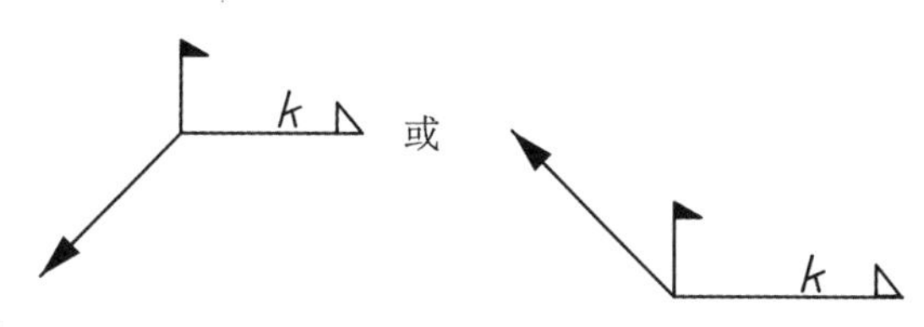

图 11-22　现场焊焊缝表示方法

几种常用的焊缝符号及补充符号见表 11-9。

表 11-9　**常用焊缝符号及补充符号**

焊缝名称	示意图	图形符号	符号名称	示意图	补充符号	标注方法
V 形焊缝			周围焊缝符号			
单边 V 形焊缝			三面焊缝符号			
角焊缝			带垫板符号			
I 形焊缝			现场焊接符号			
点焊缝			相同焊接符号			
			尾部符号			

二、钢结构平面布置图

钢结构平面布置图主要表示钢构件在平面中的布置及相互位置关系。

1. 平面布置图的表示规则

平面布置图应按不同的结构层，采用适当比例绘制。图中应有一个基准标高，该标高为大多数钢梁的梁顶标高，如有个别升板或降板的情况，应在相关的钢梁处注明与基准标高的差值，未做定位标注的钢梁、钢柱，均为轴线居中布置，如图 11-23 所示。

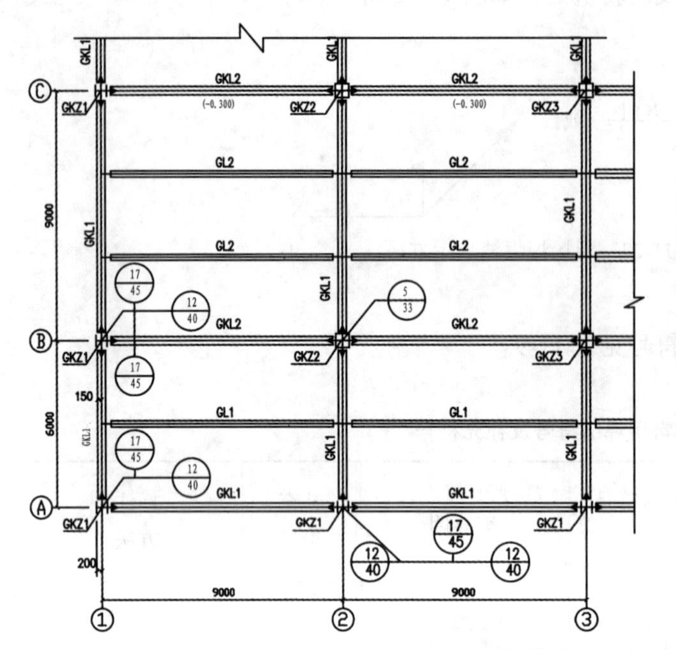

钢构件截面表

构件编号	截面尺寸(mm)(高×宽×腹板厚×翼缘厚)	说明
GKL1	H700×300×14×18	焊接H形梁Q345B
GKL2	H600×180×10×12	
GL1	H500×220×8×14	
GL2	H500×220×8×12	
GKZ1	H400×400×12×18	
GKZ2	H500×500×16×16	焊接箱形梁Q345B
GKZ3	H500×500×18×18	

图 11-23　钢结构平面布置图

梁可以采用单线表示，也可以采用钢梁的俯视图表示；节点注写要能充分反映钢柱与各方向钢梁连接的情况；构件编号宜按从左到右、从下到上的顺序编写序号。

图中应注写梁、柱编号，梁、柱与轴线的关系，节点和节点索引，当结构布置支撑时应在平面图中注明支撑编号等。

2. 钢梁的注写方法

钢梁编号包括种类型号、序号，另外列表形式表示出截面尺寸、材质等项内容。

钢梁标高一般为基准标高，可以不加注写，如果与基准标高不一致，则需加注写说明。

钢梁宜轴线居中布置，如有偏轴，则应注明偏轴尺寸。在钢梁以俯视图表示的平面图中，也可以标注梁边到轴线的尺寸。钢梁中心线宜与钢柱的中心线重合。

钢梁与钢柱连接方式有刚接、铰接两种形式，表达方式见表 11-10。

表 11-10　**钢构件连接示意**

连接方式	单线表示法	双线表示法
构件铰接		
构件刚接		

3. 钢柱的注写方法

（1）钢柱的注写内容一般包括编号、与轴线的关系（即定位）等。

（2）钢柱的编号包括钢柱的类型代号、序号，另外以列表形式表示出截面尺寸、材质等项内容。

（3）柱的变截面处宜位于框架梁上方 1.3m 附近，同时考虑现场接长的施工方便与否。如平面布置图中的基准标高 6.5m，层高 3.6m，则变截面位置可设在标高 7.8m 处。

（4）钢柱与轴线的关系，钢柱轴线宜居中布置，如有偏轴应注明偏轴尺寸。

（5）钢柱宜采用柱立面图或柱表的方式，表示出柱变截面处或接长处的标高。

（6）当结构布置中设有支撑时，应在平面图中注明支撑编号，并用虚线表示。

4. 节点索引与注写方法

如图 11-24 中（a）的节点注写表示的是 3 个方向上钢梁与钢柱的连接。如果每个方向钢梁截面以及与钢柱的连接形式均相同，可用一个索引号表示如图 11-24 中（b）所示。

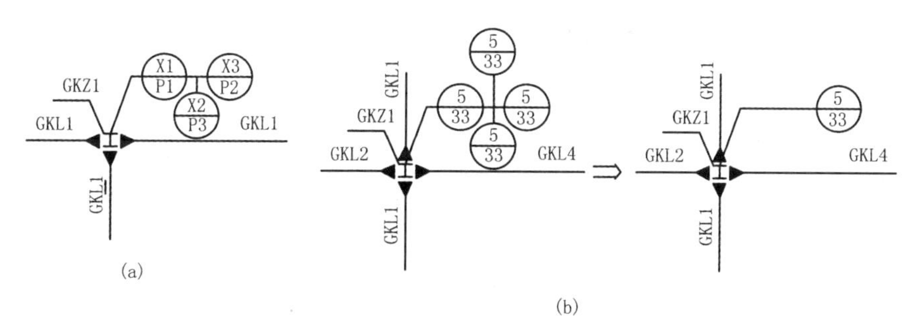

图 11-24 节点注写示意图

三、钢结构立面布置图

1. 立面布置图制图规则

（1）当结构中布置有支撑或平面布置不足以清楚表达特殊构件布置时，应在平面布置图的基础上，增加立面布置图。立面图应包含柱、梁、支撑和节点等内容，如图 11-25 所示。

（2）可挑选布置有支撑或有特殊结构布置的轴网进行投影，并采用适当比例绘制。

（3）图中应标明各梁的梁顶标高，可以标注柱变截面处或拼接处的标高。

（4）未作定位标注的梁、柱和支撑均轴线居中布置，其中未作说明的支撑墙轴在框架平面内。

（5）图中各构件可以采用单线条表示，单线条表示不清时，可以采用双线条表示。

（6）当布置立面图主要是为了表示支撑位置时，应给此立面图编号如“GKC3”等，并在平面图中注写出来。

（7）钢柱宜采用柱图或柱表的方式，清楚表达柱子变截面或接长处的位置。

2. 立面布置图的注写方法

1）注写的基本原则

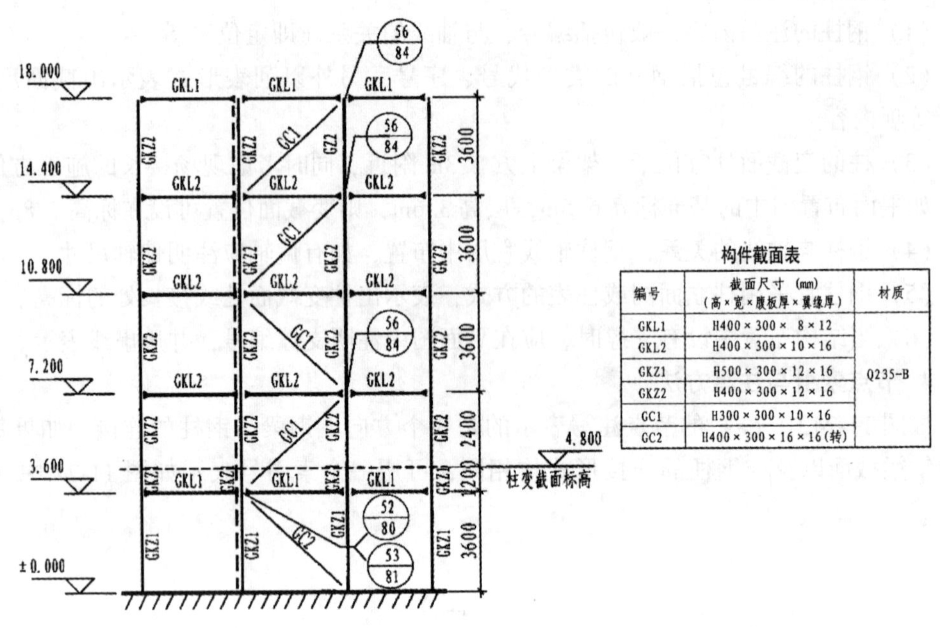

构件截面表

编号	截面尺寸（mm）（高×宽×腹板厚×翼缘厚）	材质
GKL1	H400×300×8×12	Q235-B
GKL2	H400×300×10×16	
GKZ1	H500×300×12×16	
GKZ2	H400×300×12×16	
GC1	H300×300×10×16	
GC2	H400×300×16×16(转)	

图 11-25　钢结构立面布置图

必须注写的内容：立面图轴线号和平面图的对应关系；层高及标高、柱网等主要几何尺寸；支撑的几何参数、构件编号及连接方式（刚接、铰接）；特殊注写内容，如错层、降板、特殊立面构件等平面图无法表达或表达不清楚的内容。

选择性注写的内容：梁、柱编号；梁、柱构件的连接方式（刚接、铰接）；通过其他方式已经表达的内容，如平面图、柱立面图等有专门表示的内容等。

2）柱的注写方法

注写立面图轴线号和与平面图的对应关系，层高及标高、柱网等主要几何尺寸；柱段起始端和终止端标高应在图中注明或在说明中写明，可选择性注写柱的编号。

3）梁的注写方法

注写立面图轴线号和与平面图的对应关系；层高及标高、柱网等主要几何尺寸；与统一层标高不一致的梁应单独标明；可选择性注写梁的编号与连接方式。

4）支撑的注写方法

注写内容包含编号、支撑两端的定位。编号包括钢支撑的类型代号、序号、截面尺寸、材料等内容，如果钢支撑的强轴在框架平面外，则还应在截面尺寸后加注（转）。

钢支撑轴线如交汇于梁、柱轴线的交点，则无需定位，如偏离交点，则需要注明与交点偏离的距离。如图 11-26 中支撑与梁、柱交点的偏离距离 $e1$ 为 500mm。

当该立面的柱在其他方向还有其他支撑与之相连时，其他方向支撑用虚线表示。

钢支撑轴线的水平投影与梁轴线水平投影重合。

5）节点的注写方法

节点主要表现支撑与梁、柱之间的关系，以及它们连接的情况。节点的注写以索引

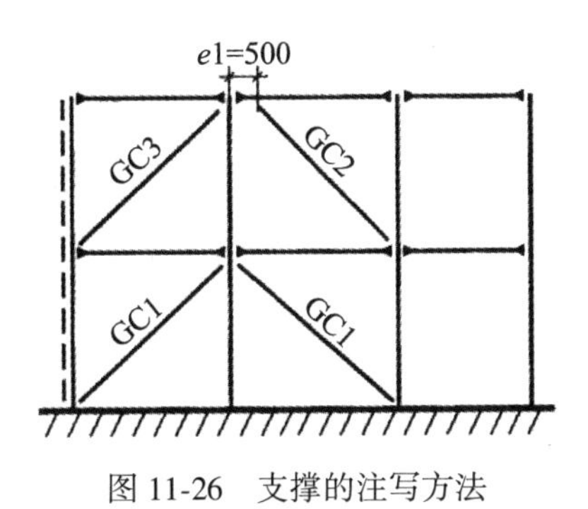

图 11-26 支撑的注写方法

的方式表达，每个索引表示的是该方向上的钢支撑与梁、柱的连接。

节点的每一个索引应与索引简图的节点形式相对应。如图 11-27 中的下部节点注写表示的是两个方向上支撑与梁、柱的连接。如果每个支撑与梁、柱的连接均相同，且支撑的截面也一样，则可用一个索引号表示，如图 11-27 的顶部节点。

四、钢构件及节点详图

钢构件及节点详图是指钢结构构件及其连接节点的设计图样，如钢梁、钢柱、钢支撑、钢屋架、钢网架等构件的设计详图，梁柱节点、屋架节点、基础节点、焊接节点、螺栓节点等节点详图。

构件详图一般用 1∶50 的比例，节点详图一般用 1∶10、1∶15（也可用 1∶20、1∶25）的比例绘制，一般情况下，一幅图应用同一比例，但对于格构式构件、屋架等同一幅图，可以用两种比例，几何中心线用较小的比例，截面用较大的比例。

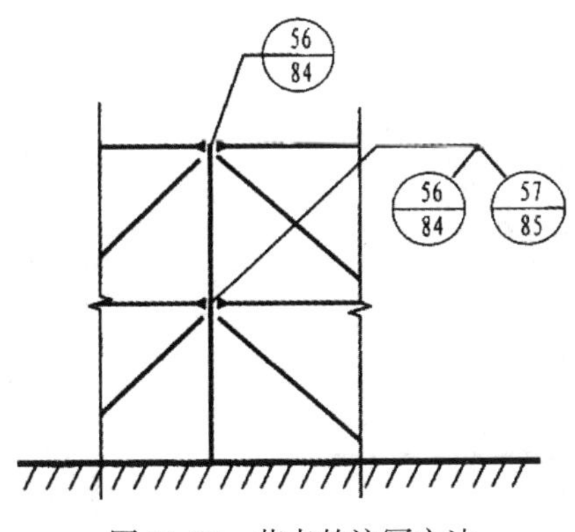

图 11-27 节点的注写方法

下面给出典型钢结构构件及节点图。如图 11-28 所示为钢结构梁节点详图，如图 11-29 所示为钢结构屋架节点详图。

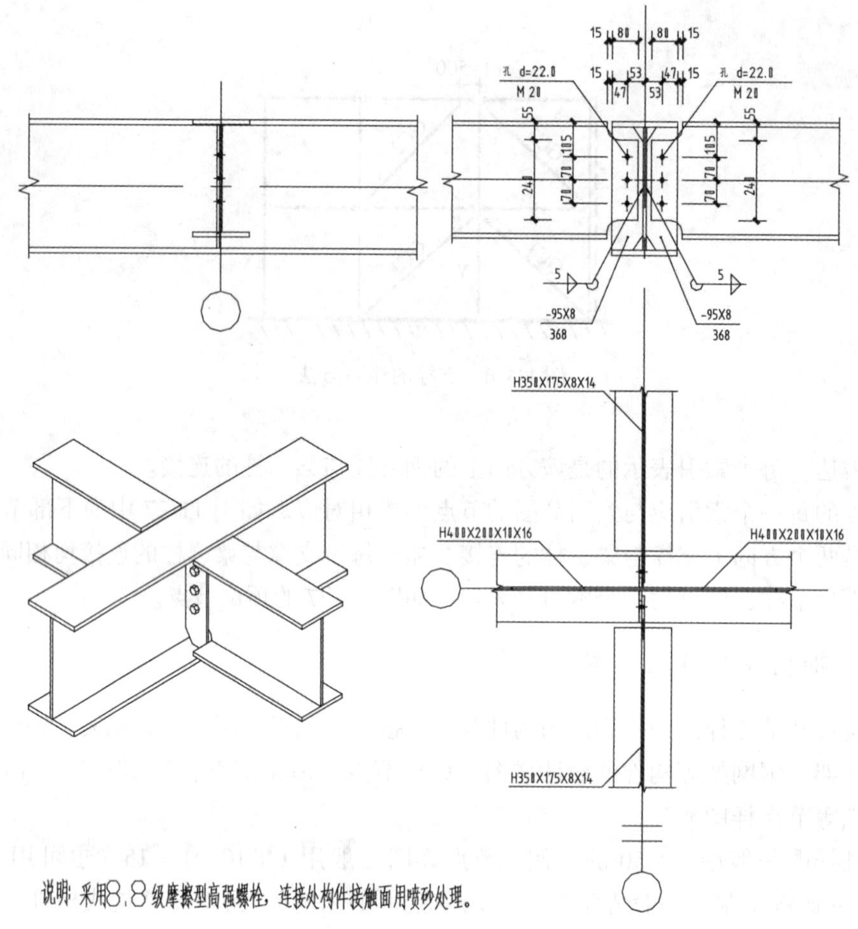

图 11-28　钢结构梁节点详图

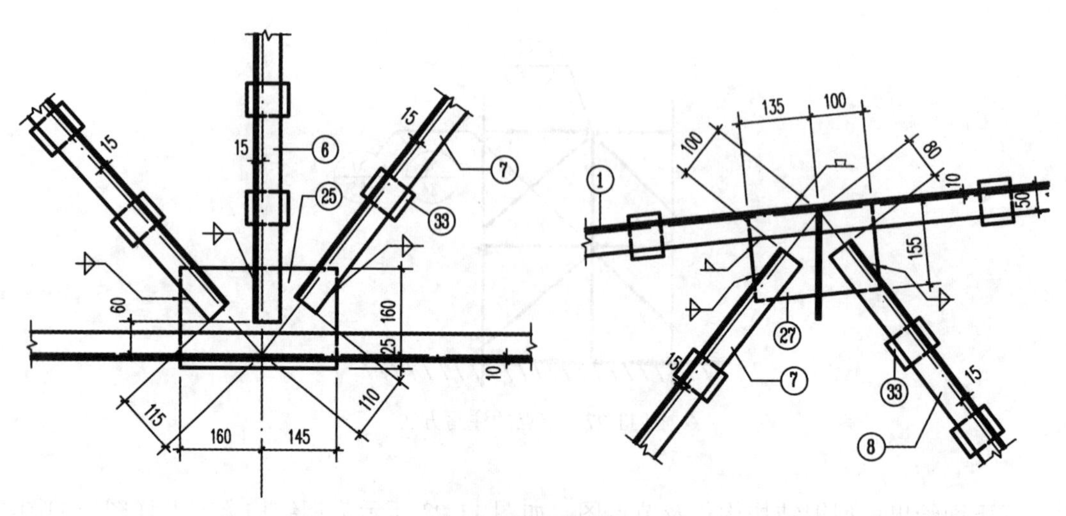

图 11-29　钢结构屋架节点详图

本 章 小 结

学习本章后，应了解建筑施工图的形成、作用和内容，弄清建筑施工图的图示方法，初步掌握阅读和绘制专业施工图的方法，具体绘制和阅读有关专业施工图的能力。

了解结构施工图的内容和图示方法，初步掌握阅读和绘制专业施工图的方法，具有绘制和阅读中等复杂程度专业施工图的能力。同时，基本了解混凝土结构中柱、梁等构件在结构施工图中的平面整体表示方法及制图规则。

本章还介绍了钢筋混凝土结构平面布置图的整体表示法——“平法”的制图方法，包括柱和梁“平法”的施工图。通过工程实例，读者可以结构施工图有一个较全面的了解。

复习思考题

1. 什么叫结构施工图？结构施工图有哪些内容？

2. 钢筋混凝土构件详图由哪些图组成？在施工中起什么作用？在图示方法上有何规定？

3. 钢筋在结构图中的表示方法有哪些？

4. 什么是钢筋的弯钩？如何表示？

5. 钢筋布置图主要包括哪些内容？它的尺寸标注有哪些特点？

6. 平法设计的意义是什么？它与传统的结构设计表示法有什么不同？

7. 平法设计中的注写方式有哪几种子？

8. 柱平法施工图中截面注写方式的制图规则有哪些？

9. 梁平法施工图中平面注写方式的制图规则有哪些？

10. 钢结构的连接方式有哪些？

11. 焊缝有哪些类型？符号如何表示？其标注形式有哪些？

12. 钢结构屋架详图的内容和特点包括什么？

第十二章　桥隧涵工程图(道路与桥梁工程专业必修)

◎自学时数

6 学时

◎教师导学

通过本章的学习，使读者对桥隧涵工程图所涉及的内容有个整体的认识，在辅导学生学习时，应注意以下几点：

(1) 应让学生掌握桥隧涵工程图所包含的基本内容。

(2) 在掌握基本内容的基础上，初步掌握桥梁、隧道及涵洞在道路工程中的作用及其图示方法和特点，如视图的表达、配置、比例、图线、尺寸标注、习惯画法、规定画法以及专业制图标注中的其他相关规定。初步掌握阅读和绘制（墩、台）、隧道及涵洞工程图的方法和步骤。为学生学习后续专业课奠定基础。

(3) 本章的重点是桥梁、隧道及涵洞视图的表达和习惯画法。

(4) 本章的难点是桥梁、隧道及涵洞工程图的绘制。

(5) 通过本章的学习，学生应对桥梁、隧道及涵洞工程图所涉及的内容有个整体的概念。

当公路或铁路跨越江河、湖海、山谷等障碍物时，需要修建桥梁或涵洞；穿过高山、江河、湖海时，则需要开凿隧道。桥梁、隧道、涵洞等工程图，是修建这些建筑物的技术依据。

这些图样，除了采用前面讲述的图示方法（三视图、剖面图和断面图等）外，还应根据其构造形式的不同，采用不同的表示方法。本章将主要介绍上述建筑物的图示方法和特点。

第一节　桥梁工程图

道路通过江河、山谷和低洼带时，就需要修筑桥梁来保证车辆的正常行驶和水流的宣泄。桥梁主要由两部分组成：①上部结构（主梁或拱圈和桥面系等桥跨结构）；②下部结构（指桥墩、桥台及基础等支承结构）。

桥梁的结构型式很多，有梁式桥、拱桥、钢架桥、吊桥、组合系桥（斜拉桥）。

按桥梁主要承重结构所用的材料，桥梁又有圬工桥、钢筋混凝土桥、预应力混凝土桥、钢桥和木桥等之分。目前采用较多的是钢筋混凝土桥。

一座桥梁的图纸，应将桥梁的位置、整体形状、大小及各部分的结构、构造、施工方法和所用材料等详细、准确地表示出来。一般需要以下几方面的图纸：①桥位地形、地物、地质、水文等资料平面图；②桥型布置图；③桥的上部、下部构造和配筋图等设计图。

桥梁工程图主要特点如下：

(1) 桥梁的下部结构大部分埋于土或水中，画图时，常把土和水视为透明的，或揭去不画，而只画构件的投影。

(2) 桥梁位于路线的一段之中，标注尺寸时，除需要表示桥本身的大小尺寸外，还要标注出桥的主要部分相对于整个路线的里程和标高（以米为单位，精确到厘米），便于施工和校核尺寸。

(3) 桥梁是大体量的条形构筑物，画图时均采用缩小的比例，但不同种类的图比例各不相同，常用的比例见表 12-1。

表 12-1　**桥梁图常用比例参考表**

图　　名	常　用　比　例	说　　明
桥位平面图	1∶500、1∶1000、1∶2000	小比例
桥位地质断面图 桥头引道纵断面图	纵向　1∶500、1∶1000、1∶2000	小比例
	竖向　1∶100、1∶200、1∶500	普通比例
桥型布置图	1∶50、1∶100、1∶200、1∶500	普通比例
构件结构图	1∶10、1∶20、1∶50、1∶100	大比例
详　图	1∶2、1∶3、1∶4、1∶5、1∶10	大比例

桥梁的结构形式很多，采用的建筑材料有砖、石、混凝土、钢材和木材等多种。无论其形式和建筑材料如何不同，在画图方面均相同。在此，选取某桥的部分图纸，借以说明。

一、桥位平面图

桥位平面图主要用来表示桥梁和道路连接的平面位置，图上应画出道路、河流、水准点、钻孔及附近的地形和地物（如房屋、桥梁等），在此基础上画出桥梁在图中的平面位置及其与路线的关系以便作为设计桥梁、施工定位的依据。

如图 12-1 所示为某桥桥位平面图，在 1∶2000 的地形图上，设计的路线用粗实线表示，桥用符号示意。从图 12-1 中可以看出，路线由西南走向东北，桥位于 K63+702.25 到 K63+761.75 处，跨越清河，桥的引道起点是 K63+445.73，终点是 K63+938.63。图上除了画出路线平面形状、地形和地物外，还画出了钻孔孔位（孔 1、孔 2 和孔 3）、水准点的位置及其高程$\frac{\text{BM1}}{95.106}$和$\frac{\text{BM2}}{98.250}$。

桥位平面图中植被、水准点标注符号等均应朝北，而图中文字方向则可按照路线工程图有关技术要求来决定。

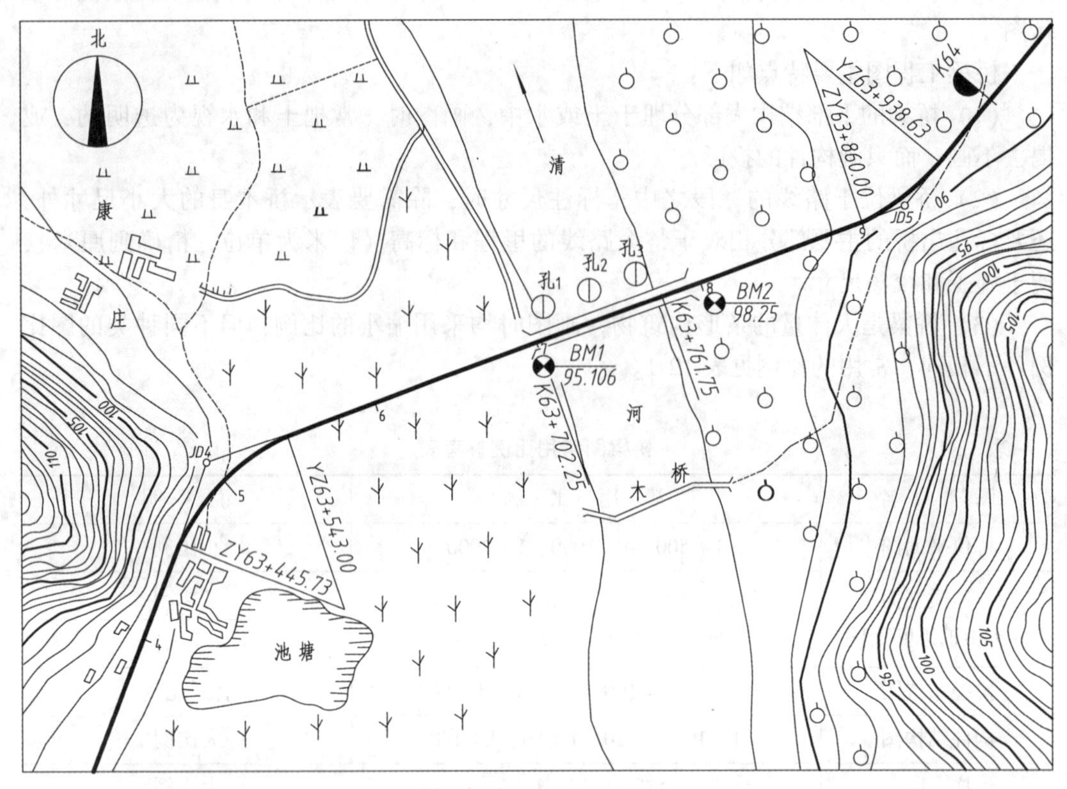

图 12-1　××桥桥位平面图

二、桥型总体布置图

桥型总体布置图，主要表明该桥的桥型、孔数、跨径、总体尺寸、各主要部分的相互位置及其里程与标高、材料数量以及总的技术说明等。此外，河床断面形状、常水位、设计水位以及地质断面情况等也都要在图中示出。如图 12-2 所示为某桥的桥型总体布置图，其比例为 1∶200。

1. 立面图（纵剖面图）

立面图是用于表明桥的整体立面形状的投影图。因为桥在纵向（行车方向）两端对称，故采用半个纵剖面图（一般沿桥面中线剖开）分别表示全桥的纵向外形和内部构造，并在图的上方分别标明名称。从图 12-2 中可以看出，该桥的下部结构共有两桥墩和两桥台组成。全桥共三孔，中孔两墩间距 20m，两边孔墩、桥台间距 19.75m，并标明了各轴线的里程。桥墩、桥台的基础均为钻孔灌注桩。由于桥墩的桩长为 21.04m，直径又无变化，为了节省图幅，将桩连同地质断面一起折断表示（图中示出了三个地质勘探钻孔的位置与地质情况）。

上部结构是 T 梁，从平面图和 1-1 剖面图看出每跨的上部由 5 片主梁组成，纵剖面图还表明每片主梁有 5 个横隔梁（为显示横隔梁位置，此时剖切位置应改在横隔梁与主梁连接处附近）。

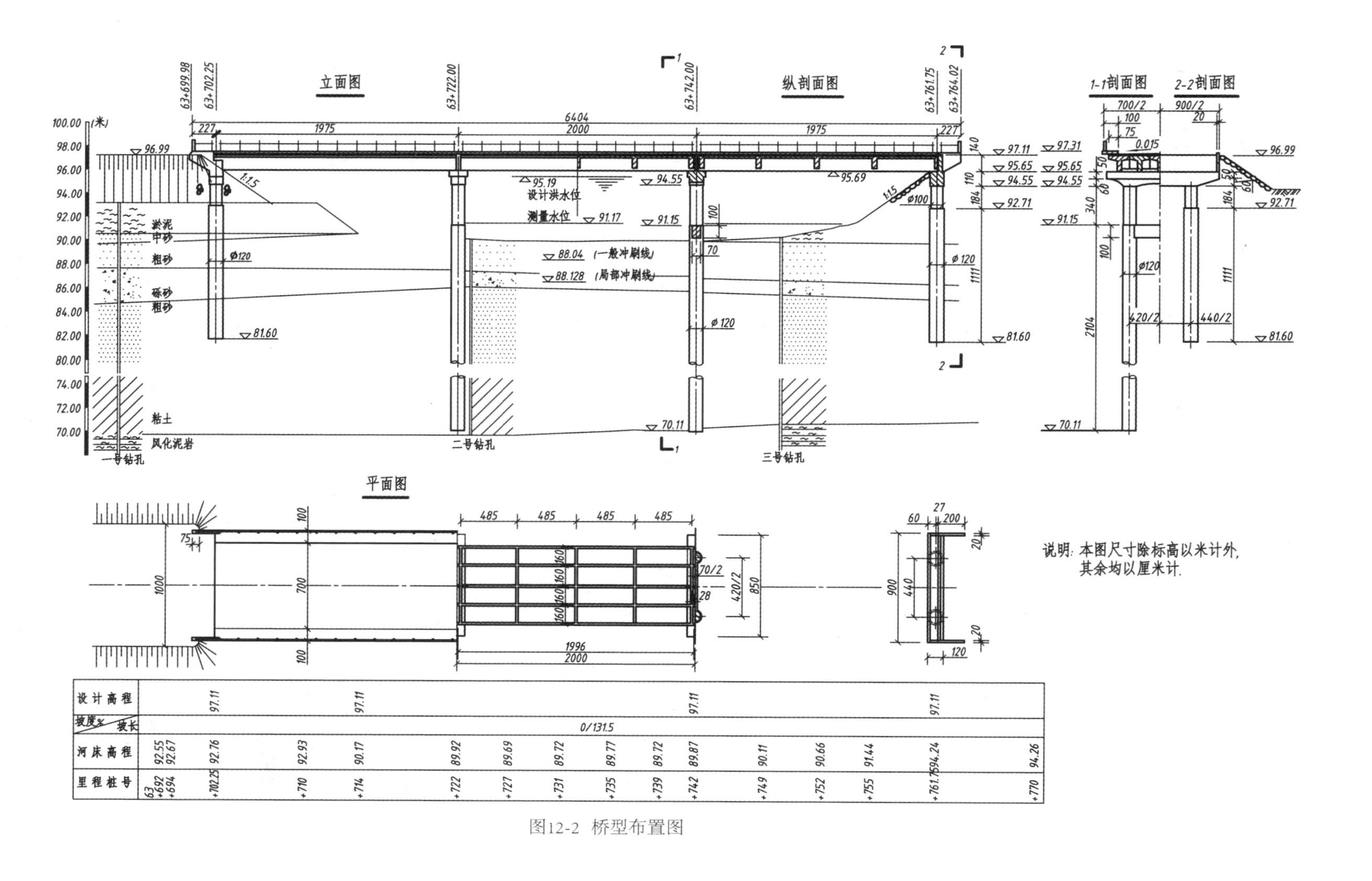

里程桩号	63+692	+694	+702.25	+710	+714	+722	+727	+731	+735	+739	+742	+749	+752	+755	+761.75	+770
设计高程			97.11		97.11						97.11				97.11	
坡度%/坡长	0/131.5															
河床高程	92.55	92.67	92.76	92.93	90.17	89.92	89.69	89.72	89.77	89.72	89.87	90.11	90.66	91.44	94.24	94.26

图12-2　桥型布置图

桥的起止里程分别为 K63+699.98 和 K63+764.02，桥总长为 64.04m。

桥的竖向，除标明桥的墩、台、梁等主要尺寸外，还标明了墩、台的桩底和桩顶标高，墩、台顶面及梁底标高，桥面中心、路肩标高等。这些主要部位的标高是施工时控制有关位置的重要依据。

为了查对桥的主要部位的纵向里程、河床的标高、桥面的设计标高和各段的纵向坡度、坡长等资料，有时在平面图下方列有资料表，和立面图对应，在立面图的左方，再设一标尺，这些都可以帮助对应读出某点的里程和标高，也起到校核尺寸的作用。

2. 平面图

桥的平面图习惯上采用从左至右分层揭去上面构件（或其他覆盖物）使下面被遮构件逐渐露出来的办法表示，因此也无需标明剖切位置。

在图 12-2 的平面图中，从左面路堤到第一个桥墩轴线处，表示了路堤的宽度（为 10m）、路堤边坡、桥台处锥形护坡、行车道和人行道的宽度以及栏杆立柱的布置情况。从第一桥墩轴线到第二桥墩轴线处（揭去行车道板）表示了纵（主）横梁的布置、桥墩盖梁的位置。第二个桥墩轴线以右则表明了桥墩和桥台（揭去台背填土）的平面尺寸及柱身与钻孔的位置。

由于桥在横向上常是以桥面中线为对称，画平面图时也允许以桥面中线为对称线，画出半个剖面平面图。

3. 横剖面图

桥的两端和路堤相连，不能直接画出侧面图，为了表示桥在横向上的形状和尺寸，应在桥的适当位置（如在桥跨中间或接近桥台处）对桥横向剖切画出桥的横剖面图。应在立面图上标明横剖面图的剖切位置和投射方向，并在横剖面图的上方标明相应的横剖面图名称。为了减少画图，可把不同位置的两个横剖面各取对称图形的一半，组成一个图形，中间仍以对称点画线为界，画在侧面图的位置上。

图 12-2 所示的横剖面图就是由两个不同位置的剖面组合而成的：左半边是在桥的中孔靠近右面桥墩，将桥剖开并向右投射，得到了 1-1 剖面图。从图中可以看到桥墩和钻孔桩及其梁系在横向上的相互位置、主要尺寸和标高。上部结构由 5 片 T 梁组成，桥面行车道宽为 7m（图中习惯注写为 700/2），桥面横坡为 0.015，人行道宽为 0.75m；右半边的 2-2 剖面图是在台背耳墙右端部将桥剖开（揭去填土），并向左投射得到的。图中表示了桥台背面的形状，路肩标高和路堤边坡等。

4. 资料表

在图的下方对应有资料表，包括“设计标高”、“河床标高”、“坡度/坡长”、“里程桩号”各栏。由资料表可查到各墩、台的里程以及它们的地面和设计标高。

桥型布置图的技术说明，应包括本图的尺寸单位、设计标准和结构型式等内容，图 12-2 说明中省略了一部分。

三、构件图

在桥型总体布置图中，桥梁的各部分构件是无法详细完整地表达出来的，因此，只凭总体布置图，是不能进行构件制作和施工的。为此，还必须根据总体布置图，采用较大的比例把构件的形状大小、材料的选用完整地表达出来，作为施工依据，这种图样称为构件图。由于采用较大的比例，故又称为详图，如桥台图、桥墩图、主梁图（上部构件图）和栏杆图等。构件图的常用比例为 1：10~1：100，当某一局部在构件中不能完整清晰地表达时，可采用更大的比例如 1：2~1：10 等来画局部详图。

1. 桥台图

1）构造图

桥台是桥梁的下部结构，一方面支承梁，另一方面承受桥头路堤填土的水平推力。构造如图 12-3 所示。对于前后形状不一样的桥台，可把它的半个正立面图和半个背立面图拼成一个图。

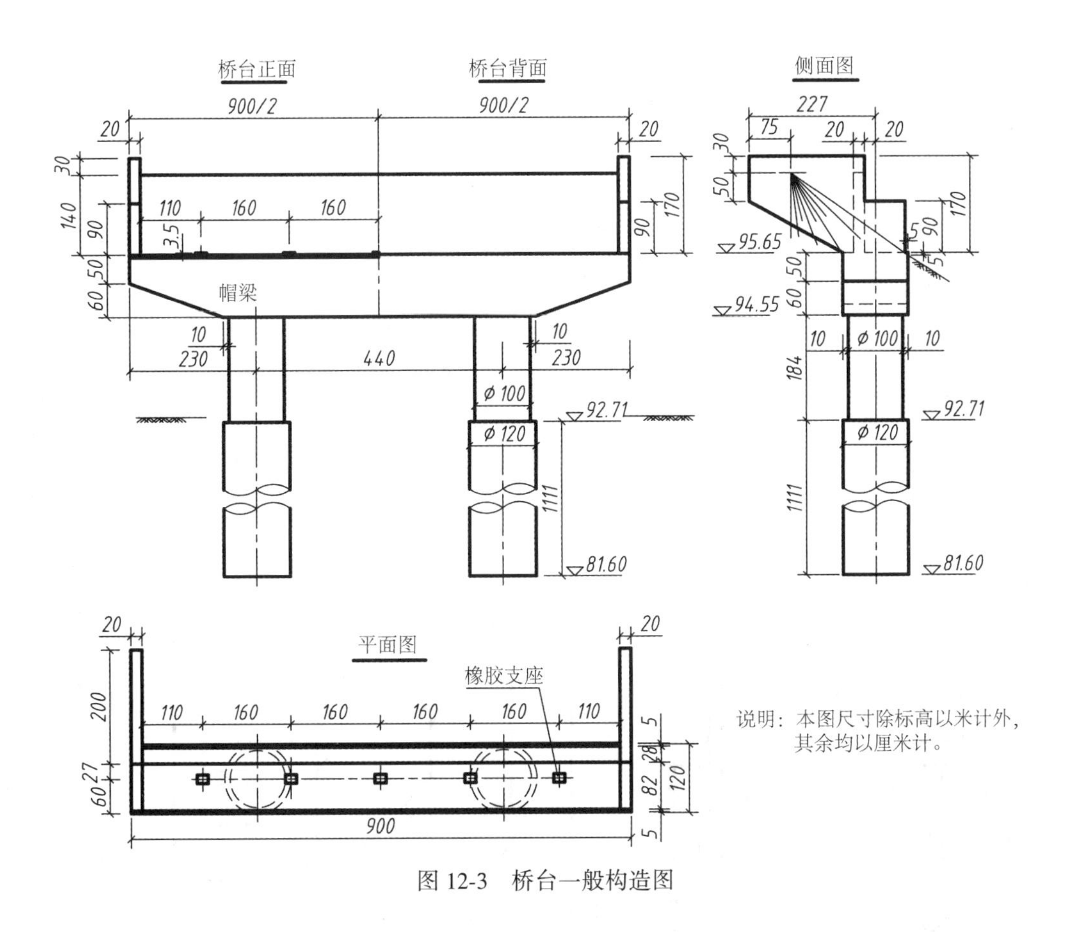

图 12-3　桥台一般构造图

2）帽梁钢筋布置图

如图 12-4 所示，是图 12-3 桥台帽梁的钢筋布置图。因为此结构是对称的，所以立面图和平面图只画出一半，并且假想混凝土为透明体。侧面图用两个断面图代替，断面图中的方格内的数字代表钢筋的编号。在钢筋成型图（抽筋图）中，因为⑦号筋布置在帽梁坡度处，高度有变化，所以只表示出平均高度。

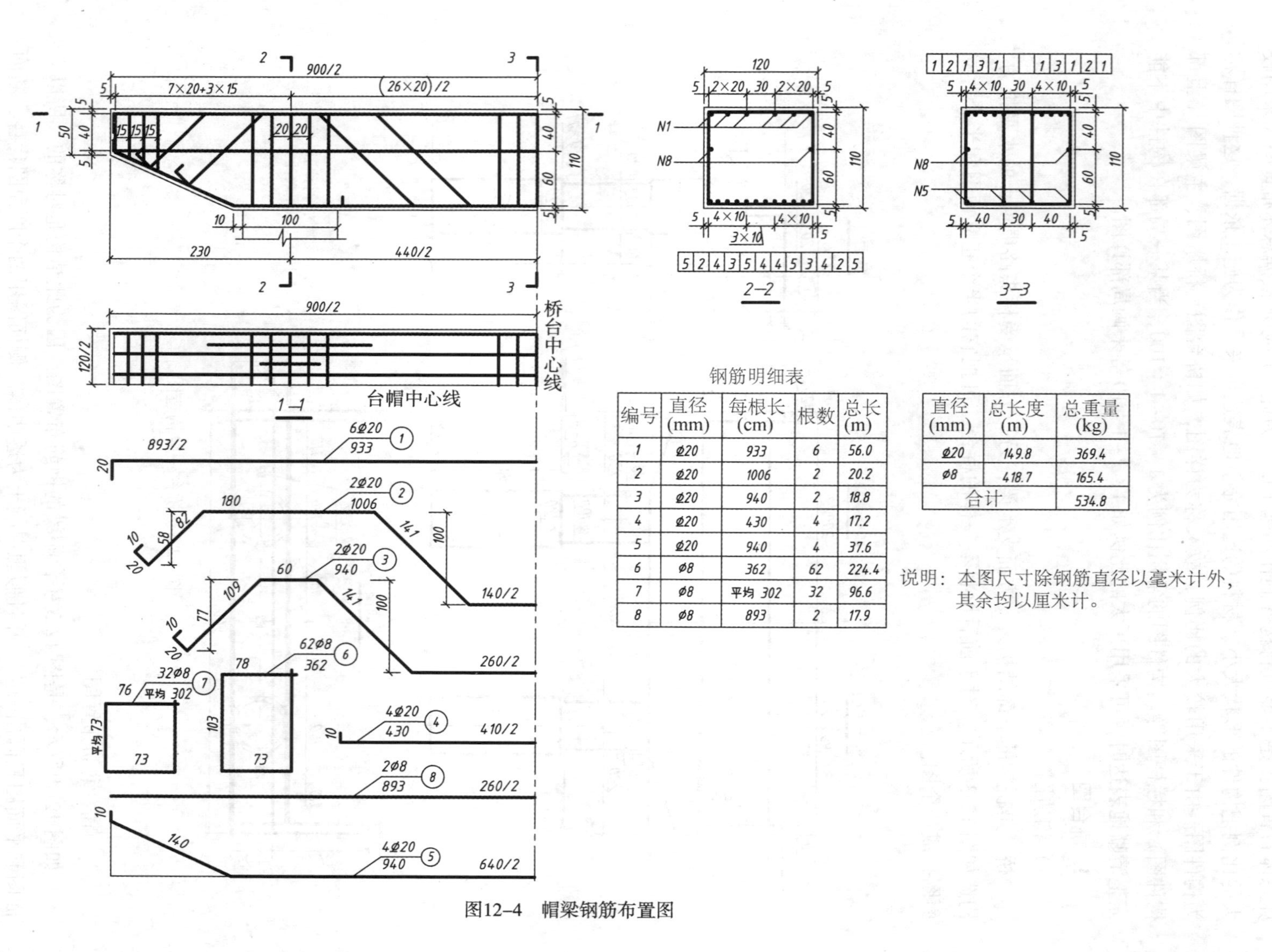

钢筋明细表

编号	直径 (mm)	每根长 (cm)	根数	总长 (m)
1	Ø20	933	6	56.0
2	Ø20	1006	2	20.2
3	Ø20	940	2	18.8
4	Ø20	430	4	17.2
5	Ø20	940	4	37.6
6	Ø8	362	62	224.4
7	Ø8	平均 302	32	96.6
8	Ø8	893	2	17.9

直径 (mm)	总长度 (m)	总重量 (kg)
Ø20	149.8	369.4
Ø8	418.7	165.4
合计		534.8

说明：本图尺寸除钢筋直径以毫米计外，其余均以厘米计。

图12–4　帽梁钢筋布置图

2. 桥墩图

桥墩与桥台一样同属桥梁的下部结构，如图 12-5 所示为图 12-2 所示桥墩构造图，从图上看此桥墩为钻孔双柱式桥墩，由帽梁（上盖梁）、双桩柱、横系梁和桩基础组成。采用了立面、平面和侧立面三个投影图来表示其结构形状。从结构图可看出，下面是两根阶梯钢筋混凝土立柱，上部直径为 110cm，下部直径为 120cm。柱与柱之间有一根尺寸为 70cm×100cm 的矩形横系梁，上部是帽梁，帽梁上还标有橡胶支座的位置和尺寸。

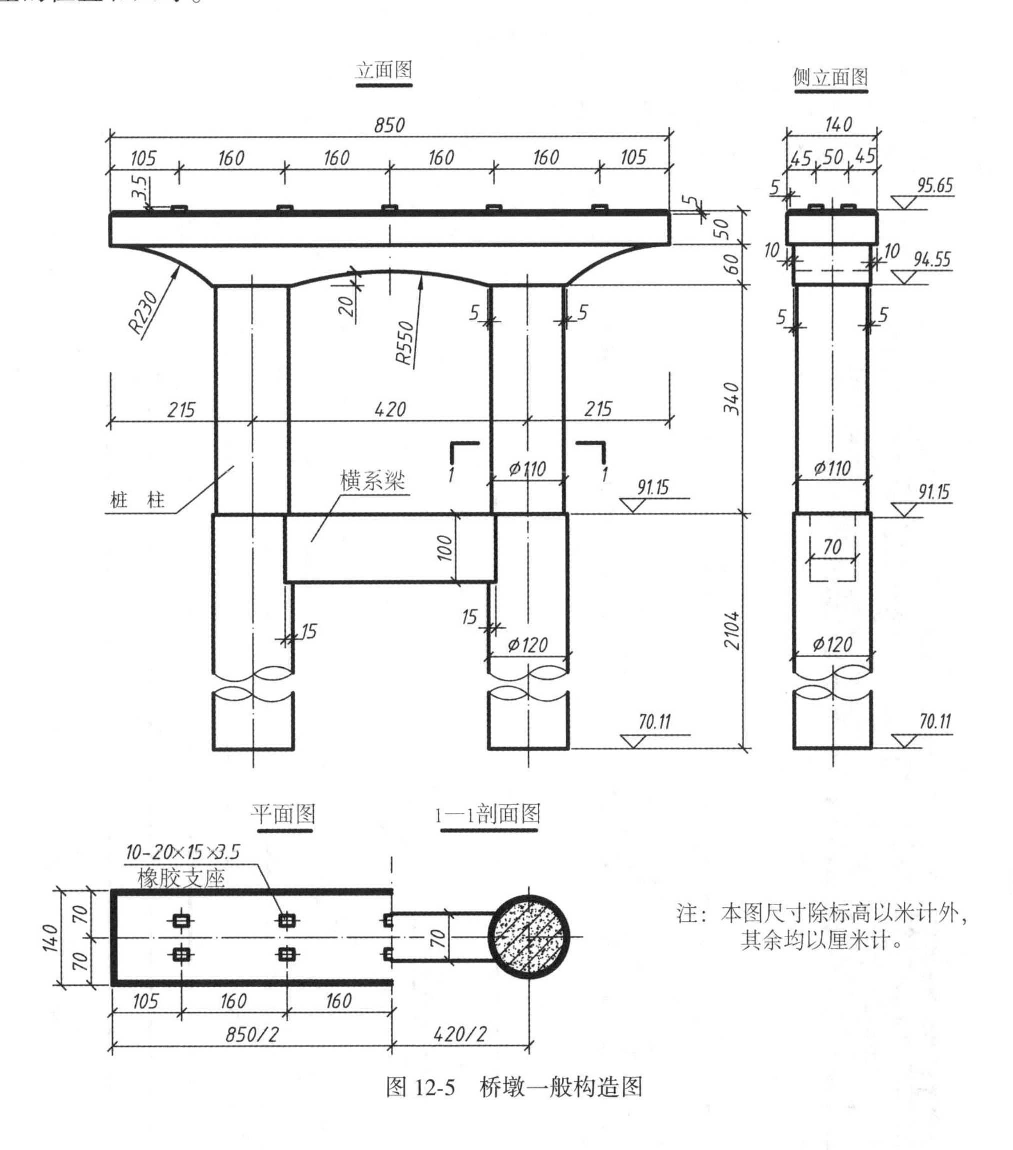

图 12-5　桥墩一般构造图

3. 主梁图（T 型梁）

如图 12-6 所示，为跨径为 20m 的 T 梁钢筋布置图，比例为 1∶50。

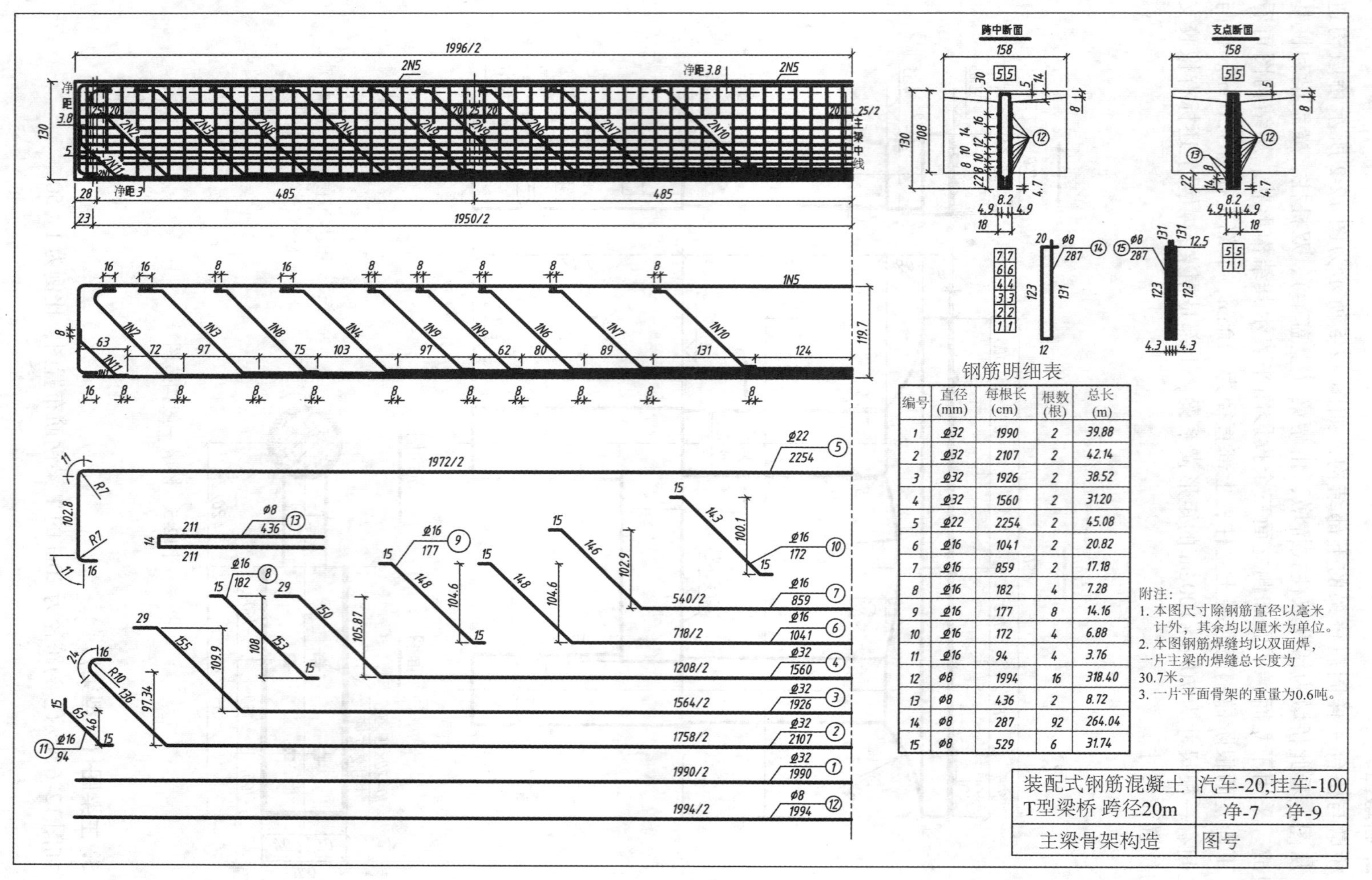

钢筋明细表

编号	直径(mm)	每根长(cm)	根数(根)	总长(m)
1	Ø32	1990	2	39.88
2	Ø32	2107	2	42.14
3	Ø32	1926	2	38.52
4	Ø32	1560	2	31.20
5	Ø22	2254	2	45.08
6	Ø16	1041	2	20.82
7	Ø16	859	2	17.18
8	Ø16	182	4	7.28
9	Ø16	177	8	14.16
10	Ø16	172	4	6.88
11	Ø16	94	4	3.76
12	Ø8	1994	16	318.40
13	Ø8	436	2	8.72
14	Ø8	287	92	264.04
15	Ø8	529	6	31.74

图12-6　主梁骨架构造图

1）立面图

主梁的钢筋，首先是按钢筋详图成型的，将受力钢筋、架立钢筋焊成一片片钢筋骨架，再用箍筋、水平分布钢筋绑扎成一整体，桥梁图中，常称这种主梁钢筋布置图为主梁骨架构造图。为此，图中要有整个主梁的配筋图即立面图（主梁的翼板和横隔梁用虚线画）、一片钢筋骨架图和各种钢筋的详图。

2）横断面图

为便于了解钢筋的横向布置情况，应有必要的横断面图。在如图 12-6 中的横断面图中，为表示叠置在一起的被截断的钢筋，可改实点为圆圈，并在断面图形外侧列出受力筋和架立钢筋表格，标出相应的钢筋编号，以便读图。

3）钢筋图

钢筋的编号有时习惯用在数字前冠以“N”字，有时也用在数字外画圈编号，一张图纸中还经常混用，例如：N1 即①，N2 即②等等。

如图 12-6 所示的主梁的每片钢筋骨架由①、②、③、④、⑤、⑥、⑦号受力钢筋（主筋）各一根，还增补了⑧、⑨、⑩、⑪号焊接斜筋（除⑨号 2 根外，其余各为 1 根），梁的顶部配置了 1 根⑤号架立钢筋组成，可按图中所给各尺寸焊接成骨架。至于每号钢筋的直径、长度、形状等，则要依据钢筋详图。

对照跨中与支点两个横断面图，看出主梁内有两片钢筋骨架。箍筋为⑭号，在支点处改为四支式；编号⑮的箍筋间距只在支座、跨中和横隔梁处有改变，已在图中表明。水平分布钢筋也有两种⑫和⑬号。

这种将主筋多层叠置焊成骨架的钢筋图，在画图时，故意把每条钢筋之间留出适当空隙，以便于读图。为保证焊接骨架的质量，对焊缝长度有专门的规定，在钢筋图中必须标明焊缝的位置及其长度。

钢筋表的内容和作用在第十一章结构施工图中有介绍，这里不再重复。图 12-6 中还应该有一片主梁钢筋总表，这里省略了。

四、桥梁图读图和绘图步骤

1. 读图

1）桥梁图的构成

如前所述的桥梁设计图主要有平面图、总体布置图、构件图等。公路设计图要求统一用 A3 纸的图幅，按照图纸的先后顺序，装订成册。若以单座桥梁设计而言，一般设计图按顺序有目录说明、工程数量总表、平面图、总体布置图，上部构造断面图，上部构造图，上部结构图（详图），下部构造图，下部结构（详图）以及栏杆、桥面铺装、伸缩缝、排水、通讯等其他附属设施图纸。

2）读图方法

桥梁有大小之分，尽管有的桥梁是庞大而又复杂的建筑物，但它也是由许多基本形状的构件所组成，用形体分析的方法来分析桥梁图，分析每一构件形状和大小，再通过总体布置把它们联系起来。弄清彼此间的关系，就不难了解整个桥梁的形状和大小了。

因此，必须把整个桥梁化整为零，由繁到简，再组零为整，由简变繁，也就是先由整体到局部，再由局部到整体的反复过程。读图时，不要只单看一个投影图，而是要同其他有关投影图联系起来，包括总体布置图或构件图、工程数量表、说明等，运用投影规律互相对照，弄清整体。

3）读图步骤

（1）首先了解每张图右下角的标题栏和技术说明等内容，了解桥梁名称、种类、主要技术指标、施工措施、比例和尺寸单位等，做到心中有数。

（2）从桥型布置图中，分析桥梁各构件的组成及其在桥梁中的相互位置，如有剖、断面，则要找出剖切位置线和投射方向。读图时，应先读立面图（包括纵剖面图），了解桥型、孔数、跨径大小、墩台数目、总长、总高，了解河床断面及地质情况，再对照读平面图和侧面、横剖面等投影图，了解桥的宽度、人行道路的尺寸和主梁的断面形式等。这样，对桥梁的全貌便有一个初步的了解。

（3）分别阅读构件图和大样图，弄清各构件的形状、大小以及钢筋的布置情况。

（4）了解桥梁各部分所使用的建筑材料，并阅读工程数量表、钢筋明细表及说明等。

（5）各构件图读懂之后，再回头来阅读桥梁布置图，了解各构件的相互配置及配置尺寸，达到对桥的全面了解。

2. 画图

绘制桥梁工程图，基本上和其他工程图一样，一般是用3个图形：立面图、平面图和侧立面图，或以剖面、断面图形式表示的立面图、平面图和侧立面图。

现以图12-7为例，说明画图的方法和步骤。

（1）布置和画出投影图的基线。根据所选定的比例及各投影图的相对位置，把它们匀称地分布在图框内，布置时要注意空出图标、说明、投影图名称和标注尺寸的位置，当投影图位置确定之后，便可以画出各投影图的基线，一般选取各投影图的中心线作为基线，如图12-7（a）所示，立面图是以桥中心梁底标高线作水平基线的，其余则以对称轴线作为基线。立面图和平面图对应的铅垂中心要对齐。

（2）画出各构件的主要轮廓线。如图12-7（b）所示，以基线或中心线（定位线）为起点，根据标高或各构件尺寸，画出构件的主要轮廓线。

（3）画出各构件细部。根据主要轮廓线从大到小画全各构件的投影，画图的时候注意各投影图的对应线条要对齐，并把剖面的标高符号及尺寸等画出来，如图12-7（c）所示。

（4）描深。描深前，要详细检查底稿，而后再描深，最后画断面图例线、书写文字等，最后完成的桥梁总体布置图，如图12-2所示。

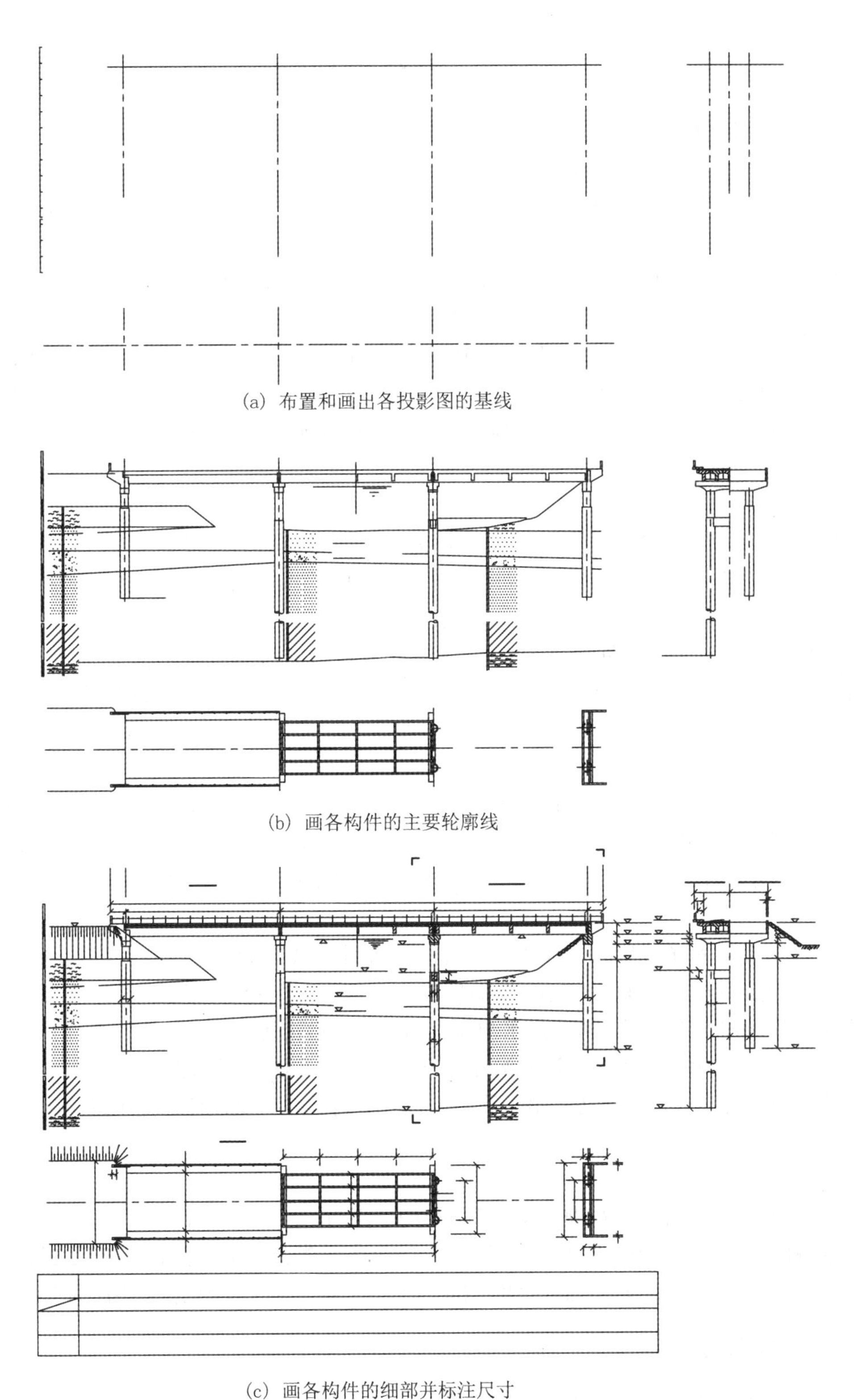

（a）布置和画出各投影图的基线

（b）画各构件的主要轮廓线

（c）画各构件的细部并标注尺寸

图 12-7　桥梁总体布置图的作图步骤

第二节　隧道工程图

当道路通过山岭地区时，为了符合技术标准要求，缩短行车里程和减少土石方数量，可修筑隧道穿越山体。由于隧道洞身断面形状变化较少，因此表达隧道结构和工程图除了在“路线平面图”中表示它的位置外，它的构造图主要用进、出口隧道洞门图来表达。

隧道洞门大体上可分为端墙式和翼墙式两种。端墙式隧道洞门主要由洞门端墙、顶帽、拱圈、边墙、墙后排水沟、洞外排水边沟和洞顶仰坡等组成。

为了提高车速和车辆行驶安全以及施工便利，高速公路的隧道通常按行车方向分为左、右线单独修筑，再根据隧道进、出口地质和地形的不同分别设计洞门。如图 12-8 所示是某隧道右线端洞门设计图。隧道洞门图一般由隧道洞口平面、立面和剖面图来表达。

一、平面图

从图 12-8 可知，洞口桩号为右线端 RK93+970。隧道与道路路堑相连，路堑路面宽 1275cm，两侧有 80cm 宽的洞外排水边沟。两侧山体的水沿是 1∶1 的边坡经 200cm 宽平台再沿 1∶0.5 边坡流到洞外排水沟排走。

平面图中表达了洞顶仰坡度为 1∶1，墙后排水沟的排水坡度两边为 5%，中部为 3%。图中还表示了洞门墙和拱圈的水平投影以及墙后排水沟内的排水路线。

二、立面图

隧道洞口立面图实质上是在路堑段所作的一个横剖面图。从图 12-8 中可清楚地看到路堑的断面以及端墙、拱圈和边墙的立面形状和尺寸。可以看出，隧道的拱圈和边墙是用同圆心不同半径的圆弧组成。路堑边坡上设有 200cm 宽的平台（尺寸标注在平面图中）。

图 12-8 中表示了墙后的排水情况，结合平面图可以看出，山体的水流入墙后的排水沟后，沿箭头方向分别以 3%和 5%的坡度流入落水井，穿越端墙后通过位于路堑边坡上平台的纵向水沟，再沿阶梯形水沟流入洞外排水边沟排走。

图 12-8 中标示了墙后排水沟的沟底坡度、落水井和阶梯形水沟的规格和位置，以及各控制点的标高；此外，还绘出了洞门桩号处的地面线，供设计时使用以便施工。

三、剖面图

隧道洞口剖面图是沿着衬砌中线剖切所得的纵剖面图。图 12-8 中表示了洞口端墙、墙后排水沟和落水井的侧面形状和尺寸以及隧道拱圈的衬砌断面。可以看出，端墙面的倾斜坡度为 10∶1，端墙分两层砌筑。洞顶仰坡坡度为 1∶1，穿越端墙的纵向排水坡度为 5%。

四、工程数量表

图 12-8 中的工程数量表列出了隧道洞门各组成部分的建筑材料和数量，以便施工备料。

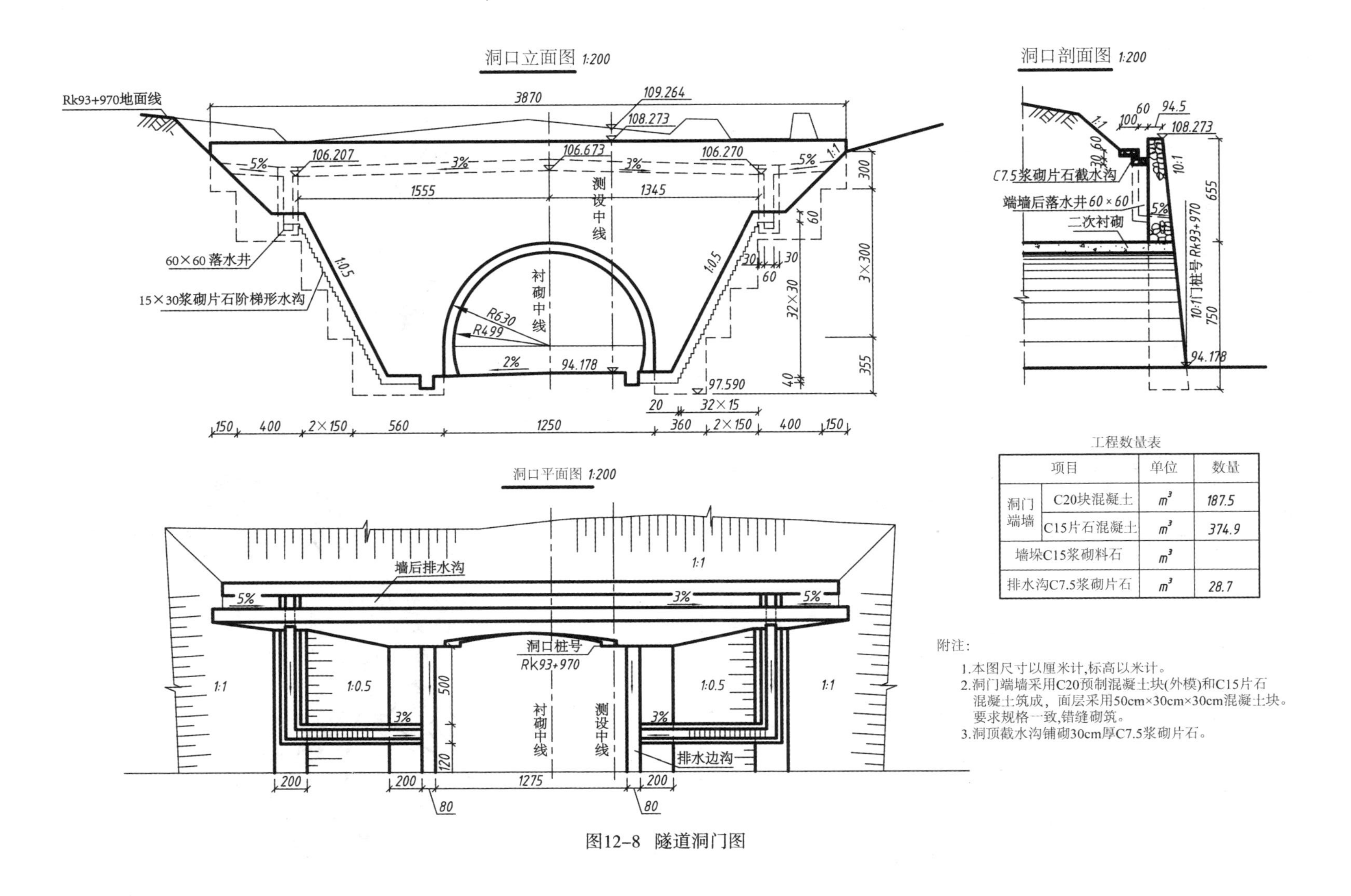

工程数量表

项目		单位	数量
洞门端墙	C20块混凝土	m^3	187.5
	C15片石混凝土	m^3	374.9
墙垛C15浆砌料石		m^3	
排水沟C7.5浆砌片石		m^3	28.7

附注：

1.本图尺寸以厘米计，标高以米计。
2.洞门端墙采用C20预制混凝土块(外模)和C15片石混凝土筑成，面层采用50cm×30cm×30cm混凝土块。要求规格一致，错缝砌筑。
3.洞顶截水沟铺砌30cm厚C7.5浆砌片石。

图12-8　隧道洞门图

第三节　涵洞工程图

涵洞是横穿公路路堤、宣泄小量排水，用于过人（称为人行通道）或两者兼而有之的工程构筑物。涵洞与桥梁的区别在于跨径的大小及结构型式的不同。根据《公路工程技术标准》规定，凡单孔跨径小于5m、多孔跨径总长小于8m，以及圆管涵、箱涵不论其管径和跨径大小、孔径多少，统称为涵洞。

一、涵洞的分类组成和表示法

1. 涵洞的分类与组成

涵洞的种类很多，按构造型式，可分为圆管涵、盖板涵、拱涵和箱涵等；按建筑材料，可分为石涵、混凝土涵、钢筋混凝土涵；按涵洞孔数多少，可分为单孔、双孔和多孔；按涵顶有无覆土，可分为明涵和暗涵。

涵洞由基础、洞身和洞口三部分组成。洞口包括端墙、翼墙或护坡、截水墙和缘石等部分，它是保证涵洞基础和两侧路基免受冲刷，使水流顺畅的构造。一般进口和出口均采用同一型式。常用的型式为翼墙式、端墙式、锥坡式、平头式和走廊式等。洞身部分根据洞结构的不同也不同，但不论何类涵洞，洞身下部基础均铺有砂砾垫层，周围需用回填砂填筑，如图12-9所示是一圆管涵洞的分解图。

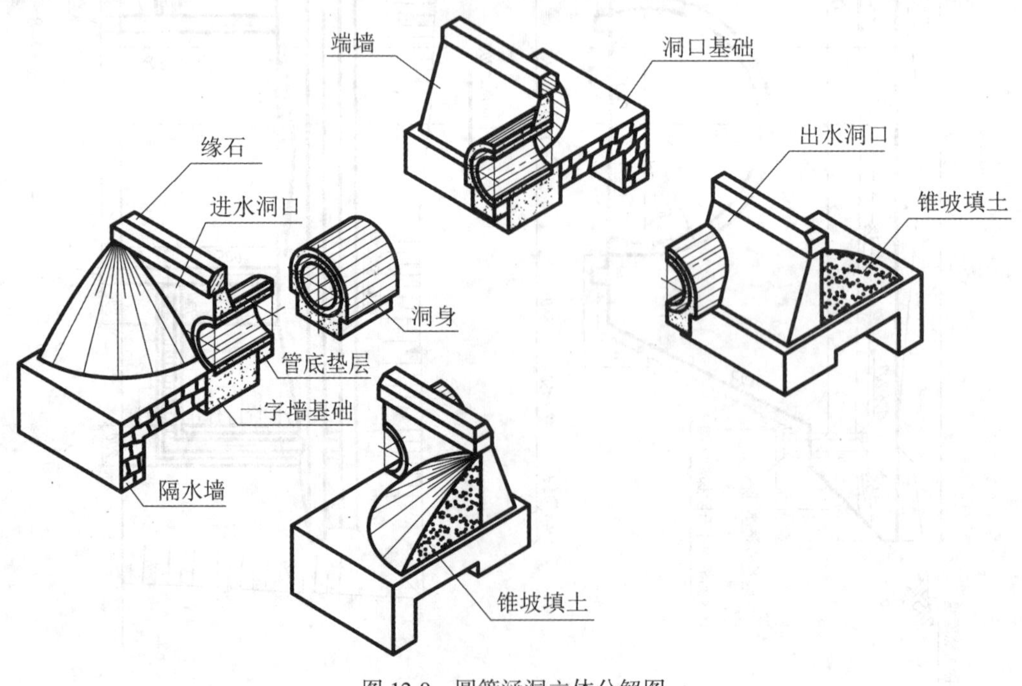

图12-9　圆管涵洞立体分解图

2. 涵洞表示法

由于涵洞是狭长的工程构造物，因此表达涵洞结构的工程图是以水流方向为纵向，以纵剖面图代替立面图，并在纵剖面图中示出洞身的填筑断面。为了使平面图表达清楚，画图时不考虑洞顶的覆土，如进、出口形状不一样时，则要把进、出口的侧面图分别画出。有时平面图与侧面图以半剖形式表达。水平剖面图一般沿基础顶面剖切，横剖面图则垂直于纵向剖切。除上述三种投影图外，还应画出必要的构造详图，如钢筋布置图、翼墙断面图等。

涵洞体积较桥梁小，故画图所选用的比例较桥梁图稍大，一般采用 1∶50、1∶100、1∶200 等。现以常用的钢筋混凝土圆管涵为例，说明涵洞工程图的表示方法。

二、圆管涵工程图

如图 12-10 所示为钢筋混凝土圆管涵构造图，比例为 1∶50，洞口为端墙式，端墙前洞口两侧有 20cm 厚干砌片石铺面的锥形护坡，涵管内径为 75cm，涵管长为 1060cm，再加上两边洞口铺砌长度得出涵洞的总长为 1335cm（1060+2×137. 5＝1335）。由于其构造对称，故纵剖面图和平面图只画一半。

1. 纵剖面图

由于涵洞进出洞口一样，左右基本对称，所以只画半个纵剖面图，以对称中心点画线为分界线。纵剖面图中表示出涵洞各部分的相对构造形状，如管壁厚为 10cm，防水层厚度为 15cm，设计流水坡度为 1%，洞身长为 1060cm，洞底铺砌厚 20cm 的碎头和基础、截水墙的断面形式等，路基覆土厚度大于 50cm，路基宽度 800cm，锥形护坡顺水方向的坡度与路基边坡一致，均为 1∶1. 5。各部分所用材料均在图中表示出来了，洞身有明显的分段线。

2. 平面图

为了与半个纵剖面图相配合，平面图也只画了一半。图中表达了管径尺寸和管壁厚度，以及洞口基础、端墙、缘石和护坡的平面形状和尺寸，涵顶覆土作透明体处理，但路基边缘线应予画出，并以坡度线表示路基边坡。

3. 侧面图（洞口正面图）

侧面图主要表示圆管涵孔径和壁厚、洞口缘石和端墙的侧面形状及尺寸、锥形护坡的坡度等。为了使图形清晰起见，把土壤作为透明体处理，并且某些虚线未画出，如路基边坡与缘石背面的交线、防水层的轮廓线等均没画出，图 12-10 中的侧面图，按投射方向的特点习惯，称为洞口正面图。

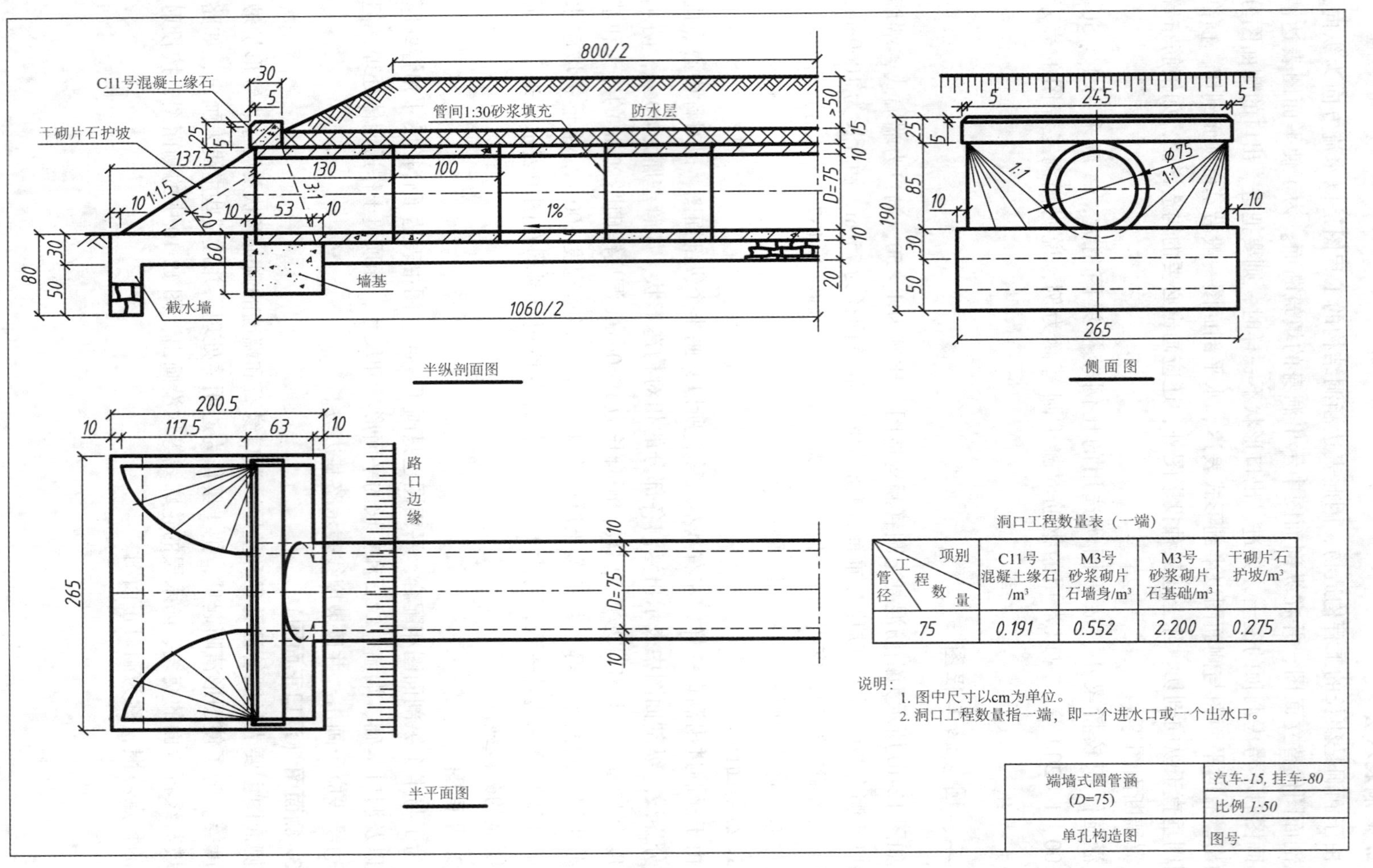

洞口工程数量表（一端）

工程数量 项别 管径	C11号混凝土缘石/m³	M3号砂浆砌片石墙身/m³	M3号砂浆砌片石基础/m³	干砌片石护坡/m³
75	0.191	0.552	2.200	0.275

说明：
1. 图中尺寸以cm为单位。
2. 洞口工程数量指一端，即一个进水口或一个出水口。

端墙式圆管涵 (D=75)	汽车-15, 挂车-80
	比例 1:50
单孔构造图	图号

图12-10 钢筋混凝土圆管涵构造图

本章小结

桥梁工程图一般包括总体布置图、构件图和桥台桥墩图等。总体布置图主要表明桥梁的形式、跨径、净空高度、孔数、桥墩和桥台的形式、总体尺寸、各主要构件的数量和相互位置关系等。构件图主要表明构件的外部形状及内部构造、钢筋配置等。桥墩桥台图主要是表达桥墩桥台详细构造的图样。

隧道工程图大体分为端墙式和翼墙式两种。端墙式隧道洞门主要由洞门端墙、顶帽、拱圈、边墙、墙后排水沟、洞外排水边沟和洞顶仰坡等组成。隧道工程图包括平面图、立面图、剖面图和工程数量表等。

涵洞的种类很多，其主要由基础、洞身和洞口三部分组成。由于涵洞是狭长的工程构造物，因此表达涵洞结构的工程图是以水流方向为纵向，并以纵剖面图代替立面图，并在纵剖面图中示出洞身的填筑断面。为了使平面图表达清楚，画图时不考虑洞顶的覆土，如进、出口形状不一样，则要把进、出口的侧面图分别画出。有时平面图与侧面图以半剖形式表达。水平剖面图一般沿基础顶面剖切，横剖面图则垂直于纵向剖切。

复习思考题

1. 桥梁、隧道、涵洞在道路工程中的作用是什么？
2. 桥梁是如何分类的？桥梁工程图包括哪些图？其主要特点是什么？
3. 试述桥梁读图和绘图的步骤。
4. 绘制桥台和桥墩图时有哪些特点和要求？
5. 隧道工程图包括哪几部分？试述其绘制方法和步骤。
6. 隧道洞门有哪几种？以翼墙式洞门为例，试述其各部分构造和表达方法。
7. 涵洞由几部分组成？常见洞门的类型有哪些？
8. 试述涵洞在道路工程中的图示方法和特点。

第十三章　水利水电工程图
(水利水电建筑工程专业必修)

◎**自学时数**

8学时

◎**教师导学**

通过本章的学习，使读者对用水利水电工程图所涉及的内容有个整体的认识，在辅导学生学习时，应注意以下几点：

(1) 应让学生掌握水利水电工程图绘制所包含的基本内容。

(2) 在掌握基本内容的基础上，了解水利工程图的分类及用途，了解水利工程建筑物图示方法和尺寸标注的特点，掌握阅读和绘制水利枢纽布置图及土木建筑机构图的方法和步骤。为学生今后利用绘制水利水电专业工程图奠定基础。

(3) 本章的重点了解水利工程建筑物图示方法和尺寸标注的特点，掌握阅读和绘制水利枢纽布置图及土木建筑结构图的方法和步骤。

(4) 本章的难点是掌握阅读和绘制水利枢纽布置图及土木建筑结构图的方法和步骤。

(5) 通过本章的学习，学生应对水利水电工程图所涉及的内容有个整体的概念。

表达水利工程规划、布置、施工和水工建筑物的形状、大小及结构的图样称为水利水电工程图，简称水工图。

第一节　概　　述

一、水利工程和制图标准

在河流上为了防洪、灌溉、发电和通航等目的所进行的工程，称为水利水电工程。在水利水电工程中修建起的相应建筑物，称为水工建筑物。一些相互联系的水工建筑物组成了水利枢纽。一个水利枢纽通常由挡水建筑物（如水坝、水闸）、发电建筑物（如水电站）、通航建筑物（如船闸、升船机）、输水建筑物（如水闸、渠道、溢洪道、泄水孔）等组成。

绘制水工图沿用行业制图标准，现行的有关行业标准主要有水利部2013年发布的《水利水电工程制图标准　基础制图》（SL73. 1—2013）和《水利水电工程制图标准　水工建筑图》（SL73. 2—2013），本章按上述标准中的有关规定，并参照最新颁布的有关制图国家标准来阐述水工图的表达方法。

二、水工图的分类和比例

水工图主要有规划图、布置图、结构图、施工图和竣工图。

规划图主要表示流域内一条或一条以上河流的水利水电建设的总体规划，某条河流梯级开发的规划，某地区农田水利建设的规划，某流域或跨流域的水资源综合利用等。规划图的比例一般为 1∶500000~1∶10000。

布置图主要表示整个水利枢纽的布置，某个主要水工建筑物的布置等。布置图的比例一般为 1∶5000~1∶200。

结构图主要包括水工建筑物体型结构设计图（也可简称为体型图）、钢筋混凝土结构图（简称为钢筋图）、钢结构图和木结构图等。

施工图主要表示施工组织和方法，它包括施工布置图、开挖图、混凝土浇筑图、导流图等。结构图和施工图的比例一般为 1∶1000~1∶10。

竣工图是水利工程在施工中因地形、地质或施工实际情况等因素，对原设计图纸中的建筑物布置、结构、材料等进行局部修改，最后按施工完成后的实际情况所绘制的最终工程图纸。竣工图一般由施工（含监理）方完成。

规划图和布置图中一般画有地形等高线、河流及流向、指北针、各建筑物的相互位置和主要尺寸等。规划图中各建筑物采用图例表示。

第二节　水工图常用表达方法

一、视图名称

在水利部 2013 年颁布的《水利水电制图基础标准 基础制图》（SL73. 1—2013）中有关视图的名称，分为视图、剖视图、断面图、详图。

水利工程图中 6 个基本视图的名称规定为正视图、俯视图、左视图、右视图、仰视图和后视图。俯视图也可称为平面图，正视图、左视图、右视图和后视图也可称为立面（或立视）图。当不区分左右时，左视图和右视图可称为侧视图，或侧立面图。

在水利水电工程中规定，河流以挡水建筑物为界，逆水流方向在挡水建筑物前方的河流段称为上游，在挡水建筑物后方的河流段称为下游。还规定，顺水流方向观察，左边称为左岸，右边称为右岸，如图 13-1 所示。在水工图中习惯上将河流的流向布置成自上而下（图 13-1（a））或自左而右（图 13-1（b））。当观察方向与水流方向有关时，也可称为上游立面图、下游立面图。

在水工图中，当剖切面平行于河流流向时剖切得到的视图称为纵剖面（或纵断面）图。当剖切面垂直于河流流向时，剖切得到的视图称为横剖面（或横断面）图，如图 13-2 所示。

水工图中视图名称一般注写在该视图的上方，并在视图名称下方画一条粗实线，如图 13-2 所示。

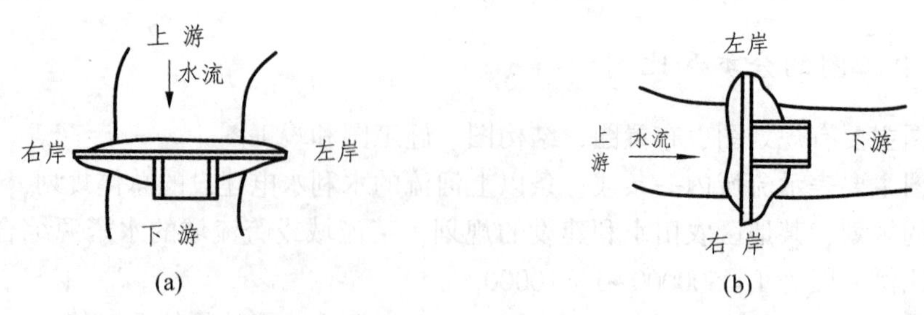

图 13-1　河流的上、下游和左、右岸

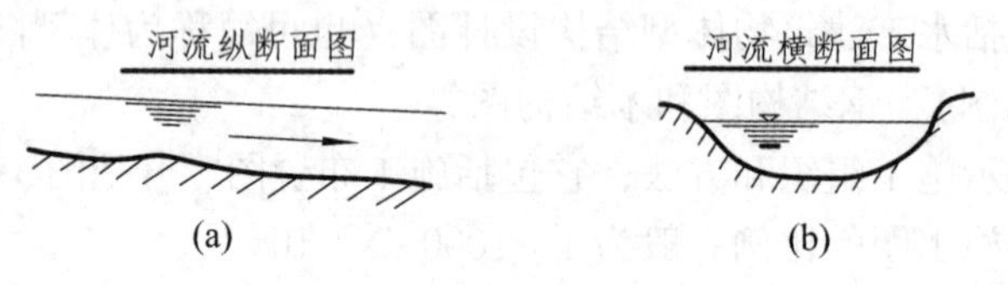

图 13-2　河流的纵、横断面

二、图线用法

水工图中图线的线型和用途基本上与建筑工程图中的一致，但需指出：

（1）水工图中原轮廓线除了可用双点画线表示外，还可用虚线表示如图 13-3 所示。

（2）水工图中的粗实线除了表示可见轮廓线外，还可用来表示结构分缝线和不同材料的分界线，如图 13-4 所示。

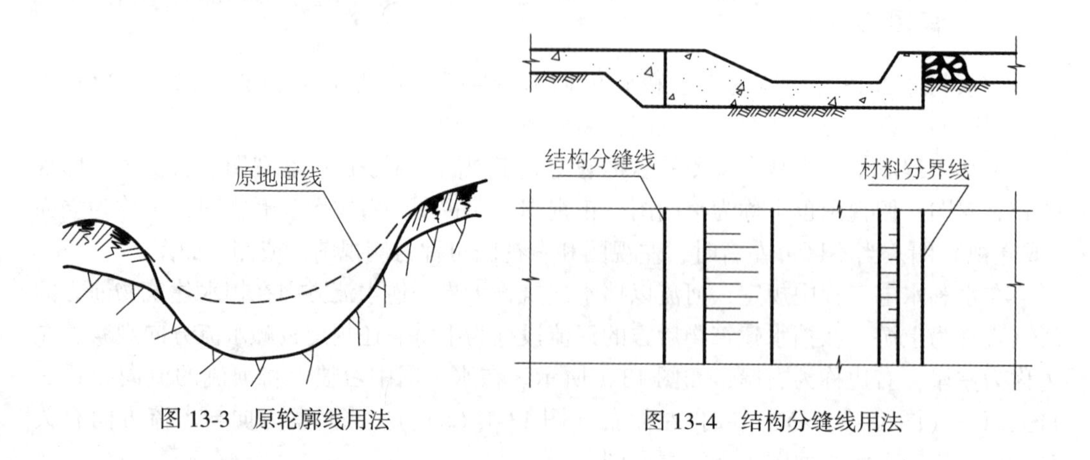

图 13-3　原轮廓线用法

图 13-4　结构分缝线用法

三、示坡线画法

在水工图中，倾斜坡面和锥面上常画出表示倾斜方向的示坡线，示坡线用长短间隔的细实线绘制，并垂直于平面和锥面上的等高线（水平线），如图 13-5、图 13-6 所示。

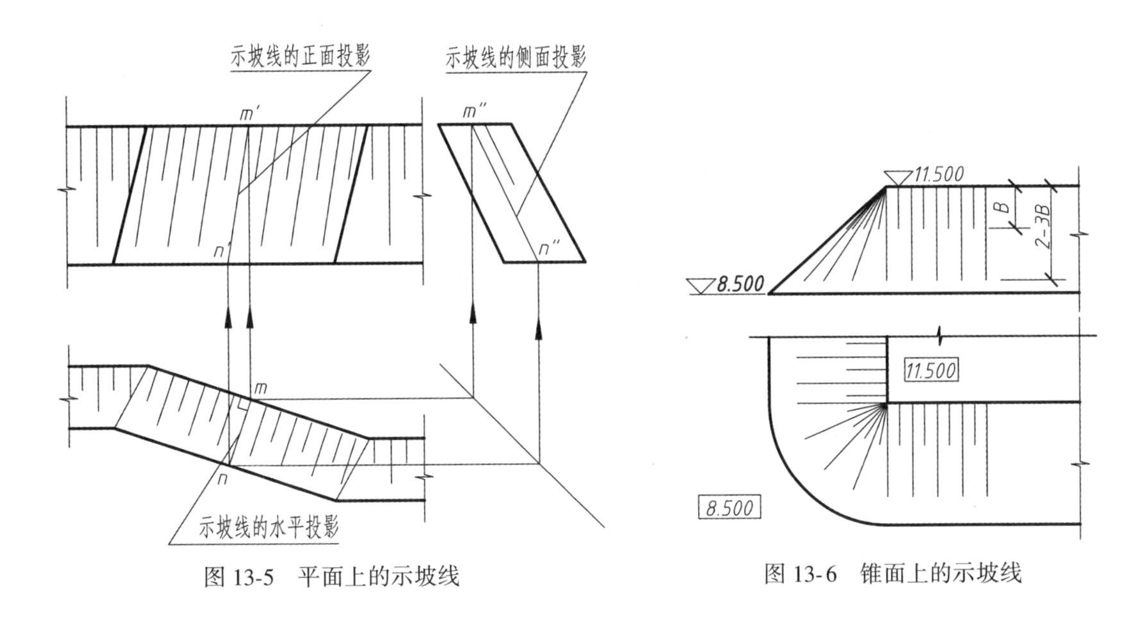

图 13-5　平面上的示坡线　　　　图 13-6　锥面上的示坡线

四、坡面和坡边线

水利水电工程中建筑物对地平面（或水平面）倾斜的平面或曲面常称为坡面，有填筑坡面和土、石开挖坡面。

坡面和地面的交线称为坡边线，填筑坡面的坡边线也称为坡脚线，开挖坡面的坡边线也称为开挖线，如图 13-7 所示为一条上山道路，在标高小于 23 和 24 的区域为填筑坡面；标高大于 24 的区域为开挖坡面。

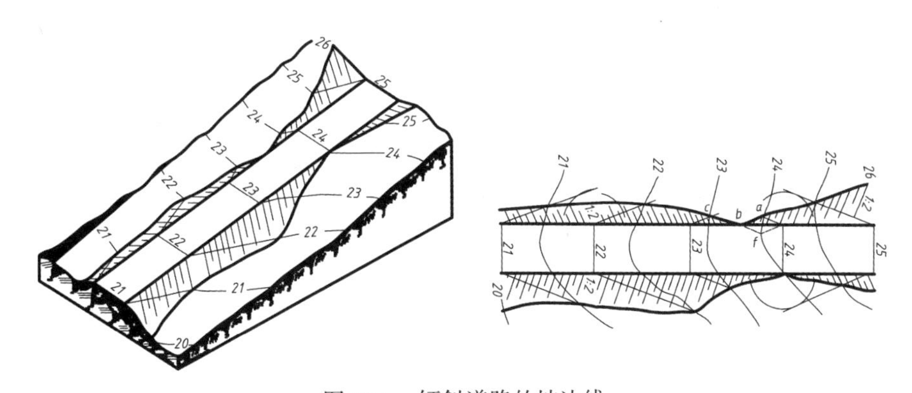

图 13-7　倾斜道路的坡边线

坡面上一般应用细实线画出长短相间的示坡线，如图 13-7、图 13-8（a）所示。对于开挖坡面，除了可按图 13-8（a）所示的示坡线式样绘制，也可沿开挖边界线徒手绘制“Y”形的开挖符号代替示坡线，其方向大致平行于该坡面的示坡线，如图 13-8（b）所示。

坡面与地面的交线（坡边线），一般由坡面上与地面上相同标高的等高线相交，其交点的连线即为坡边线。图 13-9 中表示土坝上游坡面上标高为 42 的等高线与地形面上

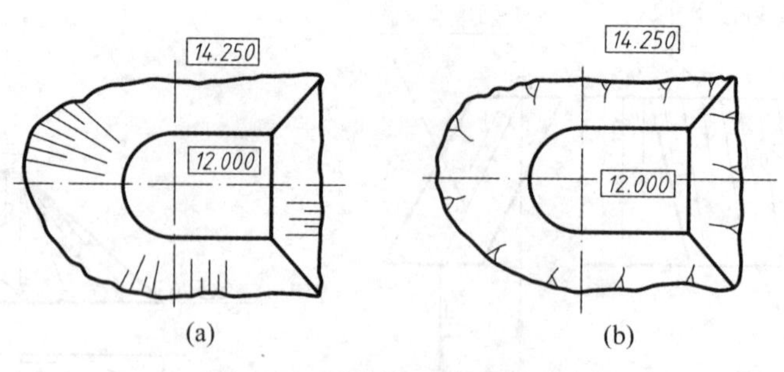

(a) (b)

图 13-8 开挖坡面示坡线画法

标高为42的等高线的交点 a_{42}，一系列这样的交点的连线，即为土坝上、下游坡面的坡脚线。土坝坡面上的等高线可根据土坝横断面图中给出的坝面坡度并用标高投影方法作出。

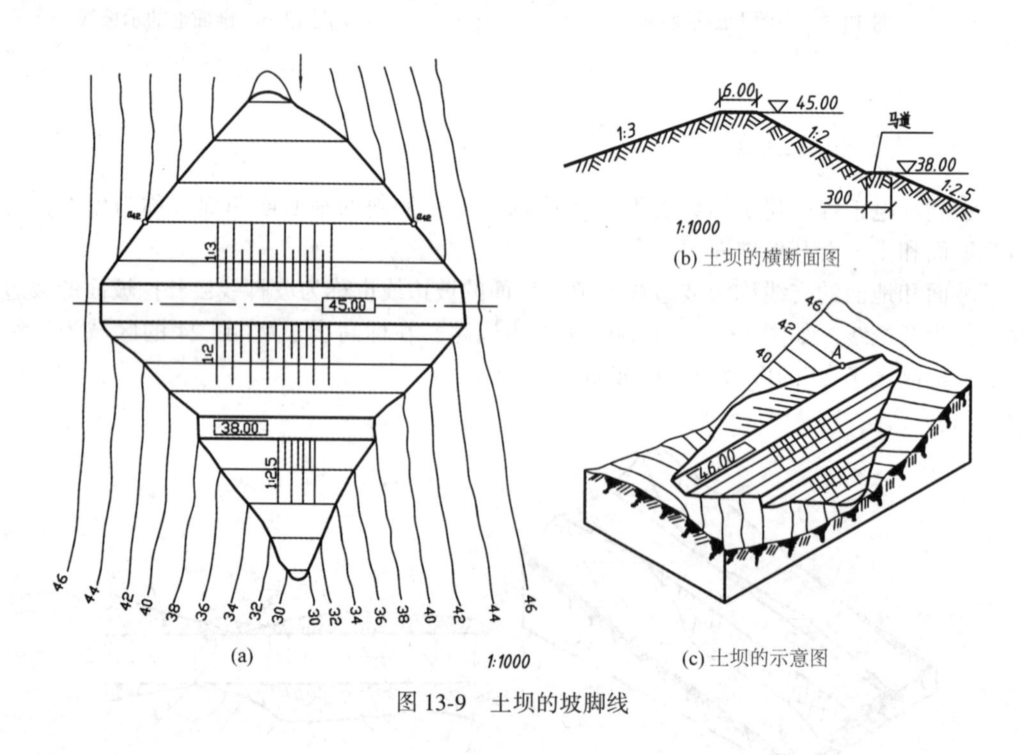

(a) (b) 土坝的横断面图 (c) 土坝的示意图

图 13-9 土坝的坡脚线

五、习惯画法和规定画法

1. 连接画法

对于较长的建筑物，在不影响视图清晰表示的前提下，允许将较长的图形分成两部分绘制，再用连接符号（带有字母的折断符号）表示相连，并用大写字母编号，如图13-10所示的土坝立面图。

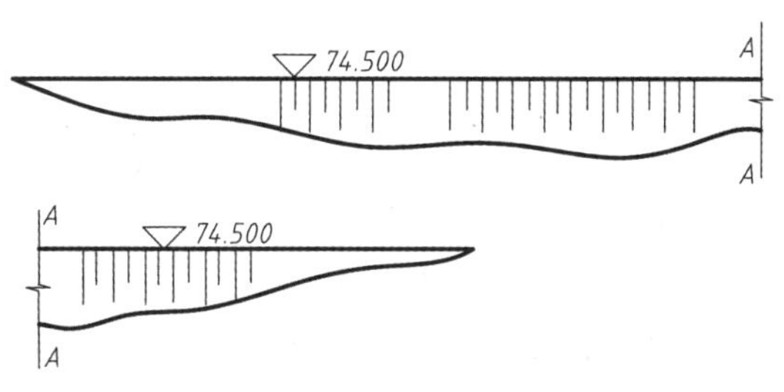

图 13-10　土坝立面图连接画法

2. 断开画法

对于较长的建筑物或构件，当沿长度方向的形状一致，或按一定的规律变化时，可以在其中部断开后平移，绘出其图形。如图 13-11 所示的渠道纵剖面图，渠道底部为有规律变化的 1 ∶ 10 的斜坡。采用断开画法后，斜坡段的长度仍应标其断开前的长度 125000mm，斜坡两端的标高也仍应为断开前的高程 50. 00m 和 37. 50m。

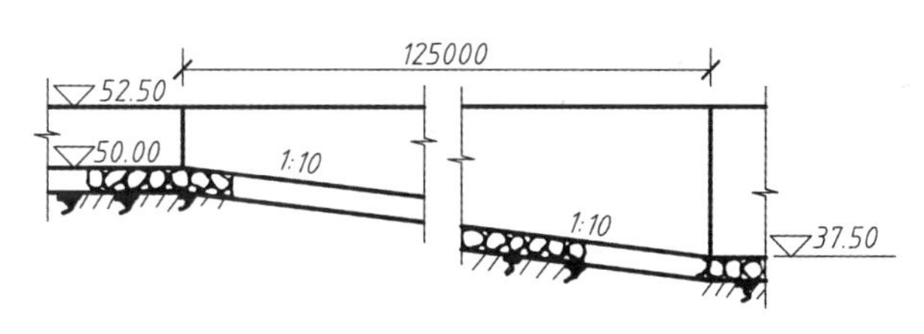

图 13-11　渠道断开画法

3. 拆卸画法

当视图或剖面图中所要表达的结构被另外的结构或填土遮挡时，可以假想将其拆掉或掀掉，然后再进行投射。这种画法称为拆卸画法，它在水工图中较常用。图 13-12 为进水闸，在平面图中为了清楚地表达闸墩和挡土墙，将对称轴上半部的部分桥面板假想拆掉，填土也被假想掀掉。因为平面图对称，所以与实线对称的虚线可以省略不画，使平面图表达得更清晰。

4. 合成视图

对称或基本对称的图形，可将两个相同或相反方向的视图或剖面图、断面图各画一半，并以对称线为界合成一个图形，称为合成视图。这种表达方法在水工图中比较广泛地被采用，因为建在河流中的水工建筑物，在结构上其上游部分与下游部分往往不同，所以一般需同时绘制其上游方向和下游方向的视图或剖面图、断面图。为了使图形布置紧凑，减少制图工作量，往往采用合成视图的画法。在图 13-12 的平面图中表示了 B-B 和 C-C 剖视的投射方向，侧面图为合成剖面图，B-B 剖视从上游方向投射，C-C 剖视从下游方向投射。

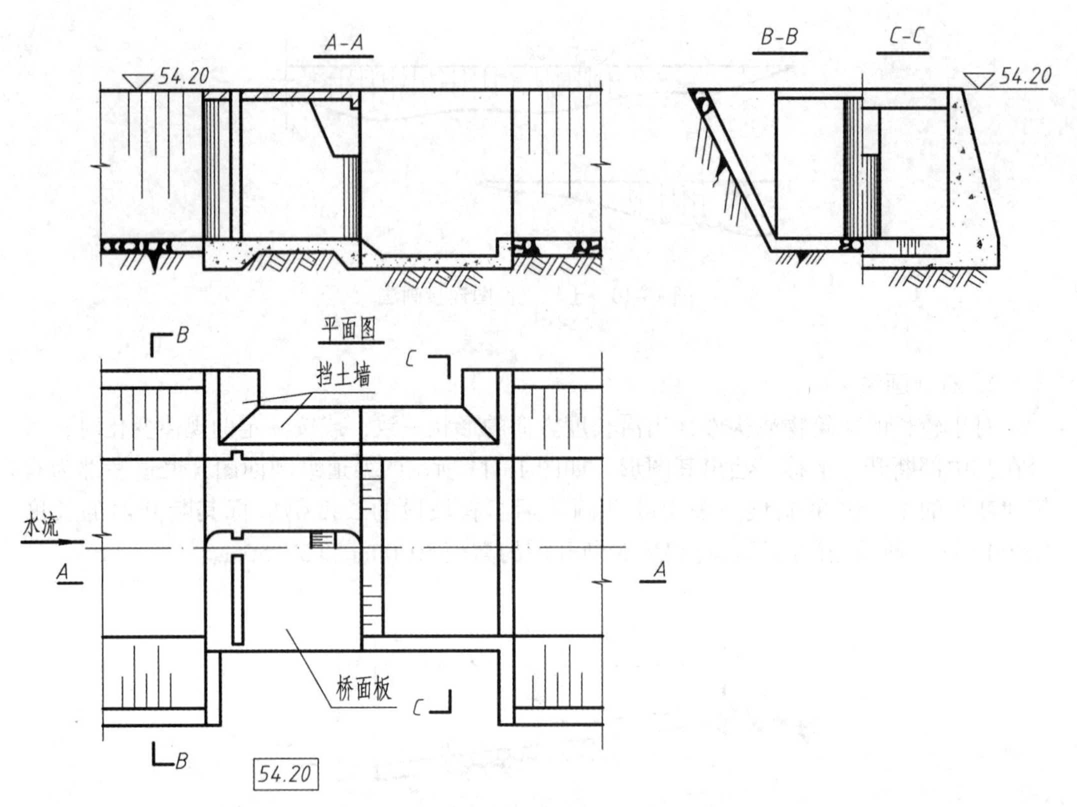

图 13-12　水闸的拆卸画法和合成视图

第三节　水工图中常用符号和图例

一、水流及指北针符号

水工图中表示水流方向的箭头符号，根据需要可按图 13-13 所示的样式绘制。

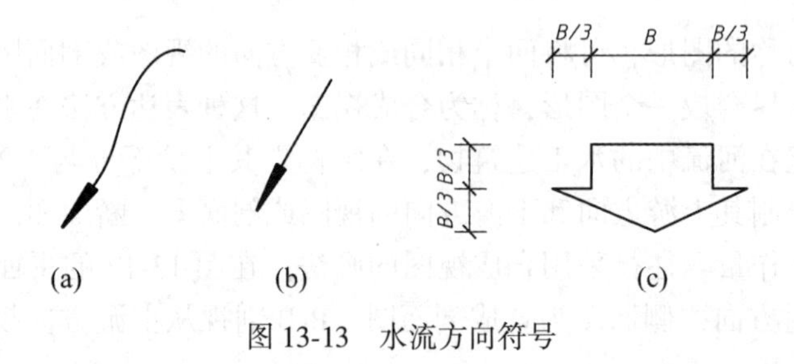

图 13-13　水流方向符号

平面图中的指北针，根据需要可按图 13-14 所示的样式绘制，其位置一般在图的左上角，必要时，也可画在图纸的其他适当位置。

图 13-13 和图 13-14 中的 B 值，根据图幅和图样的大小确定，一般取 $B=10\sim25\text{mm}$。

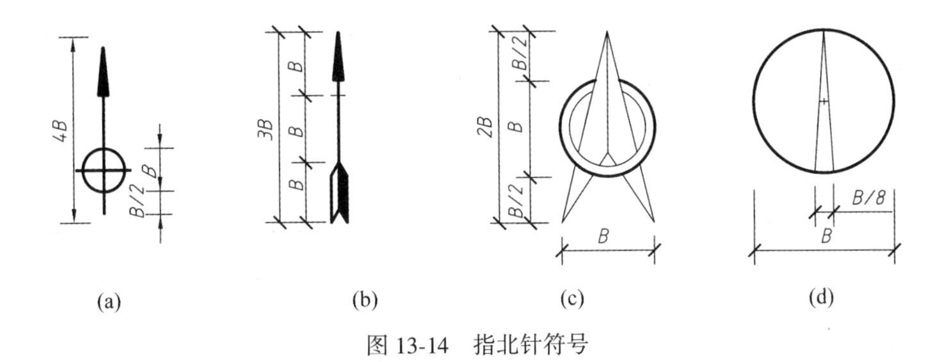

图 13-14　指北针符号

二、建筑材料图例

表 13-1 所示为水工图中常用的建筑材料图例。本书前面有关章节中的“常用建筑材料图例”在水工图中也采用，表 13-2 中不再列出。表 13-2 中所列的图例，根据图样表达的要求，可分别用于断面图和平面图中。

表 13-1　**水工图中常用建筑材料图例**

序号	名称	图例	序号	名称	图例	序号	名称	图例
1	岩石	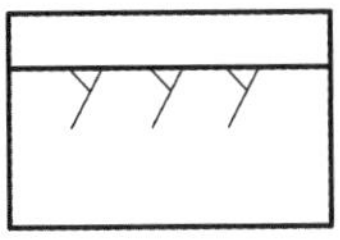	5	粘土		9	浆砌块石	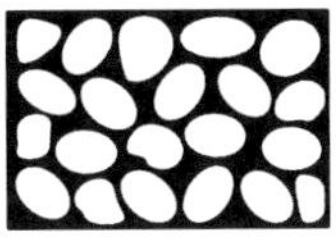
2	卵石	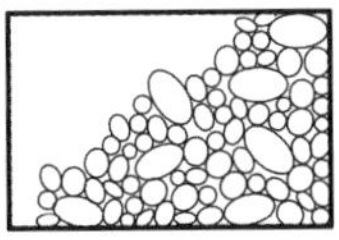	6	堆石	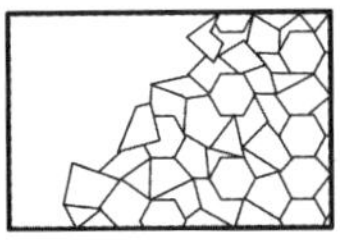	10	笼筐填石	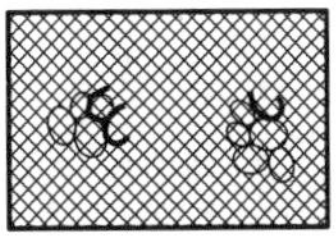
3	砂卵石	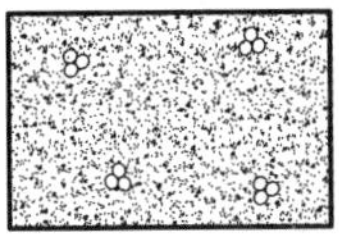	7	干砌块石	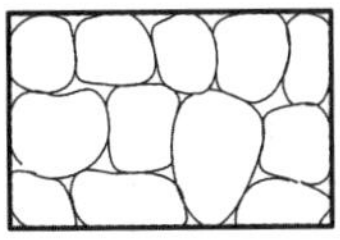	11	砂（土）袋	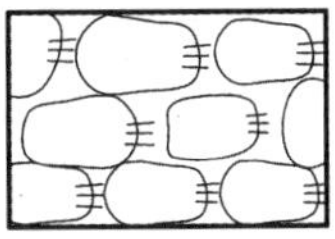
4	回填土	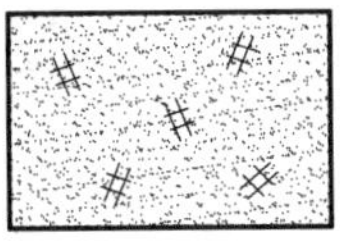	8	草皮	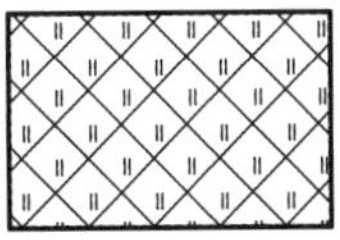	12	防水材料	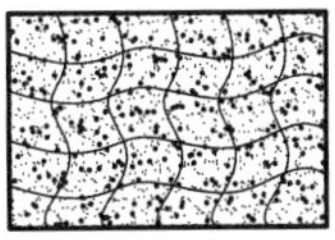

三、常用平面图例

水工建筑物平面图例主要用于规划图、施工总平面布置图中，枢组总布置图中非主要建筑物也可用图例表示。表 13-2 为水工图中常用的平面图例。建筑制图中的平面图例，水工图中也采用，表 13-2 中不再列出。

表 13-2　　水工图中常用的平面图例

序号	名称	图例	序号	名称	图例	序号	名称	图例
1	水库	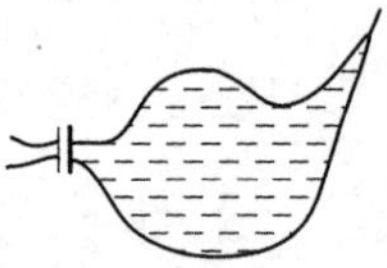	7	水电站	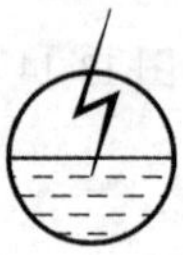	13	船用	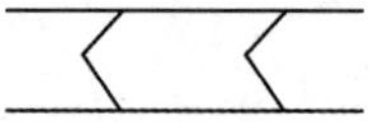
2	土石坝	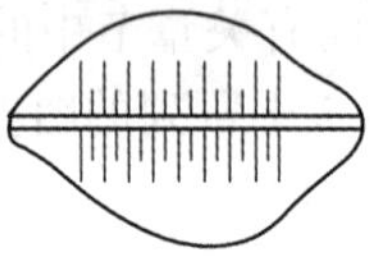	8	变电站	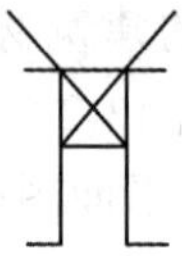	14	升船机	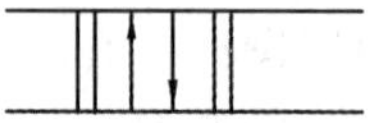
3	水闸		9	泵站		15	溢洪道	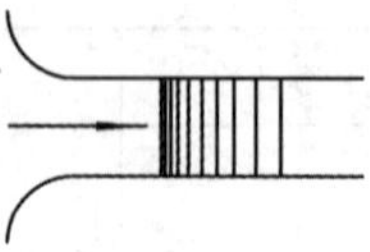
4	渡槽	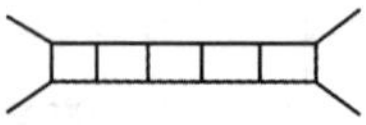	10	虹吸	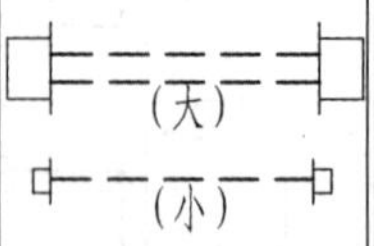 （大） （小）	16	堤	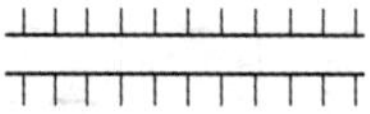
5	隧洞	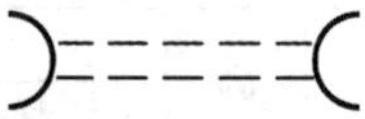	11	渠道	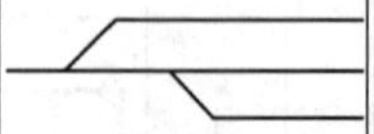	17	分洪区	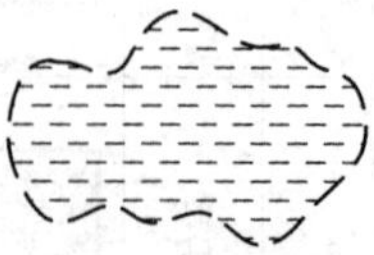
6	涵洞	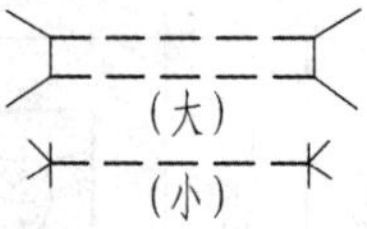 （大） （小）	12	护岸	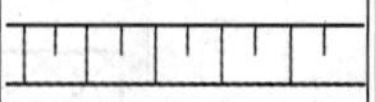	18	灌区	

第四节　水工图中常见曲面的表示方法

水利水电工程图中常在曲面上画出素线，使视图中的曲面有一定的立体感。

一、柱面

1. 柱面上素线画法

在反映圆的实形的视图中，例如图 13-15 的俯视图中的等分圆，如 12 等份。在正视图和侧视图中，过等分点的投影，例如正视图中点 0′、1′、2′、3′、4′、5′、6′，用细实线画出柱轴的平行线，即为正视图中柱面上的素线。从图中可看到，愈近柱面外形线，素线愈密。

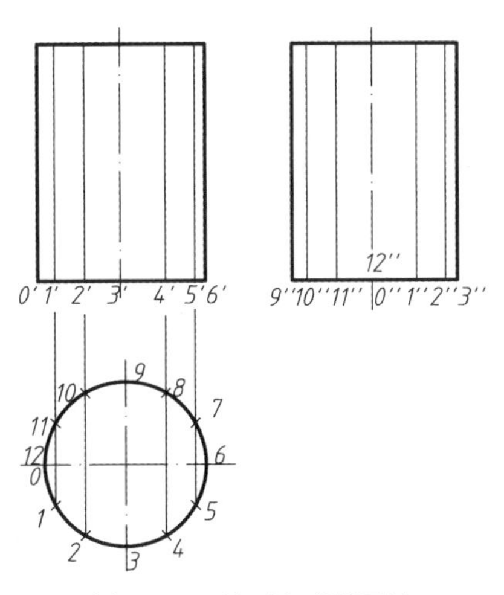

图 13-15　柱面上素线画法

2. 水工图中常见的柱面上素线画法

如图 13-16～图 13-18 所示。

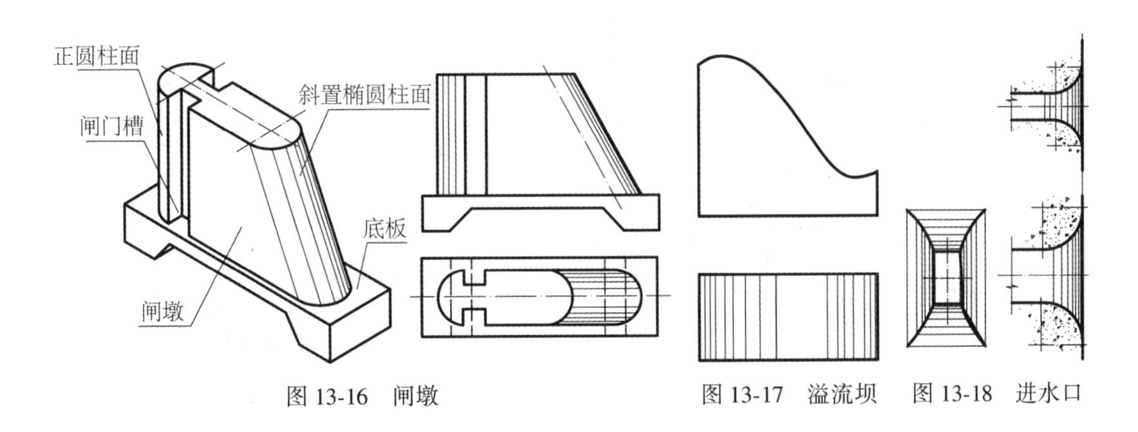

图 13-16　闸墩　　图 13-17　溢流坝　　图 13-18　进水口

二、锥面

1. 锥面上素线画法

锥面上素线画法与柱面相同，如图 13-19 所示。从图中可看到，愈近锥面外形线，素线愈密。

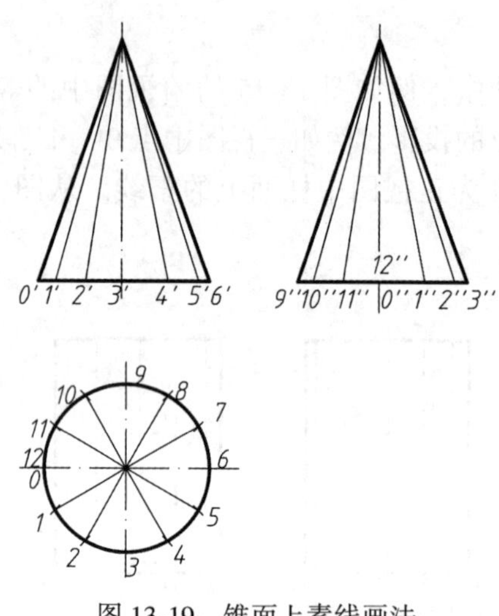

图 13-19 锥面上素线画法

2. 水工图中常见的锥面上素线画法

图 13-20 为 4 个 1/4 锥面与 4 个三角形平面相切，组成的表面为组合面。在水利水电工程中称为方圆渐变段，常用于管道中。图 13-21 为叉管的平面图。

渠道的边坡转角，转角处的坡面为 1/4 锥面。由于锥面与斜坡平面连在一起，故在锥面上不画素线，而画出示坡线，与斜坡平面上的示坡线保持一致，如图 13-6 所示。

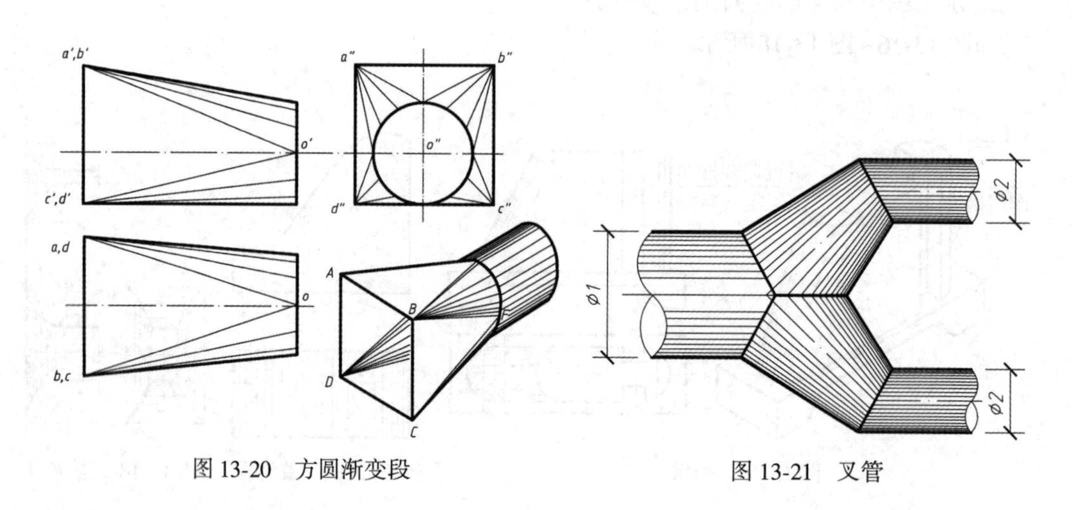

图 13-20 方圆渐变段

图 13-21 叉管

三、扭面

1. 扭面上素线画法

在水利工程中把双曲抛物面称为扭面，渠道某一段边坡面有不同的坡度时，不同坡面之间用扭面连接，有扭面的这一段渠道也常称为渐变段，如图 13-22 所示。

图 13-23 为扭面上素线的画法，图中把 *AD* 和 *BC* 作为扭面的导线，则导平面为水平面。*n* 等分（如 5 等分）导线，过等分点作直线，即为扭面上的一簇素线。若以 *AB* 和 *DC* 作为扭面的导线，则导平面为侧平面，又可以画出扭面上的另一簇素线，如图 13-24 所示。

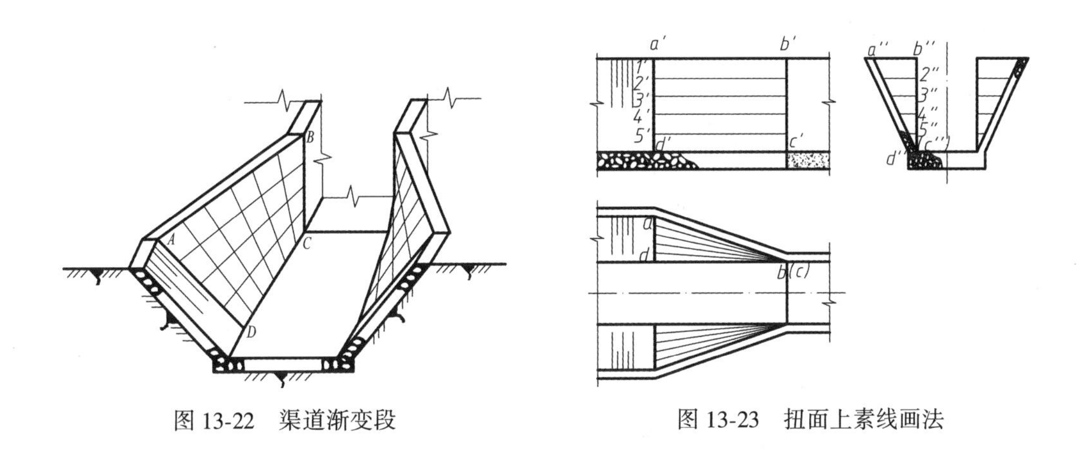

图 13-22　渠道渐变段

图 13-23　扭面上素线画法

2. 扭面上两簇素线画法

从双曲抛物面的形成理论可知，扭面上有两簇直素线，如图 13-24（a）所示。水工图中在扭面呈三角形的视图中，均画出呈放射状的素线，即画出不同簇的素线，如图 13-24（b）所示。

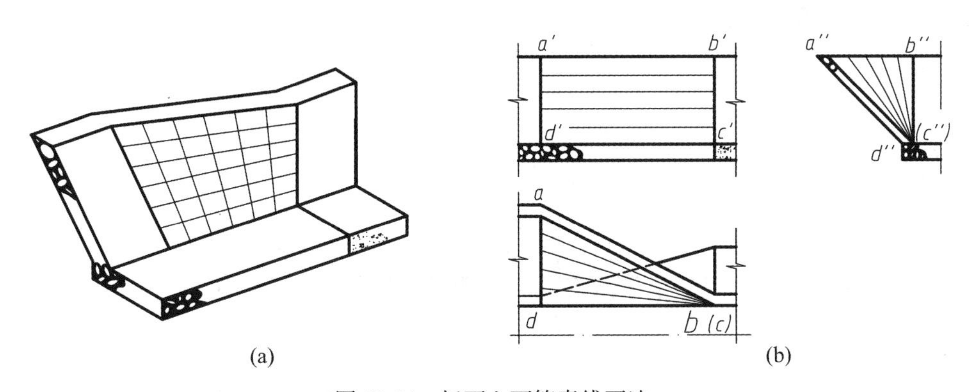

(a)　(b)

图 13-24　扭面上两簇素线画法

第五节 尺寸标注

一、尺寸单位和起止符号

虽然《水利水电工程制图标准》中规定，尺寸单位以 mm 计时图样中不作说明，并推荐使用 mm 为单位，但由于水工建筑物一般都很大，故目前水工图中一般仍习惯以 cm 为尺寸单位，并在图中加以说明。尺寸的起止符号可以使用 45°倾斜的中粗短线绘制，也可以使用箭头表示。本章插图中大部分采用了粗短线的形式。

二、非圆曲线标注

水工建筑物多与水流有关，故建筑物中曲线、曲面较多，且常出现非圆曲线。对于非圆曲线，如溢流坝面曲线一般在图中用指引线写出曲线在坐标系中的方程式，有时还在图中列出溢流曲线上连续点的二维（x，y）坐标值，如图 13-25 所示。当不给坐标系和注写曲线方程时，可在图中直接标注曲线上各点的两个方向的尺寸，如图 13-26 所示。

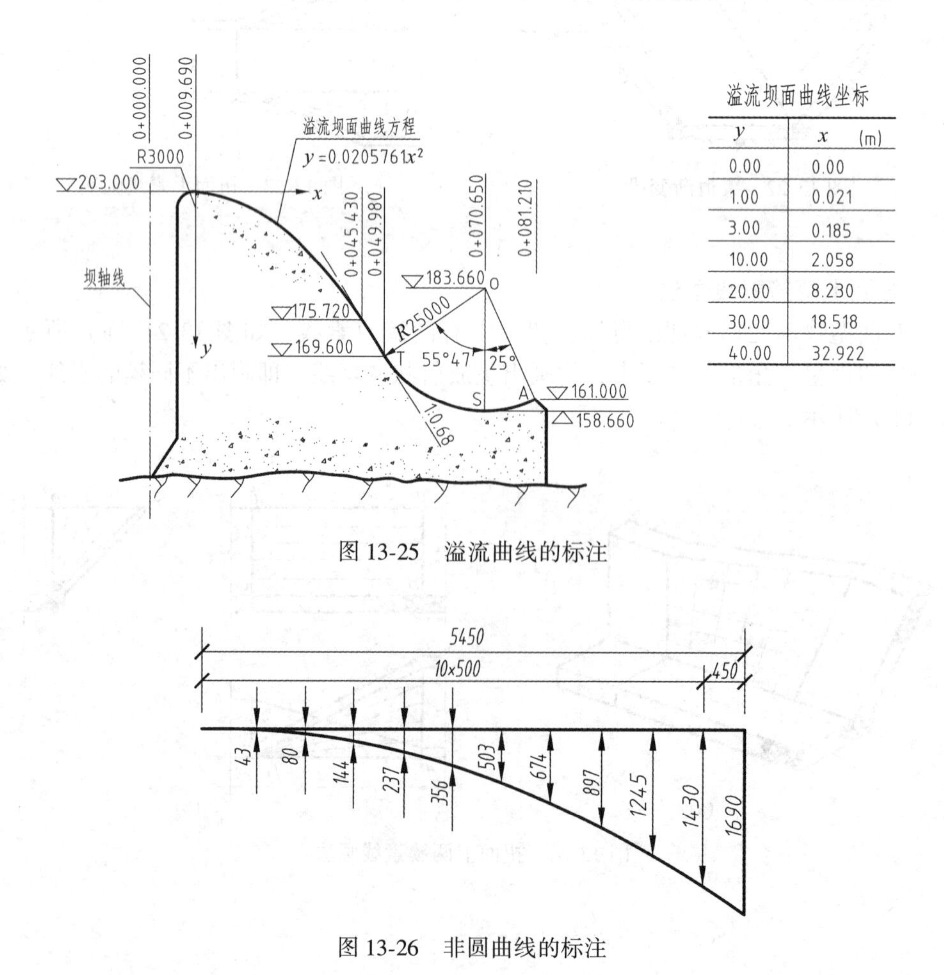

溢流坝面曲线坐标

y	x (m)
0.00	0.00
1.00	0.021
3.00	0.185
10.00	2.058
20.00	8.230
30.00	18.518
40.00	32.922

图 13-25 溢流曲线的标注

图 13-26 非圆曲线的标注

三、坡度标注

水工图中斜直线坡度的标注形式一般采用 1∶n，并往往画出与斜直线平行且带有箭头的短直线，箭头指向下坡。当坡度较缓时，坡度可用百分数表示，如 $i=5\%$，如图 13-27 所示。当图中的平面上画有示坡线时，坡度 1∶n 可直接标注在示坡线上，且不需画箭头，如图 13-27 所示。在立面图或断面图中斜直线的坡度也可按图 13-28 所示的形式标注。

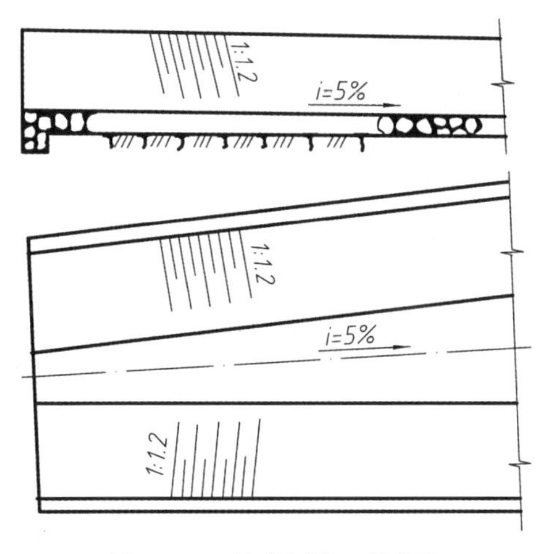

图 13-27　坡度标注一般方法

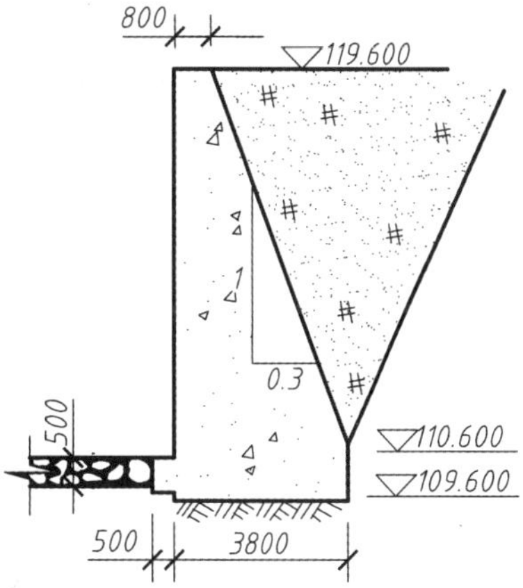

图 13-28　立面图、断面图中坡度标注方法

四、标高标注

在立面图中标高符号为细实线绘制的 45°等腰直角三角形，其高度约为数字高度的 2/3。标注时，符号的尖端可向下指，也可以向上指，但尖端应与被标注高度的轮廓线或其引出线接触，如图 13-29（a）所示。在平面图中，标高符号为细实线矩形框，如图 13-29（d）所示。当图形较小时，可以引出标注，如图 13-29（f）所示。

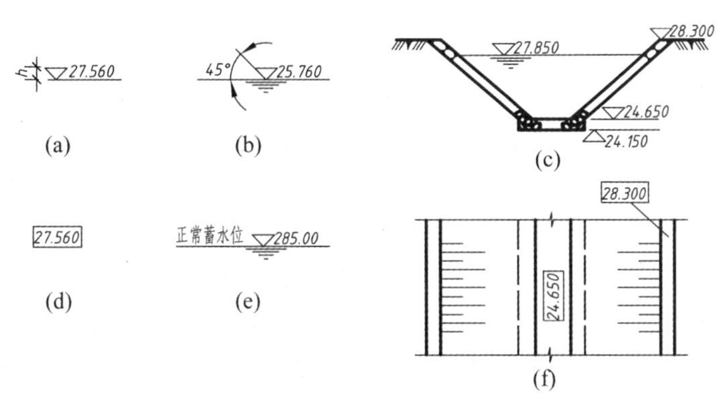

图 13-29　标高注法

五、桩号标注

建筑物、道路等的轴线、中心线当其长度方向较长时，其定位尺寸往往采用“桩号”的方法进行标注，其形式为$K+m$，K为公里数，m为米数。起点桩号为0±000.00，起点之前的桩号取负号，起点之后的桩号取正号。桩号数字一般垂直于定位尺寸方向或轴线方向注写，且标注在其同一侧；当轴线为折线时，转折点处的桩号如图13-25所示。

第六节　水工图的阅读

一、水工图读图的一般步骤和方法

1. 读图要求

作为初次接触水工图，读图时不要求完全了解图中有关水利水电工程的专业知识和专业名称，应将重点放在读懂水工建筑物形体及其组成部分，每个组成部分的形状、大小和构造；了解水工图的图示特点和表达方法。

2. 读图步骤

读水工图的步骤一般由枢纽布置图到建筑物结构图，由主要结构到其他结构，由大轮廓到小的构件。在读懂各部分的结构形状之后，综合起来想出整体形状。

读枢纽布置图时，一般以总平面图为主，并和有关的视图（如上、下游立面图，纵剖视图等）相互配合，了解枢纽所在地的地形、地理方位、河流情况以及各建筑物的位置和相互关系。对图中采用的简化画法和示意图，先了解它们的意义和位置，待阅读这部分结构图时，再作深入了解。

读建筑物结构图时，如果枢纽有几个建筑物，可先读主要建筑物的结构图，然后再读其他建筑物的结构图。根据结构图可以详细了解各建筑物的构造、形状、大小、材料及各部分的相互关系。对于附属设备，一般先了解其位置和作用，然后通过有关的图纸作进一步了解。

3. 读图方法

首先，了解建筑物的名称和作用。从图纸上的说明和标题栏可以了解建筑物的名称、作用、比例等。其次，弄清各图形的由来并根据视图对建筑物进行形体分析。了解该建筑物采用了哪些视图、剖视图、断面图、详图，有哪些特殊表达方法；了解各剖视图、断面图的剖切位置和投射方向，各视图的主要作用等。然后以一个特征明显的视图或结构关系较清楚的剖视图为主，结合其他视图，概略了解建筑物的组成部分及其作用，以及各组成部分的建筑材料等。根据建筑物各组成部分的构造特点，可分别沿建筑物的长度、宽度或高度方向把它分成几个主要组成部分。必要时，还可进行线面分析，弄清各组成部分的形状，然后了解和分析各视图中各部分结构的尺寸，以便了解建筑物整体大小及各部分结构的大小。最后，根据各部分的相互位置想象出建筑物的整体形状，并明确各组成部分的建筑材料。

二、阅读混凝土坝设计图

1. 组成部分及作用

图 13-30 和图 13-31 为混凝土宽缝重力坝的一个坝段。坝段长 36m、宽 18m、高 43m，它在水利枢纽中起挡水作用。

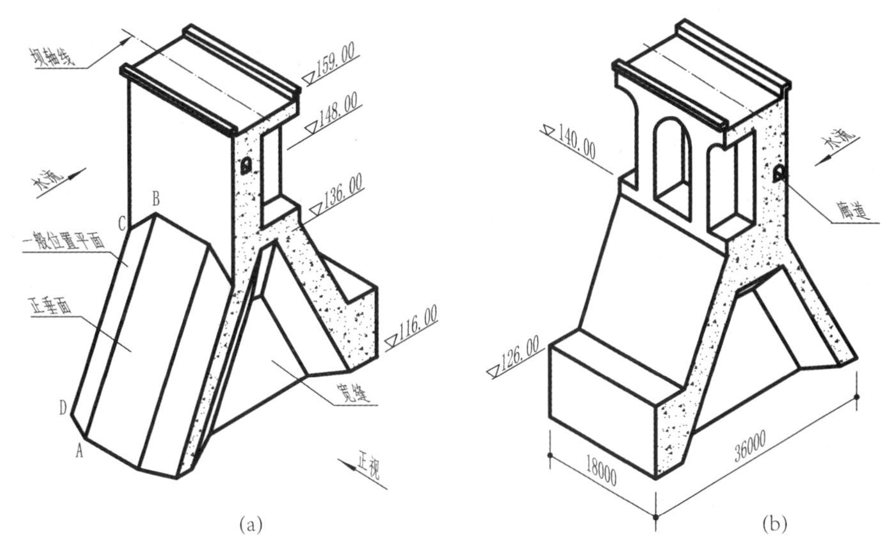

图 13-30　混凝土坝的轴测图

坝轴线通过坝顶中央，坝顶宽 11m，标高为 159.00m。坝顶是连接两岸的公路桥。

坝下游面 144.00m 标高处设有拱形结构，拱形结构之间的间隔为 3.0m，互不相通。

坝段内部 136.00m 标高以下设有宽缝。另外，在坝轴线上游侧 148.00m 标高处设有廊道，用于观测温度、沉陷、渗漏情况，并作为交通通道等。

2. 视图

A-A 剖面图为主要视图，它表达混凝土挡水坝横断面为三角形以及坝顶结构和坝体内部宽缝结构的情况。从图 13-31 中可看到，挡水坝上、下游坡度均为 1∶0.5，下游在 126.00m 标高处为一平台。坝内在标高 148.00m 处设有廊道。坝顶为一交通桥，宽度为 11m；坝底宽度为 36m，坝高为 43m。为了表达上游坝面结构情况，在 *A-A* 剖面图中画出了必要的虚线。另外，还用双点画线表达了三角形基本剖面。

平面图表达挡水坝的坝顶交通桥及上、下游坝坡面的结构形状。把平面图和 *A-A* 剖面图联系起来阅读，可看到在一个坝段范围内上游坝坡面由三个平面组成，中间一个平面为正垂面，两侧平面为一般位置平面，如图 13-30 和图 13-31 中的平面 *ABCD*（*abcd*，*a′b′c′d′*，*a″b″c″d″*）。

B-B 剖视图为水平剖切后所得到的剖视图，剖切位置选取在平台标高 126.00m 以下的适当位置。它主要表达坝体宽缝的形状和尺寸。把 *B-B* 剖面图与 *A-A* 剖面图联系起来阅读，可想象出宽缝的空间形状，它主要由两个一般位置平面和一个侧垂面组成。为了

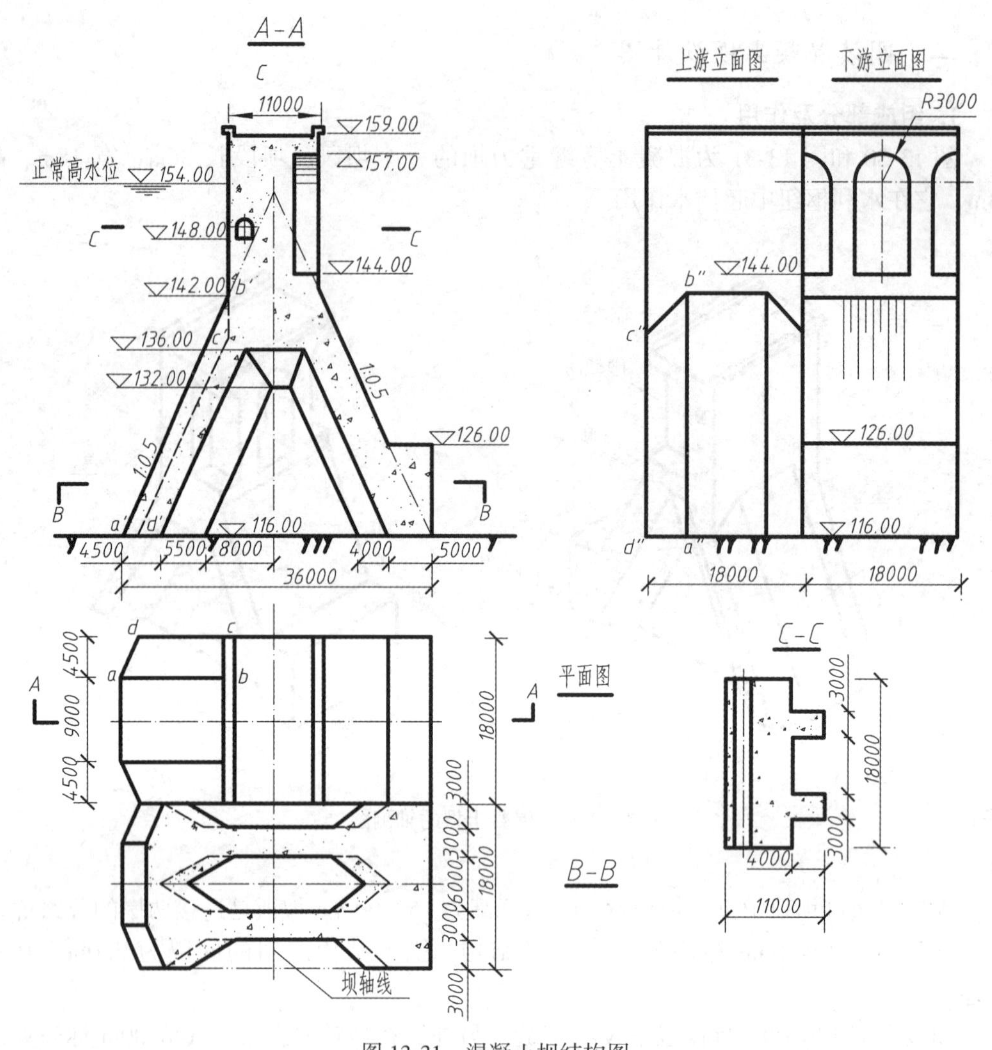

图 13-31　混凝土坝结构图

图面布置紧凑，*B-B* 剖面图与平面图靠在一起，并使两图的坝轴线重合。

上游立面图主要表达坝体上游坝面的外部结构形状及相互间的相对位置。

下游立面图主要表达坝体下游坝面的外部结构形状及相互间的相对位置。

C-C 断面图表达坝体上部拱形结构的平面形状和大小。

3. 尺寸

水位尺寸注有正常高水位 154.00m，另有设计洪水位、校核洪水位、死水位等（图中未标注）。

重要的标高，如坝顶标高 159.00m、坝底标高 116.00m、廊道标高 148.00m 以及坝段宽度，如 18000mm 等在相关的视图中可重复标注。

图中标高以 m 为单位标注，其余尺寸以 mm 为单位标注。

本章小结

水工图主要有规划图、布置图、结构图、施工图和竣工图。规划图和布置图中一般画有地形等高线、河流及流向、指北针、各建筑物的相互位置和主要尺寸等。

水工图常用基本视图、剖视图、断面图、详图来表示，并规定，河流以挡水建筑物为界，逆水流方向在挡水建筑物前方的河流段称为上游，在挡水建筑物后方的河流段称为下游；还规定，顺水流方向观察，左边称为左岸，右边称为右岸。在水工图中，习惯上将河流的流向布置成自上而下或自左而右。当观察方向与水流方向有关时，也可称为上游立面图、下游立面图。

在水工图中，当剖切面平行于河流流向时剖切得到的视图，称为纵剖视（或纵断面）图。当剖切面垂直于河流流向时剖切得到的视图，称为横剖视（或横断面）图。

水工图中图线的线型、坡度标注、标高标注和用途基本上与建筑工程图中的一致，但需指出：

（1）水工图中原轮廓线除了可用双点画线表示外，还可用虚线表示。

（2）水工图中的粗实线除了表示可见轮廓线外，还可用来表示结构分缝线和不同材料的分界线。

（3）水工图中常在曲面（柱面、锥面、扭面）上画出素线。

（4）水工图中示坡线用长短间隔的细实线绘制，并垂直于平面和锥面上的等高线（水平线）。

（5）水工图坡面上一般应用细实线画出长短相间的示坡线，也可沿开挖边界线徒手绘制“Y”形的开挖符号代替示坡线，其方向大致平行于该坡面的示坡线。

（6）水工图坡边线一般由坡面上与地面上相同标高的等高线交点连线求得。

水工图的习惯画法和规定画法有连接画法、断开画法、拆卸画法和合成视图。

水工图的尺寸单位以 mm 计时图样中不作说明，并推荐使用 mm 为单位，但目前水工图中一般仍习惯以 cm 为尺寸单位，并在图中加以说明。

水工图尺寸标注的起止符号可以使用 45°倾斜的中粗短线绘制，也可以使用箭头表示。非圆曲线标注一般在图中用指引线写出曲线在坐标系中的方程式，有时还在图中列出溢流曲线上连续点的二维（x，y）坐标值。当不给坐标系和注写曲线方程时，可在图中直接标注曲线上各点的两个方向的尺寸。

桩号标注的形式为 $K+m$，K 为千米数，m 为米数。起点桩号为 0±000. 00，起点之前的桩号取负号，起点之后的桩号取正号。桩号数字一般垂直于定位尺寸方向或轴线方向注写，且标注在其同一侧。

水工图读图的一般步骤和方法是首先将重点放在读懂水工建筑物形体及其组成部分，每个组成部分的形状、大小和构造；了解水工图的图示特点和表达方法上。然后，一般由枢纽布置图到建筑物结构图，由主要结构到其他结构，由大轮廓到小的构件。在读懂各部分的结构形状之后，综合起来想出整体形状。

复习思考题

1. 水工图分为哪几类？各类水工图的主要表达内容有哪些？

2. 水工图中视图的配置有何特点？各视图的称谓是什么？

3. 水工图的表达方法有何特点？各种规定画法分别适用于表达何种结构特点？

4. 阅读水工图需要注意哪些事项？如何阅读水工图？阅读水工结构图重点了解哪些内容？

第十四章　计算机绘图基础

◎自学时数

8 学时

◎教师导学

通过本章的学习，使读者对用计算机绘制所涉及的内容有个整体的认识，在辅导学生学习时，应注意以下几点：

（1）应让学生掌握计算机绘图所包含的基本内容。

（2）在掌握基本内容的基础上，掌握 AutoCAD 工作界面、绘图环境的设置和图形文件的管理方式，掌握点的输入方式、绘图命令和绘图辅助命令的使用，掌握编辑命令的使用条件，能利用图层管理图样，掌握尺寸标注与文字注写的方式、方法，了解图形的输入和输出。为学生今后利用计算机绘制专业图奠定基础。

（3）本章的重点绘图环境的设置，各个绘图命令和编辑命令的使用，以及尺寸标注与文字注写的方式、方法。

（4）本章的难点是绘图命令和编辑命令的综合应用。

（5）通过本章的学习，学生应对计算机绘图所涉及的内容有个整体的概念。

随着计算机图形学理论及其技术的发展，计算机绘图技术也迅速发展起来。将图形与数据建立起相互对应的关系，把数字化的图形信息经过计算机存储、处理，然后通过输出设备将图形显示或打印出来，这个过程就是计算机绘图。计算机绘图通常是借助计算机绘图系统来完成的。

计算机绘图系统由软件系统和硬件系统组成，其中，软件是计算机绘图系统的关键，而硬件设备则为软件的正常运行提供了基础保障和运行环境。随着计算机硬件功能的不断提高与软件系统的不断完善，计算机绘图已广泛应用于各个领域。使用计算机绘图具有如下突出优点：

（1）输入方便、精度高。在手工绘图时，线、圆弧之间的相交或连接关系并不精确，而计算机绘图系统则提供了许多精确的绘图工具，如捕捉、正交、相对坐标等，可以确保图形的精确。计算机绘图系统具有多种输入方式（键盘、数字化仪、鼠标等）和图形编辑功能，而所需工具仅为一台计算机。

（2）速度快且便于修改。在手工绘图时，经常因图形修改困难而重画，从而大大影响了工作效率。而用计算机绘图，可以充分利用计算机的图形编辑功能修改图形，改变图形的比例、颜色、线型，对图样进行修改、存储、打印输出等都很方便。而且，相同的图形也不用重画，只需将重画的图形做成块，在绘图时根据需要随时插入即可，可大大提高工作效率。

第一节　AutoCAD 的基本操作

一、AutoCAD 的启动

用鼠标双击 Windows 桌面上 AutoCAD 2012 的图标，就可启动 AutoCAD 2012。

二、AutoCAD 的工作界面

启动 AutoCAD 2012 以后，就会进入 AutoCAD 2012 的工作界面，如图 14-1 所示。

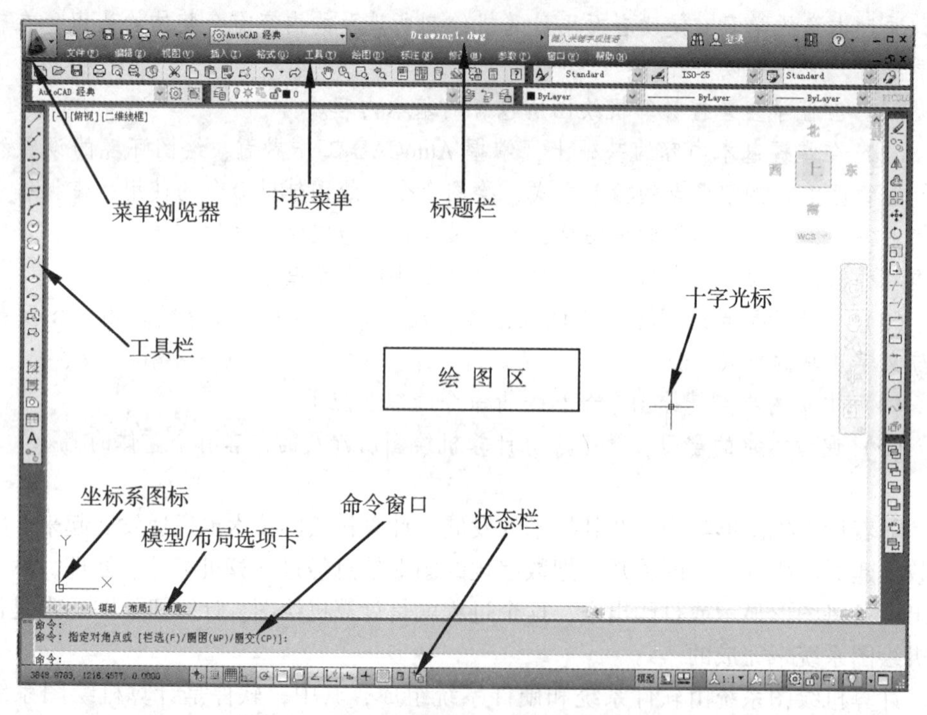

图 14-1　AutoCAD 2012 中文版用户界面

1. 下拉菜单

下拉菜单在屏幕的顶部，由 12 个菜单栏组成，这些菜单栏包含了 AutoCAD 中绝大多数命令。用鼠标单击某一菜单栏，即可弹出该栏目下的下拉菜单，在下拉菜单中又包含了一系列的选项，点击其中的条目即可触发相应的操作命令。在选项右侧有黑色小三角的菜单项表示还有下一级子菜单，必须选择子菜单项中的选项，命令才可以执行。右侧有“…”的菜单项，表示单击该项后将弹出一个管理器，与该命令有关的参数设置将在管理器中进行。

2. 工具栏

为了方便用户使用，AutoCAD 中的大部分命令都有形象的图标，当鼠标指针停在图标上时，会在图标的右下角显示相应的命令提示，单击这些图标就可以执行相应的命令。

在 AutoCAD 2012 中右击任何工具栏图标，在打开的工具栏（Toolbars）管理器中，选定要使用的工具栏的名称，就会出现所选择的工具栏。图标按钮按其功能分类，组成各个工具栏。工具栏可根据需要打开或关闭，其位置可以任意拖动。缺省状态只有标准、样式、图层、特性、绘图、修改和绘图顺序工具栏。

有的工具栏图标右下角有小三角形，将鼠标移到图标上并按住鼠标左键不放，会弹出一系列相关的图标，将鼠标移到任一个图标上松开鼠标左键，所选图标即变成当前图标。

3. 绘图区

绘图区占据了大部分屏幕，在该区域中显示所绘制的图形。当移动鼠标时，在绘图区中会出现随之移动的十字光标。

4. 命令窗口

在绘图区的下方是命令行操作和提示的区域，用户键入的命令、数据以及 AutoCAD 发出的提示信息就显示在这个区域。AutoCAD 的命令提示符是"命令（Command）:"，在这个提示符下面可以键入或从菜单中选择各种命令。这个区域缺省显示只有 3 行，多行信息自动向上滚动。用户也可以改变该区域的大小，按 F2 键可以弹出一个比较大的文字窗口，用以显示更多的命令和提示。

5. 状态栏

状态栏位于屏幕的底部，用于显示或设置当前的绘图状态。状态栏上位于左侧的一组数字动态地显示光标所在位置（X、Y、Z）坐标；当用户将光标移到菜单上或工具栏的按钮上时，状态条上将显示相应的功能提示。其余按钮从左到右分别表示当前是否启用了捕捉、栅格显示、正交模式、极轴追踪、对象捕捉、对象捕捉追踪、动态 UCS（用鼠标左键双击，可打开或关闭）、动态输入等功能以及是否显示线宽、当前的绘图空间等信息。

三、AutoCAD 命令的输入

AutoCAD 是交互式绘图软件，对它的操作是通过命令来实现的。命令的输入有多种方式，各有其优缺点。

1. 命令输入方式

用户可通过下列方式之一或交叉使用各种方式来输入命令：

（1）命令栏输入。在命令栏的"命令（Command）:"提示下，键入命令的英文名称（最简捷的方式是键入快捷键），然后按回车键或空格键命令即被执行，根据提示输入该命令所需的参数或子命令后，即执行该命令的功能。这是最直接、最基本的方式。但是 AutoCAD 2012 有许多命令，要记住所有命令的拼写不是件容易的事，最好是记住常用命令的快捷键，以快速输入命令。

（2）菜单输入（下拉菜单）。首先打开相应的菜单，在菜单中选择要执行的命令。将鼠标放在该命令所在的位置，此时该命令将增亮，单击鼠标左键，命令被输入并执行。在菜单中输入命令与命令栏输入命令是等效的。它的优点是不用记住命令的拼写，操作简便。但若运行过程有多步，则输入命令需要逐级打开菜单，速度稍慢。

(3) 图标输入。将光标移到工具栏中要执行命令的图标上，单击鼠标左键，该命令即被输入并执行。由于工具栏就在绘图区，点取其上的图标输入命令非常直观、便捷。对于初学者来说，这种命令输入方法最适用，但工具栏不能打开太多，以免过多地占据绘图空间，影响使用。

2. 透明命令

有一些命令，如 ZOOM、PAN 等，不仅可以直接在命令状态下执行，而且可在其他命令执行过程中插入执行。这些命令称为透明命令。当透明命令执行完后，将恢复被中断的命令执行。

3. 重复命令

如果想要重复上一个命令的执行，只要按回车键或空格键即可，不需要重新输入命令。

4. 中止命令

如果需要取消一个正在执行的命令，按键盘左上角的“Esc”键即可终止该命令，系统重新回到等待接收命令的状态，即命令行显示“命令:”提示符。

四、AutoCAD 的文件操作命令

在 AutoCAD 系统中，用户所绘制的图形是以图形文件的形式保存的。AutoCAD 图形文件的扩展名为“. dwg”。文件操作命令主要集中在菜单条“文件”项下拉菜单中，以及标准工具栏的前三项。

1. 创建一个新的图形文件（New）

命令：NEW

菜单：文件→新建

标准工具栏图标：

用以上三种方法都可执行该命令，执行命令后出现创建新图形的管理器如图 14-2 所示的“选择样板”管理器。

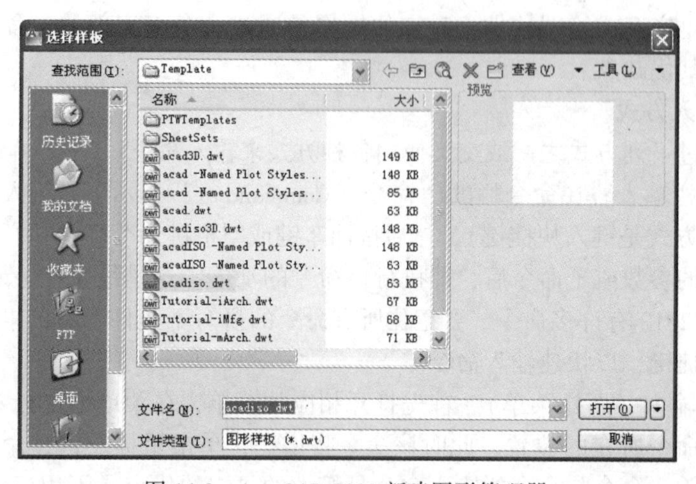

图 14-2　AutoCAD 2012 新建图形管理器

管理器内的样板文件是绘图时将要用到的一些设置，预先用文件格式保存起来的图形文件，其后缀为“. dwt”。AutoCAD 为用户提供了一批样板文件以适应各种绘图需要，这些样板文件放在 Template 子目录中。用户也可以创建自己的样板文件，还可以使用后缀为“. dwg”的一般图形文件作为样板文件开始绘制新图。

如果直接单击“新建”，系统将按照默认设置自动建立一个新的图形文件，文件名为“Drawing1. dwg”。图形的初始环境，例如绘图单位、图层、栅格间距、线型比例等采用系统缺省设置。用“New”命令，也可以创建一个新的图形文件。

2. 打开一个已有的图形文件（Open）

命令：OPEN

菜单：文件→打开

标准工具栏图标：

执行命令后，屏幕上显示一个类似图 14-2 所示的“选择文件”管理器，用户可在“查找范围”列表框中选择文件夹，然后在文件列表框中查找要打开的图形文件。选定要打开的文件后，按“打开”按钮即可打开一个已有的图形文件。AutoCAD 可同时打开多个图形文件，通过菜单条中的“窗口”进行切换。

3. 保存图形文件

对于绘制或编辑好的图形，必须将其存储在磁盘上，以便永久保留。另外，在绘图过程中为了防止在操作中发生断电等意外事故，也需经常对当前绘制好的图形进行存盘。文件的存盘有以下两种形式：

1）文件的原名存盘命令（Save）

命令：Save

菜单：文件→存盘

标准工具栏图标：

AutoCAD 把当前编辑的已命名图形文件以原文件名直接存入磁盘。若文件未命名，则弹出“图形另存为”管理器，从管理器中“保存于”下拉列表中确定存盘路径，并在“文件名”框中输入图形文件名，然后单击“保存”按钮。

2）文件的改名存盘命令（Save as）

命令：QSave

菜单：文件→另存为

标准工具栏图标：

命令执行后，同样弹出“图形另存为”管理器，从管理器中“保存于”下拉列表中确定存盘路径，并在“文件名”框中输入与原文件名不同的图形文件名，然后单击“保存”按钮。

4. 回退和重作命令（Undo、Redo）

Undo（图标）命令的作用是取消上一次操作，多次使用可回退多步。

Redo（图标）是 Undo 的反操作。但 Redo 命令只可取消上一个 Undo 操作，不可多次使用。

5. 退出 AutoCAD 系统（Exit 或 Quit）

命令：EXIT 或 QUIT

菜单：文件→退出

创建或编辑完图形后需退出 AutoCAD 时，正确的方法是执行 EXIT 或 QUIT 命令。如果对图形所做的修改尚未保存，则会出现警告管理器。选择“是”，将保存对当前图形所做的修改，并退出 AutoCAD；选择“否”，将不保存从上一次存储到目前为止对图形所做的修改；选择“取消”，则取消该命令的执行。

五、绘图环境的设置

1. 图形单位设置（Units）

命令：UNIT

菜单：格式→单位…

标准工具栏图标：0.0

在 AutoCAD 中，图形实体是用坐标点来确定其位置的，而坐标是以图形单位作为度量单位的。图形单位是长度单位，它可以代表“毫米”或“英寸”等。在开始绘图前，先要建立图形单位和实际单位的关系。AutoCAD 系统默认的图形单位是“毫米”。

执行该命令后，屏幕上将弹出“图形单位”管理器，如图 14-3 所示。在“长度”组合框内“类型”栏中，有 5 种单位制式供选择，在“精度”栏中可设定图形单位的精度；同样，在“角度”组合框内，可设置角度的单位制式和精度。“顺时针”复选框设置角度测量方向，不选时为逆时针为正；“插入时的缩放单位”框中的单位就是图形单位的物理含义；“方向”复选框设置角度测量的起始方向。对于初学者，可先采用系统的缺省设置绘图。

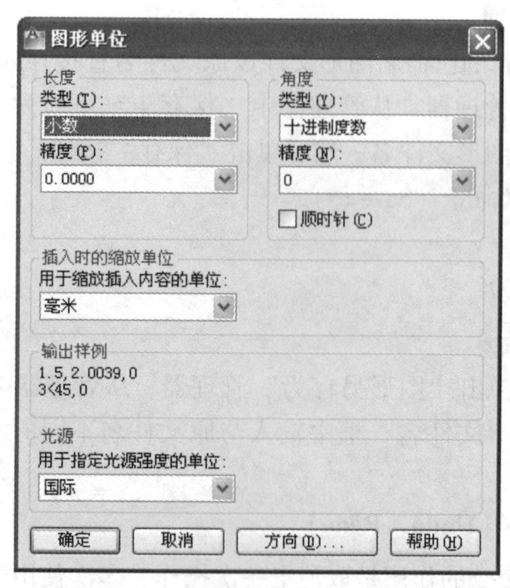

图 14-3 “图形单位”设置管理器

2. 绘图界限的设置（Limits）

命令：Limits

菜单：格式→图形界限

该命令用于设置绘图范围的大小。执行命令后，即可进行图幅的设置和修改。该命令还有两个选项：ON 代表打开图形界限，不允许在图幅范围以外绘图；OFF 代表关闭图形界限，可以在设定的图幅以外绘图。

绘图环境的设置还包括图层、颜色、线型、线宽以及尺寸变量等，后面将陆续介绍。

第二节　图形二维绘图命令

一、显示控制命令

在用 AutoCAD 绘图时，经常需要对图形进行局部观察或全局审视。AutoCAD 为这些操作提供命令，比如可用 ZOOM 命令来缩放图形，用 PAN 命令平移图形等。

1. 缩放命令（ZOOM）

命令：Z

菜单：视图→缩放→任选其中一项

缩放命令具有众多选项，键入该选项中大写的英文字母即可执行，如键入“A”并按回车键，则执行“全部”选项。各选项含义如下：

实时（Real time）：为缺省项，按回车键即可执行。单击标准工具栏上的实时缩放图标也可执行。该命令用来增加或减小观察图像的放大倍数，该命令执行后，光标变成放大镜状，按住鼠标左键不放，移动鼠标可进行实时缩放。

上一个（Previous）：恢复上次显示的视图。

窗口（Window）：缩放由两个对角点所确定的矩形区域。

动态（Dynamic）：显示图形的完整部分，并用光标确定图形的缩放位置。

比例（Scale）：以当前的视区中心作为中心点，输入参数值进行缩放。

圆心（Center）：该项先确定一个中心点，后给出缩放系数和一个高度值。

全部（All）：用于显示在绘图区域内的整个图形。

范围（Extents）：将视图在视区内最大限度地显示出来。

2. 平移命令（PAN）

命令：P

菜单：视图→平移→任选一项

图标：

该命令用来在任何方向中，实时移动观察视图。执行该命令后，光标变成手状，按住鼠标左键不放，移动鼠标，视图也发生相应的变化。当执行实时平移或缩放时，单击鼠标右键弹出一快捷菜单，可选择合适的选项，进行快速转换。

二、数据输入的方式

在 AutoCAD 中的许多命令被执行后，会提示输入必要的信息，如画直线、圆弧等。除执行命令外，还要输入点以指定其位置、大小和方向等。下面介绍几种常用数据的输入方式：

1. 点的定位

用键盘输入点的坐标有三种方式：绝对坐标、相对坐标和极坐标。

（1）绝对坐标：相对于坐标原点（0，0）的坐标。在命令的提示下，输入 X，Y 坐标。

例如：指定下一点：80，50（表示该点相对坐标原点的坐标为 80，50）。

（2）相对坐标：相对于前一个点的坐标，形式为“@x，y”。这里的@表示相对的意思，后面的数字分别表示该点相对前一个点在 X、Y 方向上的位移量。例如：前一个点的坐标是（80，50），在下一个点提示后键入@-20，30（相当于该点的绝对坐标为（60，80）。

（3）极坐标：极坐标的绝对形式为“距离<角度”，相对形式为“@距离<角度”。角度是距离与 X 轴的夹角，缺省设置下逆时针为正，顺时针为负。例：指定下一点：50<30 或指定下一点：@50<30。前者表示点与坐标原点的距离为 50，后者表示点与前一个点的相对距离为 50。

（4）用鼠标在屏幕上直接定点：移动鼠标的十字光标到达某个位置，按下鼠标左键，该点坐标即被输入。为了使鼠标迅速、准确地输入点的坐标，AutoCAD 还设置了辅助绘图工具，如光标捕捉、目标捕捉、自动追踪及点的过滤功能等。

2. 角度的输入

在缺省的状态下，角度的大小是自 X 方向逆时针度量的，通常用“度”表示。在相应的命令提示符下通过键盘直接键入数值即可。

3. 距离的输入

AutoCAD 有许多命令的输入提示要求输入距离的数值。这些提示符有：高度（Height）、宽度（Width）、半径（Radius）、直径（Diameter）等。当系统提示要求输入一个距离时，可以直接从键盘输入距离数值；也可以用鼠标指定两个点的位置，系统将自动计算距离，并以该距离作为要输入的数值接受。

4. 关键字的输入

关键字大多出现在命令的提示行中，以大写字母的形式出现。它表示命令可以有多种方式执行，由用户通过关键字选择。如画圆弧的命令：

命令：_ arc 指定圆弧的起点或“圆心（c）”：

如果直接键入点，该点就是圆弧上的一个点；若选择关键字“C”，再输入的点，就是圆弧的中心点。

三、常用的二维绘图命令

AutoCAD 绘图命令是绘制工程图样的基本命令。能否准确、灵活、高效地绘制图形，关键是能否熟练地掌握绘图方法和绘图技巧。

AutoCAD 2012 常用的绘图命令见表 14-1。

表 14-1　**常用的二维绘图命令图标、热键及功能**

图标	命　令	热键	功　　能
	直线（LINE）	L	通过指定两点绘制直线段
	构造线（XLINE）	XL	通过指定点绘制无限长的直线
	多段线（PLINE）	PL	绘制可变宽度的多段直线或圆弧相连而成的图形
	正多边形（POLYGON）	POL	绘制 3～1024 边的正多边形
	矩形（RECTANG）	REC	通过矩形的长和宽或两个对角点的位置来绘制矩形
	圆弧（ARC）	A	通过所给弧线的尺寸类型绘制一段圆弧
	圆（CIRCLE）	C	绘制圆
	样条曲线（SPLINE）	SPL	创建通过或接近点的平滑曲线
	椭圆（ELLIPSE）	EL	绘制椭圆
	插入块（INSERT）	I	向当前图形插入块或图形
	创建块（BLOCK）	B	从选定对象创建块定义
	点（POINT）	PO	绘制点
	图案填充（BHATCH）	H	在指定的区域内填充图例
	面域（REGION）	REG	创建面域
A	多行文字（MTEXT）	MT	通过管理器输入文字、定义字体、修改字高等
	表格…（EXCEL）		创建空的表格对象
	多线（MLINE）	ML	绘制由两条或两条以上直线段组合而成的平行线组

AutoCAD 2012 中图形的绘图工具栏如图 14-4 所示。在绘图时，命令行会提示输入点，我们可以输入绝对坐标、相对坐标，或者单击鼠标左键在屏幕上拾取一点。

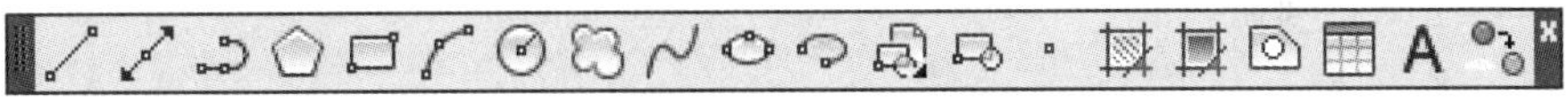

图 14-4　绘图工具栏

1. 直线命令（LINE）

命令：L

菜单：绘图→直线

图标：

执行直线命令后，在指定第一点：输入起点坐标后按回车键，指定下一点“或放弃（U）”：输入下一点坐标。输入 U 后按回车键，则可取消最后所画的一段线段；输入 C（CLOCE）后按回车键，则用一线段将终点和起点连接；按回车键结束直线命令。

【**例 14-1**】如图 14-5 所示，画出钢筋混凝土梁轮廓图形。

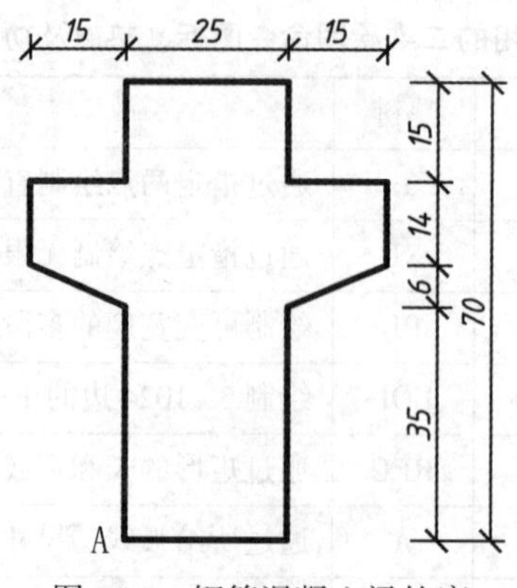

图 14-5　钢筋混凝土梁轮廓

作图过程：在绘制工具栏上单击直线图标；将光标移到合适处，单击鼠标左键定为 *A* 点，然后依次键入@ 25，0↙（按回车键）→@ 0，35↙→@ 15，6↙→@ 0，14↙→@ -15，0↙→@ 0，15↙→@ -25，0↙→@ 0，-15↙→@ -15，0↙→@ 0，-14↙→@ -15，-6↙→@ 0，-35（或直接键入 C）↙。

2. 画圆命令（CIRCLE）

命令：C

菜单：绘图→圆

图标：

执行命令后，命令提示为"CIRCLE 指定圆的圆心或"三点（3P）/两点（2P）/相切、相切、半径（T）"："可以通过给定圆心，然后给出半径或直径画圆；或键入 3P 后按回车键，给出三点画圆；或键入 2P 后按回车键，给出两点画圆；或键入 T 后按回车键，选择两个已知图线后再给半径画圆。

3. 圆弧命令（ARC）

命令：A

菜单：绘图→圆弧

图标：

执行命令后，命令提示中各选项包含圆弧的起点（S），圆弧的终点（e），圆弧的第二个点（圆弧起点和终点中间的点），圆弧的圆心（C），圆弧的弦长（L），圆弧的半径（R），圆弧所对应的圆心角（A），圆弧生成的起始方向（D）。可以通过其中的选项，根据所给圆弧的尺寸确定画圆弧的方式。

4. 多段线命令（PLINE）

命令：PL

菜单：绘图→多段线

图标：

该命令用来绘制相连的直线或圆弧段组成的多段线。AutoCAD 将这一系列线视为一个单独的对象。多段线可具有宽度，并且易于被编辑。

执行命令后，命令提示“指定起点:”，指定一点后，提示为“指定下一个点或“圆弧（A）/半宽（H）/长度（L）/放弃（U）/宽度（W）”:”其中，圆弧（A）为从起点开始画圆弧，后面的选项与圆弧命令的执行过程基本一样；半宽（H）和宽度（W）为选定画线的半宽或宽度，线段的起点和终点宽度不同时，可画不等宽线；长度（L）为线段沿原方向延伸一个指定的长度，如果最后一段多段线是弧，则延伸的就是该弧的切线；放弃（U）为取消上一段线。再画线时选项中多一项“闭合（C）”，是用于封闭图形的。

【例 14-2】 画如图 14-6 所示的图形。

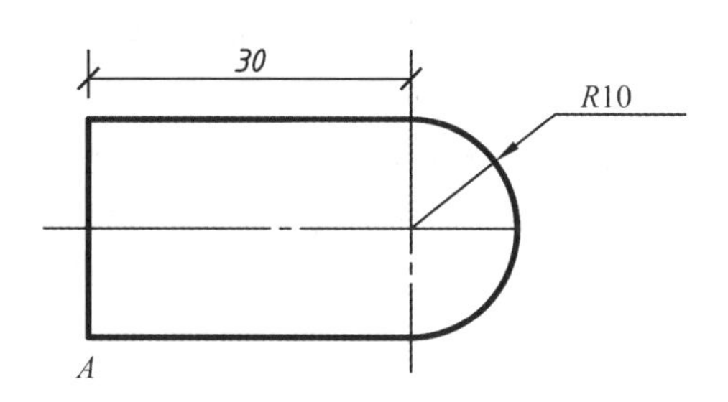

图 14-6　绘制平面图形

作图过程：单击图标，将光标移到合适处，单击鼠标左键定 A 点，然后依次键入@ 30，0↙→A↙→@ 0，20↙→L↙→@ -30，0↙→C↙。作图过程中键入的 L 是从圆弧回到画直线状态。

5. 正多边形命令（POLYGON）

命令：POL

菜单：绘图→正多边形

图标：

执行命令后，提示中有 3 种画正多边形的方式，分别为根据正多边形外接圆的半径；或根据正多边形内切圆的半径；或根据正多边形边长画正多边形。采用何种方式，取决于正多边形所给的尺寸形式。

6. 矩形命令（RECTANG）

命令：REC

菜单：绘图→矩形

图标：

执行命令后，缺省是通过给定矩形的两个对角点绘制矩形，选项的含义是倒角（C）设置矩形各角的倒角长度；标高（E）设置离 XY 平面高度；圆角半径（F）设置矩形各角的圆角半径；厚度（T）设置所画矩形的高度；线宽（W）设置所画矩形的线宽。

7. 椭圆命令（ELLIPSE）

命令：EL

菜单：绘图→椭圆

图标：

执行命令后，缺省是通过给定椭圆一个轴的两个端点，后指定另一轴的一半距离；选项“圆弧（A）”是画椭圆弧的，选择此项后出现的提示与绘制整个椭圆基本相同，完成椭圆提示后，指定起始角度和指定终止角度；选项“中心点（C）”是首先确定椭圆的中心点，然后指定一个轴端点，再指定另一轴的距离。

8. 图案填充命令（BHATCH）

命令：H

菜单：绘图→图案填充

图标：

执行命令后，弹出如图 14-7 所示“图案填充和渐变色”管理器。在“样例”中选择图案样式，或单击“图案”下拉框后的（...）按钮弹出“填充图案选项板”，可以直观地选择需要填充的图案形式。在管理器中可设定选定填充图案的角度（G）和缩放比例（S）。进行图案填充之前，必须要确定边界，AutoCAD 只能在一个封闭的边界内才能填充。因而，想填充一个区域必须使其边界相交，或作几条使其边界相交成封闭边界的辅助线，在填充图案后再将其删除。用户可利用“添加：拾取点”按钮在要填充的区域内选择一个点，也可利用“添加：选择对象”按钮来选择形成一个或几个封闭区域的若干对象。选择“预览”按钮，可预览填充图案的结果。

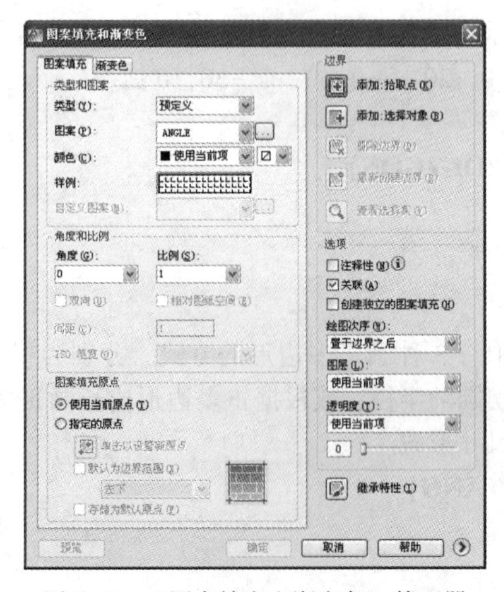

图 14-7 “图案填充和渐变色”管理器

9. 多线命令（MLINE）

命令：ML

菜单：绘图→多线

图标：

图样中经常要画平行线，尽管可以用直线命令配合复制或偏移命令来完成，但比较麻烦。若用多线命令可同时绘制 1~16 条平行线（多线元素），多线命令的执行过程与直线命令类似，都是指定起点和端点。但不同的是，多线命令执行的结果是多条平行线。

命令执行后，命令行提示：

当前设置：对正 = 上，比例 = 20.00，样式 = STANDARD

指定起点或“对正（J）/比例（S）/样式（ST）”：(指定起点或选项修改当前设置)

指定下一点：

指定下一点或“放弃（U）”：(输入下一点或输入 U 放弃前一段多线)

指定下一点或“闭合（C）/放弃（U）”：（输入下一点，或输入 C 使多线闭合，或输入 U 放弃前一段线）

其中：

指定起点：确定多线的起点后，拖动光标，从起点处延伸到光标所在位置有橡皮筋线跟随光标，随着光标的移动而改变。其组成的平行线与当前的多线样式相同。

对正（J)：修改对正方式。输入 J 回车后，命令行提示：

输入对正类型“上（T）/无（Z）/下（b）”<上>：缺省是上对齐（多线的顶部与光标对齐)；若选择 Z 是多线的中间与光标对齐；若选择 B 是多线的底部与光标对齐。

比例（S)：修改比例，比例值是平行线间的距离的全局比例因子。

样式（ST)：选择其他的多线样式。需要在命令行中输入所需样式的名称，如果忘记了多线样式名称，可输入“?”然后回车，将出现一个 AutoCAD 文本窗口，上面列出已加载的多线样式名称及说明，可以从中找到所需样式的名称。

10. 多线样式

菜单：格式→多线样式…

执行命令后，弹出如图 14-8 所示“多样样式”管理器。在“样式”中只有缺省的双线样式，单击“新建”会弹出如图 14-9 所示的“创建新的多线样式”管理器，输入新样式的名称后，单击“继续”，弹出如图 14-10 所示的“新建多线样式”管理器，在此框中可设置线间距离、颜色、线型等。

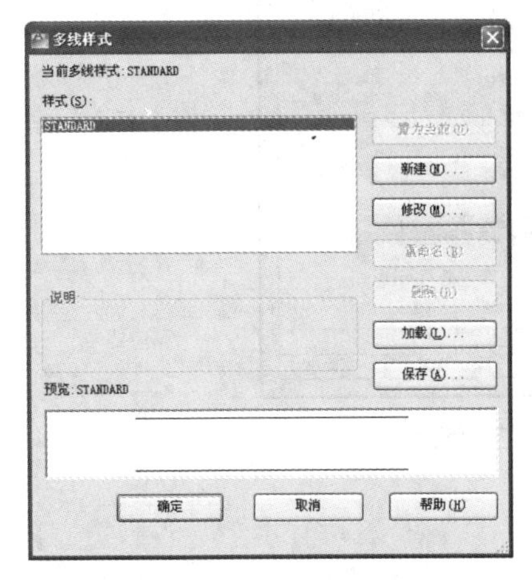

图 14-8　“多线样式”管理器

图 14-9　“创建新的多线样式”管理器

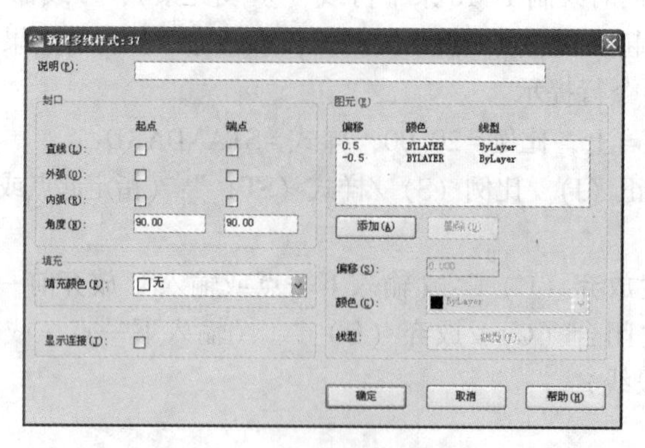

图 14-10　“新建多线样式”管理器

四、辅助绘图工具

AutoCAD 提供了许多帮助画图的工具型命令，这些命令本身并不产生实体，但可以为用户设置一个更好的工作环境，帮助用户提高作图的准确性和绘图速度。在用户界面上，将这些命令作为功能按钮集中显示在状态栏中，如图 14-1 所示。用鼠标左键单击使按钮高亮，则该按钮所表示的功能处于打开状态；相反，则处于关闭状态。当功能按钮有需要设置或修改的参数时，把光标放在该按钮上并单击鼠标右键，将弹出一个快捷菜单，选择其中“设置”选项后，弹出相应的“草图设置”管理器，可进行参数设置。“对象捕捉”的设置管理器如图 14-11 所示。

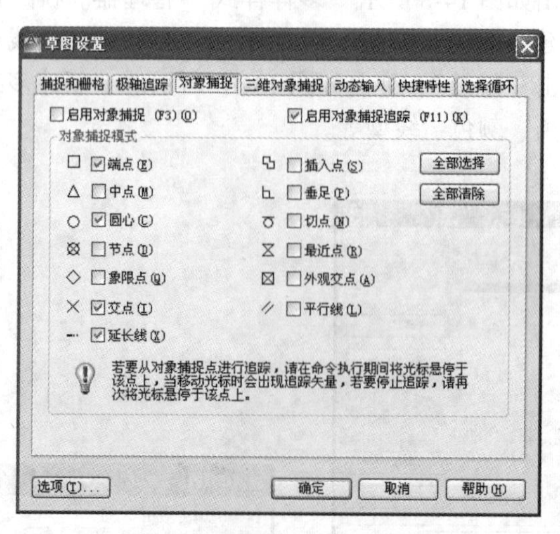

图 14-11　辅助绘图工具管理器

1. 对象捕捉

在作图时，如果需要使用图形实体上的某些特殊点，直线的端点、中点，圆或圆弧的圆心、切点，线与线的交点等，若直接用光标拾取，误差可能较大；若键入数字，又难以知道这些点的准确坐标，而目标捕捉功能可以帮助用户迅速而准确地捕捉到这些点。

使用目标捕捉有两种方法：

1）单点捕捉

打开对象捕捉工具栏，如图 14-12 所示。在绘图命令的操作过程中，当需要使用某一特殊点时，单击捕捉工具栏中的相应按钮，光标变成靶区，移动靶区接近实体，捕捉点被绿色标记显示出来，按鼠标左键捕捉到实体上需要的类型点。单点捕捉方式每次只能捕捉一个目标，捕捉完了即自动退出捕捉状态。

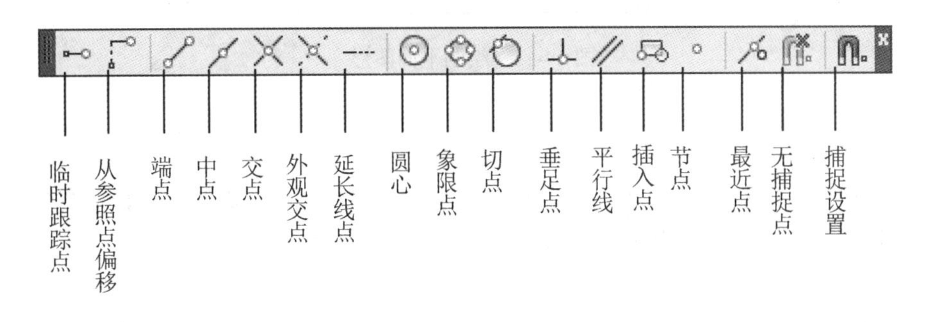

图 14-12 单点捕捉工具栏按钮

2）对象捕捉方式（F3）

在图 14-11“对象捕捉”中，设置目标捕捉的捕捉点，可以一次设置若干个捕捉模式。在状态栏中，若“对象捕捉”处于激活状态，则设置的目标捕捉一直可用，直到“对象捕捉”关闭。在操作过程中，若需选择某特殊点，可将光标放在其位置附近，捕捉功能会自动找到。可以通过单击状态栏按钮“对象捕捉”或按 F3 键打开或关闭对象捕捉功能。

2. 光标捕捉（F9）

在图 14-11“草图设置”管理器中的“捕捉与栅格”中，使用捕捉命令可以生成一个在屏幕上虚拟的栅格。这种网格看不见，但启动捕捉时，它会迫使光标的移动只能落在栅格点上，当关闭时，它对光标无任何影响。可以通过单击状态栏按钮“捕捉”或按 F9 键打开或关闭栅格捕捉功能。

3. 屏幕栅格（F7）

栅格是屏幕上显示的一个可见的参考栅格，它的作用如同使用方格纸画图一样，有一个视觉参考。栅格显示的范围是由图形界限命令设置的图形界限。栅格只是一种辅助工具，不是图形的一部分，因此不会被打印输出。可以通过单击状态栏按钮“栅格”或按 F7 键打开或关闭栅格显示。

4. 正交模式（F8）

当设置了正交模式后，将迫使所画的线平行于 X 轴或 Y 轴。可以通过鼠标左键单击状态栏按钮“正交”或按 F8 键打开或关闭正交模式功能。

【例 14-3】 如图 14-13 所示，绘制平面图形。

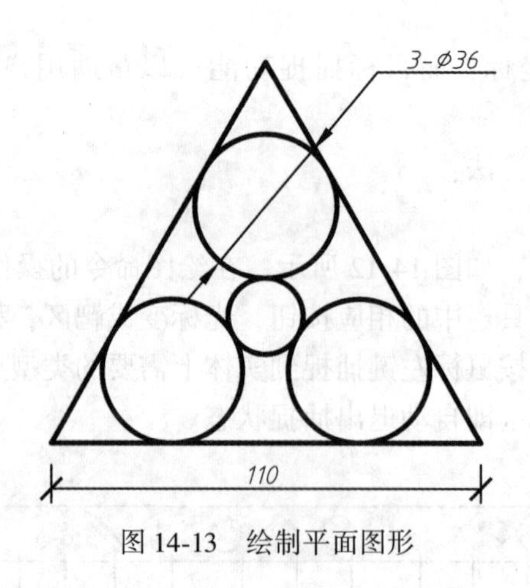

图 14-13　绘制平面图形

作图过程：

（1）打开“正交模式”F8。在“绘图”工具栏中点取“多边形”图标，键入边数 3，按边（E）长 110 绘制正三边形，如图 14-13 所示。

（2）单击“圆”图标，选择（T）回车，单击任意两条边给半径 18 绘 ϕ36 的圆。用同样的方法绘另外两个圆。

（3）设置捕捉方式：捕捉切点（Tan）类型，按下“对象捕捉”按钮，打开自动捕捉功能。

（4）单击“圆”图标，选择 3P（三点绘圆）回车，分别单击三个已绘制的 ϕ36 圆，绘出中间的圆。

5. 极轴追踪

使用“极轴追踪”功能，可沿指定角度的增量角来绘制对象，其设置如图 14-14 所示。“增量角”下拉子项中设有常用的增量角度值，也可在“附加角”中单独设置各种角度。

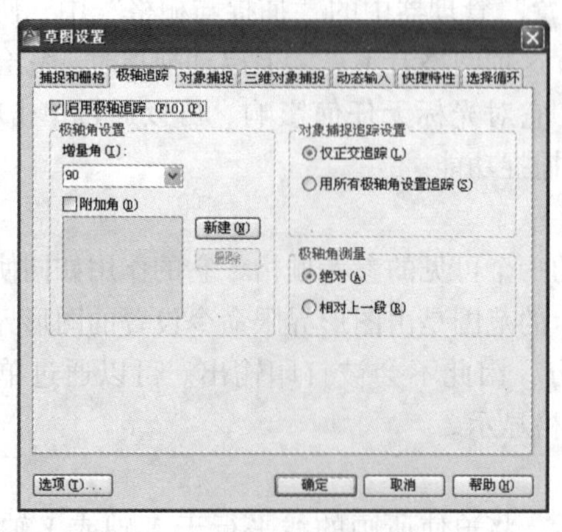

图 14-14　极轴追踪设置管理器

第三节　图形的编辑命令

无论什么样的图形，都是由许多基本图形组成，要经常对这些基本图形进行编辑。绘图和编辑命令配合使用，可以灵活快速地画出图形，一般情况下编辑命令要比绘图命令用得多。

一、构造选择集

要对图形进行编辑和修改，需要选择被编辑修改的图形对象，被选择的对象可以是一个或多个实体。图形编辑是对指定的实体进行编辑，在执行编辑命令时，首先要选择图形实体，这些被选中的图形实体构成了选择集。

在 AutoCAD 中可首先选择图形对象，再执行相应的命令。也可先执行命令，再选择图形对象。选择的对象会被醒目地显示出来（如用虚线表示）。当输入编辑命令后，用户在“选择对象:”提示下，可将拾取框移到对象上直接选取对象，也可用窗口选取对象或者输入有效的选取选项。常用的选取目标方式有：

1. 直接指定方式

这是默认的方式。此时将光标拾取框移到要选的图形对象上，按下鼠标左键，图形对象变成醒目的显示方式，这意味着该图形已被选中。

2. 窗口方式

如果鼠标点取的第一个点没有拾取到图形对象，系统会自动显示“窗口拾取”。若拖动鼠标从左到右输入两点，以这两点为对角线形成矩形窗口，完全落在窗口内的图形可被选中；若拖动鼠标从右到左输入两点，以这两点为对角线形成矩形窗口，只要与窗口有重叠的图形都被选中。

3. 扣除方式

如果要从已经被选中的图形对象中排除某些图形，用“R”回答选取目标的提示，然后再用指定拾取点或窗口的方式指明需从选择集中移出的对象，此时这些图形对象又变成原来的状态。也可按住 Shift 键的同时，拾取要排除的图形，同样能实现从选择集中排除某些图形的操作。

4. 加入方式

在使用了排除方式后，键入“A”，系统又回到选取目标状态，可以继续选择要编辑的图形对象。

5. 全选方式

若要选择所有的图形对象，可在选择对象时键入“A”，系统会将选择除已锁定或已冻结图层上的所有图形对象。

二、图形的编辑命令

编辑命令的操作过程为：输入编辑命令→在“选择对象”提示后选择图形对象→对选中的图形对象集进行编辑。编辑命令主要集中在下拉菜单“修改”及“修改工具栏”中，其图标、命令名、热键及功能见表 14-2。

表 14-2　　　　常用编辑命令的图标、热键及功能

图标	命令	热键	功能
	删除（ERASE）	E	从图形中删除对象
	复制（COPY）	CO	将对象复制到指定方向上的指定距离处
	镜像（MIRROR）	MI	创建选择对象的对称（镜像）副本
	偏移（OFFSET）	O	复制一个与指定图形对象偏移指定距离的新图形对象
	阵列（ARRAY）	AR	对选择对象进行有规律的多重复制
	移动（MOVE）	M	选择对象移动到指定方向上的指定距离处
	旋转（ROTATE）	RO	将选择对象绕基点旋转一定角度
	缩放（SCALE）	SC	将选择对象在 X 和 Y 方向上按相同的比例系数放大或缩小
	拉伸（STRETCH）	S	通过窗选或多边形框选将选择对象的某一部分拉伸，其余部分保持不变
	拉长（LENTHEN）	LEN	改变图中对象的长度或角度
	修剪（TRIM）	TR	以指定的剪切边为界，修剪所选定的对象
	延伸（EXTEND）	EX	使所选对象延伸至指定的边界
	打断（BREAK）	BR	将直线段、圆、圆弧、多段线等断开一段
	倒角（CHAMFER）	CHA	给直线图形倒棱角
	圆角（FILLET）	F	给直线、多段线倒圆角
	分解（EXPLODE）	X	将块、尺寸及多段线分解为单个实体图形，使多段线失去宽度

1. 删除命令（ERASE）

命令：E

菜单：修改→删除

图标：

执行命令后选择对象按回车键、空格键或单击鼠标右键将选择对象删除。

2. 复制命令（COPY）

命令：CO

菜单：修改→复制

图标：

执行命令后选择对象，命令行会提示用户指定一个基点，给出一个基点，移动鼠标或给出相对基点的距离，以确定拷贝的位置和数量。复制结束，按回车键退出命令。

3. 镜像命令（MIRROR）

命令：MI

菜单：修改→镜像

图标：

执行命令后选择镜像对象回车，提示输入两点确定镜像线（即对称轴）；确定镜像线后，提示“是否删除原对象?”，默认为“N（不删除）”，即进行镜像复制，若要删除旧对象则选择“Y（删除）”选项。在对图形进行左右或上下镜像时，可以打开正交功能（单击状态栏上的正交按钮或按F8功能键），作出水平或垂直的镜像线。

如图14-13所示，正三边形内的三个圆，可只用圆的命令画一个圆，另两个可用镜像命令复制，其镜像线应为一个角点和该角点对应边中点的连线。

4. 偏移命令（OFFSET）

命令：O

菜单：修改→偏移

图标：

偏移命令可创建于原图形对象偏移一定距离的拷贝。直线的偏移拷贝是等长线段。圆弧的拷贝是同心圆弧，并且保持圆心角相同。圆的拷贝是同心圆。

执行该命令后，先输入数值或在屏幕上拾取两点指定偏移距离，然后选定要偏移的对象，并指定偏移方向。此后可以连续进行偏移操作，结束命令按回车键。

5. 阵列命令（ARRAY）

命令：AR

菜单：修改→阵列

图标：

在执行命令后会弹出如图14-15所示管理器，在选择对象后，可以选择“矩形阵列”或“环形阵列”样式。若选择矩形阵列，则提示要输入行数、列数、行偏移和列偏移距离；若选择环形阵列，则提示要阵列的中心点、项目数（包括原对象）和阵列填充的角度，最后要确定复制时是否旋转，选择“复制时旋转项目”，则在复制时绕中心点旋转，否则只作平移。

6. 移动命令（MOVE）

命令：M

菜单：修改→移动

图标：

执行该命令并选择对象后，指定一点作为基点，然后指定位移的第二点。图形按两点间的距离移动所选择的对象。

7. 旋转命令（ROTATE）

命令：RO

菜单：修改→旋转

图标：

执行命令并选择要旋转的图形对象，指定物体旋转的基点（中心点）后，默认为

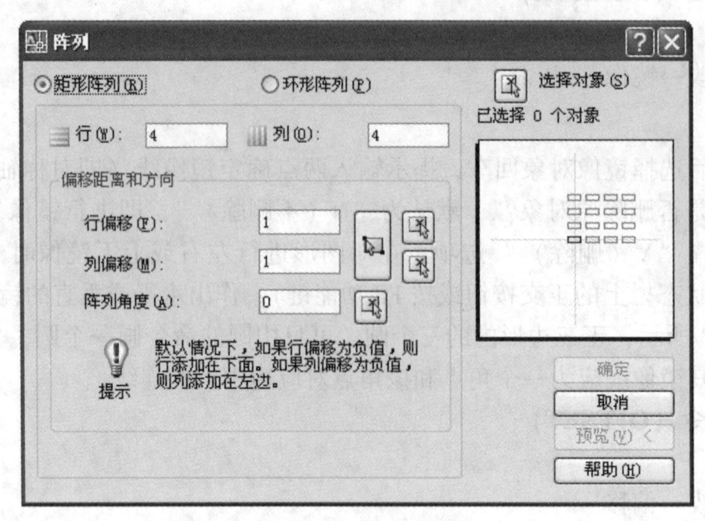

图 14-15　阵列管理器

“指定旋转角度”，输入旋转角度值（逆时针为正）。选择“参照（R）”选项，则先选取两点作为参照角度，再输入新角度。

8. 比例缩放命令（SCALE）

命令：SC

菜单：修改→缩放

图标：

执行命令并选择要比例缩放的图形对象，回车并确定基点，默认为输入缩放比例值。选择“参照（R）”选项时，应先确定参照长度（可以用鼠标选定两点作为参照距离），再输入新长度，以新长度和参照长度的比值作为缩放比例。

9. 拉伸命令（STRETCH）

命令：S

菜单：修改→拉伸

图标：

执行此命令后，用户必须使用从右向左窗口选择拉伸的对象，然后再输入两点确定拉伸对象的移动位移。全部在窗口内的图形对象只被移动，不完全包含在窗口内的对象只拉伸在窗内的部分，而窗口外的对象保持位置不变。

10. 修剪命令（TRIM）

命令：TR

菜单：修改→修剪

图标：

执行命令后，应先选择剪切边界，并按回车键或单击鼠标右键确认，然后再选择图形对象上要修剪的部分。如要一次选中多个剪切对象，可使用热键 F（Fence）选项后回车，用鼠标单击两点确定一条直线，使这条直线通过要修剪的图形，回车后所有与这条直线相交的图形均以边界为界剪掉。在提示选择剪切边时直接回车，界面上的所有图形对象均为剪切边。

11. 延伸命令（EXTEND）

命令：EX

菜单：修改→延伸

图标：

执行命令后，应先选择边界，后选择要延伸的对象。可以连续选取延伸的多个对象，直到按回车键结束。同修剪命令一样，若在选择边界时直接回车，系统将所有的图形对象均设为边界。也可使用热键 F（Fence）选项延伸多个对象。

12. 打断命令（BREAK）

命令：BR

菜单：修改→打断

图标：

执行命令后，选定需打断的图形对象，默认的选项为指定对象上的第二断点。如在选择对象时选择对象上的第一个断点，然后再选择第二断点，则这两点之间的部分被删除。如键入 F 后回车，可重新指定第一断点，然后指定第二断点。拾取的第二点可以不在对象上，对象上距拾取点最近的点将被作为第二断点。若在指定第一断点时，输入 @ 回车，则图形两段在截断点重合，在断点处被分成两部分。

13. 圆角命令（FILLET）

命令：F

菜单：修改→圆角

图标：

执行命令后，应先确定“半径（R）”，计算机有一个默认值，若不合适就应选择“半径（R）”选项设定圆角的半径。设定半径之后，选择两个能相交的图形对象，则两图形之间用圆弧光滑连接，圆角命令结束。若执行圆角命令后，选择“多段线（P）”项，可对多段线的所有角进行倒圆角。“修剪（T）”项是设定是否剪裁过渡线段的，如果将半径值设为 0，则该命令可用于连接两个不相交的对象。

14. 分解命令（EXPLODE）

命令：X

菜单：修改→分解

图标：

可分解的对象有多段线、块、尺寸、图案填充等。多段线被分解成没有线宽的直线段和圆弧，在以后的处理中，直线段和圆弧均被当成独立图形对象对待；块被分解后，则整个块回到形成前的组成状态，块内的每个图形实体均可单独处理；尺寸被分解为多行文字、直线段、实心体和点；图案填充则被分解为组成填充图案的一条条直线段。有时需要将一体的组合图形分解，才能修改其中的个别对象。

三、用夹持点功能进行编辑

夹持点是布局在图形对象上的控制点。不输入编辑命令而直接选取图形对象时，在图形上便显示出一些小方块，这些小方块就是夹持点，如图 14-16 所示的圆、直线和五边形上的小方块便是夹持点。在夹持点中选取一个，点击一下，此夹持点便成了红色。借助这些夹持点可以很方便地对实体进行拉伸、移动、复制、旋转、镜像等编辑操作。此时命令行出现显示：

＊＊拉伸＊＊

指定拉伸点或［基点（*b*）/复制（*c*）/放弃（U）/退出（X）］：

这个提示告诉用户可以使用夹持点操作。选用的夹持点不同，操作也不同。例如直线，选取中间夹持点，缺省操作是移动。选取两端的夹持点，缺省的操作是拉伸。这时拖动鼠标，光标会相对基点拉伸实体。到达合适位置后单击鼠标左键，拉伸结束。

如果用回车回答上述提示，夹持点操作就转成移动操作；再回车，转成旋转操作；再回车，转成缩放操作；再回车，转成镜像操作。依次循环上述命令的执行。按 Esc 两次可撤销夹持点显示。

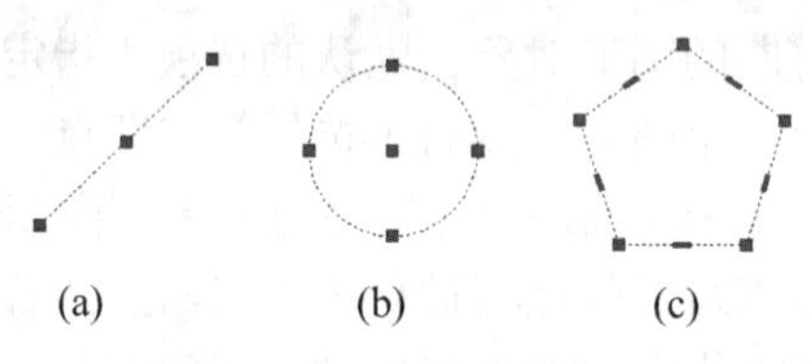

图 14-16　夹持点的位置

第四节　图层及颜色、线型、线宽

为了更好地组织图形，AutoCAD 提供了一个分图层的功能，在绘图时，可以把一张图纸上具有相同线型、相同颜色的图形对象放在同一图层上。图层相当于没有厚度的透明胶片，各层之间完全对齐，每一层上可以使用一种线型和一种颜色进行绘图和修改，不会影响到其他层，将各图层上所画的图形按相对位置关系叠加到一起，可构成一张复杂的图样。因此，用图层来控制和组织图形为绘制复杂图样提供了有效的手段，同时也节省了大量的存储空间。

一、图层的特性

（1）在一幅图中，用户使用图层数量和每个图层所容纳图形对象的数量是没有限制的。

（2）每一个图层都应有自己的名字，图层名可用字母、数字和字符组成。0 图层是 AutoCAD 提供的一个缺省层，在没建立自己的图层时，图形是绘制在 0 层上的，0 层是不能删除的。

（3）一般情况下，每个图层上的图形对象各自设置成一种颜色、一种线型和一种线宽。

（4）AutoCAD 允许用户建立多个图层，但所绘图只能在当前层上。

（5）各图层具有相同的坐标系、绘图界线、显示时的缩放倍数，用户可以对位于不同图层的实体同时进行编辑操作。

（6）用户可以对各图层进行打开（On）、关闭（Off）、冻结（Freeze）、解冻（Thaw）、锁定（Lock）与解锁（Unlock）等操作，以决定各图层的可见性和可操作性。

（7）同一图层上也可以实现不同线型、不同颜色的绘图，但不提倡这种绘图方式，因为它对图形的编辑会带来麻烦。

二、图层命令（LAYER）

命令：LA

菜单：格式→图层

图标：

选择上述任意方式输入命令后会弹出“图层特性管理器”，如图 14-17 所示。矩形区域中显示了已建立的图层及各图层的状态，如果要修改某个特性，可单击相应的特性图标即可，管理器中各选项功能如下：

图 14-17　“图层特性管理器”

（1）新建图层。单击新建图层图标按钮，则图层列表上会添加一个新层，该层与上面一层的属性相同，图层名称可以改变。

（2）删除图层。选中要删除的层，单击删除图层按钮。当图层上有图形对象时不可删除，还有 0 层、当前层和被外部文件参考的层不能删除。

（3）设置当前层。首先选择要成为当前层的层，再单击对号按钮即可。

（4）打开与关闭图层。单击小灯泡可以使图层在打开与关闭之间转换。关闭图层，则该层上的图形对象不可见；若关闭的是当前层，在屏幕上所画的图形是看不到的。

（5）冻结与解冻图层。单击太阳可以使图层在冻结与解冻之间转换。若将某层冻结，图标变成雪花状，冻结图层上的图形对象是不可见的。冻结图层与关闭图层的区别在于冻结图层上的对象不参与编辑等操作，而关闭图层上对象是参与操作。因此在复杂的图形中冻结不需要的图层可以加快系统重新生成图形时的速度。但当前层是不能冻结的。

(6) 图层锁定与解锁。单击锁图标可以使图层在加锁与开锁之间转换。若图层加锁了，则在锁定层上的图形对象可见但不能被编辑和修改。

(7) 图层颜色的设定。单击颜色小框则弹出可供选择的颜色管理器。

(8) 图层线型的设定。单击线型图标，则会出现可供选择的线型管理器。在其中可通过“加载（L）”将所需线型调入内存，以供选择用。

三、图层的使用

图层的操作主要通过图层工具栏来进行，其上各按钮的作用如图 14-18 所示。

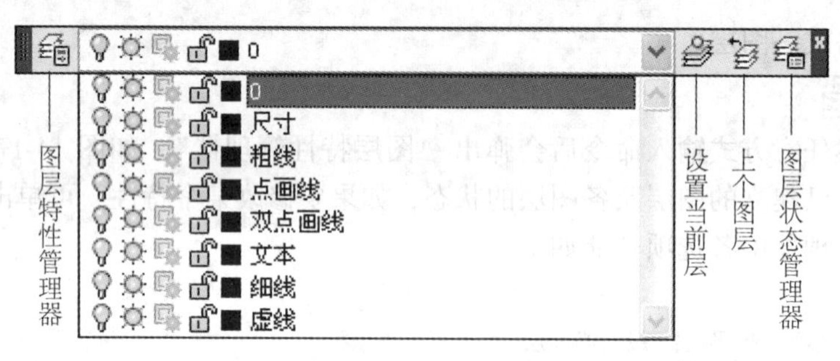

图 14-18　图层工具栏

利用图层工具栏上的图层状态列表图标，可以很方便地管理图层，包括打开或关闭、冻结或解冻、锁定或解锁和设定当前层（从下拉列表中选定当前层即可）等。当需要将某一图形对象从一个图层调到另一图层时，只要先选中图形对象，再从层列表上选择要放置的图层即可。

四、特性

每个图形对象都具有特性，有些特性是基本特性，适用于多数对象，如图层、颜色、线型、线宽等；有些特性是专用于某个对象的特性，例如圆的特性就包括半径和面积、直线的特性包括长度和角度。

多数基本特性可以通过图层指定给对象，也可以使用如图 14-19 所示的特性工具栏给对象直接指定特性。

图 14-19　特性工具栏

如果将各栏的特性都设置为 ByLayer，则该对象的特性与其在图层的特性相同。例如，若在图层 0 上绘制直线的颜色设置为 ByLayer，图层 0 的颜色为“红色”，则直线的颜色显示的就是红色。

如果将特性设置为指定的某项，则该项所设将替代图层中的设置。例如，若在图层0上绘制直线的颜色设置为“蓝色”，而图层0的颜色设置为“红色”，则直线的颜色显示的是蓝色，而不是红色。

线型比例可调整点画线、虚线等线型的画长和间隔的长度。可通过图14-19中线型设置中的“其他”选项来设置“全局比例因子”。全局比例因子会影响到所有已经画出的线型和将要画出的图线。

第五节　文本注写

在工程设计中常要对图形进行文字注释，AutoCAD提供了多种创建文字的方法，对简短的文字输入用单行文字，对带有内部格式的较长文字，则用多行文字。文字是按一定的字形生成的。每种字形都有相应的字体，在使用文字命令前，应根据用户的需要定义文字样式，否则，系统会默认文字样式的。

一、文字类型的设定

在样式工具栏中单击图标，弹出如图14-20所示管理器。

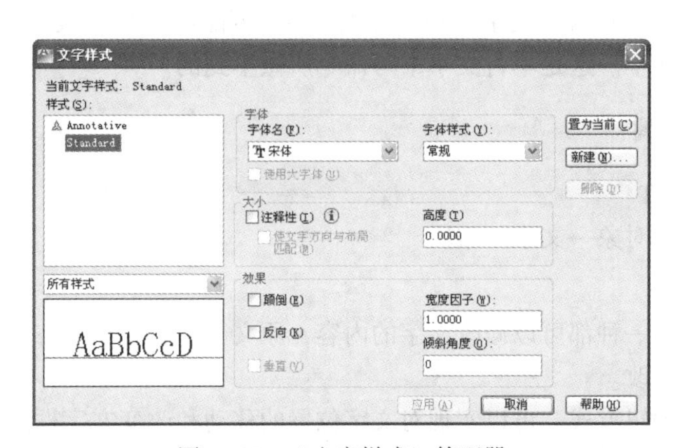

图14-20　“文字样式”管理器

该管理器中，“样式”显示当前字样名称，“Standard”是系统缺省设置，用户可通过“新建”按钮设置多种字样；每种字样都指定一种字体，在“字体名”框可以选择字体。“高度”框内设置字体的高度，若不在此设置（值为0），而在命令执行过程中输入字体的高度也是一样的。用户可通过预览框看到字体样式的效果。设置“样式”和“字体名”后，应单击“应用”，所设置的才有效。

二、文字标注

文字标注有单行文字和多行文字标注两种方式。在绘图工具栏中单击A图标，可标注多行文字；在“绘图”下拉菜单中，“文字”项中有单行和多行文字标注命令。单行文字并非只能写一行，而是每一行都是一个对象；而多行文字则是以一个段落为一个对象的。

1. 单行文字的书写（TEXT）

命令：DT

菜单：绘图→文字→单行文字

图标：

执行命令后，系统提示："指定文字的起点或"对正（J）/样式（S）"："

提示选项中的 J 是选择文字对齐的方式，系统会给出各种方式以供选择；S 是要输入已定义的字样名，缺省是"Standard"。

绘图中使用一些特殊字符，不能由键盘直接产生，为此 AutoCAD 提供使用控制码实现特殊字符的书写方法。控制码以%%开头，如%%d 是角度"?"的控制码；%%c 是直径"ϕ"的控制码；%%p 是正负号"±"的控制码。

2. 多行文字的书写（MTEXT）

命令：MT

菜单：绘图→文字→多行文字

图标：

执行了命令后，给出两点，将弹出一个"多行文字编辑器"的管理器，在框内可以选择字体、字高以及输入文字。在"多行文字编辑器"中，可在一行中书写不同字体、不同字高的文本。这是单行文字书写命令所做不到的。

三、文字编辑

命令：DDEDIT

菜单：修改→对象→文字→编辑

图标：

使用上述任何一种都可以修改文字的内容，原文字是在什么状态下写的，编辑时就回到什么状态下修改。

若用夹持点编辑方式，可以实现对文字位置的移动和改变文字框的大小。

第六节　尺寸标注

尺寸标注是工程制图中一项十分重要的内容，尺寸标注能准确无误地反映物体的形状、大小和相互位置关系，利用 AutoCAD 尺寸标注命令，可以方便快速地标注出图形上的各种尺寸。在执行标注命令时，AutoCAD 可以自动测量出所标注图形的大小，并在尺寸线上标注出测量的尺寸数字。

一、尺寸标注样式

命令：DDIM

菜单：格式→标注样式

图标：

执行命令后，会弹出一个尺寸标注样式管理器，如图 14-21 所示。尺寸标注样式控制着尺寸标注的外观特性，如尺寸起止符号的类型、标注文字的样式等。尺寸标注形式的设置可集中在管理器中进行，在该管理器中，用“置为当前”按钮可以将已有的尺寸格式设置为当前样式；“新建...”按钮是建立新的尺寸样式；“修改...”按钮可以打开“修改标注样式”管理器，在如图 14-22～图 14-26 所示的管理器中进行尺寸样式的编辑。在缺省时，管理器中只有 ISO-25 一种样式，现以设置斜线样式为例，说明常用参数的设置。

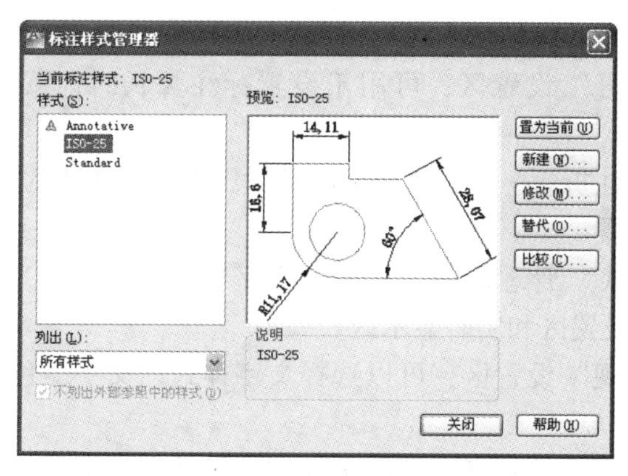

图 14-21　尺寸标注样式管理器

1. 尺寸线和尺寸界线的设置

在“修改标注样式”管理器中，单击“线”标签后，出现如图 14-22 所示管理器，其中有 2 个参数设置区和实时显示区。

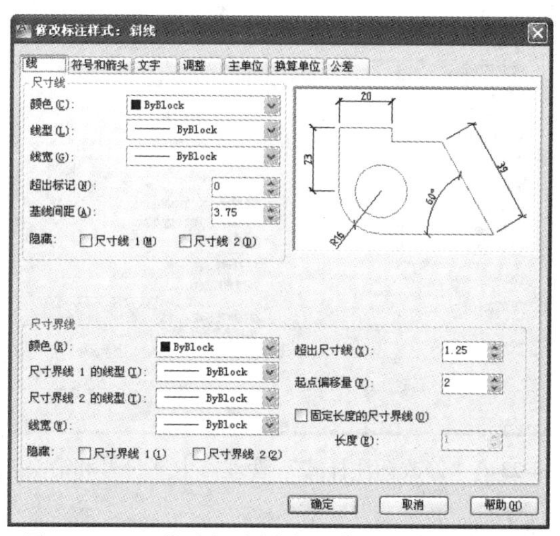

图 14-22　“修改标注样式”管理器中“线”页

(1) 在“尺寸线”设置区中，“颜色”和“线宽”分别用于设置尺寸线的颜色和线宽；“基线间距”用于设置基线方式标注尺寸时，控制平行尺寸线之间的距离。

(2) 在“尺寸界线”设置区中，“超出尺寸线”用于设置尺寸界线超出尺寸线的长度。“起点偏移量”用于设置尺寸界线起始点距标注点的距离。土建制图中尺寸界线起始点距标注点的距离应大于或等于2。

2. 符号和尺寸起止符的设置

在“修改标注样式”管理器中，单击“符号和箭头”标签后，出现如图14-23所示管理器，其中有4个参数设置区和实时显示区。

(1) 在“箭头”设置区，可用于选择箭头的形状和大小。这里选土建制图常用的建筑标记。

(2) 在“圆心标记”设置区，可用于设置是否对圆心进行标记及标记的大小。

(3) 在“弧长符号”设置区，可用于设置标注弧长时，弧长符号的有无及放置位置。

(4) 在“半径标注折弯”区，可设置标注大圆弧时尺寸线的折弯角度。

3. 尺寸文字的设置

在“修改标注样式”管理器中，单击“文字”标签后，出现如图14-24所示管理器，其中有3个参数设置区和实时显示区。

(1) 在“文字外观”设置区，可以选择文字样式、文字颜色、文字高度以及是否绘制文字边框。

(2) 在“文字位置”设置区，可以选择文字的垂直、水平位置，设置文字距尺寸线的距离。

(3) 在“文字对齐”设置区，选择“水平”，则文字总是水平排列；选择“与尺寸线对齐”，则文字平行于尺寸线排列。

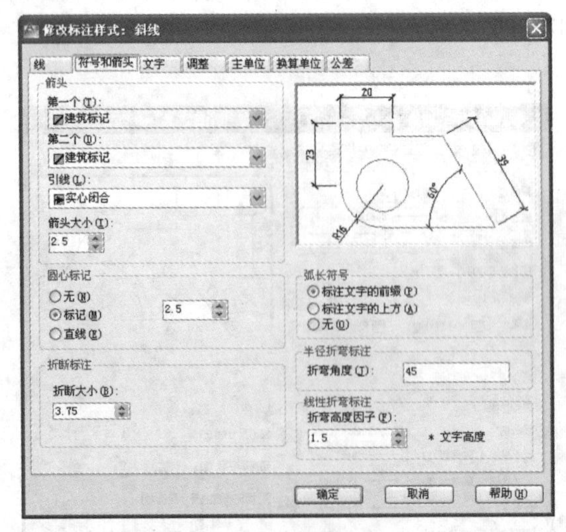

图14-23 “修改标注样式”管理器中“符号和箭头”页

4. 尺寸间各要素关系的设置

在“修改标注样式”管理器中，单击“调整”标签，出现如图14-25所示管理器，在“调整选项”中可控制标注文字、箭头、引出线和尺寸线的位置。在“标注特征比

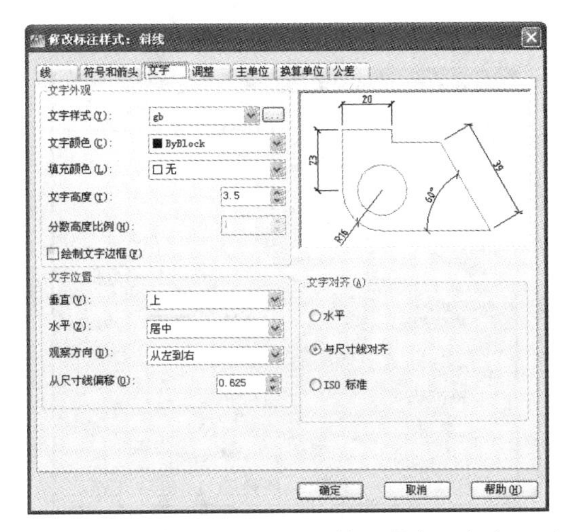

图 14-24　“修改标注样式”管理器中“文字”页

例”中，有两个单选框。若选中“使用全局比例”框，就激活旁边的比例系数框，在框中可输入要调整的比例，图纸中所有尺寸标注的样式，如箭头、尺寸线长度、文字等，都将按比例缩放。但尺寸标注的测量值是不变的。若选中“将标注缩放到布局”，则自动设置比例系数为 1。

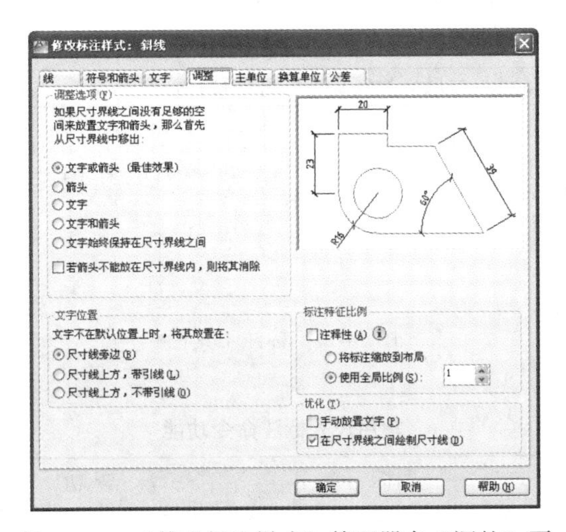

图 14-25　“修改标注样式”管理器中“调整”页

5. 尺寸单位及精度的设置

在“修改标注样式”管理器中，单击“主单位”标签后，出现如图 14-26 所示管理器，其中可以设置尺寸数字的表达形式、精度、标注比例等。在“测量单位比例”中，用户可根据图形的比例相对应输入一个系数，作为测量尺寸时的缩放系数。例如，设置比例因子为 100 时，如果标注某个尺寸时测量得到的长度为 10，则自动将标注的尺寸值放大 100 倍为 1000。

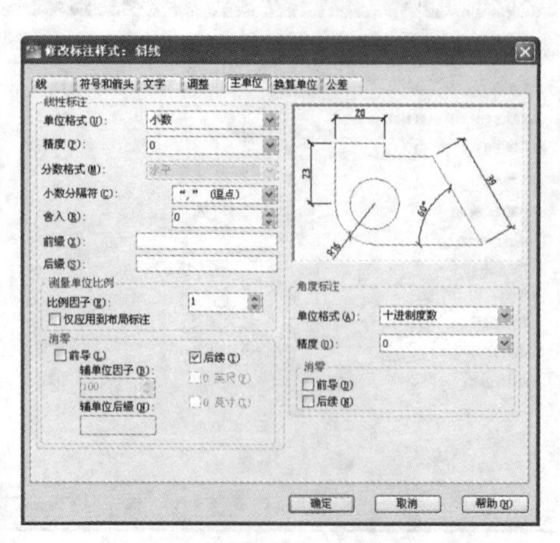

图 14-26 “修改标注样式”管理器中“主单位”页

二、尺寸标注

尺寸命令类型

AutoCAD 有多种尺寸标注命令及一些与尺寸相关的命令，其工具栏如图 14-27 所示，其常用尺寸命令功能见表 14-3。

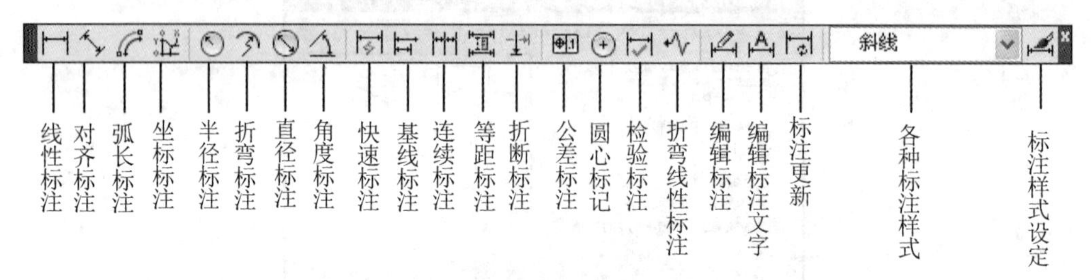

图 14-27 标注工具栏

表 14-3 **常用尺寸标注命令功能**

命　　令	图标	功　　能
线性标注（dimlinear）		对选定两点进行水平、垂直标注
对齐标注（dimaligned）		对选定两点进行平行于两点连线的标注
坐标标注（dimordinate）		对选定点引出标注其坐标数值
半径标注（dimradius）		对圆或圆弧进行半径标注
直径标注（dimdiameter）		对圆或圆弧进行直径标注

续表

命　　令	图标	功　　能
角度标注（dimangular）		对两直线间、圆、圆弧进行角度标注
快速标注（qdim）		对选定的图形进行一组基线标注或连续标注等
基线标注（dimbaseline）		标注具有共同基线的多个尺寸
连续标注（dimcontinue）		创建从上一次或选定所建标注的延伸线处开始的标注

1）线性尺寸标注

单击线性标注图标，命令行会显示：

指定第一条尺寸界线原点或<选择对象>：（捕捉第一条尺寸界线的起点）

指定第二条尺寸界线原点：（捕捉第二条尺寸界线的起点）

指定尺寸线位置或“多行文字（M）/文字（T）/角度（a）/水平（h）/垂直（V）/旋转（R）”：（确定尺寸线的位置）

标注文字=60（显示尺寸数字如图 14-28 所示）

执行中的“多行文字（M）”表示利用多行文字编辑器输入尺寸文字；“文字（T）”表示在命令行输入尺寸文字，而不用系统的测量值。这时如需输入代表直径的符号“ϕ”应键入“%%C”控制码、代表角度的符号“?”应键入“%%D”控制码。“角度(*A*)”表示改变尺寸文字的角度；“水平(*H*)”表示尺寸只能水平标注；“垂直(V)”表示尺寸只能垂直标注；“旋转（R）”表示尺寸沿某一角度标注。如果不准备对文本进行修改，就向上面一样直接选定标注位置完成标注。如图 14-28 所示。

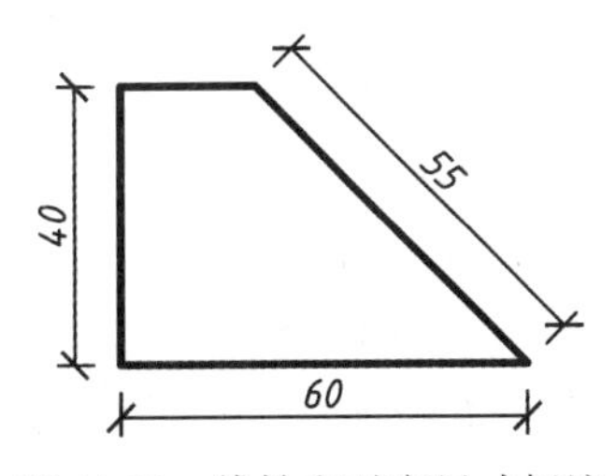

图 14-28　线性和对齐尺寸标注

2）对齐尺寸标注

单击对齐标注图标，命令行会显示：

指定第一条尺寸界线原点或<选择对象>：（捕捉第一条尺寸界线的起点）

指定第二条尺寸界线原点：（捕捉第二条尺寸界线的起点）

指定尺寸线位置或“多行文字（M）/文字（T）/角度（*a*）”：（确定尺寸线的位置）

标注文字=55（如图 14-28 所示）

3）半径和直径尺寸标注

单击半径（或直径）标注图标（或），命令行会显示：

选择圆弧或圆：（选择图形中的圆或圆弧）

标注文字=10（显示系统测量的尺寸数字）

指定尺寸线位置或“多行文字（M）/文字（T）/角度（a）”：（确定尺寸线的位置）

若要修改圆弧的半径或直径，输入时在尺寸数字前加前缀“R”代表半径（或“%%c”代表直径），标出的尺寸才会带有半径（或直径符号），如图 14-29 所示，2ϕ10 在修改时就应写成“2%%c10”，标注的结果才是 2ϕ10。

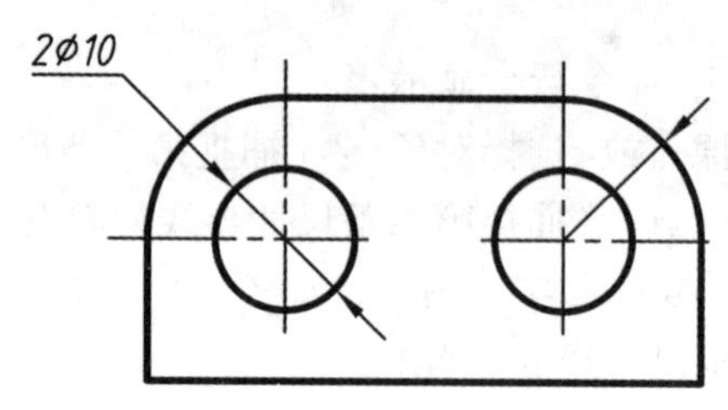

图 14-29　半径和直径的标注

4）角度尺寸标注

单击角度标注图标，命令行会显示：

选择圆弧、圆、直线或<指定顶点>：

各选项的含义是：

（1）若拾取到一条线段上，后面的提示会要用户拾取第二条线段，并以两线段的交点为顶点，标注两条不平行线段之间的夹角，如图 14-30（a）所示。

（2）若拾取圆弧，则直接标注圆弧的包含角，如图 14-30（b）所示。

（3）若拾取圆，则标注圆上某段圆弧的包含角。该圆圆心被置为所注角度的顶点，拾取点为第一个端点，后面的提示会要用户拾取第二个端点，该点可在圆上，也可不在圆上，尺寸界线会通过选取的两个点，如图 14-30（c）所示。

（4）若直接回车，则提示输入角的顶点，角的两个端点 AutoCAD 根据给定的三个点标注角度，如图 14-30（d）所示。

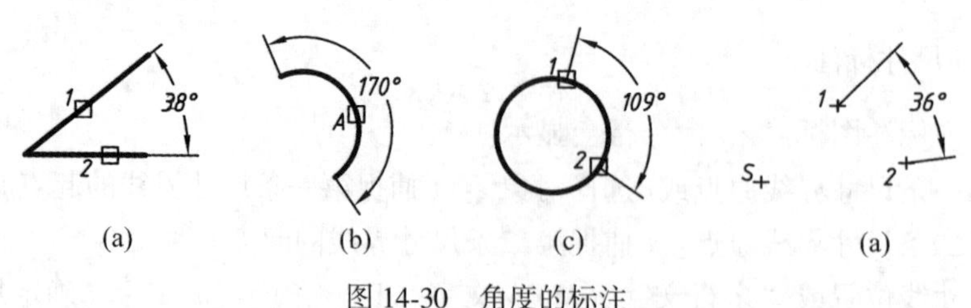

图 14-30　角度的标注

5）基线标注

单击基线标注图标，命令行会重复显示：

指定第二条尺寸界线原点或“放弃（U）/选择（S）” <选择>：（捕捉第二条尺寸界线的起点，第一条尺寸界线为基线）

如图 14-31 所示，尺寸 100 和 123 为 53 的基线尺寸。

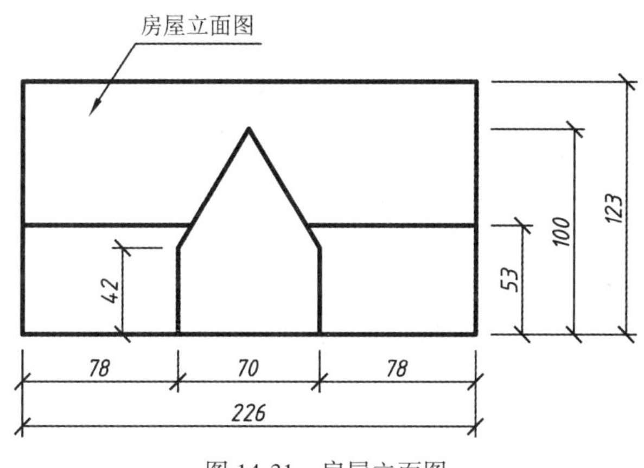

图 14-31　房屋立面图

6）连续标注

单击连续标注图标，命令行会重复显示：

指定第二条尺寸界线原点或“放弃（U）/选择（S）” <选择>：（捕捉第二条尺寸界线的起点，第一条尺寸界线为已经标注的尺寸）

如图 14-31 所示，尺寸 70 和 78 是前一个 78 的连续标注。

7）引出线标注

单击引线标注图标，命令行会显示：

指定第一个引线点或“设置（S）” <设置>：（确定引线的起点）

指定下一点：（确定引线的第二点）

指定下一点：（确定引线的第三点）

指定文字宽度<0>：2. 5↙

输入注释文字的第一行<多行文字（M）>：房屋立面图↙

输入注释文字的下一行：↙

三、尺寸标注的编辑

对于已经标注好的尺寸一般是编辑修改尺寸数字，最便捷的方法是使用夹持点编辑模式改变尺寸数字的位置。编辑尺寸数字数值可使用编辑文字的方法，单击文字编辑命令图标，选择要编辑的尺寸，系统进入多行编辑窗口，如图 14-32 所示。窗口内系统测量值，要修改可将测量值删除，注写改变后的尺寸数字后确定，尺寸数值将变成改变后的值。

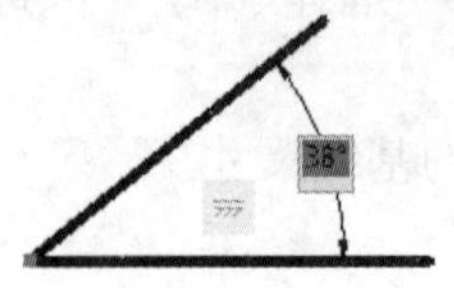

图 14-32　文字格式管理器

值得注意的是，修改后的尺寸数字，无论所标注图形的尺寸大小如何改变，其尺寸数值是不变的。而用系统自动测量的数值，随所标注图形尺寸大小的改变，尺寸数值也相应改变。

第七节　图　　块

一、块的概念

图块是由赋予图块名的多个图形对象组成的一个集合。组成图块的各个对象可以有自己的图层、线型和颜色。AutoCAD 把图块当成一个单一的对象来处理，可以随时将它插入到当前图形或其他图形指定的位置，同时可以缩放和旋转，充分利用块的作用可大大提高绘图效率。

二、块的命令（Block）

1. 块生成命令

命令：B

菜单：绘图→块→创建

绘图工具栏图标：

执行命令后，系统随之弹出“块定义”管理器，如图 14-33 所示。在这个管理器中需要输入块的名称、设置拾取块的基点，这个基点就是该块插入时的插入点。确定构成块的图形对象。若选中“保留”项时，块使用的图形对象仍被保留；若选中“转换为块”，则用块替换原有的图形对象；若选中“删除”，则指定块定义后，组成块的图形对象被删除。

2. 块插入命令（Insert）

命令：I

菜单：插入→块

绘图工具栏图标：

与块生成命令相对应，插入命令可以将已建立的图块或图形文件，按指定位置插入到当前图形中，并可以改变插入图形的比例和角度。

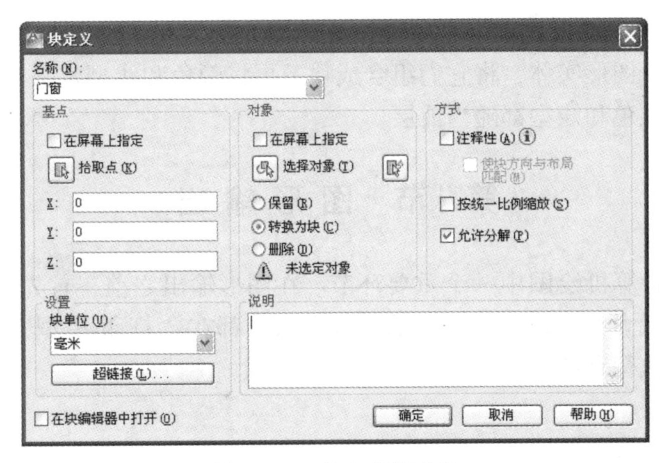

图 14-33　块生成管理器

执行命令后，系统随之弹出“插入”管理器。在这个管理器“名称”中选择要插入的图块名。确定插入点，块插入时的缩放比例以及插入时旋转的角度，这三项可以在绘图区中指定，也可以在文本框中输入数值。若选中“分解”，则块在插入后即被分解成一些单个的图形对象，可以分别对其进行编辑修改。块分解后，其颜色、线型有可能发生变化，但形状不会改变。

3. 多重插入块命令（Minsert）

命令：Minsert

该命令是以矩形阵列的形式插入块，例如在立面图中窗户就可以用这个命令插入。但与矩形阵列不同的是，多重插入块命令插入后阵列的全部图形是个整体的块，不能分开对个别单体图形进行编辑，也不能分解。

执行命令后，系统会提示输入插入块的名称、插入点以及插入块的行数、列数和行间距、列间距。

4. 块存盘命令（Wblock）

命令：W

以上的块操作命令都是在一个图形文件中进行。若想将块插入到其他图形文件中，就必须用块存盘命令，才能将块插入到其他图形文件中。

执行该命令后，系统随之弹出“写块”管理器。在这个管理器中需要选择保存的图形对象，确定插入点，给块存盘文件命名等操作。

用块存盘命令生成的图形文件，在插入时与一般块插入完全一样。

三、块与图层的关系

画在不同图层上的图形对象可以组合成一个块。在生成和插入块时，AutoCAD 有以下规定：

（1）块中原来位于 0 层上的图形对象在块插入后被绘在当前层上，其颜色和线型随当前层绘出。而位于其他层上的图形对象，插入后仍保留在原来层上，以原来所在层的颜色、线型绘出。

（2）若在画块的图形之前，把特性工具栏中的颜色和线型定义为“Byblock”，然后再画出块的各个图形实体，将它们组合成块，再将颜色和线型定义为“Bylayer”，则插入时整个块的颜色和线型都随当前层。

第八节　图形输出

图形输出是计算机绘图中一个重要环节。在图形输出之前，首先要配置好输出设备，然后进行图纸大小的设置，输出的设置和操作都在“打印-模型”管理器中进行。图形输出命令的执行有：

命令：PLOT

菜单：文件→打印

图标：

执行命令后弹出如图 14-34 所示的管理器。在管理器中，用户要在“打印机/绘图机”栏中“名称”框内选择要使用的输出设备；在“图纸尺寸”栏中选择打印图纸的大小；在“打印区域”栏中的“打印范围”框内选择打印图样的范围，若选“窗口”，将允许用户临时开设一个窗口，打印窗口内的图形；若选“范围”，将打印当前工作空间中的全部图形对象；若选“图形界限”，可将打印绘图界限内的图形；若选择“显示”，将打印当前视窗中显示的图形。在“打印比例”栏中选择图形打印的比例，这里说的比例是图纸中的长度与图形单位的对应关系，而不是手工绘图时图纸中的长度与实物长度之比。

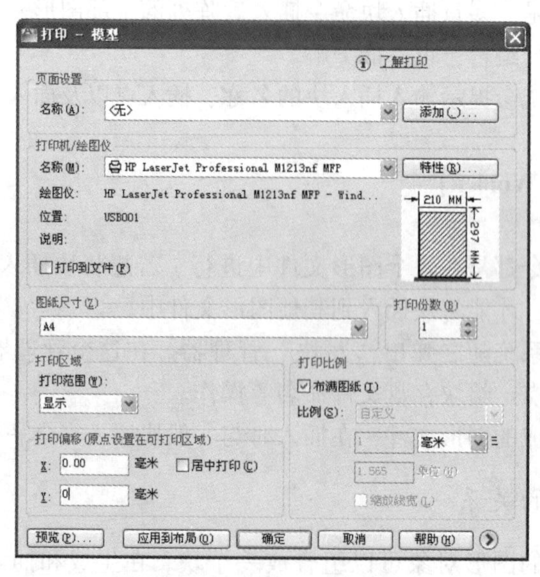

图 14-34　“打印”管理器

单击图 14-34 所示“打印机/绘图机”栏中的“特性”，在“绘图仪配置编辑器”对话框中选择“设备与文档设置”页，然后选择“自定义特性”，再在“自定义特性”管理器中选择“基本”，在“基本”页中可设置打印份数和图纸输出的方向（横向或纵向）。

以上各项设置完成后，单击“确定”，即可在输出设备上输出图形。

第九节　综合绘图实例

用 AutoCAD 绘制工程图样，不但要熟练运用 AutoCAD 各种绘图命令和编辑命令，还要熟练运用尺寸标注命令以及辅助绘图工具（如目标捕捉 F9、正交方式 F8 等）。用 AutoCAD 绘制如图 14-35（a）所示剖面图的步骤如下：

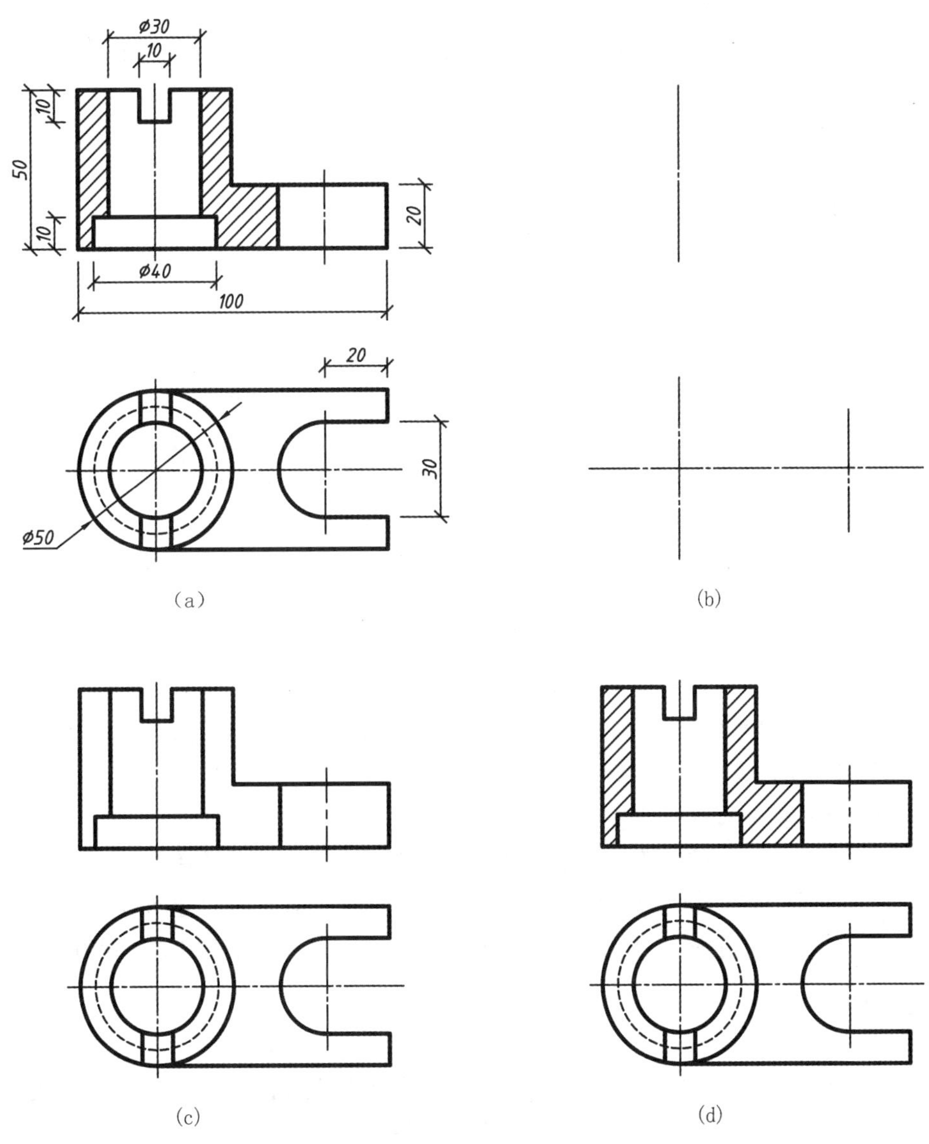

图 14-35　剖面图的绘图步骤

一、设置绘图环境

1. 图形界限的设置

命令：Limits

菜单：格式→图形界限

指定左下角点或“开（ON）/关（OFF）”<0. 0000, 0. 0000>:

指定右上角点<12. 0000, 9. 0000>: 420, 297（设置为 A3 幅面的图纸）

单击利用标准工具栏中全部显示图标，将所设图纸幅面全部显示在屏幕区。

2. 设置捕捉和栅格的大小

所绘图形的尺寸基本是 10 的倍数，可将捕捉和栅格的 X 和 Y 方向距离都设为 10mm，以方便绘图。

3. 设置图层及线型

根据图 14-35（a）所示的内容，将图层分为 6 个层，如图 14-36 所示。

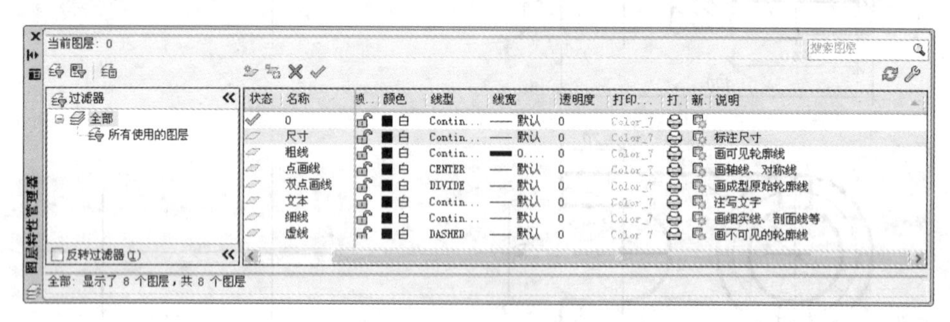

图 14-36 图层的设置

4. 设置字体类型

由图 14-32（a）所示将字体设为两种类型。一种是汉字，字体选为仿宋 GB2312；另一种是 GB，其字体为 gbeitc. shx，“宽度”为 1。汉字是用来书写图中汉字的，GB 是用来书写拉丁字母、数字以及标注尺寸的。

5. 设置尺寸标注样式

根据所绘图样的内容，将尺寸标注样式设置为两种。一种是斜线，将“线”项的“起点偏移量”设为 2，将“符号和箭头”项的两个箭头都设为“建筑标记”；另一种是箭头，将“符号和箭头”项的箭头都设为“实心闭合”，其他使用默认缺省状态。

二、绘制剖面图

（1）将当前层设为点画线。用直线命令画轴线和对称线，如图 14-35（b）所示。

（2）将当前层设为粗线。用直线命令和圆弧命令（或用多段线命令）按照图的尺寸画所有的粗线。在画图样的过程中，注意穿插使用镜像、修剪等编辑命令，充分利用捕捉点（F3）功能、捕捉网格（F9）功能和正交（F8）功能，以便提高绘图速度。

图中虚线圆可在粗线层画出，然后送到虚线层去即可，如图 14-35（c）所示。

(3) 将当前层设为细线。用域内填充命令，填充图中的剖面线。注意用拾取点方式比较方便，拾取点应选在剖面线闭合区内，如图 14-35（d）所示。

(4) 将当前层设为尺寸，当前的尺寸样式设为箭头。利用直径标注 $\phi50$。再将当前的尺寸样式设为斜线，利用线性标注标注 10、20、30、100 等尺寸，尺寸用系统测量值即可；但用线性标注 $\phi30$ 和 $\phi40$ 时，应修改尺寸数字为%%c30 和%%c40，然后再进行标注；利用基线标注标注 50 的尺寸，结果如图 14-35（a）所示。

本章小结

通过本章的学习，学生应掌握计算机绘图的基本程序和过程，掌握基本辅助命令、绘图命令、编辑命令、图层设置、文本注写、尺寸标注的使用条件和操作顺序，掌握绘制工程图的方法和步骤：首先设置绘图环境（如设置图形界限、设置捕捉和栅格的大小、设置图层及线型、设置字体类型、设置尺寸标注样式）；根据图样的形状，选择不同绘图命令，编辑命令绘制工程图。然后根据图样的形状和尺寸选择不同的绘图命令和编辑命令，综合画出图样。选择好相应的注写字体类型和尺寸类型，标注文本和尺寸。最后在检查无误后，完成图样的绘制。

复习思考题

1. AutoCAD 2012 下拉菜单分为几个部分？各有什么用途？
2. 要迅速准确地绘制图形，需要熟练掌握哪些基本命令？
3. 如何快速、准确地拾取编辑实体？常用哪几种拾取方式？
4. 什么是图层？图层编辑项有几种状态？
5. 尺寸标注分为几类？如何设置标注参数？
6. 简述计算机绘图的一般步骤。

参考文献

[1] 房屋建筑制图统一标准（GB/T50001—2010）.
[2] 总图制图标准（GB/T50103—2010）.
[3] 建筑制图标准（GB/T50104—2010）.
[4] 建筑结构制图标准（GB/T50105—2010）.
[5] 水利水电工程制图标准　基础制图（SL73. 1—2013）.
[6] 水利水电工程制图标准　水工建筑图（SL73. 2—2013）.
[7] 丁宇明，黄水生．土建工程制图（第3版）．北京：高等教育出版社，2012.
[8] 王德芳，刘政．画法几何及工程制图解题指导．上海：同济大学出版社，2008.
[9] 吴运华，高远．建筑制图与识图．武汉：武汉理工大学出版社，2004.
[10] 袁果，胡庆春，等．土木建筑工程图学．长沙：湖南大学出版社，2007.
[11] 宋兆全．土木工程制图．武汉：武汉大学出版社，2000.
[12] 乔魁元．看图学技术——土建工程．北京：中国铁道出版社，2013.
[13] 江晓红．建筑图学．北京：高等教育出版社，2013.
[14] 黄水生．建筑制图与识图．广州：华南理工大学出版社，2009.
[15] 谭伟建，王芳．建筑设备工程图识读与绘制．北京：机械工业出版社，2007.
[16] 和丕壮，王鲁宁．交通土建工程制图．北京：人民交通出版社，2006.
[17] 大连理工大学工程画教研室．机械制图（第7版）．北京：高等教育出版社，2013.
[18] 施宗惠．画法几何及土建制图（上、下册）．哈尔滨：黑龙江科学技术出版社，1992.
[19] 孙士保．AutoCAD 2012 中文版实用教程．北京：电子工业出版社，2012.

后　　记

经全国高等教育自学考试指导委员会同意，由全国高等教育自学考试指导委员会土木水利矿业环境类专业委员会负责房屋建筑工程专业教材的审定工作。

本教材由东北林业大学丁建梅教授担任主编。具体编写人员有：东北林业大学丁建梅、巩翠芝、马大国、张兴丽，哈尔滨工业大学吴雪梅、王迎，武汉大学张竞，大连民族学院昂学野、王振。全书由丁建梅统稿。

全国高等教育自学考试指导委员会土木水利矿业环境类专业委员会组织了本教材的审稿工作。西北工业大学高满屯教授担任主审，南昌航空大学储珺教授、太原理工大学董黎君教授参加审稿，提出修改意见。谨向他们表示诚挚的谢意！

全国高等教育自学考试指导委员会土木水利矿业环境类专业委员会最后审定通过了本教材。

全国高等教育自学考试指导委员会
土木水利矿业环境类专业委员会
2014 年 7 月